新时代高职数学系列教材

职业教育国家在线精品课程配套教材
高等职业教育新形态一体化教材

新時代

高等数学

（工科类）

中国职业技术教育学会 组编

□ 主　编　蒲冰远
□ 副主编　王长辉　石丽莉

中国教育出版传媒集团
高等教育出版社·北京

内容提要

本书是新时代高职数学系列教材之一，是职业教育国家在线精品课程配套教材。本书是为适应新形势下高等职业教育基础类课程改革的需要，适应新技术和产业变革对高素质技术技能人才的要求，结合当前课程改革实践经验，主要面向高职工科类专业编写的。

本书紧跟时代步伐，紧贴学生需求，在内容组织、案例选取、实验开展等方面均有创新。全书包括函数、极限与连续，导数与微分，导数的应用，一元函数积分学，微分方程，向量与空间解析几何，多元函数微积分，行列式、矩阵与线性方程组，概率论基础，数理统计基础等内容。

本书是职业教育国家在线精品课程“高等应用数学（一元微积分）”的配套教材，书中二维码链接了微课程，学生可以随扫随学。本书配套 PPT 课件等数字化资源，具体获取方式见书后“郑重声明”页的资源服务提示。

本书既可作为高等职业院校工科类相关专业教材或参考书，也可作为教师、工程技术人员参考用书。

图书在版编目（CIP）数据

高等数学：工科类 / 中国职业技术教育学会组编；蒲冰远主编. --北京：高等教育出版社，2024. 1（2025.5重印）

ISBN 978-7-04-061153-3

Ⅰ. ①高… Ⅱ. ①中… ②蒲… Ⅲ. ①高等数学-高等职业教育-教材 Ⅳ. ①O13

中国国家版本馆 CIP 数据核字（2023）第 174427 号

GAODENG SHUXUE GONGKELEI

策划编辑 崔梅萍　责任编辑 崔梅萍　封面设计 王 洋　版式设计 童 丹
责任绘图 邓 超　责任校对 窦丽娜　责任印制 赵 佳

出版发行	高等教育出版社	网　址	http://www.hep.edu.cn
社　址	北京市西城区德外大街 4 号		http://www.hep.com.cn
邮政编码	100120	网上订购	http://www.hepmall.com.cn
印　刷	天津市银博印刷集团有限公司		http://www.hepmall.com
开　本	850mm×1168mm 1/16		http://www.hepmall.cn
印　张	25		
字　数	540 千字	版　次	2024 年 1 月第 1 版
购书热线	010-58581118	印　次	2025 年 5 月第 3 次印刷
咨询电话	400-810-0598	定　价	54.00 元

物 料 号 61153-00

总　序

党的二十大报告指出："教育、科技、人才是全面建设社会主义现代化国家的基础性、战略性支撑。"学习贯彻党的二十大精神，要求职业教育必须坚持以习近平新时代中国特色社会主义思想为指导，全面贯彻党的教育方针，着眼推进中国式现代化，扎根中国大地办教育，培养一代又一代拥护中国共产党领导和我国社会主义制度、立志为中国特色社会主义事业奋斗终身的有用人才。进入新时代以来，党和国家进一步加强了职业教育工作，先后出台了一系列推动现代职业教育体系建设改革的政策举措，印发了《关于加快发展现代职业教育的决定》《国家职业教育改革实施方案》《关于推动现代职业教育高质量发展的意见》《关于深化现代职业教育体系建设改革的意见》等重要文件，为新征程上我国现代职业教育的改革发展指明了方向。

2023 年 5 月 29 日，在二十届中央政治局第五次集体学习会上，习近平总书记强调指出，要把服务高质量发展作为建设教育强国的重要任务。统筹职业教育、高等教育、继续教育，推进职普融通、产教融合、科教融汇，源源不断培养高素质技术技能人才、大国工匠、能工巧匠。这是新征程上党和国家事业对职业教育提出的新要求，落实这一要求，职业教育必须进行深刻的变革。加强基础理论学习，补齐知识化短板是这一变革的应有之义。数学课程作为高职院校学生的公共基础课程，具有基础性、应用性、职业性和发展性的特点，是补齐知识化短板的重要内容。教材是实施课程教学的主要工具，高职数学教材应反映类型特色和人才培养目标，反映新时代对高素质技术技能人才的要求，成为学生获得数学基础知识和基本技能、掌握基本数学思想、积累基本数学活动经验、形成理性思维和科学精神的重要载体。

为贯彻落实 2022 年全国教育工作会议精神，大力发展适应新技术和产业变革需要的职业教育，2022 年 1 月，中国职业技术教育学会专门组织了加强职业教育文化基础课程体系建设的说课研讨会，提出要聚焦新技术和产业变革，补齐职业教育文化知识短板，着力提高职业教育内涵质量，以更好落实职业教育立德树人根本任务，为此建议组织编写"新时代高职数学系列教材"。

本系列教材全面贯彻党的教育方针，牢牢把握正确政治方向和价值导向，以打造培根铸魂、启智增慧的精品教材为目标。系列教材注重中高本衔接和一体化设计，包括高等数学、线性代数、概率论与数理统计等多本教材，涵盖高职专科和职业本科领域的数学知识。同时，教材的编写也充分考虑了学生的实际需求和学习特点，注重理论与实践相结合，注重教材的可读性和实用性。系列教材充分体现了深化职业教育"三教"改革的精神，编写理念独具匠心，内容、体例焕然一新。具体特色如下：

1. 落实立德树人根本任务，贯彻党的二十大精神

系列教材紧紧围绕为党育人、为国育才根本目标，全面落实立德树人根本任务，着力深化课程思政建设。教材融入了我国数学家的伟大贡献，介绍了中国传统的数学文化，宣传了我国新时代取得的科学技术的卓越成就，精选党的二十大报告中提出的关键核心技术，战略性新兴产业，载人航天、探月探火、深海深地探测、超级计算机、卫星导航、量子信息、核电技术、新能源技术、大飞机制造、生物医药等重大成果，以小切口展现大时代，以小故事反映大主题，增强学生民族自豪感，厚植学生爱国主义情怀，培养学生的责任担当和使命感。

2. 坚持课程标准指导，重构知识体系，加强文化素质教育

系列教材编写遵照最新课程标准要求，深刻体现数学学科核心素养的内涵、育人价值、表现形式和层次水平，将教材知识内容、逻辑结构、数字资源等聚焦于培养和发展学生的数学核心素养。教材强化知识与技能、过程与方法、情感态度与价值观的整合；强化数学与其他学科以及现实社会的联系；强化学生发现与提出问题并加以分析、解决实际问题的综合素质。

3. 体现职业教育类型定位，凸显与产业、专业的紧密联系

系列教材内容加强了与产业活动、专业课程和职业应用相关的教学情境，注重选择和设计与行业企业相关联的教学案例，注重跨学科交叉与融合，增强学生应用数学的意识。通过选择或建立合适的数学模型解决生产生活中的问题，培养学生运用数学工具解决实际问题的能力，以帮助学生养成用数学的眼光观察世界、用数学的思维分析世界、用数学的语言表达世界的能力。

4. 加大数字技术赋能，融合丰富的课程资源

系列教材充分体现数字技术的应用，介绍数学软件，利用数学软件或计算工具进行数据的计算、统计和分析，绘制函数曲线和统计图表等，帮助学生理解数学知识，使学生感悟利用信息技术学习数学的优势，丰富研究问题的方法。以新形态教材为核心，提供数字学习资源、在线自测和题库等，高效、直观、生动地呈现教学内容。充分利用“智慧职教”“爱课程（中国大学 MOOC）”平台获取教学资源，提高课堂教学的信息化程度，改变传统的教学方式和学习方式，让学生在开放、个性化、有趣味性、交互性的学习氛围中快乐学习。

系列教材由中国职业技术教育学会担纲策划，高等教育出版社牵头组织，邀请普通本科、职业本科、高职“双高”院校的 30 余位数学学科专家、教研专家和骨干教师承担编审工作，在认真学习我国职业教育相关政策文件，总结近年来高职数学教育改革成果以及吸收多种较为成熟的数学教学改革成功经验的基础上，按照相关专业人才培养方案和课程标准的要求编写。可以相信，凝聚了各方智慧和经验的“新时代高职数学系列教材”必将担当起培养高素质技术技能人才的重任，必将肩负起落实党的教育方针、传承民族文化、服务国家发展战略、办好人民满意教育的使命。

我们相信，随着系列教材的不断推广和普及，更多的高职学生的文化素质必将会有一个大的提升，尤其在数学方面取得新进展，由此带动职业教育质量的进一步提高。同时，我们也期望系列教材能够成为学校和企业推进产教深度融合的重要抓手，为我国职业教育高质量发展做出积极的贡献。

2023 年 6 月

前 言

数学学科具有很强的概括性、抽象性和逻辑性，在发展学生智力、提升应用实践能力、培养学生创新精神上具有其他学科无法替代的作用。高等数学是高等职业院校一门重要的公共基础理论课程，该课程致力于为学生提供必要的数学核心素养及应用能力教育，既夯实数理基础、提升综合素质，又强化同专业融合，为学生后继课程学习、实践技能训练和创新创造意识的培养提供有力的保障，为将学生培养成为高素质技术技能人才、能工巧匠、大国工匠打下坚实基础。

本书是编者多年教学改革和教学实践的结晶，是新时期高职教育人才培养模式转变的恰当体现。本书在内容编写方面体现了四项原则。一是科学性与思想性统一原则。教材开发过程中将课程思政教育寓于科学性之中，使学生能从科学的内容中掌握正确的观点，能把理论、事实、观点与材料紧密结合，能在素质与思想上有所提高。二是基础性与适用性结合原则。高等数学作为一门公共基础课程，重在基础知识的积累。同时，在教材编写中充分考虑高职学生的教育现状，选择适合高职学生学习、难易适度的内容。三是应用性与创新性并重原则。教材编写体现数学知识与方法的产生、发展和应用过程。选择的素材反映社会发展，反映新知识、新技能的应用，具有时代特征。同时重视创新能力的培养，营造自主探究、合作交流与思维拓展的氛围空间，实现真正意义上的"学以致用"。四是数学模型与数学实验融合原则。根据编写内容适度融合数学建模的思想与方法，拓展数学软件操作与应用的内容，实现数学课程内容、数学建模、数学实验的有机融合，为学生有效探索数学知识提供方法与手段。

我们在教材编写中，坚持"做到三结合、展现三个度"。所谓"三结合"是指将知识传授、素质培养和能力提升相结合，促进学生全面发展；所谓"三个度"是指展现基础知识和专业知识的结合度、教书育人及课程思政的体现度、在培养应用型创新型人才方面的着力度，促进学生可持续发展。

在知识结构上，注重循序渐进、逐次推进。通过引例创设情境，引导学生思考，启发学生探究问题并思考解决办法，进而正式引入相关概念、理论。然后通过精选练习和应用案例，巩固知识，并在该过程中融入数学建模思想，以提升学生将实际问题转化为数学问题的能力。随后，通过数学实验实现理论知识的可视化呈现和信息化处理，夯实学生对基础知识的理解、激发学生主动探究的意识、提升学生运用所学数学知识与计算机技术去认识问题和解决问题的能力。

在内容安排上，按专业需求和个人可持续发展需要，为满足不同学习群体需求，实施“模块化、分层次”教学。一方面，将全书分为三个模块：基础模块、提高模块和选学模块，既满足对基础知识的学习需求，又满足拓展提升的学习需求。另一方面，在落实人才培养目标、满足规格教育的同时，在每章以二维码的形式开辟“拓展与提高”专栏，满足技能大赛、学历提升等个人持续发展的需求。

在编写方式上，注重灵活、提倡创新。开辟“启迪”“探究”“拾趣”“思考”“讨论”等专栏，力图以多彩、灵动方式启智明理、引导思考；精选计算机视觉、人工智能、机器学习等数字经济时代典型案例，形成强烈的时代发展冲击感，充分激发学生的学习动力。在每章末以二维码的形式安排“阅读与思考”专栏，选取数学典故、数学人物、数学趣事等内容，提倡在阅读中吸收知识，在阅读中探索奥秘，在阅读中完善思想。在具体语言组织上，避免生硬晦涩、提倡通俗易懂，深入浅出。

在课程资源上，精心打造了与教材内容相匹配、形式多样、功能完善的数字化教学资源。这些资源通过互联网技术与教材紧密相连，形成了全新的一体化优质教学资源模式，既包括精品在线开放课程等丰富多彩的网络课程，又包括教材中的二维码链接，方便学生随时随地扫描学习，查看习题答案、拓展资源等，形成良好互动。教材配套建设的课程“高等应用数学（一元微积分）”是职业教育国家在线精品课程，通过“智慧职教”学习平台定期开课，一方面为学生提供更加系统的线上学习资源和课程服务，另一方面为教师线上线下混合式教学提供了有力支撑。

全书共十章，主要包括：基础模块 4 章（函数、极限与连续，导数与微分，导数的应用，一元函数积分学）、提高模块 3 章（微分方程，向量与空间解析几何，多元函数微积分）、选学模块 3 章（行列式、矩阵与线性方程组，概率论基础，数理统计基础）。本书教学时间大约为 132 学时，其中基础模块需 60 学时，提高模块需 36 学时，选学模块需 36 学时。根据专业特点和学生自身定位，教师可灵活地选择和组织教学内容并恰当地安排教学时间。

全书由蒲冰远任主编，负责总体设计及统稿。具体编写分工为：蒲冰远编写第 1、8、9 章，王长辉编写第 3、4、10 章，石丽莉编写第 2、6 章，钱玲编写第 7 章、何俊萱编写第 5 章。石丽莉、王长辉、陈骑兵负责教材配套电子资源库建设工作；8～10 章的微课视频由南京信息职业技术学院制作。

编写本书时，参考了一些相关书目和资源。高等教育出版社的领导和编辑，特别是崔梅萍为本书的编辑出版提出了许多建设性建议。在此，本书编者向有关作者、领导和编辑一并致谢。

很荣幸，编写团队能被邀请参加新时代高职数学系列教材的编写工作。接到任务后，我们不敢有丝毫懈怠，多次召开研讨、碰头和调研，构建整体结构、组织章节内容、精选恰当案例，经过近 1 年的辛苦付出终于完成书稿。限于时间和编者水平，不足和疏漏之处在所难免，真诚地希望各位读者和专家不吝批评、指正。

编者

2023 年 3 月

目　录

基础模块

第1章　函数、极限与连续　3

第2章 导数与微分 45

第3章 导数的应用 79

第4章 一元函数积分学 107

提 高 模 块

第5章 微分方程 165

选学模块

第8章 行列式、矩阵与线性方程组 259

第9章 概率论基础 303

基础模块

第 1 章
函数、极限与连续

函数是现代数学的基本概念之一，是微积分学的主要研究对象.而极限是研究函数的主要工具，是微积分学中最基本、最重要的概念之一，极限的思想与理论是整个微积分学的基础，极限方法是微积分学的基本分析方法.因此，掌握好极限的思想与方法是学好高等数学的关键.连续是函数的一种重要性态，而连续函数则是一类最基本、最常见的函数.本章将介绍函数、极限与连续等基本概念以及它们的一些性质和应用.

☆☆☆学习目标

理解函数的概念及基本性质，掌握函数的表示方法，特别要厘清复合函数的复合结构.

理解极限及其简单性质，掌握极限的四则运算法则和两个重要极限公式，并会利用它们求极限.

理解无穷小量、无穷大量的概念，掌握无穷小量的比较方法，会用等价无穷小求极限.

理解函数连续与间断的概念，了解连续函数的性质和初等函数的连续性，理解闭区间上连续函数的性质，并会应用这些性质.

§1.1 函数

微课：函数

情景与问题

引例 1　我国于 1993 年 10 月 31 日颁布的《中华人民共和国个人所得税法》规定，月收入超过 800 元为应纳税所得额（即个人所得税的起征点）.随着人民生活水平的提高，从 2007 年 1 月 1 日起，个人所得税的起征点由 800 元上调为 1 000 元，2008 年 3 月 1 日起，起征点又改为 2 000 元，2011 年 9 月 1 日起再调整为 3 500 元.2019 年 1 月 1 日起施行起征点为每月 5 000 元.个人所得税税率表如表 1-1 所示.

表 1-1

级数	月度应纳税所得额	税率/%
1	不超过 3 000 元的部分	3
2	超过 3 000 元至 12 000 元的部分	10
3	超过 12 000 元至 25 000 元的部分	20
4	超过 25 000 元至 35 000 元的部分	25
5	超过 35 000 元至 55 000 元的部分	30
6	超过 55 000 元至 80 000 元的部分	35
7	超过 80 000 元的部分	45

表 1-1 反映了应纳税个人所得税额随个人收入变化的对应关系.试想某公司员工李先生专项扣除及专项附加扣除后月收入为 12 000 元，那么他每月应纳个人所得税为多少元呢？

引例 2　保险丝在电路设备中起过流保护作用，当通过保险丝的电流小于其额定电流时，保险丝不会熔断，只有在超过其额定电流并达到熔断电流时，保险丝才会发热熔断.常见保险丝的熔断电流 I(A) 和其直径 D(mm) 之间的关系可如表 1-2 所示.

表 1-2

直径 D/mm	0.15	0.25	0.52	1.02	1.51	1.98	2.40	2.95	3.81
熔断电流 I/A	1	1.8	4	12	20	30	40	55	80

表 1-2 反映了熔断电流 I 与保险丝直径 D 变化的对应关系.根据该表，当直径 D 取某值时，对应的电流 I 值也随之确定.

引例 3　建筑力学中，直梁发生平面弯曲时，其不同横截面上的内力一般是不同的，如

图 1-1 所示,即剪力 F 和弯矩 M 是随截面位置而变化的.由于在进行梁的强度计算时,需要知道各横截面上剪力的最大值及它们所在的截面位置,因此就必须知道剪力随截面位置而变化的对应关系,进而得到内力变化规律.

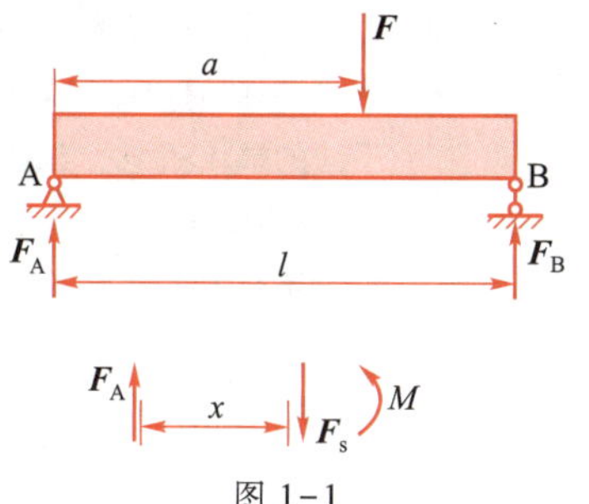

图 1-1

上述引例均给出了不同变量间的对应关系,且当一个变量在一定范围内任意取值时,另一个变量都有唯一的值与之对应,这种对应关系就是函数.

1.1.1 函数的概念

定义 1.1 对非空实数集 D 中的每一个数 x,按照某个确定的规则 f 对应着实数集 $\mathbf{R}$ 中唯一的一个数 y,则称 f 是定义在集合 D 上的函数,记作 $y=f(x)$.习惯上,x 称为自变量,y 称为因变量.自变量的集合 D 称为定义域,因变量 y 的集合 $R_f=\{y\mid y=f(x),x\in D\}$ 称为函数的值域,显然 $R_f\subseteq\mathbf{R}$.

对于不同的函数,常用不同的记号来表示,如 $f(x),g(x),F(x),G(x)$ 等.

例 1 设 $f(x)=2x^2+x-1$,求 $f(-1),f(0),f(a),f(2a+1)$.

解 $f(-1)=2\times(-1)^2+(-1)-1=0,\quad f(0)=2\times0^2+0-1=-1,$

$f(a)=2a^2+a-1,\quad f(2a+1)=2\times(2a+1)^2+(2a+1)-1=8a^2+10a+2.$

例 2 绝对值函数 $y=|x|=\begin{cases}x,x\geqslant0,\\-x,x<0\end{cases}$ 的定义域 $D=(-\infty,+\infty)$,值域 $R_f=[0,+\infty)$.

例 3 符号函数 $y=\operatorname{sgn}x=\begin{cases}1,x>0,\\0,x=0,\\-1,x<0\end{cases}$ 的定义域 $D=(-\infty,+\infty)$,值域 $R_f=\{-1,0,1\}$.它的图形如图 1-2 所示.显然,对于任意实数 x,有 $x=\operatorname{sgn}x\cdot|x|$.

例 4 取整函数 $y=[x]$ 表示不超过 x 的最大整数.如 $[-3.12]=-4,[\pi]=3,[6]=6$.它的图形如图 1-3 所示.该图形是一条阶梯曲线,在整数对应点处发生跳跃,跨度为 1.

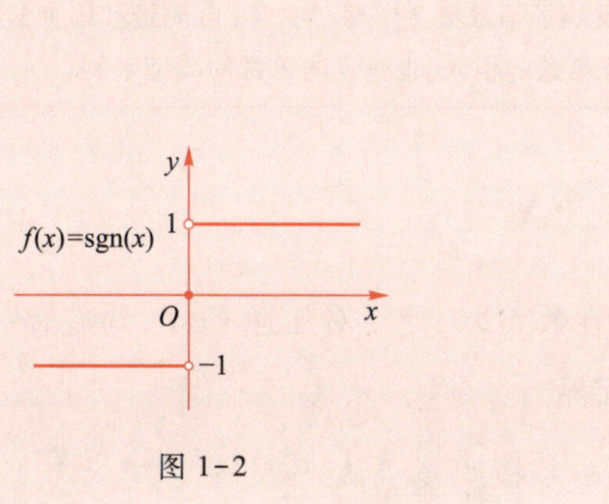

图 1-2

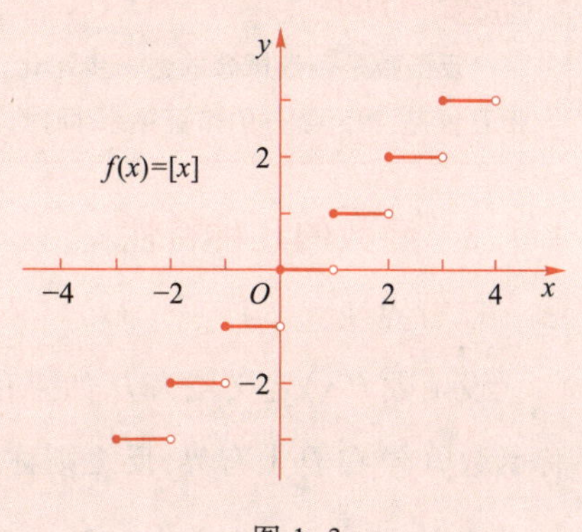

图 1-3

拾趣

想喝一杯现榨橙汁吗？让我们来动手制作吧．把一个橙子放入榨汁机，启动榨汁机，就可以得到一杯橙汁；如果想喝苹果汁，那么放入苹果就可以得到苹果汁．在榨汁机中放入不同的水果，就可以得到不同的果汁．在这个过程中，榨汁机有一个输入，就是水果．榨汁机实现了一个功能，将输入的水果榨成汁，输出就是果汁．

函数的英文是 function，意思就是功能，实现某种功能．可以将函数看成一个特殊的榨汁机（图 1-4），将输入的数进行处理，处理后得到一个新的数．由此可看出，函数有三个要素，一个是输入（对应函数的自变量），一个是榨汁机（对应法则），一个是输出（对应函数值）．

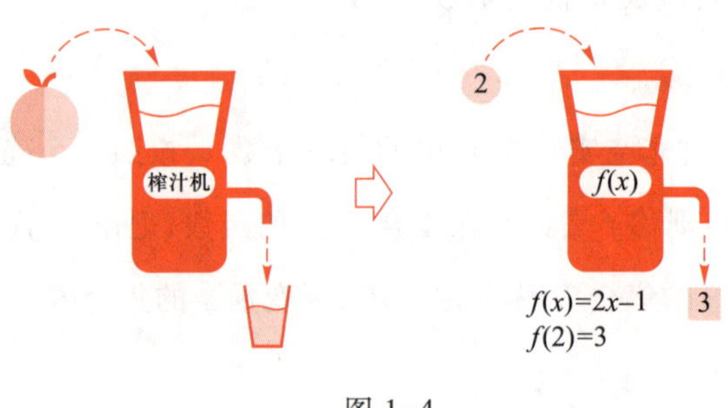

图 1-4

1.1.2 反函数

定义 1.2 设定义于数集 D 上的函数 $y=f(x)$ 的值域为实数集 $\mathbf{R}$．如果对于 $\mathbf{R}$ 中任一数 y，总有 D 中唯一确定的数 x 与它对应，使得 $f(x)=y$，则由此得到一个新的函数，称为函数 $y=f(x)$ 的反函数，记为 $x=f^{-1}(y)$．

由于习惯上自变量用 x 表示，因变量用 y 表示，于是函数 $y=f(x)$ 的反函数 $x=f^{-1}(y)$ 通常记为 $y=f^{-1}(x)$．显然，在同一直角坐标系下，函数 $y=f(x)$ 与其反函数 $y=f^{-1}(x)$ 的图形关于直线 $y=x$ 对称．

例 5 求函数 $y=2x-1$ 的反函数．

解 由 $y=2x-1$ 解出 $x=\frac{1}{2}(y+1)$，对换 x,y 便得 $y=2x-1$ 的反函数 $y=\frac{1}{2}(x+1)$．

启迪

反函数是函数概念的进一步深化，反映了函数概念中两个变量（自变量和因变量）既相互对立，又相互依存、相互统一的辩证关系．同时，反函数的引入，也是逆向思维的典型案例．

1.1.3 函数的几种特性

1. 有界性

设函数 $f(x)$ 定义域为 D．如果存在数 $M>0$，使得对任意 $x\in D$，均有 $|f(x)|\leqslant M$ 成立，则称函数 $f(x)$ 在 D 上有界，反之则称无界．

例如，函数 $y=\sin x$ 在 $(-\infty,+\infty)$ 内有 $|\sin x|\leqslant 1$，故函数 $y=\sin x$ 在 $(-\infty,+\infty)$ 内是有界的．又如，对于函数 $y=\tan x$，不存在正数 M，使得 $|\tan x|\leqslant M$ 在 $(-\infty,+\infty)$ 内成立，故函数

$y=\tan x$ 在$(-\infty,+\infty)$内是无界的.

2. 单调性

设函数 $f(x)$ 的定义域为 D.如果对于区间 $I=(a,b)\subset D$ 内任意两点 x_1 及 x_2,当 $x_1<x_2$ 时总有

(1) $f(x_1)<f(x_2)$,则称函数 $f(x)$ 在区间 I 上是单调增加的;区间(a,b)称为函数 $f(x)$ 的单调增加区间.

(2) $f(x_1)>f(x_2)$,则称函数 $f(x)$ 在区间 I 上是单调减少的;区间(a,b)称为函数 $f(x)$ 的单调减少区间.

单调增加和单调减少的函数统称为单调函数,单调增加区间和单调减少区间统称为单调区间.

例如,函数 $y=x^3$ 在$(-\infty,+\infty)$内单调增加;函数 $y=\sin x$ 在$\left(2k\pi-\frac{\pi}{2},2k\pi+\frac{\pi}{2}\right)$ $(k\in\mathbf{Z})$内单调增加,在$\left(2k\pi+\frac{\pi}{2},2k\pi+\frac{3\pi}{2}\right)$ $(k\in\mathbf{Z})$内单调减少.

3. 奇偶性

设函数 $f(x)$ 的定义域 D 关于原点对称.如果对于 D 内任一点 x 恒有

(1) $f(-x)=-f(x)$,则称函数 $f(x)$ 为 D 上的奇函数.

(2) $f(-x)=f(x)$,则称函数 $f(x)$ 为 D 上的偶函数.

偶函数的图形关于 y 轴对称,而奇函数的图形关于原点对称.如果函数 $f(x)$ 既不是奇函数又不是偶函数,则称为非奇非偶函数.

例如,函数 $y=\sin x$ 是奇函数,函数 $y=\cos x$ 是偶函数,而函数 $y=\sin x+\cos x$ 便是非奇非偶函数.

4. 周期性

设函数 $f(x)$ 的定义域为 D,如果存在一个正数 T,使得对于任一 $x\in D$,有$(x\pm T)\in D$,且 $f(x+T)=f(x)$,则称 $f(x)$ 为周期函数,T 称为 $f(x)$ 的周期.通常所说周期函数的周期是指其最小正周期.

例如,函数 $y=\sin x$,$y=\cos x$ 都是以 2π 为周期的周期函数,而函数 $y=\tan x$,$y=\cot x$ 则是以 π 为周期的周期函数.再如,狄利克雷(Dirichlet)函数 $D(x)=\begin{cases}1, x\in\mathbf{Q},\\0, x\in\mathbf{Q}^C\end{cases}$ 是周期函数,任何正有理数 r 都是它的周期,但无最小正周期.

1.1.4 初等函数

1. 基本初等函数

基本初等函数包括常值函数、幂函数、指数函数、对数函数、三角函数和反三角函数六大类,它们大部分是我们在中学阶段已经熟知的.其定义域、值域、性质和图形如下.

(1) 常值函数:$y=C$(C 为常数).

定义域为$(-\infty,+\infty)$,无论 x 取何值,函数值都是 $y=C$.其图形是过点$(0,C)$且平行于 x

轴的一条直线,它是偶函数.

(2) 幂函数:$y=x^{\mu}$(μ 为实常数).

定义域、值域随 μ 而定.当 $\mu>0$ 时,函数图形必过点(0,0)和(1,1),在$(0,+\infty)$内单调增加且无界;当 $\mu<0$ 时,函数图形必不过点(0,0),但过点(1,1),在$(0,+\infty)$内单调减少且无界,如图 1-5 所示.

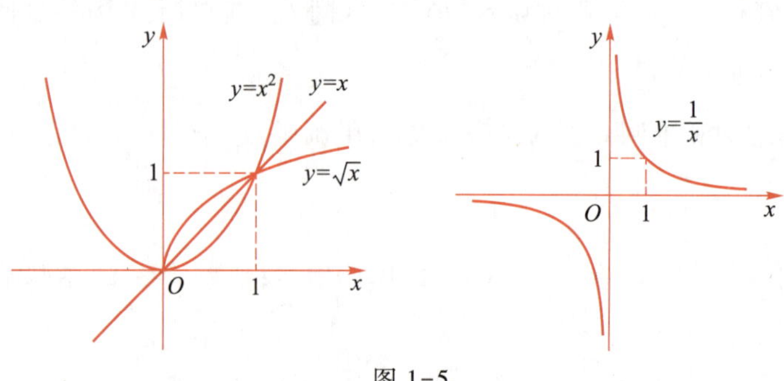

图 1-5

(3) 指数函数:$y=a^x$($a>0$ 且 $a\neq1$).

定义域为$(-\infty,+\infty)$,值域为$(0,+\infty)$,函数图形过点(0,1).当 $a>1$ 时,函数单调增加;当 $0<a<1$ 时,函数单调减少.$y=a^x$ 与 $y=a^{-x}$ 的图形关于 y 轴对称,如图 1-6 所示.常用的是以无理数 e = 2.718 281 8⋯为底的指数函数 $y=\mathrm{e}^x$.

(4) 对数函数:$y=\log_a x$($a>0$ 且 $a\neq1$).

对数函数 $y=\log_a x$ 是指数函数 $y=a^x$ 的反函数,其定义域为$(0,+\infty)$,值域为$(-\infty,+\infty)$,函数图形过点(1,0).当 $a>1$ 时,函数单调增加;当 $0<a<1$ 时,函数单调减少,如图 1-7 所示.常用的对数函数有 $y=\lg x$ 和 $y=\ln x$,$y=\lg x$ 是以 10 为底的对数函数,称为常用对数函数;$y=\ln x$ 是以 e 为底的对数函数,称为自然对数函数.

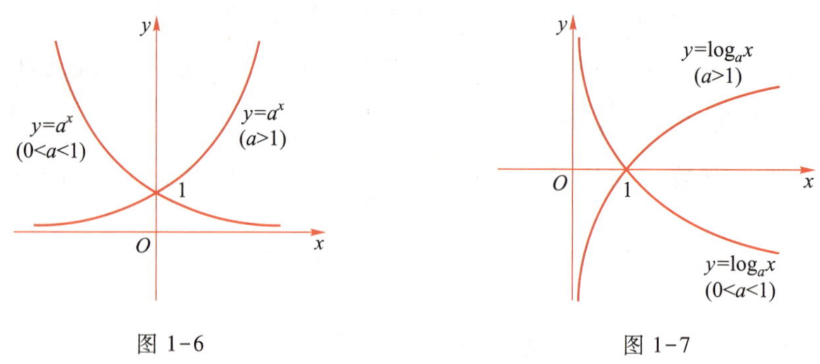

图 1-6　　图 1-7

(5) 三角函数:$y=\sin x$,$y=\cos x$,$y=\tan x$,$y=\cot x$,$y=\sec x$,$y=\csc x$ 等.

正弦函数 $y=\sin x$ 的定义域为$(-\infty,+\infty)$,值域为$[-1,1]$,是有界函数、奇函数和周期函数,周期 $T=2\pi$,在区间$\left[-\frac{\pi}{2},\frac{\pi}{2}\right]$上单调增加,如图 1-8 所示.

余弦函数 $y=\cos x$ 的定义域为$(-\infty,+\infty)$,值域为$[-1,1]$,是有界函数、偶函数和周期函数,周期 $T=2\pi$,在区间$[0,\pi]$上单调减少,如图 1-9 所示.

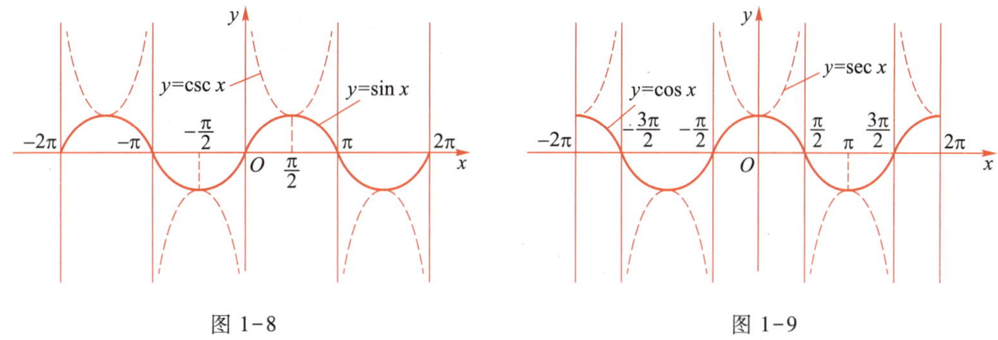

图 1-8　　　　图 1-9

正切函数 $y=\tan x$ 的定义域为 $x\neq k\pi+\dfrac{\pi}{2},k\in\mathbf{Z}$,值域为$(-\infty,+\infty)$,是奇函数和周期函数,周期 $T=\pi$,在区间$\left(-\dfrac{\pi}{2},\dfrac{\pi}{2}\right)$上单调增加,如图 1-10 所示.

余切函数 $y=\cot x$ 的定义域为 $x\neq k\pi,k\in\mathbf{Z}$,值域为$(-\infty,+\infty)$,是奇函数和周期函数,周期 $T=\pi$,在区间$(0,\pi)$上单调减少,如图 1-11 所示.正切函数和余切函数满足关系 $\tan x\cot x=1$.

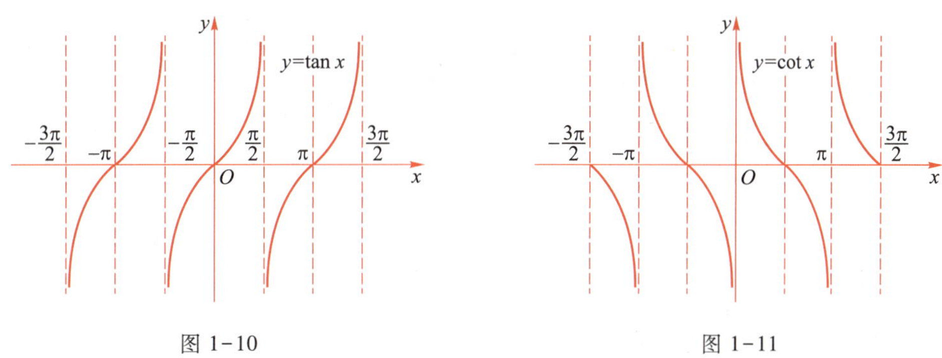

图 1-10　　　　图 1-11

正割函数 $y=\sec x$ 与余弦函数 $y=\cos x$ 满足关系 $\sec x\cos x=1$;余割函数 $y=\csc x$ 与正弦函数 $y=\sin x$ 满足关系 $\csc x\sin x=1$.因此 $y=\sec x=\dfrac{1}{\cos x}$,$y=\csc x=\dfrac{1}{\sin x}$.

$y=\sec x$ 与 $y=\csc x$ 的性质不做详细讨论,其图形分别如图 1-8 和图 1-9 所示.

(6) 反三角函数:$y=\arcsin x$,$y=\arccos x$,$y=\arctan x$,$y=\operatorname{arccot} x$ 等.

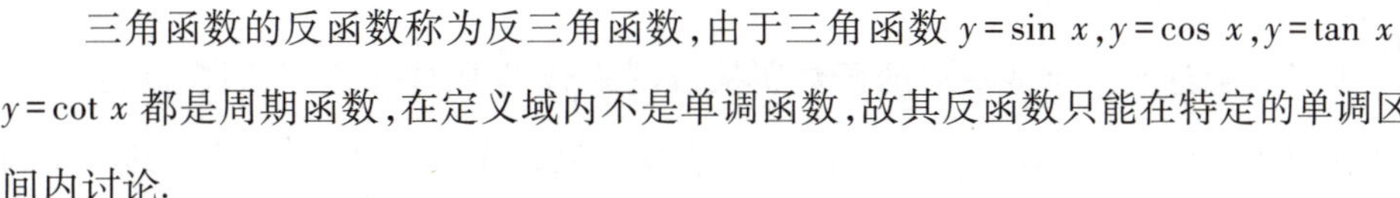

三角函数的反函数称为反三角函数,由于三角函数 $y=\sin x$,$y=\cos x$,$y=\tan x$,$y=\cot x$ 都是周期函数,在定义域内不是单调函数,故其反函数只能在特定的单调区间内讨论.

文档:反三角函数

反正弦函数 $y=\arcsin x$ 的定义域为$[-1,1]$,值域为$\left[-\dfrac{\pi}{2},\dfrac{\pi}{2}\right]$,是奇函数、有界函数,在定义域内单调增加,如图 1-12 所示.

反余弦函数 $y=\arccos x$ 的定义域为$[-1,1]$,值域为$[0,\pi]$,是有界函数,在定义域内单调减少,如图 1-13 所示.

反正切函数 $y=\arctan x$ 的定义域为$(-\infty,+\infty)$,值域为$\left(-\dfrac{\pi}{2},\dfrac{\pi}{2}\right)$,是奇函数、有界函数,在定义域内单调增加,如图 1-14 所示.

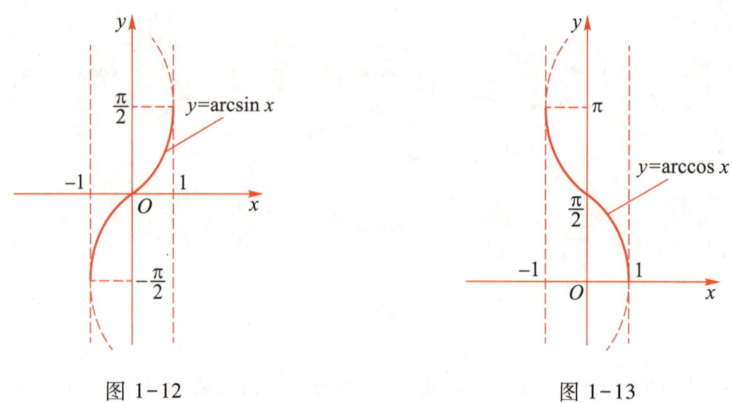

图 1-12　　　　图 1-13

反余切函数 $y=\operatorname{arccot} x$ 的定义域为 $(-\infty,+\infty)$，值域为 $(0,\pi)$，是有界函数，在定义域内单调减少，如图 1-15 所示.

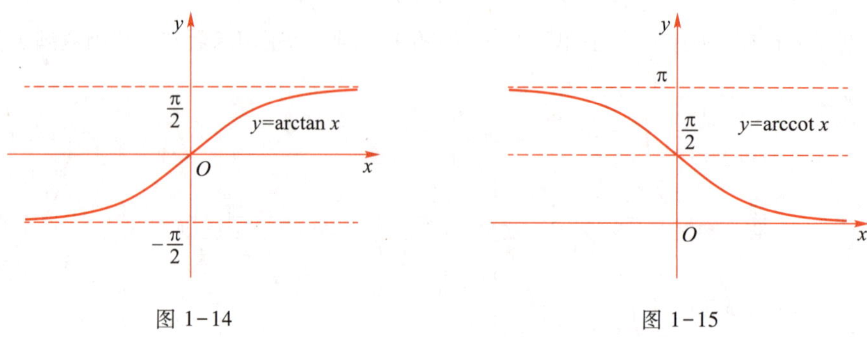

图 1-14　　　　图 1-15

2. 复合函数

先来看一个例子.在大海中，一艘游轮发生了原油泄漏，海面上泄漏的原油呈圆状向四周扩散，此时扩散面积 A 是圆半径 R 的函数，而半径 R 是随时间 t 而变化的，这样，面积 A 与时间 t 之间经由半径 R 构成了一种复合函数关系.

定义 1.3　设 $y=f(u)$ 是 u 的函数，$u=g(x)$ 是 x 的函数.如果 $g(x)$ 的值域与 $f(u)$ 的定义域的交集非空，则 y 通过中间变量 u 构成了 x 的函数，称为由函数 $y=f(u)$ 和 $u=g(x)$ 构成的复合函数，记为 $y=f[g(x)]$.

有时也会遇到三个或更多的函数所构成的复合函数，只要它们顺次满足构成复合函数的条件.如由函数 $y=\mathrm{e}^u$，$u=\sin v$ 和 $v=2x^2+1$ 便可复合成函数 $y=\mathrm{e}^{\sin(2x^2+1)}$，其中 u 和 v 都是中间变量.

3. 初等函数

由基本初等函数经过有限次的四则运算和有限次的函数复合运算所构成，并可用一个解析式表示的函数，称为初等函数.

例如，$y=\sqrt{x^2+1}+\sin x$，$y=\dfrac{3\tan x+\ln x^2}{x^2-1}$ 都是初等函数.本书所讨论的函数除分段函数外，基本上都是初等函数.

应用与实践

案例 1 在国家全面推进乡村振兴战略下，某山区茶叶产业成为当地农村致富的支柱产业之一.设某茶场有采茶工 30 人，每人每天采鲜茶叶炒青 12 kg 或毛尖 3 kg，若安排 x 人采炒青，试求采茶总量 y(kg)与 x(人)之间的函数关系式.

解 由题意可得 $y=12x+(30-x)\cdot 3$，采茶总量 y 与 x 之间的函数关系式为 $y=9x+90$.

案例 2 已知汽车刹车后轮胎摩擦的痕迹长 s(m)与车速 v(km/h)的平方成正比，又测得当车速为 40 km/h 时刹车痕迹长为$\dfrac{16}{3}$ m.求刹车痕迹长 s 与车速 v 的函数关系.

解 由题意可设 $s=kv^2$.当 $v=40$ 时 $s=\dfrac{16}{3}$.故 $1\,600k=\dfrac{16}{3}$，即得 $k=\dfrac{1}{300}$.所以，刹车痕迹长与车速的函数关系为 $s=\dfrac{1}{300}v^2$.

案例 3 为了扶持大学生自主创业，某市提供了 80 万元无息贷款，用于某大学生开办公司生产并销售自主研发的一种电子产品，并约定用该公司经营的利润逐步偿还无息贷款.该产品每月销售量 y(万件)与销售单价 x(元)之间的函数关系如图 1-16 所示，求月销售量与销售单价的函数关系式.

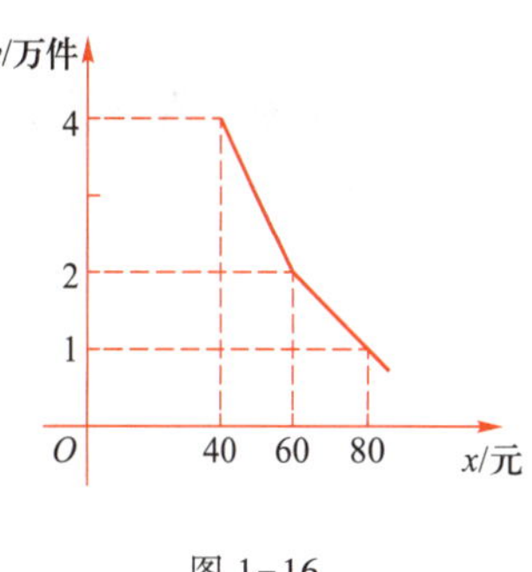

图 1-16

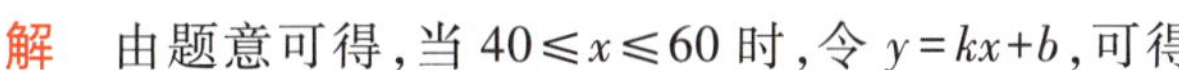

解 由题意可得，当 $40\leqslant x\leqslant 60$ 时，令 $y=kx+b$，可得

$$\begin{cases}4=40k+b,\\2=60k+b,\end{cases}\text{解得}\begin{cases}k=-\dfrac{1}{10},\\b=8,\end{cases}$$

故 $y=-\dfrac{1}{10}x+8$.

同理，当 $x>60$ 时，$y=-\dfrac{1}{20}x+5$.

故月销售量与销售单价的函数关系式为

$$y=\begin{cases}-\dfrac{1}{10}x+8,\ 40\leqslant x\leqslant 60,\\-\dfrac{1}{20}x+5,\ x>60.\end{cases}$$

案例 4 人工智能和机器学习领域，常需进行“分类”学习，将研究对象分为“好”与“坏”、“正品”与“次品”、“正类”与“反类”等，并利用阶跃函数将分类输出标记为值“0”或“1”.比如，已在多学科得到交叉应用的神经网络通过模拟生物神经系统对真实世界物体做出交互反应.神经网络中最基本的成分是神经元模型.每个神经元与其他神经元相连，当它“兴奋”时，就会向相连的神经元发送化学物质，从而改变这些神经元内的电位.如果某神经元的电位超过一个“阈值”，那么它就会被激活即“兴奋”起来，并向其他神经元发送化学物质，如图 1-17 所示.所有神经元互相影响、互为输入输出、互为因果、互相激活、互相抑制，形成一张网，如图 1-18 所示.

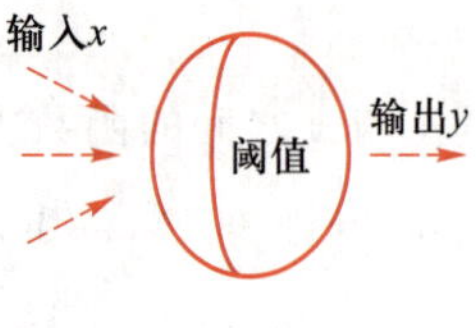

图 1-17　神经元模型

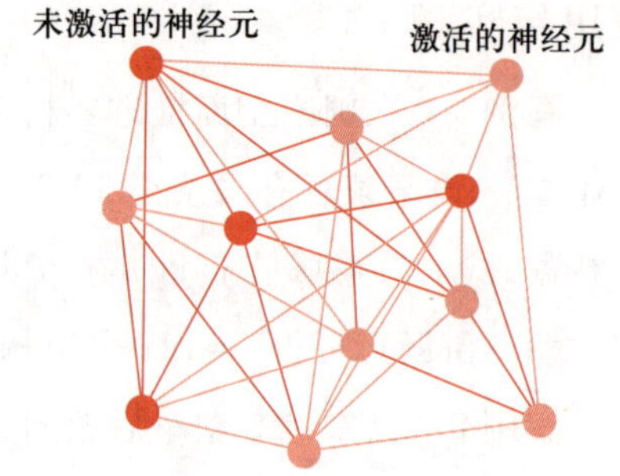

图 1-18　神经元网络

神经元接收到的输入值与其阈值进行比较，然后通过“激活函数”进行处理并产生神经元的输出.理想的激活函数是如图 1-19 所示的单位阶跃函数或赫维赛德（Heaviside）函数：

$$y=H(x)=\begin{cases}1, & x\geqslant 0;\\ 0, & x<0.\end{cases}$$

它将输入值映射为输出值“0”或“1”，其中“1”对应于神经元兴奋，“0”对应于神经元抑制.当然，由于阶跃函数不连续、不光滑，因此实际中常用逻辑斯谛函数（图 1-20）：

$$y=\frac{1}{1+\mathrm{e}^{-x}}.$$

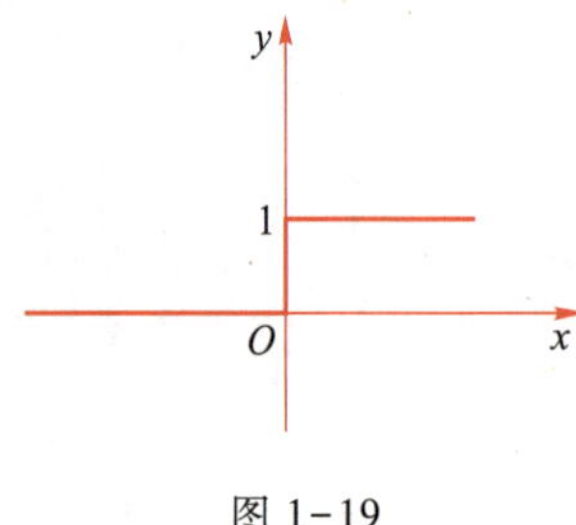

图 1-19

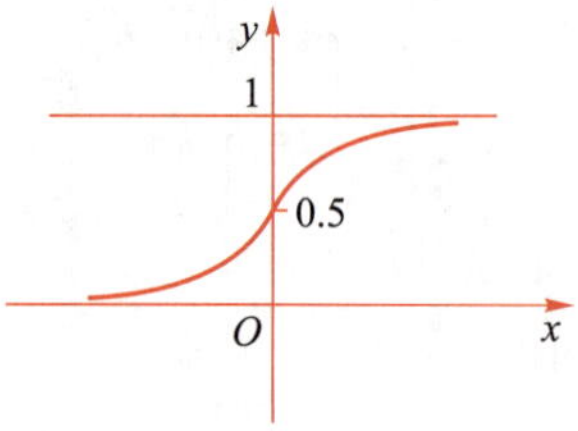

图 1-20

能力训练 1.1

1. 求下列函数的定义域：

（1）$y=\dfrac{1}{x^2-1}$；　　（2）$y=\sqrt{2-x^2}$；

（3）$y=\arcsin(x-2)$；　　（4）$y=\ln(x^2-1)+\sqrt{3-x}$.

2. 下列各题中函数 $f(x)$ 和 $g(x)$ 是否相同？为什么？

（1）$f(x)=1, g(x)=\dfrac{x}{x}$；　　（2）$f(x)=\lg x^2, g(x)=2\lg x$；

（3）$f(x)=x, g(x)=\sqrt{x^2}$.

3. 已知函数$f(x)=\begin{cases}2x+1, x<-1,\\ x^2-1, -1\leqslant x\leqslant 1,\\ -3x+2, x\geqslant 1.\end{cases}$ 求$f(-2)$,$f(0)$,$f\left(\frac{\sqrt{2}}{2}\right)$,$f(\sqrt{e})$.

4. 已知函数$f(x)=\begin{cases}1, & |x|<1,\\ 0, & |x|=1,\\ -1, & |x|>1,\end{cases}$ $g(x)=e^x$.求$f[g(x)]$和$g[f(x)]$.

5. 指出下列复合函数的复合步骤:

(1) $y=e^{\sin x}$;　　(2) $y=\sin^3(\sqrt{x}-1)$;

(3) $y=\sqrt[3]{\ln(x^2-1)}$;　　(4) $y=\cos e^{\arcsin x}$;

(5) $y=\sin x^2$;　　(6) $y=\sin^2 x$.

6. 某型号手机价格为1 000元/部时能卖出15部,当价格为800元/部时,能卖出20部.已知手机的价格高低与其需求量是线性关系,试建立该型号手机的需求量与价格之间的函数关系.

7. 某厂家在电商平台做促销活动,规定购买5件以内(包括5件)时按每件40元销售,超过5件时,超过部分每件优惠10元.试建立销售收入与销售量之间的函数关系.

8. 上海磁悬浮列车工程西起龙阳路站,东至浦东国际机场,全线长35 km.已知运行中磁悬浮列车每小时所需的能源费用(万元)和列车速度v(km/h)的立方成正比,当速度为100 km/h时,能源费用是每小时0.04万元,其余费用(与速度无关)是每小时5.12万元,已知最大速度不超过C(km/h)(C为常数,$0<C\leqslant 500$).求列车运行全程所需的总费用y与列车速度v的函数关系,并求该函数的定义域.

§1.2 极限的概念与计算

情景与问题

李白的诗《黄鹤楼送孟浩然之广陵》中“孤帆远影碧空尽”描述了诗人看着朋友的小船渐行渐远,越来越小,最终消失的情景.这里描述的就是船帆的无限变化过程,也就是本节所学的极限.

引例1 中国古代哲学家庄周在《庄子·天下篇》中引述惠施的话:“一尺之棰,日取其半,万世不竭.”

分析 这句话的意思是指一尺的木棒,第一天取它的一半,即$\frac{1}{2}$尺;第二天再取剩下的一半,即$\frac{1}{4}$尺;第三天再取第二天剩下的一半,即$\frac{1}{8}$尺……这样一天天地取下去,木棒永远也取不完.

实际上，每天截取后剩余的木棒的长度为(单位为尺)：

第 1 天剩下$\frac{1}{2}$；第 2 天剩下$\frac{1}{2^2}=\frac{1}{4}$；第 3 天剩下$\frac{1}{2^3}=\frac{1}{8}$；……；第 n 天剩下$\frac{1}{2^n}$；…….

这样，就得到一列数$\frac{1}{2}$，$\frac{1}{2^2}$，…，$\frac{1}{2^n}$，….这一列数构成一个数列.

显然，随着时间的推移，剩下的木棒的长度越来越短，且当天数 n 无限增大时，剩下的木棒的长度将越来越接近于 0.

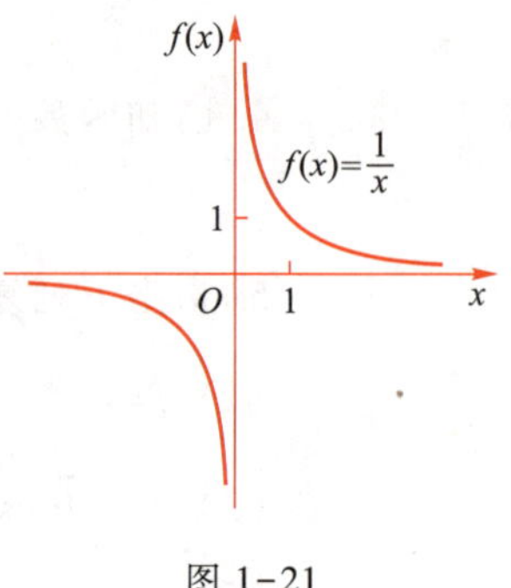

图 1-21

引例 2　函数 $f(x)=\frac{1}{x}$的图像如图 1-21 所示，取值如表 1-3 所示.

表 1-3

x	1	10	100	1 000	10 000	100 000	1 000 000	…	$\to+\infty$
$f(x)$	1	0.1	0.01	0.001	0.000 1	0.000 01	0.000 001	…	$\to 0$
$\|f(x)-0\|$	1	0.1	0.01	0.001	0.000 1	0.000 01	0.000 001	…	$\to 0$
x	-1	-10	-100	-1 000	-10 000	-100 000	-1 000 000	…	$\to-\infty$
$f(x)$	-1	-0.1	-0.01	-0.001	-0.000 1	-0.000 01	-0.000 001	…	$\to 0$
$\|f(x)-0\|$	1	0.1	0.01	0.001	0.000 1	0.000 01	0.000 001	…	$\to 0$

分析　观察 $f(x)=\frac{1}{x}$的图像和数据的变化可以看出，当 x 越来越大时，函数 $f(x)=\frac{1}{x}$的值越来越接近于 0，当 x 越来越小时，函数 $f(x)=\frac{1}{x}$的值也越来越接近于 0.

引例 3　一个人沿直线走向路灯的正下方，目标总是灯的正下方那一点，那么人影长度会如何变化呢？如图 1-22 所示，设 H 为路灯的高度，h 为人的高度，x 为人离目标的距离，y 为人影长度.

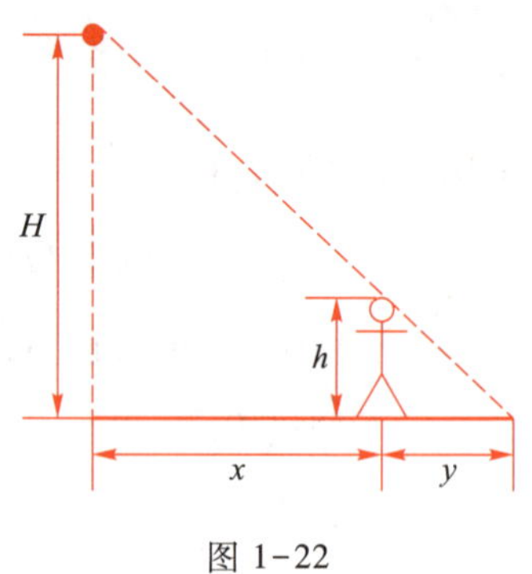

图 1-22

分析　由$\frac{h}{H}=\frac{y}{x+y}$解出人影长度为 $y=\frac{h}{H-h}x$，其中$\frac{h}{H-h}$是常数.显然，当人越来越接近目标时，即当 x 越来越接近 0 时，人影长度 $y=\frac{h}{H-h}x$ 也越来越接近 0.

引例 4　中国 3 世纪中期，魏晋时期杰出的数学家刘徽首创割圆术.所谓割圆术，就是不断倍增圆内接正多边形的边数求出圆周率的方法，刘徽在割圆术中提出的“割之弥细，所失弥少，割之又割，以至于不可割，则与圆周合体而无所失矣”，可视为中国古代极限概念的佳作.

刘徽把圆内接正多边形的周长一直算到了正 3 072 边形，并由此求出圆周率为 3. 141 5 和 3. 141 6 这两个近似数值.这个结果是当时世界上圆周率计算的最精确的数据.到了南北朝时期，祖冲之在刘徽的这一基础上继续努力，终于使圆周率精确到了小数点以后的第七位.在西方，这个成绩由法国数学家韦达于 1593 年取得，比祖冲之晚了一千一百多年.

刘徽

图 1-23

观察以上各例，可以看出它们有一个共同点，在某变化过程中的两个变量，当其中一个变量向着某个方向无限趋近时，另一个变量无限趋近某个常数，这就是接下来将要介绍的极限.

1.2.1 数列的极限

微课：数列的极限

首先来看一下数列的定义.

定义 1.4 按照自然顺序排列的一列数

$$x_1, x_2, x_3, \cdots, x_n, \cdots$$

称为无穷数列，简称数列，记为 $\{x_n\}$.数列中每一个数称为数列的项，x_n 称为数列的通项.

例如，在引例 1 中，$\frac{1}{2}, \frac{1}{2^2}, \cdots, \frac{1}{2^n}, \cdots$ 是一个数列，通项 $x_n = \frac{1}{2^n}$，数列可以记为 $\left\{\frac{1}{2^n}\right\}$.

又如：

(1) 数列 $1, \frac{1}{2}, \frac{1}{3}, \frac{1}{4}, \cdots, \frac{1}{n}, \cdots$，通项 $x_n = \frac{1}{n}$，数列记为 $\left\{\frac{1}{n}\right\}$；

(2) 数列 $2, 4, 8, \cdots, 2^n, \cdots$，通项 $x_n = 2^n$，数列记为 $\{2^n\}$.

数列 $\{x_n\}$ 可以理解为以正整数 n 为自变量的函数，从而可以写成

$$x_n = f(n) \quad (n = 1, 2, 3, \cdots).$$

因此，又可以称数列为整标函数，自变量取正整数 n，即定义域为正整数集，x_n 为因变量.

所谓数列的极限，就是讨论数列 $\{x_n\}$ 的通项 x_n，当 n 无限增大时的变化趋势，特别的，是否有趋向于某个固定常数的变化趋势.具体定义如下：

定义 1.5 对于数列 $\{x_n\}$，如果当 n 无限增大时，x_n 无限趋近于一个常数 A，则称当 $n \to \infty$ 时，数列 $\{x_n\}$ 以 A 为极限，记为

$$\lim_{n \to \infty} x_n = A \quad 或 \quad x_n \to A \quad (n \to \infty).$$

这时也称数列 $\{x_n\}$ 收敛于 A.如果数列没有极限，就称数列是发散的.

例如，对于引例 1 中的数列 $\frac{1}{2}, \frac{1}{2^2}, \cdots, \frac{1}{2^n}, \cdots$，由前面分析可知，当 $n \to \infty$ 时，数列 $\left\{\frac{1}{2^n}\right\}$ 以 0 为极限，即 $\lim\limits_{n \to \infty} \frac{1}{2^n} = 0$.

观察可知，$\lim\limits_{n \to \infty} \frac{n}{n+1} = 1$，$\lim\limits_{n \to \infty} \frac{1}{n^a} = 0 (a > 0)$，$\lim\limits_{n \to \infty} \frac{(-1)^n}{n} = 0$，而数列 $\left\{\frac{(-1)^n}{2}\right\}$ 发散.

注意：观察一个数列$\{x_n\}$极限是否存在，主要是考察当 n 无限增大时，x_n 的变化趋势（是否与某一个确定的常数越来越接近了），而与$\{x_n\}$前有限项的取值无关.

1.2.2 函数的极限

微课：函数极限的概念

上面讨论了数列的极限，数列可看作自变量为正整数的特殊函数，将这种特殊的极限概念推广，便可得到一般函数的极限概念.

1. $x\to\infty$ 时，函数 $f(x)$ 的极限

定义 1.6 设函数 $y=f(x)$ 在 $|x|$ 大于某一正数时有定义.若当 x 的绝对值无限增大（即 $x\to\infty$）时，函数 $f(x)$ 无限趋近于一个确定的常数 A，那么称 A 为函数 $f(x)$ 当 $x\to\infty$ 时的极限，记作

$$\lim_{x\to\infty} f(x)=A \text{ 或当 } x\to\infty \text{ 时 } f(x)\to A.$$

在定义中，如果只考虑 $x\to+\infty$ 的情形，则相应极限可记为

$$\lim_{x\to+\infty} f(x)=A \text{ 或当 } x\to+\infty \text{ 时 } f(x)\to A;$$

如果只考虑 $x\to-\infty$ 的情形，则相应极限可记为

$$\lim_{x\to-\infty} f(x)=A \text{ 或当 } x\to-\infty \text{ 时 } f(x)\to A.$$

例如，在引例 2 中，易得

$$\lim_{x\to-\infty}\frac{1}{x}=\lim_{x\to+\infty}\frac{1}{x}=\lim_{x\to\infty}\frac{1}{x}=0.$$

又如，考察函数 $y=\arctan x$ 当 $x\to+\infty$，$x\to-\infty$ 及 $x\to\infty$ 时的极限.观察图 1-14 易证

$$\lim_{x\to-\infty}\arctan x=-\frac{\pi}{2},\ \lim_{x\to+\infty}\arctan x=\frac{\pi}{2},$$

因为当 $x\to+\infty$ 和 $x\to-\infty$ 时，函数 $y=\arctan x$ 不是无限趋近于同一个确定的常数，所以 $\lim\limits_{x\to\infty}\arctan x$ 不存在.

综合上例及引例 2 又可得到如下结论：

定理 1.1 $\lim\limits_{x\to\infty} f(x)$ 存在的充分必要条件是 $\lim\limits_{x\to+\infty} f(x)$ 与 $\lim\limits_{x\to-\infty} f(x)$ 都存在并且相等.

即
$$\lim_{x\to\infty} f(x)=A \Leftrightarrow \lim_{x\to+\infty} f(x)=\lim_{x\to-\infty} f(x)=A.$$

由定理 1.1 可知，$\lim\limits_{x\to-\infty} f(x)$ 与 $\lim\limits_{x\to+\infty} f(x)$ 中只要有一个不存在，或虽然两个都存在但不相等，则 $\lim\limits_{x\to\infty} f(x)$ 不存在.

2. $x\to x_0$ 时，函数 $f(x)$ 的极限

定义 1.7 设函数 $f(x)$ 在点 x_0 的某去心邻域①内有定义.若当 x 无限接近于 x_0（$x\neq x_0$）时，函数值 $f(x)$ 无限趋近于一个确定的常数 A，则 A 称为函数 $f(x)$ 当 $x\to x_0$ 时的极限，

---

① 邻域：以 x_0 为中心的任意开区间 $(x_0-\delta,x_0+\delta)$，其中 δ 是任意大于 0 的正数，称为 x_0 的 δ 邻域，记作 $U(x_0)$；x_0 的去心邻域指的是 x_0 的邻域中不包含 x_0 的集合.

记作

$$\lim_{x \to x_0} f(x)=A \text{ 或当 } x\to x_0 \text{ 时 } f(x)\to A.$$

例 1　讨论极限$\lim\limits_{x\to 1}\dfrac{x^2-1}{x-1}$.

解　函数的定义域为$(-\infty,1)\cup(1,+\infty)$，即$x=1$时函数无意义.函数的变化情况如表1-4所示.

表 1-4

x	0.1	0.3	0.7	0.8	0.9	0.95	→1←…	1.1	1.3	1.5
$f(x)=\dfrac{x^2-1}{x-1}$	1.1	1.3	1.7	1.8	1.9	1.95	→2←…	2.1	2.3	2.5

从上表可看出，无论x是从左侧还是从右侧无限趋近1时，$f(x)$都趋近于2，易证$\lim\limits_{x\to 1}\dfrac{x^2-1}{x-1}=2$，而$f(1)$无意义.由此可见，极限$\lim\limits_{x\to x_0}f(x)$存在与否与$f(x)$在点$x_0$是否有意义无关.进一步，即使$f(x)$在点$x_0$有意义，但极限$\lim\limits_{x\to x_0}f(x)$存在时其值的大小与$f(x_0)$的大小也无关.

3. 函数的单侧极限

有时，会只需或只能考虑x从x_0的左侧或右侧趋近于x_0时，函数$f(x)$的变化趋势.当x从x_0的左侧($x<x_0$的方向)趋近于x_0时，记为$x\to x_0^-$；而当x从x_0的右侧($x>x_0$的方向)趋近于x_0时，记为$x\to x_0^+$.

定义 1.8　设函数$f(x)$在点x_0的邻域有定义，如果当$x\to x_0^-$时，函数$f(x)$无限趋近于一个确定的常数A，那么A就称为函数$f(x)$当$x\to x_0$时的左极限，记作

$$\lim_{x\to x_0^-}f(x)=A \quad 或 \quad f(x_0-0)=A.$$

如果当$x\to x_0^+$时，函数$f(x)$无限趋近于一个确定的常数A，那么A就叫作函数$f(x)$当$x\to x_0$时的右极限，记为

$$\lim_{x\to x_0^+}f(x)=A \quad 或 \quad f(x_0+0)=A.$$

左极限与右极限统称为单侧极限.

例如，在例1中，已求得$\lim\limits_{x\to 1}\dfrac{x^2-1}{x-1}=2$，由表1-4又可求得$\lim\limits_{x\to 1^-}\dfrac{x^2-1}{x-1}=2$，$\lim\limits_{x\to 1^+}\dfrac{x^2-1}{x-1}=2$，不难看出$\lim\limits_{x\to 1^-}\dfrac{x^2-1}{x-1}=\lim\limits_{x\to 1^+}\dfrac{x^2-1}{x-1}=\lim\limits_{x\to 1}\dfrac{x^2-1}{x-1}=2$.

综合上述定义，不难证明：$\lim\limits_{x\to x_0}f(x)$存在的充要条件是$\lim\limits_{x\to x_0^-}f(x)$和$\lim\limits_{x\to x_0^+}f(x)$都存在且相

等.即
$$\lim_{x\to x_0} f(x)=A \Leftrightarrow \lim_{x\to x_0^-} f(x)=\lim_{x\to x_0^+} f(x)=A.$$

特殊的,由极限定义,易证在自变量某一变化过程中,
$$\lim C=C(C\text{为常量}),\quad \lim_{x\to x_0} x=x_0.$$

例 2 考察符号函数 $\operatorname{sgn} x=\begin{cases}-1, x<0,\\ 0, x=0,\\ 1, x>0\end{cases}$ 在 $x=0$ 处的极限.

解 显然 $\lim\limits_{x\to 0^-}\operatorname{sgn} x=-1$,$\lim\limits_{x\to 0^+}\operatorname{sgn} x=1$.由于 $\lim\limits_{x\to 0^-}\operatorname{sgn} x\neq\lim\limits_{x\to 0^+}\operatorname{sgn} x$,所以 $\lim\limits_{x\to 0}\operatorname{sgn} x$ 不存在.

想一想

无论是定义数列极限还是函数极限,有两点非常值得体会.其一,自变量无限增大或无限接近于 x_0,那么何为无限增大或无限接近呢?其二,在自变量变化过程中,函数(或数列)无限趋近于某定值,便定义相应极限.那么又应如何解释"无限趋近"呢?什么程度才算"无限趋近"呢?有没有评判标准呢?

要回答上述问题,就需要对极限定义进行更深入的研究.这便涉及极限的直观定义和精确定义.欢迎有兴趣的读者结合极限发展史进行探究.

微课:极限的运算法则

1.2.3 极限的四则运算法则

前面求得了一些较简单函数的极限,为了求较复杂函数的极限,下面引入极限的四则运算法则.

定理 1.2 在自变量的同一变化过程中,设 $\lim f(x)=A$,$\lim g(x)=B$,则

(1) $\lim[f(x)\pm g(x)]=\lim f(x)\pm\lim g(x)=A\pm B$;

(2) $\lim[f(x)\cdot g(x)]=\lim f(x)\cdot\lim g(x)=A\cdot B$;

特别地,$\lim Cf(x)=C\lim f(x)=CA$(C 为常数);

$$\lim[f(x)]^n=[\lim f(x)]^n=A^n\quad(n\in\mathbf{Z}^+).$$

(3) $\lim\dfrac{f(x)}{g(x)}=\dfrac{\lim f(x)}{\lim g(x)}=\dfrac{A}{B}(B\neq 0)$.

定理 1.2 中的法则(1)(2)均可推广到有限个函数的情形.例如,若 $\lim f(x)$,$\lim g(x)$,$\lim h(x)$ 都存在,则有
$$\lim[f(x)\pm g(x)\pm h(x)]=\lim f(x)\pm\lim g(x)\pm\lim h(x);$$
$$\lim[f(x)\cdot g(x)\cdot h(x)]=\lim f(x)\cdot\lim g(x)\cdot\lim h(x).$$

例 3 求 $\lim\limits_{x\to 0}(x^2+2x+3)$.

解 $\lim\limits_{x\to 0}(x^2+2x+3)=\lim\limits_{x\to 0}x^2+\lim\limits_{x\to 0}2x+\lim\limits_{x\to 0}3=3$.

例 4 求$\lim\limits_{x \to 0} \dfrac{x^2-3x+1}{x+2}$.

解 因为分母极限$\lim\limits_{x\to 0}(x+2)=0+2=2\neq 0$,可直接应用法则(3),所以有

$$\lim_{x\to 0}\frac{x^2-3x+1}{x+2}=\frac{\lim\limits_{x\to 0}(x^2-3x+1)}{\lim\limits_{x\to 0}(x+2)}=\frac{0^2-3\times 0+1}{0+2}=\frac{1}{2}.$$

例 5 求下列极限:

(1) $\lim\limits_{x\to -2}\dfrac{x^2-4}{x+2}$; (2) $\lim\limits_{x\to 0}\dfrac{\sqrt{x+9}-3}{x}$; (3) $\lim\limits_{x\to\infty}\dfrac{x^2+1}{x^2-3x+2}$.

解 (1) $x\to -2$ 时,分母的极限为零,这时不能应用法则(3).但在 $x\to -2$ 的过程中,由于 $x\neq -2$,即 $x+2\neq 0$,而分子及分母有公因式 $x+2$,故在分式中可以约去不为零的公因式,所以

$$\lim_{x\to -2}\frac{x^2-4}{x+2}=\lim_{x\to -2}\frac{(x-2)(x+2)}{x+2}=\lim_{x\to -2}(x-2)=-4.$$

(2) $x\to 0$ 时,分子、分母的极限都为零,这时不能应用法则(3).但分子中含有根号,可以先将分子有理化,再进行计算,所以

$$\lim_{x\to 0}\frac{\sqrt{x+9}-3}{x}=\lim_{x\to 0}\frac{(\sqrt{x+9}-3)\cdot(\sqrt{x+9}+3)}{x\cdot(\sqrt{x+9}+3)}=\lim_{x\to 0}\frac{x+9-9}{x\cdot(\sqrt{x+9}+3)}$$
$$=\lim_{x\to 0}\frac{1}{\sqrt{x+9}+3}=\frac{1}{6}.$$

(3) $x\to\infty$ 时,分子、分母都趋于 ∞,可将分子、分母同除以 x 的最高次方,再进行计算,所以

$$\lim_{x\to\infty}\frac{x^2+1}{x^2-3x+2}=\lim_{x\to\infty}\frac{1+\dfrac{1}{x^2}}{1-\dfrac{3}{x}+\dfrac{2}{x^2}}=\frac{1}{1}=1.$$

1.2.4 两个重要极限

微课:第一个重要极限

1. $\lim\limits_{x\to 0}\dfrac{\sin x}{x}=1$.

观察函数$\dfrac{\sin x}{x}$在点 $x=0$ 邻近随 x 的变化而变化情况(表 1-5).

表 1-5

x	±0. 5	±0. 3	±0. 1	±0. 01	±0. 001	±0. 000 1	…
$\dfrac{\sin x}{x}$	0. 958 851 1	0. 985 067 4	0. 998 334 2	0. 999 983 3	0. 999 999 833	0. 999 999 998 33	…

从表 1-5 可看出,当 x 无限趋近于 0 时,函数$\dfrac{\sin x}{x}$的值无限趋近于 1.可以证明

$$\lim_{x\to 0}\frac{\sin x}{x}=1.$$

例 6 求 $\lim\limits_{x\to 0}\frac{\tan x}{x}$.

解 $\lim\limits_{x\to 0}\frac{\tan x}{x}=\lim\limits_{x\to 0}\left(\frac{\sin x}{x}\cdot\frac{1}{\cos x}\right)=\lim\limits_{x\to 0}\frac{1}{\cos x}=1.$

例 7 求 $\lim\limits_{x\to 0}\frac{\sin 3x}{2x}$.

解 $\lim\limits_{x\to 0}\frac{\sin 3x}{2x}=\lim\limits_{x\to 0}\left(\frac{3}{2}\cdot\frac{\sin 3x}{3x}\right)=\frac{3}{2}\lim\limits_{x\to 0}\frac{\sin 3x}{3x}=\frac{3}{2}.$

例 8 求 $\lim\limits_{x\to 0}\frac{1-\cos x}{x^2}$.

解 $\lim\limits_{x\to 0}\frac{1-\cos x}{x^2}=\lim\limits_{x\to 0}\frac{2\sin^2\frac{x}{2}}{x^2}=\frac{1}{2}\lim\limits_{x\to 0}\left(\frac{\sin\frac{x}{2}}{\frac{x}{2}}\right)^2=\frac{1}{2}.$

微课：第二个重要极限

2. $\lim\limits_{x\to\infty}\left(1+\frac{1}{x}\right)^x=\mathrm{e}$.

在 $x\to\infty$ 时函数 $f(x)=\left(1+\frac{1}{x}\right)^x$ 的取值变化如表 1-6 所示.

表 1-6

x	10	50	100	1 000	10 000	100 000	1 000 000	10 000 000	…
y	2. 593 742	2. 691 588	2. 704 814	2. 716 924	2. 718 146	2. 718 268	2. 718 280	2. 718 281	…
x	-10	-50	-100	-1 000	-10 000	-100 000	-1 000 000	-10 000 000	…
y	2. 867 972	2. 745 973	2. 731 999	2. 719 642	2. 718 418	2. 718 295	2. 718 283	2. 718 281	…

从表 1-6 可看出，当 $x\to+\infty$ 或 $x\to-\infty$ 时函数 $f(x)=\left(1+\frac{1}{x}\right)^x$ 的极限都存在，这个极限记为 e.即

$$\lim_{x\to\infty}\left(1+\frac{1}{x}\right)^x=\mathrm{e}.$$

计算表明 e=2. 718 281 828 459 045….它是瑞士数学家欧拉(Euler)于 1748 年最先引入的.在第一节中提到的指数函数 $y=\mathrm{e}^x$ 以及自然对数 $y=\ln x$ 中的底 e 就是这个常数.

令 $\frac{1}{x}=u$，还可以得到其等价形式

$$\lim_{x\to 0}(1+x)^{\frac{1}{x}}=\mathrm{e}.$$

例 9 求$\lim\limits_{x\to\infty}\left(1+\dfrac{2}{x}\right)^x$.

解 令$\dfrac{x}{2}=t$,则当 $x\to\infty$ 时,$t\to\infty$,于是

$$\lim_{x\to\infty}\left(1+\frac{2}{x}\right)^x=\lim_{t\to\infty}\left(1+\frac{1}{t}\right)^{2t}=\left(\lim_{t\to\infty}\left(1+\frac{1}{t}\right)^t\right)^2=e^2.$$

例 10 求$\lim\limits_{x\to\infty}\left(1-\dfrac{1}{x}\right)^{3x}$.

解 令$-x=u$,于是

$$\lim_{x\to\infty}\left(1-\frac{1}{x}\right)^{3x}=\lim_{x\to\infty}\left(1+\frac{1}{-x}\right)^{-x\cdot(-3)}=\left[\lim_{u\to\infty}\left(1+\frac{1}{u}\right)^u\right]^{(-3)}=e^{-3}.$$

例 11 求$\lim\limits_{x\to\infty}\left(\dfrac{x+3}{x+2}\right)^x$.

解 令 $x+2=t$,则当 $x\to\infty$ 时,$t\to\infty$,于是

$$\lim_{x\to\infty}\left(\frac{x+3}{x+2}\right)^x=\lim_{t\to\infty}\left(1+\frac{1}{t}\right)^{t-2}=\lim_{t\to\infty}\left(1+\frac{1}{t}\right)^t\left(1+\frac{1}{t}\right)^{-2}=e\cdot 1=e.$$

例 12 求$\lim\limits_{x\to 0}(1+3x)^{\frac{1}{x}}$.

解 令 $3x=u$,则当 $x\to 0$ 时,$u\to 0$,于是

$$\lim_{x\to 0}(1+3x)^{\frac{1}{x}}=\lim_{u\to 0}(1+u)^{\frac{3}{u}}=[\lim_{u\to 0}(1+u)^{\frac{1}{u}}]^3=e^3.$$

应用与实践

案例 1 用计算器对数 3 连续开平方时,经过一定次数的开方后得到 1,为什么?是否对于任何非零的正整数经过一定次数的开平方运算都得 1?

解 对数 3 开平方一次有$\sqrt{3}=3^{\frac{1}{2}}$;开平方两次有$\sqrt{\sqrt{3}}=3^{\frac{1}{2^2}}$……开平方 n 次有$\sqrt{\sqrt{\cdots\sqrt{3}}}=3^{\frac{1}{2^n}}$;……

当开平方次数越来越大,即 $n\to\infty$ 时,$\dfrac{1}{2^n}\to 0$. 因此 $n\to\infty$ 时,$3^{\frac{1}{2^n}}\to 3^0=1$,即由数列极限的定义有$\lim\limits_{n\to\infty}3^{\frac{1}{2^n}}=1$.

由此不难想到,对任何正整数 $a(a\neq 0)$,类似可得$\lim\limits_{n\to\infty}a^{\frac{1}{2^n}}=1$,即任何非零的正整数经过一定次数的开平方运算都非常接近 1.

案例 2 现有一系列化合物的分子式 C_6H_6,$C_{10}H_8$,$C_{14}H_{10}$,…,则该系列化合物中,分子中 C 元素的质量分数无限接近于多少?

解 观察该系列化合物分子式的下标,易知分别是公差为 4 和 2 的等差数列,由等差数列的通项公式可得它的通项为 $C_{4n+2}H_{2n+4}$. 由于这个系列化合物中 C 元素、H 元素的个数递增,且原子量分别是 12 和 1,故分子中 C 元素的质量分数的极限为

$$\lim_{n\to\infty}\frac{12(4n+2)}{12(4n+2)+(2n+4)}=\frac{24}{25}=96\%.$$

案例 3 在传播学中有这样一个规律：在一定的状况下，谣言的传播可以用数学模型

$$p(t)=\frac{1}{1+a\mathrm{e}^{-kt}}$$

来表示，其中 $p(t)$ 表示 t 时刻人群中知道这个谣言的人数比例，且 a 与 k 都是正数.求 $\lim\limits_{t\to+\infty}p(t)$ 并解释其实际意义.

解 $\lim\limits_{t\to+\infty}p(t)=\lim\limits_{t\to+\infty}\dfrac{1}{1+a\mathrm{e}^{-kt}}=1$，即足够长时间后人群中知道此谣言的人数比例为 100%.

此函数图像也叫逻辑斯谛曲线（图 1-24）.逻辑斯谛曲线通常分为 5 个时期：开始期 a、加速期 b、转折期 c、减速期 d、饱和期 e.这从数学理论上回答了谣言传播问题.例如，在甲型流感病毒袭来时人们“抢购大蒜”的狂潮；日本发生核辐射泄漏后，民众掀起的一场“抢盐”的疯狂行为.很显然呈现出这样一个规律：随着时间的推移，最终所有的人都会知道这个谣言.所以在谣言初期，就应及时让大众知道其为谣言，避免大众听信谣言，做出错误的判断.

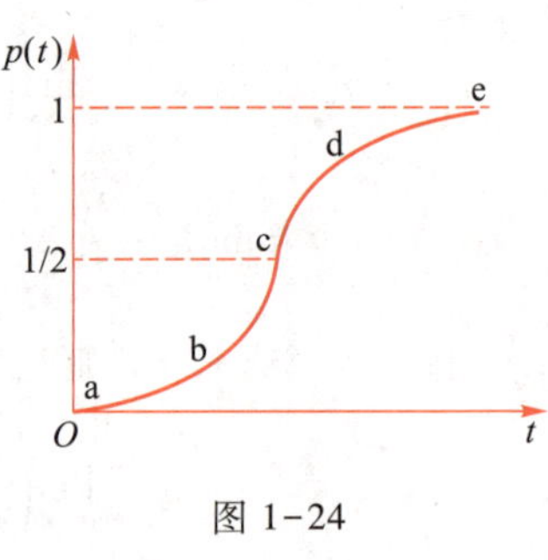

图 1-24

案例 4 第二个重要极限在复利中的应用——校园贷的危害.

假设贷款本金为 p、年利率为 r、本息和为 L、一个月内计息次数为 n，那么一年内应付出的本息和应是 $p\left(1+\dfrac{r}{n}\right)^{n}$.

设本金 p 为 1 万元（一般实际到账要少，假设为 8 000 元），每月计息 1 次，即 $n=12$，按照月利率 3%计算，则有 $L=10\ 000\times(1+0.03)^{12}=14\ 257$ 元；若按连续复利（每时每刻计息）计算，则有 $L=\lim\limits_{n\to\infty}10\ 000\times\left(1+\dfrac{0.03\times12}{n}\right)^{n}=14\ 333$ 元，实际还款与实际到账金额比例为 $\dfrac{14\ 333}{8\ 000}=180\%$.

实际中的校园贷利率远不止于此，若按月利率 10%，每月计息一次，3 年后需归还本息和 $L=10\ 000\times(1+0.1)^{36}=30\ 912$ 元，实际还款额与实际到账金额比例为 $\dfrac{30\ 912}{8\ 000}=386\%$.

从以上分析可以看到，当年利率一定的情况下，不论计息次数如何增加，最终得到的本息和接近定数.按照平台给出的利率 10%计算，每月结息一次，贷款的同学三年后仍需支付实际贷款额近 4 倍的本息和.

因此，我们一定要树立正确的价值观，认清“校园贷”的危害，坚决远离校园贷.

能力训练 1.2

1. 在 $\lim\limits_{x\to x_0}f(x)=A$ 的定义中，函数 $f(x)$ 在 x_0 是否一定要有定义？为什么？举例说明.

2. 请举一些极限不存在的例子，并归纳一下你能举出多少种不同的类型.

3. 若$\lim\limits_{x\to x_0^-}f(x)$和$\lim\limits_{x\to x_0^+}f(x)$都存在，那么极限$\lim\limits_{x\to x_0}f(x)$是否一定存在？为什么？请举例说明.

4. 利用函数图形求下列函数极限：

(1) $\lim\limits_{x\to\infty}\dfrac{1}{x-1}$；　(2) $\lim\limits_{x\to+\infty}\left(\dfrac{1}{2}\right)^x$；

(3) $\lim\limits_{x\to-\infty}(1+\arctan x)$；　(4) $\lim\limits_{x\to 1}\ln x$.

5. 观察并求下列极限：

(1) $\lim\limits_{x\to 2}(3x^2-5x+2)$；　(2) $\lim\limits_{x\to\sqrt{3}}\dfrac{x^2-6}{x^4+1}$；

(3) $\lim\limits_{x\to 1}\dfrac{2x^2-x-1}{x^2-1}$；　(4) $\lim\limits_{x\to 1}\dfrac{x^2-2x+1}{x^3-x}$；

(5) $\lim\limits_{x\to 2}\dfrac{x^2+2x-8}{x-2}$；　(6) $\lim\limits_{x\to\infty}\dfrac{3x^5-7x^3+5}{2x^5}$；

(7) $\lim\limits_{x\to\infty}\dfrac{4x^2+3}{5x^2+x+1}$；　(8) $\lim\limits_{n\to\infty}\dfrac{3n^2-2n+1}{n^3+1}$；

(9) $\lim\limits_{x\to 1}\dfrac{2-\sqrt{x+3}}{x-1}$；　(10) $\lim\limits_{x\to 0}\dfrac{x}{\sqrt{1+x}-1}$.

6. 计算下列极限.

(1) $\lim\limits_{x\to 0}\left(\dfrac{\sin 2x}{x}\right)$；　(2) $\lim\limits_{x\to 0}x\cdot\cot x$；　(3) $\lim\limits_{x\to 1}\dfrac{\sin(x^2-1)}{x^2-1}$；

(4) $\lim\limits_{x\to 0}\dfrac{\tan 3x}{2x}$；　(5) $\lim\limits_{x\to 0}(1-x)^{\frac{1}{x}}$；　(6) $\lim\limits_{x\to\infty}\left(\dfrac{1+x}{x}\right)^{2x}$；

(7) $\lim\limits_{x\to\infty}\left(1-\dfrac{2}{x}\right)^{3x}$；　(8) $\lim\limits_{x\to\frac{\pi}{2}}(1+\cos x)^{2\sec x}$；　(9) $\lim\limits_{x\to\infty}\left(\dfrac{2x+3}{2x+1}\right)^{x+1}$.

7. 设$f(x)=\begin{cases}-x^2, x<0,\\ x, x\geqslant 0,\end{cases}$画出$f(x)$的图形，求$\lim\limits_{x\to 0^-}f(x)$及$\lim\limits_{x\to 0^+}f(x)$，并讨论$\lim\limits_{x\to 0}f(x)$是否存在.

8. 假定某种疾病流行t天后，感染的人数N满足$N=\dfrac{1\ 000\ 000}{1+5\ 000\mathrm{e}^{-0.1t}}$.如果不加控制，那么将有多少人感染上这种疾病？

§1.3 无穷小与无穷大

微课：无穷小与无穷大

情景与问题

引例 1 某工厂购置一批数控机床作为设备，投资额是 100 万元，每年的折旧费为这批数控机床账面价格（即以前各年折旧费用提取后余下的价格）的$\dfrac{1}{10}$.那么，随着时间的推移，该批数控机床的账面价格将如何变化？

分析　这批数控机床的账面价格（单位：万元）第一年为 100，第二年为 $100\times\frac{9}{10}$，第三年为 $100\times\left(\frac{9}{10}\right)^2$，第四年为 $100\times\left(\frac{9}{10}\right)^3$……第 n 年为 $100\times\left(\frac{9}{10}\right)^{n-1}$. 那么，当 n 无限增大时，由数列极限的定义可得 $\lim\limits_{n\to\infty}100\times\left(\frac{9}{10}\right)^{n-1}=0$.

所以，随着时间的推移，该批数控机床的账面价格无限接近于 0.

引例 2　假设小王在银行存入 1 000 元，银行的年利率为 r，试分析随着存款时间的增长，本利和将如何变化？

分析　由条件可得，t 年后的本利和为 $S(t)=1\ 000(1+r)^t$.

当存款时间无限延长，即当时间 $t\to+\infty$ 时，本利和变为

$$\lim_{t\to+\infty}S(t)=\lim_{t\to+\infty}1\ 000(1+r)^t=+\infty.$$

即当存款时间无限延长时，本利和将无限增大.

引例 3　某地区当年人口数为 x_0，记 t 时刻的人口数为 $x(t)$，假设人口增长率为常数 r，容易得出 $x(t)=x_0\mathrm{e}^{rt}$，试分析若增长率不变，随着时间的增长，当地人口将如何变化？

分析　由条件可得当时间无限延长，即当时间 $t\to+\infty$ 时，人口数

$$\lim_{t\to+\infty}x(t)=\lim_{t\to+\infty}x_0\mathrm{e}^{rt}=+\infty.$$

即若增长率不变，当时间无限延长时，当地人口将无限增大.

上述引例中，一种变量不断减小并最终趋近于零，而另一种变量却不断增加并最终趋于无穷，这两个量分别称为无穷小量与无穷大量.

事实上，人们对无穷小量的认识已经经历了几千年漫长而曲折的过程，正如德国数学家希尔伯特所指出的："无穷！还没有别的问题如此深地打动人们的心灵；也没有别的想法如此有效地激发人的智慧；更没有别的概念比无穷这个概念更需要加以阐明."他还指出"数学是处理无穷的科学".

1.3.1　无穷小量

定义 1.9　若在自变量 x 的某一变化过程中，函数 $f(x)$ 以零为极限，则称函数 $f(x)$ 为该自变量条件下的无穷小量（简称无穷小）.

注意：一个变量是否为无穷小量是与自变量的变化趋势密切相关的，如函数 $f(x)=\frac{1}{x}$ 是当 $x\to\infty$ 时的无穷小，而由于 $\lim\limits_{x\to1}\frac{1}{x}=1\neq0$，它便不是当 $x\to1$ 时的无穷小.

另外，不可将无穷小与很小的数（如千万分之一）混为一谈，因为无穷小是这样的函数：在自变量的变化过程中，函数的绝对值是可以小于任意给定的正数，而很小的数无论在自变量的哪种变化趋势中都不可能趋向于零，因而其绝对值也不可能小于任意给定的正数.

定理 1.3　在自变量 x 的某种趋向下，函数 $f(x)$ 以 A 为极限的充要条件是 $f(x)=A+\alpha(x)$，其中 $\alpha(x)$ 是无穷小量.

该定理说明了无穷小与函数极限的关系.其结论是显然成立的,证明从略.

无穷小还有很好的性质,下面不加证明地给出.

定理 1.4 有限个无穷小之和仍为无穷小.

定理 1.5 有界函数与无穷小之积仍为无穷小.

推论 常数与无穷小之积仍为无穷小;有限个无穷小之积仍为无穷小.

小贴士

无限个无穷小的代数和不一定是无穷小,例如

$$\lim_{n\to\infty}\Big(\overbrace{\frac{1}{n}+\frac{1}{n}+\cdots+\frac{1}{n}}^{n\text{个}}\Big)=1$$

例 1 求$\lim\limits_{x\to\infty}\dfrac{\sin x}{x}$.

解 因为 $x\to\infty$ 时,$\dfrac{1}{x}$以零为极限,是无穷小量;此时尽管 $\sin x$ 没有极限,但因其有界,故根据定理 1.5 可得$\lim\limits_{x\to\infty}\dfrac{\sin x}{x}=0$.

1.3.2 无穷大量

定义 1.10 若在自变量 x 的某一变化过程中,$\lim f(x)=\infty$,则称函数$f(x)$为该变化趋势下的无穷大量(简称无穷大).

例如,在引例 2 中 $\lim\limits_{t\to+\infty}S(t)=\lim\limits_{t\to+\infty}1\ 000(1+r)^t=+\infty$,所以本利和 $S(t)$是当时间 $t\to+\infty$ 时的无穷大.

同样需要注意的是,一个变量是否为无穷大是与自变量的变化趋势密切相关的,同时也不可将无穷大量同很大的量(如一亿、一万亿等)混为一谈.另外,定义中借用极限 $\lim f(x)=\infty$ 来表示无穷大,它并不表示函数$f(x)$存在极限,而恰恰相反,它表示函数$f(x)$在该自变量条件下没有极限.

无穷大与无穷小之间有一种简单的关系,即:

定理 1.6 在自变量的同一变化过程中,如果$f(x)$为无穷大,则$\dfrac{1}{f(x)}$为无穷小;反之,如果$f(x)$为无穷小,且$f(x)\neq0$,则$\dfrac{1}{f(x)}$为无穷大.

例如,$\lim\limits_{x\to1}(x^2-1)=0$,则$\lim\limits_{x\to1}\dfrac{1}{x^2-1}=\infty$;再如,$\lim\limits_{x\to+\infty}e^x=+\infty$,则$\lim\limits_{x\to+\infty}e^{-x}=0$.

1.3.3 无穷小的比较

两个无穷小的和、差及乘积仍为无穷小.但是,两个无穷小的商,却会出现不同的情况.例如,函数 $2x,\sin x,x^2$ 都是 $x\to0$ 时的无穷小,而$\lim\limits_{x\to0}\dfrac{2x}{\sin x}=2$,$\lim\limits_{x\to0}\dfrac{2x}{x^2}=\infty$,$\lim\limits_{x\to0}\dfrac{x^2}{\sin x}=0$. 由此可

见，同样是无穷小，但趋于零的速度有“快”有“慢”. 那么，用什么办法来比较它们之间的“快”与“慢”呢？

微课：无穷小的比较

下面，利用无穷小之比的极限，来进行无穷小之间的比较，并对两个无穷小的关系进行相应定义.

定义 1.11 设 $\alpha(x)$，$\beta(x)$都是在自变量 x 的同一变化过程中的无穷小. 若 $\lim\dfrac{\alpha(x)}{\beta(x)}=0$，则称 $\alpha(x)$是比 $\beta(x)$高阶的无穷小，记作 $\alpha(x)=o(\beta(x))$；若 $\lim\dfrac{\alpha(x)}{\beta(x)}=A\neq 0$，则称 $\alpha(x)$与 $\beta(x)$ 是同阶无穷小；特别地，当 $\lim\dfrac{\alpha(x)}{\beta(x)}=1$ 时，称 $\alpha(x)$与 $\beta(x)$是等价无穷小，记作$\alpha(x)\sim\beta(x)$. 显然，等价无穷小是同阶无穷小的特殊情形，即 $A=1$ 的情形.

例如，因为$\lim\limits_{x\to 0}\dfrac{x^2}{\sin x}=0$，所以当 $x\to 0$ 时，x^2 是比 $\sin x$ 高阶的无穷小，反过来也称 $\sin x$ 是比 x^2 低阶的无穷小；又如，$\lim\limits_{x\to 1}\dfrac{x^2-1}{x-1}=2$，所以当 $x\to 1$ 时，x^2-1 与 $x-1$ 是同阶无穷小；再如，因为$\lim\limits_{x\to 0}\dfrac{\sin x}{x}=1$，所以当 $x\to 0$ 时，x 与 $\sin x$ 是等价无穷小，即 $\sin x\sim x\ (x\to 0)$.

关于等价无穷小，有下面两个定理：

定理 1.7 在自变量的同一变化过程中，$\beta\sim\alpha$ 的充要条件是 $\beta=\alpha+o(\alpha)$.

证明从略.

定理 1.8 在自变量的同一变化过程中，$\alpha\sim\alpha'$，$\beta\sim\beta'$，若 $\lim\dfrac{\beta}{\alpha}=A$ 或∞，则 $\lim\dfrac{\beta'}{\alpha'}=A$ 或∞.

证明 $\lim\dfrac{\beta}{\alpha}=\lim\left(\dfrac{\beta}{\beta'}\cdot\dfrac{\beta'}{\alpha'}\cdot\dfrac{\alpha'}{\alpha}\right)=\lim\dfrac{\beta}{\beta'}\cdot\lim\dfrac{\beta'}{\alpha'}\cdot\lim\dfrac{\alpha'}{\alpha}=\lim\dfrac{\beta'}{\alpha'}$.

该定理表明，在求两个无穷小之比的极限时，分子及（或）分母可用等价无穷小代换后再求极限. 只要用来代替的无穷小选得适当，计算将变得简单易算.

例 2 求$\lim\limits_{x\to 0}\dfrac{\tan 2x}{\sin 3x}$.

解 当 $x\to 0$ 时，$\tan 2x\sim 2x$，$\sin 3x\sim 3x$，所以$\lim\limits_{x\to 0}\dfrac{\tan 2x}{\sin 3x}=\lim\limits_{x\to 0}\dfrac{2x}{3x}=\dfrac{2}{3}$.

例 3 求$\lim\limits_{x\to 0}\dfrac{\tan x-\sin x}{x\sin x^2}$.

解 $\lim\limits_{x\to 0}\dfrac{\tan x-\sin x}{x\sin x^2}=\lim\limits_{x\to 0}\dfrac{\sin x(1-\cos x)}{x\sin x^2\cos x}=\lim\limits_{x\to 0}\dfrac{x\cdot\dfrac{1}{2}x^2}{x^3\cos x}=\lim\limits_{x\to 0}\dfrac{1}{2\cos x}=\dfrac{1}{2}$.

下面将常用的等价无穷小代换汇总在一起，以备查用（$x\to 0$）.

$\sin x\sim x$，$\tan x\sim x$，$\arcsin x\sim x$，$\arctan x\sim x$，$1-\cos x\sim\dfrac{1}{2}x^2$，$e^x-1\sim x$，$\ln(1+x)\sim x$.

应用与实践

案例 1　某新型产品一上市销量便迅速上升，然后随着时间推移，销量逐渐减少.其销量 Q 与时间 t 的关系为 $Q=\dfrac{200t}{t^2+10}$，分析该产品销售前景.

解　可通过分析当 $t\to\infty$ 时 Q 的极限来预测其销售前景.因为

$$\lim_{t\to\infty}Q=\lim_{t\to\infty}\frac{200t}{t^2+10}=0.$$

所以，随着时间的推移，人们对该产品越来越不感兴趣，转而去购买其他产品.这便揭示了市场经济的一条规律：企业要想长期生存下去，必须不断开发新技术并推出新产品.

案例 2　某大型国有企业选择 A、B 两个餐厅供应 1 000 名员工的午餐，且由员工自由选择在 A 厅或 B 厅进餐.有资料表明，在本星期选 A 厅的员工有 10%会在下星期选 B 厅；而选 B 厅的员工有 30%会在下星期选 A 厅.问随着时间的推移，在 A 厅、B 厅进餐的员工人数各自稳定在多少，并说明理由.

解　设第 n 个星期选 A 厅的人数为 a_n，选 B 厅的人数为 b_n，则 $a_n+b_n=1\ 000$，从而

$$\begin{aligned}a_n&=0.9a_{n-1}+0.3b_{n-1}=\frac{9}{10}a_{n-1}+\frac{3}{10}(1\ 000-a_{n-1})=\frac{3}{5}a_{n-1}+300\\&=\left(\frac{3}{5}\right)^2a_{n-2}+\frac{3}{5}\times300+300=\cdots\\&=\left(\frac{3}{5}\right)^{n-1}a_1+\left(\frac{3}{5}\right)^{n-2}\times300+\left(\frac{3}{5}\right)^{n-3}\times300+\cdots+\frac{3}{5}\times300+300\\&=\left(\frac{3}{5}\right)^{n-1}a_1+300\times\left[1+\frac{3}{5}+\cdots+\left(\frac{3}{5}\right)^{n-2}\right],\end{aligned}$$

整理得

$$a_n=(a_1-750)\left(\frac{3}{5}\right)^{n-1}+750.$$

$$\lim_{n\to\infty}a_n=\lim_{n\to\infty}\left[(a_1-750)\left(\frac{3}{5}\right)^{n-1}+750\right]=750,\quad \lim_{n\to\infty}b_n=250.$$

故随着时间的推移，在 A 厅进餐的人数稳定在 750 人左右，在 B 厅进餐的人数稳定在 250 人左右.

案例 3　100 个细菌放在培养器中，其中有足够的食物，但空间有限，对空间的竞争使得细菌总数 N 与时间 t 的关系为 $N=\dfrac{1\ 000}{1+9\mathrm{e}^{-0.115\,8t}}$.问容器中最多能容下多少细菌？

解　容器中最多能容下的细菌量即为当 $t\to+\infty$ 时 N 的极限，即

$$\lim_{t\to+\infty}N=\lim_{t\to+\infty}\frac{1\ 000}{1+9\mathrm{e}^{-0.115\,8t}}=\frac{1\ 000}{1+0}=1\ 000.$$

案例 4 在某一自然环境保护区内放入一群野生动物，总数为 20 只，若被精心照料，预计 t 年后野生动物总数 N 由以下公式给出

$$N=\frac{220}{1+10(0.83)^{t}}.$$

保护区中野生动物数达到 80 只时，没有精心的照料，野生动物群也将会进入正常的生长状态，即其群体增长仍然符合上式中的增长规律.问：

(1) 需要精心照料的期限为多少年？

(2) 在这一自然保护区中，最多能供养多少只野生动物？

解 注意当 $t=0$ 时，由公式也可得出 $N=20$，可见公式中的 t 是从放入动物后开始计时的.

(1) 由于 $N<80$ 时，需要精心照料，令 $N=80$，则

$$80=\frac{220}{1+10(0.83)^{t}}.$$

可解出 $t=9.35423$.此即说明，精心照料的期限大约为九年半.

(2) 随着时间的延续，由于自然环境保护区内的各种资源限制，这一动物群不可能无限增大，它会有饱和状态.在这一自然保护区中，最多能供养的野生动物数即为 $\lim\limits_{t\to+\infty}N$.

$$\lim_{t\to+\infty}N=\lim_{t\to+\infty}\frac{220}{1+10(0.83)^{t}}=220.$$

即在这一自然保护区中，最多能供养 220 只野生动物.

能力训练 1.3

1. 两个无穷大的和或差还是无穷大吗？无穷小与无穷大的和与差是无穷小还是无穷大？举例说明.

2. 讨论极限：$\lim\limits_{x\to0}\mathrm{e}^{\frac{1}{x}}$ 与 $\lim\limits_{x\to\infty}\mathrm{e}^{\frac{1}{x}}$.

3. 指出下列哪些是无穷小，哪些是无穷大：

(1) $\dfrac{1+(-1)^{n}}{n}(n\to\infty)$； (2) $\dfrac{x-1}{x}(x\to0)$； (3) $\dfrac{2x}{\ln x}(x\to0^{+})$；

(4) $10^{\frac{1}{x}}(x\to0)$； (5) $\dfrac{x-1}{x^{2}-4}(x\to2)$； (6) $\dfrac{x\sin x}{1+\cos x}(x\to0)$.

4. 比较下列无穷小：

(1) $x\to0$ 时 $x^{3}-x^{2}$ 与 $2x-x^{2}$； (2) $x\to0$ 时 $\sin x-\tan x$ 与 x；

(3) $x\to1$ 时 $1-x$ 与 $2(1-x^{2})$； (4) $x\to\infty$ 时 $\dfrac{2}{x^{2}}$ 与 $\dfrac{2}{x}\sin\dfrac{1}{x}$.

5. 利用等价无穷小的性质计算下列极限：

(1) $\lim\limits_{x\to0}\dfrac{\sin\alpha x}{\sin\beta x}$； (2) $\lim\limits_{x\to0}\dfrac{\tan 3x}{\sin 5x}$； (3) $\lim\limits_{x\to0}\dfrac{1-\cos 3x}{x\sin x}$；

(4) $\lim\limits_{x\to\pi}\dfrac{\sin x}{\pi^2-x^2}$；　　(5) $\lim\limits_{x\to 0}\dfrac{e^{3x}-1}{x}$；　　(6) $\lim\limits_{x\to 0}\dfrac{\ln(1+2x\sin x)}{\sin x\tan x}$.

6. 若当 $x\to 0$ 时，$ax^2\sin x^{b-2}$ 与 $1-\cos x$ 等价，求 a 和 b 的值.

7. 把一个 5 Ω 的电阻与一个电阻为 r 的可变电阻器并联，则电路的总电阻为 $R=\dfrac{5r}{5+r}$. 当含可变电阻器 r 的这条支路突然短路时，求电路的总电阻.

8. 某学生在体育训练时受了伤，医生给开了一些消炎药，并规定每天早晚 8 时各服一片药，现知该药片每片含药量为 220 mg，他的肾脏每 12 小时从体内滤出这种药的 60%，若这种药在体内的残留量超过 386 mg，就将产生副作用. 问：

(1) 该同学上午 8 时第一次服药，到第二天上午 8 时服药前，这种药在他体内还残留多少？

(2) 该同学长期服用此药会不会产生副作用？

§1.4 函数的连续性

微课：函数的连续性

情景与问题

引例 1 一天中气温的变化是逐渐的，当时间改变很小时，气温的变化也很小；当时间改变量趋近于零时，气温的变化量也会趋近于零.

分析 这反映了气温连续变化的特征.

引例 2 生长中动物的重量 m 随着时间 t 的变化而连续变化. 当时间 t 的变化很微小时，动物重量的变化也很微小.

分析 若令 Δt 表示时间的变化量，Δm 表示对应重量的变化量，则当 $\Delta t\to 0$ 时 $\Delta m\to 0$.

引例 3 观察图 1-25.

分析 由图 1-25 可以看出，函数 $y=f(x)$ 是连续变化的，它的特点是当 $\Delta x\to 0$ 时 $\Delta y=f(x_0+\Delta x)-f(x_0)\to 0$.

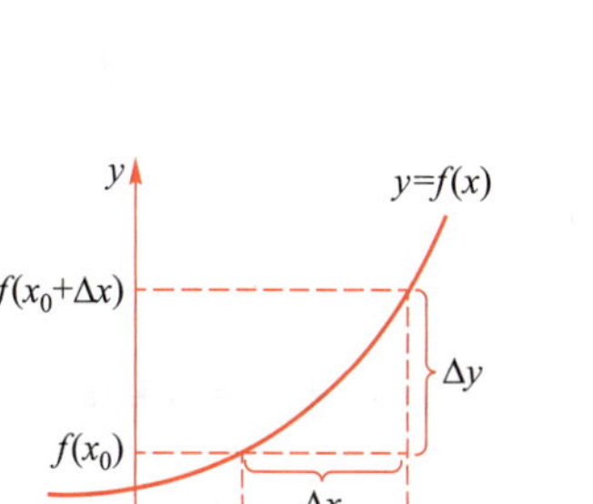

图 1-25

引例 4 导线中的电流通常是连续变化的，但当电流增加到一定的程度，会烧断保险丝，电流就突然变为 0.

分析 即这时连续性被破坏而出现间断.

引例 5 观察图 1-26 中的四个函数曲线.

分析 由图可知，这四条函数曲线在 $x=c$ 处都断开了. 而且不难发现，这些函数曲线断开的原因有：

(1) 函数在 $x=c$ 点无定义，如图 1-26(a) 和 (c) 所示；

(2) 函数在 $x\to c$ 时极限不存在，如图 1-26(b) 和 (c) 所示；

(3) $\lim\limits_{x\to c}f(x)\neq f(c)$，如图 1-26(d) 所示.

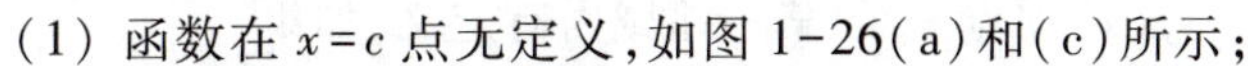

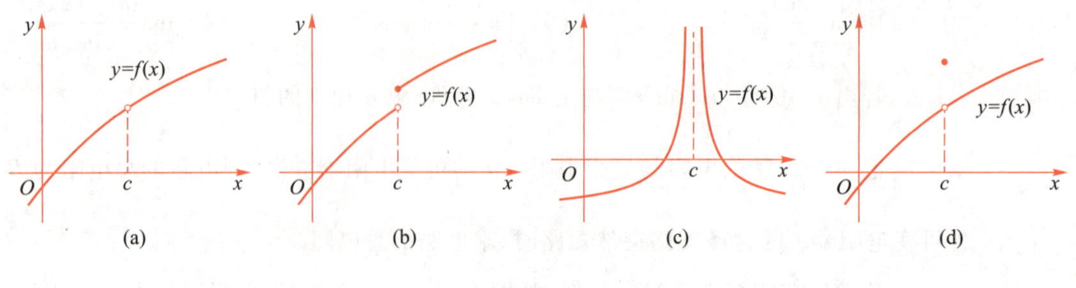

图 1-26

从上面的引例可以看出,有些函数是连续变化的,有些函数在某些点处却断开了.这就是函数的连续性问题.其实,自然界中有许多现象,如植物的生长、河水的流动、受热后物体的膨胀等,都是连续变化的.那么,怎么准确定义函数的连续,又如何去判断函数是不是连续的呢?

1.4.1 函数的增量

定义 1.12 设变量 u 从初值 u_1 变化到终值 u_2,则终值与初值之差 u_2-u_1 叫作变量 u 的增量(或改变量),记为 Δu,即 $\Delta u=u_2-u_1$.

一般地,增量可以为正,也可以为负,还可以为零.

定义 1.13 对于函数 $y=f(x)$,设自变量 x 在点 x_0 的增量为 Δx,即 $x=x_0+\Delta x$.称

$$\Delta y=f(x_0+\Delta x)-f(x_0)$$

为函数 $y=f(x)$ 在点 x_0 的增量.

例 1 设某产品的总产量 Q 与原材料的使用量 x 有函数关系 $Q=2x+3x^2-0.1x^3$.日常情况下,每天使用原材料 20 个单位,这时,若再增加 1 个单位的用量,产量的增量 ΔQ 是多少?

解 原材料的增量 $\Delta x=1$ 时,产量的增量

$$\Delta Q=Q(20+\Delta x)-Q(20)=Q(21)-Q(20)=438.9-440=-1.1.$$

1.4.2 函数连续的定义

定义 1.14 设函数 $y=f(x)$ 在点 x_0 的某一邻域内有定义,如果

$$\lim_{\Delta x\to 0}\Delta y=\lim_{\Delta x\to 0}[f(x_0+\Delta x)-f(x_0)]=0,$$

那么称函数 $y=f(x)$ 在点 x_0 连续.

在定义 1.14 中,设 $x=x_0+\Delta x$,则 $\Delta x\to 0$ 时 $x\to x_0$. 又由于

$$\Delta y=f(x_0+\Delta x)-f(x_0)=f(x)-f(x_0),$$

于是,$\Delta y\to 0$ 就相当于 $f(x)\to f(x_0)$.

因此,函数 $y=f(x)$ 在点 x_0 连续的定义可等价表述为:

定义 1.15 设函数 $y=f(x)$ 在点 x_0 的某一邻域内有定义,如果

$$\lim_{x\to x_0}f(x)=f(x_0),$$

则称函数 $f(x)$ 在点 x_0 处连续,并称 x_0 为 $f(x)$ 的连续点.

由定义 1.15 可知：函数 $y=f(x)$ 在 x_0 处连续，必须满足下列三个条件：

(1) 函数 $y=f(x)$ 在点 x_0 处有定义，即存在函数值 $f(x_0)$；

(2) $\lim\limits_{x\to x_0} f(x)$ 存在，即 $\lim\limits_{x\to x_0^-} f(x)=\lim\limits_{x\to x_0^+} f(x)$；

(3) $\lim\limits_{x\to x_0} f(x)=f(x_0)$，即极限值等于函数值.

例如，引例 1、引例 2、引例 3 都是函数连续的例子.

例 2 设函数

$$f(x)=\begin{cases} x-1, & x\leqslant 0, \\ 2x^2, & 0<x\leqslant 1, \\ x+1, & x>1. \end{cases}$$

讨论 $f(x)$ 在 $x=0, x=1$ 处的连续性.

解 当 $x=0$ 时，$f(0)=-1$，且 $\lim\limits_{x\to 0^-} f(x)=\lim\limits_{x\to 0^-}(x-1)=-1$，$\lim\limits_{x\to 0^+} f(x)=\lim\limits_{x\to 0^+} 2x^2=0$，则 $\lim\limits_{x\to 0} f(x)$ 不存在，所以 $f(x)$ 在 $x=0$ 处不连续.

当 $x=1$ 时，$f(1)=2$，且 $\lim\limits_{x\to 1^-} f(x)=\lim\limits_{x\to 1^-} 2x^2=2$，$\lim\limits_{x\to 1^+} f(x)=\lim\limits_{x\to 1^+}(x+1)=2$，则有 $\lim\limits_{x\to 1} f(x)=2=f(1)$. 所以，函数 $f(x)$ 在 $x=1$ 处连续.

下面引入左连续及右连续的概念.

定义 1.16 设函数 $y=f(x)$ 在点 x_0 的某一邻域内有定义. 如果函数 $y=f(x)$ 在 x_0 点的左极限 $\lim\limits_{x\to x_0^-} f(x)$ 存在且等于 $f(x_0)$，即 $\lim\limits_{x\to x_0^-} f(x)=f(x_0)$，则称函数 $f(x)$ 在点 x_0 左连续.

如果函数 $y=f(x)$ 在点 x_0 的右极限 $\lim\limits_{x\to x_0^+} f(x)$ 存在且等于 $f(x_0)$，即 $\lim\limits_{x\to x_0^+} f(x)=f(x_0)$，则称函数 $f(x)$ 在点 x_0 右连续.

由此可得结论：函数 $f(x)$ 在点 x_0 连续的充分必要条件是函数 $f(x)$ 在点 x_0 既左连续，又右连续，即

$$\lim_{x\to x_0} f(x)=f(x_0) \Leftrightarrow \lim_{x\to x_0^-} f(x)=f(x_0)=\lim_{x\to x_0^+} f(x).$$

例 3 设函数 $f(x)=\begin{cases} x-1, -2<x<0, \\ x+1, 0\leqslant x\leqslant 3, \end{cases}$ 讨论 $f(x)$ 在 $x=0$ 处的连续性.

解 这是分段函数，$x=0$ 是其分段点. 因 $f(0)=1$，又

$$\lim_{x\to 0^-} f(x)=\lim_{x\to 0^-}(x-1)=-1, \lim_{x\to 0^+} f(x)=\lim_{x\to 0^+}(x+1)=1.$$

所以函数在 $x=0$ 处右连续，但不左连续，从而它在 $x=0$ 处不连续.

定义 1.17 如果函数 $f(x)$ 在区间 (a,b) 内每一点都连续，那么称函数 $f(x)$ 在开区间 (a,b) 内连续，区间 (a,b) 叫作函数 $f(x)$ 的连续区间.

如果函数 $f(x)$ 在开区间 (a,b) 内连续，且在点 a 右连续，在点 b 左连续，那么称 $f(x)$ 在闭区间 $[a,b]$ 上连续. 此时也称区间 $[a,b]$ 是函数 $f(x)$ 的连续闭区间.

1.4.3 函数的间断

定义 1.18 设函数 $f(x)$ 在 x_0 的某去心邻域内有定义，若 $f(x)$ 在点 x_0 处不连续，则称函数 $f(x)$ 在点 x_0 间断，并称点 x_0 为函数 $f(x)$ 的间断点.

微课：函数的间断点

例如，引例 4 及引例 5 就是函数间断的例子.

由定义 1.18 可知，函数 $f(x)$ 在点 x_0 处间断必满足下列情形之一：

(1) 函数 $f(x)$ 在 x_0 处没有定义；

(2) 虽然 $f(x)$ 在 x_0 处有定义，但极限 $\lim\limits_{x \to x_0} f(x)$ 不存在；

(3) 函数 $f(x)$ 在 x_0 处有定义，$\lim\limits_{x \to x_0} f(x)$ 也存在，但 $\lim\limits_{x \to x_0} f(x) \neq f(x_0)$.

通常地，我们称左、右极限都存在的间断点为第一类间断点，其他的间断点为第二类间断点.

对第一类间断点又可分为：

(1) 当 $\lim\limits_{x \to x_0^-} f(x)$ 与 $\lim\limits_{x \to x_0^+} f(x)$ 都存在，但不相等时，称 x_0 为 $f(x)$ 的跳跃间断点；

(2) 当 $\lim\limits_{x \to x_0} f(x)$ 存在，但不等于 $f(x_0)$，或 $f(x)$ 在 x_0 处没有定义时，称 x_0 为 $f(x)$ 的可去间断点.

因此，在引例 5 中，图 1-26(a) 和 (d) 中的点 c 为可去间断点，(b) 中的点 c 为跳跃间断点，(c) 中的点 c 为第二类间断点.

拾趣

诸如时间流逝、植物高度增长等日常接触到的事物变化现象，让人们直觉认为所有物体在空间运动中的数量描述均是连续的，甚至到 19 世纪末，人类几乎没有去寻找其他类型的运动形式. 直到 20 世纪 20 年代，物理学家才发现直觉上认为是连续运动的光，实际上由离散的光粒子组成，且受热的原子是以离散的频率发射光线的，因此光既有波动性也有粒子性(光的“波粒二象性”)，但它不是连续的. 之后由于诸如此类的发现及在统计学、计算机科学和数学建模等领域的大量应用，连续性问题就成为在理论和实践中都有重大意义的问题之一.

1.4.4 连续函数的运算与初等函数的连续性

根据连续函数的定义和极限的运算法则，可以得到下面的性质：

连续函数的四则运算法则 如果 $f(x)$ 和 $g(x)$ 都在点 x_0 连续，那么它们的和、差、积、商(分母不为 0)都在点 x_0 连续.

复合函数的连续性 如果函数 $u=\varphi(x)$ 在点 x_0 连续，且 $u_0=\varphi(x_0)$，而函数 $y=f(u)$ 在点 u_0 连续，那么复合函数 $y=f[\varphi(x)]$ 在点 x_0 连续.

可以证明：基本初等函数在其定义域内都是连续的. 又由初等函数是由基本初等函数经过有限次的四则运算或有限次的复合而成的，可以得到关于初等函数连续性的重要定理：

所有初等函数在其定义区间上都是连续的.

例 4 求函数 $f(x)=\dfrac{x-4}{x+3}$ 的连续区间.

解 因为函数 $f(x)$ 是初等函数,所以根据上面的结论,函数的连续区间就是它的定义域区间.故所求函数的连续区间为 $(-\infty,-3)$ 和 $(-3,+\infty)$.

注意: 因为分段函数往往不是初等函数,所以上述结论对分段函数一般不成立.在讨论分段函数的连续性时,要根据连续的定义讨论分段点的连续性.

如果 $f(x)$ 是初等函数,x_0 是其定义域区间内的点,那么 $f(x)$ 在点 x_0 连续.于是,根据连续性的定义,有

$$\lim_{x\to x_0} f(x)=f(x_0).$$

这就是说,初等函数对定义域内的点求极限,就是求它在此点的函数值.

例 5 求 $\lim\limits_{x\to 1}\sqrt{x^2+1}$.

解 $\lim\limits_{x\to 1}\sqrt{x^2+1}=\sqrt{1^2+1}=\sqrt{2}$.

1.4.5 闭区间上连续函数的性质

闭区间上的连续函数具有一些重要性质,在微积分的理论和实际应用中经常使用,现列举如下:

微课:闭区间上连续函数的性质

定理 1.9(最大值与最小值定理) 如果 $f(x)$ 在闭区间 $[a,b]$ 上连续,那么 $f(x)$ 在 $[a,b]$ 上必有最大值和最小值.

如图 1-27 所示,函数 $y=f(x)$ 在闭区间 $[a,b]$ 上连续,且在点 ξ_1 处取得最小值,在点 ξ_2 处取得最大值.

又如,函数 $y=\sin x$ 在闭区间 $[0,\pi]$ 上连续,它在该区间上有最大值 $1\left(当\ x=\dfrac{\pi}{2}\right)$ 和最小值 0(当 $x=0$ 或 $x=\pi$).

注意: 定理中条件"闭区间"和"连续"很重要,缺一不可.

例如,函数 $y=x$ 在开区间 $(0,2)$ 内没有最大值和最小值,如图 1-28 所示.

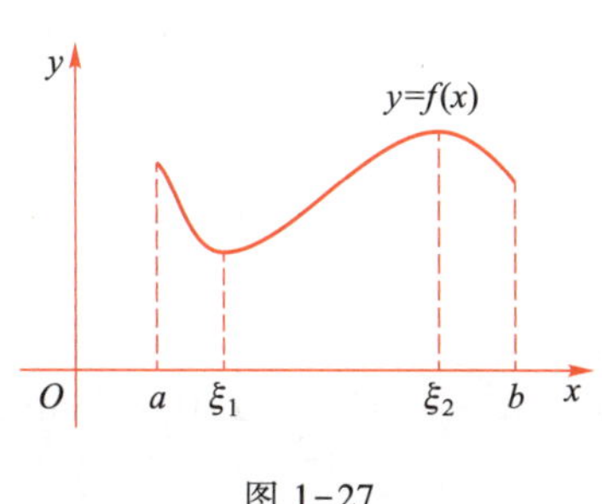

图 1-27

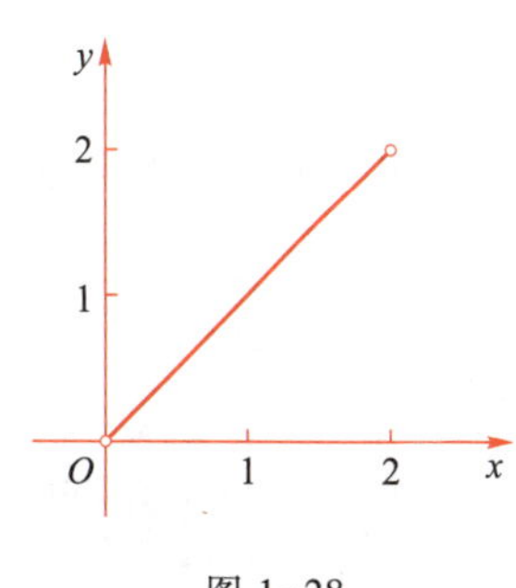

图 1-28

又如，函数 $f(x)=\begin{cases}x+1,0\leqslant x<1,\\ 1,\ x=1,\\ x-1,1<x\leqslant 2\end{cases}$ 在闭区间[0,2]上不连续，不存在最大值和最小值，如图 1-29 所示.

定理 1.10（介值定理） 如果函数 $y=f(x)$ 在闭区间 $[a,b]$ 上连续，且其最大值和最小值分别为 M 和 m，那么对介于 m 与 M 之间的任何实数 c，至少存在一点 $\xi\in[a,b]$，使得 $f(\xi)=c$.

也就是说，设函数 $y=f(x)$ 在 $[a,b]$ 上连续，其最大值为 M，最小值为 m，那么，任意的 $c\in(m,M)$，则至少存在一点 $\xi\in[a,b]$，使得 $f(\xi)=c$，如图 1-30 所示.

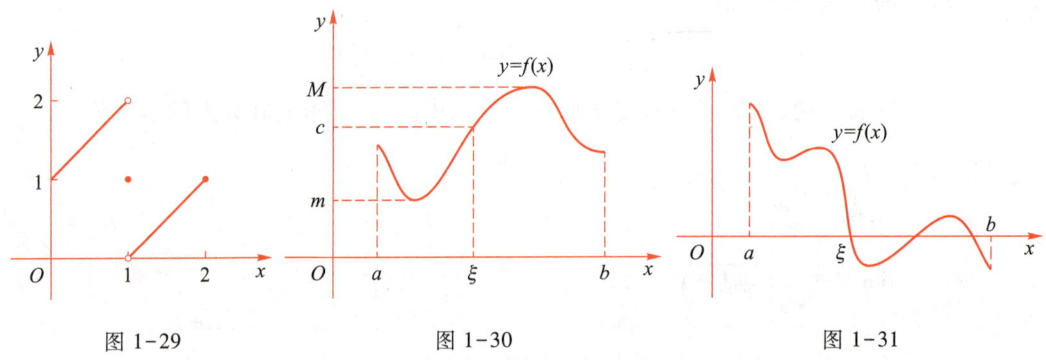

图 1-29 图 1-30 图 1-31

推论（零点定理） 设函数 $y=f(x)$ 在闭区间 $[a,b]$ 上连续，且 $f(a)$ 与 $f(b)$ 异号，则至少存在一点 $\xi\in(a,b)$，使得 $f(\xi)=0$. 如图 1-31 所示.

例 6 证明方程 $x^2+3x-1=0$ 在区间(0,1)内至少有一个根.

证明 设 $f(x)=x^2+3x-1$. 因为 $f(x)$ 是初等函数，且在[0,1]上有定义，所以在闭区间[0,1]上连续. 又因为 $f(0)=-1<0$，$f(1)=3>0$. 所以，根据零点定理，至少存在一点 $\xi\in(0,1)$，使 $f(\xi)=0$，即方程 $x^2+3x-1=0$ 在区间(0,1)内至少有一个根.

应用与实践

案例 1 分布于 y 轴上一点电荷的电势 φ 满足：

$$\varphi=\begin{cases}2\pi\delta\left(\sqrt{y^2+a^2}-y\right),\ y<0,\\ 2\pi\delta\left(\sqrt{y^2+a^2}+y\right),\ y\geqslant 0.\end{cases}$$

其中 δ 和 a 都是正的常数，问：φ 在 $y=0$ 处连续吗？

分析 $\varphi(0)=2\pi\delta(a+0)=2\pi\delta a$，当 $y<0$ 时，$\varphi=2\pi\delta\left(\sqrt{y^2+a^2}-y\right)$ 是初等函数，所以连续，故

$$\lim_{y\to0^-}\varphi=\lim_{y\to0^-}2\pi\delta\left(\sqrt{y^2+a^2}-y\right)=2\pi\delta(a-0)=2\pi\delta a,$$

$$\lim_{y\to0^+}\varphi=\lim_{y\to0^+}2\pi\delta\left(\sqrt{y^2+a^2}+y\right)=2\pi\delta(a+0)=2\pi\delta a.$$

所以$\lim\limits_{y\to 0}\varphi(y)=2\pi\delta a=\varphi(0)$.即分布于 y 轴上一点电荷的电势 φ 在 $y=0$ 处连续.

案例 2 王华到家附近的一座山上观看日出,早上 8 时从山下家里出发,沿一条路径上山,下午 5 时到达山顶并留宿于山顶一宾馆.次日观日出后,于早上 8 时沿同一路径下山,下午 5 时回到山下家里.试用零点定理分析:王华必在两天内的同一时刻经过同一地点.

解 设时间为 t,山上到山下家里的路程为 $s=s(t)$.设第一天早上 8 时的路程为 0,山下到山顶的总路程为 d.

第一天的行程设为 $s=f(t)$,则 $f(8)=0, f(17)=d$;第二天的行程设为 $s=g(t)$,则 $g(8)=d, g(17)=0$,又设 $h=f(t)-g(t)$.

由于 $f(t), g(t)$ 在区间$[8,17]$上连续,所以 $h(t)$ 在区间$[8,17]$上连续,又

$$h(8)=f(8)-g(8)=-d<0,\quad h(17)=f(17)-g(17)=d>0.$$

所以,由零点定理知,在区间$[8,17]$内至少存在一点 t_0 使 $h(t_0)=0$,即 $f(t_0)=g(t_0)$.

这说明在早上 8 时至下午 5 时之间存在某一时刻 $t=t_0$ 使得路程相等,即王华一定会在两天行程中的同一时刻经过路途中的同一地点.

能力训练 1.4

1. 函数 $f(x)$ 在 x_0 处连续与在 $x\to x_0$ 时有极限,两者有什么联系与区别?

2. 设函数 $f(x)=\dfrac{\sin x}{x}$,请问 $x=0$ 是函数 $f(x)$ 的什么类型的间断点?

3. 有同学说,因为初等函数在其定义区间内是连续的,所以初等函数没有间断点,是这样吗?举例说明你的理由.

4. 设函数 $f(x)=\begin{cases}x, & x\leqslant 1,\\ 1, & x>1,\end{cases}$ 试作出函数 $f(x)$ 的图形,并讨论 $f(x)$ 在 $x=1$ 处的连续性.

5. 已知函数 $f(x)=\begin{cases}x+a, & x\leqslant 1,\\ \ln x, & x>1\end{cases}$ 在 $x=1$ 处连续,求 a 的值.

6. 利用函数的连续性求下列极限.

(1) $\lim\limits_{x\to 0}\mathrm{e}^x$;

(2) $\lim\limits_{x\to\frac{\pi}{2}}\lg\sin x$;

(3) $\lim\limits_{x\to 0}\dfrac{\sqrt{1+x^2}-1}{x}$;

(4) $\lim\limits_{x\to 1}\dfrac{x^2}{1+x}$.

7. 已知某化工产品的生产函数 $y=x+4x^2-0.2x^3$,其中 y 是产量,x 是原料的投放量.问:当 $x=10$ 个单位时,再继续投放 1 个单位的原料,产量的增量 Δy 是多少个单位?

8. 试证方程 $x^4-4x=1$ 在区间$(1,2)$内至少有一个实根.

总习题 1

A 基础巩固

1. 求下列函数的定义域：

(1) $y=\sqrt[4]{2x-1}$；　(2) $y=\frac{2}{x}+\sqrt{1-x^2}$；　(3) $y=\ln(x-1)$；

(4) $y=\mathrm{e}^{-\frac{1}{x-1}}$；　(5) $y=\arcsin(2x-1)$；　(6) $y=\sin\sqrt{x-1}$.

2. 设

$$f(x)=\begin{cases}2x^2-1, & x<0,\\ 1, & x=0,\\ 3x+1, & x>0,\end{cases}$$

求 $f(-1)$，$f(0)$，$f(1)$.

3. 设 $f(x)=\frac{x}{x-1}$，求 $f[f(x)]$ 和 $f\{f[f(x)]\}$.

4. 设 $f(x-1)=x^2-2x+2$，求 $f(x)$，$f(x+1)$.

5. 某运输公司规定一吨货物的运价为：在 a 千米内，每千米 k 元；超过 a 千米，每增加一千米为 $\frac{4}{5}k$ 元. 试建立一吨货物的运价 y 和运程 s 之间的函数关系.

6. 甲市 2020 年末的调查资料显示，到 2020 年末，该市已积攒废弃物 200 万吨. 通过预测甲市的数据，从 2020 年起该市还将以每年 4 万吨的速度产生新的废弃物. 如果从 2021 年起该市每年处理上一年堆积废弃物的 25%，按照这样的方式依次循环，该市的废弃物是否能够全部处理完成？

7. 某市地处水乡，市政府计划从今年起用处理过的生活垃圾和工业废料填河造地，若该市以每年 1% 的速度减少填河面积，并为保持生态平衡，使填河面积永远不会超过现有水面积的 $\frac{1}{4}$. 问：今年填河造地面积最多只能占现有水面积的百分之几？

8. 判断下列命题的真假.

(1) 设 $f(x)=1-x$，$g(x)=1-\sqrt[3]{x}$，则当 $x\to1$ 时，$f(x)$ 与 $g(x)$ 为同阶无穷小量.

(2) 若 $\lim\limits_{x\to x_0}f(x)=a$，$f(x)$ 在 $x=x_0$ 处可以无意义.

(3) 若 $f(x)$ 在 $x\to x_0$ 时无极限，则 $f(x)$ 在 $x=x_0$ 点一定不连续.

(4) 若 $f(x)$ 在 $x=x_0$ 点不连续，则 $f(x)$ 在 $x\to x_0$ 时一定无极限.

(5) 函数在点 x_0 处连续的充要条件是在点 x_0 左、右连续.

(6) 若定义 $f(-1)=2$，则 $f(x)=\dfrac{1-x^2}{1+x}$ 在 $x=-1$ 处是连续的.

9. 设 $f(x)=x^2, g(x)=e^x$，求 $f[g(x)], g[f(x)], f[f(x)], g[g(x)]$.

10. 计算下列极限：

(1) $\lim\limits_{x\to 2}\dfrac{16-x^2}{7x-3}$；

(2) $\lim\limits_{x\to\infty}\dfrac{(2x-1)^{300}(3x-2)^{200}}{(2x+1)^{500}}$；

(3) $\lim\limits_{x\to 2}\dfrac{\sqrt[3]{x-1}-1}{\sqrt{x-1}-1}$；

(4) $\lim\limits_{x\to+\infty}(\sqrt{x^2+2x}-\sqrt{x^2-3x})$；

(5) $\lim\limits_{x\to 0}\dfrac{\ln(1+\sin x)}{\sin 3x}$；

(6) $\lim\limits_{x\to\infty}\left(\dfrac{x-1}{x+1}\right)^{\frac{x}{2}+4}$；

(7) $\lim\limits_{n\to\infty}\dfrac{\sqrt{n^2-3n}}{2n+1}$；

(8) $\lim\limits_{x\to\infty}\dfrac{2x^2+1}{3x-1}\sin\dfrac{1}{x}$.

B 能力提升

11. 设 $\lim\limits_{x\to 1}\dfrac{x^2+ax+b}{1-x}=5$，求 a, b 的值.

12. 若 $x\to 0$ 时，$1-\cos x \sim mx^n$，求 m 与 n 的值.

13. 设函数 $f(x)=\begin{cases} ke^{2x}, x<0, \\ 1+\cos x, x\geqslant 0 \end{cases}$ 在点 $x=0$ 处连续，求常数 k.

14. 求 a, b 的值，使函数 $f(x)=\begin{cases} \dfrac{\sqrt{1-ax}-1}{x}, & x<0, \\ ax+b, & 0\leqslant x\leqslant 1, \\ \arctan\dfrac{1}{x-1}, & x>1 \end{cases}$ 在所定义的区间上处处连续.

15. 设 $f(x)=\begin{cases} x, 0<x<1, \\ \dfrac{1}{2}, x=1, \\ 1, 1<x<2. \end{cases}$ 求：

(1) $x\to 1$ 时，$f(x)$ 的左极限和右极限；

(2) $f(x)$ 在 $x=1$ 的函数值，它在这点连续吗？

(3) $f(x)$ 的连续区间.

16. 做机械振动的物体，其运动方程为 $y=A\sin(\omega t+\varphi_0)\ (t\geqslant 0)$，试分析此函数的连续性.

17. 证明方程 $4x-2^x=0$ 在 $\left(0, \dfrac{1}{2}\right)$ 内至少有一个实根.

18. 证明方程 $x=2\sin x+1$ 至少有一个小于 3 的正根.

19. 设 $f(x)$ 在 $[a, b]$ 上连续，且 $a<f(x)<b$，证明在 (a, b) 内至少有一点 ξ 使 $f(\xi)=\xi$.

20. 证明方程 $e^x-2=0$ 在区间(0,1)内必定有根.

21. 设清除费用 $C(x)$(单位:元)与清除污染成分的 $x\%$之间的函数模型为 $C(x)=\dfrac{7\,300x}{100-x}$.求:

(1) $\lim\limits_{x\to 80}C(x)$;(2) $\lim\limits_{x\to 100^-}C(x)$;(3) 解释(2)的经济含义.

22. 某轻纺城市场一布商投资购进 4 000 匹布,每天能销售前一天库存的 20%,并新进 1 000 匹新布,设 n 天后所剩布匹的数目为 a_n.按该布商的经营情况,试判断经过若干天后,布商所剩布匹数能否基本稳定在某一固定的值上?

23. 在机器学习领域,人们在解决现实任务时会面临多种可供选择的学习算法,甚至对同一个学习算法也会存在选择不同参数问题,不同选择会产生不同模型.那么,应该选择哪一种学习算法,使用哪一种参数呢?这便是机器学习领域中的"模型选择"问题.人们常通过对模型的泛化误差进行评估,并选择泛化误差最小的模型.其中,自助法由于具有诸多优点,常是备选评价法.从含 m 个样本的数据集 D 中进行采样产生数据集 D':每次随机从 D 中挑选一个样本,将其复制放入 D',然后再将该样本放回初始数据集 D 中,使得该样本在下次采样时仍有可能被采到;重复执行 m 次该过程后,便得到了包含 m 个样本的数据集 D'.如果将 D'用作训练集,D/D'用作测试集,试估计约有多少数量的样本没被用于测试.

数学实验 1:极限与连续

一、实验目的

(1) 通过计算与作图加深对函数极限、连续相关知识的理解.

(2) 会熟练运用数学软件 MATLAB 求解函数的极限,并进行连续或间断的判定.

(3) 能充分运用所学理论知识,结合实际问题建立函数模型,并利用 MATLAB 软件进行求解.提升知识的应用能力和解决实际问题的能力.

二、实验原理

MATLAB 中极限运算的调用函数为 limit( ),具体格式如下:

(1) limit(f,x,a),求极限$\lim\limits_{x\to a} f(x)$;

(2) limit(f,x,inf),求极限$\lim\limits_{x\to \infty} f(x)$;

(3) limit(f,x,a,'right'),求右极限$\lim\limits_{x\to a^+} f(x)$;

(4) limit(f,x,a,'left'),求左极限$\lim\limits_{x\to a^-} f(x)$.

三、实验内容

例 1 观察当 n 趋于无穷大时数列$\left\{1+\frac{1}{n}\right\}$,$\left\{1-\frac{1}{n}\right\}$,$\left\{1+(-1)^n\frac{1}{n}\right\}$的变化趋势,并求

$$\lim_{n\to\infty}\left(1+\frac{1}{n}\right),\lim_{n\to\infty}\left(1-\frac{1}{n}\right),\lim_{n\to\infty}\left[1+(-1)^n\frac{1}{n}\right].$$

在区间[10,200]内作数列图形(图 1-32)的代码为

```
>>x=10:1:200;
>>y1=1+1./x;y2=1-1./x;y3=1+(-1).^x*1./x;
>>plot(x,y1,'b-.',x,y2,'k:',x,y3,'r-');
>>hold on
>>yline(1)    % 画水平直线 y=1
>>legend('1+1/n','1-1/n','1+(-1)^n 1/n')
```

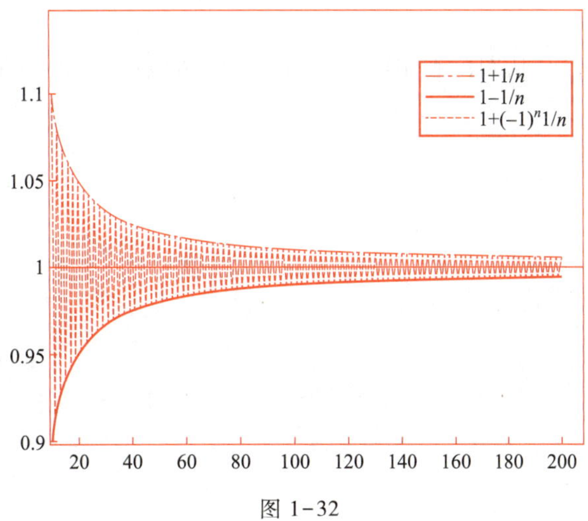

图 1-32

通过观察可以看到，当 n 增大时，$\left\{1+\frac{1}{n}\right\}$ 单调递减且处处大于 1，$\left\{1-\frac{1}{n}\right\}$ 单调递增且处处小于 1，$\left\{1+(-1)^n\frac{1}{n}\right\}$ 时而大于 1 时而小于 1.同时，随着 n 的无限增大，三个数列无限接近，趋于共同的极限 1.

求极限的 MATLAB 命令为

```
syms n
limit(1+1/n,n,inf);limit(1-1/n,n,inf);limit((1+(-1)^n*1/n,n,inf));
运行结果为
ans=1,ans=1,ans=1
```

即 $\lim\limits_{n\to\infty}\left(1+\frac{1}{n}\right)=\lim\limits_{n\to\infty}\left(1-\frac{1}{n}\right)=\lim\limits_{n\to\infty}\left[1+(-1)^n\frac{1}{n}\right]=1.$

例 2 求 $\lim\limits_{x\to0^-}\frac{x+\sin x}{\sqrt{1-\cos x}}$ 和 $\lim\limits_{x\to0^+}\frac{x+\sin x}{\sqrt{1-\cos x}}$.

```
>> syms x; fx=(x+sin(x))/sqrt(1-cos(x));
>> c=limit(fx,x,0,'left'),d=limit(fx,x,0,'right')
c=-2*2^(1/2)    d=2* 2^(1/2)
```

例 3 绘制函数 $y=x\sin\frac{1}{x}$ 图形后观察函数变化趋势，并求 $\lim\limits_{x\to0}x\sin\frac{1}{x}$.

分别在区间[-1,1],[-0.1,0.1],[-0.01,0.01],[-0.001,0.001]上绘制曲线，编写 MATLAB 代码：

```
>>subplot(2,2,1);          ezplot('x*sin(1/x)',[-1,1],'r');
>>subplot(2,2,2);          ezplot('x*sin(1/x)',[-0.1,0.1],'g');
>>subplot(2,2,3);          ezplot('x*sin(1/x)',[-0.01,0.01],'b');
>>subplot(2,2,4);          ezplot('x*sin(1/x)',[-0.001,0.001]);
```

运行结果如图 1-33 所示，从图可看出随着 $|x|$ 的减小，振幅越来越小并趋近于 0，频率越来越快并在点(0,0)附近作无限次振荡.

求函数极限的 MATLAB 代码：

```
>>syms x
>>limit(x*sin(1/x),x,0);
ans=0
```

即 $\lim\limits_{x\to0}x\sin\frac{1}{x}=0.$

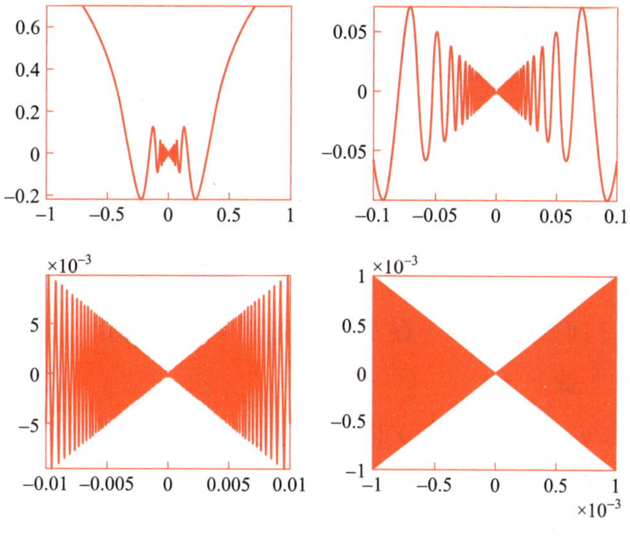

图 1-33

例 4 观察函数 $\cos\frac{1}{x}$ 的图形，并讨论 $\lim\limits_{x\to 0}\cos\frac{1}{x}$.

编写 MATLAB 代码：

```
>>x1=-pi:0.1:pi;  y1=cos(1./x1);
>>subplot(2,2,1);plot(x1,y1,'r');title('-pi<x<pi')
>>x2=-1:0.01:1;  y2=cos(1./x2);
>>subplot(2,2,2);plot(x2,y2,'g');title('-1<x<1')
>>X3=-0.5:0.01:0.5;  y3=cos(1./x3);
>>subplot(2,2,3);plot(x3,y3,'b');title('-0.5<x<0.5')
>>X4=-0.1:0.001:0.1;  y4=cos(1./x4);
>>subplot(2,2,4);plot(x4,y4,'g');title('-0.1<x<0.1')
```

运行结果如图 1-34 所示. 可见无论在多么小的区间上放大，在 $x=0$ 附近总是模糊一片，看不出任何有规律性的变化.

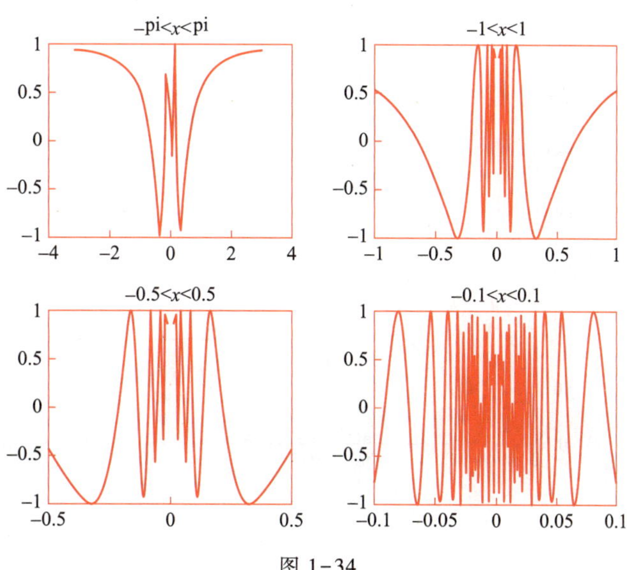

图 1-34

讨论函数 $\cos\dfrac{1}{x}$ 在 $x=0$ 极限情况代码为：

```
>> clc;clear;
>> syms  x;
>>limit(cos(1/x),x,0)
>>ans = -1 ..1
```

即函数值在 -1 和 1 之间振荡，极限不存在，同图形观察结果一致.

例 5 斐波那契数列与黄金分割.

意大利数学家列昂那多·斐波那契（Fibonacci，1170—1250，图 1-35）在《算盘书》（1202 年）中描述了兔子问题：设一对大兔子每月生一对小兔子，每对新生兔在出生一个月后又下崽，假若兔子都不死亡，每新生一对兔子总是一雌一雄.问：一对兔子，一年能繁殖成多少对兔子？

图 1-35

兔子的对数构成数列：1，1，2，3，5，8，13，21，34，⋯.该数列有如下特点：

前两项为 1，自第三项开始，每一项等于前两项的和，即

$$F_1=F_2=1,\quad n=1,2,$$

$$F_n=F_{n-1}+F_{n-2},\quad n\geqslant 3.$$

诸如 F_n 这样的数列就被称为斐波那契数列.利用数学归纳法，可以发现一个有趣的现象：一个完全是自然数的数列 F_n，其通项公式却用无理数表达为

$$F_n=\frac{1}{\sqrt{5}}\left[\left(\frac{1+\sqrt{5}}{2}\right)^n-\left(\frac{1-\sqrt{5}}{2}\right)^n\right],\quad n=1,2,3,\cdots.$$

该数列还有一个有趣的现象：当 n 无限增大时，前一项与后一项的比值无限趋近 0.618，如图 1-36 所示，正是黄金分割数，即

$$\lim_{n\to\infty}\frac{F_n}{F_{n+1}}=\frac{\sqrt{5}-1}{2}\approx 0.618.$$

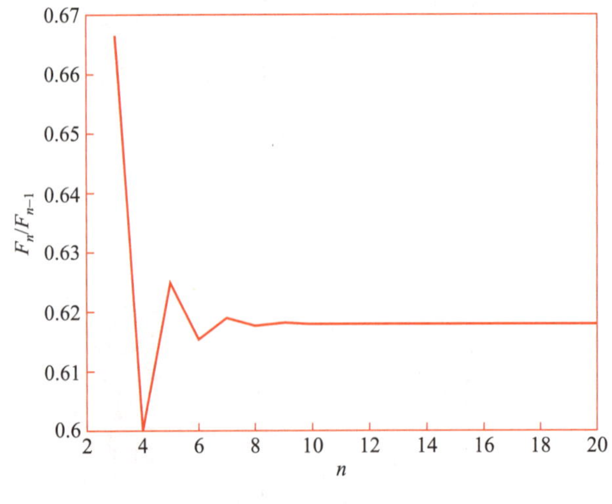

图 1-36

斐波那契数列中的任意一个数，都叫斐波那契数. 尽管斐波那契数是从兔子问题中抽象出来的，但实际上斐波那契数列在许多问题中出现过，甚至成为大自然的一个基本模式. 比如自然界中的大多数植物的花瓣数都恰好是斐波那契数：兰花、茉莉花、百合花有 3 个花瓣，毛茛属的植物有 5 个花瓣，翠雀属植物有 8 个花瓣，万寿菊属植物有 13 个花瓣，紫菀属植物有 21 个花瓣，雏菊属植物有 34、55 或 89 个花瓣. 树杈的数目、向日葵花盘内葵花子排列的螺线数等都是斐波那契数. 另外，在音乐、股市、科学等领域都有斐波那契数的体现. 可以说，斐波那契以他的兔子问题，猜中了大自然的奥秘，而斐波那契数列的种种应用，正是这个奥秘的不同体现.

在数学中，"从不同的范畴，不同的途径，得到同一个结果"的情形是屡见不鲜的. 这反映了客观世界的多样性和统一性，也反映了数学的统一美.

当然，关于黄金分割的种种神奇更令人向往. 有兴趣的同学可深入探究一番.

拓展与提高 1：极限收敛准则

阅读与思考 1：数学建模基础

第 2 章 导数与微分

研究导数、微分及其应用的知识体系称为微分学，它与后面将要学习的积分学统称为微积分学.微积分学是高等数学最基本、最重要的组成部分，是现代数学绝大部分分支的基础.通过导数可以了解函数相对自变量的变化快慢程度即变化率，通过微分可以了解自变量有微小改变时相应函数值的增量.导数与微分在工程、技术、经济管理等各个领域都有着十分重要和广泛的应用.

☆☆☆学习目标

理解导数的概念和导数的几何意义.

掌握函数求导公式、导数的四则运算法则和复合函数的求导方法.

理解微分的概念，掌握微分公式以及微分计算方法，理解微分的近似计算原理.

§2.1 导数的概念

情景与问题

引例 1 高铁复兴号高速平稳运行探究.

截至 2021 年底,中国高速铁路运营总里程达 4 万千米,已能绕地球赤道一周,居世界第一.列车最高运营速度为 350 km/h,居全球首位,如图 2-1 所示.

导数概念的两个引例

在乘坐高铁时你是否注意到,高铁列车的所有车门处都有显示列车速度的显示屏,乘客可以通过显示屏了解高铁的当前运行速度,即瞬时速度,如图 2-2 所示.那么,如何从数学的角度来刻画这种随时间变化的"瞬时速度"呢?

图 2-1

图 2-2

为直观理解列车运行中的瞬时速度,下面利用数学模型对问题进行简要分析.

假设物体 A 的运动方程为 $s=t^3$,其中 s(m)表示时刻 t(s)物体的位移.通过计算得出在 $t=5$ s 附近,$\frac{\Delta s}{\Delta t}$的取值情况,列表(表 2-1)如下:

表 2-1

时刻 t	3	4	4.5	4.9	4.95	4.99	4.999	5
$s(t)$	27	64	91.125	117.649	121.287	124.252	124.925	125
$\Delta s(t)$	-98	-61	-33.875	-7.351	-3.713	-0.746	-0.075 0	0
Δt	-2	-1	-0.5	-0.1	-0.05	-0.01	-0.001	0
$\Delta s/\Delta t$	49	61	67.75	73.51	74.253	74.850	74.485	/
时刻 t	5	5.001	5.01	5.05	5.1	5.5	6	7
$s(t)$	125	125.075	125.752	128.788	132.651	166.375	216	343
$\Delta s(t)$	0	0.075 0	0.752	3.788	7.651	41.375	91	218
Δt	0	0.001	0.01	0.05	0.1	0.5	1	2
$\Delta s/\Delta t$	/	75.015	75.150	75.753	76.51	82.75	91	109

从表 2-1 观察发现，随着 Δt 不断趋近于 0，Δs 也随之趋近于 0，但它们的比值$\frac{\Delta s}{\Delta t}$却越来越接近于常数 75，这个数值就是 $t=5$ s 时，物体 A 运动的瞬时速度. 值得注意的是，Δt 并不是时间 t 增加的量，而是时间 t 的改变量，故 $t+\Delta t$ 的值应该在 $t=5$ s 的两侧.

将上述过程用极限 $\lim\limits_{\Delta t\to 0}\frac{\Delta s}{\Delta t}$表示，这一数学结构就是我们要探究的“导数”，记为 $s'(5)$ 或 $\left.\frac{\mathrm{d}s}{\mathrm{d}t}\right|_{t=5}$，即

$$s'(5)=\lim_{\Delta t\to 0}\frac{\Delta s}{\Delta t}=\lim_{\Delta t\to 0}\frac{s(5+\Delta t)-s(5)}{\Delta t}.$$

引例 2 事实上，高铁列车不仅速度快，它还具有卓越的稳定性. 乘客在乘坐的过程中，不向车窗外眺望几乎感觉不到列车在急速前进. 列车在运行中要保持平稳，转弯处列车应沿着轨道的切线方向前进. 数学上切线的方向与切线的斜率密切相关，那么该如何表示平面曲线上过一点的切线斜率呢？

分析 平面上圆的切线可定义为“与圆只有一个交点的直线”，但是对于其他曲线以此作为切线的定义就不一定合适了. 一般平面曲线切线的定义为，设有曲线 C 及 C 上的一点 $M(x_0,y_0)$，在点 M 外另取 C 上一点 $N(x,y)$，作割线 MN. 当点 N 沿曲线 C 趋于点 M 时，同时割线 MN 绕点 M 旋转而趋于极限位置 MT，直线 MT 就称为曲线 C 在点 M 处的切线，如图 2-3 所示.

设 φ 为割线 MN 的倾角，于是割线 MN 的斜率为

$$\tan\varphi=\frac{y-y_0}{x-x_0}=\frac{f(x)-f(x_0)}{x-x_0}.$$

当点 N 沿曲线 C 趋于点 M 时，$x\to x_0$. 如果当 $x\to x_0$ 时，上式的极限存在（设为 k），即 $k=\lim\limits_{x\to x_0}\frac{f(x)-f(x_0)}{x-x_0}$，则 k 就是切线的斜率，这里 $k=\tan\alpha$，其中 α 是切线 MT 的倾角.

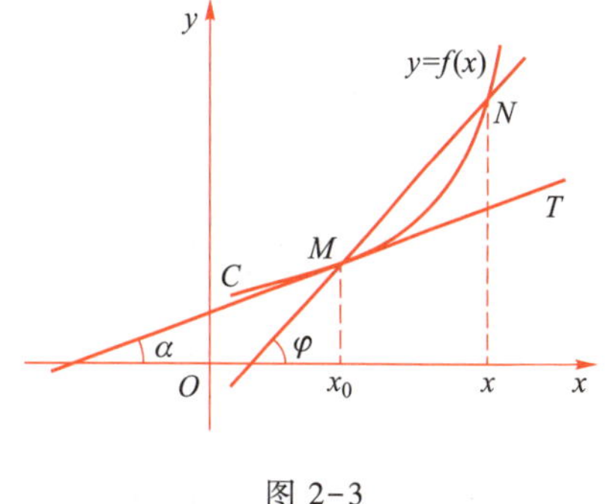

图 2-3

上述两个引例的实际意义完全不同，但从解决问题的数学模型来看，均可归结为类似的极限表达式，即函数值的增量与自变量增量比的极限. 事实上，还有很多实际问题如物体的运动速度、电流、线密度、比热容、化学反应速度及生物繁殖率等，在数学上都可归结为函数的变化率问题，即导数问题.

2.1.1 导数的定义

微课：导数的概念和几何意义

定义 2.1 设函数 $y=f(x)$ 在点 x_0 的某个邻域内有定义，当自变量 x 在点 x_0 处取得增量 Δx（$\Delta x\neq 0$，$x_0+\Delta x$ 仍在该邻域内）时，相应的函数 y 取得增量

$$\Delta y=f(x_0+\Delta x)-f(x_0).$$

如果

$$\lim_{\Delta x\to 0}\frac{\Delta y}{\Delta x}=\lim_{\Delta x\to 0}\frac{f(x_0+\Delta x)-f(x_0)}{\Delta x}$$

存在，则称函数 $y=f(x)$ 在点 x_0 处可导，并称此极限值为函数 $y=f(x)$ 在点 x_0 处的导数，记为

$$f'(x_0),f'(x)\big|_{x=x_0},y'\big|_{x=x_0},\frac{\mathrm{d}y}{\mathrm{d}x}\bigg|_{x=x_0}\text{或}\frac{\mathrm{d}f}{\mathrm{d}x}\bigg|_{x=x_0}.$$

如果 $\lim\limits_{\Delta x\to 0}\dfrac{f(x_0+\Delta x)-f(x_0)}{\Delta x}$ 不存在，则称函数 $y=f(x)$ 在点 x_0 处不可导.

注意： 定义中式子 $\dfrac{\Delta y}{\Delta x}$ 表示当自变量 x 改变一个单位时，函数 y 相应改变了 $\dfrac{\Delta y}{\Delta x}$ 个单位.所以函数在某点处的导数值也称作函数对自变量的变化率，它反映函数在该点处的变化快慢，这便是导数的本质.

例 1 求函数 $y=x^3$ 在 $x=1$ 处的导数 $f'(1)$.

解 当 x 由 1 变到 $1+\Delta x$ 时，y 相应增量为

$$\Delta y=(1+\Delta x)^3-1^3=3\Delta x+3(\Delta x)^2+(\Delta x)^3,$$

于是有

$$\frac{\Delta y}{\Delta x}=3+3\Delta x+(\Delta x)^2.$$

所以，$f'(1)=\lim\limits_{\Delta x\to 0}\dfrac{\Delta y}{\Delta x}=\lim\limits_{\Delta x\to 0}(3+3\Delta x+(\Delta x)^2)=3.$

例 2 已知 $f'(x_0)=a$，试计算 $\lim\limits_{\Delta x\to 0}\dfrac{f(x_0-\Delta x)-f(x_0+\Delta x)}{\Delta x}$.

解 已知 $f'(x_0)=a$，由导数定义可得

$$\lim_{\Delta x\to 0}\frac{f(x_0+\Delta x)-f(x_0)}{\Delta x}=a,$$

$$\lim_{\Delta x\to 0}\frac{f(x_0-\Delta x)-f(x_0)}{-\Delta x}=a,$$

$$\begin{aligned}\lim_{\Delta x\to 0}\frac{f(x_0-\Delta x)-f(x_0+\Delta x)}{\Delta x}&=\lim_{\Delta x\to 0}\frac{[f(x_0-\Delta x)-f(x_0)]-[f(x_0+\Delta x)-f(x_0)]}{\Delta x}\\&=-\lim_{\Delta x\to 0}\frac{f(x_0-\Delta x)-f(x_0)}{-\Delta x}-\lim_{\Delta x\to 0}\frac{f(x_0+\Delta x)-f(x_0)}{\Delta x}\\&=-a-a=-2a.\end{aligned}$$

定义 2.2 如果函数 $y=f(x)$ 在开区间 (a,b) 内的每一点处都可导，就称函数 $f(x)$ 在开区间 (a,b) 内可导.此时，对于任一 $x\in(a,b)$，都对应着 $f(x)$ 的一个确定的导数值.这样就构成了一个新的函数，这个函数叫作原来函数 $y=f(x)$ 的导函数，简称为导数，记作

$$y',f'(x),\frac{\mathrm{d}y}{\mathrm{d}x},\text{或}\frac{\mathrm{d}f(x)}{\mathrm{d}x}.$$

显然，导数 $f'(x)$ 的求解式为 $f'(x)=\lim\limits_{\Delta x\to 0}\dfrac{f(x+\Delta x)-f(x)}{\Delta x}$.需注意的是该式中虽然 x 可以取区间 (a,b) 的任意值，但取极限的过程依赖于 $\Delta x\to 0$，即 x 是常数，Δx 是变量.因此，函数 $f(x)$ 在点 x_0 处的导数值 $f'(x_0)$ 就是导函数 $f'(x)$ 在点 $x=x_0$ 处的函数值，即

$$f'(x_0)=f'(x)\big|_{x=x_0}.$$

例 3 求函数 $f(x)=C$（C 为常数）的导数.

解 $\Delta y=f(x+\Delta x)-f(x)=C-C=0$,

$$f'(x)=\lim_{\Delta x\to 0}\frac{f(x+\Delta x)-f(x)}{\Delta x}=\lim_{\Delta x\to 0}\frac{0}{\Delta x}=0,\text{即}(C)'=0.$$

例 4 设函数 $f(x)=\sin x$，求 $(\sin x)'$ 及 $(\sin x)'\big|_{x=\frac{\pi}{4}}$.

解 $\Delta y=f(x+\Delta x)-f(x)=\sin(x+\Delta x)-\sin x=2\cos\left(x+\dfrac{\Delta x}{2}\right)\cdot\sin\dfrac{\Delta x}{2}$,

$$(\sin x)'=\lim_{\Delta x\to 0}\frac{\Delta y}{\Delta x}=\lim_{\Delta x\to 0}\frac{2\cos\left(x+\dfrac{\Delta x}{2}\right)\cdot\sin\dfrac{\Delta x}{2}}{\Delta x}=\cos x,\text{即}(\sin x)'=\cos x.$$

所以 $(\sin x)'\big|_{x=\frac{\pi}{4}}=\cos x\big|_{x=\frac{\pi}{4}}=\dfrac{\sqrt{2}}{2}$.

用类似的方法，可求得 $(\cos x)'=-\sin x$.

例 5 设函数 $f(x)=\mathrm{e}^x$，求 $(\mathrm{e}^x)'$.

解 $\Delta y=f(x+\Delta x)-f(x)=\mathrm{e}^{x+\Delta x}-\mathrm{e}^x$，故

$$(\mathrm{e}^x)'=\lim_{\Delta x\to 0}\frac{\Delta y}{\Delta x}=\lim_{\Delta x\to 0}\frac{\mathrm{e}^{x+\Delta x}-\mathrm{e}^x}{\Delta x}=\lim_{\Delta x\to 0}\frac{\mathrm{e}^x(\mathrm{e}^{\Delta x}-1)}{\Delta x}.$$

注意到当 $\Delta x\to 0$ 时，$\mathrm{e}^{\Delta x}-1\sim\Delta x$，则 $(\mathrm{e}^x)'=\lim\limits_{\Delta x\to 0}\mathrm{e}^x\dfrac{\Delta x}{\Delta x}=\mathrm{e}^x$，即 $(\mathrm{e}^x)'=\mathrm{e}^x$.

例 6 设函数 $f(x)=\ln x$，求 $(\ln x)'$.

解 $\Delta y=f(x+\Delta x)-f(x)=\ln(x+\Delta x)-\ln x$，则

$$(\ln x)'=\lim_{\Delta x\to 0}\frac{\Delta y}{\Delta x}=\lim_{\Delta x\to 0}\frac{\ln(x+\Delta x)-\ln x}{\Delta x}=\lim_{\Delta x\to 0}\frac{1}{\Delta x}\cdot\ln\left(1+\frac{\Delta x}{x}\right).$$

注意到当 $\Delta x\to 0$ 时，$\dfrac{\Delta x}{x}\to 0$，有 $\ln\left(1+\dfrac{\Delta x}{x}\right)\sim\dfrac{\Delta x}{x}$，故 $(\ln x)'=\lim\limits_{\Delta x\to 0}\dfrac{\frac{\Delta x}{x}}{\Delta x}=\dfrac{1}{x}$，即 $(\ln x)'=\dfrac{1}{x}$.

2.1.2 可导的充要条件

定义 2.3 如果极限值 $\lim\limits_{\Delta x\to 0^-}\dfrac{\Delta y}{\Delta x}$ 存在，则称其值为函数 $y=f(x)$ 在点 x_0 处的左导数，记为 $f'_-(x_0)$，即

$$f'_-(x_0)=\lim_{\Delta x\to 0^-}\frac{\Delta y}{\Delta x}=\lim_{\Delta x\to 0^-}\frac{f(x_0+\Delta x)-f(x_0)}{\Delta x}=\lim_{x\to x_0^-}\frac{f(x)-f(x_0)}{x-x_0}.$$

如果极限值 $\lim\limits_{\Delta x\to 0^+}\dfrac{\Delta y}{\Delta x}$ 存在，则称其值为函数 $y=f(x)$ 在点 x_0 处的右导数，记为 $f'_+(x_0)$，即

$$f'_+(x_0)=\lim_{\Delta x\to 0^+}\frac{\Delta y}{\Delta x}=\lim_{\Delta x\to 0^+}\frac{f(x_0+\Delta x)-f(x_0)}{\Delta x}=\lim_{x\to x_0^+}\frac{f(x)-f(x_0)}{x-x_0}.$$

由极限存在的充要条件知，$\lim\limits_{\Delta x\to 0}\dfrac{\Delta y}{\Delta x}$ 存在的充分必要条件是 $\lim\limits_{\Delta x\to 0^-}\dfrac{\Delta y}{\Delta x}$ 及 $\lim\limits_{\Delta x\to 0^+}\dfrac{\Delta y}{\Delta x}$ 都存在且相等，故有以下结论.

定理 2.1 函数 $f(x)$ 在点 x_0 处可导的充分必要条件是左导数 $f'_-(x_0)$ 和右导数 $f'_+(x_0)$ 都存在且相等，即 $f'(x_0)=A\Leftrightarrow f'_-(x_0)=f'_+(x_0)=A$.

如果函数 $f(x)$ 在开区间 (a,b) 内可导，且左端点 a 的右导数 $f'_+(a)$ 和右端点 b 的左导数 $f'_-(b)$ 都存在，称 $f(x)$ 在闭区间 $[a,b]$ 上可导.

注意： 定理 2.1 常常用来判断分段函数在分段点处是否可导.

例 7 求函数 $f(x)=\begin{cases}\sin x, & x<0,\\ x, & x\geqslant 0\end{cases}$ 在 $x=0$ 处的导数.

解 当 $\Delta x<0$ 时，$\Delta y=f(0+\Delta x)-f(0)=\sin\Delta x-0=\sin\Delta x$，故

$$f'_-(0)=\lim_{\Delta x\to 0^-}\frac{\Delta y}{\Delta x}=\lim_{\Delta x\to 0^-}\frac{\sin\Delta x}{\Delta x}=1.$$

当 $\Delta x>0$ 时，$\Delta y=f(0+\Delta x)-f(0)=\Delta x-0=\Delta x$，故

$$f'_+(0)=\lim_{\Delta x\to 0^+}\frac{\Delta y}{\Delta x}=\lim_{\Delta x\to 0^+}\frac{\Delta x}{\Delta x}=1.$$

由 $f'_-(0)=f'_+(0)=1$，得 $f'(0)=\lim\limits_{\Delta x\to 0}\dfrac{\Delta y}{\Delta x}=1$.

2.1.3 导数的几何意义

由引例 2 关于切线斜率问题的讨论以及导数的定义可知：函数 $y=f(x)$ 在点 x_0 处的导数 $f'(x_0)$ 在几何上表示曲线 $y=f(x)$ 在点 $M(x_0,y_0)$ 处的切线斜率，即 $f'(x_0)=\tan\alpha$，其中 α 是切线的倾角，如图 2-4 所示. 需特别指出的是，如果 $y=f(x)$ 在点 x_0 处的导数为无穷，此时曲线 $y=f(x)$ 的切线是过点 M 且垂

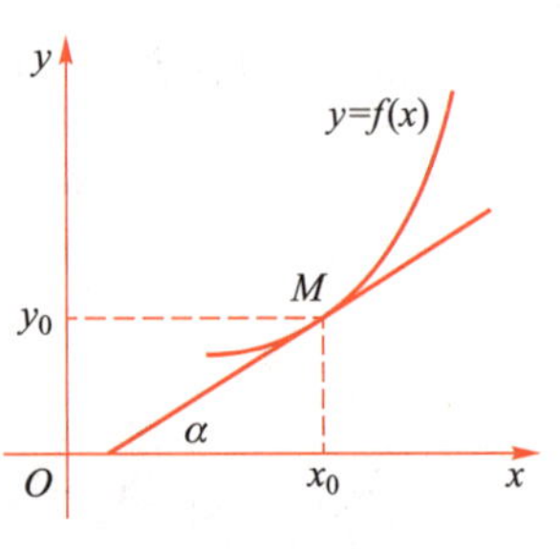

图 2-4

直于 x 轴的直线 $x=x_0$.

由导数的几何意义和平面直线的点斜式方程,可得曲线 $y=f(x)$ 在点 M 处的切线方程为

$$y-y_0=f'(x_0)(x-x_0).$$

过切点 M 且与切线垂直的直线叫作曲线 $y=f(x)$ 在点 M 处的法线. 当 $f'(x_0)\neq 0$ 时,点 M 处的法线方程为

$$y-y_0=-\frac{1}{f'(x_0)}(x-x_0).$$

例 8　求双曲线 $y=\frac{1}{x}$ 在点(2,1)处的切线方程和法线方程.

解　因为 $y'=\left(\frac{1}{x}\right)'=-\frac{1}{x^2}$, $y'\big|_{x=2}=-\frac{1}{4}$,所以所求切线方程为

$$y-1=-\frac{1}{4}(x-2),\text{即 } x+4y-6=0,$$

对应法线方程为

$$y-1=4(x-2),\text{即 } 4x-y-7=0.$$

2.1.4　可导与连续的关系

微课:可导与连续的关系

定理 2.2　可导函数一定是连续函数.

证明从略.

例 9　讨论函数 $f(x)=|x|=\begin{cases}x, & x\geqslant 0,\\ -x, & x<0\end{cases}$ 在 $x=0$ 处的连续性与可导性.

解　由图 2-5 可知,函数 $f(x)=|x|$ 在 $x=0$ 处是连续的,因为

$$\lim_{x\to 0^+}f(x)=\lim_{x\to 0^+}|x|=\lim_{x\to 0^+}x=0,$$

$$\lim_{x\to 0^-}f(x)=\lim_{x\to 0^-}|x|=\lim_{x\to 0^-}(-x)=0,$$

所以

$$\lim_{x\to 0^+}f(x)=\lim_{x\to 0^-}f(x)=0=f(0).$$

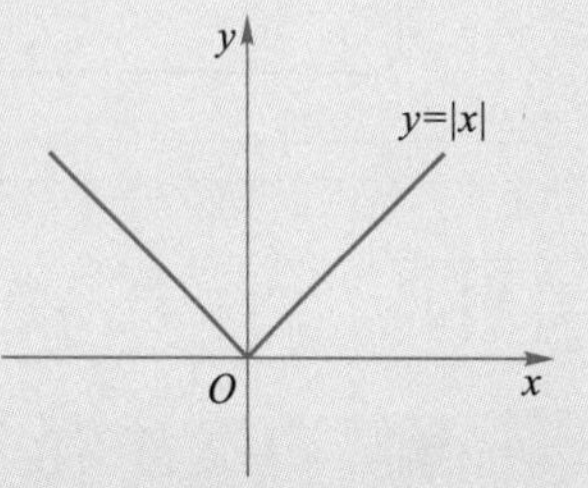

图 2-5

故函数 $f(x)=|x|$ 在 $x=0$ 处是连续的.

又因为

$$f'_+(0)=\lim_{\Delta x\to 0^+}\frac{\Delta y}{\Delta x}=\lim_{\Delta x\to 0^+}\frac{f(0+\Delta x)-f(0)}{\Delta x}=\lim_{\Delta x\to 0^+}\frac{\Delta x}{\Delta x}=1,$$

$$f'_-(0)=\lim_{\Delta x\to 0^-}\frac{\Delta y}{\Delta x}=\lim_{\Delta x\to 0^-}\frac{f(0+\Delta x)-f(0)}{\Delta x}=\lim_{\Delta x\to 0^-}\frac{-\Delta x}{\Delta x}=-1.$$

显然 $f'_+(0)\neq f'_-(0)$,故函数 $f(x)=|x|$ 在 $x=0$ 处不可导.

例 10　讨论 $f(x)=\begin{cases}x\sin\frac{1}{x}, & x\neq 0,\\ 0, & x=0\end{cases}$ 在 $x=0$ 处的连续性与可导性.

解　由$\lim\limits_{x\to 0}f(x)=\lim\limits_{x\to 0}x\sin\dfrac{1}{x}=0=f(0)$知$f(x)$在$x=0$处连续. 但当$\Delta x\to 0$时, $\sin\dfrac{1}{\Delta x}$在-1和1之间振荡变化,故

$$\lim_{\Delta x\to 0}\frac{\Delta y}{\Delta x}=\lim_{\Delta x\to 0}\frac{f(0+\Delta x)-f(0)}{\Delta x}=\lim_{\Delta x\to 0}\frac{\Delta x\sin\frac{1}{\Delta x}}{\Delta x}=\lim_{\Delta x\to 0}\sin\frac{1}{\Delta x}$$

不存在,所以$f(x)$在$x=0$处不可导.

注意: 上述例子说明,函数在某点连续是函数在该点处可导的必要条件而非充分条件.

启迪

在数学发展历史上,数学家们一直猜测:连续函数在其定义区间中,至多除去可列个点外都是可导的. 直到被誉为“现代分析之父”的德国数学家魏尔斯特拉斯于1872年利用函数项级数构造出了一个处处连续而处处不可导的函数,才为上述猜测做了一个否定的终结. 这一成果随即引起数学界和思想界的极大震动,并使得经典数学又一次陷入危机. 危机的产生促使数学家们去思索新的方法对这类函数进行研究,从而促成了一门新的学科“分形几何”的产生.

所谓“分形”,就是指几何上的一种“形”,它的局部与整体按某种方式具有“自相似性”,如图2-6所示. 自然界存在着许多不规则不光滑的几何图形,它们都具有“自相似性”,如云彩的边界、山峰的轮廓、奇形怪状的海岸线、蜿蜒曲折的河流、材料的无规则裂缝、视网膜血管网等. 因此“分形几何”自产生起,就得到了数学家们普遍的关注,很快就发展成为一门有着广泛应用前景的新学科.

图2-6

例11　设函数$f(x)=\begin{cases}a, & x<0,\\ x^2+1, & 0\leqslant x<1.\end{cases}$ 问:a取何值时,$f(x)$为可导函数?

解　只需讨论在$x=0$处$f(x)$可导时a的取值情况. 在$x=0$处,因为

$$f'_+(0)=\lim_{\Delta x\to 0^+}\frac{\Delta y}{\Delta x}=\lim_{\Delta x\to 0^+}\frac{f(0+\Delta x)-f(0)}{\Delta x}=\lim_{\Delta x\to 0^+}\frac{(\Delta x)^2+1-1}{\Delta x}=0,$$

$$f'_-(0)=\lim_{\Delta x\to 0^-}\frac{\Delta y}{\Delta x}=\lim_{\Delta x\to 0^-}\frac{f(0+\Delta x)-f(0)}{\Delta x}=\lim_{\Delta x\to 0^-}\frac{a-1}{\Delta x},$$

要使$f(x)$在$x=0$处可导,必须有$f'_-(0)=f'_+(0)$,即$\lim\limits_{\Delta x\to 0^-}\dfrac{a-1}{\Delta x}=0$,由此得$a=1$.

所以,当$a=1$时$f(x)$为可导函数.

应用与实践

导数是微积分的核心概念之一，导数是研究函数增减变化快慢、最大（小）等问题最一般最有效的工具.导数与变化率有密切关系. 通常变化率有平均变化率和瞬时变化率两种，其中平均变化率是指$\frac{\Delta y}{\Delta x}$，表示某个变量相对于另一个变量变化的快慢程度，平均变化率越大，表示函数的平均变化越快. 当 $\Delta x\to 0$ 时可以得到瞬时变化率，瞬时变化率$\lim\limits_{\Delta x\to 0}\frac{\Delta y}{\Delta x}$其实就是导数. 它表示的是函数值在某点处的变化趋势，瞬时变化率越大，该点处切线的斜率就越大.

案例 1 设某商品的总收益 R 是销售量 Q 的函数：$R=100Q-0.4Q^2$. 求当销售量为 50 个单位时的总收益变化率，并解释其经济意义.

解 根据导数的定义，该问题即是求函数 $R=100Q-0.4Q^2$ 在 $Q=50$ 处的导数.因为

$$\Delta R=R(50+\Delta Q)-R(50)=60\Delta Q-0.4\Delta Q^2,$$

所以

$$R'\big|_{Q=50}=\lim_{\Delta Q\to 0}\frac{\Delta R}{\Delta Q}=\lim_{\Delta Q\to 0}(60-0.4\Delta Q)=60.$$

这表示销售量为 50 个单位时，总收益的变化率为 60. 其经济意义为：在销售量为 50 个单位时，如果再多销售一个单位，总收益将增加 60 个单位.

案例 2 具有 PN 节的半导体器件，其电流微变和引起这个变化的电压微变之比称为低频跨导.一种 PN 节的半导体器件，其转移特性曲线方程为 $I=5V^2$，求电压 $V=-2$ V 时的低频跨导.

解 低频跨导在 $V=-2$ V 时的变化率为

$$\left.\frac{\mathrm{d}I}{\mathrm{d}V}\right|_{V=-2}=\lim_{\Delta V\to 0}\frac{\Delta I}{\Delta V}=\lim_{\Delta V\to 0}\frac{5(-2+\Delta V)^2-5(-2)^2}{\Delta V}=-20.$$

能力训练 2.1

1. 根据导数定义求解下列函数在指定点的导数值：

(1) $y=\ln x, x_0=1$；　　(2) $y=\mathrm{e}^x, x_0=2$；

(3) $y=\cos x, x_0=\frac{\pi}{3}$；　　(4) $y=2x^2, x_0=3$.

2. 求曲线 $y=\cos x$ 在点$\left(\frac{\pi}{6},\frac{\sqrt{3}}{2}\right)$处的切线方程和法线方程.

3. 求函数 $y=\ln x$ 在 $x=\mathrm{e}$ 处的切线方程和法线方程.

4. 在抛物线 $y=x^2$ 上取横坐标为 $x_1=1$ 及 $x_2=3$ 的两点，过这两点作割线. 问：该抛物线上哪一点的切线平行于这条割线？

5. 讨论函数 $y=|\sin x|$在 $x=0$ 处的可导性与连续性.

6. 讨论函数$f(x)=\begin{cases}\cos x, & x\leqslant 0,\\ x+1, & x>0\end{cases}$ 在 $x=0$ 处的可导性与连续性.

7. 设函数 $f(x)=\begin{cases}x^2+5, & x\geqslant 1,\\ ax+b, & x<1,\end{cases}$ 为使函数 $f(x)$ 在 $x=1$ 处连续且可导,a,b 应取什么值?

8. 一个物体做变速直线运动,已知路程与时间的函数关系为 $s(t)=t^3+5$,求该物体在 $t=2$ 的瞬时速度.

9. 设物体绕定轴旋转,在时间间隔 $[0,t]$ 内转过角度 θ,从而转角 θ 是 t 的函数:$\theta=\theta(t)$. 如果旋转是匀速的,则称 $\omega=\dfrac{\theta}{t}$ 为该物体旋转的角速度.如果旋转是非匀速的,应怎样确定该物体在时刻 t_0 的角速度?

10. 设某工厂生产 x 单位产品所花费的成本是 $f(x)$ 元,该函数称为成本函数,成本函数 $f(x)$ 的导数 $f'(x)$ 在经济学中称为边际成本,试说明边际成本 $f'(x)$ 的实际意义.

§2.2 导数的运算

情景与问题

引例 1 电路中某点处的电流 i 是通过该点处的电荷量 q 关于时间 t 的瞬时变化率,如果某一电路中的电荷量为 $q(t)=t^3+t$, 求电流函数.

分析 电流函数即电荷量函数的导函数,即需求解 $i(t)=(q(t))'=(t^3+t)'$.但是,根据导函数的定义进行求解就显得比较复杂了. 设想 $(t^3+t)'$ 的求解能否在 $(t^3)'$ 和 $(t)'$ 的基础上进行呢? 如果能,将极大简化求解难度.

引例 2 锌和稀硫酸发生化学反应产生硫酸锌和氢气,化学方程式如下:

$$Zn+H_2SO_4 = H_2\uparrow +ZnSO_4.$$

在实验中可以通过测定反应产生的 H_2 体积来观察化学反应速率. 图 2-7 所示为经过测定的 H_2 的体积随时间变化的曲线.

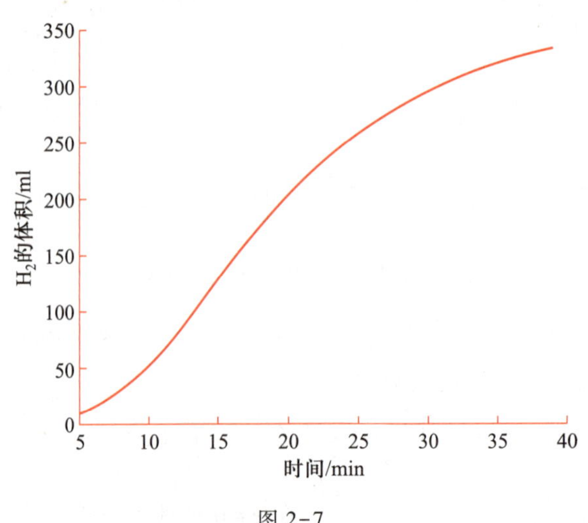

图 2-7

通过建立数学模型,该体积测定曲线符合函数

$$y(t)=-0.0045t^3+0.66t^2-13t-18,\quad t\in[5,40].$$

那么如何算出该实验的瞬时化学反应速率呢?

分析 瞬时化学反应速率即体积测定函数的导函数,即需求解 $y'(t)$. 本节将介绍一些基本的求导公式和求导法则,利用这些知识可以方便地求出一些复杂初等函数的导数.

2.2.1 基本求导公式

基本初等函数的导数公式:

(1) $(C)'=0$;

(2) $(x^{\mu})'=\mu x^{\mu-1}(\mu\neq0)$;

(3) $(\sin x)'=\cos x$;

(4) $(\cos x)'=-\sin x$;

(5) $(\tan x)'=\sec^2 x$;

(6) $(\cot x)'=-\csc^2 x$;

(7) $(\sec x)'=\sec x\tan x$;

(8) $(\csc x)'=-\csc x\cot x$;

(9) $(a^x)'=a^x\ln a$;

(10) $(e^x)'=e^x$;

(11) $(\log_a x)'=\dfrac{1}{x\ln a}=\dfrac{1}{x}\log_a e$;

(12) $(\ln x)'=\dfrac{1}{x}$;

(13) $(\arcsin x)'=\dfrac{1}{\sqrt{1-x^2}}$;

(14) $(\arccos x)'=-\dfrac{1}{\sqrt{1-x^2}}$;

(15) $(\arctan x)'=\dfrac{1}{1+x^2}$;

(16) $(\operatorname{arccot} x)'=-\dfrac{1}{1+x^2}$.

2.2.2 导数的四则运算法则

定理 2.3 设函数 $u=u(x)$ 及 $v=v(x)$ 在点 x 处可导,则 $u(x)$ 与 $v(x)$ 的和、差、积、商(分母不为零)也可导,且

(1) $[u(x)\pm v(x)]'=u'(x)\pm v'(x)$;

(2) $[u(x)v(x)]'=u'(x)v(x)+u(x)v'(x)$;

(3) $\left[\dfrac{u(x)}{v(x)}\right]'=\dfrac{u'(x)v(x)-u(x)v'(x)}{[v(x)]^2},v(x)\neq0.$

微课:导数的四则运算法则

特别地,当 $u(x)=1$ 时,$\left[\dfrac{u(x)}{v(x)}\right]'=\left[\dfrac{1}{v(x)}\right]'=-\dfrac{v'(x)}{v^2(x)}$.

下面以(2)为例加以证明,其他两条性质类似可证.

证明 (2) 设 $f(x)=u(x)\cdot v(x)$,则由导数的定义有

$$\begin{aligned}f'(x)&=\lim_{\Delta x\to0}\frac{f(x+\Delta x)-f(x)}{\Delta x}=\lim_{\Delta x\to0}\frac{u(x+\Delta x)v(x+\Delta x)-u(x)v(x)}{\Delta x}\\&=\lim_{\Delta x\to0}\frac{1}{\Delta x}[u(x+\Delta x)v(x+\Delta x)-u(x)v(x+\Delta x)+u(x)v(x+\Delta x)-u(x)v(x)]\\&=\lim_{\Delta x\to0}\left[\frac{u(x+\Delta x)-u(x)}{\Delta x}\cdot v(x+\Delta x)+u(x)\cdot\frac{v(x+\Delta x)-v(x)}{\Delta x}\right]\\&=\lim_{\Delta x\to0}\frac{u(x+\Delta x)-u(x)}{\Delta x}\cdot\lim_{\Delta x\to0}v(x+\Delta x)+u(x)\cdot\lim_{\Delta x\to0}\frac{v(x+\Delta x)-v(x)}{\Delta x}\\&=u'(x)v(x)+u(x)v'(x).\end{aligned}$$

即
$$[u(x)v(x)]'=u'(x)v(x)+u(x)v'(x).$$

特别地,当 $v=C$(C 是常数)时,$[Cu(x)]'=Cu'(x)$.

注意: 积的求导法则可以推广到任意有限个函数之积的情形.例如,

$$[u(x)v(x)w(x)]'=u'(x)v(x)w(x)+u(x)v'(x)w(x)+u(x)v(x)w'(x).$$

例 1 求 $y=\mathrm{e}^x-2x^2+2\cos x$ 的导数.

解 $y'=(\mathrm{e}^x)'-(2x^2)'+(2\cos x)'=\mathrm{e}^x-4x-2\sin x$.

例 2 求 $y=3\sqrt{x}\sin x$ 的导数.

解
$$y'=(3\sqrt{x}\sin x)'=3(\sqrt{x}\sin x)'=3[(\sqrt{x})'\sin x+\sqrt{x}(\sin x)']$$
$$=3\left(\frac{1}{2\sqrt{x}}\sin x+\sqrt{x}\cos x\right)=\frac{3}{2\sqrt{x}}\sin x+3\sqrt{x}\cos x.$$

例 3 求 $y=\tan x$ 的导数.

解
$$y'=(\tan x)'=\left(\frac{\sin x}{\cos x}\right)'=\frac{(\sin x)'\cos x-\sin x(\cos x)'}{\cos^2 x}$$
$$=\frac{\cos^2 x+\sin^2 x}{\cos^2 x}=\frac{1}{\cos^2 x}=\sec^2 x,$$

即 $(\tan x)'=\sec^2 x$.同理可得 $(\cot x)'=-\csc^2 x$.

例 4 求 $y=\sec x$ 的导数.

解
$$y'=(\sec x)'=\left(\frac{1}{\cos x}\right)'=\frac{-(\cos x)'}{\cos^2 x}=\frac{\sin x}{\cos^2 x}=\sec x\tan x.$$

同理可得 $(\csc x)'=-\csc x\cot x$.

显然,引例 1 中的电流函数为 $i(t)=(t^3+t)'=(t^3)'+(t)'=3t^2+1$. 引例 2 中化学实验的瞬时化学反应速率为

$$y'(t)=(-0.004\,5t^3)'+(0.66t^2)'-(13t)'-(18)'=-0.013\,5t^2+1.32t-13.$$

2.2.3 反函数的求导法则

定理 2.4 如果单调连续函数 $x=\varphi(y)$ 在点 y 处可导,且 $\varphi'(y)\neq 0$,那么它的反函数 $y=f(x)$ 在对应的点 x 处可导,且有 $f'(x)=\dfrac{1}{\varphi'(y)}$ 或 $\dfrac{\mathrm{d}y}{\mathrm{d}x}=\dfrac{1}{\frac{\mathrm{d}x}{\mathrm{d}y}}$.

证明从略.

例 5 求 $y=a^x(a>0,a\neq 1)$ 的导数.

解 $y=a^x$ 是 $x=\log_a y$ 的反函数,且 $x=\log_a y$ 在 $(0,+\infty)$ 内单调可导,又因为 $\dfrac{\mathrm{d}x}{\mathrm{d}y}=\dfrac{1}{y\ln a}\neq 0$,所

以 $y'=\dfrac{1}{\dfrac{dx}{dy}}=y\ln a=a^x\ln a$，即 $(a^x)'=a^x\ln a$.

特别地，有 $(e^x)'=e^x$.

例 6　求 $y=\arcsin x$ 的导数.

解　由于 $y=\arcsin x$ 是 $x=\sin y$ 在区间 $\left[-\dfrac{\pi}{2},-\dfrac{\pi}{2}\right]$ 内的反函数，而 $x=\sin y$ 在该区间单调、可导，且 $\dfrac{dx}{dy}=\cos y>0$，所以

$$y'=\frac{1}{\dfrac{dx}{dy}}=\frac{1}{\cos y}=\frac{1}{\sqrt{1-\sin^2 y}}=\frac{1}{\sqrt{1-x^2}},$$

即 $y=(\arcsin x)'=\dfrac{1}{\sqrt{1-x^2}}$.

类似地，有 $(\arccos x)'=-\dfrac{1}{\sqrt{1-x^2}}$.

例 7　求 $y=\arctan x$ 的导数.

解　由于 $y=\arctan x$ 是 $x=\tan y$ 在 $\left(-\dfrac{\pi}{2},-\dfrac{\pi}{2}\right)$ 内的反函数，而 $x=\tan y$ 在该区间内单调、可导，且 $\dfrac{dx}{dy}=\sec^2 y\neq 0$，所以

$$y'=\frac{1}{\dfrac{dx}{dy}}=\frac{1}{\sec^2 y}=\frac{1}{1+\tan^2 y}=\frac{1}{1+x^2},$$

即 $(\arctan x)'=\dfrac{1}{1+x^2}$.

类似地，有 $(\operatorname{arccot} x)'=-\dfrac{1}{1+x^2}$.

2.2.4　复合函数的求导法则

情景与问题

引例 3　自工业革命以来，人类活动导致二氧化碳排放量增多，致使气温逐年升高形成温室效应，而气温升高引起冰山逐渐融化，又导致海平面上升，最终影响人类生活. 为了保护人类赖以生存的地球环境，可以利用数学方法进行科学预测帮助人们了解未来可能的环境变化趋势，从而做出积极的应对措施.

假设海平面 K（单位：m）与气温 H（单位：℃）的关系为：$K=f(H)$，而气温 H 与二氧化碳排放量 L（单位：t）的关系为：$H=g(L)$. 那么，海平面受二氧化碳排放量增加影响而发生改变的变化率是如何计算的呢？

分析 由于知道海平面与气温的函数关系 $K=f(H)$，又知道气温与二氧化碳排放量的函数关系 $H=g(L)$，那么求海平面对二氧化碳排放量的变化率 $\frac{\mathrm{d}K}{\mathrm{d}L}$ 便是讨论复合函数 $K=f[g(L)]$ 的导数问题.

启迪

近年来，我国提出碳达峰和碳中和的战略目标，积极推进世界零碳排放进程，引领世界经济绿色复苏，体现了中国的大国担当和秉持人类命运共同体理念.

微课：复合函数求导

定理 2.5 如果 $u=g(x)$ 在点 x 可导，而 $y=f(u)$ 在点 $u=g(x)$ 可导，则复合函数 $y=f[g(x)]$ 在点 x 可导，且其导数为

$$f'[g(x)]=f'(u)g'(x) \text{ 或 } y'_x=y'_u\cdot g'_x，\text{或} \frac{\mathrm{d}y}{\mathrm{d}x}=\frac{\mathrm{d}y}{\mathrm{d}u}\cdot\frac{\mathrm{d}u}{\mathrm{d}x}.$$

证明从略.

注意： 复合函数的求导法则可简述为：复合函数的导数等于函数对中间变量的导数乘以中间变量对自变量的导数.这一法则又称为链式法则.另外，定理 2.5 可以推广到由多个复合关系构成的复合函数，如设 $y=f(u)$，$u=g(v)$，$v=h(x)$，则

$$\frac{\mathrm{d}y}{\mathrm{d}x}=\frac{\mathrm{d}y}{\mathrm{d}u}\cdot\frac{\mathrm{d}u}{\mathrm{d}v}\cdot\frac{\mathrm{d}v}{\mathrm{d}x}.$$

例 8 求函数 $y=(x^2+1)^5$ 的导数.

解 设 $y=u^5$，$u=x^2+1$，则

$$\frac{\mathrm{d}y}{\mathrm{d}x}=\frac{\mathrm{d}y}{\mathrm{d}u}\cdot\frac{\mathrm{d}u}{\mathrm{d}x}=5u^4\cdot 2x=5(x^2+1)^4\cdot 2x=10x(x^2+1)^4.$$

例 9 求函数 $y=\mathrm{e}^{\sin(x^2+2)}$ 的导数.

解 函数的最外层是 $y=\mathrm{e}^u$，此时不管 u 多复杂，都可视为一个整体作为中间变量，于是有

$$y'=\mathrm{e}^{\sin(x^2+2)}\cdot[\sin(x^2+2)]',$$

接下来计算 $[\sin(x^2+2)]'$，视 $v=x^2+2$ 为中间变量，于是

$$y'=\mathrm{e}^{\sin(x^2+2)}\cos(x^2+2)(x^2+2)',$$

最后，有

$$y'=2x\mathrm{e}^{\sin(x^2+2)}\cos(x^2+2).$$

注意： 复合函数求导，总是从外层向内层，逐层设置一个中间变量再进行求导.当计算熟练后，可不写中间变量，直接求出导数.

例 10 设 $y=\ln\cos(\mathrm{e}^x)$，求 $\frac{\mathrm{d}y}{\mathrm{d}x}$.

解 $\frac{\mathrm{d}y}{\mathrm{d}x}=[\ln\cos(\mathrm{e}^x)]'=\frac{1}{\cos(\mathrm{e}^x)}\cdot[\cos(\mathrm{e}^x)]'$

$$=\frac{1}{\cos(\mathrm{e}^x)}\cdot[-\sin(\mathrm{e}^x)]\cdot(\mathrm{e}^x)'=-\mathrm{e}^x\tan(\mathrm{e}^x).$$

例 11 设 $x>0$，证明幂函数的导数公式

$$(x^{\mu})'=\mu x^{\mu-1}.$$

证明 $(x^{\mu})'=(e^{\mu\ln x})'=e^{\mu\ln x}\cdot(\mu\ln x)'=e^{\mu\ln x}\cdot\mu x^{-1}=\mu x^{\mu-1}.$

例 12 求函数 $y=\ln\dfrac{\sqrt{x^2+2}}{\sqrt[3]{x-2}}(x>2)$ 的导数.

解 因为 $y=\dfrac{1}{2}\ln(x^2+2)-\dfrac{1}{3}\ln(x-2)$，所以

$$\begin{aligned}y'&=\frac{1}{2}\cdot\frac{1}{x^2+2}\cdot(x^2+2)'-\frac{1}{3}\cdot\frac{1}{x-2}\cdot(x-2)'\\&=\frac{1}{2}\cdot\frac{1}{x^2+2}\cdot 2x-\frac{1}{3(x-2)}\\&=\frac{x}{x^2+2}-\frac{1}{3(x-2)}.\end{aligned}$$

拾趣

在进行复合函数求导时，关键是分析清楚复合过程，然后从外层到内层逐层求导. 每一层求导时认清谁是函数，对应哪个变量(不管是自变量还是中间变量)；熟练之后可以不设中间变量，只把中间变量看在眼里、记在心上，直接把中间变量的部分写出来，保证整个求导过程流畅、一气呵成. 这种数学之美，要求同学们逐渐提高抽象概括能力，做到“重其意，而略其形”.

2.2.5 高阶导数

引例 4 什么是变速直线运动物体的速度、加速度、加加速度？

分析 在变速直线运动中，路程 $s=s(t)$ 关于时间 t 的导数 $\dfrac{ds}{dt}$ 是物体的瞬时速度，即 $v=\dfrac{ds}{dt}$. 速度 v 仍是时间 t 的函数，其关于时间 t 的导数就是物体的加速度，即 $a=\dfrac{dv}{dt}$. 加加速度，又称变加速度、急动度或冲动度，是描述加速度变化快慢的物理量. 加加速度是由加速度的变化量和时间决定的，即 $j=\dfrac{da}{dt}$. 于是，速度 v 是路程 s 关于时间 t 的导数，加速度 a 是路程 s 关于时间导数的导数，称路程 s 关于时间 t 的二阶导数，加加速度 j 是路程 s 关于时间 t 导数的导数再求导数，称路程 s 关于时间 t 的三阶导数.

探究

现代科学意识到，人们在享用汽车、火车等现代化交通工具时，发现加速度随时间的变化率与乘客的舒适感相关，因此将加速度的时间改变率定义为急动度. 例如，在乘坐电梯下降时的“失重”引起的不适感主要存在于初始猝变瞬间，就与急动度值相关. 进一步，又定义了急动度相对于时间的导数，即位移对时间的四阶导数，称为痉挛度，也称为“加加加速度”. 请读者结合自身经历做进一步探讨.

一个函数 $y=f(x)$ 关于变量 x 求导再求导称作二阶导数，连求三次导数称作三阶导数，

按照这种规律，有没有四阶导数，……，n 阶导数呢？如果有，又应该如何求解呢？下面来着手解决这些问题.

定义 2.4　一般地，如果函数 $y=f(x)$ 的导数 $f'(x)$ 在点 x 处可导，则称导函数 $f'(x)$ 在点 x 处的导数为函数 $y=f(x)$ 的二阶导数，记为

$$y''\text{或}f''(x)\text{或}\frac{\mathrm{d}^2y}{\mathrm{d}x^2}\text{或}\frac{\mathrm{d}^2f(x)}{\mathrm{d}x^2}.$$

类似地，可以定义 $y=f(x)$ 的三阶、……、n 阶导数，分别记为

$$y'''\text{或}f'''(x)\text{或}\frac{\mathrm{d}^3y}{\mathrm{d}x^3}\text{或}\frac{\mathrm{d}^3f(x)}{\mathrm{d}x^3},\cdots,$$

$$y^{(n)}\text{或}f^{(n)}(x)\text{或}\frac{\mathrm{d}^ny}{\mathrm{d}x^n}\text{或}\frac{\mathrm{d}^nf(x)}{\mathrm{d}x^n}.$$

二阶和二阶以上的导数统称为高阶导数，而把 y' 称为一阶导数. 如果函数 $y=f(x)$ 的 n 阶导数存在，则称 $f(x)$ 为 n 阶可导函数.

例 13　设 $y=2x+3$，求 y''.

解　$y'=2,y''=0.$

例 14　求指数函数 $y=\mathrm{e}^x$ 的 n 阶导数.

解　$y'=\mathrm{e}^x,y''=\mathrm{e}^x,\cdots,y^{(n)}=\mathrm{e}^x.$

例 15　设 $y=\arctan x$，求 $f'''(0)$.

解　$$y'=\frac{1}{1+x^2},\quad y''=\left(\frac{1}{1+x^2}\right)'=\frac{-2x}{(1+x^2)^2},$$

$$y'''=\left[\frac{-2x}{(1+x^2)^2}\right]'=\frac{2(3x^2-1)}{(1+x^2)^3},\quad f'''(0)=\left.\frac{2(3x^2-1)}{(1+x^2)^3}\right|_{x=0}=-2.$$

例 16　设 $y=\ln(1+x)$，求 $y^{(n)}$.

解　$$y'=\frac{1}{1+x},y''=-\frac{1}{(1+x)^2},y'''=\frac{2!}{(1+x)^3},y^{(4)}=-\frac{3!}{(1+x)^4},\cdots$$

$$y^{(n)}=(-1)^{n-1}\frac{(n-1)!}{(1+x)^n}\quad(n\geqslant 1,\ 0!=1).$$

例 17　设 $y=\sin kx$，求 $y^{(n)}$.

解　$$y'=k\cos kx=k\sin\left(kx+\frac{\pi}{2}\right),$$

$$y''=(y')'=k^2\cos\left(kx+\frac{\pi}{2}\right)=k^2\sin\left(kx+\frac{\pi}{2}+\frac{\pi}{2}\right)=k^2\sin\left(kx+2\cdot\frac{\pi}{2}\right)$$

$$y'''=(y'')'=k^3\sin\left(kx+3\cdot\frac{\pi}{2}\right),\cdots$$

$y^{(n)}=k^n\sin\left(kx+n\cdot\frac{\pi}{2}\right)$，即 $(\sin kx)^{(n)}=k^n\sin\left(kx+n\cdot\frac{\pi}{2}\right)$.

同理，可得 $(\cos kx)^{(n)}=k^n\cos\left(kx+n\cdot\frac{\pi}{2}\right)$.

应用与实践

案例 1 一个电阻为 3 Ω，可变电阻为 R 的电路中的电压由下式给出：$U=\frac{6R+25}{R+3}$（单位：V）. 求在 $R=7$ Ω 时电压关于可变电阻 R 的变化率.

解 电压 U 关于可变电阻 R 的变化率为

$$U'=\left(\frac{6R+25}{R+3}\right)'=\frac{(6R+25)'(R+3)-(6R+25)(R+3)'}{(R+3)^2}$$

$$=\frac{6(R+3)-(6R+25)}{(R+3)^2}=-\frac{7}{(R+3)^2}.$$

在 $R=7$ Ω 时电压关于可变电阻 R 的变化率为 $U'\big|_{R=7}=-\frac{7}{10^2}=-0.07$（V/Ω）.

案例 2 某汽配公司生产一种小型的汽车配件，设市场上对此配件的需求量为 q，销售的价格为 p，由多年的经营实践得知此配件的需求量 q 与价格 p 之间的关系（经济学中称为需求函数）近似为 $q=\frac{10\ 000}{(0.5p+1)^2}+\mathrm{e}^{-0.1p^2}$. 如果配件的价格每年均匀增加 5%，现在销售价格为 1.00 元，问此时需求量将如何变化？

解 因为需求量 q 随价格 p 的变化而变化，而价格 p 又随时间 t 的变化而变化，所以 q 是 t 的复合函数. 根据题意可知 $\frac{\mathrm{d}p}{\mathrm{d}t}=0.05p$，$p=1.00$，由复合函数求导法则得

$$\frac{\mathrm{d}q}{\mathrm{d}t}=\frac{\mathrm{d}q}{\mathrm{d}p}\frac{\mathrm{d}p}{\mathrm{d}t}=\frac{\mathrm{d}}{\mathrm{d}p}\left[\frac{10\ 000}{(0.5p+1)^2}+\mathrm{e}^{-0.1p^2}\right]\frac{\mathrm{d}p}{\mathrm{d}t}$$

$$=\left[-\frac{10\ 000\times2\times0.5}{(0.5p+1)^3}-0.1\times2p\mathrm{e}^{-0.1p^2}\right]\frac{\mathrm{d}p}{\mathrm{d}t}.$$

将 $p=1$，$\frac{\mathrm{d}p}{\mathrm{d}t}\bigg|_{p=1}=0.05$ 代入，得 $\frac{\mathrm{d}p}{\mathrm{d}t}=\left[-\frac{10\ 000\times2\times0.5}{(0.5+1)^3}-0.1\times2\mathrm{e}^{-0.1}\right]\times0.05=-148.2.$

即该配件的需求量减少的速率为每年 148.2 个单位（该问题又称为相关变化率的问题）.

案例 3 某运动员参加 100 m 短跑比赛，经过 10.6 s 到达终点，其对应的运动函数为 $s=3.6t+t^2-\frac{1}{24}t^3$，分析这个运动员的速度、加速度和急动度.

解 根据运动函数，可知

速度函数：$v=s'(t)=\left(3.6t+t^2-\frac{1}{24}t^3\right)'=3.6+2t-\frac{1}{8}t^2$；

加速度函数：$a(t)=v'(t)=\left(3.6+2t-\frac{1}{8}t^2\right)'=2-\frac{1}{4}t$；

急动度函数：$j(t)=a'(t)=\left(2-\frac{1}{4}t\right)'=-\frac{1}{4}$.

四个函数对应的图形如图 2-8 所示.

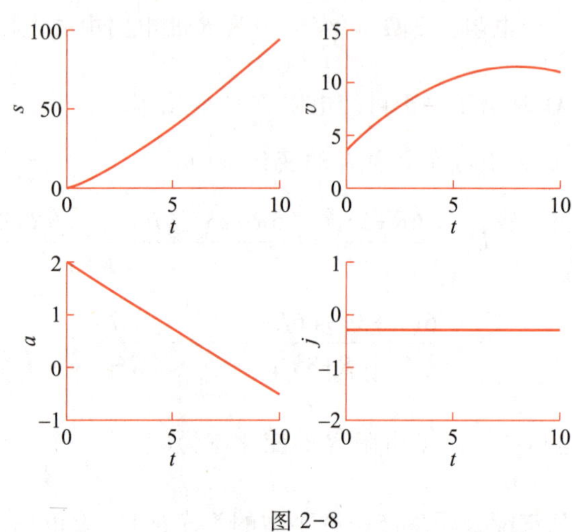

图 2-8

由图 2-8 分析可知，该运动员开始速度渐增，在最后冲刺阶段，速度渐减，由于急动度不变，为负值，故加速度均匀减小.

案例 4　一个装满水的圆锥形容器，如图 2-9 所示. 其高为 10 m，底面半径为 5 m. 若水在容器底端以 10 m^3/min 的速度排出，问当水深为 5 m 时，水位的下降速度为多少？

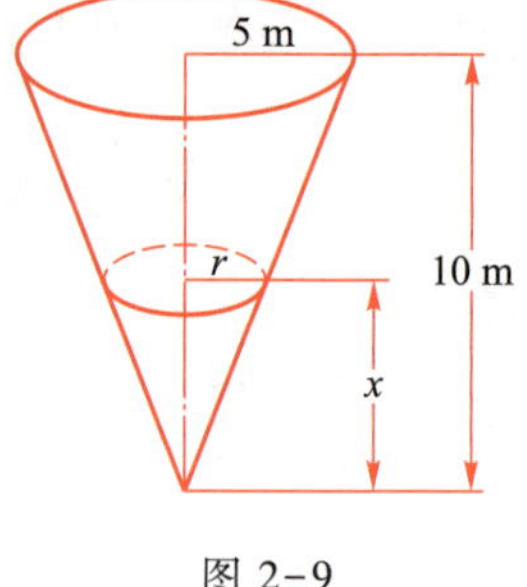

图 2-9

解　设在时间为 t 时，容器中的水的体积为 V，水面的半径为 r，容器中水的深度为 x. 由题意，有

$$V=\frac{1}{3}\pi r^2 x.$$

又由于 $\frac{r}{5}=\frac{x}{10}$，即 $r=\frac{1}{2}x$. 因此，$V=\frac{1}{12}\pi x^3$.

因为水的深度 x 是时间 t 的函数，即 $x=x(t)$，所以水的体积 V 通过中间变量 x 与时间 t 发生联系，是时间 t 的复合函数，即

$$V=\frac{1}{12}\pi[x(t)]^3.$$

在上式中，两端关于 t 求导数，得

$$\frac{\mathrm{d}V}{\mathrm{d}t}=\frac{1}{12}\pi\cdot 3x^2\cdot\frac{\mathrm{d}x}{\mathrm{d}t},$$

式中，$\frac{dV}{dt}$为体积的变化率；$\frac{dx}{dt}$为水的深度的变化率.

由已知，$\frac{dV}{dt}=10\ m^3/min$，$x=5$. 代入上式，得

$$\frac{dx}{dt}=\frac{4}{\pi x^2}\cdot\frac{dV}{dt}=\frac{4}{\pi\cdot 5^2}\cdot 10=\frac{8}{5\pi}\approx 0.51(m/min).$$

所以，当水深为 5 m 时，水位下降的速度约为 0.51 m/min.

能力训练 2.2

1. 求下列函数的导数：

(1) $y=4x^4-3x^2+6$；　(2) $y=2\tan x+\sec x-1$；

(3) $y=3^x\ln x$；　(4) $y=\sin 2x$；

(5) $y=\frac{1-x^2}{\sqrt{x}}$；　(6) $y=a^x+x^a+a^a(a>0)$；

(7) $y=2^x\cot x$；　(8) $y=\frac{x}{1+x^2}$；

(9) $y=\frac{2-\ln x}{2+\ln x}$；　(10) $y=\frac{e^x}{x^2}+\frac{1}{x}$；

(11) $y=e^{x^3}$；　(12) $y=\frac{x\sin x}{1+x}$.

2. 指出下列函数的复合过程，并求出导数：

(1) $y=\ln(2x-1)$；　(2) $y=\cos\left(3x+\frac{\pi}{2}\right)$；

(3) $y=(x^3+2x-1)^2$；　(4) $y=\sqrt{1+x^2}$；

(5) $y=\sin^2 x$；　(6) $y=\arctan\frac{1}{x}$.

3. 求下列函数的二阶导数：

(1) $y=(x+3)^4$；　(2) $y=x\cos x$；

(3) $y=\ln(1+x^2)$；　(4) $y=\sin^2 x$；

(5) $y=\sqrt{a^2+x}$；　(6) $y=(1+x^2)\arctan x$.

4. 求函数 $y=\ln x$ 的 n 阶导数.

5. 设某商品经过一次广告活动之后，销售额 S 与活动后销售数 x 有如下关系：

$$S(x)=1\ 000-0.1x-0.02x^2,\quad 0\leqslant x\leqslant 100$$

试求：$x=10$ 时，销售额的变化率.

6. 注射某种药物的反应程度 y 与剂量 x 有如下关系：$y=x^2-\frac{x^3}{3}$. 如果将敏感度定义为

$\frac{dy}{dx}$,求当注射剂量 $x=3$,$x=4$ 时,敏感度分别是多少?

7. 某电器厂在对冰箱制冷后断电测试其制冷效果,t h 后冰箱的温度为 $T=\frac{2t}{0.05t+1}-20$(单位:℃).问:冰箱温度 T 关于时间 t 的变化率是多少?

8. 卡铂抗癌化学药品的剂量与该药品的各个参数有关,也与患者的年龄、体重和性别有关.对于女性患者,下面给出关于某个药品的剂量函数式:

$$D=0.85A(c+25) \quad 和 \quad c=(140-y)\frac{w}{72x},$$

式中,A 和 x 与使用哪种药品有关;D 为剂量(mg);c 为肌酸清除率;y 为患者的年龄(年);w 为患者的体重(kg).

(1) 设患者为 45 岁的女性,且该药品有参数 $A=5$,$x=0.6$.利用这一信息求 D 和 c 的函数式,使得 D 为 c 的函数而 c 为 w 的函数.

(2) 用(1)中的函数式计算$\frac{dD}{dc}$.

(3) 用(1)中的函数式计算$\frac{dc}{dw}$.

(4) 计算$\frac{dD}{dw}$.

§2.3 函数的微分

情景与问题

引例 1 一块正方形金属薄片受到温度变化的影响,其边长由 x_0 变到 $x_0+\Delta x$,如图 2-10 所示.问:此薄片的面积改变了多少?

分析 设此薄片的边长为 x,面积为 A,则 A 为 x 的函数:$A=x^2$.薄片受温度变化的影响时面积的增量可以看成当自变量 x 自 x_0 取得增量 Δx 时面积 A 相应的增量 ΔA,即

$$\Delta A=(x_0+\Delta x)^2-x_0^2=2x_0\Delta x+(\Delta x)^2.$$

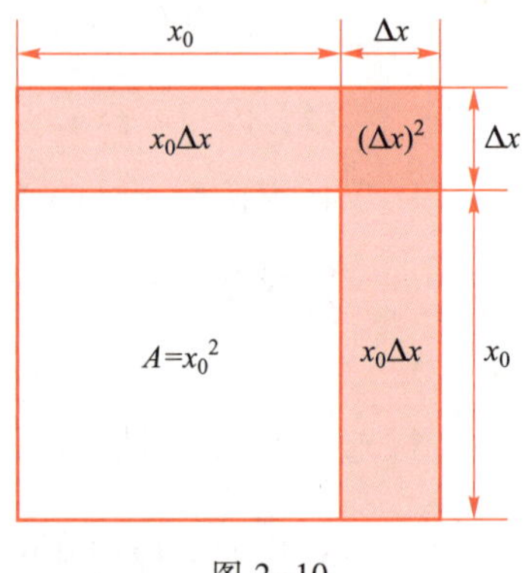

图 2-10

从上述薄片面积的增量可以看出,ΔA 由两部分组成,第一部分 $2x_0\Delta x$ 是一个有关 Δx 的线性表达式,第二部分是$(\Delta x)^2$,它们对应的面积如图 2-10 所示. 当 $\Delta x\to 0$ 时,第二部分$(\Delta x)^2$ 是比 Δx 高阶的无穷小,即$(\Delta x)^2=o(\Delta x)$. 如果边长的增量很微小,即当 $|\Delta x|$

很小时，第二部分的$(\Delta x)^2$面积会比第一部分$2x_0\Delta x$的面积小得多，可以忽略不计，仅用第一部分$2x_0\Delta x$近似地替代ΔA即可.

我们注意到，第一部分的$2x_0\Delta x$中，$2x_0$恰好是函数$A=x^2$在x_0处的导数值，这是巧合吗？还是存在什么有意义的规律？下面用图形做进一步分析.

如图 2-11 所示，函数$y=f(x)$在直角坐标系中的图形是一条曲线. 对于某一固定的x_0，曲线上有一个确定的点$M(x_0,y_0)$，当自变量x有微小增量Δx时，就得到曲线上另一点$N(x_0+\Delta x,y_0+\Delta y)$. 过点$M$作曲线的切线$MT$. 由图 2-11 可知，当$\Delta y$是曲线的纵坐标增量时，记切线纵坐标增量为$\mathrm{d}y=\tan\alpha\cdot\Delta x=f'(x_0)\Delta x$，即当$|\Delta x|$很小时，在点$M$的附近$o(\Delta x)$变得非常小了，此时可以看作$\Delta y\approx \mathrm{d}y$，即$\Delta y\approx f'(x_0)\Delta x$.

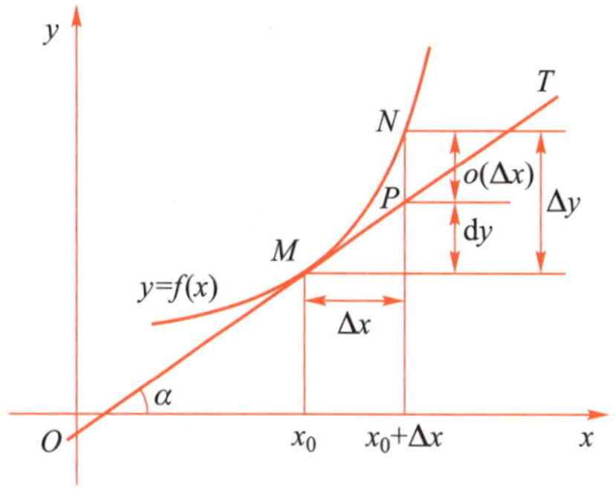

图 2-11

在理论研究和实际应用中，常常会遇到这样的问题：当自变量x_0有微小变化增量Δx时，求函数$y=f(x)$的微小增量$\Delta y=f(x_0+\Delta x)-f(x_0)$. 但是，往往问题中给出的函数$f(x)$会较复杂，其差值$\Delta y$会是一个更复杂的表达式，很难求出其值. 由分析可以想到：能否设法将Δy近似表示成一个有关Δx的线性函数，从而简化问题的求解呢？微分就是实现这种方法的一种数学模型.

引例 2 将物体以与水平方向呈夹角θ的初速度v_0抛出，物体的运动轨迹可用参数方程表示为$\begin{cases}x=v_0t\cos\theta,\\ y=v_0t\sin\theta-\dfrac{1}{2}gt^2,\end{cases}$其中$t$为物体运动时间. 轨迹如图 2-12 所示. 试求y'_x.

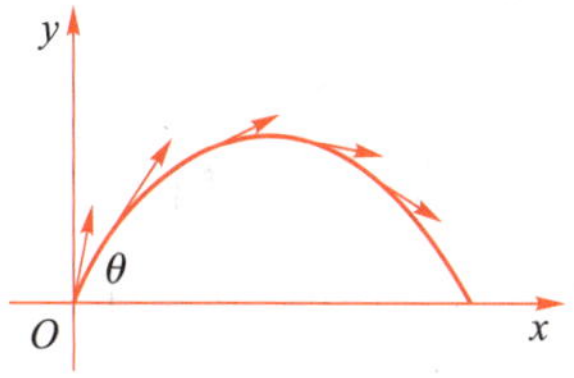

图 2-12

分析 我们已经学习了如何求解$y=f(x)$的导数y'_x. 但是，当y和x以参数方程形式进行表达时，y'_x应该如何求解呢？解决这个问题的一个思路是，将参数t通过代入法消元，解得$y=f(x)$的函数表达式，再求导.

将$t=\dfrac{x}{v_0\cos\theta}$代入$y=v_0t\sin\theta-\dfrac{1}{2}gt^2$，得到

$$y=\frac{x}{\cos\theta}\sin\theta-\frac{1}{2}g\left(\frac{x}{v_0\cos\theta}\right)^2=\frac{\sin\theta}{\cos\theta}x-\frac{g}{2v_0^2\cos^2\theta}x^2,$$

求导得
$$y'_x=\frac{\sin\theta}{\cos\theta}-\frac{g}{v_0^2\cos^2\theta}x.$$

但是，有的参数方程通过代入法消元有可能过程很复杂，或者根本无法消元. 因此，本节将介绍参数方程的一般求导方法.

2.3.1 微分的概念

微课：微分的概念和几何意义

定义 2.5 若函数 $y=f(x)$ 在点 x_0 处可导，则 $f'(x_0)\Delta x$ 称为函数 $f(x)$ 在点 x_0 处的微分，记作 $\mathrm{d}y$，即 $\mathrm{d}y=f'(x_0)\Delta x$. 此时也称函数 $f(x)$ 在点 x_0 处可微.

由微分的定义可知，自变量 x 的微分 $\mathrm{d}x=(x)'\Delta x=\Delta x$，所以 $\mathrm{d}y$ 的表达式又可以写成

$$\mathrm{d}y=f'(x_0)\mathrm{d}x.$$

探究

微分 $\mathrm{d}y$ 表示当自变量 x 有增量 Δx 时，曲线在点 M 处切线的纵坐标的增量，这便是微分的几何意义（图 2-11）. 同时，在 $|\Delta x|$ 较小时，常用切线段 MP 代替曲线段 MN，这便是科学研究中常见的"以直代曲"思想. 其实，这种近似思想还很多，比如计算机图形学中的"以平面代曲面"、运动控制系统中的"以匀速代变速"及科学计算中的"以线性代替非线性"等思想. 请同学们探讨.

关于微分有如下定理：

定理 2.6 函数 $f(x)$ 在点 x_0 可微的充分必要条件是函数 $f(x)$ 在点 x_0 可导，且

$$\mathrm{d}y=f'(x_0)\mathrm{d}x.$$

即可微与可导是等价的.

证明从略.

例 1 求函数 $y=2x^2$ 当 x 由 1 改变到 1.02 的微分.

解 因为 $\mathrm{d}y=(2x^2)'\Delta x=4x\Delta x$，$x_0=1$，$\Delta x=1.02-1=0.02$，所以

$$\mathrm{d}y=4\times1\times0.02=0.08.$$

例 2 求函数 $y=\sin x$ 在 $x=0$ 处的微分.

解 函数 $y=\sin x$ 在 $x=0$ 处的微分为 $\mathrm{d}y=(\sin x)'|_{x=0}\Delta x=\Delta x$.

另外，函数 $y=f(x)$ 在任意点 x 的微分，称为函数的微分，记作 $\mathrm{d}y$ 或 $\mathrm{d}f(x)$，即 $\mathrm{d}y=f'(x)\mathrm{d}x$. 这就是说，函数的微分 $\mathrm{d}y$ 与自变量的微分 $\mathrm{d}x$ 之商等于该函数的导数，即 $f'(x)=\dfrac{\mathrm{d}y}{\mathrm{d}x}$. 因此，对于一元函数来说，导数也叫作"微商".

2.3.2 微分的运算

1. 基本微分公式

从函数微分的表达式 $\mathrm{d}y=f'(x)\mathrm{d}x$ 可以看出，要计算函数的微分，只要计算函数的导数，再乘以自变量的微分即可. 由此，可得到如下基本微分公式：

(1) $\mathrm{d}C=0$；

(2) $\mathrm{d}(x^\mu)=\mu x^{\mu-1}\mathrm{d}x\ (\mu\neq0)$；

(3) $\mathrm{d}(\sin x)=\cos x\mathrm{d}x$；

(4) $\mathrm{d}(\cos x)=-\sin x\mathrm{d}x$；

(5) $\mathrm{d}(\tan x)=\sec^2 x\mathrm{d}x$；

(6) $\mathrm{d}(\cot x)=-\csc^2 x\mathrm{d}x$；

(7) $\mathrm{d}(\sec x)=\sec x\tan x\mathrm{d}x$；

(8) $\mathrm{d}(\csc x)=-\csc x\cot x\mathrm{d}x$；

(9) $\mathrm{d}(a^x)=a^x\ln a\mathrm{d}x$；

(10) $\mathrm{d}(\mathrm{e}^x)=\mathrm{e}^x\mathrm{d}x$；

(11) $d(\log_a x)=\frac{1}{x\ln a}=\frac{1}{x}\log_a e dx$;

(12) $d(\ln x)=\frac{1}{x}dx$;

(13) $d(\arcsin x)=\frac{1}{\sqrt{1-x^2}}dx$;

(14) $d(\arccos x)=-\frac{1}{\sqrt{1-x^2}}dx$;

(15) $d(\arctan x)=\frac{1}{1+x^2}dx$;

(16) $d(\text{arccot } x)=-\frac{1}{1+x^2}dx$.

微分四则运算法则：根据微分的定义，结合函数和、差、积、商的求导法则，可推得相应的微分法则（设 $u=u(x)$，$v=v(x)$ 都可微）：

(1) $d(u\pm v)=du\pm dv$;

(2) $d(Cu)=Cdu$（C 是常数）;

(3) $d(uv)=vdu+udv$;

(4) $d\left(\frac{u}{v}\right)=\frac{vdu-udv}{v^2}(v\neq0)$.

讨论

微分与导数有着紧密联系，甚至在本质上都是刻画事物变化快慢程度的. 鉴于此，有人认为有了导数就够了，何须再引进微分呢？请谈谈你的看法.

例 3 求函数 $y=e^x\cos x+x^2$ 的微分.

解 $dy=d(e^x\cos x+x^2)=d(e^x\cos x)+d(x^2)$

$=\cos x d(e^x)+e^x d(\cos x)+2xdx=\cos x e^x dx-\sin x e^x dx+2xdx$

$=(\cos x e^x-\sin x e^x+2x)dx$.

例 4 求函数 $y=\frac{\sin x}{x^2}$ 的微分.

解 $dy=d\left(\frac{\sin x}{x^2}\right)=\frac{x^2 d(\sin x)-\sin x d(x^2)}{(x^2)^2}=\frac{x\cos x-2\sin x}{x^3}dx$.

2. 复合函数的微分法

设 $y=f(u)$ 及 $u=g(x)$ 都可导，则复合函数 $y=f[g(x)]$ 的微分为

$$dy=y'_x dx=f'(u)g'(x)dx.$$

由于 $g'(x)dx=du$，所以复合函数 $y=f[g(x)]$ 的微分公式也可以写成

$$dy=f'(u)du \text{ 或 } dy=y'_u du.$$

由此可见，无论 u 是自变量还是中间变量，一阶微分的形式 $dy=f'(u)du$ 保持不变. 这一性质称为一阶微分形式不变性.

例 5 设 $y=\cos(3x+1)$，求 dy.

解 设 $y=\cos u$，$u=3x+1$，根据一阶微分形式的不变性，有

$$dy=d(\cos u)=-\sin u du=-\sin(3x+1)d(3x+1)=-3\sin(3x+1)dx.$$

注意： 与复合函数求导类似，当计算熟练以后，复合函数的微分求解也可不写出中间变量.

例 6 设 $y=\ln(2x+e^x)$，求 dy.

解 $dy=d\ln(2x+e^x)=\dfrac{1}{2x+e^x}d(2x+e^x)=\dfrac{1}{2x+e^x}(2+e^x)dx.$

例 7 设 $y=e^{-ax}\sin bx$，求 dy.

解
$$\begin{aligned}dy&=e^{-ax}d(\sin(bx))+\sin bx\,d(e^{-ax})\\&=e^{-ax}\cdot\cos bx\,d(bx)+\sin bx\cdot e^{-ax}d(-ax)\\&=e^{-ax}\cdot\cos bx\cdot b\,dx+\sin bx\cdot e^{-ax}\cdot(-a)dx\\&=e^{-ax}(b\cos bx-a\sin bx)dx.\end{aligned}$$

3. 利用微分求解参数方程导数

利用微分求参数方程所表示的函数的导数特别方便.

设变量 x 和 y 之间的函数关系由方程组

$$\begin{cases}x=g(t),\\y=f(t)\end{cases}$$

所确定，若 $g(t)$，$f(t)$ 均可微，求 y'_x.

由一阶微分形式的不变性，有 $dx=g'(t)dt$，$dy=f'(t)dt$. 故

$$y'_x=\frac{dy}{dx}=\frac{f'(t)dt}{g'(t)dt}=\frac{f'(t)}{g'(t)},g'(t)\neq0.$$

例 8 设椭圆 $\begin{cases}x=a\cos t,\\y=b\sin t\end{cases}(a\neq0)$，求其在 $t=\dfrac{\pi}{4}$ 处的切线方程.

解 当 $t=\dfrac{\pi}{4}$ 时，椭圆上对应点坐标为 $\left(\dfrac{\sqrt{2}}{2}a,\dfrac{\sqrt{2}}{2}b\right)$. 由于 $dx=-a\sin t\,dt$，$dy=b\cos t\,dt$，则

$$y'_x=\frac{dy}{dx}=\frac{b\cos t\,dt}{-a\sin t\,dt}=-\frac{b}{a}\cot t.$$

$$y'_x\big|_{t=\frac{\pi}{4}}=-\frac{b}{a}.$$

故所求切线方程为 $y-\dfrac{\sqrt{2}}{2}b=-\dfrac{b}{a}\left(x-\dfrac{\sqrt{2}}{2}a\right)$.

例 9 设 $\begin{cases}x=\arctan t,\\y=\ln(1+t),\end{cases}$ 求 y'_x.

解 因为 $dx=\dfrac{1}{1+t^2}dt$，$dy=\dfrac{1}{1+t}dt$，所以 $y'_x=\dfrac{dy}{dx}=\dfrac{\frac{1}{1+t}dt}{\frac{1}{1+t^2}dt}=\dfrac{1+t^2}{1+t}$.

再如在引例 2 中，参数方程 $\begin{cases}x=v_0t\cos\theta,\\y=v_0t\sin\theta-\dfrac{1}{2}gt^2\end{cases}$ 按照参数方程求导方法，得

$$y'_x=\frac{\mathrm{d}y}{\mathrm{d}x}=\frac{(v_0\sin\theta-gt)\mathrm{d}t}{v_0\cos\theta\mathrm{d}t}=\frac{v_0\sin\theta-gt}{v_0\cos\theta}.$$

将 $t=\frac{x}{v_0\cos\theta}$代入，得 $y'_x=\frac{\sin\theta}{\cos\theta}-\frac{g}{v_0^2\cos^2\theta}x$，与之前求解答案一致.

4. 利用微分求隐函数导数

如果变量 x,y 之间的函数关系是由一个方程 $F(x,y)=0$ 所确定，那么这种形式的函数称为隐函数. 隐函数导数的求解方法可描述为：把方程中的两个变量看作是相互独立的变量，在方程 $F(x,y)=0$ 两边同时求微分，利用一阶微分形式不变性得到一个关于 $\mathrm{d}x$ 与 $\mathrm{d}y$ 的方程，从而解出$\frac{\mathrm{d}y}{\mathrm{d}x}$.

例 10 求由方程 $\mathrm{e}^{xy}=x^2+y^2$ 所确定的隐函数 $y=f(x)$ 的导数 y'_x.

解 对方程两边同时求微分，得

$$\mathrm{d}(\mathrm{e}^{xy})=\mathrm{d}(x^2+y^2)\text{，即 }\mathrm{e}^{xy}(y\mathrm{d}x+x\mathrm{d}y)=2x\mathrm{d}x+2y\mathrm{d}y.$$

于是

$$y'_x=\frac{\mathrm{d}y}{\mathrm{d}x}=\frac{2x-y\mathrm{e}^{xy}}{x\mathrm{e}^{xy}-2y}.$$

例 11 求由方程 $\ln\sqrt{x^2+y^2}=\arctan\frac{y}{x}$所确定的隐函数 $y=f(x)$ 的导数 y'_x.

解 对方程两边同时求微分，得

$$\frac{1}{\sqrt{x^2+y^2}}\cdot\frac{1}{2\sqrt{x^2+y^2}}\mathrm{d}(x^2+y^2)=\frac{1}{1+\left(\frac{y}{x}\right)^2}\mathrm{d}\left(\frac{y}{x}\right),$$

$$\frac{1}{2}\frac{1}{x^2+y^2}(2x\mathrm{d}x+2y\mathrm{d}y)=\frac{x^2}{x^2+y^2}\frac{x\mathrm{d}y-y\mathrm{d}x}{x^2},$$

化简，得 $x\mathrm{d}x+y\mathrm{d}y=x\mathrm{d}y-y\mathrm{d}x$. 于是 $y'_x=\frac{x+y}{x-y}$.

2.3.3 微分在近似计算中的应用

微课：微分的应用

由微分的定义可知，当$|\Delta x|$很小时，可以用 $\mathrm{d}y$ 近似替代 Δy，即 $\Delta y\approx\mathrm{d}y$，也即

$$f(x_0+\Delta x)-f(x_0)\approx f'(x_0)\Delta x,$$

移项得

$$f(x_0+\Delta x)\approx f(x_0)+f'(x_0)\Delta x. \tag{2.1}$$

近似公式(2.1)常常用来求解函数在 x_0 点附近的近似值.

例 12 半径 10 cm 的金属圆片加热后，半径伸长了 0.05 cm，问面积大约增大了多少？

解 设 $A=\pi r^2$，$r=10$ cm，$\Delta r=0.05$ cm，则面积增加值

$$\Delta A \approx \mathrm{d}A = 2\pi r \cdot \Delta r = 2\pi \times 10 \times 0.05 = \pi(\mathrm{cm}^2).$$

例 13 计算 $\cos 60°30'$ 的近似值.

解 设 $f(x)=\cos x$，则 $f'(x)=-\sin x$（x 为弧度），取

$$x_0=\frac{\pi}{3}, \Delta x=\frac{\pi}{360}, f\left(\frac{\pi}{3}\right)=\frac{1}{2}, f'\left(\frac{\pi}{3}\right)=-\frac{\sqrt{3}}{2}.$$

所以

$$\cos 60°30' = \cos\left(\frac{\pi}{3}+\frac{\pi}{360}\right) \approx f\left(\frac{\pi}{3}\right)+f'\left(\frac{\pi}{3}\right)\cdot \Delta x$$

$$= \cos\frac{\pi}{3} - \sin\frac{\pi}{3}\cdot\frac{\pi}{360} = \frac{1}{2}-\frac{\sqrt{3}}{2}\cdot\frac{\pi}{360} \approx 0.4924.$$

利用近似公式(2.1)，可以推出一些常用近似公式. 当 $|x|$ 很小时，有：

(1) $\sqrt[n]{1+x} \approx 1+\frac{1}{n}x$；(2) $\sin x \approx x$（x 为弧度）；(3) $\tan x \approx x$（x 为弧度）；

(4) $\mathrm{e}^x \approx 1+x$；(5) $\ln(1+x) \approx x$.

证 只证(1)，设 $f(x)=\sqrt[n]{1+x}$，则

$$f'(x)=\frac{1}{n}(1+x)^{\frac{1}{n}-1}, f(0)=1, f'(0)=\frac{1}{n}.$$

由公式(2.1)，有 $f(x) \approx f(0)+f'(0)x = 1+\frac{x}{n}$，得证.

例 14 计算 $\sqrt[4]{9\,999}$ 的近似值.

解
$$\sqrt[4]{9\,999}=\sqrt[4]{10\,000-1}=\sqrt[4]{10\,000\left(1-\frac{1}{10\,000}\right)}=10\sqrt[4]{1-0.000\,1}$$

$$=10\left(1-\frac{1}{4}\times 0.000\,1\right)=9.999\,75.$$

应用与实践

案例 某机械挂钟的钟摆的周期为 1 s，在冬季摆长因热胀冷缩而缩短了 0.01 cm，已知单摆的周期为 $T=2\pi\sqrt{\frac{l}{g}}$，其中 $g=980\ \mathrm{cm/s^2}$，问这只钟每秒大约快还是慢多少？

解 因为钟摆的周期为 1 s，所以有 $1=2\pi\sqrt{\frac{l}{g}}$，解得摆的原长为 $l=\frac{g}{(2\pi)^2}$. 又摆长的增量为 $\Delta l=-0.01$ cm，用 $\mathrm{d}T$ 近似计算 ΔT，得 $\Delta T \approx \mathrm{d}T = \pi\frac{1}{\sqrt{gl}}\Delta l$. 将 $l=\frac{g}{(2\pi)^2}$，$\Delta l=-0.01$ 代入得

$$\Delta T \approx \mathrm{d}T = \pi\frac{1}{\sqrt{gl}}\Delta l = \frac{\pi}{\sqrt{g\cdot\frac{g}{(2\pi)^2}}}\times(-0.01) \approx -0.000\,2(\mathrm{s}).$$

这就是说，由于摆长缩短了 0.01 cm，钟摆的周期相应地缩短了约 0.000 2 s.

能力训练 2.3

1. 求函数 $y=\ln(x^2+1)$ 当 $x=1,\Delta x=0.1$ 时的微分.

2. 求下列函数的微分：

(1) $y=\arctan\sqrt{x}$；　　(2) $y=\ln\sqrt{1+x^2}$；

(3) $y=e^{2x}\sin x$；　　(4) $y=e^{-x}\ln(2-x)$.

3. 将适当的函数填入下列括号，使等式成立：

(1) $d(\quad)=\frac{1}{x^2}dx$；　　(2) $d(\quad)=\sqrt{x}\,dx$；　　(3) $d(\quad)=e^{-3x}dx$；

(4) $d(\quad)=\frac{1}{1+x}dx$；　　(5) $d(\quad)=\sin 2x dx$；　　(6) $d(\quad)=\frac{x}{\sqrt{1+x^2}}dx$.

4. 求下列参数方程所确定的函数的导数$\frac{dy}{dx}$.

(1) $\begin{cases}x=e^{-t},\\ y=e^{2t};\end{cases}$　　(2) $\begin{cases}x=t^2+1,\\ y=t^3+2t;\end{cases}$

(3) $\begin{cases}x=\theta(1-\cos\theta),\\ y=\theta\sin\theta;\end{cases}$　　(4) $\begin{cases}x=\dfrac{1}{2t+1},\\ y=\dfrac{1}{t^2+1}.\end{cases}$

5. 求由下列方程确定的隐函数的导数 y'：

(1) $xy=e^{x+y}$；　　(2) $y=\sin(x-y)$；

(3) $x^2+xy=\cos(xy)$；　　(4) $y-xe^y=1$.

6. 计算下列数的近似值：

(1) $\sin 31°$；　　(2) $\sqrt[6]{63}$；　　(3) $\tan 136°$；　　(4) $\sqrt[3]{996}$.

7. 某服装厂生产一批次服装，假设能全部出售，每天的收入 R 与日产量 x 的函数关系为 $R=\frac{x^2}{32}+10x$，如果服装厂将日产量从 500 增加到 510，求其每天收入增加量的近似值.

8. 设扇形的圆心角 $\alpha=60°$，半径 $R=100$ cm. 如果 R 不变，α 减少 $30'$，问扇形面积大约改变了多少？又如果 α 不变，R 增加 1 cm，问扇形面积大约改变了多少？

9. 笛卡儿叶形线（图 2-13）可以由参数方程$\begin{cases}x=\dfrac{3at}{1+t^3},\\ y=\dfrac{3at^2}{1+t^3}\end{cases}$表示，求由此参数方程确定的函数 y 的导数.

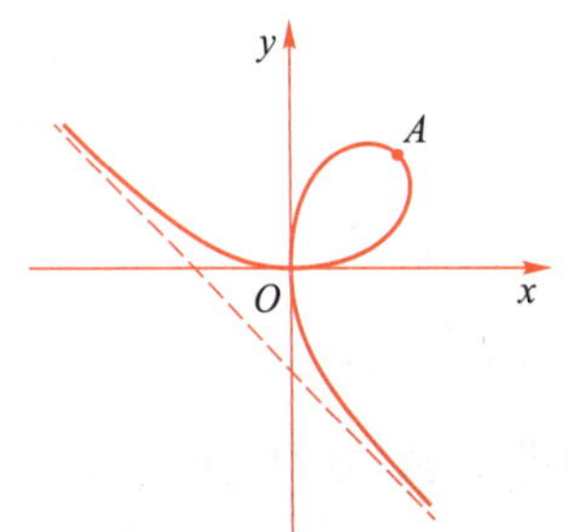

图 2-13

总习题 2

A 基础巩固

1. 已知 $f'(x_0)=a$，试计算下列极限：

(1) $\lim\limits_{\Delta x\to 0}\dfrac{f(x_0+\Delta x)-f(x_0)}{\Delta x}$；

(2) $\lim\limits_{\Delta x\to 0}\dfrac{f(x_0-\Delta x)-f(x_0)}{\Delta x}$；

(3) $\lim\limits_{\Delta x\to 0}\dfrac{f(x_0+\Delta x)-f(x_0-\Delta x)}{\Delta x}$；

(4) $\lim\limits_{\Delta x\to 0}\dfrac{f(x_0-3\Delta x)-f(x_0)}{\Delta x}$.

2. 判断函数 $f(x)=|x-5|$ 在 $x=5$ 处的可导性.

3. 求函数 $f(x)=\begin{cases}e^{2x}, & x<0,\\ \sin 2x+1, & x\geqslant 0\end{cases}$ 在 $x=0$ 处的导数.

4. 已知函数 $f(x)=\begin{cases}\sin x, & x\leqslant 0,\\ ax+b, & x>0\end{cases}$ 在 $x=0$ 处可导，求 a,b 的值.

5. 求下列函数的导数：

(1) $y=e^x+\ln x+e^e$；

(2) $y=\cos^4(5-x)$；

(3) $y=\ln\sqrt{\arctan x}$；

(4) $y=\dfrac{1}{\sqrt{3x-5}}$；

(5) $y=(3x^4-1)^{100}$；

(6) $y=e^{-x^2+2x-1}$；

(7) $y=\sqrt{x}(3x+2)$；

(8) $y=\ln(x-\sqrt{x^2-1})$；

(9) $y=e^{ax}\sin bx$（a,b 为常数）；

(10) $y=x^2+e^{\sqrt{x}}$；

(11) $y=e^{\frac{1}{x}}+x\sqrt{x}$；

(12) $y=\sin^2 x\cos 2x$；

6. 求下列函数的微分：

(1) $y=2\sqrt{x}+\dfrac{1}{x}$；

(2) $y=e^x\cos x$；

(3) $y=\dfrac{1-\sin x}{1+\sin x}$；

(4) $y=\cos 3x$；

(5) $y=e^{\sin x}$；

(6) $y=x^2e^{2x}$；

(7) $y=(x^2-2x+5)^3$；

(8) $y=\ln(\sqrt{1-x^2})$.

7. 求隐函数的导数 y'_x：

(1) $x\sin y=\cos(x+y)$；

(2) $ye^x+\ln y=5$；

(3) $xy=e^x+e^y$；

(4) $\sin(x+y)+e^{xy}=4$；

(5) $e^y+2xy=x+1$.

8. 求参数方程的导数 y'_x:

(1) $\begin{cases} x=2t+1, \\ y=\ln(3t^2+1); \end{cases}$

(2) $\begin{cases} x=4\cos^3 t, \\ y=4\sin^3 t. \end{cases}$

9. 设曲线 $y=x^2+1$ 上一点 (x_0,y_0) 处的切线 L 平行于直线 $y=2x+1$，求切点 (x_0,y_0) 和切线 L 的方程.

10. 计算下列数的近似值：

(1) $\cos 59°$;

(2) $\cot(46°)$.

B 能力提升

11. 已知 $f'(0)=a$，且 $f(0)=0$，求 $\lim\limits_{x\to 0}\dfrac{x^2f(x)-2f(x^3)}{x^3}$.

12. 设 $f'(1)=1$，求 $\lim\limits_{x\to 1}\dfrac{f(x)-f(1)}{x^2-1}$.

13. 若 $f(x-1)=x^2-1$，求 $f'(x)$.

14. 已知 $f(x)=(x+1)(x+2)\cdots(x+100)$，求 $f'(-1)$.

15. $f(x)=3^x$，$g(x)=x^3$，求 $f'[g'(x)]$.

16. 已知 $y=\ln(x+\sqrt{1+x^2})$，求 y''.

17. 已知 $y=\dfrac{1}{1+x}$，求 $y^{(n)}$.

18. 讨论 $f(x)=\begin{cases} \ln(1-x^2), & x\leqslant 0, \\ x^2\sin\dfrac{1}{x}, & x>0 \end{cases}$ 在 $x=0$ 处的可导性.

19. 设 $y=y(x)$ 是由方程 $2y-x=(x-y)\ln(x-y)$ 确定的隐函数，求 dy.

20. 计算 $\ln 1.01$ 的近似值.

数学实验 2:导数与微分

一、实验目的

(1) 加深对导数、微分相关知识的理解.

(2) 会熟练运用数学软件求解函数的导数与微分.

(3) 能结合实际问题,建立数学模型,并利用数学软件进行求解,提高应用数学知识解决实际问题的能力.

二、实验原理

(1) 建立符号表达式的函数调用格式为:

① `S=sym('expression')`

② `x=sym('x','real')`

③ `x=sym('x',[m,n])`

④ `syms  x1 x2 x3 …xn`

(2) 导数和微分都可以通过 diff( ) 函数实现,diff( ) 函数可以同时处理符号和数值两种情况下的求导和微分. 该函数调用格式如表 2-2 所示.

表 2-2　MATLAB 中的微分计算函数

函数格式	说　明
diff(F)	求函数 $F(x)$ 的微分
diff(F,x)	求函数 $F(x)$ 对变量 x 的导数
diff(F,x,n)	求函数 $F(x)$ 的 n 阶导数(微分),当省略 n 时默认为求一阶导数(微分).

三、实验内容

例 1　求函数 $y=x^3-4x+3$ 的一阶导数,在同一坐标系里作出该函数及其导数的图形,并观察函数单调性和导数之间的关系.

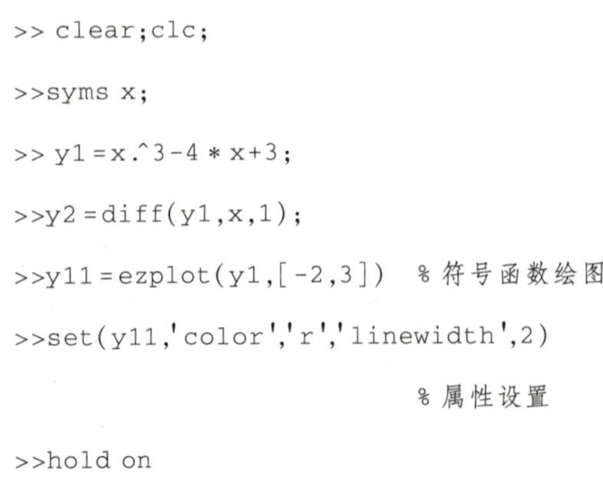

```
>> clear;clc;
>>syms x;
>> y1=x.^3-4*x+3;
>>y2=diff(y1,x,1);
>>y11=ezplot(y1,[-2,3])  % 符号函数绘图
>>set(y11,'color','r','linewidth',2)
                         % 属性设置
>>hold on
>>y22=ezplot(y2,[-2,3])
```

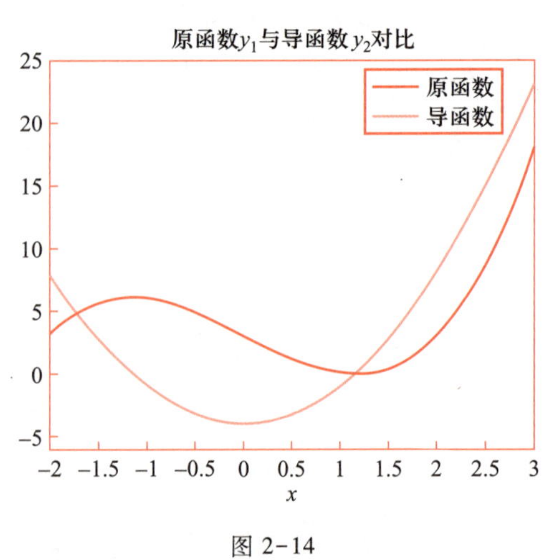

图 2-14

```
>>set(y22,'color','g','linewidth',2)
>>grid on
>>legend('原函数','导函数')
>>title('原函数 y1 与导函数 y2 对比')
```

输出结果如图 2-14 所示.

例 2 求函数 $y=5x^3-2x^2+x-11$ 的 3 阶导数.

```
>> syms x;
>> y=sym('5*x^3-2*x^2+x-11');
>> dy3=diff(y,x,3)
dy3 =30
```

例 3 求函数 $y=\ln\cos x$ 的微分.

```
>>syms x; y=sym('log(cos(x))');
>> y1=diff(y)
y1 = -sin(x)/cos(x)
```

因此 $\mathrm{d}y=-\tan(x)\mathrm{d}x$,这里 $\mathrm{d}x$ 不会出现在前面的运算中.

例 4 求带参函数 $y=ax^{10}+\sin(bx+1)$ 的 10 阶导数.

```
>> syms a b x;
>> y=a*x^10+sin(b*x+1);
>> dy10=diff(y,10)  % 省略 x,按习惯仍对 x 求导数
dy10 = 3628800*a- b^10*sin(b*x+1)
```

例 5 对 2.2 节案例 3,用 MATLAB 求解运动员的速度、加速度和急动度,并分别画出对应曲线.

```
>>clc;clear;
>> syms t;      % 定义一个符号变量
>> s=3.6*t+t^2-1/24*t^3   % 定义运动函数
>>v=diff(s,t) ;            % 一阶求导
v= 3.6+2*t-1/8*t^2
>> a=diff(s,t,2) ;          % 二阶求导
  a=2-1/4*t
>> j=diff(s,t,3);           % 三阶求导
  j=-1/4
>>subplot(2,2,1);plot(t,s,'r'),title('运动员运动函数曲线')  % 绘制子图
>>subplot(2,2,2);plot(t,v,'r'),title('运动员速度')
>>subplot(2,2,3);plot(t,a,'g*'),title('运动员加速度')
>>subplot(2,2,4);plot(t,j,'b:'),title('运动员急动度')
```

结果如图 2-15 所示.

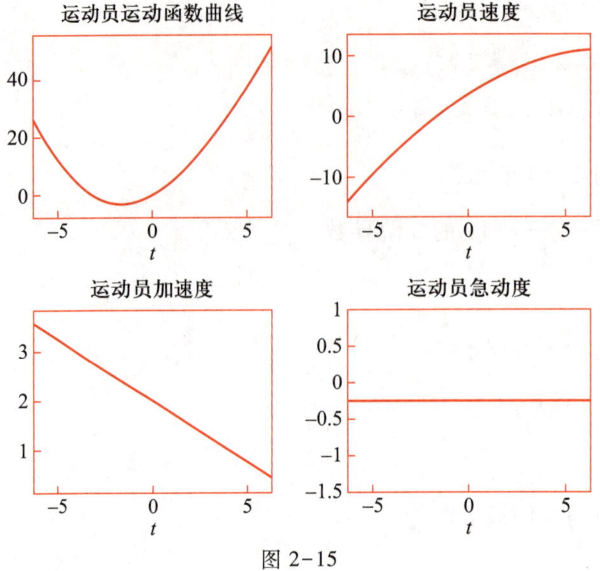

图 2-15

例 6 画出曲线 $y=2\sin x$ 在点 $P(\pi/6,1)$ 的切线和法线.

```
>>clc;clear;
>>x0=pi/6;
>>y0=1;
>>plot(x0,y0,'r*')
>>hold on
>>syms x;              %定义符号变量
>>y=2*sin(x);          %定义函数
>>dy_dx=diff(y);       %符号求导
>>ezplot(y,[-5,5])     %画曲线
>>hold on
>>k=subs(dy_dx,x,pi/6);
>>h=k*(x-x0)+y0;       %切线方程
>>ezplot(h,[-5,5])     %画切线
>>f=-1/k*(x-x0)+y0;    %法线方程
>>ezplot(f,[-5,5])     %画法线
>>title('曲线 y=2sinx 在点 P({\pi}/{6},1)的切线和法线')
```

曲线y=2sin x在点$P(\pi/6,1)$的切线和法线

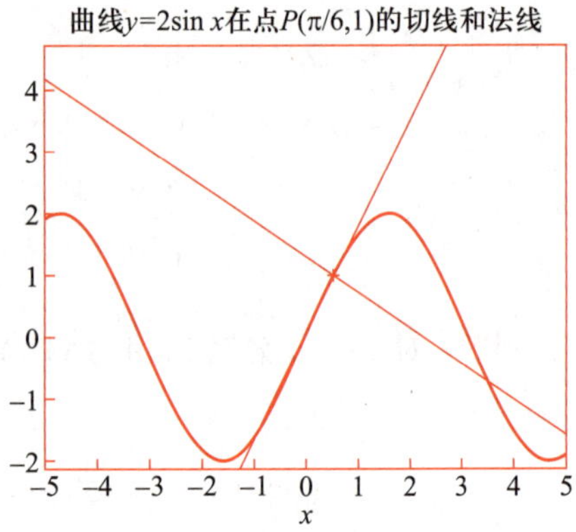

图 2-16

输出结果如图 2-16 所示.

例 7 设 $f(x)=e^x$,利用导数的定义计算 $f'(0)$,并画出该曲线在点 $M(0,1)$ 处的切线及若干条割线,观察割线的变化趋势.

根据导数的定义,有 $f'(0)=\lim\limits_{h\to 0}\dfrac{f(0+h)-f(0)}{h}$,可以利用极限求解:

```
>>syms h
```

```
>>limit((exp(0+h)-exp(0))/h,h,0)
ans=1
```

在曲线$f(x)=e^x$上另取一点$P(h,e^h)$,则MP的方程为$y=\frac{e^h-1}{h}x+1$.

```
>>h=input('输入=')        % 任意输入一个 h 值
>>k=exp(h)./h;
>>x=-3:0.1:3;
>>plot(x,exp(x),'g',x,k*x+1,'r')
>>hold on
```

尝试多次运行,取不同的h值观察割线变化趋势(图 2-17).

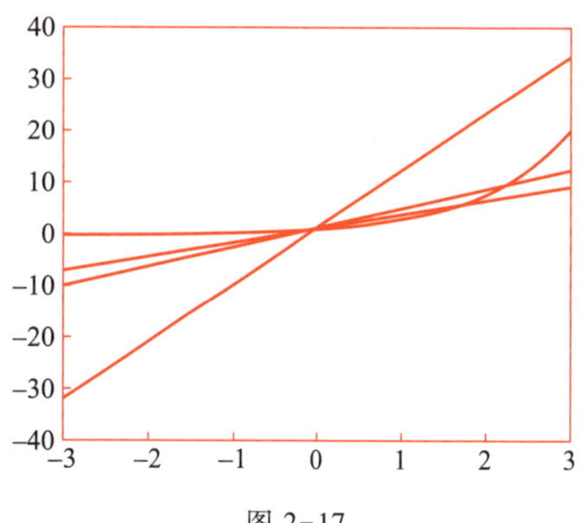

图 2-17

例 8 求隐函数方程$e^{xy}=x^2+y^2$的导数$\frac{dy}{dx}$.

```
>>clc;clear
>>syms x y;
>>F=exp(x*y)-x^2-y^2;
>>F_x=diff(F,x);
>>F_y=diff(F,y);
>>yx=-F_x/F_y
yx =-(2*x - y*exp(x*y))/(2*y - x*exp(x*y))
```

例 9 求参数方程$\begin{cases}x=a\cos t,\\y=b\sin t\end{cases}$的导数$\frac{dy}{dx}$.

```
>>clear;clc
>>syms a b t;
>>x=a*cos(t);
>>y=b*sin(t);
>>yx=diff(y,t)/diff(x,t)
yx =-(b*cos(t))/(a*sin(t))
```

拓展与提高 2: 对数求导法与曲率

阅读与思考 2: 微积分奠基人——牛顿

第3章 导数的应用

最值问题是数学领域中的一个重要研究问题,更是函数研究中尤为重要的一个分支.导数能获取的最重要的信息之一就是研究函数能否在给定的区间上取得最大值与最小值,以及如何取得、在何处取得.本章将借助导数讨论函数的单调性、极值、函数曲线的凹凸性和拐点等,通过研究函数的整体形态,把握函数图像的各种几何特征.

导数本身只是反映函数在一点的局部特征,要实现通过导数研究函数的整体形态,就需要在导数与函数之间建立起一座桥梁,这就是中值定理.中值定理是微分学中重要的定理之一,它不仅是研究函数形态的基础,同时也是洛必达法则与泰勒公式的基础.

☆☆☆学习目标

理解罗尔定理、拉格朗日中值定理的几何含义及应用,了解柯西中值定理.

掌握洛必达法则的使用方法.

掌握函数单调性、极值和最值的求解方法.

掌握函数曲线凹凸性的判断方法,能够进行简单的函数绘图.

§3.1 微分中值定理与洛必达法则

情景与问题

引例 1　让我们来看看交通管理当中的区间测速(图 3-1).在某一段区间测速的道路上,摄像头会记录下汽车进入该路段的时间和驶出该路段的时间.用这一段道路的长度除以行驶时间便可以计算出汽车的平均速度.比如计算出某辆汽车的平均速度为 90 km/h,而区间实际限速要求为 80 km/h 时,就可以判断在该路途中至少有一个点汽车的速度是超速的.这个结论中的数学原理是什么呢?

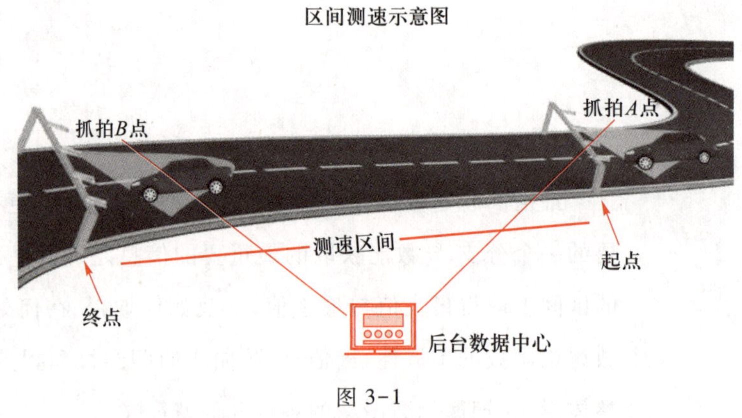

图 3-1

分析　假设抓拍时间点 A 对应的汽车位移为 $f(A)$,时间点 B 对应的汽车位移为 $f(B)$,可以计算出平均速度为$\dfrac{f(B)-f(A)}{B-A}$.当计算出平均速度为 90 km/h 时,那么路程中的瞬时速度可能有两种情况:情况一,汽车始终保持匀速前进.此路段中的瞬时速度必然全为 90 km/h;情况二,汽车变速前进.此路段中汽车的瞬时速度必然有大于、等于、小于 90 km/h 的情况.如果限速 80 km/h,那么根据汽车的平均速度为 90 km/h,就可以判定路段中必然至少有一个点超速.对于这样的结果,法国数学家和天文学家约瑟夫·拉格朗日给出了完美的数学解释:某时刻的瞬时速度恰好等于平均速度,这样的时刻至少是存在一个的.这就是接下来即将学习的拉格朗日中值定理.

引例 2　求$\lim\limits_{x\to a}\dfrac{\sin x-\sin a}{x-a}$.

分析　不难判断,该极限属于“$\dfrac{0}{0}$”型未定式极限,由于为 $x\to a$ 而非 $x\to 0$ 时的极限,根据第 2 章学习的极限求解方法,采用极限运算法则或重要极限、无穷小的等价代换等进行计算似乎都比较困难.这一节将学习另一种利用导数作为极限求解工具的计算未定式极限的一般方法,即洛必达法则.

3.1.1　微分中值定理

定理 3.1（罗尔定理）　设 $f(x)$ 在闭区间 $[a,b]$ 上连续，在开区间 (a,b) 内可导，且 $f(a)=f(b)$，则至少存在一点 $\xi\in(a,b)$，使得 $f'(\xi)=0$.

微课：微分中值定理

证明　(1) 如果 $f(x)$ 是常值函数，则 $f'(x)\equiv 0$，定理的结论显然成立.

(2) 如果 $f(x)$ 不是常值函数，则 $f(x)$ 在 (a,b) 内至少有一个最大值点或最小值点，不妨设有一最大值点 $\xi\in(a,b)$，于是

$$f'(\xi)=f'_-(\xi)=\lim_{x\to\xi^-}\frac{f(x)-f(\xi)}{x-\xi}\geqslant 0,$$

$$f'(\xi)=f'_+(\xi)=\lim_{x\to\xi^+}\frac{f(x)-f(\xi)}{x-\xi}\leqslant 0,$$

所以 $f'(\xi)=0$.

罗尔定理的几何意义： 如果连续曲线 $y=f(x)$ 除端点外每一点都存在切线，并且曲线的端点在同一水平线上，那么该曲线上某点处的切线与 x 轴平行. 值得说明的是，满足条件的点 ξ 可能不止一个. 如图 3-2 所示，(a)(b) 只有一点处的切线平行于 x 轴，而 (c)(d) 中却有多个点处的切线平行于 x 轴.

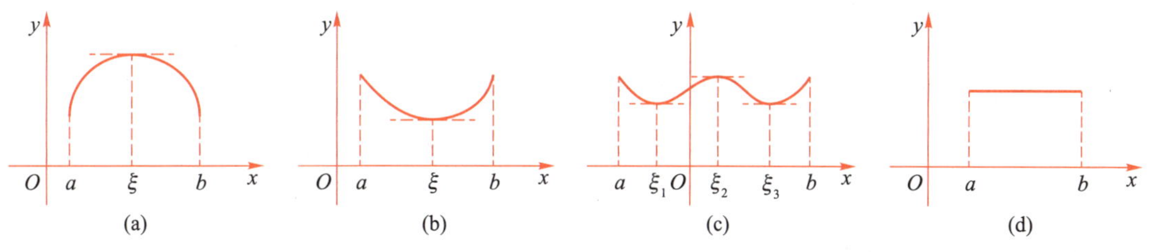

图 3-2

注意： 罗尔定理的条件为结论的充分条件. 定理的三个条件：函数在闭区间 $[a,b]$ 上连续；函数在开区间 (a,b) 内可导；$f(a)=f(b)$. 任一条件不满足，罗尔定理便可能不成立，如图 3-3(a)(b)(c) 所示.

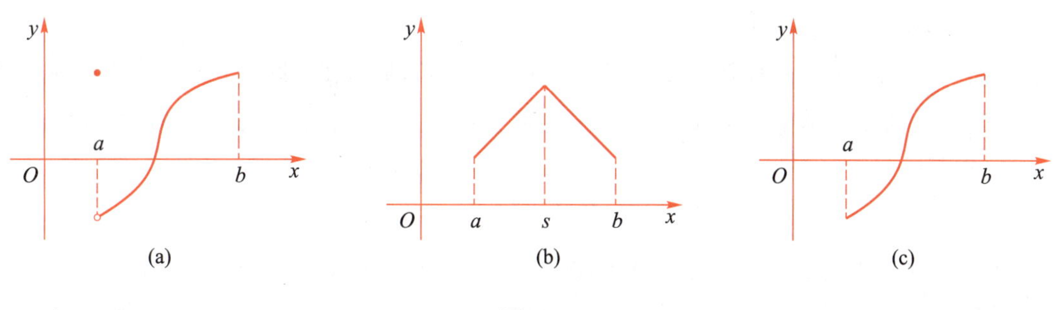

图 3-3

例 1　证明方程 $f(x)=x^2-4x+5$ 在区间 $[0,4]$ 上满足罗尔定理的条件，并求出相应的 ξ.

证明　函数 $f(x)=x^2-4x+5$ 为初等函数，在闭区间 $[0,4]$ 上连续，在开区间 $(0,4)$ 内可导，且

$f(0)=f(4)=5$,故满足罗尔定理条件.因此,在开区间$(0,4)$内一定存在一点ξ,使$f'(\xi)=0$.由$f'(x)=2x-4=0$,解得$x=2$.显然$2\in(0,4)$,取$\xi=2$,则一定有$f'(\xi)=0$.

例 2 设函数$f(x)=x(x-1)(x-2)(x-3)$.不计算函数的导数$f'(x)$,指出$f'(x)=0$实根的个数及每个实根所在的区间.

证明 多项式函数$f(x)=x(x-1)(x-2)(x-3)$是处处可导的函数,且$f(0)=f(1)=f(2)=f(3)=0$,满足罗尔定理的条件.

由定理知,存在$\xi_1\in(0,1)$,$\xi_2\in(1,2)$,$\xi_3\in(2,3)$,满足$f'(\xi_1)=f'(\xi_2)=f'(\xi_3)=0$. 所以$f'(x)=0$至少有三个实根.又因为$f'(x)=0$是三次方程,最多存在三个实根,所以方程$f'(x)=0$恰有三个实根为$\xi_1,\xi_2,\xi_3$.

定理 3.2(拉格朗日中值定理) 设$f(x)$在闭区间$[a,b]$上连续,在开区间(a,b)内可导,则至少存在一点$\xi\in(a,b)$,使得

$$f'(\xi)=\frac{f(b)-f(a)}{b-a}.$$

证明从略.

如图 3-4 所示,由于$f'(\xi)$在几何上代表点$(\xi,f(\xi))$处的切线斜率,$\frac{f(b)-f(a)}{b-a}$代表弦AB的斜率,因此**拉格朗日中值定理的几何意义**为:如果连续曲线$y=f(x)$在$[a,b]$上除端点A、B外处处具有不垂直于x轴的切线,则在(a,b)内至少有一点ξ,使得曲线在$(\xi,f(\xi))$点处的切线与弦AB平行.

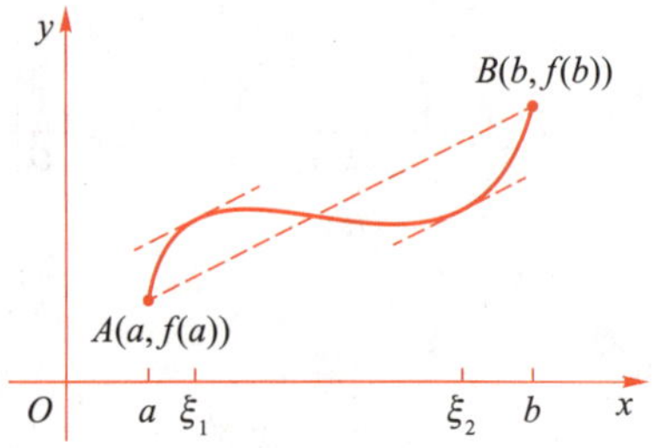

图 3-4

注意: 特别地,当$f(a)=f(b)$时,拉格朗日中值定理即为罗尔定理.

接下来学习拉格朗日中值定理的两个重要推论.

我们已经知道如果函数$f(x)$在某个区间上为常数,那么在该区间上$f(x)$的导数恒为零.它的逆命题也是成立的.

推论 1 函数$f(x)$在区间I上有$f'(x)\equiv 0$,那么在区间I上$f(x)=C$(常数).

证明 取任意的$x_1,x_2\in I$,不妨假设$x_1<x_2$. 在区间$[x_1,x_2]$上使用拉格朗日中值定理知,至少存在一点$\xi\in(x_1,x_2)$,使得$f'(\xi)=\frac{f(x_2)-f(x_1)}{x_2-x_1}$.

根据已知条件,$f'(\xi)=0$,故$f(x_2)=f(x_1)$.因为x_1,x_2是区间I上的任意点,上式表示$f(x)$的函数值总是相等的,即$f(x)=C$.

推论 2 函数$y=f(x)$和$y=g(x)$在区间I上恒有$f'(x)=g'(x)$,那么在区间I上$f(x)-g(x)=C$(常数).

证明 设$F(x)=f(x)-g(x)$,则$F'(x)=[f(x)-g(x)]'=f'(x)-g'(x)=0$.

由推论 1 知 $F(x)=C$，即 $f(x)-g(x)=C$.

推论 2 表明，导数相等的函数之间，最多相差一个常数.

例 3 证明等式 $\arcsin x+\arccos x=\frac{\pi}{2}\quad x\in[-1,1]$.

证明 当 $x\in[-1,1]$ 时，因为

$$(\arcsin x+\arccos x)'=\frac{1}{\sqrt{1-x^2}}-\frac{1}{\sqrt{1-x^2}}=0,$$

由推论 1 知，$\arcsin x+\arccos x=C$（常数），不妨取 $x=0$，则有

$$C=\arcsin 0+\arccos 0=0+\frac{\pi}{2}=\frac{\pi}{2}.$$

下面介绍比拉格朗日中值定理更一般的柯西中值定理.

定理 3.3（柯西中值定理） 设函数 $f(x)$ 和 $g(x)$ 在闭区间 $[a,b]$ 上连续，在开区间 (a,b) 内可导，且 $g'(x)$ 在 (a,b) 内的每一点处均不为零，则在 (a,b) 内至少存在一点 ξ，使得

$$\frac{f'(\xi)}{g'(\xi)}=\frac{f(b)-f(a)}{g(b)-g(a)}.$$

证明从略.

注意： 特别地，当 $g(x)=x$ 时，柯西中值定理即为拉格朗日中值定理.

启迪

从以上学习中我们了解到，拉格朗日中值定理是罗尔定理的推广，同时也是柯西中值定理的特殊情形.罗尔定理是特殊的、静止的、条件相对严格的；拉格朗日中值定理着眼在变化的瞬间，是运动的、相对的、稍微放宽条件的；柯西中值定理着眼在更为一般的两个运动中，是运动的、相对的、更宽条件和具有普遍意义的.

通过不断地放宽条件，数学家们得到了越来越普遍的真理.这个过程不仅是理论上的进步，也是哲学中特殊性与普遍性原理的体现.

3.1.2 洛必达法则

如果当 $x\to a$（或 $x\to\infty$）时，两个函数 $f(x)$ 与 $g(x)$ 都趋于零或都趋于无穷大，那么极限 $\lim\limits_{\substack{x\to a\\(x\to\infty)}}\frac{f(x)}{g(x)}$ 可能存在，也可能不存在.通常把这种极限叫作未定式，并分别简记为 $\frac{0}{0}$ 或 $\frac{\infty}{\infty}$.下面我们介绍一种求这类极限的简便且重要的方法.

微课：洛必达法则

定理 3.4（洛必达法则） 设函数 $f(x)$ 和 $g(x)$ 满足下列条件：

(1) $\lim\limits_{x\to x_0}f(x)=\lim\limits_{x\to x_0}g(x)=0$；

(2) $f(x)$ 和 $g(x)$ 在点 x_0 的某去心邻域内可微，且 $g'(x)\neq 0$；

(3) $\lim\limits_{x\to x_0}\frac{f'(x)}{g'(x)}=A$（或 ∞）.

则有 $$\lim_{x\to x_0}\frac{f(x)}{g(x)}=\lim_{x\to x_0}\frac{f'(x)}{g'(x)}=A(\text{或}\infty).$$

证明用到柯西中值定理,本书从略.

注意:(1)函数 $f(x)$ 和 $g(x)$ 在点 x_0 可以不可微,甚至可以没有定义;

(2)定理 3.4 中将函数自变量的变化趋势 $x\to x_0$ 全部改为 $x\to\infty$,结论仍然成立;

(3)将条件(1)改为 $\lim\limits_{x\to x_0}f(x)=\lim\limits_{x\to x_0}g(x)=\infty$,结论仍然成立.

例 4 求 $\lim\limits_{x\to a}\dfrac{\sin x-\sin a}{x-a}$.

解 $$\lim_{x\to a}\frac{\sin x-\sin a}{x-a}=\lim_{x\to a}\frac{(\sin x-\sin a)'}{(x-a)'}=\lim_{x\to a}\frac{\cos x}{1}=\cos a.$$

例 5 求 $\lim\limits_{x\to 1}\dfrac{x^3-3x+2}{x^3-x^2-x+1}$.

解 $$\lim_{x\to 1}\frac{x^3-3x+2}{x^3-x^2-x+1}=\lim_{x\to 1}\frac{3x^2-3}{3x^2-2x-1}=\lim_{x\to 1}\frac{6x}{6x-2}=\frac{3}{2}.$$

上式中,使用了一次洛必达法则后,函数极限求解仍然满足洛必达法则条件,可以继续使用.但是,$\lim\limits_{x\to 1}\dfrac{6x}{6x-2}$ 已不是未定式,不能再对它应用洛必达法则.

例 6 求 $\lim\limits_{x\to+\infty}\dfrac{\sqrt{1+x^2}}{x}$.

解 $$\lim_{x\to+\infty}\frac{\sqrt{1+x^2}}{x}=\lim_{x\to+\infty}\frac{\dfrac{x}{\sqrt{1+x^2}}}{1}=\lim_{x\to+\infty}\frac{x}{\sqrt{1+x^2}}=\lim_{x\to+\infty}\frac{1}{\dfrac{x}{\sqrt{1+x^2}}}=\lim_{x\to+\infty}\frac{\sqrt{1+x^2}}{x}.$$

经过两次使用洛必达法则,计算又回到了原形,说明此题不能使用洛必达法则计算,需要改用其他方法求解.其实,$\lim\limits_{x\to+\infty}\dfrac{\sqrt{1+x^2}}{x}=\lim\limits_{x\to+\infty}\sqrt{\dfrac{1}{x^2}+1}=1$.

想一想

有人说下题为 $\dfrac{\infty}{\infty}$ 型未定式,可以使用洛必达法则进行计算:

$$\lim_{x\to\infty}\frac{x-\sin x}{x+\sin x}=\lim_{x\to\infty}\frac{(x-\sin x)'}{(x+\sin x)'}=\lim_{x\to\infty}\frac{1-\cos x}{1+\cos x}.$$

因为 $\lim\limits_{x\to\infty}\dfrac{1-\cos x}{1+\cos x}$ 的极限不存在,故原式 $\lim\limits_{x\to\infty}\dfrac{x-\sin x}{x+\sin x}$ 的极限不存在.

他的说法是否正确?

洛必达法则虽然是求未定式极限的一种有效方法,但若能与其他求极限的方法结合使用，效果会更好.例如，能化简时应尽可能先化简，可以应用等价无穷小替换或重要极限，以使运算简洁.

例 7　求$\lim\limits_{x\to0}\dfrac{x-\sin x}{e^{x^3}-1}$.

解　由于当 $x\to0$ 时，$e^{x^3}-1\sim x^3$，$1-\cos x\sim\dfrac{1}{2}x^2$.故

$$\lim_{x\to0}\frac{x-\sin x}{e^{x^3}-1}=\lim_{x\to0}\frac{x-\sin x}{x^3}=\lim_{x\to0}\frac{1-\cos x}{3x^2}=\lim_{x\to0}\frac{\frac{1}{2}x^2}{3x^2}=\frac{1}{6}.$$

除了$\dfrac{0}{0}$型或$\dfrac{\infty}{\infty}$型未定式外，洛必达法则还适合计算 $0\cdot\infty$ 型，$\infty-\infty$ 型，1^∞ 型，0^0 型，∞^0 型等类型的未定式极限.这类问题中的函数往往需要进行适当变形，再使用洛必达法则.

对于 $0\cdot\infty$ 型未定式，可将乘积化为商的形式，即化为$\dfrac{0}{0}$型或$\dfrac{\infty}{\infty}$型未定式来计算.

例 8　求$\lim\limits_{x\to0^+}x\ln x$.

解　$\lim\limits_{x\to0^+}x\ln x=\lim\limits_{x\to0^+}\dfrac{\ln x}{\frac{1}{x}}=\lim\limits_{x\to0^+}\dfrac{\frac{1}{x}}{-\frac{1}{x^2}}=-\lim\limits_{x\to0^+}x=0.$

对于$\infty-\infty$ 型未定式，可利用通分化为$\dfrac{0}{0}$型未定式来计算.

例 9　求$\lim\limits_{x\to\frac{\pi}{2}}(\sec x-\tan x)$.

解　$\lim\limits_{x\to\frac{\pi}{2}}(\sec x-\tan x)=\lim\limits_{x\to\frac{\pi}{2}}\left(\dfrac{1}{\cos x}-\dfrac{\sin x}{\cos x}\right)=\lim\limits_{x\to\frac{\pi}{2}}\dfrac{1-\sin x}{\cos x}=\lim\limits_{x\to\frac{\pi}{2}}\dfrac{-\cos x}{-\sin x}=\dfrac{0}{1}=0.$

例 10　求$\lim\limits_{x\to1}\left(\dfrac{x}{x-1}-\dfrac{1}{\ln x}\right)$.

解　$\lim\limits_{x\to1}\left(\dfrac{x}{x-1}-\dfrac{1}{\ln x}\right)=\lim\limits_{x\to1}\dfrac{x\ln x-x+1}{(x-1)\ln x}=\lim\limits_{x\to1}\dfrac{1+\ln x-1}{\frac{x-1}{x}+\ln x}$

$$=\lim_{x\to1}\frac{\ln x}{1-\frac{1}{x}+\ln x}=\lim_{x\to1}\frac{\frac{1}{x}}{\frac{1}{x^2}+\frac{1}{x}}=\frac{1}{2}.$$

对于 1^∞ 型，0^0 型，∞^0 型未定式，可利用公式 $f(x)=e^{\ln f(x)}(f(x)>0)$ 先将函数变形为指数函数，再利用洛必达法则计算其指数部分的极限，最后得到原函数的极限值.

例 11 求$\lim\limits_{x\to1}x^{\frac{1}{x-1}}$.

解 $\lim\limits_{x\to1}x^{\frac{1}{x-1}}=\lim\limits_{x\to1}e^{\ln x^{\frac{1}{x-1}}}=\lim\limits_{x\to1}e^{\frac{\ln x}{x-1}}=e^{\lim\limits_{x\to1}\frac{\ln x}{x-1}}=e^{\lim\limits_{x\to1}\frac{\frac{1}{x}}{1}}=e.$

例 12 求$\lim\limits_{x\to0^+}x^x$.

解 $\lim\limits_{x\to0^+}x^x=\lim\limits_{x\to0^+}e^{\ln x^x}=\lim\limits_{x\to0^+}e^{x\ln x}=e^{\lim\limits_{x\to0^+}x\ln x}=e^{\lim\limits_{x\to0^+}\frac{\ln x}{\frac{1}{x}}}=e^{\lim\limits_{x\to0^+}\frac{\frac{1}{x}}{-\frac{1}{x^2}}}=e^0=1.$

应用与实践

案例 1 设函数$f(x)$在$[a,b]$上连续,在(a,b)内可导,证明在(a,b)内至少存在一点ξ,使得$\dfrac{bf(b)-af(a)}{b-a}=\xi f'(\xi)+f(\xi)$.

证明 令$F(x)=xf(x)$,显然$F(x)$在$[a,b]$上满足拉格朗日中值定理条件.于是,在(a,b)内至少存在一点ξ,使得$\dfrac{F(b)-F(a)}{b-a}=F'(\xi)$,而

$$F'(\xi)=[xf'(x)+f(x)]\big|_{x=\xi}=\xi f'(\xi)+f(\xi).$$

整理即得结论:$\dfrac{bf(b)-af(a)}{b-a}=\xi f'(\xi)+f(\xi)$.

案例 2 证明当$b>a>0$时,有不等式$\dfrac{b-a}{b}<\ln\dfrac{b}{a}<\dfrac{b-a}{a}$成立.

证明 令$f(x)=\ln x,x\in[a,b](b>a>0)$.因为$f(x)$在$[a,b]$上可导,则由拉格朗日中值定理有

$$\ln\frac{b}{a}=\ln b-\ln a=\frac{1}{\xi}\cdot(b-a),\quad a<\xi<b.$$

由于$\dfrac{1}{b}<\dfrac{1}{\xi}<\dfrac{1}{a}$,且$b-a>0$,所以有$\dfrac{b-a}{b}<\dfrac{b-a}{\xi}<\dfrac{b-a}{a}$.

从而得出结论:$\dfrac{b-a}{b}<\ln\dfrac{b}{a}<\dfrac{b-a}{a}$.

能力训练 3.1

1. 验证函数$f(x)=\sin 2x$在区间$[0,\pi]$上满足罗尔定理.

2. 设函数$f(x)=1-\sqrt[3]{x^2}$,验证$f(x)$在区间$[-1,1]$上满足罗尔定理.

3. 设函数$f(x)=(x^2-1)(x^2-9)$.不计算函数的导数$f'(x)$,说明$f'(x)=0$实根的个数及每个实根所在的区间.

4. 设函数$f(x)=2x^2-5x-3$,验证在$f(x)=0$的两根之间确有$f'(x)=0$的根.

5. 证明等式$3\arccos x-\arccos(3x-4x^3)=\pi,-\dfrac{1}{2}\leqslant x\leqslant\dfrac{1}{2}$.

6. 证明等式 $\arctan x-\arcsin \dfrac{x}{\sqrt{1+x^2}}=0$.

7. 证明等式 $\arctan x+\arctan \dfrac{1}{x}=\dfrac{\pi}{2}, x>0$.

8. 设 $f(x)=x^3, g(x)=x^2$,在区间 $[1,3]$ 上写出柯西中值定理的结论,并求出相应的中间值 ξ.

9. 证明:当 $x>0$ 时,$\dfrac{x}{1+x}<\ln(1+x)<x$.

10. 证明:当 $b>a>\mathrm{e}$ 时,$a^b>b^a$.

11. 若 $0<\beta<\alpha<\dfrac{\pi}{2}$,试证:$\dfrac{\alpha-\beta}{\cos^2\beta}<\tan\alpha-\tan\beta<\dfrac{\alpha-\beta}{\cos^2\alpha}$.

12. 证明:$|\sin x-\sin y|\leqslant|x-y|$.

13. 计算下列极限:

(1) $\lim\limits_{x\to0}\dfrac{\sin 4x}{5x}$;

(2) $\lim\limits_{x\to0}\dfrac{\mathrm{e}^x-1}{\sin 2x}$;

(3) $\lim\limits_{x\to1}\dfrac{\ln x}{x-1}$;

(4) $\lim\limits_{x\to0}\dfrac{\tan x-x}{x^2\tan x}$;

(5) $\lim\limits_{x\to0^+}\dfrac{\ln x}{\ln(1-\cos x)}$;

(6) $\lim\limits_{x\to0^+}\dfrac{\ln\tan 5x}{\ln\tan 2x}$;

(7) $\lim\limits_{x\to+\infty}\dfrac{x^3-2x}{2x^3+2x-1}$;

(8) $\lim\limits_{x\to a}\dfrac{x^m-a^m}{x^n-a^n}$($a\neq0, m, n$ 为常数);

(9) $\lim\limits_{x\to0}x\cot 3x$;

(10) $\lim\limits_{x\to0}x^2\mathrm{e}^{\frac{1}{x^2}}$;

(11) $\lim\limits_{x\to+\infty}x\left(\dfrac{\pi}{2}-\arctan x\right)$;

(12) $\lim\limits_{x\to1^-}\ln x\ln(1-x)$;

(13) $\lim\limits_{x\to0}\left(\dfrac{1}{x}-\dfrac{1}{\mathrm{e}^x-1}\right)$;

(14) $\lim\limits_{x\to1}\left(\dfrac{x}{x-1}-\dfrac{1}{\ln x}\right)$;

(15) $\lim\limits_{x\to0^+}(\sin x)^{\tan x}$;

(16) $\lim\limits_{x\to\infty}\left(1+\dfrac{5}{x}\right)^x$;

(17) $\lim\limits_{x\to0}(1-\sin x)^{\cot x}$;

(18) $\lim\limits_{x\to+\infty}\left(\dfrac{2}{\pi}\arctan x\right)^x$;

(19) $\lim\limits_{x\to+\infty}x^{\frac{1}{x}}$;

(20) $\lim\limits_{x\to0^+}(\cot x)^{\frac{1}{\ln x}}$.

14. 验证 $\lim\limits_{x\to0}\dfrac{x^2\sin\dfrac{1}{x}}{\sin x}$ 存在,但不能由洛必达法则求出.

15. 设函数 $f(x)$ 在 $[0,1]$ 上有二阶导数,且 $f(0)=0, F(x)=(x-1)^2f(x)$,证明:在区间 $(0,1)$ 内至少存在一点 ξ,使得 $F''(\xi)=0$.

16. 若函数 $f(x)$ 在 $[a,b]$ 上连续,在 (a,b) 内可导,$f(a)=f(b)=0$. 证明:$\forall\lambda\in\mathbf{R}$,$\exists\xi\in(a,b)$,使得 $f'(\xi)+\lambda f(\xi)=0$.

§3.2 函数单调性、极值与最值

情景与问题

引例 1　2004 年 7 月,北京奥组委宣布将 2008 年 8 月 8 日晚上 8 点定为北京 2008 年奥运会倒计时钟的落脚点.这意味着北京奥运会的开幕时间将推迟两周,奥运会的举行时间由原定的 7 月 25 日至 8 月 10 日推迟至 8 月 8 日至 24 日.你知道其中的原因吗?

分析　其实这和北京地区的气温有关.在气象灾害中高温不算重要问题,可是对于奥运会来说却成了头等大事.在高温的天气下参赛,运动员容易脱水,从而肌肉发生痉挛,甚至容易出现热衰竭,这种情况在马拉松运动中较为常见.为了保障奥运健儿能赛出优异成绩,对北京地区气温的检测从申奥成功后就开始了.气象部门对北京历年 7 月下旬到 8 月底的温度进行研究发现,气温从 7 月中旬开始呈现上升的趋势,在 7 月 25 日前后达到局部最高温度后,气温呈现出整体下降的特点.

怎样用数学语言刻画“随着日期的改变气温逐步升高或逐步降低”这一特征?图 3-5 是根据历年的 7、8 月份平均气温拟合的北京地区气温曲线.从图中可以直观地观察到在不同的区间上温度的变化呈现出单调性的特点,25 日之前,气温随时间单调递增,25 日之后,气温随时间单调递减,25 日则是气温达到极大值的时刻.

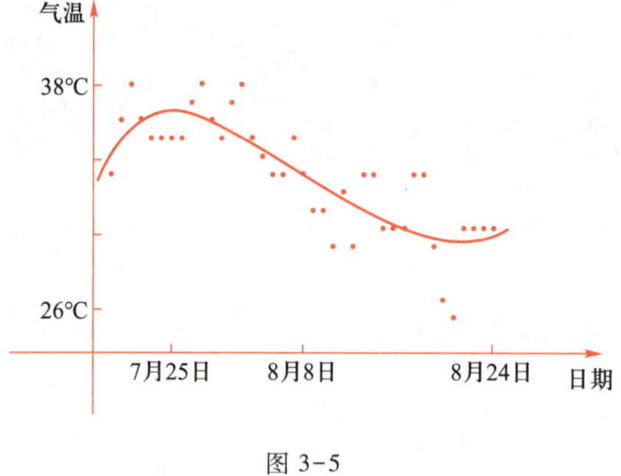

图 3-5

我们已经会用初等数学的方法研究一些函数的单调性,但这些方法对于复杂函数而言会非常困难.其实函数的单调性与导数的正负有着密切的关系.

引例 2　图 3-6 是某市 2021 年冬季连续 30 天的 PM2.5(单位:$\mu g/m^3$)实时监控数据图,试分析其曲线走势.

分析　从该图可直观看出,在 15 日,PM2.5 浓度达到监测峰值,在 23 日 PM2.5 浓度达到监测最低值.在监测的其他时段,数据曲线呈上下波动,时而出现波峰时而出现波谷.在数学上,应如何描述这些曲线特征呢?它们又有什么数学名称呢?如果已知一个函数表达式,

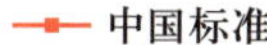

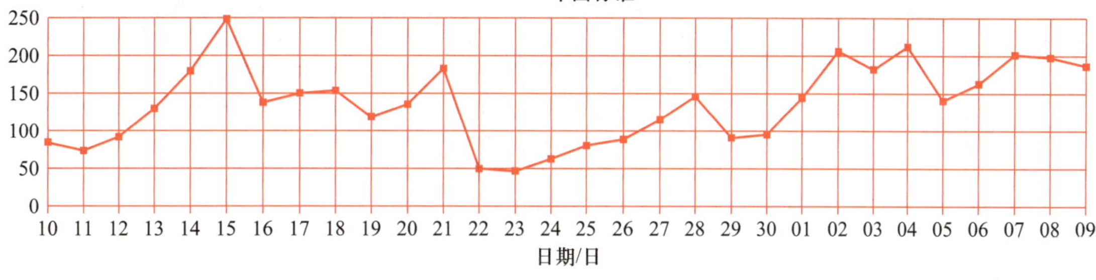

图 3-6

又该如何通过计算的方法判断它的曲线特征呢？这需要接下来进一步学习和了解函数的单调性、函数极值和函数最值等内容.

引例 3 设工厂 A 到铁路线的垂直距离为 20 km，垂足为 B. 铁路线上距离 B 100 km 处有一原料供应站 C，如图 3-7 所示. 现在要在铁路 BC 中间某处 D 修建一个原料中转车站，再由车站 D 向工厂修一条公路. 如果已知每千米的铁路运费与公路运费之比为 3 : 5，那么，D 应选在何处，才能使原料供应站 C 运货到工厂 A 所需运费最省？

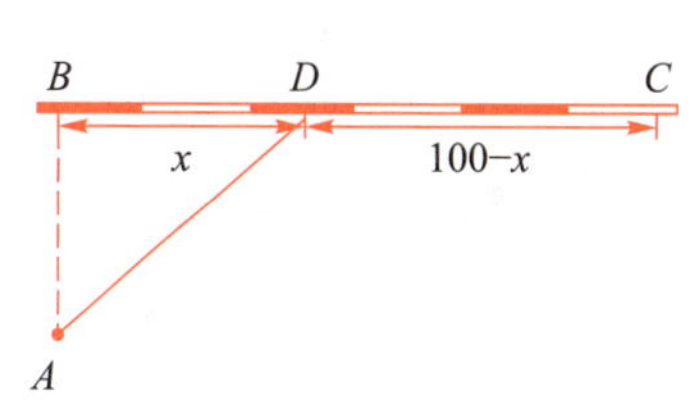

图 3-7

分析 根据题意，设 $BD=x$(km)，则 $CD=100-x$(km)，$AD=\sqrt{20^2+x^2}$. 又设铁路每千米运费为 3 000 元，公路每千米运费为 5 000 元，则总运费为：$y=5\times5\ 000\cdot AD+3\times3\ 000\cdot CD$. 即

$$y=5\times5\ 000\cdot\sqrt{400+x^2}+3\times3\ 000(100-x)\quad(0\leqslant x\leqslant100).$$

那么问题即归结为：讨论 x 取何值时目标函数 y 最小.

在工农业生产、工程技术及科学实验中，常常会遇到类似问题：在一定条件下，怎样使“产品最多”“用料最省”“成本最低”“效率最高”，这类问题在数学上常常可归结为求某一函数(通常称为目标函数)的最大值或最小值问题.

3.2.1 函数的单调性

定理 3.5(函数单调性的判定法) 设函数 $y=f(x)$ 在 $[a,b]$ 上连续，在 (a,b) 内可导.

(1) 如果在 (a,b) 内 $f'(x)>0$，那么函数 $y=f(x)$ 在 $[a,b]$ 上单调增加(图 3-8(a))；

(2) 如果在 (a,b) 内 $f'(x)<0$，那么函数 $y=f(x)$ 在 $[a,b]$ 上单调减少(图 3-8(b)).

微课：函数的单调性与导数的关系

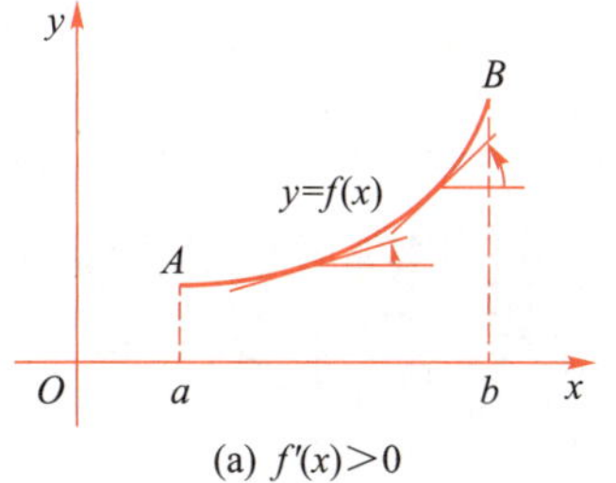

(a) $f'(x)>0$

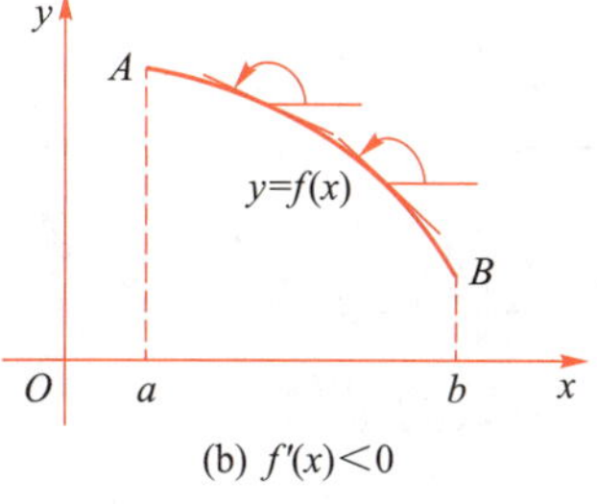

(b) $f'(x)<0$

图 3-8

证明 设$f(x)$在$[a,b]$上连续，在(a,b)内可导，在$[a,b]$上任取两点$x_1,x_2(x_1<x_2)$，应用拉格朗日中值定理，得到$f(x_2)-f(x_1)=f'(\xi)(x_2-x_1)(x_1<\xi<x_2)$.

在上式中$x_2-x_1>0$，因此，如果在(a,b)内$f'(x)>0$，那么也有$f'(\xi)>0$，于是

$$f(x_2)-f(x_1)=f'(\xi)(x_2-x_1)>0,$$

则$f(x_2)>f(x_1)$，即表明函数$y=f(x)$在$[a,b]$上单调增加.类似地，如果在(a,b)内$f'(x)<0$，则表明函数$y=f(x)$在$[a,b]$上单调减少.

注意：(1) 定理中的闭区间换成其他各种区间(包括无穷区间)，结论也成立.

(2) 区间(a,b)内个别点处导数可以为0.

例1 讨论函数$y=2x^3-12x-1$的单调性.

解 易知$D=(-\infty,+\infty)$，且$y'=6x^2-12=6(x^2-2)$.

当$x=\pm\sqrt{2}$时，$y'=0$，且在$(-\infty,-\sqrt{2})$内，$y'>0$，所以函数在$(-\infty,-\sqrt{2}]$上单调增加；在$(-\sqrt{2},\sqrt{2})$内，$y'<0$，所以函数在$[-\sqrt{2},\sqrt{2}]$上单调减少；在$(\sqrt{2},+\infty)$内，$y'>0$，所以函数在$[\sqrt{2},+\infty)$上单调增加.

例2 讨论函数$y=\sqrt[3]{x^2}$的单调性.

解 易知$D=(-\infty,+\infty)$，且$y'=\dfrac{2}{3\sqrt[3]{x}}(x\neq0)$，当$x=0$时，导数不存在.

当$-\infty<x<0$时，$y'<0$，函数在$(-\infty,0]$内单调减少；

当$0<x<+\infty$时，$y'>0$，函数在$[0,+\infty)$内单调增加.

注意：从例1和例2可见，导数等于零的点或导数不存在的点都有可能成为函数单调区间的分界点.因此，讨论函数$y=f(x)$的单调性，应先求出使导数等于零的点(常称为驻点)以及导数不存在的点.并用这些点将函数的定义域划分为若干个子区间，然后逐个判断函数的导数在各个子区间的符号，从而确定出函数$y=f(x)$的单调区间.

微课：函数的单调区间求解

例3 确定函数$f(x)=x^3-6x^2-36x-3$的单调区间.

解 $D=(-\infty,+\infty)$，$f'(x)=3x^2-12x-36=3(x+2)(x-6)$.

解方程$f'(x)=0$得$x_1=-2,x_2=6$.列表如下：

x	$(-\infty,-2)$	$(-2,6)$	$(6,+\infty)$
$f'(x)$	+	−	+
$f(x)$	↗	↘	↗

所以，$(-\infty,-2)$，$(6,+\infty)$为$f(x)$的单调增加区间，$(-2,6)$为$f(x)$的单调减少区间.

3.2.2 函数的极值

定义3.1 设函数$f(x)$在x_0的一个邻域内有定义，且除x_0点外，恒有$f(x)\leqslant f(x_0)$(或

$f(x)\geqslant f(x_0)$)成立,则称 $f(x_0)$ 是函数 $f(x)$ 的一个极大值(或极小值),点 x_0 称为极大值点(或极小值点).函数的极大值点与极小值点统称为函数的极值点,函数的极大值与极小值统称为函数的极值.

如图 3-9 所示,x_1,x_3,x_5 是极小值点,x_2,x_4 是极大值点.显然,函数的极小值不一定比极大值小,而极大值不一定比极小值大.如图中 $f(x_2)<f(x_5)$.这是因为,极值是一个局部概念,是指某点邻域内的最大或最小值,而非整个函数的定义域上的最大值或最小值.

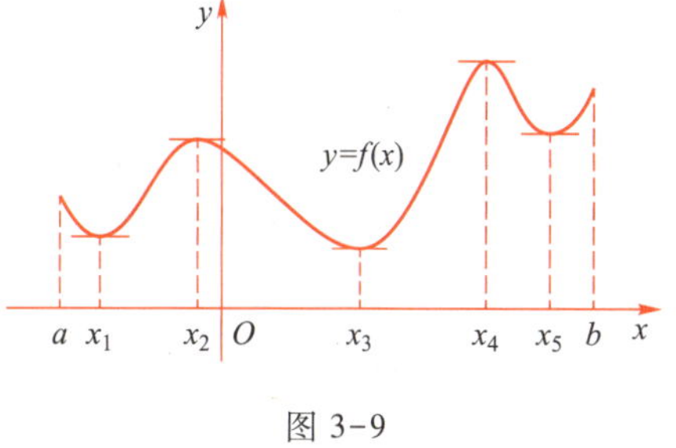

图 3-9

根据函数极值的定义,函数取极值的点一定是函数的单调性发生改变的点,而函数的单调性只可能在导数为零或导数不存在的点发生改变.于是有下述定理.

定理 3.6(极值点的必要条件) 如果函数 $f(x)$ 在 x_0 可微且取得极值,则 $f'(x_0)=0$.

证明从略.

注意: 函数的极值点必是导数为零(驻点)或导数不存在的点.但是,导数为零(驻点)或导数不存在的点不一定是极值点.比如 $x=0$ 是函数 $f(x)=x^3$ 的导数为零的点,但不是函数的极值点.再如分段函数 $g(x)=\begin{cases}-x^2, & x\leqslant 0,\\ x, & x>0,\end{cases}$ 在 $x=0$ 处 $g'(0)$ 不存在,但 $g(x)$ 在 $(-\infty,+\infty)$ 上单调增加,所以 $x=0$ 不是 $g(x)$ 的极值点.

下面再给出判定一个函数的极值点的充分条件.

定理 3.7(极值点第一充分条件) 设函数 $f(x)$ 在点 x_0 的某一去心邻域内可导,且在点 x_0 连续,则

(1) 如果在点 x_0 的左邻域内有 $f'(x)>0$,在点 x_0 的右邻域内有 $f'(x)<0$,则 x_0 是 $f(x)$ 的极大值点;

(2) 如果在点 x_0 的左邻域内有 $f'(x)<0$,在点 x_0 的右邻域内有 $f'(x)>0$,则 x_0 是 $f(x)$ 的极小值点;

(3) 如果在点 x_0 的去心邻域内 $f'(x)$ 恒为正或恒为负,则 x_0 不是 $f(x)$ 的极值点.

证明从略.

根据定理 3.7,求函数 $f(x)$ 的极值点和极值的步骤为:

第一步,确定函数定义域;

第二步,求导数 $f'(x)$;

第三步,求全部驻点和导数不存在的点;

第四步,对每个驻点和导数不存在的点,考察 $f'(x)$ 在其左右邻域的符号,以便确定该点是否为极值点,如果是极值点,再根据定理 3.7 确定对应的函数值是极大值还是极小值;

第五步,求出各极值点处的函数值,就得到 $f(x)$ 的全部极值.

例 4　求函数 $f(x)=3x^3-9x^2-27x-10$ 的极值.

解　函数的定义域为 **R**. $f'(x)=9x^2-18x-27=9(x+1)(x-3)$，令 $f'(x)=0$，得 $x_1=-1,x_2=3$.列表讨论如下：

x	$(-\infty,-1)$	-1	$(-1,3)$	3	$(3,+\infty)$
$f'(x)$	+	0	−	0	+
$f(x)$	↗	极大值	↘	极小值	↗

所以 $f(x)$ 的极大值为 $f(-1)=5$，极小值为 $f(3)=-91$.

定理 3.8（极值点第二充分条件）　设 x_0 是函数 $f(x)$ 的驻点，且 $f''(x_0)\neq 0$，则

(1) 当 $f''(x_0)>0$ 时，x_0 是 $f(x)$ 的极小值点；

(2) 当 $f''(x_0)<0$ 时，x_0 是 $f(x)$ 的极大值点.

证明从略.

例 5　求函数 $f(x)=x^3+3x^2-24x+10$ 的极值.

解　函数的定义域为 **R**.$f'(x)=3x^2+6x-24=3(x+4)(x-2)$，令 $f'(x)=0$，得 $x_1=-4,x_2=2$.又 $f''(x)=6x+6$，因为 $f''(-4)=-18<0,f''(2)=18>0$，所以极大值 $f(-4)=90$，极小值 $f(2)=-18$.

注意： $f''(x_0)=0$ 时，$f(x)$ 在点 x_0 处不一定取极值，此时仍需用第一充分条件进行判断.

例 6　求函数 $f(x)=x^6-3x^4+3x^2$ 的极值.

解　函数的定义域为 **R**.$f'(x)=6x^5-12x^3+6x=6x(x^2-1)^2$，令 $f'(x)=0$，得 $x_1=-1,x_2=0,x_3=1$.又 $f''(x)=6(x^2-1)(5x^2-1)$.因为 $f''(0)=6>0$，所以极小值 $f(0)=0$.由于 $f''(-1)=f''(1)=0$，不能用第二充分条件判断，转用第一充分条件判断.当 $x\in(-\infty,-1)\cup(-1,0)$ 时，$f'(x)<0$；当 $x\in(0,1)\cup(1,+\infty)$ 时，$f'(x)>0$.因此，$f(-1)$，$f(1)$ 都不是极值.

3.2.3　函数的最值

微课：闭区间连续函数的最值

定义 3.2　如果 $f(x_0)$ 是函数 $f(x)$ 的最大（小）值，则称点 x_0 为函数的最大（小）值点.

最大值和最小值统称为最值.那么怎样求函数最值呢？具体求解中常常需要考虑多方面因素.比如，根据闭区间上连续函数的性质，连续函数 $f(x)$ 在 $[a,b]$ 上的最大值和最小值一定存在；在开区间 (a,b) 内，只有函数的极值才有可能是最值；$[a,b]$ 的端点或函数的间断点处也有可能取得最值.结合这些因素，求 $f(x)$ 在 $[a,b]$ 上的最值的一般步骤可整理为：

(1) 求出函数在区间内的所有驻点和不可导点；

(2) 求出函数在区间端点及(1)中各点处的函数值并比较大小，获得最大值和最小值.

例 7 求函数 $y=2x^3+3x^2-12x+14$ 在 $[-3,4]$ 上的最大值与最小值.

解 因为 $f'(x)=6(x+2)(x-1)$，由 $f'(x)=0$，得 $x_1=-2, x_2=1$. 由于 $f(-3)=23, f(-2)=34, f(1)=7, f(4)=142$. 比较得最大值为 $f(4)=142$，最小值为 $f(1)=7$.

在实际问题中往往会遇到这样的情形：根据实际问题的性质可以断定函数 $f(x)$ 在所考虑的开区间内有最值. 如果此时 $f(x)$ 在该区间内只有一个驻点 x_0，那么就可以断定 $f(x_0)$ 必是最值. 比如在引例 3 中，$y'=k\left(\dfrac{5x}{\sqrt{400+x^2}}-3\right)$，令 $y'=0$ 得唯一驻点 $x=15$(km)，该点即是最小值点. 所以当 $BD=15$ km 时，总运费最省.

应用与实践

案例 1 在一块边长为 a 的正方形纸板上四角截去相等的小方块，把各边折叠成无盖盒子，问截去多大的小方块能使盒子容积最大？

解 设截去的小方块边长为 x，则盒子容积为 $V=x(a-2x)^2, x\in\left(0,\dfrac{a}{2}\right)$. 令

$$V'=(a-2x)^2-4x(a-2x)=(a-2x)(a-6x)=0,$$

得 $x=\dfrac{a}{6}\left(x=\dfrac{a}{2}\text{舍去}\right)$. 显然，$x=\dfrac{a}{6}$ 是定义域内唯一驻点，也就是最大值点.

所以，当截取小方块边长为 $\dfrac{a}{6}$ 时盒子的容积最大，为 $V_{\max}=V\left(\dfrac{a}{6}\right)=\dfrac{2}{27}a^3$.

案例 2 某公司有 50 套公寓要出租，当租金定为每月 1 800 元时，公寓会全部租出去. 当租金每月增加 100 元时，就有一套公寓租不出去，而租出去的房子每月需花费 200 元的整修维护费. 试问房租定为多少可获得最大收入？

解 设房租为每月 x 元，则租出去的房子有 $50-\left(\dfrac{x-1\ 800}{100}\right)$ 套，每月总收入为

$$R(x)=(x-200)\left(50-\frac{x-1\ 800}{100}\right)=(x-200)\left(68-\frac{x}{100}\right),\quad x\in(180,680).$$

$$R'(x)=\left(68-\frac{x}{100}\right)+(x-20)\left(-\frac{1}{10}\right)=700-\frac{x}{5}.$$

由 $R'(x)=0$，得定义域内唯一驻点 $x=3\ 500$.

又因为 $R''(x)=-\dfrac{1}{5}<0$，故每月每套租金为 3 500 元时收入最高，其最大收入为 $R(3\ 500)=108\ 900$（元）.

案例 3（查账最佳抽样问题） 依法纳税是企业应尽的责任和义务. 税务稽查人员在对公司实施税务检查时，通常会采用一定的税务稽查方法，其中一种查账方法为随机抽查法，当抽查结果与实际情况差异比较大时，税务部门将进一步查明原因. 在抽样查账时，有如下一个关于抽样总费用的模型 $C=nC_1+\dfrac{C_2}{\sqrt{n}}$，其中 C_1 为每查一项账目的收费；C_2 为发现账目中

有一笔差错的平均价值；n 为抽样的大小．当 $C_1=2$ 元，$C_2=2\,916$ 元时，求抽样大小为多少时查账费用最小？

解　假设 n 是连续变化的．根据已知条件，$C=2n+\dfrac{2\,916}{\sqrt{n}}$，则

$$C'=2-\frac{2\,916}{2}n^{-\frac{3}{2}}=2-1\,458n^{-\frac{3}{2}}.$$

令 $C'(0)=0$，则 $n=81$．又因为 $C''=2\,187n^{-\frac{5}{2}}>0$，所以此时 C 有最小值．即当抽样大小为 81 个单位时，可使查账费用最小．

能力训练 3.2

1. 讨论下列函数的单调性：

(1) $f(x)=\dfrac{x^2}{1+x}$；　(2) $f(x)=x-\ln(x+1)$；

(3) $f(x)=2x^3-9x^2+12x-3$；　(4) $f(x)=\dfrac{x^2-2x+2}{x-1}$；

(5) $f(x)=x^2-3x-\dfrac{x^3}{3}$；　(6) $f(x)=2x+\dfrac{1}{x}-\dfrac{x^3}{3}$；

(7) $f(x)=\ln x-x$；　(8) $f(x)=\cos 2x-2x$.

2. 求下列函数的极值：

(1) $f(x)=x^3+3x^2-24x$；　(2) $f(x)=-x^4+2x^2$；

(3) $f(x)=2x^2-\ln x$；　(4) $f(x)=\dfrac{\ln x}{\sqrt{x}}$；

(5) $f(x)=(x+1)^{10}\mathrm{e}^{-x}$；　(6) $f(x)=(x-1)x^{\frac{2}{3}}$.

3. 求下列函数的最值：

(1) $f(x)=x^3-3x+3$ 在 $\left[-3,\dfrac{3}{2}\right]$ 上的最值；

(2) $f(x)=-3x^4+4x^3-2$ 在 $[-1,2]$ 上的最值；

(3) $f(x)=\sqrt{5-4x}$ 在 $[-1,1]$ 上的最值；

(4) $f(x)=\mathrm{e}^{-x}(x+1)$ 在 $[1,3]$ 上的最值；

(5) $f(x)=x^{\frac{2}{3}}-(x^2-1)^{\frac{1}{3}}$ 在 $[-2,2]$ 上的最值.

4. 某铁路隧道的截面拟建成矩形加半圆形状，如图 3-10 所示，已知截面面积为 $a\ \mathrm{m}^2$，求当宽 x 为多少时建造材料最省（不考虑地面处理材料）？

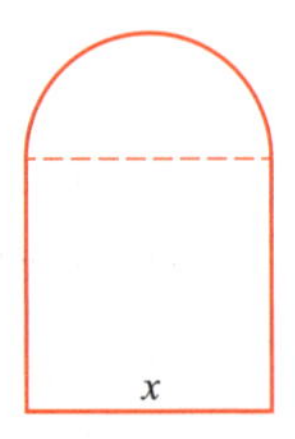

图 3-10

5. 求解半径为 R 的球内接圆柱体的最大体积.

6. 用直径为 d 的圆柱形木材加工横断面为矩形的梁，若矩形高为 y，宽为 x，则梁的强度与 xy^2 成正比．问：梁的强度最大时高和宽的比例是多少？

7. 轮船航行每小时的耗煤量为 $0.3+0.001v^3$ t，其中 v 的单位为 km/h，请确定轮船最经济的速度.注意：煤的使用效率最高时的速度为最经济速度，煤的使用效率=煤耗量/速度.

8. 某机构准备举办一次展览，据预测，若门票为每人 8 元，观众将有 300 人，且门票每降低一元，观众将增加 60 人.试确定票价使门票收入最大，并求相应的门票收入.

9. 半径为 R 的圆形广场中心点上方设置一盏照明灯，如图 3-11 所示.已知灯的高度 x 与照明度 y 之间的函数关系为 $y=\frac{k\cos\alpha}{x^2+R^2}$，其中 k 为比例系数.问：灯悬挂多高能使广场周围的环境最亮？

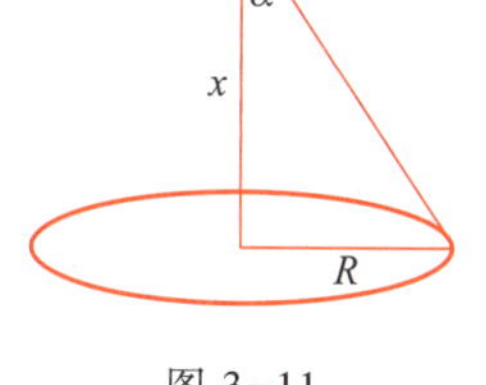

图 3-11

10. 取中心角为 α 的圆扇形，将其卷成蛋卷冰激凌的圆锥形蛋卷托.假设冰激凌只能装满蛋卷的圆锥部分，当 α 为何值时，制作出的蛋卷所装冰激凌的体积最大？

§3.3 曲线的凹凸性与函数作图

情景与问题

引例 1 古老而美丽的凸曲线——赵州桥.

赵州桥（图 3-12）又名安济桥，位于我国河北赵县境内的洨河上，全桥长 64.4 m，净跨 37.02 m，为隋代匠师李春设计建造.

赵州桥的创造性设计是建筑史上的稀世杰作，它造型优美，不但节省石料，减轻桥重，而且增强了桥体的泄洪能力，屹立 1 400 余年不倒，是目前世界上最古老的圆弧石拱桥，1991 年被世界土木工程师学会誉为“国际土木工程历史古迹”.

图 3-12

引例 2 观察图 3-13 曲线的变化趋势和特点.

分析 图中函数的曲线沿着平行于 x 轴或 y 轴的直线向无穷远处延伸，呈现出越来越接近某一直线的形态，这条直线被称为曲线的渐近线.那么，如何通过函数表达式判断其是否具有渐近线呢？又应该怎样求解渐近线呢？

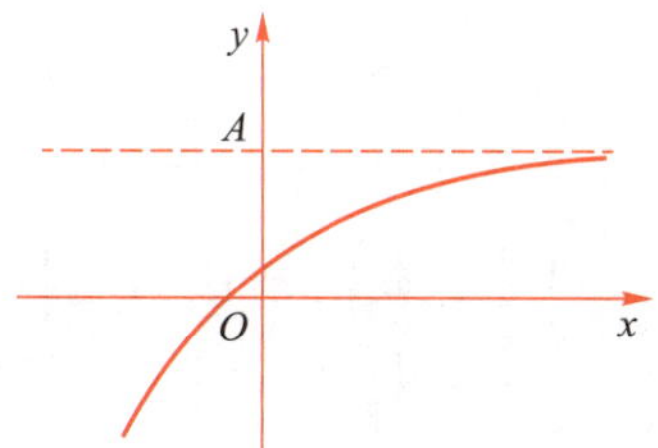

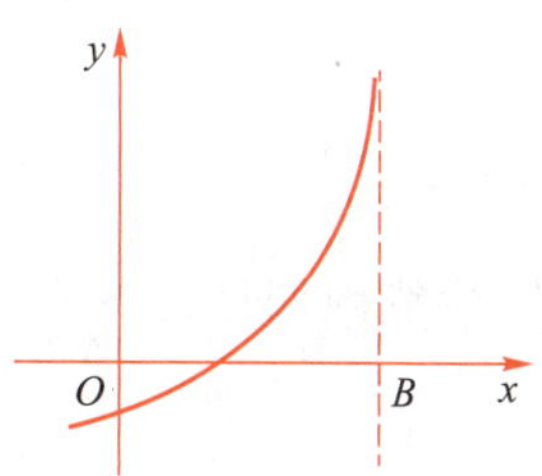

图 3-13

3.3.1 曲线的凹凸性与拐点

微课：曲线的凹凸性和拐点

定义 3.3 设函数 $f(x)$ 在区间 (a,b) 内可导.如果曲线 $y=f(x)$ 上任意一点的切线都在曲线的上方,则称该曲线是凸的,并称区间 (a,b) 为该曲线的凸区间;如果曲线 $y=f(x)$ 上任意一点的切线都在曲线的下方,则称该曲线是凹的,并称区间 (a,b) 为该曲线的凹区间.

一般来说,曲线 $y=f(x)$ 在其定义域区间内有些弧段是凹的而另一些弧段是凸的.那么该如何求解曲线的凹凸区间呢?

定理 3.9 设函数 $f(x)$ 在区间 (a,b) 内二阶可导,在区间 (a,b) 内:

(1) 若 $f''(x)>0$,则曲线 $y=f(x)$ 在 (a,b) 内是凹的;

(2) 若 $f''(x)<0$,则曲线 $y=f(x)$ 在 (a,b) 内是凸的.

证明从略.

注意: 根据上述定理,如果函数在定义区间上连续,除去有限个二阶导数不存在的点外二阶导数均存在,那么只要用二阶导数为零及二阶不可导点来划分函数的定义区间,就能保证 $f''(x)$ 在各个部分区间内保持固定符号,进而可确定曲线 $y=f(x)$ 在各部分区间上是凹的或凸的.

定义 3.4 连续曲线 $y=f(x)$ 上凹区间与凸区间的分界点称为拐点.

例 1 判定曲线 $y=\ln(1+x)+x$ 的凹凸性.

解 因为 $y'=\dfrac{1}{1+x}+1, y''=-\dfrac{1}{(1+x)^2}<0$,所以曲线在其定义域 $(-1,+\infty)$ 内是凸的.

例 2 判断曲线 $y=x^3$ 的凹凸性.

解 因为 $y'=3x^2, y''=6x$.当 $x<0$ 时, $y''<0$,所以曲线在 $(-\infty,0]$ 上为凸的;当 $x>0$ 时, $y''>0$,所以曲线在 $[0,+\infty)$ 上为凹的.点 $(0,0)$ 是曲线的拐点.

例 3 求曲线 $y=3x^4-4x^3+1$ 的拐点及凹凸区间.

解 函数的定义域为 $(-\infty,+\infty)$, $y'=12x^3-12x^2, y''=36x\left(x-\dfrac{2}{3}\right)$.令 $y''=0$,得 $x_1=0, x_2=\dfrac{2}{3}$.

列表讨论如下:

x	$(-\infty,0)$	0	$\left(0,\dfrac{2}{3}\right)$	$\dfrac{2}{3}$	$\left(\dfrac{2}{3},+\infty\right)$
$f''(x)$	+	0	−	0	+
$f(x)$	凹	拐点 $(0,1)$	凸	拐点 $\left(\dfrac{2}{3},\dfrac{11}{27}\right)$	凹

所以,曲线的凹区间为 $(-\infty,0]$ 和 $\left[\dfrac{2}{3},+\infty\right)$;凸区间为 $\left[0,\dfrac{2}{3}\right]$;拐点为 $(0,1)$ 和 $\left(\dfrac{2}{3},\dfrac{11}{27}\right)$.

3.3.2 曲线的渐近线

定义 3.5 如果曲线 $y=f(x)$ 的定义域是无穷区间，且有

$$\lim_{x\to-\infty} f(x)=A \quad 或 \quad \lim_{x\to+\infty} f(x)=A,$$

则称直线 $y=A$ 为曲线 $y=f(x)$ 的水平渐近线，如图 3-14 所示.

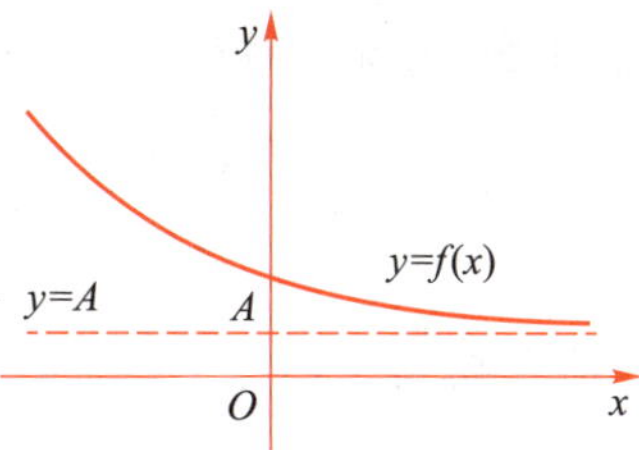

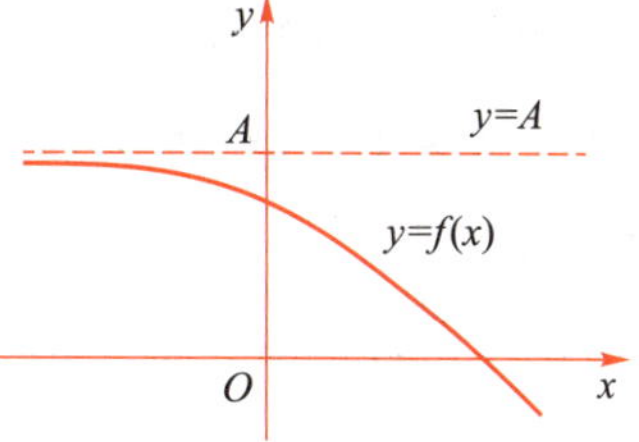

图 3-14

例 4 求曲线 $y=e^x$ 的水平渐近线.

解 因为 $\lim\limits_{x\to-\infty} e^x=0$，所以 $y=0$ 是曲线 $y=e^x$ 的一条水平渐近线.

定义 3.6 如果曲线 $y=f(x)$ 有

$$\lim_{x\to c^-} f(x)=\infty \quad 或 \quad \lim_{x\to c^+} f(x)=\infty,$$

则直线 $x=c$ 称为曲线 $y=f(x)$ 的铅垂渐近线（或称垂直渐近线），如图 3-15 所示.

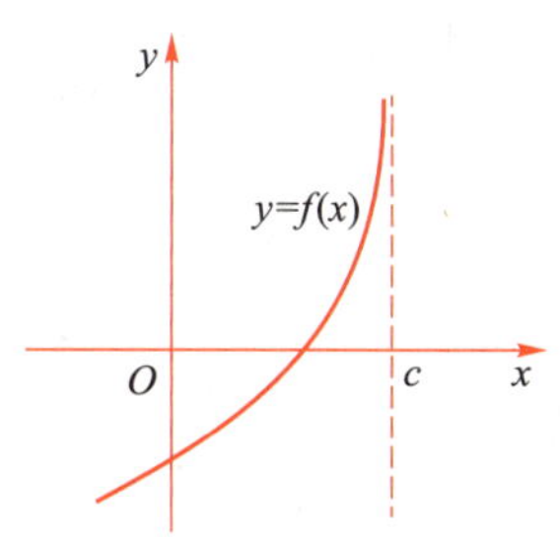

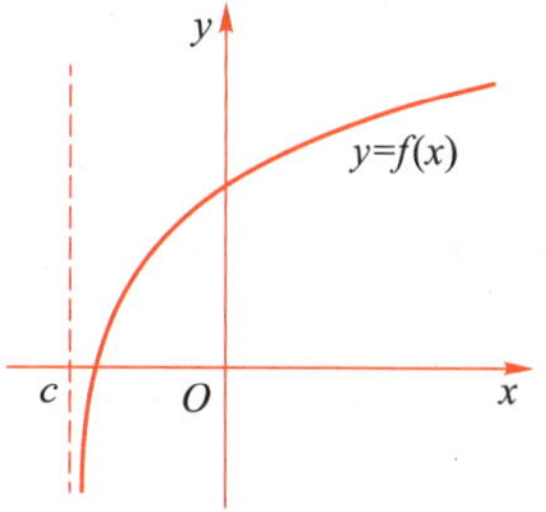

图 3-15

例 5 求曲线 $y=\dfrac{1}{x-1}$ 的铅垂渐近线.

解 因为 $\lim\limits_{x\to1^-}\dfrac{1}{x-1}=-\infty$，$\lim\limits_{x\to1^+}\dfrac{1}{x-1}=+\infty$，所以，$x=1$ 是曲线 $y=\dfrac{1}{x-1}$ 的铅垂渐近线.

3.3.3 函数图形的描绘

函数图形描绘的一般步骤如下：

（1）确定函数 $f(x)$ 的定义域，讨论函数特性，如奇偶性、周期性等；

（2）讨论函数曲线的单调性和凹凸性，极值点和拐点；

（3）讨论函数的渐近趋势，求出渐近线；

（4）适当补充一些辅助作图点（如与坐标轴的交点、曲线的端点等）；

（5）根据上面讨论得到的结果，用平滑曲线连接画出函数图形.

例 6　描绘函数 $f(x)=\dfrac{1}{2}x^4-2x^3+1$ 的图形.

解　（1）函数定义域为 $\mathbf{R}$，$f(x)$ 是非奇非偶函数，且无对称性、周期性.

（2）$f'(x)=2x^3-6x^2$，令 $f'(x)=0$，得 $x=0$ 和 $x=3$；$f''(x)=6x^2-12x$，令 $f''(x)=0$，得到 $x=0$ 和 $x=2$.

列表确定函数单调区间、凹凸区间、极值和拐点：

x	$(-\infty,0)$	0	$(0,2)$	2	$(2,3)$	3	$(3,+\infty)$
$f'(x)$	−	0	−		−	0	+
$f''(x)$	+	0	−	0	+		+
$y=f(x)$	减、凹	拐点 $(0,1)$	减、凸	拐点 $(2,-7)$	减、凹	极小值 $-\dfrac{25}{2}$	增、凹

（3）函数无渐近线.

（4）补充点 $(-2,25)$，$\left(-1,\dfrac{7}{2}\right)$，$(4,1)$，用平滑曲线连接这些点，就可以描绘函数的图形，如图 3-16 所示.

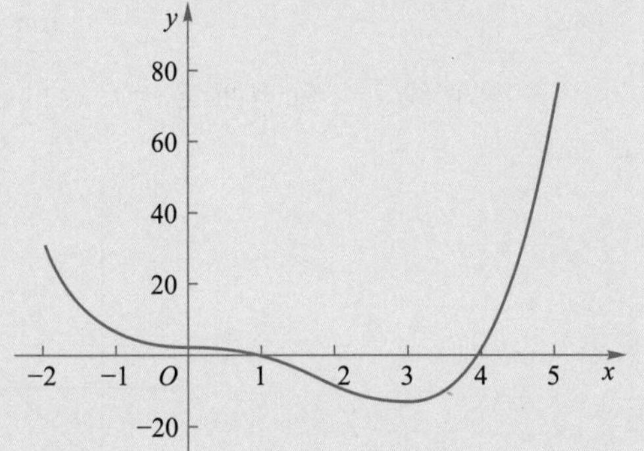

图 3-16

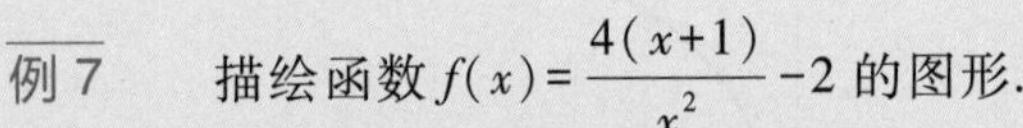

例 7　描绘函数 $f(x)=\dfrac{4(x+1)}{x^2}-2$ 的图形.

解　（1）函数定义域为 $(-\infty,0)\cup(0,+\infty)$，$f(x)$ 是非奇非偶函数，且无对称性.

（2）$f'(x)=-\dfrac{4}{x^2}-\dfrac{8}{x^3}$，令 $f'(x)=0$，得 $x=-2$；$f''(x)=\dfrac{8}{x^3}+\dfrac{24}{x^4}$，令 $f''(x)=0$，得 $x=-3$.

（3）由于 $\lim\limits_{x\to\infty}f(x)=\lim\limits_{x\to\infty}\left[\dfrac{4(x+1)}{x^2}-2\right]=-2$，得水平渐近线 $y=-2$；再由 $\lim\limits_{x\to0}f(x)=\lim\limits_{x\to0}\left[\dfrac{4(x+1)}{x^2}-2\right]=+\infty$，得铅垂渐近线 $x=0$.

（4）列表如下：

x	$(-\infty,-3)$	−3	$(-3,-2)$	−2	$(-2,0)$	0	$(0,+\infty)$
$f'(x)$	−		−	0	+	不存在	−
$f''(x)$	−	0	+		+		+
$y=f(x)$	减、凸	拐点 $\left(-3,-\dfrac{26}{9}\right)$	减、凹	极小值 −3	增、凹	间断点	减、凹

(5) 补充点$(1-\sqrt{3},0)$，$(1+\sqrt{3},0)$，$A(-1,-2)$，$B(1,6)$，$C(2,1)$，画出图形，如图 3-17 所示.

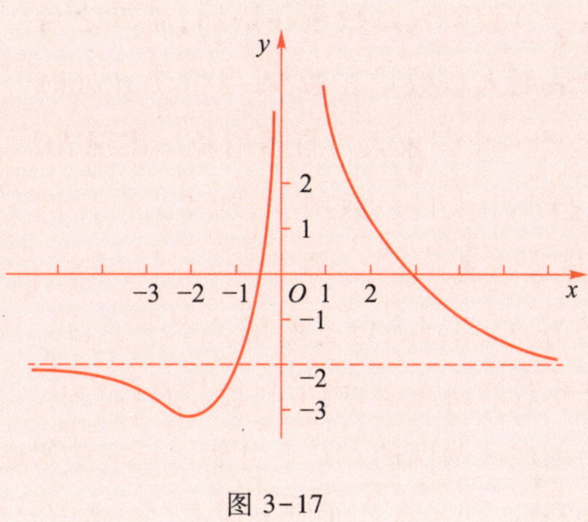

图 3-17

应用与实践

案例 1 某工厂每天生产产品的利润函数为 $L(x)=-\dfrac{x^2}{2}+64x-1\ 000$，$x$ 为产品数量.试绘出利润函数图形，并解释其经济意义.

解 (1) 函数定义域为$[0,+\infty)$，$L(x)$是非奇非偶函数，且无对称性.

(2) $L'(x)=-x+64$，令 $L'(x)=0$，得 $x=64$；$L''(x)=-1<0$.

(3) 函数无水平或垂直渐近线.

(4) 当 $x<64$ 时，$L'(x)>0$，$L''(x)<0$，故函数是单调递增的凸函数；当 $x>64$ 时，$L'(x)<0$，$L''(x)<0$，函数是单调递减的凸函数.

(5) 补充点$(0,-1\ 000)$，$(100,400)$，并画出图形，如图 3-18 所示.

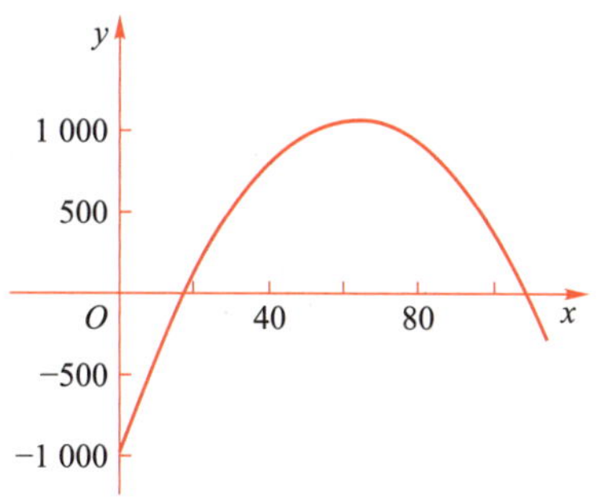

图 3-18

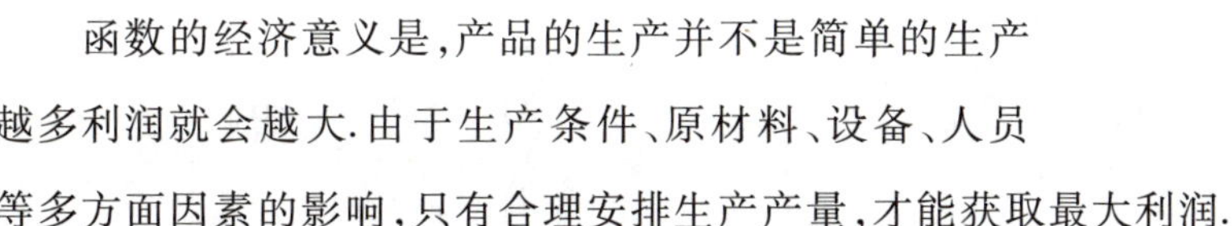

函数的经济意义是，产品的生产并不是简单的生产越多利润就会越大.由于生产条件、原材料、设备、人员等多方面因素的影响，只有合理安排生产产量，才能获取最大利润.

案例 2 2023 年 1 月 17 日，在 2022 年国民经济运行情况发布会上，国家统计局指出我国 2022 年的人口自然增长率为−0.60‰，为 1962 年以来的首次人口负增长.人口数量的减少会带来社会老龄化、养老金缺口扩大、经济停顿、劳动力不足、购买力丧失等一系列社会经济问题.

图 3-19 所示为某地区人口自然增长率(%)与时间 t 的函数示意图.根据图中所示，指出该地区人口增长最快的时间点、人口总数最大的时间点，以及人口总数出现拐点的时刻.

解 从图中观察可知,时间段 OA 中,人口自然增长率单调递增达到最大值,点 A 处人口增长速度最快.

自然增长率等于 0 可能是人口数量的转折点.B 之前的自然增长率大于 0 表明人口数量在增加,而 B 之后自然增长率小于 0 表明人口数量在减少.当位于 B 处时人口总数达到最多.当一个国家人口自然增长率出现 BC 时段这种变化时,会产生人口总数减少、老年人口比例过大、国防兵力不足等问题.

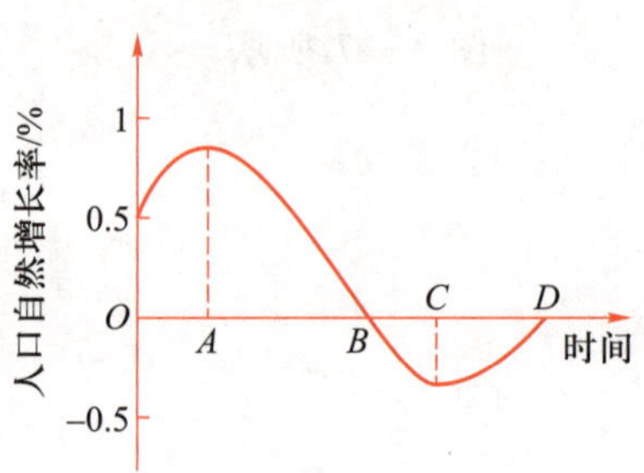

图 3-19

假设人口总数为 $f(t)$,则人口自然增长率为 $f'(t)$.由于 OA 上自然增长率单调递增,则 OA 上有 $f''(t)>0$,此时人口总数 $f(t)$ 的曲线为凹的;AC 上自然增长率单调递减,则 AC 上有 $f''(t)<0$,此时人口总数 $f(t)$ 的曲线为凸的,即 A 点处对应出现人口总数 $f(t)$ 的拐点,同理 C 点处也出现人口总数的拐点.同学们可以试着画一下图 3-19 对应的人口总数 $f(t)$ 的曲线.

能力训练 3.3

1. 确定下列曲线的凹凸性及拐点:

(1) $y=x^2-x^3$;

(2) $y=2x^3+3x^2-12x+14$;

(3) $y=\ln(x^2+1)$;

(4) $y=\mathrm{e}^{-x^2}$;

(5) $y=x^3+3x^2-x-1$;

(6) $y=x+\dfrac{x}{x-1}$;

(7) $y=x+x^{\frac{5}{3}}$;

(8) $y=2+(x-4)^{\frac{1}{3}}$.

2. 确定下列曲线的水平渐近线和垂直渐近线:

(1) $y=\dfrac{x-1}{x^2-1}$;

(2) $y=x\sin\dfrac{1}{x}$;

(3) $y=\dfrac{\sin x}{x(x-1)}$;

(4) $y=\left(\dfrac{1+x}{1-x}\right)^4$.

3. 描绘下列函数的图形:

(1) $y=x^3+3x^2+1$;

(2) $y=x^4+4x^3+6$;

(3) $y=\dfrac{1}{1+x^2}$;

(4) $y=\dfrac{x^2}{x-1}$;

(5) $y=2^{\frac{1}{x}}$;

(6) $y=\dfrac{x}{\ln x}$;

(7) $y=\ln(x^2+1)$;

(8) $y=\dfrac{x}{\sqrt[3]{x^2-1}}$.

4. 已知曲线 $y=x^3+ax^2-9x+4$ 有拐点,其横坐标为 $x=1$,试确定系数 a.

5. 设函数 $f(x)$ 二阶可导,且 $f(x)>0$,曲线 $y=\sqrt{f(x)}$ 有拐点 P.证明:P 点的横坐标满足 $[f'(x)]^2=2f(x)f''(x)$.

总习题 3

A 基础巩固

1. 判断下列命题的真伪：

(1) 如果函数 $y=f(x)$ 在 x_0 处可微，且 $f'(x_0)=0$，则 x_0 是该函数的极值点.

(2) 如果函数 $y=f(x)$ 在 x_0 处可微，且 x_0 是该函数的极值点，则 $f'(x_0)=0$.

(3) 极值点可以是区间的边界点.

2. 计算下列极限：

(1) $\lim\limits_{x\to 0}\dfrac{a^x-b^x}{x}$；

(2) $\lim\limits_{x\to 0}\dfrac{\cos\alpha x-\cos\beta x}{x^2}$；

(3) $\lim\limits_{x\to 0}\dfrac{e^x-1}{xe^x+e^x-1}$；

(4) $\lim\limits_{x\to -1}\dfrac{2^{x+1}-1}{x+1}$.

3. 确定下列函数的单调区间：

(1) $y=2x^3-6x^2-18x-7$；

(2) $y=2x+\dfrac{8}{x}(x>0)$.

4. 讨论下列函数的极值：

(1) $y=x-\ln(1+x)$；

(2) $y=x+\sqrt{1-x}$.

5. 求下列函数的拐点及凹凸区间：

(1) $y=\sqrt[3]{x-1}+1$；

(2) $y=x^3-5x^2+3x+5$.

6. 确定下列曲线的水平渐近线和垂直渐近线：

(1) $y=3+\dfrac{1}{x}$；

(2) $y=\operatorname{arccot} x$；

(3) $y=e^{-(x-1)^2}$；

(4) $y=\dfrac{2}{(x+3)^3}$.

7. 证明方程 $x^3+x-1=0$ 有且仅有一个正实根.

B 能力提升

8. 下列极限能否用洛必达法则计算，为什么？

(1) $\lim\limits_{x\to\infty}\dfrac{x+\sin x}{x}$；

(2) $\lim\limits_{x\to 0}\dfrac{x^2\sin\dfrac{1}{x}}{x}$；

(3) $\lim\limits_{x\to 0}\frac{e^x-e^{-x}}{e^x+e^{-x}}$.

9. 计算下列极限：

(1) $\lim\limits_{x\to 0}\frac{x-\sin x}{x^3}$；

(2) $\lim\limits_{x\to 1}(1-x)\tan\left(\frac{\pi}{2}x\right)$；

(3) $\lim\limits_{x\to 0}(\sin x)^x$；

(4) $\lim\limits_{x\to 0}\left(\frac{\sin x}{x}\right)^{\frac{1}{1-\cos x}}$.

10. a,b 为何值时，点$(1,3)$为曲线 $y=ax^3+bx^2$ 的拐点？

11. 设三次曲线 $y=x^3+3ax^2+3bx+c$ 在 $x=-1$ 处有极大值，点$(0,3)$是拐点，试确定 a,b,c 的值.

12. 某工厂生产产品的成本函数为 $C(t)=-0.01t^2+250t+5\ 000$（$t$ 为产品数量），销售收入函数为 $R(t)=-0.02t^2+400t$，假设生产的产品都能销售出去.问：为获得最大利润应生产产品的数量是多少？

13. 某公司要制作一个容积为 50 m^3 的有盖圆柱形水池，为使所用材料最省，水池的底半径和高各应是多少？

14. 求椭圆$\frac{x^2}{a^2}+\frac{y^2}{b^2}=1$的最大内接矩形面积.

15. 证明方程 $\ln x=\frac{x}{e}-1$ 在区间$(0,+\infty)$内有且仅有两个实根.

数学实验 3：导数的应用

一、实验目的

（1）加深对函数极值与最值相关知识的理解，对函数的几何形态进行全面准确的把握.

（2）了解 MATLAB 中用符号表达式表示的代数方程求解.

（3）会利用 MATLAB 讨论一元函数的极值及区间上函数的最值.

（4）会建立简单的与极值最值相关的优化模型，并利用 MATLAB 进行求解，进一步提高解决实际问题的能力.

二、实验原理

（1）MATLAB 中，用符号表达式表示的代数方程求解用 solve( ) 函数来实现，调用格式为

```
solve(eqn1,eqn2,…,eqnM,var1,var2,…,varN)
```

其中 eqn1，eqn2，…，eqnM 是 M 个符号表达式，代表 M 个方程构成的方程组；var1，var2，…，varN 是符号变量，代表方程组中的 N 个未知量；当只有 1 个方程时，未知量可省去，会自动取默认的未知量.

（2）MATLAB 中的 subs( ) 函数是符号计算函数，表示将符号表达式中的某些符号变量替换为指定的新变量，常用的调用格式为

```
subs(S,OLD,NEW)
```

上式表示将符号表达式 S 中的符号变量 OLD 替换为新的值 NEW.

（3）MATLAB 中的 fminbnd( ) 函数能够查找单变量函数在指定区间上的最小值，该函数调用格式如表 3-1 所示.

表 3-1

函数格式	说　明
x = fminbnd(f,a,b)	求函数 $f(x)$ 在 (a,b) 内的极小值
[x,y] = fminbnd(f,a,b)	返回函数 $f(x)$ 在 (a,b) 内的极小值点和极小值

三、实验内容

例 1　求方程 $ax^2+bx+c=0$ 的全部解.

```
>>syms x a b c;solve(a*x^2+b*x+c)
ans =-(b+(b^2-4*a*c)^(1/2))/(2*a)
      -(b-(b^2-4*a*c)^(1/2))/(2*a)
```

例 2　解方程组 $\begin{cases}2x^2+y^2-3z=4,\\x+z=3,\\x-2y=3z.\end{cases}$

```
>> syms x y z;s1=2*x^2+y^2-3*z-4;s2=x+z-3;s3=x-2*y-3*z;  % 方程表达式不用''
界定.
```

```
>>[X,Y,Z]=solve(s1,s2,s3,x,y,z)  % 将结果保存在三个变量 X,Y,Z 中
X=51^(1/2)/12+5/4        5/4-51^(1/2)/12
Y=51^(1/2)/6-2          -51^(1/2)/6-2
Z=7/4 -51^(1/2)/12        51^(1/2)/12+7/4
```

例 3 求函数 $y=x^3+2x^2-5x+1$ 的极值点.

```
>> syms x
>> y=x^3+2*x^2-5*x+1;
>> dy=diff(y)
>> x=solve(dy)  % 求出方程 dy=0 的点(驻点)
>> x=double(x)   % double(x)用来将 x 转化为双精度数值结果
>> fplot(@ (x)x.^3+2*x.^2-5.*x+1,[-4,2])     % 作图
dy=3*x^2+4*x-5
x=-19^(1/2)/3-2/3
   19^(1/2)/3-2/3
x=-2.1196
   0.7863
```

结合图 3-20 可以判断,$x=-2.1196$ 为函数的极大值点,$x=0.7863$ 为函数的极小值点.

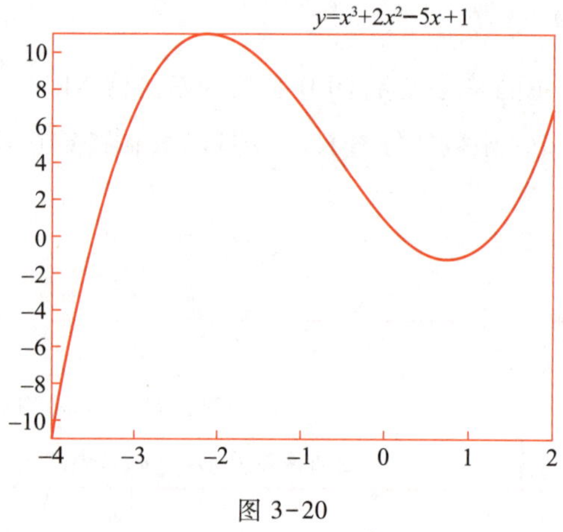

图 3-20

例 4 求函数 $f(x)=x^3+3x^2-24x+10$ 的极值.

```
>> syms x;            % 定义符号变量
>>f=x^3+3*x^2-24*x+10;
>>fx=diff(f)        % 求出 f 的一阶导函数 fx
>> x0=solve(fx)
>>fx2=diff(fx)            % 求出 f 的二阶导函数 fx2
>> fx20=subs(fx2,x,x0)  % 将 fx2 中的符号变量 x 替换为驻点 x0
>> fmax=subs(f,x,x0(1))  % 若 fx20<0,则 x0 为极大值点;若 fx20>0,则 x0 为极小值点,下同
>> fmin=subs(f,x,x0(2))
fx=3*x^2+6*x-24
```

```
x0 = -4   2
fx2 = 6 * x+6
fx20 = -18   18
fmax = 90
fmin = -18
```

这里利用了“极值点第二充分条件”进行了判断.在 MATLAB 中,使用该方法判断 x0 是极小值还是极大值时,需要自行根据 x0 处的 fx20 值的正负来确定.

例 5 求函数 $y=3x^3-9x^2-27x-10$ 的极值.

```
>> syms x;     % 定义符号变量
>> f ='3 * x^3-9 * x^2-27 * x-10';
>> ezplot(f)             % 作图,结果如图 3-21 所示
>> ezplot(f,[-2,4])          % 更改作图区域,在极值点附近再次作图,结果如图 3-22 所示
>> [xmin,ymin] = fminbnd(f,1,3)       % 求 f 的极小值
>> g ='-3 * x^3+9 * x^2+27 * x+10';
>> [xmax,y] = fminbnd(g,-1,1)     % 求 g 的极小值,等同于求 f 的极大值
>> ymax = -y
xmin = 3.0000
ymin = -91.0000
xmax = -1.0000
y = -5.0000
ymax = 5.0000
```

需注意的是 fminbnd(f,a,b)函数中的 f 为函数字符串或函数文件创建的函数,应用 fminbnd( )函数时,需要先指定搜索极小值的范围.利用 fminbnd( )函数还可以求出函数的极大值点和极大值,需要求极大值点时,应作变换 g=-f,求出 g 的极小值点,则该点即为 f 的极大值点.

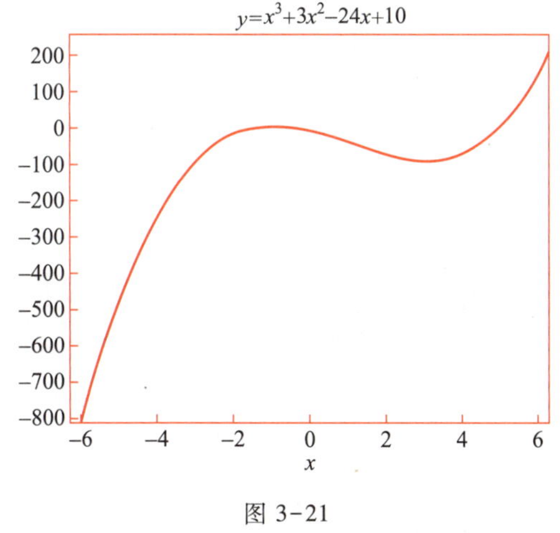

图 3-21

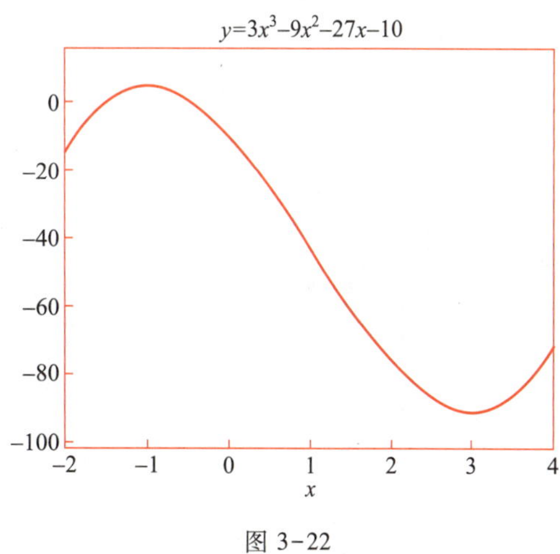

图 3-22

拓展与提高 3：悬链线

阅读与思考 3：数学与国家实力

第 4 章 一元函数积分学

微积分的产生主要经历了三个阶段:极限概念、求积的无限小方法、微分与积分的互逆关系.牛顿在研究物体运动的速度和加速度的关系时引入了导数,创建了流数术(微积分).莱布尼茨则在研究曲线切线和面积时,把求和问题归结为反微分,从而得到了微积分的关键思想:微分与积分互逆.本章将首先介绍一元函数不定积分,讨论不定积分的计算方法,随后讨论定积分的概念、性质、计算及应用.

☆☆☆学习目标

理解原函数与不定积分的概念,掌握不定积分的性质.

熟悉不定积分的基本公式;掌握不定积分的凑微分法、换元积分法及分部积分法.

了解定积分的概念,理解定积分的几何意义和基本性质.

掌握变限积分导数的计算方法;熟悉牛顿-莱布尼茨公式;掌握定积分计算的方法.

能够利用定积分计算平面图形的面积和旋转体的体积,了解定积分的物理应用.

§4.1 不定积分的概念与性质

情景与问题

引例 1 美丽的冰城以冰雪闻名,滑冰场全靠自然结冰,结冰的速度由$\frac{\mathrm{d}y}{\mathrm{d}t}=k\sqrt{t}$($k$是常数,$k\geqslant0$)确定,其中$y$是从结冰起到时刻$t$时的冰的厚度.那么结冰厚度$y$的函数表达式是怎样的呢?

分析 通过微分学的学习已经知道:$\left(\frac{2}{3}kt^{\frac{3}{2}}+C\right)'=k\sqrt{t}$,其中$C$为任意常数.再根据$y'(t)=\frac{\mathrm{d}y}{\mathrm{d}t}$知,$y(t)=\frac{2}{3}kt^{\frac{3}{2}}+C$.由于初始时刻$t=0$时冰的厚度$y=0$,代入上式易知$C=0$.所以,结冰厚度的函数表达式为

$$y(t)=\frac{2}{3}kt^{\frac{3}{2}}.$$

引例 2 飞驰而来的列车快进站时必须提前制动减速.若列车制动后的速度v与时间t的关系为$v=1-\frac{1}{3}t$(km/min).为了确保安全,那么列车应在离站台停靠点多远的地方开始制动呢?

分析 令$v=1-\frac{1}{3}t=0$,得$t=3$,即制动 3 min 后列车停下来.设列车从制动后开始计算,所运行的路程为$s=s(t)$.

根据题意,则其瞬时速度$v(t)=s'(t)=1-\frac{1}{3}t$.又因为$\left(t-\frac{1}{6}t^2+C\right)'=1-\frac{1}{3}t$,所以,列车的运行路程函数$s(t)=t-\frac{1}{6}t^2+C$.根据$s(t)$的设定不难知道,当$t=0$时,$s=0$.代入前式可得$C=0$.于是

$$s(t)=t-\frac{1}{6}t^2.$$

将$t=3$代入,得$s=3-\frac{1}{6}\times3^2=1.5$,即列车应该在离站台停靠点 1.5 km 处制动.

前面章节中,介绍了函数表达式已知情况下函数的导数或微分求解问题.但此处两个引例却是讨论与其相反的问题,即已知函数导数求原函数表达式的问题.这种由导数或微分求原函数的运算称为不定积分.本节将介绍不定积分的概念及其性质.

微课:原函数与不定积分的概念

4.1.1 原函数与不定积分的概念

定义 4.1 如果在区间上,可导函数$F(x)$的导函数为$f(x)$,即对该区间上的每一个点都满足$F'(x)=f(x)$,则称函数$F(x)$是$f(x)$在该区间上的一个原函数.

例如，在$(-\infty,+\infty)$内，因为$(\sin x)'=\cos x$，所以$\sin x$是$\cos x$在$(-\infty,+\infty)$内的一个原函数.再如在$(-1,1)$内，$(\arcsin x)'=\dfrac{1}{\sqrt{1-x^2}}$，所以$\arcsin x$是$\dfrac{1}{\sqrt{1-x^2}}$在区间$(-1,1)$内的一个原函数.

显然，函数的原函数并不唯一.例如，已经知道$\sin x$是$\cos x$在$(-\infty,+\infty)$内的一个原函数，但同时$(\sin x+C)'=\cos x$（C为任意常数），表明$\sin x+C$也是$\cos x$的原函数.那么当函数存在原函数时，原函数到底有多少个？这些原函数之间存在什么样的关系？一般地，有如下定理：

定理 4.1 如果$F(x)$是函数$f(x)$在某区间上的一个原函数，则$F(x)+C$（C为任意常数）是$f(x)$在该区间上的全体原函数.

根据定理条件知$F'(x)=f(x)$.如果$\Phi(x)$也为$f(x)$一个原函数，则$\Phi'(x)=f(x)$，即有$F'(x)=\Phi'(x)$.由第三章拉格朗日中值定理的推论 3.2 我们已经知道，当两个函数的导函数相等时，这两个函数之间相差一个常数，即$\Phi(x)-F(x)=C$（C为任意常数），即$\Phi(x)=F(x)+C$.

定理 4.1 告诉我们，如果在区间上函数$f(x)$存在原函数$F(x)$，则其他的原函数$\Phi(x)$均能表示为$F(x)+C$的形式.这也就表明，当找到了$f(x)$的一个原函数$F(x)$时，我们也就得到了$f(x)$的所有原函数，其形式为$F(x)+C$.

定义 4.2 若$F(x)$是$f(x)$在该区间上的一个原函数，则$F(x)+C$（C为任意常数）称为$f(x)$在该区间上的不定积分，记作$\int f(x)\mathrm{d}x$.即

$$\int f(x)\mathrm{d}x=F(x)+C.\quad（C\text{ 为任意常数}）$$

其中“$\int$”为积分号，$f(x)$为被积函数，$f(x)\mathrm{d}x$为被积表达式，x为积分变量，C为积分常数.求原函数或不定积分的运算称为积分法.

由定义 4.2 知，不定积分的中心问题，就是求出被积函数$f(x)$的所有原函数.

例 1 求下列不定积分：

(1) $\int \cos x\mathrm{d}x$； (2) $\int x^{\mu}\mathrm{d}x(\mu\neq-1)$； (3) $\int \dfrac{1}{x}\mathrm{d}x$.

解 (1) 因为$(\sin x)'=\cos x$，所以$\int \cos \mathrm{d}x=\sin x+C$.

(2) 因为$(x^{\mu+1})'=(\mu+1)x^{\mu}$，当$\mu\neq-1$时易得$\left(\dfrac{1}{\mu+1}x^{\mu+1}\right)'=x^{\mu}$，所以，$\int x^{\mu}\mathrm{d}x=\dfrac{1}{\mu+1}x^{\mu+1}+C$.

(3) 当$x>0$时，因为$(\ln x)'=\dfrac{1}{x}$，所以$\int \dfrac{1}{x}\mathrm{d}x=\ln x+C$；

当$x<0$时，因为$[\ln(-x)]'=\dfrac{1}{-x}(-x)'=\dfrac{1}{x}$，所以$\int \dfrac{1}{x}\mathrm{d}x=\ln(-x)+C$；

综上可得，$\int \dfrac{1}{x}\mathrm{d}x=\ln|x|+C\ (x\neq0)$.

4.1.2 不定积分基本公式与基本性质

根据不定积分的定义，由导数或微分基本公式，便可得到不定积分的基本公式.下面列出基本积分表.

微课：不定积分公式与性质

(1) $\int k\mathrm{d}x=kx+C$ (k 为常数)；

(2) $\int x^{\mu}\mathrm{d}x=\dfrac{x^{\mu+1}}{\mu+1}+C$ $(\mu\neq-1)$；

(3) $\int \dfrac{1}{x}\mathrm{d}x=\ln|x|+C$；

(4) $\int a^{x}\mathrm{d}x=\dfrac{a^{x}}{\ln a}+C$；

(5) $\int \mathrm{e}^{x}\mathrm{d}x=\mathrm{e}^{x}+C$；

(6) $\int \sin x\mathrm{d}x=-\cos x+C$；

(7) $\int \cos x\mathrm{d}x=\sin x+C$；

(8) $\int \sec^{2}x\mathrm{d}x=\tan x+C$；

(9) $\int \csc^{2}x\mathrm{d}x=-\cot x+C$；

(10) $\int \sec x\tan x\mathrm{d}x=\sec x+C$；

(11) $\int \csc x\cot x\mathrm{d}x=-\csc x+C$；

(12) $\int \dfrac{1}{\sqrt{1-x^{2}}}\mathrm{d}x=\arcsin x+C$；

(13) $\int \dfrac{1}{1+x^{2}}\mathrm{d}x=\arctan x+C$.

由不定积分的定义以及导数与不定积分的关系，可以得到不定积分的性质.设下列函数的不定积分均存在，则有：

性质 1 两个函数代数和的不定积分，等于它们不定积分的代数和，即

$$\int[f(x)+g(x)]\mathrm{d}x=\int f(x)\mathrm{d}x+\int g(x)\mathrm{d}x.$$

此性质可推广到有限个函数的代数和的情形.

性质 2 被积函数中不为零的常数因子可以移到积分号前面，即

$$\int kf(x)\mathrm{d}x=k\int f(x)\mathrm{d}x\quad(k\neq0).$$

性质 3 不定积分与导数(或微分)互为逆运算，即

$$\left[\int f(x)\mathrm{d}x\right]'=f(x)\quad\text{或}\quad \mathrm{d}\int f(x)\mathrm{d}x=f(x)\mathrm{d}x;$$

$$\int F'(x)\,\mathrm{d}x=F(x)+C \quad 或 \quad \int \mathrm{d}F(x)=F(x)+C.$$

拾趣

"运算"与"逆运算"是一对相反并且可以相互抵消的运算.例如,"加 5"和"减 5","乘 3"和"除以 3".求导和求积分就是互逆运算.

正向问题一般会容易理解得多,比如已知函数 $A(x)$,计算变化率$\frac{\mathrm{d}A}{\mathrm{d}x}$,利用导数就能解决该正向问题.但如果告诉我们的是$\frac{\mathrm{d}A}{\mathrm{d}x}=y$,其中 $y(x)$是已知函数.我们需要找到满足这个方程的 $A(x)$,这意味着我们遇到了求导的"反向问题",即逆运算.此时问题就变为:"我想要一个函数,它的导数是 $y(x)$,这个函数是什么呢?"能解决这一问题的方法就是积分.导数与积分如同一出生就被联系在一起的孪生兄弟,它们像一枚硬币的正反面,密不可分.

4.1.3 不定积分的几何意义

如果 $F(x)$是函数 $f(x)$在某区间上的一个原函数,则称 $y=F(x)$的图形是 $f(x)$的积分曲线.因为不定积分 $\int f(x)\,\mathrm{d}x=F(x)+C$ 对应着的图形是一族曲线,我们称之为积分曲线族.积分曲线族 $F(x)+C$ 的特点是可由任意一条积分曲线沿 y 轴平移得到,见图 4-1.

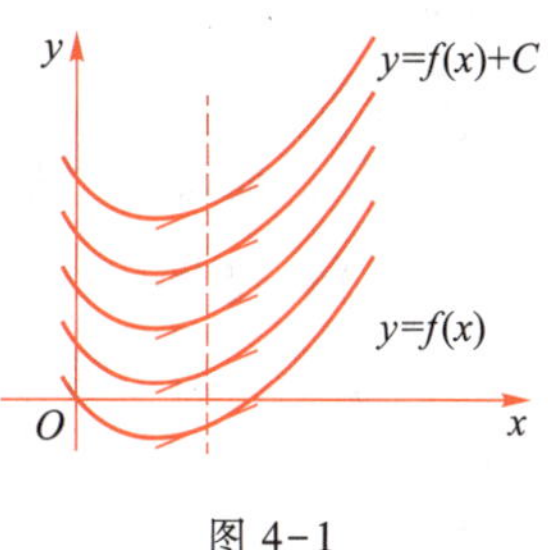

图 4-1

由于$[F(x)+C]'=F'(x)=f(x)$,所以积分曲线族中,每条积分曲线上对应在横坐标相同的点处的切线均相等.这就是不定积分的几何意义.

例 2 已知某曲线过点(1,1),且曲线上任意点(x,y)处切线的斜率为 $2x$,求该曲线方程.

解 假设该曲线方程为 $y=f(x)$,根据导数的几何意义易知 $f'(x)=2x$.因此

$$y=\int 2x\,\mathrm{d}x=x^2+C.$$

由已知条件,当 $x=1$ 时,$y=1$,得 $C=0$. 故该曲线的方程为 $y=x^2$.

4.1.4 直接积分法

利用基本积分公式和不定积分的性质,可求一些简单的不定积分.求解过程中,可以采用对被积函数进行组合、变形及三角恒等变换等方法.利用基本积分公式和不定积分的性质求解不定积分的方法称为直接积分法.

微课:直接积分法

例 3 求 $\int \frac{1-x^2}{x\sqrt{x}}\mathrm{d}x$.

解
$$\int \frac{1-x^2}{x\sqrt{x}}\mathrm{d}x=\int\left(x^{-\frac{3}{2}}-x^{\frac{1}{2}}\right)\mathrm{d}x=\int x^{-\frac{3}{2}}\mathrm{d}x-\int x^{\frac{1}{2}}\mathrm{d}x$$
$$=-2x^{-\frac{1}{2}}+C_1-\frac{2}{3}x^{\frac{3}{2}}+C_2$$

$$=-2x^{-\frac{1}{2}}-\frac{2}{3}x^{\frac{3}{2}}+C.$$

其中 $C=C_1+C_2$.通常在计算各项不定积分时,不必分别加任意常数,在最后一个积分计算完毕后加上任意常数即可.

例 4　求 $\int\frac{2x^2+1}{x^2(1+x^2)}\mathrm{d}x$.

解　$\int\frac{2x^2+1}{x^2(1+x^2)}\mathrm{d}x=\int\frac{x^2+(1+x^2)}{x^2(1+x^2)}\mathrm{d}x=\int\frac{1}{1+x^2}\mathrm{d}x+\int\frac{1}{x^2}\mathrm{d}x=\arctan x-\frac{1}{x}+C.$

例 5　求 $\int\frac{x^4}{1+x^2}\mathrm{d}x$.

解　
$$\int\frac{x^4}{1+x^2}\mathrm{d}x=\int\frac{x^4-1+1}{1+x^2}\mathrm{d}x=\int\frac{(x^2+1)(x^2-1)+1}{1+x^2}\mathrm{d}x$$
$$=\int\left(x^2-1+\frac{1}{1+x^2}\right)\mathrm{d}x=\frac{1}{3}x^3-x+\arctan x+C.$$

能直接用基本积分公式计算的积分是非常有限的,经常需要对被积函数进行变换.当分母仅含一个因式时,为将分子凑成该因式的组合,常在分子中加减相同的项(通常为常数),进行恒等变形,再分项降幂积分.

例 6　求 $\int\frac{1}{\sin^2 x\cos^2 x}\mathrm{d}x$.

解　
$$\int\frac{1}{\sin^2 x\cos^2 x}\mathrm{d}x=\int\frac{\sin^2 x+\cos^2 x}{\sin^2 x\cos^2 x}\mathrm{d}x=\int\left(\frac{1}{\cos^2 x}+\frac{1}{\sin^2 x}\right)\mathrm{d}x$$
$$=\int(\sec^2 x+\csc^2 x)\mathrm{d}x=\tan x-\cot x+C.$$

例 7　求 $\int\tan^2 t\mathrm{d}t$.

解　$\int\tan^2 t\mathrm{d}t=\int(\sec^2 t-1)\mathrm{d}t=\int\sec^2 t\mathrm{d}t-\int\mathrm{d}t=\tan t-t+C.$

例 8　求 $\int\frac{1}{1+\sin x}\mathrm{d}x$.

解　
$$\int\frac{1}{1+\sin x}\mathrm{d}x=\int\frac{1-\sin x}{(1+\sin x)(1-\sin x)}\mathrm{d}x=\int\frac{1-\sin x}{\cos^2 x}\mathrm{d}x$$
$$=\int(\sec^2 x-\sec x\tan x)\mathrm{d}x=\tan x-\sec x+C.$$

当被积函数为三角函数时,往往需要进行简单的三角恒等变换.

应用与实践

案例 1　某投资集团准备投资一个项目,经过反复论证,其资本形成速度为 $I(t)=8t^{\frac{1}{3}}$

（单位：万元/年）. 如果原始资本积累为 100（万元），试求资本总量函数及 8 年后的资本积累总量.

解 设资本总量函数为 $Z(t)$，则 $I(t)=\dfrac{\mathrm{d}Z}{\mathrm{d}t}$，所以

$$Z(t)=\int I(t)\,\mathrm{d}t=8\int t^{\frac{1}{3}}\mathrm{d}t=6t^{\frac{4}{3}}+C.$$

由 $Z(0)=100$，得 $C=100$. 故所求的资本总量函数为 $Z(t)=6t^{\frac{4}{3}}+100$.

8 年后的资本积累总量为 $Z(8)=6\cdot(8)^{\frac{4}{3}}+100=196$（万元）.

案例 2 医学研究发现，刀割伤口表面修复的速度为 $\dfrac{\mathrm{d}A}{\mathrm{d}t}=-5t^{-2}\,\mathrm{cm}^2$/天，$1\leqslant t\leqslant 5$，其中 A 表示伤口的面积，假设 $A(1)=5$，问受伤 5 天后该病人的伤口表面积为多少？

解 由 $\dfrac{\mathrm{d}A}{\mathrm{d}t}=-5t^{-2}$ 得 $\mathrm{d}A=-5t^{-2}\mathrm{d}t$. 两边求不定积分得

$$A(t)=-5\int t^{-2}\mathrm{d}t=5t^{-1}+C.$$

将 $A(1)=5$ 代入上式得 $C=0$.

所以 5 天后病人的伤口表面积为 $A(5)=5\times5^{-1}=1(\mathrm{cm}^2)$.

能力训练 4.1

1. 若函数 $F(x)$ 是 $f(x)$ 的一个原函数，问 $F(x)$ 与 $f(x)$ 存在什么关系？

2. 设 $F(x)$ 是 $\sqrt{1-2x}$ 的一个原函数，问 $\mathrm{d}F(x)$ 表示什么？

3. 若 $\int f(x)\,\mathrm{d}x=\mathrm{e}^{-3x}+C$，则 $f'(x)$ 是什么？

4. 求下列各函数的一个原函数.

（1）$f(x)=\mathrm{e}^{-x}$；　　（2）$f(x)=3x^2-x$.

5. 验证下列各题中的函数是同一个函数的原函数.

（1）$y=\ln x$；$y=\ln(ax)\ (a>0)$；$y=\ln(bx)+C\ (b>0)$.

（2）$y=\arcsin x$；$y=-\arccos x$.

（3）$y=(\mathrm{e}^x+\mathrm{e}^{-x})^2$；$y=(\mathrm{e}^x-\mathrm{e}^{-x})^2$.

6. 求下列不定积分.

（1）$\int x\sqrt{x}\,\mathrm{d}x$；　　（2）$\int \sqrt[m]{x^n}\,\mathrm{d}x$；

（3）$\int (x^2+1)^2\mathrm{d}x$；　　（4）$\int \dfrac{(1-x)^2}{\sqrt{x}}\mathrm{d}x$；

（5）$\int \dfrac{1}{\sqrt{2gh}}\mathrm{d}h$；　　（6）$\int \dfrac{1-t^2}{t}\mathrm{d}t$；

(7) $\int \sec x(\sec x-\tan x)\mathrm{d}x$;　　　　(8) $\int \cos^2 \dfrac{x}{2}\mathrm{d}x$;

(9) $\int a^x \mathrm{e}^x \mathrm{d}x$;　　　　(10) $\int \left(\sin \dfrac{\theta}{2}+\cos \dfrac{\theta}{2}\right)^2 \mathrm{d}\theta$;

(11) $\int \dfrac{-2}{\sqrt{1-x^2}}\mathrm{d}x$;　　　　(12) $\int \dfrac{x^2+6x+8}{x+4}\mathrm{d}x$.

7. 已知曲线上任意一点的切线斜率为切点横坐标的导数，求满足上述条件的所有曲线方程，并求出过点$(\mathrm{e}^3,5)$的曲线方程.

8. 若曲线 $y=f(x)$ 上点 x 处的切线斜率与 x^3 成正比，并知道该曲线通过点$(1,6)$和点$(2,-9)$，求该曲线方程.

§4.2 不定积分的积分方法

情景与问题

引例　试计算积分 $\int \cos 3x\mathrm{d}x$.

分析　因为被积函数 $\cos 3x$ 为复合函数，是不能根据基本公式 $\int \cos x\mathrm{d}x=\sin x+C$ 直接写出该不定积分结果的.

联想到$\left(\dfrac{1}{3}\sin 3x\right)'=\cos 3x$，有 $\int \cos 3x\mathrm{d}x=\dfrac{1}{3}\sin 3x+C$.但问题是如何在不计算导数的情况下，从基本积分公式 $\int \cos x\mathrm{d}x=\sin x+C$，直接“凑”出结果$\dfrac{1}{3}\sin 3x+C$ 呢？这就涉及不定积分的换元积分法了.本节首先引入不定积分换元积分法，然后再讨论不定积分的分部积分法.

4.2.1　第一类换元积分法（凑微分法）

微课：凑微分法（一）

定理 4.2　设 $\int f(x)\mathrm{d}x=F(x)+C$，且 $u=\varphi(x)$ 可导，则

$$\int f[\varphi(x)]\varphi'(x)\mathrm{d}x=\int f[\varphi(x)]\mathrm{d}\varphi(x)=F[\varphi(x)]+C.$$

注意到定理中的积分变量发生了变化，积分变量由原式里的 x 换成了 $\varphi(x)$，用该公式求不定积分的方法称为第一类换元法或者凑微分法.

凑微分法的关键是对新积分变量 $\varphi(x)$ 的选择.不仅要凑出 $\mathrm{d}\varphi(x)$，还要保证新的被积表达式的形式与基本积分公式对应.下面根据常见的 $\varphi(x)$ 类型，介绍凑微分的求解思路.

类型 1　$\mathrm{d}x=\dfrac{1}{a}\mathrm{d}(ax+b)$　（a,b 为常数，且 $a\neq 0$）.

例 1　求 $\int(1-2x)^4\mathrm{d}x$.

解　$\int(1-2x)^4\mathrm{d}x \xlongequal{\text{恒等变形}} -\frac{1}{2}\int(1-2x)^4(1-2x)'\mathrm{d}x$

$$\xlongequal{\text{凑微分}} -\frac{1}{2}\int(1-2x)^4\mathrm{d}(1-2x) \xlongequal[\text{令 } 1-2x=u]{\text{换元}} -\frac{1}{2}\int u^4\mathrm{d}u$$

$$\xlongequal{\text{由已知公式}} -\frac{1}{10}u^5+C \xlongequal[u=1-2x]{\text{变量还原}} -\frac{1}{10}(1-2x)^5+C.$$

结果是否正确，可以用$\left[-\frac{1}{10}(1-2x)^5\right]'=(1-2x)^4$来验证. 当运算比较熟练后，过程可以简化，凑微分法中变量代换的步骤可以不写出来.

例 2　求 $\int \mathrm{e}^{2-x}\mathrm{d}x$.

解　上式与基本公式 $\int \mathrm{e}^x\mathrm{d}x=\mathrm{e}^x+C$ 类似，应考虑将 $2-x$ 作为积分变量，此时 $\mathrm{d}x=-\mathrm{d}(2-x)$，则

$$\int \mathrm{e}^{2-x}\mathrm{d}x=-\int \mathrm{e}^{2-x}\mathrm{d}(2-x)=-\mathrm{e}^{2-x}+C.$$

例 3　求 $\int \frac{1}{3x-1}\mathrm{d}x$.

解　注意到与基本公式 $\int \frac{1}{x}\mathrm{d}x=\ln|x|+C$ 类似，但需要将 $3x-1$ 视为一个整体，为此可将 $\mathrm{d}x$ 写成$\frac{1}{3}\mathrm{d}(3x-1)$，则

$$\int \frac{1}{3x-1}\mathrm{d}x=\frac{1}{3}\int \frac{1}{3x-1}\mathrm{d}(3x-1)=\frac{1}{3}\ln|3x-1|+C.$$

例 4　求 $\int \frac{1}{a^2+x^2}\mathrm{d}x\quad(a>0)$.

解　$\int \frac{1}{a^2+x^2}\mathrm{d}x=\frac{1}{a^2}\int \frac{1}{1+\left(\frac{x}{a}\right)^2}\mathrm{d}x=\frac{1}{a}\int \frac{1}{1+\left(\frac{x}{a}\right)^2}\mathrm{d}\left(\frac{x}{a}\right)=\frac{1}{a}\arctan\frac{x}{a}+C.$

例 5　求 $\int \frac{1}{\sqrt{a^2-x^2}}\mathrm{d}x\quad(a>0)$.

解　$\int \frac{1}{\sqrt{a^2-x^2}}\mathrm{d}x=\frac{1}{a}\int \frac{1}{\sqrt{1-\left(\frac{x}{a}\right)^2}}\mathrm{d}x=\int \frac{1}{\sqrt{1-\left(\frac{x}{a}\right)^2}}\mathrm{d}\left(\frac{x}{a}\right)=\arcsin\frac{x}{a}+C.$

例 4、例 5 的结果可以作为公式使用

$$\int \frac{1}{a^2+x^2}\mathrm{d}x=\frac{1}{a}\arctan\frac{x}{a}+C\quad(a>0)$$

$$\int \frac{1}{\sqrt{a^2-x^2}}\mathrm{d}x=\arcsin\frac{x}{a}+C\quad(a>0)$$

例 6　求 $\int \frac{1}{4+2x+x^2}\mathrm{d}x$.

解　与例 4 比较，这里分母出现了 x 的一次项，我们可以尝试对其进行配方：

$$\int \frac{1}{4+2x+x^2}\mathrm{d}x=\int \frac{1}{3+(x+1)^2}\mathrm{d}x=\int \frac{1}{(\sqrt{3})^2+(x+1)^2}\mathrm{d}(x+1).$$

利用例 4 的结果不难得到：

$$\text{原式}=\frac{1}{\sqrt{3}}\arctan\frac{x+1}{\sqrt{3}}+C.$$

需要注意的是，当被积函数出现细微变化时，积分方法可能存在较大差异.

例 7　求 $\int \frac{1}{a^2-x^2}\mathrm{d}x\quad(a>0)$.

解　相较例 4，被积函数的分母由 a^2+x^2 变成了 a^2-x^2，此时例 4 的结果已不再适用.

$$\begin{aligned}\int \frac{\mathrm{d}x}{a^2-x^2}&=\int \frac{\mathrm{d}x}{(a+x)(a-x)}=\frac{1}{2a}\int\left(\frac{1}{a+x}+\frac{1}{a-x}\right)\mathrm{d}x\\&=\frac{1}{2a}\left[\int \frac{1}{a+x}\mathrm{d}(a+x)-\int \frac{1}{a-x}\mathrm{d}(a-x)\right]\\&=\frac{1}{2a}(\ln|a+x|-\ln|a-x|)+C=\frac{1}{2a}\ln\left|\frac{a+x}{a-x}\right|+C.\end{aligned}$$

例 8　求 $\int \cos^2 x\mathrm{d}x$.

解　$$\begin{aligned}\int \cos^2 x\mathrm{d}x&=\int \frac{1+\cos 2x}{2}\mathrm{d}x=\frac{1}{2}\int \mathrm{d}x+\frac{1}{2}\int \cos 2x\mathrm{d}x\\&=\frac{1}{2}x+\frac{1}{4}\int \cos 2x\mathrm{d}(2x)=\frac{1}{2}x+\frac{1}{4}\sin 2x+C.\end{aligned}$$

当被积函数为 $\sin x$ 或者 $\cos x$ 的偶数次方时，可以考虑使用三角恒等变形公式 $\sin^2 x=\frac{1-\cos 2x}{2}$ 或 $\cos^2 x=\frac{1+\cos 2x}{2}$ 降低 $\sin x$，$\cos x$ 的幂次后进行计算.

例 9　求 $\int \frac{x^2+x-8}{x(x-1)(x+1)}\mathrm{d}x$.

解　设 $$\int \frac{x^2+x-8}{x(x-1)(x+1)}\mathrm{d}x=\int \frac{A}{x}+\frac{B}{x-1}+\frac{C}{x+1}\mathrm{d}x,$$

根据待定系数法确定常数 A,B,C.上式中右边的被积函数通分后，与原被积函数构成恒等式，即

$$\frac{x^2+x-8}{x(x-1)(x+1)}=\frac{A(x-1)(x+1)+Bx(x+1)+Cx(x-1)}{x(x-1)(x+1)},$$

那么分子的同次幂的系数相等：

$$\begin{cases}A+B+C=1,\\B-C=1,\\-A=-8.\end{cases}\Rightarrow\begin{cases}A=8,\\B=-3,\\C=-4.\end{cases}$$

于是
$$\int\frac{x^2+x-8}{x(x-1)(x+1)}\mathrm{d}x=\int\frac{8}{x}-\frac{3}{x-1}-\frac{4}{x+1}\mathrm{d}x$$
$$=8\ln|x|-3\ln|x-1|-4\ln|x+1|+C.$$

类似于例 9,当被积函数的分母可以分解为若干个一次因式的乘积时,可以考虑将被积函数拆分为多个容易积分的函数之和.对于系数的确定,除了使用待定系数法外,还可以采用特殊值法,由于 $x^2+x-8=A(x-1)(x+1)+Bx(x+1)+Cx(x-1)$,分别令 $x=0,x=1,x=-1$,也可得 $A=8,B=-3,C=-4$.

微课：凑微分法（二）

类型 2　$x^a\mathrm{d}x=\frac{1}{a+1}\mathrm{d}x^{a+1}$　(a 为常数,且 $a\neq-1$).

例 10　求 $\int x\mathrm{e}^{x^2}\mathrm{d}x$.

解　观察到被积表达式中出现了 $x\mathrm{d}x$,可以将其凑为 $\frac{1}{2}\mathrm{d}x^2$,此时被积函数 e^{x^2} 也与积分变量 x^2 有关,故

$$\int x\mathrm{e}^{x^2}\mathrm{d}x=\frac{1}{2}\int\mathrm{e}^{x^2}\mathrm{d}x^2=\frac{1}{2}\mathrm{e}^{x^2}+C.$$

例 11　求 $\int\frac{1}{x^2}\cos\frac{1}{x}\mathrm{d}x$.

解　$\int\frac{1}{x^2}\cos\frac{1}{x}\mathrm{d}x=-\int\cos\frac{1}{x}\mathrm{d}\left(\frac{1}{x}\right)=-\sin\frac{1}{x}+C.$

例 12　求 $\int\frac{1}{\sqrt{x}(1+x)}\mathrm{d}x$.

解　$\int\frac{1}{\sqrt{x}(1+x)}\mathrm{d}x=2\int\frac{1}{1+x}\mathrm{d}\sqrt{x}=2\int\frac{1}{1+(\sqrt{x})^2}\mathrm{d}\sqrt{x}=2\arctan\sqrt{x}+C.$

在计算不定积分时,不少情况下需要将类型 1 与类型 2 进行结合.

例 13　求 $\int x\sqrt{1-x^2}\,\mathrm{d}x$.

解　如果仅仅将 $x\mathrm{d}x$ 凑为 $\frac{1}{2}\mathrm{d}x^2$,积分变为 $\frac{1}{2}\int\sqrt{1-x^2}\,\mathrm{d}x^2$,基本积分表中并没有公式可以利用.只有将 $\mathrm{d}x^2$ 继续凑成 $-\mathrm{d}(1-x^2)$,则可以利用幂函数的积分公式进行计算.

$$\int x\sqrt{1-x^2}\,\mathrm{d}x=-\frac{1}{2}\int\sqrt{1-x^2}\,\mathrm{d}(1-x^2)=-\frac{1}{3}(1-x^2)^{\frac{3}{2}}+C.$$

例 14　求 $\int \frac{2x-2}{x^2-2x+3}\mathrm{d}x$.

解　观察到 $(x^2-2x+3)'=2x-2$,即分子恰好为分母的导数,此时

$$\int \frac{2x-2}{x^2-2x+3}\mathrm{d}x=\int \frac{(x^2-2x+3)'}{x^2-2x+3}\mathrm{d}x=\int \frac{1}{x^2-2x+3}\mathrm{d}(x^2-2x+3)=\ln(x^2-2x+3)+C.$$

由于恒有 $x^2-2x+3>0$,故积分结果中的 $\ln(x^2-2x+3)$ 可以不加绝对值.但如果分子并不是分母的导数,又该如何计算呢?

例 15　求 $\int \frac{x}{x^2-2x+3}\mathrm{d}x$.

解　受到例 14 的启发,当分子为分母的导数形式时,计算非常便捷,同时根据例 6,当分子为常数时,也可以利用结果的公式写出原函数.

$$\begin{aligned}\int \frac{x}{x^2-2x+3}\mathrm{d}x &= \int \frac{\frac{1}{2}(2x-2)+1}{x^2-2x+3}\mathrm{d}x=\frac{1}{2}\int \frac{2x-2}{x^2-2x+3}\mathrm{d}x+\int \frac{1}{x^2-2x+3}\mathrm{d}x\\&=\frac{1}{2}\int \frac{1}{x^2-2x+3}\mathrm{d}(x^2-2x+3)+\int \frac{1}{2+(x-1)^2}\mathrm{d}(x-1)\\&=\frac{1}{2}\ln(x^2-2x+3)+\frac{1}{\sqrt{2}}\arctan \frac{x-1}{\sqrt{2}}+C.\end{aligned}$$

类型 3　$\cos x\mathrm{d}x=\mathrm{d}\sin x$, $\sin x\mathrm{d}x=-\mathrm{d}\cos x$, $\mathrm{e}^x\mathrm{d}x=\mathrm{d}\mathrm{e}^x$, $\frac{1}{x}\mathrm{d}x=\mathrm{d}\ln x$,

$\sec^2 x\mathrm{d}x=\mathrm{d}\tan x$, $\sec x\tan x\mathrm{d}x=\mathrm{d}\sec x$, $\frac{1}{1+x^2}\mathrm{d}x=\mathrm{d}(\arctan x)$, …

例 16　求 $\int \tan x\mathrm{d}x$.

解　$\int \tan x\mathrm{d}x=\int \frac{\sin x}{\cos x}\mathrm{d}x=\int \frac{-1}{\cos x}\mathrm{d}(\cos x)=-\ln|\cos x|+C.$

同理可得 $\int \cot x\mathrm{d}x=\ln|\sin x|+C$.

例 17　求 $\int \sec x\mathrm{d}x$.

解

$$\begin{aligned}\int \sec x\mathrm{d}x &= \int \sec x\frac{\sec x+\tan x}{\sec x+\tan x}\mathrm{d}x\\&=\int \frac{\sec^2 x+\sec x\tan x}{\sec x+\tan x}\mathrm{d}x=\int \frac{1}{\sec x+\tan x}\mathrm{d}(\tan x+\sec x)\\&=\ln|\sec x+\tan x|+C.\end{aligned}$$

同理可得 $\int \csc x\mathrm{d}x=\ln|\csc x-\cot x|+C$.

例 16、例 17 的结果可以作为公式使用

$$\int \tan x\mathrm{d}x=-\ln|\cos x|+C$$

$$\int \cot x\mathrm{d}x=\ln|\sin x|+C$$

$$\int \sec x\mathrm{d}x=\ln|\sec x+\tan x|+C$$

$$\int \csc x\mathrm{d}x=\ln|\csc x-\cot x|+C$$

例 18 求 $\int \frac{1}{x\ln x}\mathrm{d}x$.

解 $\int \frac{1}{x\ln x}\mathrm{d}x=\int \frac{1}{\ln x}\mathrm{d}\ln x=\ln|\ln x|+C.$

例 19 求 $\int \frac{\mathrm{e}^x}{1+\mathrm{e}^{2x}}\mathrm{d}x$.

解 $\int \frac{\mathrm{e}^x}{1+\mathrm{e}^{2x}}\mathrm{d}x=\int \frac{1}{1+\mathrm{e}^{2x}}\mathrm{d}\mathrm{e}^x=\arctan \mathrm{e}^x+C.$

例 20 求 $\int \sqrt{\frac{\arcsin x}{1-x^2}}\mathrm{d}x$.

解 $\int \sqrt{\frac{\arcsin x}{1-x^2}}\mathrm{d}x=\int \sqrt{\arcsin x}\,\mathrm{d}\arcsin x=\frac{2}{3}(\arcsin x)^{\frac{3}{2}}+C.$

例 21 求 $\int \cos^3 x\mathrm{d}x$.

解

$$\begin{aligned}\int \cos^3 x\mathrm{d}x&=\int \cos^2 x\cos x\mathrm{d}x=\int \cos^2 x\mathrm{d}\sin x\\&=\int (1-\sin^2 x)\mathrm{d}\sin x=\sin x-\frac{1}{3}\sin^3 x+C.\end{aligned}$$

例 22 求 $\int \frac{\ln \tan x}{\sin x\cos x}\mathrm{d}x$.

解 注意到 $(\ln \tan x)'=\frac{1}{\tan x}\sec^2 x=\frac{1}{\sin x\cos x}$，即

$$\int \frac{\ln \tan x}{\sin x\cos x}\mathrm{d}x=\int \ln \tan x\mathrm{d}(\ln \tan x)=\frac{1}{2}(\ln \tan x)^2+C.$$

类型 4 类 $\int \frac{f'}{f}\mathrm{d}x$ 型.

例 23 求 $\int \frac{\sin x-\cos x}{\sin x+\cos x}\mathrm{d}x$.

解 注意到$(\sin x+\cos x)'=\cos x-\sin x$,即分母的导数与分子之间只相差一个负号,即

$$\int\frac{\sin x-\cos x}{\sin x+\cos x}\mathrm{d}x=-\int\frac{(\sin x+\cos x)'}{\sin x+\cos x}\mathrm{d}x=-\int\frac{1}{\sin x+\cos x}\mathrm{d}(\sin x+\cos x)$$

$$=-\ln|\sin x+\cos x|+C.$$

通过以上例子可以发现,利用凑微分法求解积分具有一定的灵活性.用该种方法求解积分主要在于能否熟练地利用积分公式以及如何凑的技巧,关键在于把握"为什么这样凑"以及"如何凑"这两个问题.通过观察被积函数的结构,看看能否通过凑微分法去解决,在能够求解的情况下应优先考虑凑微分法.

4.2.2 第二类换元积分法(变量置换法)

微课:第二类换元法

当被积函数中含有根式,而且不能用直接积分或凑微分法求其不定积分时,常常可以考虑用简单根式代换或三角代换,将其根号去掉后再进行计算,这种方法称为第二类换元积分法.

第二换元积分法的一般过程可表示为

$$\int f(x)\mathrm{d}x\xlongequal{\text{令 }x=\varphi(t)}\int f[\varphi(t)]\varphi'(t)\mathrm{d}t\xlongequal{\text{对变量 }t\text{ 积分}}F(t)+C$$

$$\xlongequal[t=\varphi^{-1}(x)]{\text{变量还原}}F[\varphi^{-1}(x)]+C.$$

下面介绍第二换元积分法求解积分的常见类型.

1. 根式换元法

例 24 求$\int\frac{1}{1+\sqrt{x}}\mathrm{d}x$.

解 令$\sqrt{x}=t\,(t>0)$,则$x=t^2$,$\mathrm{d}x=2t\mathrm{d}t$,于是

$$\int\frac{1}{1+\sqrt{x}}\mathrm{d}x=\int\frac{1}{1+t}2t\mathrm{d}t=2\int\frac{t+1-1}{1+t}\mathrm{d}t$$

$$=2\int\left(1-\frac{1}{1+t}\right)\mathrm{d}t=2\int\mathrm{d}t-2\int\frac{1}{1+t}\mathrm{d}t$$

$$=2t-2\ln|1+t|+C=2\sqrt{x}-2\ln(1+\sqrt{x})+C.$$

例 25 求$\int\frac{\mathrm{d}x}{\sqrt{x}+\sqrt[3]{x}}$.

解 令$t=\sqrt[6]{x}$,则$x=t^6$,$\mathrm{d}x=6t^5\mathrm{d}t$,于是

$$\int\frac{1}{\sqrt{x}+\sqrt[3]{x}}\mathrm{d}x=\int\frac{6t^5}{t^3+t^2}\mathrm{d}t=6\int\frac{t^3}{t+1}\mathrm{d}t$$

$$=6\int\frac{(t^3+1)-1}{t+1}\mathrm{d}t=6\int\left(t^2-t+1-\frac{1}{t+1}\right)\mathrm{d}t$$

$$=6\left(\frac{1}{3}t^3-\frac{1}{2}t^2+t-\ln|t+1|\right)+C$$

$$=2\sqrt{x}-3\sqrt[3]{x}+6\sqrt[6]{x}-6\ln(\sqrt[6]{x}+1)+C.$$

常用的根式换元有：

（1）在 $\int f(\sqrt{ax+b})\mathrm{d}x$ 中，令 $\sqrt{ax+b}=t$.

（2）在 $\int f(\sqrt[m]{ax+b},\sqrt[n]{ax+b})\mathrm{d}x$ 中，令 $\sqrt[k]{ax+b}=t$，其中 k 是 m,n 的最小公倍数.

例 26 求 $\int\frac{1}{\sqrt{1+\mathrm{e}^x}}\mathrm{d}x$.

解 令 $\sqrt{1+\mathrm{e}^x}=t$，则 $x=\ln(t^2-1)$，$\mathrm{d}x=\frac{2t}{t^2-1}\mathrm{d}t$，于是

$$\int\frac{1}{\sqrt{1+\mathrm{e}^x}}\mathrm{d}x=\int\frac{1}{t}\cdot\frac{2t}{t^2-1}\mathrm{d}t=2\int\frac{1}{t^2-1}\mathrm{d}x=\int\frac{1}{t-1}-\frac{1}{t+1}\mathrm{d}x$$

$$=\ln\left|\frac{t-1}{t+1}\right|+C=2\ln(\sqrt{1+\mathrm{e}^x}-1)-x+C.$$

2. 三角换元法

例 27 求 $\int\sqrt{a^2-x^2}\,\mathrm{d}x\quad(a>0)$.

提示：求积分的困难在于有根式 $\sqrt{a^2-x^2}$，可以利用三角公式 $\sin^2 t+\cos^2 t=1$ 去掉根式.

解 设 $x=a\sin t$，则 $\mathrm{d}x=\mathrm{d}(a\sin t)=a\cos t\mathrm{d}t$.

$$\int\sqrt{a^2-x^2}\,\mathrm{d}x=\int\sqrt{a^2-(a\sin t)^2}(a\cos t)\mathrm{d}t=a^2\int\cos^2 t\mathrm{d}t$$

$$=a^2\int\frac{1+\cos 2t}{2}\mathrm{d}t=\frac{a^2}{2}\left(t+\frac{1}{2}\sin 2t\right)+C$$

$$=\frac{a^2}{2}(t+\sin t\cos t)+C.$$

为了方便回代，可根据 $\sin t=\frac{x}{a}$ 作辅助直角三角形，如图 4-2 所示，从图中可知 $\cos t=\frac{\sqrt{a^2-x^2}}{a}$，于是有

$$\int\sqrt{a^2-x^2}\,\mathrm{d}x=\frac{a^2}{2}\left[\arcsin\frac{x}{a}+\frac{x}{a}\cdot\frac{\sqrt{a^2-x^2}}{a}\right]+C$$

$$=\frac{a^2}{2}\arcsin\frac{x}{a}+\frac{x}{2}\sqrt{a^2-x^2}+C.$$

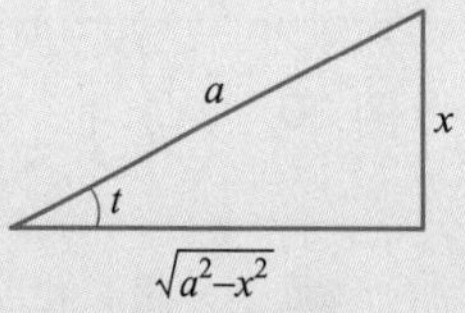

图 4-2

本节中不讨论变量 t 的取值范围，规定 $\sqrt{A^2}=A$，将在定积分中考虑取正负号的问题.

例 28 求 $\int \frac{1}{\sqrt{a^2+x^2}}\mathrm{d}x \quad (a>0)$.

解 考虑到利用公式 $1+\tan^2 t=\sec^2 t$ 可以去掉根式.设 $x=a\tan t$,则 $\mathrm{d}x=a\sec^2 t\mathrm{d}t$.

$$\int \frac{1}{\sqrt{a^2+x^2}}\mathrm{d}x=\int \frac{a\sec^2 t}{\sqrt{a^2+(a\tan t)^2}}\mathrm{d}t=\int \frac{\sec^2 t}{\sqrt{1+\tan^2 t}}\mathrm{d}t=\int \sec t\mathrm{d}t$$

$$=\ln|\sec t+\tan t|+C_1.$$

根据 $\tan t=\frac{x}{a}$,作辅助三角形,如图 4-3 所示,得

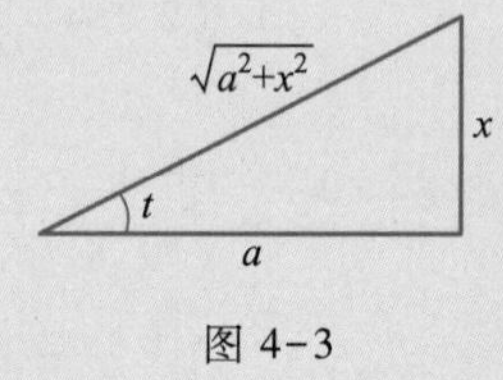

图 4-3

$$\int \frac{1}{\sqrt{a^2+x^2}}\mathrm{d}x=\ln\left|\frac{\sqrt{a^2+x^2}}{a}+\frac{x}{a}\right|+C_1=\ln\left|\frac{x+\sqrt{a^2+x^2}}{a}\right|+C_1$$

$$=\ln|x+\sqrt{a^2+x^2}|+C,$$

其中 $C=C_1-\ln a$.

例 29 求 $\int \frac{1}{\sqrt{x^2-a^2}}\mathrm{d}x \quad (a>0)$.

解 设 $x=a\sec t$,则 $\mathrm{d}x=a\sec t\tan t\mathrm{d}t$.

$$\int \frac{1}{\sqrt{x^2-a^2}}\mathrm{d}x=\int \frac{a\sec t\tan t}{\sqrt{(a\sec t)^2-a^2}}\mathrm{d}t=\int \sec t\mathrm{d}t=\ln|\sec t+\tan t|+C.$$

根据 $\sec t=\frac{x}{a}$,作辅助三角形,如图 4-4 所示,得

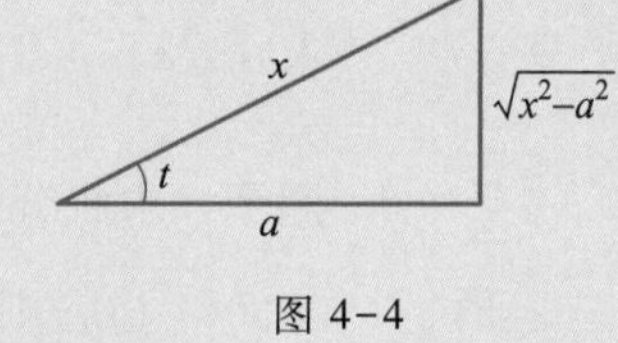

图 4-4

$$\int \frac{1}{\sqrt{x^2-a^2}}\mathrm{d}x=\ln\left|\frac{x}{a}+\frac{\sqrt{x^2-a^2}}{a}\right|+C_1$$

$$=\ln|x+\sqrt{x^2-a^2}|+C.$$

其中 $C=C_1-\ln a$.

上面三个例子中的变换称为三角换元法,常用的三角换元有:

(1) 在 $\int f(\sqrt{a^2-x^2})\mathrm{d}x$ 中,令 $x=a\sin t$;

(2) 在 $\int f(\sqrt{a^2+x^2})\mathrm{d}x$ 中,令 $x=a\tan t$;

(3) 在 $\int f(\sqrt{x^2-a^2})\mathrm{d}x$ 中,令 $x=a\sec t$.

例 30 求 $\int \frac{1}{\sqrt{9-x^2}}\mathrm{d}x$.

解 此题也属于三角换元中的 $\int f(\sqrt{a^2-x^2})\mathrm{d}x$ 型积分,可以令 $x=3\sin t$,得到与例 5 同样的结果:

$$\int \frac{1}{\sqrt{9-x^2}}\mathrm{d}x=\arcsin\frac{x}{3}+C.$$

4.2.3 分部积分法

微课：分部积分法

设函数 $u=u(x)$，$v=v(x)$ 都有连续导数，则

$$d(uv)=u\mathrm{d}v+v\mathrm{d}u,$$

移项可得

$$u\mathrm{d}v=\mathrm{d}(uv)-v\mathrm{d}u,$$

两边积分得

$$\int u\mathrm{d}v=\int \mathrm{d}(uv)-\int v\mathrm{d}u,$$

即

$$\boxed{\int u\mathrm{d}v=uv-\int v\mathrm{d}u.}$$

上式称为不定积分的分部积分公式.当积分 $\int u\mathrm{d}v$ 不易计算，而积分 $\int v\mathrm{d}u$ 较易计算时，就可以用这个公式把两者进行转换.应用分部积分公式求积分的方法，称为分部积分法.

利用分部积分公式求解的关键是掌握“选 u，凑 v”.选择的原则是：

(1) v 易求出（可用凑微分法写出 $\mathrm{d}v$）；

(2) 新的积分 $\int v\mathrm{d}u$ 比原积分 $\int u\mathrm{d}v$ 易计算.

例 31 求 $\int xe^x\mathrm{d}x$.

解 设 $u=x$，$\mathrm{d}v=e^x\mathrm{d}x$，则 $v=e^x$，$\mathrm{d}u=\mathrm{d}x$.于是

$$\int xe^x\mathrm{d}x=xe^x-\int e^x\mathrm{d}x=xe^x-e^x+C.$$

例 32 求 $\int x\cos x\mathrm{d}x$.

解 设 $u=x$，$\mathrm{d}v=\cos x\mathrm{d}x$，则 $v=\sin x$，$\mathrm{d}u=\mathrm{d}x$，代入公式得

$$\int x\cos x\mathrm{d}x=x\sin x-\int \sin x\mathrm{d}x=x\sin x+\cos x+C.$$

例 33 求 $\int x\ln x\mathrm{d}x$.

解 $$\int x\ln x\mathrm{d}x=\frac{1}{2}\int \ln x\mathrm{d}(x^2)=\frac{1}{2}x^2\ln x-\frac{1}{2}\int x\mathrm{d}x=\frac{1}{2}x^2\ln x-\frac{1}{4}x^2+C.$$

例 34 求 $\int x\arctan x\mathrm{d}x$.

解 $$\begin{aligned}\int x\arctan x\mathrm{d}x&=\frac{1}{2}\int \arctan x\mathrm{d}(x^2)=\frac{1}{2}x^2\arctan x-\frac{1}{2}\int \frac{x^2}{1+x^2}\mathrm{d}x\\&=\frac{1}{2}x^2\arctan x-\frac{1}{2}\int\left(1-\frac{1}{1+x^2}\right)\mathrm{d}x\\&=\frac{x^2}{2}\arctan x-\frac{1}{2}x+\frac{1}{2}\arctan x+C.\end{aligned}$$

例 35 求 $\int e^x\sin x\mathrm{d}x$.

解 $\int e^x\sin x dx = \int \sin x d(e^x) = e^x\sin x - \int e^x\cos x dx$

$$= e^x\sin x - \int \cos x d(e^x) = e^x\sin x - e^x\cos x - \int e^x\sin x dx,$$

等式右端出现了原积分,可以将等式看作原积分的未知量方程,移项整理后可得

$$2\int e^x\sin x dx = e^x(\sin x - \cos x) + C_1.$$

所以

$$\int e^x\sin x dx = \frac{1}{2}e^x(\sin x - \cos x) + C.$$

其中 $C = \frac{C_1}{2}$.

对于用分部积分法求两个函数乘积的不定积分,我们可以归纳如下:

(1) 当被积函数是幂函数与指数函数(或正、余弦函数)的乘积时,一般设幂函数为 u,被积函数表达式的其余部分为 dv;

(2) 当被积函数是幂函数与对数函数(或反三角函数)的乘积时,一般设对数函数(或反三角函数)为 u,被积函数表达式的其余部分为 dv;

(3) 当被积函数是指数函数与正(余)弦函数的乘积时,要积分两次,最后类似解方程一样求出结果.这种情况下,u,dv 的选取比较灵活.

例 36 求 $\int \sec^3 x dx$.

解 $\int \sec^3 x dx = \int \sec^2 x \cdot \sec x dx = \int \sec x d(\tan x) = \sec x\tan x - \int \tan x d(\sec x)$

$$= \sec x\tan x - \int \tan^2 x\sec x dx = \sec x\tan x - \int (\sec^2 x - 1)\sec x dx$$

$$= \sec x\tan x - \int \sec^3 x dx + \int \sec x dx$$

$$= \sec x\tan x - \int \sec^3 x dx + \ln|\sec x + \tan x|.$$

移项整理后可得

$$\int \sec^3 x dx = \frac{1}{2}\sec x\tan x + \frac{1}{2}\ln|\sec x + \tan x| + C.$$

4.2.4 综合题

有些不定积分需要综合使用换元法与分部积分法才能计算出结果.

例 37 求 $\int e^{\sqrt{x}} dx$.

解 令 $\sqrt{x} = t$,则 $x = t^2$,$dx = 2tdt$,

$$\int e^{\sqrt{x}} = \int e^t \cdot 2tdt = 2\int tde^t = 2\left(te^t - \int e^t dt\right)$$

$$=2(te^t-e^t)+C=2e^{\sqrt{x}}(\sqrt{x}-1)+C.$$

例 38 求 $\int \frac{xe^x}{\sqrt{e^x-1}}dx$.

解 令 $\sqrt{e^x-1}=t$,则 $e^x=t^2+1, x=\ln(t^2+1), dx=\frac{2t}{t^2+1}dt$,

$$\int \frac{xe^x}{\sqrt{e^x-1}}dx=\int \frac{\ln(t^2+1)\cdot(t^2+1)}{t}\cdot\frac{2t}{t^2+1}dt=2\int \ln(t^2+1)dt$$

$$=2t\ln(t^2+1)-2\int t d\ln(t^2+1)$$

$$=2t\ln(t^2+1)-4\int \frac{t^2}{t^2+1}dt$$

$$=2t\ln(t^2+1)-4t+4\arctan t+C$$

$$=2\sqrt{e^x-1}(x-2)+4\arctan\sqrt{e^x-1}+C.$$

需要指出的是,并非所有初等函数的原函数一定为初等函数,有些积分看似简单,却很难求出.比如 $\int e^{-x^2}dx$, $\int \frac{\sin x}{x}dx$, $\int \frac{\cos x}{x}dx$, $\int \sin x^2dx$, $\int \cos x^2dx$, $\int \frac{dx}{\ln x}$, $\int \frac{e^x}{x}dx$, $\int \frac{1}{\sqrt{1+x^4}}dx$,等等,尽管这些被积函数的原函数存在,却不能用初等函数表示,故这些不定积分均被称为“积不出来”.

应用与实践

案例 1 一电场中质子运动的加速度为 $a=-20(1+2t)^{-2}$(单位:m/s^2).如果 $t=0$ 时,$v=0.3$ m/s.求质子运动的速度.

解 由加速度和速度的关系 $v'(t)=a(t)$,有

$$v(t)=\int a(t)dt=\int -20(1+2t)^{-2}dt=\int -20(1+2t)^{-2}\cdot\frac{1}{2}d(1+2t)$$

$$=-10\int (1+2t)^{-2}d(1+2t)=\frac{10}{1+2t}+C.$$

将 $t=0$ 时,$v=0.3$ 代入上式,得 $C=-9.7$.所以

$$v(t)=10(1+2t)^{-1}-9.7.$$

案例 2 为了我国的绿水青山,近年来,国家大力发展清洁能源,其中之一是太阳能发电.某太阳能元器件的能量 f 相对于接触的表面面积 x 的变化率为 $\frac{df}{dx}=\frac{0.005}{\sqrt{0.01x+1}}$.当 $x=0$ 时,$f=0$.求 f 的函数表达式.

解 对 $\frac{df}{dx}=\frac{0.005}{\sqrt{0.01x+1}}$ 积分,得 $f=\int \frac{0.005}{\sqrt{0.01x+1}}dx$.

$$f=\int \frac{0.005}{\sqrt{0.01x+1}}dx=0.5\int \frac{1}{\sqrt{0.01x+1}}d(0.01x+1)=0.5\times 2\sqrt{0.01x+1}+C.$$

将 $x=0,f=0$ 代入上式，得 $C=-1$.所以 $f=\sqrt{0.01x+1}-1$.

能力训练 4.2

1. 体会三种不同的积分方法，总结每一种方法适用的积分类型.

2. 计算下列不定积分.

(1) $\int e^{5t}dt$;　　(2) $\int (1-2x)^5 dx$;

(3) $\int \frac{1}{3-2x}dx$;　　(4) $\int \frac{1}{\sqrt{1+x}}dx$;

(5) $\int \frac{1}{\sin^2 3x}dx$;　　(6) $\int e^{3x+2}dx$;

(7) $\int \frac{1}{16+x^2}dx$;　　(8) $\int \frac{1}{9+4x^2}dx$;

(9) $\int \frac{1}{\sqrt{4-x^2}}dx$;　　(10) $\int \frac{1}{\sqrt{4-9x^2}}dx$;

(11) $\int \frac{1}{x^2-2x+7}dx$;　　(12) $\int \frac{1}{x^2+6x+9}dx$;

(13) $\int \frac{1}{x^2+6x+5}dx$;　　(14) $\int \frac{1}{\sqrt{3-2x-x^2}}dx$;

(15) $\int \sin^2(2x+1)dx$;　　(16) $\int \cos^4 x dx$;

(17) $\int \frac{2x^4+x^2+3}{x^2+1}dx$;　　(18) $\int \frac{x+3}{x^2-5x+6}dx$;

(19) $\int \frac{x}{x^2+1}dx$;　　(20) $\int x\sqrt{2+x^2}dx$;

(21) $\int x\sin(x^2+4)dx$;　　(22) $\int \frac{e^{4\sqrt{x}+3}}{\sqrt{x}}dx$;

(23) $\int \frac{1}{\sqrt{x}}\sin\sqrt{x}dx$;　　(24) $\int \frac{\sec^2\frac{1}{x}}{x^2}dx$;

(25) $\int \frac{x^2}{5+x^3}dx$;　　(26) $\int \frac{2x+2}{x^2+2x+2}dx$;

(27) $\int \frac{2x+1}{x^2+2x-3}dx$;　　(28) $\int \frac{1-x}{x^2+4x+5}dx$;

(29) $\int e^{x+e^x}dx$;　　(30) $\int \frac{1}{\sin x\cos x}dx$;

(31) $\int \sin^3 x\mathrm{d}x$;

(32) $\int \sin x\cos^{\frac{4}{3}} x\mathrm{d}x$;

(33) $\int \cot^3 x\mathrm{d}x$;

(34) $\int \sec^4 x\mathrm{d}x$;

(35) $\int \frac{1}{x\ln x\ln(\ln x)}\mathrm{d}x$;

(36) $\int \cos^4 x\sin^3 x\mathrm{d}x$;

(37) $\int \frac{1}{\mathrm{e}^x+\mathrm{e}^{-x}}\mathrm{d}x$;

(38) $\int \frac{\mathrm{e}^x}{1+\mathrm{e}^x}\mathrm{d}x$;

(39) $\int \frac{1}{1+\mathrm{e}^{2x}}\mathrm{d}x$;

(40) $\int \frac{1}{\cos^2 x\sqrt{1+\tan x}}\mathrm{d}x$;

(41) $\int \frac{(\arctan x)^2}{1+x^2}\mathrm{d}x$;

(42) $\int \frac{\cos x}{\sqrt{2+\cos^2 x}}\mathrm{d}x$;

(43) $\int \frac{\cos x\cdot\sin x}{1+\cos^2 x}\mathrm{d}x$;

(44) $\int \frac{1+\ln x}{(x\ln x)^2}\mathrm{d}x$;

(45) $\int \frac{\arctan\sqrt{x}}{\sqrt{x}(1+x)}\mathrm{d}x$;

(46) $\int \frac{\sin x+\cos x}{\sqrt[3]{\sin x-\cos x}}\mathrm{d}x$.

3. 计算下列不定积分.

(1) $\int \frac{\mathrm{d}x}{1+\sqrt{2x}}$;

(2) $\int \frac{\mathrm{d}x}{1+\sqrt[3]{x}}$;

(3) $\int \frac{\sqrt{1+x}}{1+\sqrt{1+x}}\mathrm{d}x$;

(4) $\int \frac{\mathrm{d}x}{\sqrt{x}+\sqrt[4]{x}}$;

(5) $\int \frac{x^2\mathrm{d}x}{\sqrt{a^2-x^2}}$;

(6) $\int \frac{\mathrm{d}x}{1+\sqrt{1-x^2}}$;

(7) $\int \frac{\mathrm{d}x}{(x^2-3)^{\frac{3}{2}}}$;

(8) $\int \frac{\mathrm{d}x}{\sqrt{(x^2+1)^3}}$;

(9) $\int \frac{x^3}{\sqrt{1+x^2}}\mathrm{d}x$;

(10) $\int \frac{\mathrm{d}x}{x^2\sqrt{a^2+x^2}}(a>0)$;

(11) $\int \frac{\sqrt{x^2-2}}{x}\mathrm{d}x$;

(12) $\int \frac{2x-1}{\sqrt{9x^2-4}}\mathrm{d}x$;

(13) $\int \frac{1}{x}\sqrt{\frac{1-x}{1+x}}\mathrm{d}x$;

(14) $\int 2\mathrm{e}^x\sqrt{1-\mathrm{e}^{2x}}\mathrm{d}x$.

4. 计算下列不定积分.

(1) $\int x\cos mx\mathrm{d}x$;

(2) $\int t\mathrm{e}^{-2t}\mathrm{d}t$;

(3) $\int x^2\ln x\mathrm{d}x$;

(4) $\int x^2\arctan x\mathrm{d}x$;

(5) $\int \mathrm{e}^{-2x}\sin x\mathrm{d}x$;

(6) $\int \ln(x+\sqrt{1+x^2})\mathrm{d}x$;

(7) $\int \sin(\ln x)\mathrm{d}x$;　　(8) $\int (\ln x)^2\mathrm{d}x$;

(9) $\int \frac{x\cos x}{\sin^3 x}\mathrm{d}x$;　　(10) $\int \frac{\ln(\ln x)}{x}\mathrm{d}x$;

(11) $\int \mathrm{e}^{\sqrt{2x-1}}\mathrm{d}x$;　　(12) $\int \arctan\sqrt{x}\,\mathrm{d}x$;

(13) $\int \frac{\ln x}{\sqrt{1+x}}\mathrm{d}x$;　　(14) $\int \frac{1}{\sqrt{x}}\arcsin\sqrt{x}\,\mathrm{d}x$;

(15) $\int \frac{\arctan \mathrm{e}^x}{\mathrm{e}^x}\mathrm{d}x$;　　(16) $\int \frac{x\mathrm{e}^{\arctan x}}{(1+x^2)^{\frac{3}{2}}}\mathrm{d}x$.

§4.3 定积分的概念与性质

情景与问题

引例 1　曲边梯形的面积.

在直角坐标系中,由连续、非负的曲线 $y=f(x)$、直线 $x=a,x=b$ 及 x 轴所围成的图形,称为曲边梯形.如图 4-5 所示,$AabB$ 就是一个曲边梯形,其中区间$[a,b]$称为曲边梯形的底,曲线 $y=f(x)$ 称为曲边梯形的曲边.

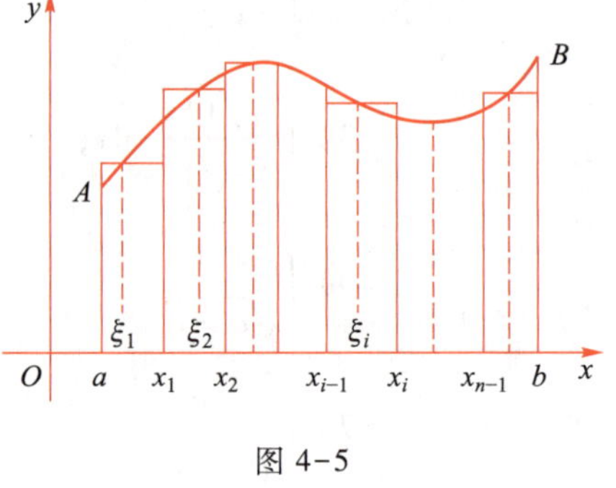

图 4-5

下面我们来计算图 4-5 中的曲边梯形 $AabB$ 的面积 S.按如下步骤进行:

(1) 分割:用若干个分点 $a=x_0<x_1<x_2<\cdots<x_{n-1}<x_n=b$,把区间$[a,b]$分割成 n 个小区间$[x_{i-1},x_i]$$(i=1,2,\cdots,n)$,其中第 i 个小区间的长度记为 $\Delta x_i=x_i-x_{i-1}(i=1,2,\cdots,n)$.过每一个分点作 x 轴的垂线,将整个曲边梯形分成 n 个小曲边梯形.

(2) 近似:在每一个小区间$[x_{i-1},x_i]$上任取一点 $\xi_i(i=1,2,\cdots,n)$,以 $f(\xi_i)$ 为高,Δx_i 为底的小矩形面积 $f(\xi_i)\Delta x_i$ 来近似代替同底的小曲边梯形的面积 ΔS_i,即

$$\Delta S_i\approx f(\xi_i)\Delta x_i\quad (i=1,2,\cdots,n).$$

(3) 求和:把 n 个小矩形面积相加之和作为整个曲边梯形的面积 S 的近似值,即

$$S\approx S_n=\sum_{i=1}^{n} f(\xi_i)\Delta x_i.$$

(4) 取极限:用 $\lambda=\max\limits_{1\leqslant i\leqslant n}\{\Delta x_i\}$ 表示所有小区间中最大的小区间长度,当 $\lambda\to 0$ 时,上述和式的极限就是所求曲边梯形的面积 S,即

$$S=\lim_{\lambda\to 0}\sum_{i=1}^{n} f(\xi_i)\Delta x_i.$$

引例 2　变力做功.

假设物体受某力 f 的作用作直线运动，力的方向与运动方向一致，力的大小随物体所在位置 s 而连续变化，当物体沿直线从点 a 移动到 b 时(图 4-6)，求力 f 所做的功.

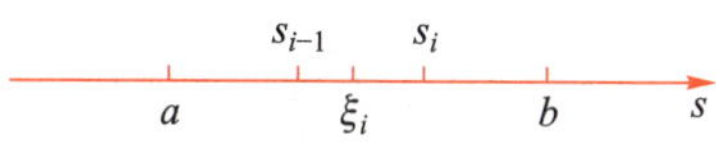

图 4-6

分析　由于力 $f=f(s)$ 是变化的量，不能直接用公式计算功，依然采用引例 1 的四个步骤.

(1) 分割：把区间 $[a,b]$ 分成 n 个小区间，其中第 i 个小区间的长度记为 $\Delta s_i=s_i-s_{i-1}(i=1,2,\cdots,n)$.

(2) 近似：在每一个小区间上任取一点 $\xi_i(i=1,2,\cdots,n)$，则 $f(\xi_i)\Delta s_i$ 为变力在每一小段上所做的功 ΔW_i 的近似值，即 $\Delta W_i\approx f(\xi_i)\Delta s_i(i=1,2,\cdots,n)$.

(3) 求和：把每一小段上做功的近似值加起来，得到区间 $[a,b]$ 上力 f 所做功的近似值，即 $W\approx \sum\limits_{i=1}^{n} f(\xi_i)\Delta s_i$.

(4) 取极限：用 $\lambda=\max\limits_{1\leqslant i\leqslant n}\{\Delta s_i\}$ 表示所有小区间中最大区间的长度，当 $\lambda\to 0$ 时，上述和式的极限就是所求的功 W，即 $W=\lim\limits_{\lambda\to 0}\sum\limits_{i=1}^{n} f(\xi_i)\Delta s_i$.

上述两个问题的实际背景虽然不同，但描述它们的数学模型却是一致的，都是“和式”极限.其实，用这种方法来描述的量在科学技术领域相当广泛，大量实际问题与工程问题均可以用和式极限表示，如旋转体的体积、平面曲线的弧长、水力发电厂堤坝所承受的水的压力、交流电的平均功率等.

4.3.1　定积分的概念

微课：定积分的概念

定义 4.3　如果函数 $f(x)$ 在区间 $[a,b]$ 上有定义，任意插入若干个分点 $a=x_0<x_1<x_2<\cdots<x_{n-1}<x_n=b$ 将区间 $[a,b]$ 分成 n 个小区间 $[x_{i-1},x_i](i=1,2,\cdots,n)$.每个小区间长度记为 $\Delta x_i=x_i-x_{i-1}(i=1,2,\cdots,n)$，最大的小区间长度记为 $\lambda=\max\limits_{1\leqslant i\leqslant n}\{\Delta x_i\}$.在每个小区间 $[x_{i-1},x_i]$ 上任取一点 $\xi_i(i=1,2,\cdots,n)$，作和式 $S_n=\sum\limits_{i=1}^{n} f(\xi_i)\Delta x_i$.如果 $\lambda\to 0$ 时，S_n 的极限存在，且该极限值不依赖于区间 $[a,b]$ 的分法，也不依赖于点 ξ_i 的取法，则称此极限值为函数 $f(x)$ 在区间 $[a,b]$ 上的定积分，记作 $\int_a^b f(x)\mathrm{d}x$，即

$$\int_a^b f(x)\mathrm{d}x=\lim_{\lambda\to 0}\sum_{i=1}^{n} f(\xi_i)\Delta x_i.$$

其中 $f(x)$ 称为被积函数，$f(x)\mathrm{d}x$ 称为被积表达式，x 称为积分变量，$[a,b]$ 称为积分区间，a，b 分别称为积分下限和积分上限.

按定积分的定义，前面两个实际问题都可用定积分表示.

曲边梯形面积　　$S=\int_a^b f(x)\mathrm{d}x\quad (f(x)>0)$.

变力所做功　　$W=\int_a^b f(s)\mathrm{d}s$.

关于定积分的定义，做以下说明.

（1）决定定积分值的要素是被积函数 $f(x)$ 和积分区间 $[a,b]$，而与积分变量用什么字母表示无关，即 $\int_a^b f(x)\,\mathrm{d}x=\int_a^b f(t)\,\mathrm{d}t=\int_a^b f(u)\,\mathrm{d}u=\cdots$.

（2）该定义是在积分下限 a 小于积分上限 b 的情况下给出的，如果 $a>b$，同样可给出定积分 $\int_a^b f(x)\,\mathrm{d}x$ 的定义.此时 $\int_a^b f(x)\,\mathrm{d}x=-\int_b^a f(x)\,\mathrm{d}x$.

特别地，当 $a=b$ 时，有 $\int_a^a f(x)\,\mathrm{d}x=0$.

（3）如果函数 $f(x)$ 在 $[a,b]$ 上连续，则 $f(x)$ 在区间 $[a,b]$ 上可积；如果函数 $f(x)$ 在区间 $[a,b]$ 上可积，则 $f(x)$ 在 $[a,b]$ 上有界.

为了帮助大家理解定积分的概念，这里举一个例子.

例 1 如图 4-7 所示，求抛物线 $y=x^2$ 及直线 $x=0,x=1,y=0$ 所围成的图形面积 S.

解 为了便于计算，将 $[0,1]$ 等分为 n 份，分点坐标为 $x_i=\frac{i}{n}$ $(i=1,2,\cdots,n)$，于是每个小区间的长度为 $\Delta x_i=\frac{1}{n}(i=1,2,\cdots,$

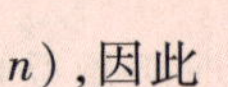

$n)$，因此

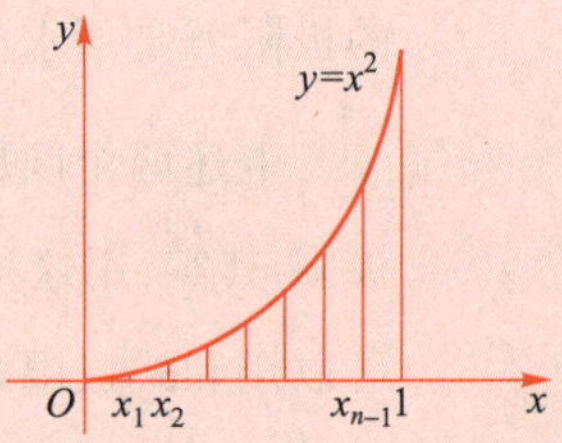

图 4-7

$$S\approx\sum_{i=1}^{n} f(\xi_i)\Delta x_i=\sum_{i=1}^{n}\left(\frac{i}{n}\right)^2\cdot\frac{1}{n}=\frac{1}{n^3}\sum_{i=1}^{n} i^2$$

$$=\frac{1}{n^3}\left[\frac{1}{6}n(n+1)(2n+1)\right]=\frac{1}{6}\left(1+\frac{1}{n}\right)\left(2+\frac{1}{n}\right).$$

记 $\lambda=\max\{\Delta x_i\}=\frac{1}{n}$，当 $\lambda\to0$，等同于 $n\to\infty$，于是

$$S=\lim_{n\to\infty}\sum_{i=1}^{n} f(\xi_i)\Delta x_i=\lim_{n\to\infty}\frac{1}{6}\left(1+\frac{1}{n}\right)\left(2+\frac{1}{n}\right)=\frac{1}{3}.$$

根据定积分的定义，上述结果可以表示为一个定积分，即

$$S=\int_0^1 x^2\,\mathrm{d}x=\frac{1}{3}.$$

4.3.2 定积分的几何意义

微课：定积分的几何意义

（1）若在区间 $[a,b]$ 上连续函数 $f(x)\geqslant0$，则 $\int_a^b f(x)\,\mathrm{d}x$ 表示以 $f(x)$ 为曲边，以 $[a,b]$ 为底的曲边梯形的面积 S，如图 4-8 所示.

（2）若在区间 $[a,b]$ 上连续函数 $f(x)\leqslant0$，则 $\int_a^b f(x)\,\mathrm{d}x$ 表示以 $f(x)$ 为曲边，以 $[a,b]$ 为底的曲边梯形的面积 S 的相反数，如图 4-9 所示.

（3）若在区间 $[a,b]$ 上函数 $f(x)$ 的值有正也有负，则 $\int_a^b f(x)\,\mathrm{d}x$ 的值等于以曲线 $f(x)$ 与直线 $x=a,x=b$ 及 x 轴围成的几个小曲边梯形面积的代数和，如图 4-10 所示.

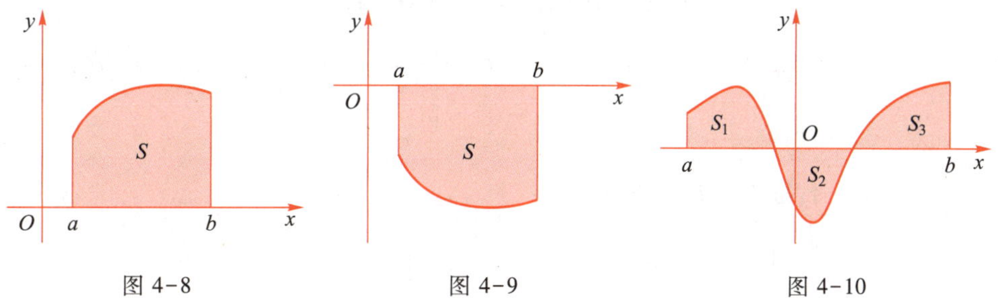

图 4-8　　图 4-9　　图 4-10

例 2　利用定积分的几何意义计算下列积分.

(1) $\int_0^1 3x\mathrm{d}x$;　　(2) $\int_{-\pi}^{\pi} \sin x\mathrm{d}x$.

解　(1) 如图 4-11 所示，$\int_0^1 3x\mathrm{d}x$ 表示直线 $y=3x$ 与 x 轴及直线 $x=1$ 所围成三角形的面积，其面积等于$\frac{3}{2}$，所以 $\int_0^1 3x\mathrm{d}x=\frac{3}{2}$.

(2) 如图 4-12 所示，$\int_{-\pi}^{\pi} \sin x\mathrm{d}x=-S_1+S_2$，显然面积 S_1，S_2 相等，所以

$$\int_{-\pi}^{\pi} \sin x\mathrm{d}x=0.$$

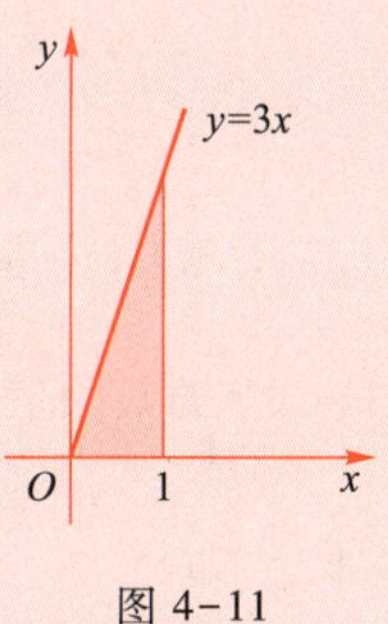

图 4-11

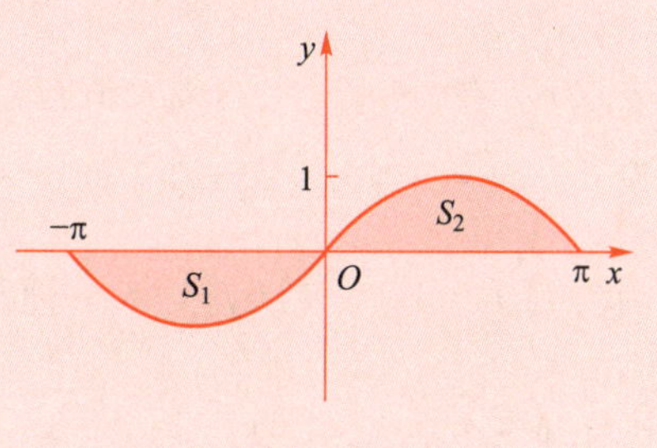

图 4-12

4.3.3　定积分的性质

设下面的函数在所讨论的区间上都可积，根据定积分的定义或定积分的几何意义可以得到如下性质.

性质 1　$\int_a^b \mathrm{d}x=\int_a^b 1\mathrm{d}x=b-a$.

微课：定积分的性质

性质 2　$\int_a^b kf(x)\mathrm{d}x=k\int_a^b f(x)\mathrm{d}x$（$k$ 为常数）.

性质 3　$\int_a^b [f(x)\pm g(x)]\mathrm{d}x=\int_a^b f(x)\mathrm{d}x\pm\int_a^b g(x)\mathrm{d}x$.

此性质可推广到有限个函数的代数和的情况.

性质 4（积分区间的可加性）　对任意三个实数 a,b,c，恒有

$$\int_a^b f(x)\mathrm{d}x=\int_a^c f(x)\mathrm{d}x+\int_c^b f(x)\mathrm{d}x.$$

注意： 不论 a,b,c 的大小关系如何，该结论都成立.

性质 5（保号性） 若在 $[a,b]$ 上 $f(x)\leqslant g(x)$，则 $\int_a^b f(x)\mathrm{d}x\leqslant\int_a^b g(x)\mathrm{d}x$.

例 3 比较下列各对定积分的大小：

(1) $\int_0^1 x\mathrm{d}x$ 与 $\int_0^1 x^2\mathrm{d}x$；　　(2) $\int_0^1 \mathrm{e}^x\mathrm{d}x$ 与 $\int_0^1(1+x)\mathrm{d}x$.

解 (1) 在区间 $[0,1]$ 上，因为 $x\geqslant x^2$，所以 $\int_0^1 x\mathrm{d}x\geqslant\int_0^1 x^2\mathrm{d}x$.

(2) 令 $f(x)=\mathrm{e}^x-(1+x)$，在区间 $(0,1)$ 上有 $f'(x)=\mathrm{e}^x-1>0$. 因此，函数在区间 $[0,1]$ 上单调递增，所以 $f(x)\geqslant f(0)=(\mathrm{e}^x-1+x)\big|_{x=0}=0$，从而 $\mathrm{e}^x\geqslant 1+x$，所以 $\int_0^1\mathrm{e}^x\mathrm{d}x\geqslant\int_0^1(1+x)\mathrm{d}x$.

性质 6（估值定理） 若 $f(x)$ 在 $[a,b]$ 上连续，且最大值为 M，最小值为 m，则

$$m(b-a)\leqslant\int_a^b f(x)\mathrm{d}x\leqslant M(b-a).$$

证 因为 $m\leqslant f(x)\leqslant M$，由性质 5 得 $\int_a^b m\mathrm{d}x\leqslant\int_a^b f(x)\mathrm{d}x\leqslant\int_a^b M\mathrm{d}x$，整理得

$$m(b-a)\leqslant\int_a^b f(x)\mathrm{d}x\leqslant M(b-a).$$

例 4 估计定积分 $\int_{-1}^1\mathrm{e}^{-x^2}\mathrm{d}x$ 的值.

解 先求 e^{-x^2} 在 $[-1,1]$ 上的最大值与最小值.

设 $f(x)=\mathrm{e}^{-x^2}$，则 $f'(x)=(\mathrm{e}^{-x^2})'=-2x\mathrm{e}^{-x^2}$，令 $f'(x)=0$，解得 $x=0$.

因为 $f(0)=1$，$f(-1)=f(1)=\frac{1}{\mathrm{e}}$，所以 $f(x)$ 在 $[-1,1]$ 上的最大值为 1，最小值为 $\frac{1}{\mathrm{e}}$.

由性质 6 知 $\frac{1}{\mathrm{e}}[1-(-1)]\leqslant\int_{-1}^1\mathrm{e}^{-x^2}\mathrm{d}x\leqslant 1\times[1-(-1)]$，即

$$\frac{2}{\mathrm{e}}\leqslant\int_{-1}^1\mathrm{e}^{-x^2}\mathrm{d}x\leqslant 2.$$

结合性质 6 和连续函数介值定理易证：

性质 7（积分中值定理） 如果函数 $f(x)$ 在闭区间 $[a,b]$ 上连续，则在 (a,b) 内至少存在一点 ξ，使得 $\int_a^b f(x)\mathrm{d}x=f(\xi)(b-a)$.

通常称 $\frac{1}{b-a}\int_a^b f(x)\mathrm{d}x$ 为连续函数 $f(x)$ 在区间 $[a,b]$ 上的平均值，这是有限个数的平均值概念的拓广.

应用与实践

案例 1 一辆汽车以速度 $v(t)=2t+3$ m/s 作直线运动，试用定积分表示汽车在 1～3 s 间所经过的路程 s，并利用定积分的几何意义求出 s 的值与平均速度.

解 根据定积分的定义得汽车在 1~3 s 间所经过的路程

$$s=\int_1^3 (2t+3)\,dt,$$

被积函数 $v(t)=2t+3$ 的图像是一条直线，如图 4-13 所示. 由积分的几何意义知，所求路程 s 是上底为 $v(1)=5$，下底为 $v(3)=9$，高为 2 的梯形面积，即

$$s=\int_1^3 (2t+3)\,dt=\frac{1}{2}(5+9)\times 2=14(\mathrm{m}).$$

根据函数平均值的定义，汽车在 1~3 s 间的平均速度为

$$\bar{v}=\frac{1}{3-1}\int_1^3 (2t+3)\,dx=\frac{1}{2}\times 14=7(\mathrm{m/s}).$$

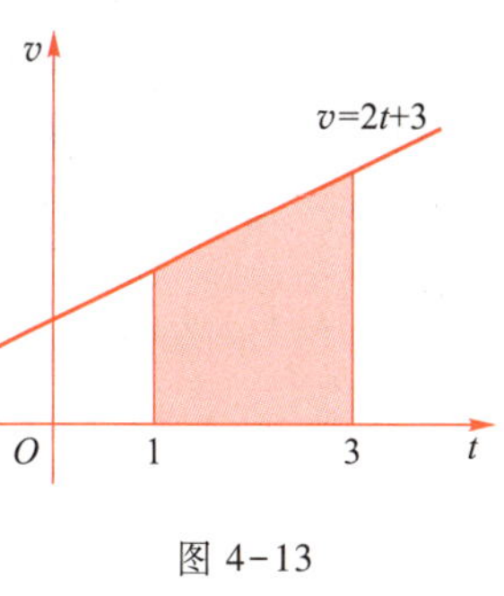

图 4-13

案例 2 两物体从同一地点同时出发，假设物体甲的运动速度为 $v_1(t)=\sqrt{4-(t-2)^2}$ (km/h)，物体乙的运动速度为 $v_2(t)=\frac{2}{3}t$ (km/h)，求运动 2 h 时物体甲比物体乙多走的路程.

解 如图 4-14 所示，设两物体运动的始点为原点，则物体甲运动的速度曲线为以 (2, 0) 为圆心，半径为 2 的上半个圆，物体乙运动的速度曲线为经过原点且斜率为 $\frac{2}{3}$ 的直线. 由定积分的几何意义可知，物体甲 2 h 时的运动路程 s_1 为速度 $v_1(t)$ 在时间间隔 $[0,2]$ 上的定积分，即

$$s_1=\int_0^2 \sqrt{4-(t-2)^2}\,dt=\frac{1}{4}\pi\times 2^2=\pi\text{（圆面积的 1/4）},$$

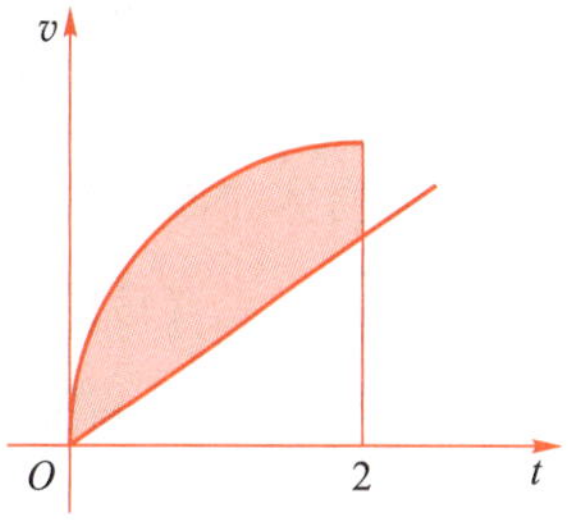

图 4-14

物体乙 2 h 的运动路程 s_2 为

$$s_2=\int_0^2 \frac{2}{3}t\,dt=\frac{4}{3}\text{（直角三角形的面积）}.$$

因此运动 2 h，物体甲比物体乙多走的路程为

$$s=s_1-s_2=\pi-\frac{4}{3}\approx 1.81(\mathrm{km}).$$

能力训练 4.3

1. 定积分 $\int_a^b f(x)\,dx$ 的几何意义是否表示为：介于曲线 $y=f(x)$，x 轴与 $x=a$，$x=b$ 之间的曲边梯形的面积？

2. 利用定积分的几何意义，求下列定积分：

(1) $\int_0^1 2x\,dx$；　　(2) $\int_0^1 \sqrt{1-x^2}\,dx$；

(3) $\int_{-\pi}^{\pi} \sin x\,dx$；　　(4) $\int_{-1}^{1} |x|\,dx$.

3. 比较下列定积分的大小：

(1) $\int_0^1 x^3\mathrm{d}x$ 与 $\int_0^1 x^5\mathrm{d}x$；

(2) $\int_1^2 2x^2\mathrm{d}x$ 与 $\int_1^2 2x^3\mathrm{d}x$；

(3) $\int_0^{\frac{\pi}{2}} \sin x\mathrm{d}x$ 与 $\int_0^{\frac{\pi}{2}} \sin^2 x\mathrm{d}x$；

(4) $\int_0^1 x\mathrm{d}x$ 与 $\int_0^1 \ln(1+x)\mathrm{d}x$；

(5) $\int_0^{\frac{\pi}{2}} \sqrt[3]{1+x^2}\mathrm{d}x$ 与 $\int_0^{\frac{\pi}{2}} \sqrt[3]{1+\sin x^2}\mathrm{d}x$；

(6) $\int_1^2 (\ln x)^2\mathrm{d}x$ 与 $\int_1^2 \ln x\mathrm{d}x$.

4. 估计下列各积分值：

(1) $\int_1^4 (\sqrt{x}-2)\mathrm{d}x$；

(2) $\int_1^2 (1-2x^3)\mathrm{d}x$；

(3) $\int_{\mathrm{e}}^{\mathrm{e}^2} \ln x\mathrm{d}x$；

(4) $\int_0^2 \mathrm{e}^{x^2-x}\mathrm{d}x$.

5. 曲边梯形由曲线 $y=\dfrac{1}{2}x^3$，直线 $x=3$，$x=6$ 和 x 轴所围成，试用定积分表示它的面积 A.

6. 试用定积分表示曲线 $y=x(x-1)(x-2)$ 与 x 轴所围部分的面积 S.

7. 设放射性物质分解的速度 v 是时间 t 的函数 $v(t)$，请用定积分表示放射性物质由时间 t_0 到 t_1 所分解的质量 m.

8. 已知作自由落体运动的物体的速度 v 与时间 t 的函数关系为 $v=gt$，请用定积分表示物体前 5 s 下落的距离 s.

9. 以 $r(t)$ 的速度往高脚杯中倒入红酒(单位：ml/s)，用定积分表示从 $t=0$ 到 $t=6$ s 这段时间内，倒入高脚杯中的红酒总量.

§4.4 微积分基本公式

情景与问题

引例 定积分计算的思考与拓展：变速直线运动的路程.

分析 通过上一节学习，我们知道可利用定积分定义计算定积分，但其计算过程比较复杂，所以不是求定积分的常用方法.必须寻求计算定积分的更一般的方法.下面以变速直线运动的路程问题为例，进一步讨论定积分的计算问题.

设一物体沿直线作变速运动，在时刻 t 物体所在位置为 $s(t)$，速度为 $v(t)$，由定积分定义可知，物体在时间间隔 $[T_1,T_2]$ 内所经过的路程可表示为定积分 $\int_{T_1}^{T_2} v(t)\mathrm{d}t$.换种角度来看，这段路程还可以通过位置函数 $s(t)$ 在 $[T_1,T_2]$ 上的增量 $s(T_2)-s(T_1)$ 来表达.由此可见，

$$\int_{T_1}^{T_2} v(t)\mathrm{d}t=s(T_2)-s(T_1).$$

因为 $s'(t)=v(t)$，即 $s(t)$ 是 $v(t)$ 的原函数，所以定积分 $\int_{T_1}^{T_2} v(t)\mathrm{d}t$ 可等于被积函数 $v(t)$

的原函数 $s(t)$ 在上下限处的函数值差，这样便将复杂的定积分计算问题转化成了简单的初等函数值计算问题.

但这种美妙的方法是否只对变速直线运动问题有效，会不会对一般函数 $f(x)$ 的积分问题也成立呢？即给定 $F'(x)=f(x)$，是否一定有

$$\int_a^b f(x)\,\mathrm{d}x=F(b)-F(a).$$

若上式成立，就找到了计算 $[a,b]$ 上 $f(x)$ 的定积分的方法，即用 $f(x)$ 的原函数 $F(x)$ 在上下限处的函数值差 $F(b)-F(a)$ 来得到.

为了深入地分析这一问题，首先引入变上限定积分的概念.

微课：变上限定积分

4.4.1 变上限定积分

设函数 $f(x)$ 在区间 $[a,b]$ 上连续，且设 x 为 $[a,b]$ 上任意一点，则函数 $f(x)$ 在 $[a,x]$ 上也连续且可积. 因此，$\int_a^x f(t)\,\mathrm{d}t$ 存在，并且它的值随 x 的变化而变化（图 4-15），对于 x 在 $[a,b]$ 上每一个确定的值，定积分 $\int_a^x f(t)\,\mathrm{d}t$ 都有唯一确定的值与之对应，因此，定积分 $\int_a^x f(t)\,\mathrm{d}t$ 是上限 x 的函数，记作

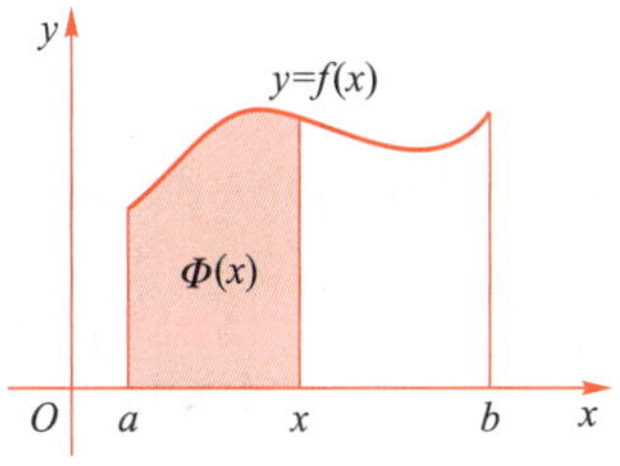

图 4-15

$$\Phi(x)=\int_a^x f(t)\,\mathrm{d}t,\quad x\in[a,b].$$

称这个函数为变上限定积分或积分上限函数.

关于变上限定积分我们不加证明地给出如下定理.

定理 4.3 如果函数 $f(x)$ 在区间 $[a,b]$ 上连续，则 $\Phi(x)=\int_a^x f(t)\,\mathrm{d}t, x\in[a,b]$ 是 $f(x)$ 在 $[a,b]$ 上的一个原函数，即

$$\Phi'(x)=\left[\int_a^x f(t)\,\mathrm{d}t\right]'=f(x).$$

定理 4.3 具有重要的理论价值与实用价值. 一方面定理告诉我们：连续函数一定具有原函数，故该定理也被称为原函数存在定理. 由于初等函数在定义区间内均连续，所以初等函数的原函数一定存在. 另一方面，定理给出了函数 $f(x)$ 原函数的具体形式为 $\Phi(x)$.

例 1 求函数 $\Phi(x)$ 的导数：

(1) $\Phi(x)=\int_1^x (t^3-2t)\,\mathrm{d}t$；　　(2) $\Phi(x)=\int_x^1 \sqrt{1+t^3}\,\mathrm{d}t$；

(3) $\Phi(x)=\int_1^{x^2} \sqrt{t^2+1}\,\mathrm{d}t$ ；　　(4) $\Phi(x)=\int_{\sin x}^{x^2} \mathrm{e}^{-t^2}\mathrm{d}t$.

解 (1) $\Phi'(x)=\dfrac{\mathrm{d}}{\mathrm{d}x}\left[\int_0^x (t^3-2t)\,\mathrm{d}t\right]=x^3-2x.$

(2) 函数 $\Phi(x)$ 是变下限的积分，可交换积分限转化为变上限定积分后再求导，即

$$\Phi'(x)=\left[\int_x^1\sqrt{1+t^3}\,\mathrm{d}t\right]'=\left[-\int_1^x\sqrt{1+t^3}\,\mathrm{d}t\right]'=-\sqrt{1+x^3}.$$

(3) 这里 $\Phi(x)$是 x 的复合函数,中间变量为 $u=x^2$,所以按复合函数求导法则,有

$$\frac{\mathrm{d}\Phi(x)}{\mathrm{d}x}=\frac{\mathrm{d}}{\mathrm{d}u}\left(\int_1^u\sqrt{t^2+1}\,\mathrm{d}t\right)\cdot\frac{\mathrm{d}u}{\mathrm{d}t}=\sqrt{u^2+1}\cdot(x^2)'=2x\sqrt{x^4+1}.$$

(4) 注意到 $\Phi(x)$的上、下限均是 x 的复合函数,

$$\begin{aligned}\frac{\mathrm{d}\Phi(x)}{\mathrm{d}x}&=\frac{\mathrm{d}}{\mathrm{d}x}\int_{\sin x}^{x^2}\mathrm{e}^{-t^2}\mathrm{d}t=\mathrm{e}^{-x^4}\cdot(x^2)'-\mathrm{e}^{-\sin^2 x}\cdot(\sin x)'\\&=2x\mathrm{e}^{-x^4}-\cos x\,\mathrm{e}^{-\sin^2 x}.\end{aligned}$$

一般地,如果函数 $f(x)$是连续函数,$a(x)$,$b(x)$为可导函数,利用复合函数的求导法则,有如下公式成立.

$$\frac{\mathrm{d}}{\mathrm{d}x}\left[\int_{a(x)}^{b(x)}f(t)\,\mathrm{d}t\right]=f[b(x)]b'(x)-f[a(x)]a'(x).$$

例 2 求极限 $\lim\limits_{x\to 0}\dfrac{\int_0^{3x}\sin t\mathrm{d}t}{x^2}$.

解 因为 $x\to0$ 时,$3x\to0$,此时,$\int_0^{3x}\sin t\mathrm{d}t\to0$,故本题属于“$\dfrac{0}{0}$”型未定式,可以使用洛必达法则求解.于是

$$\lim_{x\to0}\frac{\int_0^{3x}\sin t\mathrm{d}t}{x^2}=\lim_{x\to0}\frac{\left(\int_0^{3x}\sin t\mathrm{d}t\right)'}{(x^2)'}=\lim_{x\to0}\frac{3\sin 3x}{2x}=\frac{9}{2}.$$

4.4.2 牛顿-莱布尼茨公式

微课:微积分基本定理

定理 4.4 设函数 $f(x)$在区间$[a,b]$上连续,$F(x)$是 $f(x)$的任一原函数,则

$$\int_a^b f(x)\,\mathrm{d}x=F(x)\Big|_a^b=F(b)-F(a).$$

证 已知 $F(x)$是 $f(x)$的一个原函数,而由定理 4.3 知 $\Phi(x)=\int_a^x f(t)\,\mathrm{d}t$ 也是 $f(x)$的一个原函数,则这两个原函数之间相差一个常数 C,即

$$\int_a^x f(t)\,\mathrm{d}t-F(x)=C.$$

将 $x=a$ 代入上式,因 $\int_a^a f(t)\,\mathrm{d}t=0$,故 $C=-F(a)$.于是,有

$$\int_a^x f(t)\,\mathrm{d}t=F(x)-F(a).$$

再将 $x=b$ 代入,得

$$\int_a^b f(t)\,\mathrm{d}t=F(b)-F(a).$$

由于定积分的值与积分变量无关,将字母 t 换成 x 即得要证明的公式.

为书写方便,上式常采用如下格式:

$$\int_a^b f(x)\,\mathrm{d}x=F(x)\Big|_a^b=F(b)-F(a).$$

该式称为牛顿-莱布尼茨(Newton-Leibniz)公式,也称微积分基本公式.该公式可叙述为:定积分的值等于其原函数在上、下限处函数值的差.这一结果已很好地回答了本节引例所提问题.它揭示了定积分与不定积分的内在联系,从而为定积分计算找到了一条便捷的途径.它是整个积分学最重要的公式,并为微积分的创立和发展奠定了基础.

例 3 求定积分:

(1) $\int_0^2 x^2\,\mathrm{d}x$; (2) $\int_0^1 \frac{x^2-1}{x^2+1}\mathrm{d}x$; (3) $\int_1^2 \frac{1}{x^2}\mathrm{d}x$.

解 (1) $\int_0^2 x^2\,\mathrm{d}x=\frac{x^3}{3}\Big|_0^2=\frac{8}{3}-0=\frac{8}{3}.$

(2)
$$\int_0^1 \frac{x^2-1}{x^2+1}\mathrm{d}x=\int_0^1\frac{(x^2+1)-2}{x^2+1}\mathrm{d}x=\int_0^1\left(1-\frac{2}{1+x^2}\right)\mathrm{d}x$$
$$=(x-2\arctan x)\Big|_0^1=1-\frac{\pi}{2}.$$

(3) $\int_1^2\frac{1}{x^2}\mathrm{d}x=-\frac{1}{x}\Big|_1^2=-\frac{1}{2}+1=\frac{1}{2}.$

例 4 设 $f(x)=\begin{cases}x^2, & 0\leqslant x<1,\\ 2x, & 1\leqslant x<2,\\ 4, & 2\leqslant x\leqslant 3,\end{cases}$ 求 $\int_0^3 f(x)\,\mathrm{d}x$.

解
$$\int_0^3 f(x)\,\mathrm{d}x=\int_0^1 f(x)\,\mathrm{d}x+\int_1^2 f(x)\,\mathrm{d}x+\int_2^3 f(x)\,\mathrm{d}x$$
$$=\int_0^1 x^2\,\mathrm{d}x+\int_1^2 2x\,\mathrm{d}x+\int_2^3 4\,\mathrm{d}x$$
$$=\frac{1}{3}+3+4=\frac{22}{3}.$$

注意到函数 $f(x)$ 在区间 $[0,3]$ 上并不连续,$x=1$,$x=2$ 为第一类间断点.事实上,当被积函数 $f(x)$ 在区间 $[a,b]$ 上仅存在有限个第一类间断点时,函数仍是可积的,牛顿-莱布尼茨公式仍然适用.

例 5 求 $\int_{-\frac{\pi}{2}}^{\frac{\pi}{2}}\sqrt{\cos x-\cos^3 x}\,\mathrm{d}x$.

解 将被积函数化简,

$$\int_{-\frac{\pi}{2}}^{\frac{\pi}{2}}\sqrt{\cos x-\cos^3 x}\,\mathrm{d}x=\int_{-\frac{\pi}{2}}^{\frac{\pi}{2}}\sqrt{\cos x(1-\cos^2 x)}\,\mathrm{d}x=\int_{-\frac{\pi}{2}}^{\frac{\pi}{2}}|\sin x|\sqrt{\cos x}\,\mathrm{d}x.$$

此时被积函数中出现了 $|\sin x|$,由于 $\sin x$ 在积分区间 $\left[-\frac{\pi}{2},\frac{\pi}{2}\right]$ 上符号不同,接下来

需分区间进行积分.

$$\int_{-\frac{\pi}{2}}^{\frac{\pi}{2}}\sqrt{\cos x-\cos^3 x}\,\mathrm{d}x=\int_{-\frac{\pi}{2}}^{0}(-\sin x)\sqrt{\cos x}\,\mathrm{d}x+\int_{0}^{\frac{\pi}{2}}\sin x\sqrt{\cos x}\,\mathrm{d}x$$

$$=\int_{-\frac{\pi}{2}}^{0}\sqrt{\cos x}\,\mathrm{d}\cos x-\int_{0}^{\frac{\pi}{2}}\sqrt{\cos x}\,\mathrm{d}\cos x$$

$$=\frac{2}{3}\cos^{\frac{3}{2}}x\Big|_{-\frac{\pi}{2}}^{0}-\frac{2}{3}\cos^{\frac{3}{2}}x\Big|_{0}^{\frac{\pi}{2}}=\frac{4}{3}.$$

启迪

牛顿-莱布尼茨公式的发现,使人们找到了计算曲线的长度、曲线围成的平面图形面积和曲面围成的几何体体积这些问题的一般方法.只要知道被积函数的原函数,总可以求出定积分的精确值或一定精度的近似值.这极大地简化了定积分的计算过程,完美地解决了定积分计算的难题.

牛顿-莱布尼茨公式是联系微分学与积分学的桥梁,它证明了微分和积分是一对互逆的运算,并将微分与积分这两个看起来毫不相关的概念紧紧联系在了一起.牛顿-莱布尼茨公式的诞生在理论上标志着微积分完整体系的形成,从此微积分成为一门真正的学科.

应用与实践

案例 1　某产品总产量的变化率是时间 t 的函数 $f(t)=30+5t-0.3t^2$(吨/月),试确定总产量函数,并计算出第一季度的总产量.

解　因为总产量 $F(t)$ 是它的变化率 $f(t)$ 的原函数,所以总产量函数

$$F(t)=\int_0^t f(t)\,\mathrm{d}t=\int_0^t(30+5t-0.3t^2)\,\mathrm{d}t=30t+\frac{5}{2}t^2-0.1t^3.$$

第一季度的总产量为 $F(3)=109.8$(t).

案例 2　一辆汽车在直线上正以 10 m/s 的速度匀速行驶,突然发现一障碍物,于是以 $-1\ \mathrm{m/s^2}$ 的加速度匀减速停下,求汽车的刹车路程.

解　因为 $v'(t)=a=-1$,两边同时积分,有 $\int v'(t)\,\mathrm{d}t=\int -1\mathrm{d}t$.得 $v(t)=-t+C$.将 $v(0)=10$ 代入上式,得 $C=10$,所以 $v(t)=10-t$.

当汽车速度为零时汽车停下,解 $v(t)=10-t=0$,得汽车的刹车时间为 $t=10$ s,再由速度与路程之间的关系,得汽车的刹车路程为

$$s=\int_0^{10}v(t)\,\mathrm{d}t=\int_0^{10}(10-t)\,\mathrm{d}t=\left(10t-\frac{1}{2}t^2\right)\Big|_0^{10}=50(\mathrm{m}).$$

即汽车的刹车路程为 50 m.

能力训练 4.4

1. 求下列函数的导数:

(1) $\int_2^x \mathrm{e}^{3t}\mathrm{d}t$;　　(2) $\int_x^2 \mathrm{e}^{-3t^2}\mathrm{d}t$;

(3) $\int_{0}^{x^2}\sqrt{2-t^2}\,\mathrm{d}t$;

(4) $\int_{x^2}^{x}\sin^2 t\mathrm{d}t$.

2. 求下列极限：

(1) $\lim\limits_{x\to 0}\dfrac{\int_0^x \ln(1+t)\mathrm{d}t}{x^2}$;

(2) $\lim\limits_{x\to 0}\dfrac{1}{x}\int_{\sin x}^{0}\cos t^2\mathrm{d}t$;

(3) $\lim\limits_{x\to 0}\dfrac{\int_0^x \sin t\mathrm{d}t}{\int_0^x t\mathrm{d}t}$;

(4) $\lim\limits_{a\to 0}\dfrac{1}{a}\int_0^a \dfrac{\ln(2+x)}{1+x^2}\mathrm{d}x$.

3. 求下列定积分：

(1) $\int_1^2\left(3x^2+\dfrac{1}{x}-\dfrac{1}{x^2}\right)\mathrm{d}x$;

(2) $\int_4^9\sqrt{x}(1+\sqrt{x})\mathrm{d}x$;

(3) $\int_{-\frac{1}{2}}^{0}(2x+1)^{99}\mathrm{d}x$;

(4) $\int_0^1\dfrac{x}{\sqrt{1+x^2}}\mathrm{d}x$;

(5) $\int_{\frac{1}{\pi}}^{\frac{2}{\pi}}\dfrac{\sin\dfrac{1}{t}}{t^2}\mathrm{d}t$;

(6) $\int_{-1}^{0}\dfrac{3x^4+3x^2+1}{1+x^2}\mathrm{d}x$;

(7) $\int_0^{\frac{\pi}{2}}\cos^2\dfrac{x}{2}\mathrm{d}x$;

(8) $\int_2^3\dfrac{1}{2y^2+3y-2}\mathrm{d}y$;

(9) $\int_0^4|x-2|\mathrm{d}x$;

(10) $\int_0^2|1-x|\mathrm{d}x$;

(11) $\int_0^{2\pi}|\sin x|\mathrm{d}x$;

(12) $\int_0^{\pi}\sqrt{1+\cos 2x}\,\mathrm{d}x$.

4. 设 $f(x)=\begin{cases}x^2, & 0\leqslant x\leqslant 1,\\ 1, & 1<x\leqslant 2,\end{cases}$ 计算 $\int_0^2 f(x)\mathrm{d}x$.

5. 已知 $f(x)=\begin{cases}\tan^2 x, & 0\leqslant x\leqslant\dfrac{\pi}{4},\\ \sin x\cos^3 x, & \dfrac{\pi}{4}<x\leqslant\dfrac{\pi}{2},\end{cases}$ 计算 $\int_0^{\frac{\pi}{2}}f(x)\mathrm{d}x$.

6. 测得一架飞机着地时的水平速度为 500 km/h，假定这架飞机着地后的加速度 $a=-20\ \mathrm{m/s^2}$. 问从开始着地到飞机完全停止，飞机滑行了多少距离？

§4.5 定积分的积分方法

微分：定积分的计算

情景与问题

引例 计算定积分 $\int_0^4\dfrac{1}{1+\sqrt{x}}\mathrm{d}x$.

分析 要计算这个定积分需要利用不定积分换元法计算出函数 $\dfrac{1}{1+\sqrt{x}}$ 的原函数，再利用牛顿-莱布尼茨公式得到最终积分值.在利用不定积分换元法后必须把新变量回代,而这一步在计算中往往也不简单,求解过程稍显烦琐.那么能否将换元思想与牛顿-莱布尼茨公式结合,形成简洁的定积分自身的换元法呢?

本节首先引入定积分的换元积分法,然后再介绍定积分的分部积分法.

4.5.1 定积分的换元积分法

定理 4.5 设函数 $f(x)$ 在闭区间 $[a,b]$ 上连续,函数 $x=\varphi(t)$ 的导数在 α 与 β 之间的闭区间上连续,$\varphi(t)$ 单调变化,且 $\varphi(\alpha)=a,\varphi(\beta)=b$,则

$$\int_a^b f(x)\,\mathrm{d}x=\int_\alpha^\beta f[\varphi(t)]\varphi'(t)\,\mathrm{d}t.$$

以上方法称为定积分的换元积分法.用该方法求解定积分,在换元的同时要注意讨论新的积分上下限."换元必换限"是使用换元积分法求定积分的重要特征,但当原函数求出后,就不需再回代原有积分变量.

例 1 求引例中的定积分 $\int_0^4 \frac{\mathrm{d}x}{1+\sqrt{x}}$.

解 令 $\sqrt{x}=t$,则 $x=t^2,\mathrm{d}x=2t\mathrm{d}t$.

换积分限:当 $x=0$ 时,$t=0$;$x=4$ 时,$t=2$. 于是

$$\begin{aligned}\int_0^4 \frac{\mathrm{d}x}{1+\sqrt{x}}&=\int_0^2 \frac{2t}{1+t}\mathrm{d}t=2\int_0^2 \frac{t}{1+t}\mathrm{d}t\\&=2\int_0^2\left(1-\frac{1}{1+t}\right)\mathrm{d}t=2\int_0^2\mathrm{d}t-2\int_0^2\frac{1}{1+t}\mathrm{d}t\\&=[2t-2\ln(1+t)]_0^2=4-2\ln 3.\end{aligned}$$

例 2 计算 $\int_0^{\frac{\pi}{2}}\cos^5 x\sin x\mathrm{d}x$.

解 令 $t=\cos x$,则 $\mathrm{d}t=-\sin x\mathrm{d}x$,且当 $x=0$ 时,$t=1$;当 $x=\frac{\pi}{2}$ 时,$t=0$. 于是

$$\int_0^{\frac{\pi}{2}}\cos^5 x\sin x\mathrm{d}x=-\int_1^0 t^5\mathrm{d}t=\int_0^1 t^5\mathrm{d}t=\left[\frac{1}{6}t^6\right]_0^1=\frac{1}{6}.$$

值得注意的是,定积分计算如果仅仅使用凑微分,没有引入新变量 t,那么定积分的上、下限就不用变化.以此题为例,计算过程如下:

$$\int_0^{\frac{\pi}{2}}\cos^5 x\sin x\mathrm{d}x=-\int_0^{\frac{\pi}{2}}\cos^5 x\mathrm{d}(\cos x)=-\left[\frac{1}{6}\cos^6 x\right]_0^{\frac{\pi}{2}}=\frac{1}{6}.$$

例 3 计算 $\int_0^{\ln 2}\sqrt{\mathrm{e}^x-1}\,\mathrm{d}x$.

解 令 $\sqrt{\mathrm{e}^x-1}=t$,则 $x=\ln(t^2+1)$,且 $\mathrm{d}x=\frac{2t}{t^2+1}\mathrm{d}t$.

当 $x=0$ 时，$t=0$；当 $x=\ln 2$ 时，$t=1$.所以

$$\int_0^{\ln 2}\sqrt{e^x-1}\,dx=\int_0^1 t\cdot\frac{2t}{t^2+1}dt=2\int_0^1\left(1-\frac{1}{t^2+1}\right)dt$$

$$=2(t-\arctan t)\Big|_0^1=2-\frac{\pi}{2}.$$

例 4 设函数 $f(x)$ 在 $[-a,a]$ 上连续，试证：

(1) 若 $f(x)$ 为偶函数，则 $\int_{-a}^{a}f(x)dx=2\int_0^a f(x)dx$；

(2) 若 $f(x)$ 为奇函数，则 $\int_{-a}^{a}f(x)dx=0$.

证 (1) 因为 $f(x)$ 为偶函数，所以 $f(-x)=f(x)$，则

$$\int_{-a}^{a}f(x)dx=\int_{-a}^{0}f(x)dx+\int_0^a f(x)dx.$$

对于 $\int_{-a}^{0}f(x)dx$，令 $x=-t$，则 $dx=-dt$，当 $x=-a$ 时，$t=a$；当 $x=0$ 时，$t=0$.所以

$$\int_{-a}^{0}f(x)dx=\int_a^0 f(-t)d(-t)=-\int_a^0 f(t)dt=\int_0^a f(t)dt=\int_0^a f(x)dx.$$

因此，$\int_{-a}^{a}f(x)dx=\int_0^a f(x)dx+\int_0^a f(x)dx=2\int_0^a f(x)dx.$

(2) 证法与(1)类似，略.

例 5 计算 $\int_{-1}^{1}\frac{x^3\sin^2 x}{\sqrt{1+x^2+x^4}}dx$.

解 易知 $f(x)=\frac{x^3\sin^2 x}{\sqrt{1+x^2+x^4}}$ 为连续奇函数，积分区间 $[-1,1]$ 为对称区间，根据例 4 的结论，

则有
$$\int_{-1}^{1}\frac{x^3\sin^2 x}{\sqrt{1+x^2+x^4}}dx=0.$$

例 6 计算 $\int_0^a\sqrt{a^2-x^2}\,dx\quad(a>0)$.

解 令 $x=a\sin t$，则 $dx=a\cos t\,dt$.当 $x=0$ 时，$t=0$；当 $x=a$ 时，$t=\frac{\pi}{2}$，则

$$\int_0^a\sqrt{a^2-x^2}\,dx=a^2\int_0^{\frac{\pi}{2}}\cos^2 t\,dt=\frac{a^2}{2}\int_0^{\frac{\pi}{2}}(1+\cos 2t)dt$$

$$=\frac{a^2}{2}\left[t+\frac{1}{2}\sin 2t\right]_0^{\frac{\pi}{2}}=\frac{\pi a^2}{4}.$$

想一想

例 6 是否还有更简单的求解方法呢？

例 7　证明 $\int_0^{\frac{\pi}{2}} f(\sin x)\mathrm{d}x=\int_0^{\frac{\pi}{2}} f(\cos x)\mathrm{d}x$.

证　根据三角函数关系:$\sin x=\cos\left(\frac{\pi}{2}-x\right)$,令 $x=\frac{\pi}{2}-t$,则 $\mathrm{d}x=-\mathrm{d}t$.当 $x=0$ 时,$t=\frac{\pi}{2}$;当 $x=\frac{\pi}{2}$时,$t=0$,则

$$\begin{aligned}\int_0^{\frac{\pi}{2}} f(\sin x)\mathrm{d}x &= \int_{\frac{\pi}{2}}^{0} f\left[\sin\left(\frac{\pi}{2}-t\right)\right](-\mathrm{d}t)\\ &=\int_0^{\frac{\pi}{2}} f(\cos t)\mathrm{d}t=\int_0^{\frac{\pi}{2}} f(\cos x)\mathrm{d}x.\end{aligned}$$

特别地,当 $f(\sin x)=\sin^n x$(n 为正整数)时,有

$$\int_0^{\frac{\pi}{2}} \sin^n x\mathrm{d}x=\int_0^{\frac{\pi}{2}} \cos^n x\mathrm{d}x.$$

4.5.2　定积分的分部积分法

微课:定积分的分部积分法

定理 4.6　若 $u=u(x)$,$v=v(x)$在区间$[a,b]$上有连续导数,则有

$$\int_a^b u\mathrm{d}v=uv\Big|_a^b-\int_a^b v\mathrm{d}u.$$

上式称为定积分的分部积分公式.当 $\int_a^b v\mathrm{d}u$ 比 $\int_a^b u\mathrm{d}v$ 更易求时,分部积分便起到了化难为易的作用.

例 8　求下列定积分.

(1) $\int_0^1 x\mathrm{e}^x\mathrm{d}x$;　　(2) $\int_0^{\pi} x\sin x\mathrm{d}x$.

解　(1) $\int_0^1 x\mathrm{e}^x\mathrm{d}x=\int_0^1 x\mathrm{d}\mathrm{e}^x=x\mathrm{e}^x\Big|_0^1-\int_0^1 \mathrm{e}^x\mathrm{d}x=\mathrm{e}-\mathrm{e}^x\Big|_0^1=1$.

(2)
$$\begin{aligned}\int_0^{\pi} x\sin x\mathrm{d}x &=-\int_0^{\pi} x\mathrm{d}\cos x=-x\cos x\Big|_0^{\pi}+\int_0^{\pi}\cos x\mathrm{d}x\\ &=\pi+\sin x\Big|_0^{\pi}=\pi.\end{aligned}$$

例 9　计算 $\int_0^{\mathrm{e}-1}\ln(1+x)\mathrm{d}x$.

解
$$\begin{aligned}\int_0^{\mathrm{e}-1}\ln(1+x)\mathrm{d}x &=x\ln(1+x)\Big|_0^{\mathrm{e}-1}-\int_0^{\mathrm{e}-1} x\mathrm{d}[\ln(1+x)]\\ &=\mathrm{e}-1-\int_0^{\mathrm{e}-1}\frac{x}{1+x}\mathrm{d}x=\mathrm{e}-1-\int_0^{\mathrm{e}-1}\left(1-\frac{1}{1+x}\right)\mathrm{d}x=\mathrm{e}-1-\int_0^{\mathrm{e}-1}\mathrm{d}x+\int_0^{\mathrm{e}-1}\frac{1}{1+x}\mathrm{d}x\\ &=\mathrm{e}-1-(\mathrm{e}-1)+\ln(1+x)\Big|_0^{\mathrm{e}-1}=\ln(1+\mathrm{e}-1)-\ln 1=1.\end{aligned}$$

例 10　计算 $\int_0^{\frac{1}{2}}\arcsin x\mathrm{d}x$.

解　$\int_0^{\frac{1}{2}}\arcsin x\mathrm{d}x=(x\arcsin x)\Big|_0^{\frac{1}{2}}-\int_0^{\frac{1}{2}}\frac{x}{\sqrt{1-x^2}}\mathrm{d}x$

$$=\frac{1}{2}\cdot\frac{\pi}{6}+(\sqrt{1-x^2})\Big|_0^{\frac{1}{2}}=\frac{\pi}{12}+\frac{\sqrt{3}}{2}-1.$$

定积分计算常用到如下公式(证明略)：

$$\int_0^{\frac{\pi}{2}}\sin^n x\mathrm{d}x=\int_0^{\frac{\pi}{2}}\cos^n x\mathrm{d}x=\begin{cases}\dfrac{n-1}{n}\cdot\dfrac{n-3}{n-2}\cdot\cdots\cdot\dfrac{3}{4}\cdot\dfrac{1}{2}\cdot\dfrac{\pi}{2}, & n\text{ 为正偶数}.\\ \dfrac{n-1}{n}\cdot\dfrac{n-3}{n-2}\cdot\cdots\cdot\dfrac{4}{5}\cdot\dfrac{2}{3}\cdot 1, & n\text{ 为大于 1 的正奇数}.\end{cases}$$

例 11　计算 $\int_0^1 x^2\sqrt{1-x^2}\,\mathrm{d}x$.

解　设 $x=\sin t$,则 $\mathrm{d}x=\cos t\mathrm{d}t$.当 $x=0$ 时,$t=0$;$x=1$ 时,$t=\frac{\pi}{2}$.于是

$$\int_0^1 x^2\sqrt{1-x^2}\,\mathrm{d}x=\int_0^{\frac{\pi}{2}}\sin^2 t\cos^2 t\mathrm{d}t=\int_0^{\frac{\pi}{2}}\sin^2 t(1-\sin^2 t)\mathrm{d}t$$

$$=\int_0^{\frac{\pi}{2}}\sin^2 t\mathrm{d}t-\int_0^{\frac{\pi}{2}}\sin^4 t\mathrm{d}t=\frac{1}{2}\cdot\frac{\pi}{2}-\frac{3}{4}\cdot\frac{1}{2}\cdot\frac{\pi}{2}=\frac{\pi}{16}.$$

4.5.3 反常积分

对于定积分 $\int_a^b f(x)\mathrm{d}x$,我们总是假设积分区间 $[a,b]$ 为有限的,同时被积函数 $f(x)$ 在区间 $[a,b]$ 上是有界的.但是在实际问题中,常能碰到积分区间为无穷区间,或者被积函数为无界函数的情形.我们将前者称为无穷区间上的反常积分,将后者称为无界函数的反常积分.相应的,之前讨论的定积分也被称为常义积分.

1. 无穷区间上的反常积分

例 12　求由曲线 $y=\mathrm{e}^{-x}$,y 轴及 x 轴所围成的开口曲边梯形的面积.

解　按照定积分的几何意义,这一开口曲边梯形的面积对应着一个无穷区间上的反常积分 $\int_0^{+\infty}\mathrm{e}^{-x}\mathrm{d}x$.

显然这已经不是普通意义上的定积分了,不能直接利用牛顿-莱布尼茨公式计算.为此引入实数 $b>0$,则

$$\int_0^{+\infty}\mathrm{e}^{-x}\mathrm{d}x=\lim_{b\to+\infty}\int_0^b\mathrm{e}^{-x}\mathrm{d}x=\lim_{b\to+\infty}\left(-\mathrm{e}^{-x}\Big|_0^b\right)=\lim_{b\to+\infty}(-\mathrm{e}^{-b}+1)=1.$$

若 $F(x)$ 是 $f(x)$ 的一个原函数,定义 $F(+\infty)=\lim\limits_{x\to+\infty}F(x)$,则以上的过程可以简化为

$$\int_0^{+\infty}\mathrm{e}^{-x}\mathrm{d}x=-\mathrm{e}^{-x}\Big|_0^{+\infty}=\lim_{x\to+\infty}(-\mathrm{e}^{-x})-(-1)=0+1=1.$$

定义 4.4 设函数$f(x)$在区间$[a,+\infty)$上连续，任取$b>a$，则称$\lim\limits_{b\to+\infty}\int_a^b f(x)\mathrm{d}x$为$f(x)$在$[a,+\infty)$上的反常积分，记作$\int_a^{+\infty}f(x)\mathrm{d}x$，即

$$\int_a^{+\infty}f(x)\mathrm{d}x=\lim_{b\to+\infty}\int_a^b f(x)\mathrm{d}x.$$

当$\lim\limits_{b\to+\infty}\int_a^b f(x)\mathrm{d}x$存在时，称反常积分$\int_a^{+\infty}f(x)\mathrm{d}x$收敛；否则称反常积分$\int_a^{+\infty}f(x)\mathrm{d}x$发散.

类似地可定义：

函数$f(x)$在区间$(-\infty,b]$上的反常积分：

$$\int_{-\infty}^b f(x)\mathrm{d}x=\lim_{a\to-\infty}\int_a^b f(x)\mathrm{d}x,$$

当$\lim\limits_{a\to-\infty}\int_a^b f(x)\mathrm{d}x$存在时，称反常积分$\int_{-\infty}^b f(x)\mathrm{d}x$收敛；否则称反常积分$\int_{-\infty}^b f(x)\mathrm{d}x$发散.

函数$f(x)$在区间$(-\infty,+\infty)$上的反常积分：

$$\int_{-\infty}^{+\infty}f(x)\mathrm{d}x=\int_{-\infty}^c f(x)\mathrm{d}x+\int_c^{+\infty}f(x)\mathrm{d}x,$$

其中c为任意常数，当$\int_{-\infty}^c f(x)\mathrm{d}x$和$\int_c^{+\infty}f(x)\mathrm{d}x$都收敛时，称反常积分$\int_{-\infty}^{+\infty}f(x)\mathrm{d}x$收敛；否则称$\int_{-\infty}^{+\infty}f(x)\mathrm{d}x$发散.

若$F(x)$为$f(x)$的一个原函数，记$F(+\infty)=\lim\limits_{x\to+\infty}F(x)$，$F(-\infty)=\lim\limits_{x\to-\infty}F(x)$，则定义 4.4 中的反常积分可以表示为

$$\int_a^{+\infty}f(x)\mathrm{d}x=F(x)\Big|_a^{+\infty}=F(+\infty)-F(a),$$

$$\int_{-\infty}^b f(x)\mathrm{d}x=F(x)\Big|_{-\infty}^b=F(b)-F(-\infty),$$

$$\int_{-\infty}^{+\infty}f(x)\mathrm{d}x=F(x)\Big|_{-\infty}^{+\infty}=F(+\infty)-F(-\infty).$$

该组公式被称为广义牛顿-莱布尼茨公式.

例 13 计算$\int_0^{+\infty}\frac{x}{1+x^2}\mathrm{d}x$.

解

$$\int_0^{+\infty}\frac{x}{1+x^2}\mathrm{d}x=\frac{1}{2}\int_0^{+\infty}\frac{1}{1+x^2}\mathrm{d}(1+x^2)=\frac{1}{2}\ln(1+x^2)\Big|_0^{+\infty},$$

因为

$$\lim_{x\to+\infty}\frac{1}{2}\ln(1+x^2)=+\infty,$$

所以，反常积分$\int_0^{+\infty}\frac{x}{1+x^2}\mathrm{d}x$发散.

例 14 计算 $\int_{-\infty}^{0} xe^{x}\mathrm{d}x$.

解 $\int_{-\infty}^{0} xe^{x}\mathrm{d}x=\int_{-\infty}^{0} x\mathrm{d}e^{x}=xe^{x}\big|_{-\infty}^{0}-\int_{-\infty}^{0} e^{x}\mathrm{d}x=-e^{x}\big|_{-\infty}^{0}=-1$,

其中, $\lim\limits_{x\to-\infty} xe^{x}=\lim\limits_{x\to-\infty}\frac{x}{e^{-x}}=\lim\limits_{x\to-\infty}\frac{1}{-e^{-x}}=0$,即 $xe^{x}\big|_{-\infty}^{0}=0$,所以,反常积分 $\int_{-\infty}^{0} xe^{x}\mathrm{d}x$ 收敛.

例 15 计算 $\int_{-\infty}^{+\infty}\frac{1}{1+x^{2}}\mathrm{d}x$.

解 $\int_{-\infty}^{+\infty}\frac{1}{1+x^{2}}\mathrm{d}x=\arctan x\big|_{-\infty}^{+\infty}=\lim\limits_{x\to+\infty}\arctan x-\lim\limits_{x\to-\infty}\arctan x=\frac{\pi}{2}-\left(-\frac{\pi}{2}\right)=\pi$.

例 16 判断 $\int_{1}^{+\infty}\frac{1}{x^{p}}\mathrm{d}x$ 的敛散性.

解 当 $p=1$ 时, $\int_{1}^{+\infty}\frac{1}{x^{p}}\mathrm{d}x=\int_{1}^{+\infty}\frac{1}{x}\mathrm{d}x=\ln x\big|_{1}^{+\infty}=+\infty$.

当 $p\neq1$ 时, $\int_{1}^{+\infty}\frac{1}{x^{p}}\mathrm{d}x=\frac{x^{1-p}}{1-p}\bigg|_{1}^{+\infty}=\lim\limits_{x\to+\infty}\frac{x^{1-p}}{1-p}-\frac{1}{1-p}=\begin{cases}\frac{1}{p-1}, & p>1,\\ +\infty, & p<1.\end{cases}$

所以,当 $p>1$ 时, $\int_{1}^{+\infty}\frac{1}{x^{p}}\mathrm{d}x$ 收敛;当 $p\leqslant1$ 时, $\int_{1}^{+\infty}\frac{1}{x^{p}}\mathrm{d}x$ 发散.

一般地,反常积分 $\int_{a}^{+\infty}\frac{1}{x^{p}}\mathrm{d}x\,(a>0)$ 当 $p>1$ 时收敛,当 $p\leqslant1$ 时发散.

2. 无界函数的反常积分

例 17 求积分 $\int_{0}^{1}\frac{1}{\sqrt{1-x^{2}}}\mathrm{d}x$.

解 函数 $f(x)=\frac{1}{\sqrt{1-x^{2}}}$ 在区间 $[0,1)$ 上连续,但 $\lim\limits_{x\to1^{-}}\frac{1}{\sqrt{1-x^{2}}}=+\infty$, $x=1$ 为第二类无穷间断点,函数 $f(x)=\frac{1}{\sqrt{1-x^{2}}}$ 在 $x=1$ 处无界,故这里不能使用常义积分中的牛顿-莱布尼茨公式.此类无界函数的反常积分也被称为瑕积分.这里的 $x=1$ 也被称为瑕点.

由于瑕点的存在,为此引入常数 $\varepsilon>0$,则

$$\int_{0}^{1}\frac{1}{\sqrt{1-x^{2}}}\mathrm{d}x=\lim_{\varepsilon\to0^{+}}\int_{0}^{1-\varepsilon}\frac{1}{\sqrt{1-x^{2}}}\mathrm{d}x=\lim_{\varepsilon\to0^{+}}\left(\arcsin x\big|_{0}^{1-\varepsilon}\right)$$

$$=\lim_{\varepsilon\to0^{+}}\arcsin(1-\varepsilon)=\frac{\pi}{2}.$$

若上限 $x=b$ 是 $f(x)$ 的一个瑕点,定义 $F(b)=\lim\limits_{x\to b^{-}}F(x)$,则以上的过程可以改写为

$$\int_0^1 \frac{1}{\sqrt{1-x^2}}dx = \arcsin x\Big|_0^1 = \lim_{x\to 1^-}\arcsin x - 0 = \frac{\pi}{2}.$$

定义 4.5 设函数$f(x)$在区间$[a,b)$上连续，且$\lim\limits_{x\to b^-} f(x)=\infty$，取$\varepsilon>0$，定义$\lim\limits_{\varepsilon\to 0^+}\int_a^{b-\varepsilon} f(x)dx$为函数$f(x)$在区间$[a,b)$上的反常积分，记作$\int_a^b f(x)dx$，即

$$\int_a^b f(x)dx = \lim_{\varepsilon\to 0^+}\int_a^{b-\varepsilon} f(x)dx.$$

当$\lim\limits_{\varepsilon\to 0^+}\int_a^{b-\varepsilon} f(x)dx$存在时，称反常积分$\int_a^b f(x)dx$收敛；否则称反常积分$\int_a^b f(x)dx$发散.

类似地，当下限$x=a$为函数$f(x)$在区间的无穷间断点时，

$$\int_a^b f(x)dx = \lim_{\xi\to 0^+}\int_{a+\xi}^{b} f(x)dx,$$

当$\lim\limits_{\xi\to 0^+}\int_{a+\xi}^{b} f(x)dx$存在时，称反常积分$\int_a^b f(x)dx$收敛；否则称反常积分$\int_a^b f(x)dx$发散.

当无穷间断点$x=c$位于区间$[a,b]$内部时，则定义反常积分$\int_a^b f(x)dx$为

$$\int_a^b f(x)dx = \int_a^c f(x)dx + \int_c^b f(x)dx.$$

当反常积分$\int_a^c f(x)dx$与$\int_c^b f(x)dx$都收敛时，称反常积分$\int_a^b f(x)dx$收敛，否则称反常积分$\int_a^b f(x)dx$发散.

若$F(x)$是$f(x)$的一个原函数，并记$F(a^+)=\lim\limits_{x\to a^+}F(x)$，$F(b^-)=\lim\limits_{x\to b^-}F(x)$，$F(c)=\lim\limits_{x\to c^-}F(x)$或$F(c)=\lim\limits_{x\to c^+}F(x)$，则定义 4.5 中的反常积分可以表示为

$$\int_a^b f(x)dx = F(x)\Big|_a^b = F(b^-)-F(a),$$

$$\int_a^b f(x)dx = F(x)\Big|_a^b = F(b)-F(a^+),$$

$$\begin{aligned}\int_a^b f(x)dx &= \int_a^c f(x)dx + \int_c^b f(x)dx = F(x)\Big|_a^c + F(x)\Big|_c^b \\ &= F(c^-)-F(a)+F(b)-F(c^+).\end{aligned}$$

例 18 计算$\int_0^1 \ln x dx$.

解 这里下限$x=0$为被积函数的瑕点，故

$$\int_0^1 \ln x dx = x\ln x\Big|_0^1 - \int_0^1 x\cdot\frac{1}{x}dx = 0-\lim_{x\to 0^+}x\ln x - 1 = 0-1=-1.$$

其中，$\lim\limits_{x\to 0^+}(x\ln x)=\lim\limits_{x\to 0^+}\dfrac{\ln x}{\frac{1}{x}}=\lim\limits_{x\to 0^+}\dfrac{\frac{1}{x}}{-\frac{1}{x^2}}=0$，所以反常积分$\int_0^1 \ln x dx$收敛.

例 19 计算 $\int_{-1}^{1}\frac{1}{x^2}\mathrm{d}x$.

解 在$[-1,1]$的内部被积函数存在瑕点 $x=0$,所以

$$\int_{-1}^{1}\frac{1}{x^2}\mathrm{d}x=\int_{-1}^{0}\frac{1}{x^2}\mathrm{d}x+\int_{0}^{1}\frac{1}{x^2}\mathrm{d}x=\left(-\frac{1}{x}\right)\Bigg|_{-1}^{0}+\left(-\frac{1}{x}\right)\Bigg|_{0}^{1}$$

$$=\lim_{x\to0^-}\left(-\frac{1}{x}\right)-1-1-\lim_{x\to0^+}\left(-\frac{1}{x}\right),$$

因为 $\lim\limits_{x\to0^-}\left(-\frac{1}{x}\right)$ 与 $\lim\limits_{x\to0^+}\left(-\frac{1}{x}\right)$ 不存在,所以反常积分 $\int_{-1}^{1}\frac{1}{x^2}\mathrm{d}x$ 发散.

无界函数的反常积分从表面看与常义积分区别不大,容易将其与普通定积分混淆.例 19 中如果忽略了瑕点 $x=0$,而直接使用牛顿-莱布尼茨公式,则会计算出错误的结果.

应用与实践

案例 过去的几十年间,世界范围内每年的石油消耗率呈指数增长,且增长指数大约为 0.07.1990 年初,消耗率大约为每年 180 亿桶.设 $R(t)$表示从 1990 年起第 t 年的石油消耗率,则 $R(t)=180\mathrm{e}^{0.07t}$(亿桶),试用此式计算从 1990 年到 2020 年石油消耗的总量.

解 设 $T(t)$表示从 1990 年起($t=0$)直到第 t 年的石油消耗总量.要求从 1990 年到 2020 年石油消耗的总量,即求 $T(30)$.

由条件可知 $T'(t)=R(t)$,所以从 $t=0$ 到 $t=30$ 石油消耗的总量

$$T(30)=\int_{0}^{30}180\mathrm{e}^{0.07t}\mathrm{d}t=\frac{180}{0.07}\mathrm{e}^{0.07t}\Bigg|_{0}^{30}=\frac{180}{0.07}(\mathrm{e}^{0.07\times30}-1)\approx18\ 427(\text{亿桶}).$$

而实际上,随着国际碳达峰和碳中和战略实施,各国大力发展新能源,近年石油消耗远没有这么多.

能力训练 4.5

1. 计算下列定积分:

(1) $\int_{1}^{4}\frac{1}{\sqrt{x}(1+x)}\mathrm{d}x$;　　(2) $\int_{1}^{2}\frac{\sqrt{x-1}}{x}\mathrm{d}x$;

(3) $\int_{1}^{8}\frac{\mathrm{d}x}{x+\sqrt[3]{x}}$;　　(4) $\int_{-1}^{1}\frac{\mathrm{d}x}{\sqrt{5-4x}}$;

(5) $\int_{0}^{1}\sqrt{1-x^2}\,\mathrm{d}x$;　　(6) $\int_{-\frac{1}{2}}^{\frac{1}{2}}\frac{1}{\sqrt{1-x^2}}\mathrm{d}x$;

(7) $\int_{-\frac{\pi}{2}}^{\frac{\pi}{2}}\sin x\mathrm{d}x$;　　(8) $\int_{-\frac{1}{2}}^{\frac{1}{2}}\ln\frac{1-x}{1+x}\mathrm{d}x$.

2. 计算下列定积分:

(1) $\int_0^{\pi} x\cos x\mathrm{d}x$;　　(2) $\int_0^1 x\mathrm{e}^{-x}\mathrm{d}x$;

(3) $\int_0^1 x\arctan x\mathrm{d}x$;　　(4) $\int_0^{\frac{1}{2}} \arcsin x\mathrm{d}x$;

(5) $\int_1^5 \ln x\mathrm{d}x$;　　(6) $\int_0^1 x^2\mathrm{e}^x\mathrm{d}x$;

(7) $\int_{-\pi}^{\pi} x^{10}\sin x\mathrm{d}x$;　　(8) $\int_{-\frac{\pi}{2}}^{\frac{\pi}{2}} \cos^4\theta\mathrm{d}\theta$.

3. 求下列反常积分:

(1) $\int_0^{+\infty} \mathrm{e}^{-2x}\mathrm{d}x$;　　(2) $\int_{-\infty}^{0} \sin x\mathrm{d}x$;

(3) $\int_{\mathrm{e}}^{+\infty} \frac{1}{x(\ln x)^2}\mathrm{d}x$;　　(4) $\int_{-\infty}^{+\infty} \frac{x}{(1+x^2)^2}\mathrm{d}x$;

(5) $\int_0^1 \frac{x}{\sqrt{1-x^2}}\mathrm{d}x$;　　(6) $\int_1^2 \frac{x}{\sqrt{x-1}}\mathrm{d}x$;

(7) $\int_{-1}^{1} x^{-\frac{2}{3}}\mathrm{d}x$;　　(8) $\int_{-\frac{\pi}{4}}^{\frac{\pi}{4}} \frac{1}{\sin^2 x}\mathrm{d}x$.

4. 若$f(x)$在$[a,b]$上连续,试证:$\int_a^b f(x)\mathrm{d}x=(b-a)\int_0^1 f[a+(b-a)x]\mathrm{d}x$.

5. 若$f(x)$是$[1,a^2]$$(a>1)$上的连续函数,试证:$\int_1^a x^3f(x^2)\mathrm{d}x=\frac{1}{2}\int_1^{a^2} xf(x)\mathrm{d}x$.

6. 若$f(x)$在$[-a,a]$上连续,试证:

$$\int_{-a}^{a} f(x)\mathrm{d}x=\int_0^a f(x)+f(-x)\mathrm{d}x,$$

并利用该结果计算$\int_{-\frac{\pi}{4}}^{\frac{\pi}{4}} \frac{\sin^2 x}{1+\mathrm{e}^{-x}}\mathrm{d}x$的值.

7. 在鱼塘中捕鱼时,鱼越少捕鱼越困难,捕捞的成本也就越高,一般可以假设每千克鱼的捕捞成本与当时池塘中的鱼量成反比.假设当鱼塘中有 x kg 鱼时,每千克的捕捞成本是$\frac{2\ 000}{10+x}$元.已知鱼塘中现有鱼 10 000 kg,问从鱼塘中捕捞 6 000 kg 鱼所花费的成本是多少?

§4.6 定积分在几何上的应用

微课:定积分的应用

情景与问题

引例　回顾解决曲边梯形面积的步骤.

分析　在 4.3 节中,我们用定积分的概念分析并求解了曲边梯形的面积 S.具体分为四步:

(1) 分割:将区间$[a,b]$分成 n 个小区间,对应每个小曲边梯形的面积为 $\Delta S_i(i=1,2,\cdots,n)$;

(2) 近似:利用以直代曲的思想,求出 $\Delta S_i\approx f(\xi_i)\Delta x_i(i=1,2,\cdots,n)$;

(3) 求和：$S\approx\sum_{i=1}^{n}f(\xi_i)\Delta x_i$；

(4) 取极限：$S=\lim_{\lambda\to 0}\sum_{i=1}^{n}f(\xi_i)\Delta x_i=\int_a^b f(x)\,dx$.

观察以上四步，整个求解过程关键在于第二步，因为最后的积分形式是由这一步确定的.只需将第二步$f(\xi_i)\Delta x_i$中的ξ_i换为x，Δx_i换为dx，就可以得到第四步结果中的被积函数$f(x)dx$表达式.所以以上四步可简化为

(1) 求微元　在区间$[a,b]$上任取一个小区间$[x,x+dx]$，取这个微小区间上的面积的近似值$\Delta S=dS$，其中$dS=f(x)dx$，称为面积S的微元.

(2) 求积分　在区间$[a,b]$上将微元dS无限累加（即在区间$[a,b]$上积分），可得

$$S=\int_a^b dS=\int_a^b f(x)\,dx.$$

这种方法称为微元法.需注意的是，所求的量S的微元dS根据实际问题的不同而改变.接下来讨论微元法在实际问题中的应用.

4.6.1 平面图形的面积

例 1　求曲线$y=x^2$与$y=\sqrt{x}$所围成图形的面积.

解　如图 4-16 所示，易得两曲线的交点为$(0,0)$和$(1,1)$.

选取x为积分变量，则积分区间为$[0,1]$，任取小区间$[x,x+dx]\subset[0,1]$，其对应的矩形面积即面积微元为$dS=(\sqrt{x}-x^2)dx$，则所围图形的面积为

$$S=\int_0^1 dS=\int_0^1(\sqrt{x}-x^2)\,dx=\frac{1}{3}.$$

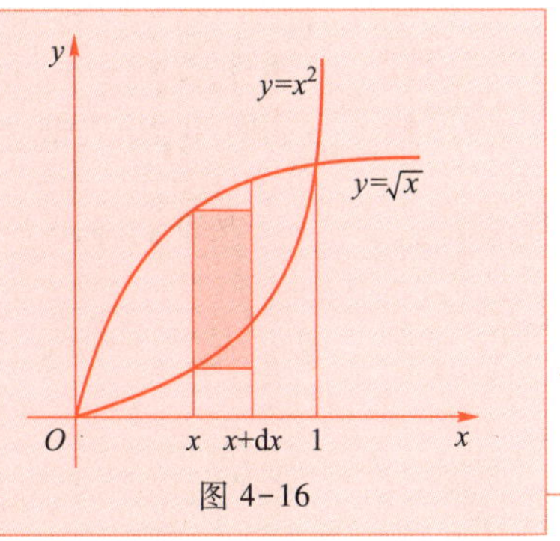

图 4-16

在例 1 基础上，能得到更加一般的结果.由连续曲线$y=f(x)$，$y=g(x)$与直线$x=a$，$x=b$所围成的图形（图 4-17，称为上下型）的面积为

$$\boxed{S=\int_a^b|f(x)-g(x)|\,dx.}$$

类似地，由连续曲线$x=\varphi(y)$，$x=\psi(y)$与直线$y=c$，$y=d$所围成的图形（图 4-18，称为左右型），其面积为

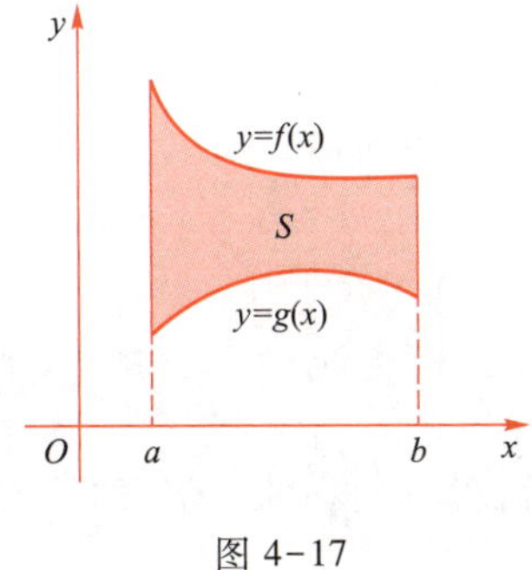

图 4-17

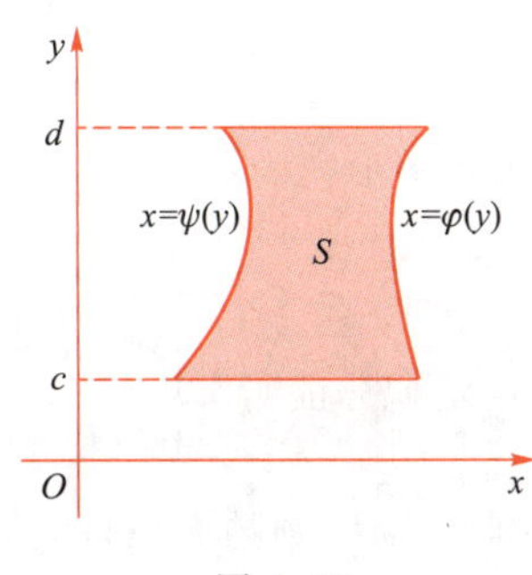

图 4-18

$$S=\int_c^d |\varphi(y)-\psi(y)|\mathrm{d}y.$$

例 2　求由曲线 $y=\sin x, y=\cos x, x=0$ 与 $x=\frac{\pi}{2}$ 所围成的图形的面积.

解　如图 4-19 所示,将图形视为上下型区域,由公式知

$$S=\int_0^{\frac{\pi}{2}} |\sin x-\cos x|\mathrm{d}x.$$

注意到,当 $x\in\left[0,\frac{\pi}{4}\right]$ 时,$\sin x\leqslant\cos x$;当 $x\in\left[\frac{\pi}{4},\frac{\pi}{2}\right]$ 时,$\sin x\geqslant\cos x$.所以

$$S=\int_0^{\frac{\pi}{4}}[-(\sin x-\cos x)]\mathrm{d}x+\int_{\frac{\pi}{4}}^{\frac{\pi}{2}}(\sin x-\cos x)\mathrm{d}x.$$

考虑到图形的对称性,区间 $\left[0,\frac{\pi}{4}\right]$ 与区间 $\left[\frac{\pi}{4},\frac{\pi}{2}\right]$ 上图形的面积相等,故所求区域的面积可以表示为

$$S=2\int_0^{\frac{\pi}{4}}(\cos x-\sin x)\mathrm{d}x=2(\sin x+\cos x)\Big|_0^{\frac{\pi}{4}}=2(\sqrt{2}-1).$$

例 3　求曲线 $y^2=2x$ 与直线 $y=x-4$ 所围成的平面图形的面积.

解　如图 4-20 所示,交点坐标:$A(2,-2)$,$B(8,4)$.将图形视为左右型区域,即视为由曲线 $x=\frac{y^2}{2}$ 与直线 $x=y+4$ 所围成的平面图形面积,于是有

$$S=\int_{-2}^{4}\left[(y+4)-\frac{y^2}{2}\right]\mathrm{d}y=\left(\frac{1}{2}y^2+4y-\frac{1}{6}y^3\right)\Big|_{-2}^{4}=18.$$

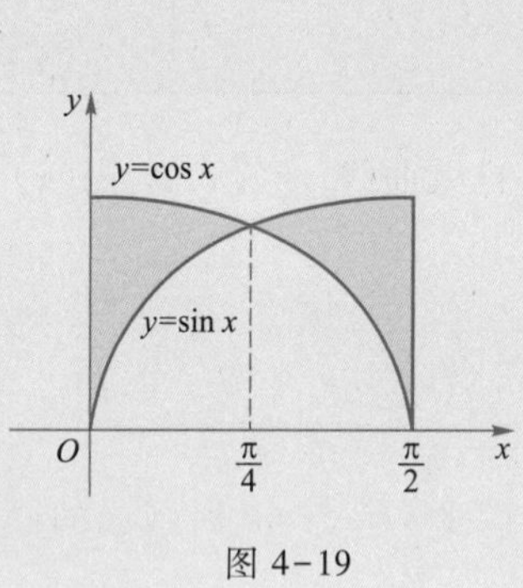

图 4-19

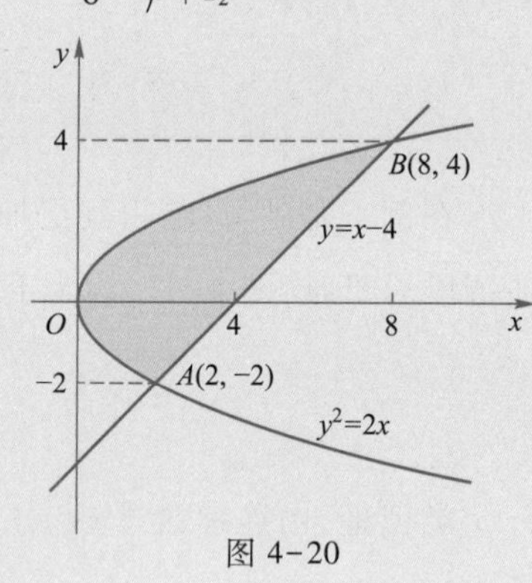

图 4-20

想一想

如果将图形视为上下型,怎么计算?是否更简洁?

例 4　利用定积分证明圆 $\begin{cases}x=R\cos t,\\ y=R\sin t\end{cases}$ 的面积公式为 $S=\pi R^2$,其中 $R>0$.

证　根据对称性,圆的面积是它在第一象限部分面积的 4 倍,即

$$S=4\int_0^R y\mathrm{d}x.$$

将 $x=R\cos t, y=R\sin t$ 代入上式.注意,此时积分变量由 x 变为了 t,需要讨论新的上下限.由于 $x=R\cos t$,当 $x=0$ 时,$t=\frac{\pi}{2}$;当 $x=R$ 时,$t=0$,故

$$\begin{aligned}S&=4\int_0^R y\mathrm{d}x=4\int_{\frac{\pi}{2}}^0 R\sin t\mathrm{d}(R\cos t)\\&=4R^2\int_{\frac{\pi}{2}}^0(-\sin^2 t)\mathrm{d}t=4R^2\int_0^{\frac{\pi}{2}}\sin^2 t\mathrm{d}t\\&=4R^2\cdot\frac{1}{2}\cdot\frac{\pi}{2}=\pi R^2.\end{aligned}$$

4.6.2 旋转体的体积

极坐标系中的平面图形面积

一个平面图形绕该平面内的一条直线旋转一周,所得的立体称为旋转体.

求由曲线 $y=f(x)$ 以及直线 $x=a$ 和 $x=b$ 围成的平面图形绕 x 轴旋转一周所得旋转体的体积.

如图 4-21 所示,在区间 $[a,b]$ 上任取一小区间 $[x,x+\mathrm{d}x]$,则在 $[x,x+\mathrm{d}x]$ 上所得旋转体薄片的体积近似等于以 $f(x)$ 为底半径,$\mathrm{d}x$ 为高的圆柱体的体积,称为体积微元 $\mathrm{d}V$,即 $\mathrm{d}V=\pi f^2(x)\mathrm{d}x$.根据微元法,该旋转体的体积

$$V=\int_a^b \mathrm{d}V=\int_a^b \pi f^2(x)\mathrm{d}x.$$

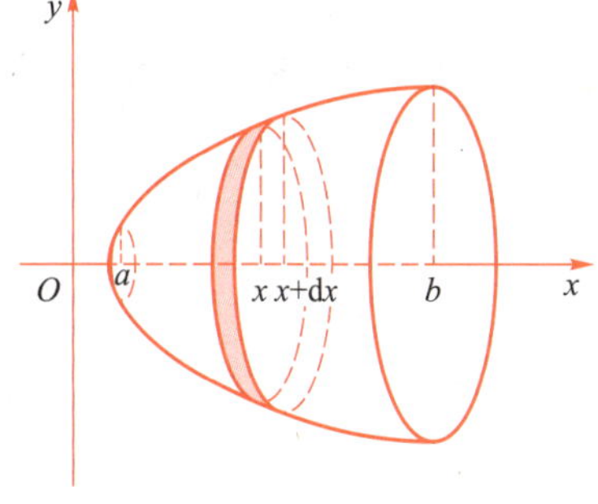

图 4-21

同理可得由曲线 $x=\varphi(y)$ 以及直线 $y=c$ 和 $y=d$ 围成的平面图形绕 y 轴旋转一周所得旋转体的体积

$$V=\int_c^d \pi\varphi^2(y)\mathrm{d}y.$$

例 5 求曲线 $y=\sin x$ 在 $[0,\pi]$ 上的弧与 x 轴所围平面图形绕 x 轴旋转一周所得旋转体的体积.

解 在 $[0,\pi]$ 上取区间 $[x,x+\mathrm{d}x]$,得体积微元 $\mathrm{d}V$,且 $\mathrm{d}V=\pi\sin^2 x\mathrm{d}x$.所以,旋转体的体积

$$V=\int_0^\pi \mathrm{d}V=\int_0^\pi \pi\sin^2 x\mathrm{d}x=\frac{\pi^2}{2}.$$

例 6 求曲线 $y=\mathrm{e}^x, y=\mathrm{e}$ 与 y 轴所围成的图形绕 x 轴旋转所得旋转体体积.

解 所围区域如图 4-22 所示,解方程 $\begin{cases}y=\mathrm{e}^x,\\y=\mathrm{e},\end{cases}$ 得两曲线的交点为 $(1,\mathrm{e})$.

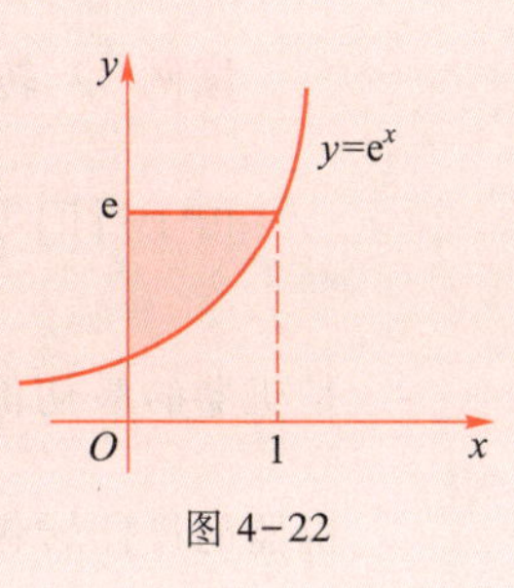

图 4-22

该旋转体的体积 V 可以看成以 x 轴上区间 $[0,1]$ 为底边,分别以底边上直线 $y=\mathrm{e}$,指数函数 $y=\mathrm{e}^x$ 为曲边的两个曲边梯形绕

x 轴旋转所形成的两个旋转体体积之差，即

$$V=V_1-V_2=\pi\int_0^1 e^2\mathrm{d}x-\pi\int_0^1 e^{2x}\mathrm{d}x=\pi e^2-\frac{\pi}{2}(e^2-1)=\frac{\pi}{2}(e^2+1).$$

应用与实践

案例 1 一片花瓣的形状由抛物线 $y=x^2$ 和 $x=y^2$ 所围成，求此花瓣的面积（如图 4-23）.

解 由方程组 $\begin{cases}y=x^2\\x=y^2\end{cases}$ 可得两曲线的交点为 $(0,0)$ 和 $(1,1)$，取 x 为积分变量，则图中阴影部分的面积即为面积微元，即 $\mathrm{d}A=(\sqrt{x}-x^2)\mathrm{d}x$. 于是

$$A=\int_0^1(\sqrt{x}-x^2)\mathrm{d}x=\left[\frac{2}{3}x^{\frac{3}{2}}-\frac{1}{3}x^3\right]_0^1=\frac{1}{3}.$$

案例 2 一漏斗的形状可近似看作底半径为 r，高为 h 的圆锥体，求漏斗的体积.

解 将漏斗如图 4-24 放置，则该几何体可看作是由直线 $y=\frac{r}{h}x$，$y=0$，$x=h$ 围成的图形绕 x 轴旋转一周而形成的旋转体. 在 x 轴上取一点 $x(a<x<b)$，过该点作与 x 轴垂直的平面，可得半径为 $\frac{r}{h}x$ 的圆形截面，其截面面积为 $A(x)=\pi\left(\frac{r}{h}x\right)^2$. 于是，所求体积 V 的微元为

$$\mathrm{d}V=A(x)\mathrm{d}x=\pi\left(\frac{r}{h}x\right)^2\mathrm{d}x.$$

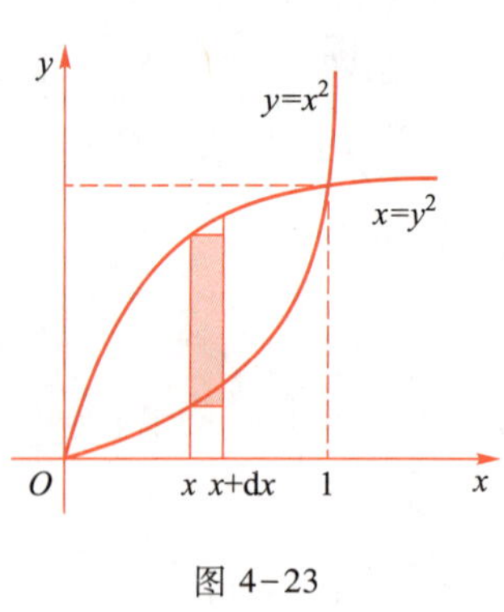

图 4-23

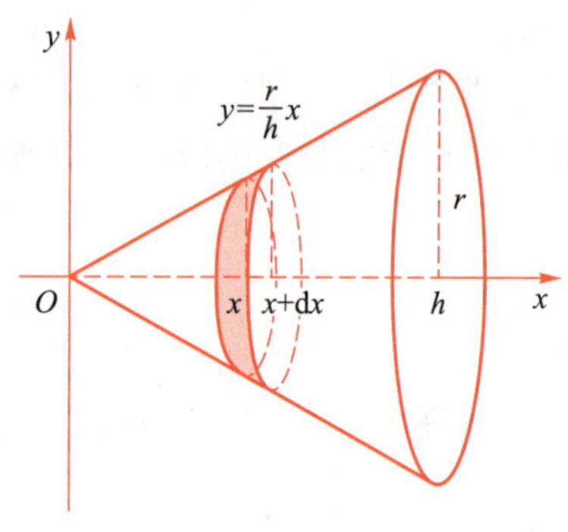

图 4-24

所以该圆锥体的体积是 $V=\int_0^h\pi\left(\frac{r}{h}x\right)^2\mathrm{d}x=\left[\pi\cdot\frac{r^2}{h^2}\cdot\frac{x^3}{3}\right]_0^h=\frac{1}{3}\pi r^2h.$

案例 3 转售机器的最佳时间问题.

由于折旧等因素，某机器转售价格 $R(t)$ 是时间 t（周）的减函数 $R(t)=\frac{3A}{4}e^{-\frac{t}{96}}$ 元，其中 A 是机器的最初价格，在任何时间 t 机器开动就能产生 $P=\frac{A}{4}e^{-\frac{t}{48}}$ 的收益. 为了使总利润最大，机器的最佳转售时间是什么时候？如果原价为 10 万元，此时机器转让价格是多少？

解 假设机器用了 x 周后出售，此时机器价格为 $R(x)=\dfrac{3A}{4}\mathrm{e}^{-\frac{x}{96}}$，在这 x 周内机器创造的总收益为 $\int_0^x \dfrac{A}{4}\mathrm{e}^{-\frac{t}{48}}\mathrm{d}t$，于是最佳出售时间的问题就变成了求总收入函数的最大值.

不难知，总收入函数为

$$f(x)=\frac{3A}{4}\mathrm{e}^{-\frac{x}{96}}+\int_0^x \frac{A}{4}\mathrm{e}^{-\frac{t}{48}}\mathrm{d}t,\quad x\in(0,+\infty).$$

由 $f'(x)=-\dfrac{1}{96}\cdot\dfrac{3A}{4}\mathrm{e}^{-\frac{x}{96}}+\dfrac{A}{4}\mathrm{e}^{-\frac{x}{48}}=0$，求解可得 $x=96\ln 32$. 因为该点是唯一的极值点，所以它就是最大值点，即当 $x=96\ln 32\approx 333$ 周时出售机器总利润最大. 此时的总收入为

$$f(333)=\frac{3A}{4}\mathrm{e}^{-\ln 32}+\frac{A}{4}\int_0^{96\ln 32}\mathrm{e}^{-\frac{t}{48}}\mathrm{d}t\approx 120.1\text{ 万元}.$$

此时机器的售价为 $R(333)=\dfrac{3\times 100\,000}{4}\mathrm{e}^{-\ln 32}\approx 2\,344$ 元.

案例 4 洛伦兹曲线与基尼系数.

为了研究国民收入分配不平等的问题，美国统计学家洛伦兹（1876—1959）提出了著名的洛伦兹曲线. 洛伦兹曲线是指在一个总体（国家、地区）内，以“最贫穷的人口计算起一直到最富有人口”的人口百分比对应各个人口百分比的收入百分比的点组成的曲线.

如图 4-25 所示，横轴 OH 表示人口（按收入由低到高分组）的累积百分比，纵轴 OM 表示收入的累积百分比. 通过洛伦兹曲线，可以直观地看到收入分配平等或不平等的状况. 例如：假设收入最低的前 1%的人其收入占比为 1%，前 2%的人收入占比为 2%，…，前 99%的人收入占比为 99%，这时认为全社会所有人的收入是绝对平均的，此时洛伦兹曲线应为通过原点的倾角为 45 度的直线. 但当极少部分的人却几乎占有全部的收入时，认为社会收入完全不平等，此时洛伦兹曲线成为折线 OHL. 一般来说，一个国家的收入分配，既不会完全不平等，也不会完全平等，而是介于两者之间. 相应的洛伦兹曲线，既不是折线 OHL，也不是 45 度线 OL，而是像图中这样向横轴突出的弧线.

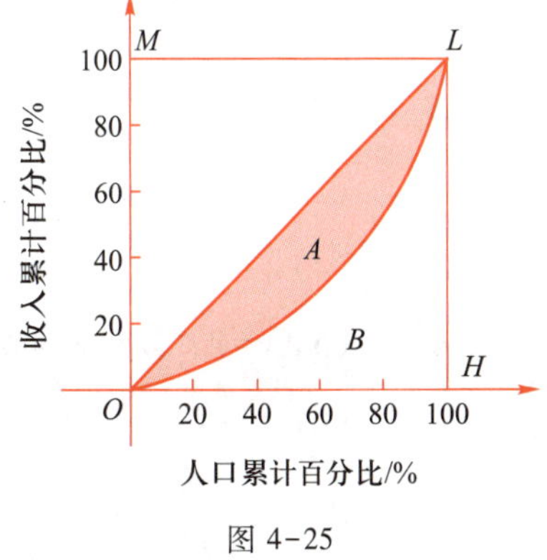

图 4-25

将洛伦兹曲线与 45 度线之间的阴影部分 A 叫作“不平等面积”，折线 OHL 与 45 度线之间的面积 $A+B$ 叫作“完全不平等面积”. 不平等面积与完全不平等面积之比 $\dfrac{A}{A+B}$，称为基尼系数. 显然，社会收入越平均，洛伦兹曲线越接近收入分配绝对平等直线，基尼系数越接近于 0；而当基尼系数接近于 1 时，社会分配不均的情况愈加严重.

假设国家甲与国家乙某年的国民收入在国民之间分配的洛伦兹曲线可分别由 $y=x^3$，

$x\in[0,1]$与$y=x^2, x\in[0,1]$表示,分别计算这两个国家的基尼系数,并解释其经济意义.

解 为了方便计算,取横轴OH为x轴,纵轴OM为y轴,若某地区的国民收入分配曲线为$y=f(x)$,则图中"不平等面积A"为

$$A=\int_0^1[x-f(x)]\mathrm{d}x=\frac{1}{2}x^2\Big|_0^1-\int_0^1 f(x)\mathrm{d}x=\frac{1}{2}-\int_0^1 f(x)\mathrm{d}x.$$

注意到$A+B=\frac{1}{2}$,此时基尼系数G为

$$G=\frac{A}{A+B}=\frac{\frac{1}{2}-\int_0^1 f(x)\mathrm{d}x}{\frac{1}{2}}=1-2\int_0^1 f(x)\mathrm{d}x.$$

将$y=x^3$与$y=x^2$分别代入上式,

$$G_{甲}=1-2\int_0^1 x^3\mathrm{d}x=1-2\left(\frac{1}{4}x^4\Big|_0^1\right)=1-\frac{1}{2}=\frac{1}{2};$$

$$G_{乙}=1-2\int_0^1 x^2\mathrm{d}x=1-2\left(\frac{1}{3}x^3\Big|_0^1\right)=1-\frac{2}{3}=\frac{1}{3}.$$

注意到$G_{甲}>G_{乙}>0$,两个国家均存在国民收入分配不均的现象.国家甲的基尼系数更大,表明国家甲的洛伦兹曲线更加偏离对角直线,阴影部分A的面积更大,国家甲的国民收入分配不均的情况较国家乙更加的严重.

能力训练 4.6

1. 求由下列各组曲线所围图形的面积.

(1) $y=\ln x, y=\mathrm{e}+1-x$与直线$y=0$;

(2) $y=\frac{1}{x}$与直线$y=x, x=2$;

(3) $y=\mathrm{e}^x, y=\mathrm{e}^{-x}$与直线$x=1$;

(4) $y=\ln x$, y轴与直线$y=\ln a, y=\ln b(0<a<b)$;

(5) $y=2x^2, y=x^2$与直线$y=1$;

(6) $y^2=2x$与直线$x-y=4$;

(7) $y=\frac{1}{2}x^2, x^2+y^2=8$;

(8) $y=x^2$与直线$y=x, y=2x$;

(9) $y=x^3$与$y=2x-x^2$;

(10) $y^2=2x$与$y^2=-(x-1)$.

2. $L_1: y=1-x^2(0\leqslant x\leqslant 1)$与$x$轴、$y$轴所围成的区域被$L_2: y=ax^2$分为面积相等的两部分,其中$a$是大于零的常数,求$a$.

3. 设D是由曲线$y=1+\sin x$与直线$x=0, x=\pi, y=0$围成的曲边梯形,求D绕x轴旋转

一周所成的旋转体积.

4. 求 $y=x^2$ 与 $y=x^3$ 围成的图形绕 x 轴旋转所成的旋转体体积.

5. 求 $y=x^2, y=0, x=1$ 围成的图形分别绕 x 轴、y 轴旋转所成的旋转体体积.

6. 求 $xy=1, x=1, x=2$ 及 $y=0$ 围成的图形绕 y 轴旋转所成的旋转体体积.

7. 求 $xy\leqslant 4, y\geqslant 1, x>0$ 所夹图形绕 y 轴旋转所成的立体体积.

8. 当 a 为何值时,抛物线 $y=x^2$ 与直线 $x=a, x=a+1, y=0$ 所围成的图形面积最小?

9. 已知某产品总产量的变化率是时间 t(单位:年)的函数 $f(t)=2t+5(t\geqslant 0)$,求第二个五年的总产量是多少?

10. 某商品的销售速度为 $v(t)=100+100\sin\left(2\pi t-\frac{\pi}{2}\right)$(单位:件/月),求第一季度的销售总量.

11. 工程师们从一个刚开发的天然气新井开采天然气,根据初步的实验和以往的经验,预计第 t 年的产量为 $P(t)=7.53\times 10^6 te^{-t}$(单位:$\mathrm{m}^3$),用定积分的方法估计该天然气井前五年的总产量.

12. 某地发生了放射性物质泄露,监测结果显示事故发生时,大气辐射水平是可接受辐射水平最大限度的 5 倍.已知该放射性物质辐射水平的衰减规律为 $R(t)=R_0\mathrm{e}^{-0.003t}$,其中 $R(t)$ 表示 t 时刻(单位:h)的辐射水平(单位:mR/h),R_0 表示初始时刻($t=0$)的辐射水平.问:

(1) 该地辐射水平降到可接受的辐射水平需耗时多长时间?

(2) 假设可接受的辐射水平最大限度为 0.6 mR/h,那么降到这一水平时,已泄露出去的放射物总量是多少?

总习题 4

A 基础巩固

1. 判断下列命题的真伪.

(1) 若函数 $f(x)$ 存在原函数,则一定存在无数个原函数;

(2) 若 $\int f(x)\mathrm{d}x=F(x)+C$,则 $\int \mathrm{e}^x f(\mathrm{e}^x)\mathrm{d}x=F(\mathrm{e}^x)+C$;

(3) 对任意的值 k, $\int kf(x)\mathrm{d}x=k\int f(x)\mathrm{d}x$ 一定成立;

(4) 若 $f(x)$ 在 $[a,b]$ 上连续,则 $\int_a^b f(x)\mathrm{d}x$ 一定存在;

(5) $\left|\int_a^b f(x)\mathrm{d}x\right|\leqslant\int_a^b|f(x)|\mathrm{d}x$.

2. 计算下列不定积分.

(1) $\int\frac{1}{1+\mathrm{e}^x}\mathrm{d}x$;

(2) $\int\sec^6 x\mathrm{d}x$;

(3) $\int\frac{x^{14}}{(x^5+1)^3}\mathrm{d}x$;

(4) $\int\frac{\sin^2 x}{\cos^6 x}\mathrm{d}x$;

(5) $\int\frac{1-\ln x}{(x+\ln x)^2}\mathrm{d}x$;

(6) $\int\frac{\arctan \mathrm{e}^x}{\mathrm{e}^{2x}}\mathrm{d}x$;

(7) $\int\frac{1}{x(x^{10}+2)}\mathrm{d}x$;

(8) $\int\arccos x\mathrm{d}x$;

(9) $\int\frac{1}{x^2+2x+3}\mathrm{d}x$;

(10) $\int\frac{1}{\sqrt{4x^2+9}}\mathrm{d}x$.

3. 计算下列函数的导数.

(1) $\int_a^x t^2\cos t\mathrm{d}t$;

(2) $\int_x^1\arctan t^2\mathrm{d}t$;

(3) $\int_0^{\sqrt{x}}\sin t^2\mathrm{d}t$;

(4) $\int_{\sin x}^{x^2}\mathrm{e}^{-t^2}\mathrm{d}t$.

4. 计算下列定积分.

(1) $\int_0^{\frac{\pi}{2}}\cos^5 x\sin x\mathrm{d}x$;

(2) $\int_0^{\pi}\sqrt{\sin^3 x-\sin^5 x}\,\mathrm{d}x$;

(3) $\int_0^4\frac{x+2}{\sqrt{2x+1}}\mathrm{d}x$;

(4) $\int_{\frac{1}{\sqrt{2}}}^{\frac{1}{2}}\frac{\sqrt{1-x^2}}{x^2}\mathrm{d}x$;

(5) $\int_0^{\pi}\sqrt{1+\cos 2x}\,\mathrm{d}x$;

(6) $\int_0^1\frac{1}{1+\mathrm{e}^x}\mathrm{d}x$;

(7) $\int_0^{\frac{\pi}{2}} e^{2x}\cos x\mathrm{d}x$;　　(8) $\int_1^{e}\sin(\ln x)\mathrm{d}x$.

5. 设函数 $f(x)=\begin{cases} xe^{-x^2}, & x\geqslant 0, \\ \dfrac{1}{1+\cos x}, & -1<x<0, \end{cases}$ 计算 $\int_1^4 f(x-2)\mathrm{d}x$.

B 能力提升

6. 设 $f(x)$ 的一个原函数为 $\ln(x+\sqrt{x^2+1})$,求 $\int xf'(x)\mathrm{d}x$.

7. 设 $\int xf(x)\mathrm{d}x=\arcsin x+C$(即 $\arcsin x$ 是 $xf(x)$ 的一个原函数),求 $\int\dfrac{1}{f(x)}\mathrm{d}x$.

8. 若 $f(x)$ 在 $[0,1]$ 上连续,证明:

$$\int_0^{\pi} xf(\sin x)\mathrm{d}x=\frac{\pi}{2}\int_0^{\pi} f(\cos x)\mathrm{d}x,$$

并由此计算 $\int_0^{\pi}\dfrac{x\sin x}{1+\cos^2 x}\mathrm{d}x$.

9. 求定积分 $\int_{-2}^{2}(|x|+x)e^{-|x|}\mathrm{d}x$ 的值.

10. 计算反常积分 $\int_0^{+\infty} te^{-pt}\mathrm{d}t$($p$ 是常数,且 $p>0$).

11. 已知函数 $f(x)$ 在 $[0,2]$ 上二阶可导,且 $f(2)=1$,$f'(2)=0$,$\int_0^2 f(x)\mathrm{d}x=4$,求 $\int_0^1 x^2f''(2x)\mathrm{d}x$.

12. 求椭圆 $\dfrac{x^2}{a^2}+\dfrac{y^2}{b^2}=1$ 所围成的图形的面积,并求该图形分别绕 x 轴和 y 轴旋转所得到的旋转椭球体的体积.

13. 求 $x^2+(y-5)^2\leqslant 16$ 绕 x 轴旋转一周所成的旋转体的体积.

数学实验 4:一元函数积分学

一、实验目的

(1) 能熟练运用数学软件 MATLAB 计算函数的不定积分与定积分.

(2) 了解 MATLAB 提供的其他常用符号运算函数.

(3) 能结合实际问题,建立积分模型,并利用 MATLAB 软件进行求解.

二、实验原理

(1) 积分可以通过 int 函数实现,int 函数可以同时处理符号和数值两种情况下的不定积分与定积分的计算.该函数调用格式如下:

表 4-1 MATLAB 中的积分计算函数

函数格式	说　明
int(F,x)	求函数 $F(x)$ 的不定积分,积分变量为 x,积分常数 C 不会在结果中列出;
int(F,x,a,b)	求函数 $F(x)$ 的定积分,积分变量为 x,积分区间为 $[a,b]$.

(2) 符号表达式的运算与普通数值运算不同.MATLAB 的浮点运算快但精度低,而符号计算可获得高精度结果但要占用较多的时间和内存.只有用 sym 生成的符号变量才会对其进行符号计算.对符号变量除了可以进行加减乘除外,MATLAB 还提供了许多符号运算函数,常用的符号运算函数见表 4-2,表中 s 是符号表达式.

表 4-2 MATLAB 中常见的符号函数

函数	意义	函数	意义
collect(s,x)	合并变量 x 的同幂系数	numden(s)	对 s 进行通分
expand(s)	展开表达式 s	factor(s)	将 s 进行因式分解

三、实验内容

例 1 求 $\int \mathrm{e}^{-x}\cos x\mathrm{d}x$.

```
>> f=sym('exp(-x)*cos(x)');
>> F=int(f);
F=-(exp(-x)*(cos(x)-sin(x)))/2        % 结果中不会出现任意常数 C
```

例 2 求 $\int_0^{\pi}\frac{1}{2+\sin x}\mathrm{d}x$.

```
>> syms x;I=int(1/(2+sin(x)),0,pi)    % 省略了积分变量 x
I=(2*pi*3^(1/2))/9
```

例 3 $\int_{-\infty}^{+\infty}\frac{1}{x^2+2x+2}\mathrm{d}x.$

```
>> s=sym('1/(x^2+2*x+2)');I=int(s,'x',-inf,+inf)
I=pi
```

例 4 求变上限函数 $F(x)=\int_1^{x^2}(t^2+\sin(kt))\,\mathrm{d}t$ 的导数.

```
>> syms x t k;
>> F=int((t^2+sin(k*t)),t,1,x^2) ;
>>f=diff(F,x)
f=2*x^5+2*x*sin(k*x^2)
```

例 5 符号函数的应用.

```
>>clear;clc
>> S1=sym('x^3+3*x^2+3*x+1-(x^2+4*x+5)+5*(x^3+x-3)')
S1=6*x^3+2*x^2+4*x-19
>>syms a b x y      % 定义符号变量
>>S2=collect(x^2*y+y*x-x^2-2*x)         % 合并默认变量 x 的同次幂
S2=(y-1)*x^2+(y-2)*x
>>f=-a*x*exp(-2*x)+b*y*exp(-2*x);
>>S3=collect(f,exp(-2*x))         % 合并指定表达式的系数
S3=(b*y-a*x)*exp(-2*x)
>>S4=expand((x+y)^3),S5=expand(sin(a+b))     % 展开表达式
S4=x^3+3*x^2*y+3*x*y^2+y^3
S5=cos(a)*sin(b)+cos(b)*sin(a)
>> S6=factor(x^3-y^3),S7=factor(b^2*x+a*x-2*a*y-2*b^2*y)     % 分解因式
S6=[ x-y,x^2+x*y+y^2]
S7=[ x-2*y,b^2+a]
>> [N,M]=numden(y/(x+1)+2*x/(x-1))         % 通分运算
N=2*x-y+x*y+2*x^2          % N 记录通分后的分子
M=(x-1)*(x+1)          % M 记录通分后的分母
```

例 6 计算 $g(x,y)=\sin^2 x+\sqrt{x^2+y^2}+\exp(x-y)$ 在 $x=5,y=3$ 时的值.

```
>> syms x y;g_xy=sym(sin(x)^2+sqrt(x^2+y^2)+exp(x-y));
>> g_y=subs(g_xy,x,5);g=subs(g_y,y,3)
g=exp(2)+34^(1/2)+sin(5)^2
>> f=vpa(g,25)     % 得到 g 的有效数字个数为 25 的结果.
14.13954375831417692423401
```

例 7 意大利数学家托里拆利(Torricelli)将 $y=\dfrac{1}{x}$ 中 $x\geqslant 1$ 的部分绕着 x 轴旋转了一圈,得到了如图 4-26 所示的小号形状的旋转体.托里拆利发现了这个小号的一个有趣性质:它的表面积无穷大,可它的体积却是有限的.换句话说,如果用托里拆利小号来装油漆,只需要有限的油漆就能将它装满,但把托里拆利小号的表面刷一遍,却需要无限多的油漆!这似乎有悖于人的直觉,体积有限的物体,表面积却可以是无限的.

请计算托里拆利小号的体积与表面积,验证上述说法的正确性.

分析 托里拆利小号的体积可以利用旋转体的体积进行计算,此时 $V=\int_1^{+\infty}\pi\cdot\dfrac{1}{x^2}\mathrm{d}x$.而其表面积的计算就需要用到微元法了.在 $[1,+\infty)$ 上取区间 $[x,x+\mathrm{d}x]$,表面积微元 $\mathrm{d}S$ 是宽度为 $2\pi\cdot\dfrac{1}{x}$,长度为 $\mathrm{d}l$ 的矩形,其中 $\mathrm{d}l$ 为区间 $[x,x+\mathrm{d}x]$ 上 $y=\dfrac{1}{x}$ 对应的弧长(弧微分).我们首先来推导一下上述弧微分的表达式.弧微分的几何意义是用一条线段的长度来近似代表一段弧的长度,如图 4-27 所示,MT 的长度即为弧 MM' 的弧微分.由勾股定理可得弧微分公式 $\mathrm{d}l=\sqrt{(\mathrm{d}x)^2+(\mathrm{d}y)^2}=\sqrt{1+y'^2}\,\mathrm{d}x$.

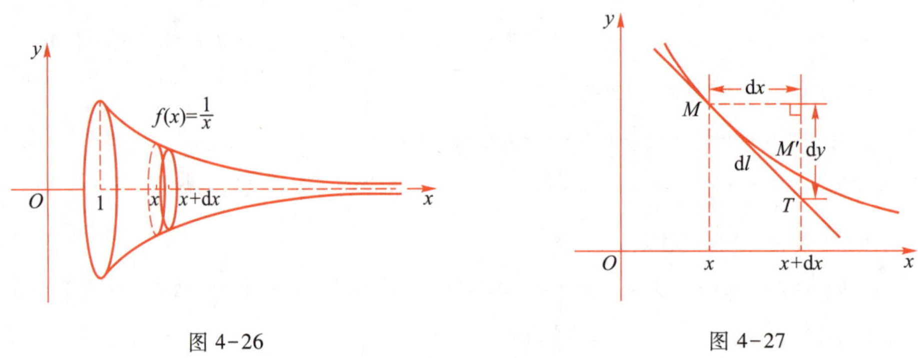

图 4-26　　　　图 4-27

即表面积微元 $\mathrm{d}S=2\pi\cdot\dfrac{1}{x}\cdot\sqrt{1+\dfrac{1}{x^4}}\mathrm{d}x$.所以表面积的表达式为 $S=2\pi\int_1^{+\infty}\dfrac{1}{x}\cdot\sqrt{1+\dfrac{1}{x^4}}\mathrm{d}x$.

在 MATLAB 中进行如下操作.

```
>> clear;clc
>> syms x;
>> V=int(pi*(1/x^2),x,1,+inf);
>> disp('托里拆利小号的体积 V=')        % 提示语句
>> disp(V)
>> S=int(2*pi*(1/x)*sqrt(1+x^(-4)),x,1,+inf);
>> disp('托里拆利小号的表面积 S=')       % 提示语句
>> disp(S)
```

结果显示:

托里拆利小号的体积 V=

pi

托里拆利小号的表面积 S=

Inf

实验结果虽然验证了托里拆利说法的正确性，同时也需要提醒大家，托里拆利小号仅仅是在极限意义上构造出的几何体，这样无限长的小号在我们的生活中并不存在.现实生活中达不到的极限世界，数学为我们提供了探索和理解它的一把钥匙.

拓展与提高 4：定积分在物理上的简单应用

阅读与思考 4：微积分奠基人——莱布尼茨

提高模块

第 5 章

微分方程

在科学研究和生产实际中，常常需要寻求表示客观事物的变量之间的函数关系.但在实际问题中，往往很难直接得到所研究变量之间的函数关系，却可根据问题所提供信息建立起未知函数及其导数或微分的关系式.这样的关系式就是微分方程.通过求解该方程，便可找到所需未知函数.本章主要介绍微分方程的一些基本概念、几种常用的微分方程的求解方法，并介绍微分方程在相关领域的一些简单应用案例.

☆☆☆学习目标

了解微分方程相关的概念；了解常微分方程在科学研究和生产实际中的一些简单应用.

理解二阶线性微分方程解的结构；理解二阶常系数齐次线性方程的特征根等概念.

熟练掌握可分离变量微分方程和一阶线性微分方程的求解方法；掌握二阶常系数齐次线性微分方程及自由项为 $P_n(x)e^{\lambda x}$，$P_n(x)e^{\lambda x}\cos\omega x$ 或 $P_n(x)e^{\lambda x}\sin\omega x$ 时的二阶常系数非齐次线性微分方程的求解方法.

§5.1 一阶微分方程

情景与问题

引例　三星堆一醒惊天下.

2021 年 3 月 23 日,“考古中国”重大项目进展工作会议公布了对三星堆的新发现.一时间社会各界探索古蜀文明的热情被点燃.我们看到有绝美的黄金面具、造型独特的青铜器(图 5-1)等,那么如何测算这些文物的年代呢?

图 5-1

要解决上述问题,需建立一类特殊方程,在该方程中含有未知函数的导数,这种类型的方程在工程技术及社会生活中经常会涉及.这类问题便是本章要讨论的微分方程问题.

5.1.1　微分方程的基本概念

定义 5.1　含有未知函数及其导数(或微分)的方程叫作**微分方程**.未知函数是一元函数的微分方程称为**常微分方程**,未知函数是多元函数的微分方程称为偏微分方程.

本章只讨论常微分方程的一些初步知识及简单应用,为叙述简洁,后续内容将常微分方程简称为微分方程.

微分方程中出现的未知函数导数的最高阶数称为**微分方程的阶**.一般的,n 阶微分方程的形式为

$$F(x,y,y',y'',\cdots,y^{(n)})=0. \tag{5.1}$$

式(5.1)中的 $y^{(n)}$ 是必须出现的,其他变量可以不出现.例如,n 阶微分方程 $y^{(n)}-1=0$ 中只含 $y^{(n)}$ 而没有其他变量.

定义 5.2　如果将函数 $y=f(x)$ 代入微分方程后使方程成为恒等式,则 $y=f(x)$ 称为该**微分方程的解**.

求微分方程的解的过程称为解微分方程.微分方程的解有两种形式:凡解中含有任意常数,其个数与方程阶数相同,且这些任意常数相互独立,则该解称为微分方程的**通解**;不含任意常数的解称为**特解**.确定特解的特定条件称为**初始条件**,求微分方程满足初始条件的特解的问题叫作**初值问题**.

启迪

在常微分方程中,“通解”和“特解”的名词是瑞士数学家欧拉最早引入的,常系数齐次线性方程的特征值法、欧拉方程的求解、常系数非齐次线性方程的逐次降阶法都是欧拉的研究成果.欧拉是一位全才的、多产的数学家,他的成就遍及力学、数论、无穷级数、复变函数、微分方程、变分法、几何学等多个领域.1735 年 28 岁的欧拉右眼失明,1766 年欧拉的左眼也因白内障失明,在双目失明后的 17 年内,欧拉凭借超强的记忆力和心算能力,以惊人的毅力完成了多本著作和 400 余篇论文.欧拉杰出的智慧,顽强的毅力,孜孜不倦的奋斗精神和高尚的科学道德,是永远值得我们学习的.

例 1 验证函数 $y=C_1e^{2x}+C_2e^x$ 为二阶微分方程 $y''-3y'+2y=0$ 的通解，并求方程满足初始条件 $y(0)=0, y'(0)=2$ 的特解.

解 首先求出函数 $y=C_1e^{2x}+C_2e^x$ 的导数

$$y'=2C_1e^{2x}+C_2e^x, \quad y''=4C_1e^{2x}+C_2e^x,$$

代入微分方程得 $(4C_1e^{2x}+C_2e^x)-3(2C_1e^{2x}+C_2e^x)+2(C_1e^{2x}+C_2e^x)\equiv 0.$

所以函数 $y=C_1e^{2x}+C_2e^x$ 是微分方程的解.因解中有两个相互独立的任意常数，且其个数与微分方程的阶数相同，故 $y=C_1e^{2x}+C_2e^x$ 是微分方程 $y''-3y'+2y=0$ 的通解.

将 $y(0)=0, y'(0)=2$ 代入 y 与 y'的表达式中，得 $C_1=2, C_2=-2$.故所求特解为

$$y=2e^{2x}-2e^x.$$

5.1.2 可分离变量的微分方程

定义 5.3 形如

$$y'=f(x)g(y) \tag{5.2}$$

的方程叫作可分离变量的微分方程.其中 $f(x)$，$g(y)$分别是变量 x，y 的连续函数，且 $g(y)\neq 0$.

可分离变量微分方程的求解比较简单.先把变量置于等式两边得

$$\frac{dy}{g(y)}=f(x)dx \quad (g(y)\neq 0).$$

微课：分离变量法

再对上式两边积分，得

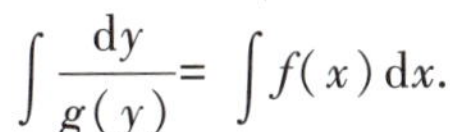

$$\int\frac{dy}{g(y)}=\int f(x)dx.$$

这样便可得到原方程的通解：

$$G(y)=F(x)+C.$$

通常把这种求解微分方程的方法叫作分离变量法.

例 2 求解初值问题

$$\begin{cases} xdy-2ydx=0, \\ y|_{x=1}=1. \end{cases}$$

解 分离变量，得

$$\frac{dy}{y}=\frac{2dx}{x}.$$

两边积分，得 $$\ln|y|=\ln x^2+C.$$

即 $$y=Cx^2.$$

再由 $y|_{x=1}=1$ 得 $C=1$.所以初值问题的解为 $y=x^2$.

例 3 （伤口愈合问题）医学研究发现，刀割伤口表面恢复的速度为

$$\frac{dA}{dt}=-5t^{-2}(1\leqslant t\leqslant 5)\text{(单位:cm}^2\text{/天)},$$

式中 A 为伤口的面积,假设 $A(1)=5$.问:受伤 5 天后该病人的伤口表面积为多少?

解 由 $\frac{dA}{dt}=-5t^{-2}$ 分离变量,得

$$dA=-5t^{-2}dt,$$

两边积分,得

$$A(t)=-5\int t^{-2}dt=5t^{-1}+C\quad(C\text{ 为常数}).$$

将 $A(1)=5$ 代入上式得 $C=0$,故 5 天后病人的伤口表面积 $A(5)=1(\text{cm}^2)$.

5.1.3 一阶线性微分方程

方程

$$y'+P(x)y=Q(x)\tag{5.3}$$

微课:一阶线性微分方程

叫作一阶线性微分方程,其中 $P(x)$,$Q(x)$ 为已知函数.$Q(x)$ 称为自由项.如果 $Q(x)\equiv 0$,则方程(5.3)称为齐次的;反之,方程(5.3)称为非齐次的.

1. 一阶齐次线性方程的求解

一阶齐次线性方程其实就是可分离变量微分方程.先分离变量得

$$\frac{dy}{y}=-P(x)dx.$$

两端积分,得

$$\ln|y|=-\int P(x)dx+C_1,$$

$$y=\pm e^{-\int P(x)dx+C_1}=Ce^{-\int P(x)dx}\ (C=\pm e^{C_1}).$$

此外 $y=0$ 也是方程的解.所以,一阶齐次线性方程的通解为

$$y=Ce^{-\int P(x)dx}.\tag{5.4}$$

例 4 求解 $y'-2xy=0$ 满足初始条件 $y|_{x=0}=2$ 的特解.

解 直接由公式得通解

$$y=Ce^{\int 2xdx}=Ce^{x^2}.$$

再由初始条件 $y|_{x=0}=2$ 得 $C=2$.所以原方程特解为 $y=2e^{x^2}$.

2. 一阶非齐次线性方程的求解

现在通常使用常数变易法来求解非齐次线性方程.该方法是把对应齐次线性方程通解(5.4)中的常数 C 换成待定函数 $C(x)$,即作变换

$$y=C(x)e^{-\int P(x)dx},$$

此时，$y'=C'(x)\mathrm{e}^{-\int P(x)\mathrm{d}x}-C(x)P(x)\mathrm{e}^{-\int P(x)\mathrm{d}x}$.

将 y 及 y' 代入方程(5.3)，得 $C'(x)=Q(x)\mathrm{e}^{\int P(x)\mathrm{d}x}$，两端积分，得

$$C(x)=\int Q(x)\mathrm{e}^{\int P(x)\mathrm{d}x}\mathrm{d}x+C.$$

将此结果代入，可得非齐次线性方程(5.3)的通解公式：

$$y=\mathrm{e}^{-\int P(x)\mathrm{d}x}\left(\int Q(x)\mathrm{e}^{\int P(x)\mathrm{d}x}\mathrm{d}x+C\right). \tag{5.5}$$

例 5 求微分方程 $y'-y-\mathrm{e}^{x}=0$ 的通解.

解 所给方程即一阶非齐次线性方程，其中 $P(x)=-1$，$Q(x)=\mathrm{e}^{x}$. 由公式(5.5)得

$$y=\mathrm{e}^{\int \mathrm{d}x}\left(\int \mathrm{e}^{x}\mathrm{e}^{-\int \mathrm{d}x}\mathrm{d}x+C\right)=(x+C)\mathrm{e}^{x}.$$

即原方程通解为 $$y=(x+C)\mathrm{e}^{x}.$$

例 6 求微分方程 $\dfrac{\mathrm{d}y}{\mathrm{d}x}=\dfrac{1}{y-x}$ 的通解.

解 如果将 y 看作未知函数，则该方程不是一阶线性方程. 但如果将 x 看作未知函数，则原方程便成为一阶非齐次线性方程，即

$$x'+x=y.$$

此时，$P(y)=1$，$Q(y)=y$. 由公式(5.5)得原方程通解

$$x=\mathrm{e}^{-\int \mathrm{d}y}\left(\int y\mathrm{e}^{\int \mathrm{d}y}\mathrm{d}y+C\right)=y-1+C\mathrm{e}^{-y}.$$

该例说明在微分方程求解中，“自变量”与“因变量(未知函数)”的称谓是相对的，在求解中应具体问题具体分析，力求方法灵活.

想一想

通过展开公式(5.5)得到：

$$y=C\mathrm{e}^{-\int P(x)\mathrm{d}x}+\mathrm{e}^{-\int P(x)\mathrm{d}x}\cdot\int Q(x)\mathrm{e}^{\int P(x)\mathrm{d}x}\mathrm{d}x. \tag{5.6}$$

由式(5.6)可以发现，一阶非齐次线性微分方程的通解可看作两部分的和：一部分是对应的齐次方程的通解；另一部分是非齐次方程本身的一个特解. 那么，二阶及以上阶非齐次线性微分方程的通解是否也具有这样的特征？

应用与实践

案例 1 已知某放射性材料在任何时刻 t 的衰变速度与该时刻的质量成正比，若最初有 50 g 的某放射材料，2 年后该材料质量减少了 10%(衰变后一部分变为其他物质)，求在任何时刻 t，该放射性材料质量的表达式.

分析 设时刻 t 材料的质量为 $M(t)$，由于材料的衰变速度就是 $M(t)$ 对时间 t 的导数

$\frac{dM}{dt}$,由题意得$\frac{dM}{dt}=-kM$,其中 $k(k>0)$是比例系数.

这是一个可分离变量的微分方程.分离变量后积分,得 $M=Ce^{-kt}$.

当 $t=0$ 时,$M=50$,代入上式得 $C=50$,因此,$M=50e^{-kt}$.

由题意知当 $t=2$ 时,$M=45$,把它们代入上式得 $45=50e^{-2k}$,即

$$k=-\frac{1}{2}\ln\frac{45}{50}=0.053.$$

所以,该放射性材料在任何时刻 t 的质量为 $M=50e^{-0.053t}$.

案例 2 设某厂生产某种商品的边际收入函数为 $R'(q)=50-2q$,其中 q 为该种产品的产出量.如果该产品可在市场上全部售出,求总收入函数 $R(q)$.

解 $R'(q)=50-2q$,两边积分得

$$R(q)=\int(50-2q)\,dq=50q-q^2+C.$$

当 $q=0$,即产出量为零时,应有 $R(0)=0$,由此初始条件可得 $C=0$.

所以,总收入函数为 $R(q)=50q-q^2$.

案例 3 在一个含有电阻 R(单位:Ω)、电感 L(单位:H)和电源 E(单位:V)的 RL 串联回路中,由回路电流定律,知电流 I(单位:A)满足微分方程

$$\frac{dI}{dt}+\frac{R}{L}I=\frac{E}{L}.$$

若电路中有电源 3sin 2t V、电阻 10 Ω、电感 0.5 H 和初始电流 6 A,求电路中任意时刻 t 的电流.

解 将 $E=3\sin 2t$,$R=10$,$L=0.5$ 代入 RL 电路中电流应满足的微分方程,得

$$\frac{dI}{dt}+20I=6\sin 2t,$$

初始条件为 $I\big|_{t=0}=6$.

此方程是一阶非齐次线性微分方程,将 $P(t)=20$,$Q(t)=6\sin 2t$ 代入公式(5.5),得通解

$$\begin{aligned}I&=e^{-\int 20dt}\left(\int 6\sin 2te^{\int 20dt}dt+C\right)\\&=Ce^{-20t}+\frac{30}{101}\sin 2t-\frac{3}{101}\cos 2t.\end{aligned}$$

将 $I\big|_{t=0}=6$ 代入通解,得

$$6=Ce^{-20\times 0}+\frac{30}{101}\sin(2\times 0)-\frac{3}{101}\cos(2\times 0).$$

解得 $C=\frac{609}{101}$.

所以在任何时刻 t 的电流为

$$I=\frac{609}{101}e^{-20t}+\frac{30}{101}\sin 2t-\frac{3}{101}\cos 2t.$$

注意：I 中的 $\frac{609}{101}e^{-20t}$ 称为瞬时电流，因为当 $t\to\infty$ 时，它变为零（“消失”）；$\frac{30}{101}\sin 2t-\frac{3}{101}\cos 2t$ 称为稳态电流，当 $t\to\infty$ 时电流趋于稳态电流的值.

能力训练 5.1

1. 验证 $y=C_1e^{-x}+C_2xe^{-x}$ 是微分方程 $y''+2y'+y=0$ 的通解，并求出满足初始条件 $y\big|_{x=0}=4,y'\big|_{x=0}=-2$ 的特解.

2. 求下列微分方程或其初值问题的解：

(1) $\frac{dy}{dx}=xe^x$；　　(2) $\frac{dy}{dx}=x^2y^2$；

(3) $\frac{dy}{dx}=4x^2,y\big|_{x=0}=1$；　　(4) $\frac{dy}{dx}=e^{2x-y},y\big|_{x=0}=0$.

3. 求微分方程的通解：

(1) $y'+2y=1$；　　(2) $\frac{dy}{dx}+y=e^{-x}$；　　(3) $y'=\frac{y+x\ln x}{x}$；

(4) $y'-3xy=2x$；　　(5) $\frac{dy}{dx}=\frac{y}{x+y^3}$；　　(6) $(1+x^2)y'-2xy=(1+x^2)^2$.

4. 求下列微分方程满足所给初始条件的特解：

(1) $y'+y=3x^2,y(0)=2$；　　(2) $y'=e^{x-y},y(0)=0$；

(3) $y'+y\cos x=e^{-\sin x},y(0)=0$；　　(4) $xdy-ydx=y^2e^ydy,y(0)=\ln 2$.

5. 设一曲线 $y=f(x)$ 过原点，且在任意点 $P(x,y)$ 处切线斜率为 $2x+y$，求此曲线方程.

6. 设降落伞从跳伞塔下落，所受空气阻力与速度成正比（比例系数为 k），降落伞离开塔顶（$t=0$）时的速度为零.试求降落伞下落时速度与时间的函数关系.

7. 由于放射性元素镭会自发地不断从不稳定的原子核内部释放出粒子变成其他稳定的元素，镭的含量就会不断地减少，这一过程叫作放射性衰变.由原子物理学知识知道，镭在任何时刻的衰变速率与此刻剩余镭的质量成正比.设 $t=0$ 时镭有 M_0(g)，求在衰变过程中镭的质量的变化规律.

§5.2 二阶线性微分方程

情景与问题

引例 1　我国自主研发的天问 1 号火星探测器于 2021 年 5 月成功着陆火星，我国成为世界上第 2 个无人登陆火星的国家.要发射行星探测器，就要摆脱地球的引力，发射的初始速度不小于第二宇宙速度，那么应如何确定该初始速度呢？

分析　设卫星质量为 m，地球质量为 M，卫星质心到地心的距离为 $y(t)$，则由牛顿第二定律得

$$m\frac{\mathrm{d}^2y}{\mathrm{d}t^2}=-\frac{GMm}{y^2}（G\text{ 为引力系数}）.$$

又设卫星的初速度为 v_0，已知地球半径 $R\approx63\times10^5$ m.则有初值问题

$$\begin{cases}\dfrac{\mathrm{d}^2y}{\mathrm{d}t^2}=-\dfrac{GM}{y^2},\\ y\Big|_{t=0}=R,\dfrac{\mathrm{d}y}{\mathrm{d}t}\Big|_{t=0}=v_0.\end{cases}$$

设 $\dfrac{\mathrm{d}y}{\mathrm{d}t}=v(t)$，则 $\dfrac{\mathrm{d}^2y}{\mathrm{d}t^2}=v\dfrac{\mathrm{d}v}{\mathrm{d}y}$，代入上述方程可得一阶微分方程：

$$v\frac{\mathrm{d}v}{\mathrm{d}y}=-\frac{GM}{y^2}.$$

其解为

$$\frac{1}{2}v^2=\frac{1}{2}v_0^2+GM\left(\frac{1}{y}-\frac{1}{R}\right).$$

显然 $v\geqslant0$，则 v_0 应满足 $v_0\geqslant\sqrt{\dfrac{2GM}{R}}$.

由于当 $y=R$（在地面上）时，重力=引力，即 $\dfrac{GMm}{R^2}=mg(g=9.81\mathrm{m/s^2})$.因此，$GM=R^2g$，代入上式可得

$$v_0\geqslant\sqrt{2Rg}=\sqrt{2\times63\times10^5\times9.81}\approx11.2\times10^3(\mathrm{m/s}).$$

这样就得到了第二宇宙速度：11.2 km/s.

引例 2　某型号大炮发射炮弹时的仰角为 θ，初速度为 v_0.如果不考虑空气阻力，试讨论炮弹发射后的运行曲线(即弹道曲线).

分析　不妨取炮口为坐标原点，炮弹前进的水平方向为 x 轴，铅直向上方向为 y 轴，并设炮弹水平位移为 $x(t)$，铅直位移为 $y(t)$.于是，由已知条件可得如下两个初值问题：

$$\begin{cases}x'(t)=v_0\cos\theta,\\ x\big|_{t=0}=0\end{cases}\quad\text{及}\quad\begin{cases}y''(t)=-g,\\ y'\big|_{t=0}=v_0\sin\theta,\\ y\big|_{t=0}=0.\end{cases}$$

上述情景与问题中的方程属于二阶线性微分方程.接下来我们较系统地学习二阶线性微分方程的相关知识.

5.2.1　二阶线性微分方程解的结构

微课：二阶线性微分方程解的结构

定义 5.4　方程

$$y^{(n)}+\alpha_1(x)y^{(n-1)}+\alpha_2(x)y^{(n-2)}+\cdots+\alpha_{n-1}(x)y'+\alpha_n(x)y=f(x) \tag{5.7}$$

称为 n 阶线性微分方程.特别地，当右侧自由项 $f(x)\equiv0$ 时，二阶线性微分方程

$$y''+P(x)y'+Q(x)y=0 \tag{5.8}$$

称为齐次的；当 $f(x)\neq0$ 时，方程称为非齐次的.

本节只讨论 $n=2$ 的情形，即二阶线性微分方程.

1. 二阶齐次线性微分方程解的结构

先引入一个定义：

定义 5.5 设 $y_1(x), y_2(x), \cdots, y_n(x)$ 是定义在区间 I 上的 n 个函数，如果存在 n 个不全为零的常数 $k_1, k_2, \cdots, k_n$，使得当 $x \in I$ 时恒有

$$k_1y_1+k_2y_2+\cdots+k_ny_n=0.$$

则称函数 $y_1(x), y_2(x), \cdots, y_n(x)$ 在区间 I 上线性相关；否则称线性无关.

例如，在整个实数范围内，函数 $1, \sin^2x, \cos^2x$ 是线性相关的，而函数 $1, e^x, e^{2x}$ 是线性无关的.

由上述定义可知，对于两个函数线性相关性的判定，可采取简单易行的办法，即只需看它们的比是否为常数：如果比为常数，则它们就线性相关；否则就线性无关.例如，函数 e^x 与 e^{2+x} 是线性相关的，而函数 e^x 与 e^{2x} 是线性无关的.

在线性相关性定义基础上，可引入关于二阶齐次线性微分方程通解结构的定理.

定理 5.1 设 $y_1(x)$ 与 $y_2(x)$ 是方程(5.8)的两个解，则对任意常数 C_1 与 C_2，有 $y=C_1y_1(x)+C_2y_2(x)$ 也是方程(5.8)的解.进一步，若 y_1 与 y_2 线性无关，则 $y=C_1y_1(x)+C_2y_2(x)$ 是微分方程(5.8)的通解.

证明从略.

2. 二阶非齐次线性方程解的结构

在 5.1.3 节"想一想"中，一阶非齐次线性微分方程的通解可看作两部分的和：一部分是对应的齐次方程的通解；另一部分是非齐次微分方程本身的一个特解.实际上，不仅一阶非齐次线性微分方程的通解具有这样的结构，二阶及以上阶非齐次线性微分方程的通解也具有这样的结构.

定理 5.2 设 $y^*(x)$ 是二阶非齐次线性微分方程

$$y''+P(x)y'+Q(x)y=f(x) \tag{5.9}$$

的一个特解. $\overline{Y}$ 是对应的齐次方程的通解，则

$$y=\overline{Y}+y^*$$

是二阶非齐次线性方程(5.9)的通解.

证明　只需证 $y=\overline{Y}+y^*$ 是方程(5.9)的解即可.将 $y=\overline{Y}+y^*$ 代入方程(5.9)的左端，得

$$\begin{aligned}&(\overline{Y}''+y^{*\prime\prime})+P(x)(\overline{Y}'+y^{*\prime})+Q(x)(\overline{Y}+y^*)\\&=[\overline{Y}''+P(x)\overline{Y}'+Q(x)\overline{Y}]+[y^{*\prime\prime}+P(x)y^{*\prime}+Q(x)y^*].\end{aligned}$$

由于 $\overline{Y}$ 是对应齐次方程的解，y^* 是非齐次方程的解，则上式右侧第一个括号内的表达式结果为零，第二个表达式的结果为 $f(x)$. 于是，$y=\overline{Y}+y^*$ 满足式(5.9)，即 $y=\overline{Y}+y^*$ 是方程(5.9)的解，定理得证.

5.2.2　二阶常系数线性微分方程

定义 5.6 对于方程

$$y''+P(x)y'+Q(x)y=f(x),$$

当系数函数 $P(x)$, $Q(x)$ 均为常数时，称为二阶常系数线性微分方程，简称为二阶常系数线性方程.

当 $f(x)\equiv 0$ 时，方程

$$y''+py'+qy=0 \tag{5.10}$$

称为二阶常系数齐次线性方程. 当 $f(x)\neq 0$ 时，方程

$$y''+py'+qy=f(x) \tag{5.11}$$

称为二阶常系数非齐次线性方程.

微课：二阶常系数齐次线性方程

1. 二阶常系数齐次线性方程

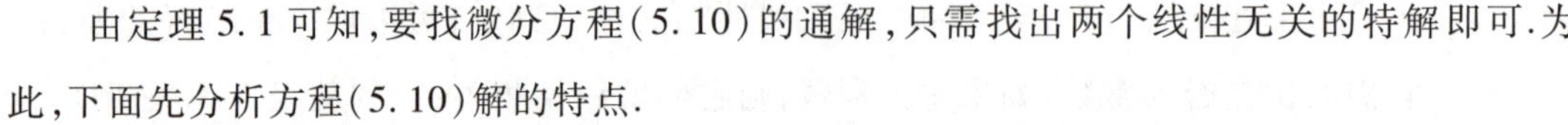

由定理 5.1 可知，要找微分方程(5.10)的通解，只需找出两个线性无关的特解即可. 为此，下面先分析方程(5.10)解的特点.

从方程(5.10)的形式可看出，未知函数 y 同其一、二阶导数经常数倍因子相加为零. 这种情况有可能是由于未知函数 y 同其一、二阶导数相差常数因子而导致的. 那么，什么样的函数具有这样的特性呢？恰好以 e 为底的指数函数具有如此性质. 因此，不妨用 $y=\mathrm{e}^{rx}$ 来尝试，如果能找到适当的常数 r，便得到了方程(5.10)的解.

将 $y=\mathrm{e}^{rx}$, $y'=r\mathrm{e}^{rx}$, $y''=r^2\mathrm{e}^{rx}$ 代入方程(5.10)，得

$$(r^2+pr+q)\mathrm{e}^{rx}=0.$$

由于 $\mathrm{e}^{rx}\neq 0$，因此有

$$r^2+pr+q=0. \tag{5.12}$$

由此可见，只要 r 满足代数方程(5.12)，函数 $y=\mathrm{e}^{rx}$ 便是微分方程(5.10)的解，这样便将解微分方程转化为解代数方程. 我们把方程(5.12)称为微分方程(5.10)的特征方程，其根 r 为特征根. 下面就特征根的三种情况分别加以讨论.

(1) 特征方程有两个不等的实根 $r_1\neq r_2$，这时对应的两个解为 $y_1=\mathrm{e}^{r_1x}$, $y_2=\mathrm{e}^{r_2x}$. 由于 $\dfrac{y_2}{y_1}=\dfrac{\mathrm{e}^{r_2x}}{\mathrm{e}^{r_1x}}=\mathrm{e}^{(r_2-r_1)x}$ 不是常数，知 y_1 与 y_2 线性无关. 于是方程(5.10)的通解为

$$y=C_1\mathrm{e}^{r_1x}+C_2\mathrm{e}^{r_2x}.$$

(2) 特征方程有两个相等的实根 $r_1=r_2=r$. 此时，只能得到方程(5.10)的一个解 $y_1=\mathrm{e}^{rx}$，还需找出另一个与 y_1 线性无关的解 y_2. 不妨设 $\dfrac{y_2}{y_1}=u(x)$，即 $y_2=u(x)\mathrm{e}^{rx}$，如果找得到适当的 $u(x)$，那么也就找到了 y_2.

将 $y_2=u(x)\mathrm{e}^{rx}$ 代入方程(5.10)，整理得

$$u''+(2r+p)u'+(r^2+pr+q)u=0.$$

由于 r 是特征方程(5.12)的二重根. 因此，$r^2+pr+q=0$，且 $2r+p=0$，于是有 $u''=0$. 因为这里只需要得到一个不为零的解，所以不妨选取 $u=x$，由此可得到方程(5.10)的另一个与

$y_1=\mathrm{e}^{rx}$ 线性无关的解 $y_2=x\mathrm{e}^{rx}$.

这样便得到了方程(5.10)的通解：

$$y=(C_1+C_2x)\mathrm{e}^{rx}\quad(C_1, C_2\text{ 为任意常数}).$$

(3) 特征方程有一对共轭复根 $r_1=\alpha+\mathrm{i}\beta, r_2=\alpha-\mathrm{i}\beta$.此时方程(5.10)的通解为

$$y=C_1'\mathrm{e}^{(\alpha+\mathrm{i}\beta)x}+C_2'\mathrm{e}^{(\alpha-\mathrm{i}\beta)x}=\mathrm{e}^{\alpha x}(C_1'\mathrm{e}^{\mathrm{i}\beta x}+C_2'\mathrm{e}^{-\mathrm{i}\beta x})\ (C_1', C_2'\text{为任意常数}).$$

利用欧拉公式 $\mathrm{e}^{\mathrm{i}\theta}=\cos\theta+\mathrm{i}\sin\theta$,可得到方程(5.10)另一种形式的通解：

$$y=\mathrm{e}^{\alpha x}(C_1\cos\beta x+C_2\sin\beta x).$$

式中,$C_1=C_1'+C_2'$;$C_2=(C_1'-C_2')\mathrm{i}$.

综上所述,求二阶常系数齐次线性微分方程(5.10)的通解的一般步骤如下：

第一步,写出方程(5.10)对应的特征方程 $r^2+pr+q=0$;

第二步,求出特征根 r_1 和 r_2;

第三步,根据特征根的三种不同情形,按照表 5-1 的形式写出对应的通解：

表 5-1

特征方程 $r^2+pr+q=0$ 的根	微分方程 $y''+py'+qy=0$ 的通解
两个不等的实根 $r_1\neq r_2$	$y=C_1\mathrm{e}^{r_1x}+C_2\mathrm{e}^{r_2x}$
两个相等的实根 $r_1=r_2$	$y=(C_1+C_2x)\mathrm{e}^{rx}$
一对共轭复根 $r_{1,2}=\alpha\pm\mathrm{i}\beta$	$y=\mathrm{e}^{\alpha x}(C_1\cos\beta x+C_2\sin\beta x)$

例 1 求微分方程 $y''-3y'+2y=0$ 的通解.

解 特征方程为 $r^2-3r+2=0$,特征根为 $r_1=1, r_2=2$,因此所求方程的通解为

$$y=C_1\mathrm{e}^{x}+C_2\mathrm{e}^{2x}.$$

例 2 求微分方程 $y''-4y'+4y=0$ 满足初始条件 $y(0)=2, y'(0)=5$ 的特解.

解 特征方程为 $r^2-4r+4=0$,特征根为 $r_1=r_2=2$,因此所求方程的通解为

$$y=\mathrm{e}^{2x}(C_1+C_2x).$$

由初始条件 $y(0)=2, y'(0)=5$ 得 $C_1=2, C_2=1$,故所求方程的特解为

$$y=\mathrm{e}^{2x}(2+x).$$

2. 二阶常系数非齐次线性方程

根据定理 5.2,求二阶常系数非齐次线性方程

$$y''+py'+qy=f(x)\tag{5.13}$$

的通解,可由对应的齐次线性方程的通解与其非齐次方程的特解相加而得,即 $y=\overline{Y}+y^*$,其中 $\overline{Y}$ 是齐次方程通解,y^* 是非齐次方程的特解.关于 $\overline{Y}$ 的计算已解决了,在此只需讨论特解 y^* 的求解.这里仅就自由项 $f(x)$ 为工程中两种常见的情形加以讨论,即

$$f(x)=P_n(x)\mathrm{e}^{\lambda x}, f(x)=P_n(x)\mathrm{e}^{\lambda x}\cos\omega x \text{ 或 } f(x)=P_n(x)\mathrm{e}^{\lambda x}\sin\omega x,$$

式中，$P_n(x)$为 n 次多项式，λ,ω 为常数.

下面对这两种情形分别加以讨论.

微课：二阶常系数非齐次线性方程（一）

(1) $y''+py'+qy=P_n(x)e^{\lambda x}$

因为右侧自由项 $f(x)$ 为多项式 $P_n(x)$ 与指数函数 $e^{\lambda x}$ 的乘积，而多项式与指数函数的导数仍然是多项式与指数函数的乘积，那么可以猜测其特解形式也为一个多项式与指数函数相乘的形式. 为此，设 $y^*=Q(x)e^{\lambda x}$，只要找到适当的多项式 $Q(x)$ 便可得方程的特解. 将所设 $y^*=Q(x)e^{\lambda x}$ 代入方程，得等式

$$Q''(x)+(2\lambda+p)Q'(x)+(\lambda^2+p\lambda+q)Q(x)=P_n(x) \tag{5.14}$$

① 如果 λ 不是特征方程 $r^2+pr+q=0$ 的根，则 $\lambda^2+p\lambda+q\neq0$. 要使(5.14)成立，可令 $Q(x)$ 为另一 n 次多项式 $Q_n(x)=b_0x^n+b_1x^{n-1}+\cdots+b_{n-1}x+b_n$，然后比较(5.14)式两端同次幂的系数，便可确定 $b_0,b_1,\cdots,b_n$，并得到所求特解：$y^*=Q_n(x)e^{\lambda x}$.

② 如果 λ 是特征方程 $r^2+pr+q=0$ 的单根，则 $\lambda^2+p\lambda+q=0$ 且 $2\lambda+p\neq0$. 要使(5.14)成立，$Q'(x)$ 必须是 n 次多项式，于是可令 $Q(x)$ 为一 $n+1$ 次多项式 $Q(x)=xQ_n(x)$，然后代入方程确定 $Q_n(x)$ 的系数，进而得到所求特解：$y^*=xQ_n(x)e^{\lambda x}$.

③ 如果 λ 是特征方程 $r^2+pr+q=0$ 的二重根，则 $\lambda^2+p\lambda+q=0$ 且 $2\lambda+p=0$. 要使式(5.14)成立，$Q''(x)$ 必须是 n 次多项式，于是可令 $Q(x)$ 为一 $n+2$ 次多项式 $Q(x)=x^2Q_n(x)$，然后代入方程确定 $Q_n(x)$ 的系数，进而得到所求特解：$y^*=x^2Q_n(x)e^{\lambda x}$.

综上所述，可得出如下结论：

当自由项为 $P_n(x)e^{\lambda x}$ 时，则二阶常系数非齐次线性方程有形如

$$y^*=x^kQ_n(x)e^{\lambda x}$$

的特解，其中 $Q_n(x)$ 是与 $P_n(x)$ 同次的多项式，而 k 按 λ 不是特征根、是特征单根或是特征重根依次取为 0,1 或 2.

例 3 求方程 $y''+2y'-3y=3x+1$ 的一个特解.

解 方程自由项 $f(x)=(3x+1)e^{0x}$，$\lambda=0$ 不是特征方程 $r^2+2r-3=0$ 的特征根，故可令特解为 $y^*=b_0x+b_1$. 代入原方程得

$$2b_0-3(b_0x+b_1)=3x+1.$$

比较等式两端系数有

$$\begin{cases}-3b_0=3,\\2b_0-3b_1=1.\end{cases}$$

解得 $b_0=b_1=-1$，故所求特解为 $y^*=-x-1$.

例 4 求方程 $y''-y'-2y=xe^{2x}$ 的通解.

解 特征方程 $r^2-r-2=0$ 有两个特征实根 $r_1=2,r_2=-1$. 对应齐次方程的通解为

$$\overline{Y}=C_1e^{2x}+C_2e^{-x}.$$

自由项 $f(x)=xe^{2x}$，$\lambda=2$ 是特征单根，故可令特解为 $y^*=x(b_0x+b_1)e^{2x}$. 代入原方程得

$$6b_0x+2b_0+3b_1=x.$$

比较等式两端系数有

$$\begin{cases}6b_0=1,\\2b_0+3b_1=0.\end{cases}$$

解得 $b_0=\dfrac{1}{6}$，$b_1=-\dfrac{1}{9}$，故所求特解为 $y^*=x\left(\dfrac{1}{6}x-\dfrac{1}{9}\right)e^{2x}=\left(\dfrac{1}{6}x^2-\dfrac{1}{9}x\right)e^{2x}$.

从而所求的通解为

$$y=\overline{Y}+y^*=C_1e^{2x}+C_2e^{-x}+\left(\frac{1}{6}x^2-\frac{1}{9}x\right)e^{2x}.$$

（2）$y''+py'+qy=P_n(x)e^{\lambda x}\cos\omega x$ 或 $y''+py'+qy=P_n(x)e^{\lambda x}\sin\omega x$

类似于前述讨论有：当 $\lambda\pm i\omega$ 不是特征根时，可设其特解为

$$y^*=Q_n(x)e^{\lambda x}\cos\omega x+R_n(x)e^{\lambda x}\sin\omega x.$$

当 $\lambda\pm i\omega$ 是特征根时，可设其特解为

$$y^*=x[Q_n(x)e^{\lambda x}\cos\omega x+R_n(x)e^{\lambda x}\sin\omega x].$$

式中，$Q_n(x)$ 与 $R_n(x)$ 是 n 次待定多项式.

微课：二阶常系数非齐次线性方程（二）

例 5 求方程 $y''+y=e^x\sin 2x$ 的一个特解.

解 特征方程 $r^2+1=0$ 有两个特征根：$r=\pm i$. 由于 $\lambda=1\pm 2i$ 不是特征根，所以应设特解为

$$y^*=e^x(a\cos 2x+b\sin 2x).$$

代入原方程得

$$(4b-2a)\cos 2x-(4a+2b)\sin 2x=\sin 2x.$$

比较两端同类型的系数可得

$$\begin{cases}4b-2a=0,\\4a+2b=-1.\end{cases}$$

解得 $a=-\dfrac{1}{5}$，$b=-\dfrac{1}{10}$，故所给方程的一个特解为

$$y^*=-\frac{e^x}{10}(2\cos 2x+\sin 2x).$$

应用与实践

案例 1 一个 RLC 串联回路（图 5-2）由电阻 $R=180\ \Omega$，电容 $C=1/280$ F，电感 $L=20$ H 和电源 $E(t)=10\sin t$V 构成. 假设在初始时刻 $t=0$，电容上没有电量，电流是 1 A，求任意时刻电容上的电量所满足的微分方程.

解　将 $I=\dfrac{\mathrm{d}q}{\mathrm{d}t}$，$\dfrac{\mathrm{d}I}{\mathrm{d}t}=\dfrac{\mathrm{d}^2q}{\mathrm{d}t^2}$代入回路电流定律所确定电流方程$\dfrac{\mathrm{d}I}{\mathrm{d}t}+\dfrac{R}{L}I=\dfrac{E}{L}$得

$$\frac{\mathrm{d}^2q}{\mathrm{d}t^2}+\frac{R}{L}\cdot\frac{\mathrm{d}q}{\mathrm{d}t}+\frac{1}{LC}q=\frac{1}{L}E(t).$$

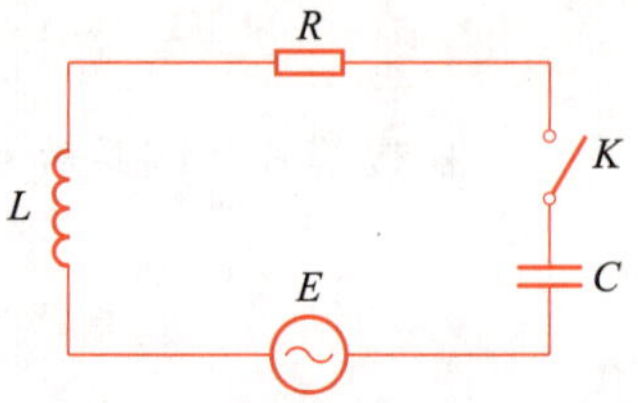

将已知条件 $R=180\ \Omega$，$C=1/280\ \mathrm{F}$，$L=20\ \mathrm{H}$ 和 $E(t)=10\sin t\mathrm{V}$ 代入上式，得

$$\frac{\mathrm{d}^2q}{\mathrm{d}t^2}+9\frac{\mathrm{d}q}{\mathrm{d}t}+14q=\frac{1}{2}\sin t.$$

图 5-2

初始条件为 $q(0)=0$，$\left.\dfrac{\mathrm{d}q}{\mathrm{d}t}\right|_{t=0}=1$.

案例 2　一质量为 m 的物体在某冲击力作用下以 v_0 的初速度在水面上滑动，已知作用于该物体的摩擦力为$-km$（k 为常数），求该物体的运动方程，并求物体滑行的距离.

分析　设物体运动方程为 $s=s(t)$，则物体运动速度函数为 $v=s'(t)$，加速度函数为 $a=s''(t)$，由牛顿第二定律得运动方程为 $ms''=-km$，即 $s''=-k$.通过两次积分，得通解为

$$s=-\frac{1}{2}kt^2+C_1t+C_2.$$

又由题意得初始条件 $s\big|_{t=0}=0$，$s'\big|_{t=0}=v_0$，将其代入通解求得 $C_1=v_0$，$C_2=0$.所以，所求运动方程为

$$s=-\frac{1}{2}kt^2+v_0t.$$

令 $s'=0$，得 $t=\dfrac{v_0}{k}$，即经过时间$\dfrac{v_0}{k}$后物体停止运动，总的滑行距离为

$$s=-\frac{1}{2}k\left(\frac{v_0}{k}\right)^2+v_0\frac{v_0}{k}=\frac{k}{2}v_0^2.$$

能力训练 5.2

1. 判断下列各组函数是否线性相关：

(1) x^2, x^3；　　(2) $\mathrm{e}^{ax}, \mathrm{e}^{bx}$；

(3) $\sin 2x, \sin x\cos x$；　　(4) $x\ln x, \ln x$.

2. 验证 $y_1=\cos \omega x$ 及 $y_2=\sin \omega x$ 都是方程 $y''+\omega^2y=0$ 的解，并写出该方程的通解.

3. 设 y_1, y_2, y_3 是某二阶非齐次线性微分方程的三个线性无关解，试写出该微分方程的通解.

4. 求下列微分方程的通解或特解：

(1) $y''-5y'+6y=0$；　　(2) $y''+4y'+4y=0$；

(3) $y''+2y'+4y=0$；　　(4) $4\dfrac{\mathrm{d}^2s}{\mathrm{d}t^2}-4\dfrac{\mathrm{d}s}{\mathrm{d}t}+s=0, s\big|_{t=0}=1, \left.\dfrac{\mathrm{d}s}{\mathrm{d}t}\right|_{t=0}=3$.

5. 求下列微分方程的通解：

(1) $y''-4y=2x+1$;　(2) $y''-3y'+2y=xe^{2x}$;

(3) $y''-6y'+9y=e^{3x}$;　(4) $y''+3y'+2y=e^{-x}\cos x$.

6. 求下列各微分方程的特解:

(1) $y''-y=4xe^{x},y\big|_{x=0}=0,y'\big|_{x=0}=1$;　(2) $y''+4y=\dfrac{x}{2},y\big|_{x=0}=y'\big|_{x=0}=0$.

7. 一质量为 m 的物体由静止开始沉入某液体中.已知下沉时,液体对物体的阻力与下沉速度成正比,求物体的运动规律.

§5.3 微分方程建模示例

微分方程已被广泛地应用到科学、技术、工程、社会及经济等各个领域中,并已有若干经典案例.例如,1846 年 9 月 23 日,数学家和天文学家合作,利用微分方程知识,发现了一颗有名的新星——海王星,这一发现一直在科学界被传为佳话.本节主要讨论微分方程在实际应用中的几个案例,读者可从问题的求解中,了解微分建模的基本步骤,熟悉微分建模的主体工作,并深刻领会微分建模的魅力.

5.3.1 人口模型

1. 马尔萨斯(Malthus)模型

英国经济学家马尔萨斯(1766—1834)研究了某地 100 多年人口出生统计资料后认为,在人口自然增长过程中,人口出生率是一个常数.1798 年他在《人口原理》一书中提出了著名的马尔萨斯人口模型.

模型基本假设:

(1) 在人口自然增长过程中,净相对增长率(出生率与死亡率之差)是常数,记为 r;

(2) t 时刻人口数记为 $N(t)$.由于人口总数很大,可将 $N(t)$ 作连续可微处理(即离散变量连续化处理);

(3) 人口数量的变化是封闭的,即人口数量的增加和减少只取决于人口中个体的出生和死亡,且每一个体都具有同样的出生率和死亡率.

建模与求解:

在 t 到 $t+\Delta t$ 时间段内,人口增量为

$$N(t+\Delta t)-N(t)=rN(t)\Delta t.$$

于是可得马尔萨斯人口模型:

$$\begin{cases}\dfrac{\mathrm{d}N}{\mathrm{d}t}=rN,\\ N(t_0)=N_0.\end{cases}$$

用分离变量法易求出其解为 $N(t)=N_0e^{r(t-t_0)}$.

模型评价与检验：

据估计，1961 年全球人口总数为 3.06×10^9，而且在随后 7 年内，人口总数年平均自然增长率为 2%，这样 $N_0=3.06\times10^9$，$t_0=1961$，$r=0.02$，于是

$$N(t)=3.06\times10^9\cdot e^{0.02(t-1961)}. \tag{5.15}$$

结合 1700—1961 年间世界人口统计数据，发现这些数据与上式计算结果相当吻合.特别地，在此期间全球人口大约每 35 年翻一番，而上式算出每 36.6 年增加 1 倍，模型检验效果相当理想.

但是，利用式(5.15)对世界人口进行预测也会出现较大差异.例如，有科学家以美国人口为例，用马尔萨斯指数增长模型预测出 1810—1920 的人口数，并与实际人口数做比较，结果见表 5-2.

从表 5-2 可看出，1810—1870 年间的预测人口数与实际人口数吻合较好，但 1880 年以后的误差越来越大.更离谱的是，人们在此基础上，预测到 2670 年，地球上将有 36 000 亿人口.这是个什么概念呢？假设地球表面全是可供人站立的陆地（事实上，地球表面多达 80% 被水覆盖），每平方米至少要容纳 16 人，只有人重人站几层了.

显然，这一预测结果非常荒谬，其原因是对人口增长率 r 估计过高，因此应该对 r 是常数的假设进行修改.

表 5-2

年份	实际人口/百万	指数增长模型	
		预测人口/百万	误差/%
1790	3.9		
1800	5.3		
1810	7.2	7.3	1.4
1820	9.6	10.0	6.2
1830	12.9	13.7	6.2
1840	17.1	18.7	9.4
1850	23.2	25.6	10.3
1860	31.4	35.0	10.8
1870	38.6	47.8	23.8
1880	50.2	65.5	30.5
1890	62.9	89.6	42.4
1900	76.0	122.5	61.2
1910	92.0	167.6	82.1
1920	106.5	229.3	115.3

2. 阻滞增长模型（逻辑斯谛模型）

如何对人口增长率 r 进行修正，进而利用修正的人口模型进行正确的人口预测呢？事实上，随着人口的增加，相关自然资源、所处环境条件等因素对人口再增长的限制作用将越来越显著.如果当人口较少时，将人口的自然增长率 r 看作常数有其合理性，那么当人口增加到一定数量以后，该增长率再看作同前面一样的常数便不再科学，而应当将其视作随人口的增加而减少的变量，即将增长率 r 表示为人口 $N(t)$ 的关于 t 的减函数.于是应该对指数增长模型关于人口净增长率是常数的假设进行修改.下面的模型是所有修改模型中最著名的一个.

1838 年，荷兰生物数学家维赫斯特（Verhulst）引入常数 N_m 表示自然环境条件所能容许的最大人口数，并将净增长率假设为 $r\left(1-\dfrac{N(t)}{N_m}\right)$，显然当 $N(t)\to N_m$ 时，增长率 $r(N_m)=0$.

由此建立阻滞增长人口模型：

$$\begin{cases}\dfrac{\mathrm{d}N}{\mathrm{d}t}=r\left(1-\dfrac{N}{N_m}\right)N,\\ N(t_0)=N_0,\end{cases}\tag{5.16}$$

经变量分离解得

$$N(t)=\frac{N_m}{1+\left(\dfrac{N_m}{N_0}-1\right)\mathrm{e}^{-r(t-t_0)}}.\tag{5.17}$$

根据方程（5.16）作出$\dfrac{\mathrm{d}N}{\mathrm{d}t}\sim N$ 曲线图，如图 5-3 所示.由该图可看出人口增长率随人口数的变化规律，即人口增长率$\dfrac{\mathrm{d}N}{\mathrm{d}t}$由增到减，并在$\dfrac{N_m}{2}$处最大，也就是说在人口总数达到极限值一半以前是加速生长期，经过这一点后进入减速生长期，人口增长速率逐渐变小，最终达到 0.根据式（5.17）作出 $N\sim t$ 曲线，如图 5-4 所示．由该图可看出人口数随时间的变化规律.

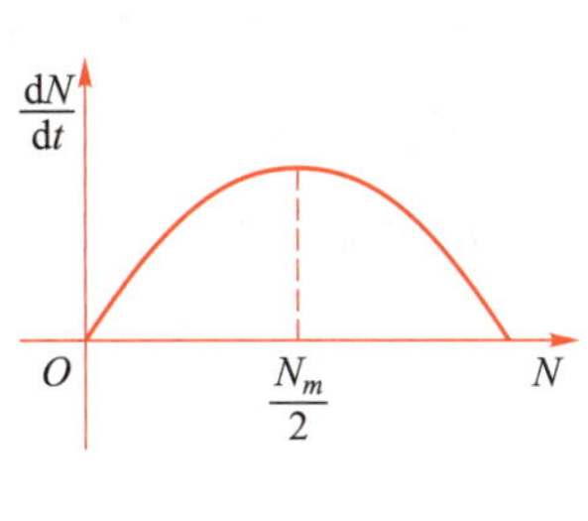

图 5-3

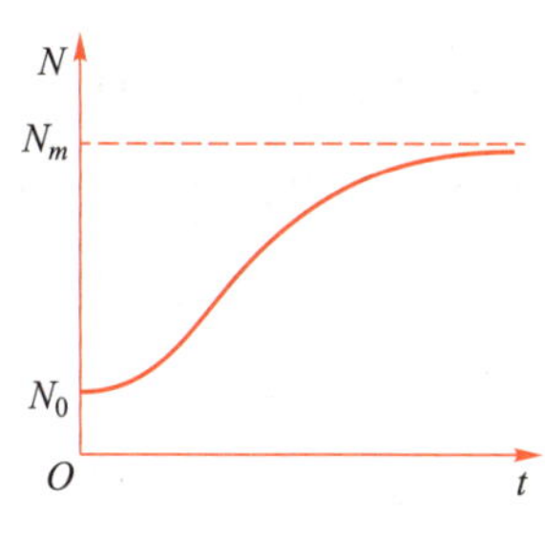

图 5-4

后来，人们用该模型检验美国人口的变化趋势，发现从 1790 年到 1930 年，模型计算结果与实际人口非常吻合，不过 1930 年后误差越来越大，一个明显的原因是在 20 世纪 60 年代美国的实际人口已突破了 20 世纪初所设立的极限人口.由此可见，该模型所设定常值 N_m

仍有待研究.例如,随着一个国家经济的飞速发展,它所能提供的物质财富就越来越丰富,相应地 N_m 的值也就越大.

需要指出的是,人口的预测是一个相当复杂的问题,影响人口增长的因素除了人口基数与可利用的资源量之外,还和医药卫生条件的改善、人们生育观念的变化等因素有关.特别是在做中短期预测时,希望得到满足一定预测精度的结果,比如在刚刚经历过战争或是由于在特定的历史条件下采纳了特殊的人口政策等,这些因素本身以及由此而引起的人口年龄结构的变动就会变得相当重要,进而需要予以考虑.但另一方面,针对人口数量变化所建立的阻滞增长模型,可推广到在自然环境下生存的其他生物,如森林中的树木、草原上的象群、池塘中的鱼类等.有兴趣的读者可参阅其他书籍或资料,以进行更深入的研究.

通过对人口模型的学习,我们已基本对微分建模有了初步认识,对相关建模步骤也有了一定了解.其实,一般来说,应用微分方程建模解决实际问题的步骤可概括为以下几步:

(1) 分析问题,简化假设,提炼出关键因素;

(2) 根据实际问题并结合相关学科知识建立对应的数学模型——微分方程(组);

(3) 求解并研究该微分方程(组),包括分析解的若干特征;

(4) 对模型结果进行检验,必要时修改模型并对问题做进一步探讨.

5.3.2 衰变问题

放射性物质因不断放射出各种射线而逐渐减少其质量的现象称为衰变.在 5.1 节中案例 1,已经借用微分方程对放射性元素的衰变进行了初步研究.其实微分方程在该领域的使用非常广泛,如考古发掘物年龄的确定、艺术品真伪的鉴定等.1991 年,科学家在阿尔卑斯山发现一个肌肉丰满的冰人后,根据躯体所含碳原子消失的程度,通过微分方程求解,推断出这个冰人大约在 5 000 年前遇难.那么该项研究中的碳原子分析是如何进行的呢?

1949 年美国芝加哥大学教授威拉得 · 利比(Willard Libby)首先提出了用 C^{14} 测定古代遗址年龄的方法,并因创立了 C^{14} 的年代测定技术而获得 1960 年诺贝尔化学奖.目前,C^{14} 年龄测定法已成为测定考古挖掘物年代的最精确方法之一.地球周围的大气不断受到宇宙射线的冲击而产生大量中子,这些中子轰击占空气 80% 的氮原子核后,产生放射性 C^{14}.C^{14} 与氧结合生成 CO_2,CO_2 在大气中运动被植物吸收,动物又通过进食植物把放射性碳代入到它们的组织中,这样就形成了自然界碳的交换循环运动.在活性组织中,C^{14} 提取的速率正好与 C^{14} 的衰变速率相平衡,而当组织死亡以后,它就停止提取 C^{14},此后组织内 C^{14} 的浓度按照 C^{14} 的衰变速率减少.由于碳在自然界的交换循环很快,因此处于与大气相互交换的各种物质在各地的 C^{14} 水平基本是一致的.

众所周知放射性物质的衰减速度与该物质的含量成比例,并符合指数函数的变化规律.下面从某发掘出的考古文物的年代(如古墓遗体死亡时间)入手,分析 C^{14} 的衰变过程,并建立相应微分方程模型.

模型假设:

假设地球大气层中放射性碳的含量在文物形成到发掘测量之前是不变的,且考古样品在活着被制造(动植物死亡、艺术品完成)时其所含放射性碳的形成率与衰变率相等,同时假定文物在被形成到发掘之前从未受到任何放射性元素的污染.

模型建立与求解:

设样本形成时 C^{14} 的含量为 N_0,t 时刻 C^{14} 的含量为 $N(t)$,λ 为 C^{14} 的衰变常数,由此建立微分模型:

$$\begin{cases}\dfrac{\mathrm{d}N}{\mathrm{d}t}=-\lambda N,\\ N(0)=N_0.\end{cases}$$

解得 $N(t)=N_0\mathrm{e}^{-\lambda t}$.

由化学知识可知 C^{14} 的半衰期为 5 730 年,即 $\dfrac{N_0}{2}=N_0\mathrm{e}^{-5\,730\lambda}$,易得 $\lambda\approx 0.000\,120\,97$.

于是,C^{14} 的函数模型为 $N(t)=N_0\mathrm{e}^{-0.000\,120\,97t}$.

设挖掘出的考古样本中的 C^{14} 含量与原始样本中 C^{14} 含量的百分比为 p,即

$$pN_0=N_0\mathrm{e}^{-0.000\,120\,97t}.$$

由上式易解出考古样本形成时间计算式:$t=\dfrac{\ln p}{-0.000\,120\,968}$.

另外,也可通过衰变速率得到考古样本形成的时间.具体来说,由 $N'(t)=-\lambda N(t)$ 及 $N'(0)=-\lambda N_0$ 有

$$\frac{N'(t)}{N'(0)}=\frac{N(t)}{N_0}=\mathrm{e}^{-\lambda t}. \tag{5.18}$$

进而可得

$$t=\frac{1}{\lambda}\ln\frac{N'(0)}{N'(t)}. \tag{5.19}$$

例如,1972 年 8 月马王堆一号墓中的棺木出土时,测得棺木木炭标本中 C^{14} 的平均衰变速率为29.78 次/min,而新砍伐并烧成的木炭的 C^{14} 平均衰变速率为 38.37 次/min.将 λ,$N'(0)=38.37$,$N'(t)=29.78$ 代入式(5.19)可得 $t\approx 2\,139$.即马王堆一号墓距今约有2 000年,考古人员再结合其他史料进一步推断出墓主是西汉长沙国丞相利苍之妻——辛追.

再看 5.1 节情景与问题中的引例 1.

这里用 C^{14} 的衰变程度来计算三星堆文物的年代.

检测三星堆祭祀坑中提取的炭屑样品,其 C^{14} 残余量约占原始含量的 69.15%,即

$$\frac{N(t)}{N(0)}=0.691\,5.$$

则

$$t=\frac{1}{\lambda}\ln\frac{N(0)}{N(t)}=\frac{1}{0.000\,120\,97}\ln\frac{1}{0.691\,5}\approx 3\,049.$$

故三星堆出土文物距今大约 3 000 年.

启迪

“沉睡三千年，一醒惊天下”，三星堆出土文物的年代，彰显着中华文明博大精深、源远流长.

5.3.3 案件侦破

宾馆工作人员晚上 7:30 在巡房时发现一遇害者尸体，法医于晚上 8:20 赶到凶杀案现场，当即测得尸体温度为 32.6 ℃；现场勘验一小时后，再测得尸体温度为 31.4 ℃.这期间，室温始终保持在 21.1 ℃.警方综合各方案情锁定了此案最大的犯罪嫌疑人李某，但李某坚称自己无罪，同时有证人指证：“下午李某一直在办公室上班，5:00 时打完电话后就离开了办公室”.从李某办公室到受害者所在宾馆(凶案现场)步行需 5 min，现在的问题是，李某不在凶案现场的证言能否被采信，使他被排除在嫌疑人之外.

案情分析：与大空间的房间相比，尸体显然偏小，因此尸体对房间温度的改变可以忽略不计，即可假设房间温度保持不变.同时，由于人体体温受大脑神经中枢的调节，在人死亡后人体体温调节的功能便消失，尸体的温度就会受到外界环境温度的影响.在刑事侦查中，牛顿冷却定律可用来描述这种影响的方式.

首先来确定凶案的发生时间，若死亡时间在下午 5:05 之前，则该案证人证言具有可信性，足以证明李某不是嫌疑人，否则不能将李某排除在嫌疑人之外.

设 $H(t)$ 表示 t 时刻尸体的温度，并假设受害者死亡时体温是正常的，即死亡时刻尸体温度为 $T=37$ ℃.设晚上 8:20 对应时刻为 $t=0$，则 $H(0)=H_0=32.6$ ℃，$H(1)=31.4$ ℃.

由牛顿冷却定律，尸体温度的变化率与其同周围的温度差成正比.于是，可得到尸体温度变化所对应的数学模型：

$$\begin{cases}\dfrac{\mathrm{d}H}{\mathrm{d}t}=-k(H-21.1),\\ H(0)=H_0.\end{cases}$$

由 $\displaystyle\int\frac{\mathrm{d}H}{H-21.1}=\int -k\mathrm{d}t$ 可得 $H(t)=21.1+a\mathrm{e}^{-kt}$，再由 $H(0)=21.1+a=32.6$ 可得 $a=11.5$，则

$$H(t)=21.1+11.5\mathrm{e}^{-kt}.$$

又由 $H(1)=31.4$ 得 $k=0.11$.

故尸体温度变化规律为

$$H(t)=21.1+11.5\mathrm{e}^{-0.11t}.$$

已知遇害者死亡时 $T=37$ ℃，代入上式 $21.1+11.5\mathrm{e}^{-0.11t}=37$ 可得死亡时间为 $t=-2.95$ 小时，即-2 小时 57 分.从而得到受害者死亡时间应大约在下午 5:23，因此该案有关李某的证言不足以排除李某作案嫌疑.

案情跟踪：警方在整理受害者办公室时发现死者当天在单位医务室就医病历卡，病历卡显示死者有发烧症状，体温达 38.3 ℃.如果假定受害者死亡时体温为 38.3 ℃，那么李某能被排除作案嫌疑吗？

由 $H(t)=21.1+11.5\mathrm{e}^{-0.11t}=38.3$ 可得受害者死亡时间为 $t=-3.67$ 小时，即-3 小时 40

分.再计算得受害者死亡时间大约在下午 4:40,而此时李某正在办公室上班,因此李某不在作案嫌疑人范围之内.

能力训练 5.3

1. 设一容器内原有 100 L 盐水,内含盐 10 kg,现以 3 L/min 的速度注入质量浓度为 0.01 kg/L 的淡盐水,同时以 2 L/min 的速度抽出混合均匀的盐水,求容器内盐量变化的数学模型.

2. 振动是生活与工程中的常见现象,研究振动规律有着极其重要的意义,在自然界中,许多振动现象都可以抽象为振动问题.设有一个弹簧,它的上端固定,下端挂一个质量为 m 的物体,试研究其振动规律.

3. 已知物体在空气中冷却的速率与该物体及空气两者温度的差成正比.设有一瓶热水,水温原来是 100 ℃,空气的温度是 20 ℃,经过 20 小时以后,瓶内水温降到 60 ℃,求瓶内水温的变化规律.

4. 某车间体积为 12 000 m^3, 开始时空气中含有 0.1% 的 CO_2, 为了降低车间空气中 CO_2 的含量, 用一台风量为每秒 2 000 m^3 的鼓风机通入含有 0.03% CO_2 的新鲜空气, 同时以同样的风量将混合均匀的空气排出, 问鼓风机开动 6 min 后, 车间内 CO_2 的含量降低到多少?

5. 设有新产品推向市场,时刻 t 的销售量 x 是 t 的函数,即 $x=x(t)$.由于产品性能良好,已经销售的新产品实际上起着广告宣传的作用,即每一个销售的新产品都是一个宣传品,它吸引着尚未购买的顾客,若每一个销售的新产品在单位时间内平均吸收 λ 个顾客,则可以认为 t 时刻新产品销售量的变化率 $x'(t)$ 与销售量 $x(t)$ 成正比,试建立一个数学模型描述销售情况.

总习题 5

A 基础巩固

1. 求下列微分方程的通解：

(1) $\sqrt{1-x^2}\,y'=\sqrt{1-y^2}$； (2) $\dfrac{\mathrm{d}y}{\mathrm{d}x}-3xy=xy^2$；

(3) $(2^{x+y}-2^x)\mathrm{d}x+(2^{x+y}+2^y)\mathrm{d}y=0$； (4) $y'-\dfrac{y}{x}=x^2$.

2. 求下列初值问题的解：

(1) $xy'+y=y^2, y|_{x=1}=\dfrac{1}{2}$； (2) $y''-3y'+2y=5, y(0)=6, y'(0)=2$.

3. 已知二阶线性微分方程 $y''+p(x)y'+q(x)y=f(x)$ 的三个特解 $y_1=x, y_2=x^2, y_3=\mathrm{e}^{3x}$，试求此方程满足 $y(0)=0, y'(0)=3$ 的特解.

4. 求连续函数 $\varphi(x)$，使得 $x>0$ 时有 $\int_0^1\varphi(xt)\mathrm{d}t=2\varphi(x)$.

5. 设连续函数 $f(x)$ 满足 $f(x)=\mathrm{e}^x+\int_0^x(t-x)f(t)\mathrm{d}t$.求 $f(x)$.

B 能力提升

6. 在连接 $A(0,1)$ 和 $B(1,0)$ 两点的一条凸曲线上任取一点 $P(x,y)$，已知曲线弧 AP 与弦 AP 之间的面积为 x^3，求此曲线方程.

7. 求下列微分方程的通解：

(1) $y\ln y\mathrm{d}x+(x-\ln y)\mathrm{d}y=0$； (2) $y''+3y'+2y=3x\mathrm{e}^{-x}$；

(3) $y''+y'=2x$； (4) $y''+2y'=2\mathrm{e}^{-2x}$.

8. 求下列初值问题的解：

(1) $y'+\dfrac{y}{x}=\dfrac{\sin x}{x}, y|_{x=0}=1$； (2) $y''-2y'+y=x\mathrm{e}^x-\mathrm{e}^x, y(1)=y'(1)=1$.

9. 有一种医疗手段是把示踪染色注射到胰脏中去，以检查其功能.正常胰脏每分钟吸收 40%染色，现内科医生给某人注射了 0.3 g 染色，30 min 后剩下 0.1 g，试求注射染色后 t min 时正常胰脏中染色量 $P(t)$ 随时间 t 变化的规律，此人胰脏是否正常？

10. 枪弹垂直射穿厚度为 δ 的钢板，入板速度为 a，出板速度为 $b(a>b)$，设枪弹在板内受到的阻力与速度成正比.问：枪弹穿过钢板的时间是多少？

11. 设某水库的现有水存量为 V（单位：km^3），水库已被严重污染.经计算，目前污染物总量已达 Q_0（单位：t），且污染物均匀地分散在水中.如果现已不再向水库排污，清水以不变的速度 r（单位：km^3/年）流入水库，并立即与水库中的水相混合，水库中的水也以同样的速度 r 流出.如果记当前的时刻为 $t=0$.

（1）求在时刻 t，水库中残留污染物的数量 $Q(t)$.

（2）问：需经多少年才能使用水库中污染物的数量降至原来的10%.

数学实验 5:微分方程

一、实验目的

(1) 加深理解常微分方程的基本理论.

(2) 会用 MATLAB 软件求解常微分方程解析解和数值解.

二、实验原理

MATLAB 软件求常微分方程解析解和数值解.

MATLAB 中主要用 dsolve( ) 函数求符号解析解,ode45,ode23,ode15s 求数值解.

S=dsolve('方程 1','方程 2',…,'初始条件 1','初始条件 2',…,'自变量')

用字符串方程表示,自变量缺省值为 t.导数用 D 表示,二阶导数用 D2 表示,以此类推.S 返回解析解.在方程组情形下,s 为一个符号结构.

[tout,yout]=ode45('yprime',[t0,tf],y0) 采用变步长四阶 Runge-Kutta 法和五阶 Runge-Kutta-Felhberg 法求数值解,yprime 是用以表示 f(t,y) 的 M 文件名,t0 表示自变量的初始值,tf 表示自变量的终值,y0 表示初始向量值.输出向量 tout 表示节点(t0,t1,…,tn)T,输出矩阵 yout 表示数值解,每一列对应 y 的一个分量.若无输出参数,则自动作出图形.

说明:ode45 是最常用的求解微分方程数值解的命令,对于刚性方程组不宜采用.ode23 与 ode45 类似,只是精度低一些.ode12s 用来求解刚性方程组,调用格式同 ode45.可以用 help dsolve,help ode45 查阅有关这些命令的详细信息.

三、实验内容

例 1 求微分方程 $\frac{dy}{dx}=1+y^2$ 的通解.

```
>>s=dsolve('Dy=1+y*y')
  s=
      tan (C1+t)
```

说明:在 MATLAB 中求微分方程是默认 t 为自变量的,如果要修改自变量为熟悉的 x,则需要用如下命令:

```
>>s=dsolve('Dy=1+y*y','x')
  s=
      tan(C1+x)
```

例 2 求微分方程 $\frac{d^2y}{dx^2}+y'-2y=0$ 的通解.

```
>>s=dsolve('D2y+Dy-2*y=0','x')
  s=
```

```
        C1 * exp(x)+C2 * exp(-2 * x)
```

例 3 求微分方程$\frac{dy}{dx}-y=-e^{x}$的通解.

```
>>s=dsolve('Dy=y-exp(x)','x')
  s=
      (-x+C1) * exp(x)
```

例 4 求微分方程$\frac{dy}{dx}=-y+x-1, y(0)=1$的解析解,再求其数值解,并进行比较.

(1) 先求解析解,在命令窗口输入如下命令:

```
>>s=dsolve('Dy=-y+x-1','y(0)=1','x');
>>simplify(s)
  ans=
       x+3 * exp(-x)-2
```

再画函数的图形,输入命令:

```
>>fplot('x+3 * exp(-x)-2',[-5,5])
```

得到的图形如图 5-5 所示.

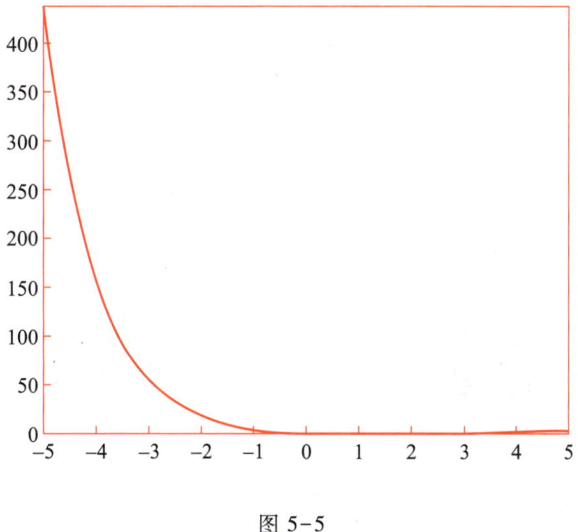

图 5-5

(2) 再求数值解,并画图.先建立函数式 M 文件,如图 5-6 所示,然后在命令窗口输入如下命令.

编辑器 - D:\R2016a\bin\fun11.m

fun11.m

```
function dy = fun11( x ,y )
dy=-y+x-1;
end
```

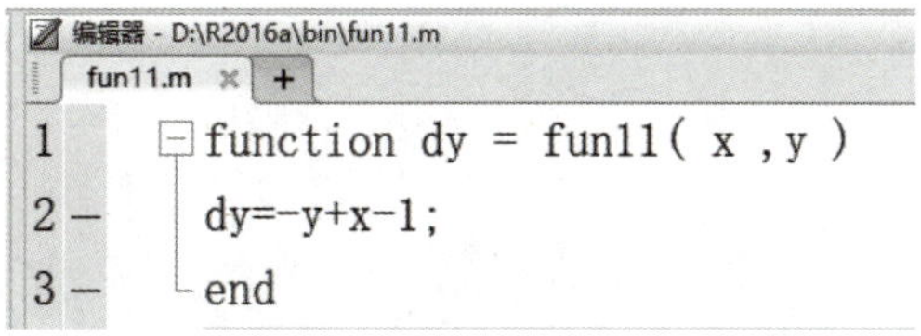

图 5-6

```
>>[x,y]=ode45('fun11',[-5,5],100);
>>plot(x,y,'b*');         % 画数值解的图形,并用蓝色星号标记
```

运行程序,得到如图 5-7 所示的数值结果和图形.

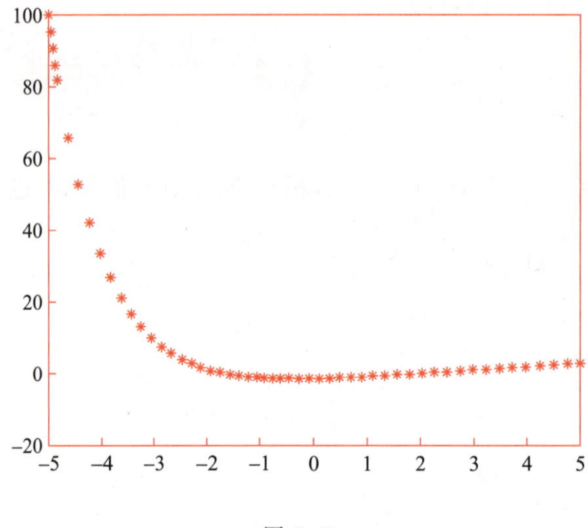

图 5-7

x	-5	-4.952 6	-4.905 2	-4.857 8	…	4.219 6	4.479 7	4.739 9	5
y	100	95.094 5	90.418 3	85.560 7	…	2.230 2	2.487 9	2.746 2	3.004 9

由前述内容可知,解析解是能够以数学表达式直接表达出来的解.数值解一般难以用数学表达式表达出来,或者能够表达出来但需要每个给定自变量值的数字结果(常以表格或图形表示).数值解一般是近似结果,它与微分方程的真实结果有偏差.

说明:求微分方程的数值解,有时候依赖初始向量 y_0 的值.不同的初始值会得到不一样的结果,这便需要我们给出适当的初始值.

拓展与提高 5:可降阶的高阶微分方程

阅读与思考 5:当代华人数学家

第 6 章 向量与空间解析几何

解析几何通过建立点与实数之间的关系,将代数方程与曲线、曲面对应起来,从而转化为应用代数方法研究几何图形的学科.此前通过对平面直角坐标系的引入建立了平面上的点与一对有序数组(x,y)之间的一一对应关系,通过这种关系将几何概念用代数表示,形成了平面解析几何.为了进一步研究空间图形与数的关系,本章用类似于平面解析几何的方法,引入空间直角坐标系,并通过研究三维空间几何图形的代数表示,形成空间解析几何,然后以向量为工具讨论解析几何中有关平面与直线的方程等问题.

☆☆☆学习目标

理解空间直角坐标系的构成原理,掌握空间点的表示方法,掌握空间两点间距离公式.

理解向量的概念,掌握向量的线性运算和向量的坐标表示方法,理解向量的模与方向余弦的坐标表示式;掌握向量的数量积与向量积的概念并能进行运算求解.

掌握空间平面与空间直线方程的表示方法,并能根据已知条件求解空间平面和空间直线方程.

掌握母线平行于坐标轴的柱面和旋转曲面的方程的表示方法.

§6.1 空间直角坐标系

情景与问题

引例 1 数控机床是指采用数字控制技术对机床的加工过程进行自动控制的一类机床.由于数控机床的加工是由程序控制完成的,所以坐标系的确定与使用非常重要.试了解数控机床的坐标系确定标准.

分析 数控机床坐标系用右手笛卡儿坐标系作为标准确定.通常把传递切削力的主轴定为 z 轴,其中远离工件装夹部件的方向为 z 轴的正方向,接近工件装夹部件的方向为 z 轴的负方向.x 轴一般平行于工件装夹面且垂直于 z 轴.x 轴在工件的径向上,且平行于横向滑座,刀具远离工件旋转中心的方向为 x 轴的正方向,刀具接近工件旋转中心的方向为 x 轴的负方向.最后根据右手定则确定 y 轴的正方向,如图 6-1 所示.

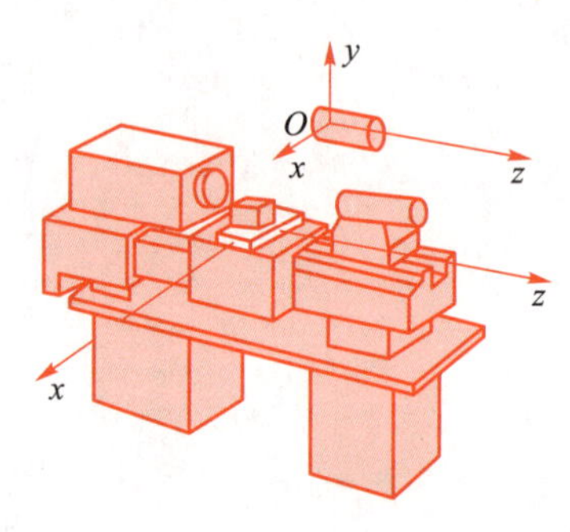

图 6-1

引例 2 学校新购置了一批投影仪,需要在教室内进行安装,教室长 16 m、宽 8 m、高 3 m.若综合各种因素,该批次投影仪的最佳投影距离(即投影仪与幕布中心的距离)为 5 m,且投影仪安装后支架与墙顶距离为 20 cm,试问投影仪吊装到屋顶墙面的什么位置最好?

分析 假设幕布的中心就在教室墙面的正中心,投影仪应该安装在教室屋顶墙面的竖向中心线上.要达到最佳投影距离,就应满足安装后投影仪与幕布中心的距离恰好为 5 m.显然,教室是空间立体结构,需要考虑如何计算投影仪和幕布中心之间的最佳距离,最终求解出投影仪的最佳安装位置.

下面,通过对空间直角坐标系的学习来解决如上类似问题.

6.1.1 空间直角坐标系及点的坐标

微课：空间直角坐标系及点的坐标

过空间定点 O 作三条互相垂直的数轴,这三条互相垂直的数轴分别叫作 x 轴、y 轴和 z 轴,统称为坐标轴,O 称为坐标原点.坐标轴的正向符合右手规则(图 6-2):即以右手拇指指向 z 轴正向,其余四指从 x 轴的正向旋转 $\frac{\pi}{2}$ 角度正好转到 y 轴的正向.这样就构成了一个空间直角坐标系,称为右手直角坐标系,也称为 $Oxyz$ 坐标系,记作 $\mathbf{R}^3$.

在空间直角坐标系中,任意两条坐标轴可以确定一个平面,称作坐标面,即 xOy 面、yOz 面、zOx 面.这三个坐标面将空间分割成八个部分,每一个部分称作一个卦限,如图 6-3所示.

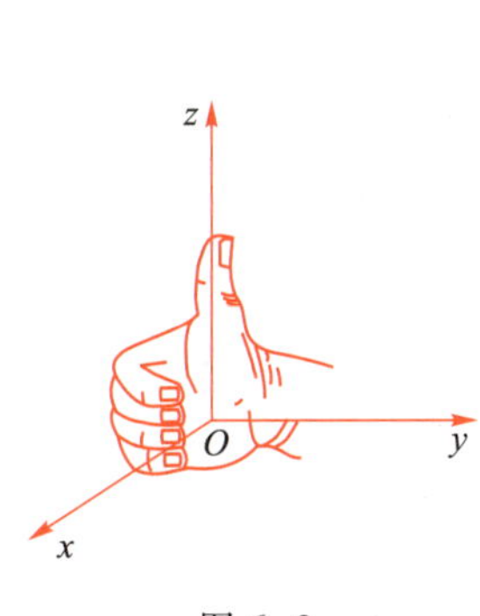

图 6-2

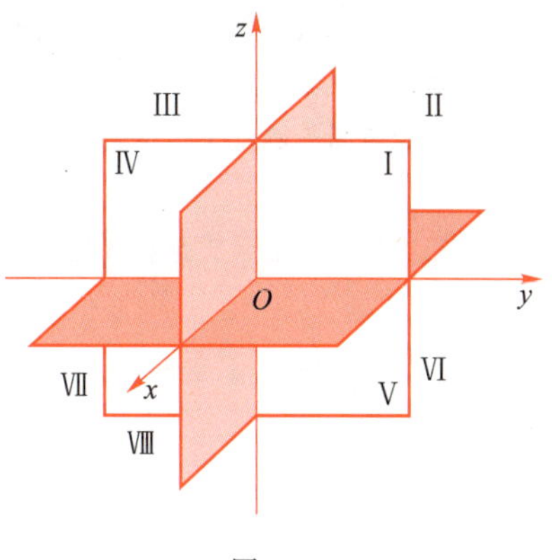

图 6-3

设 M 为空间任意一点，过 M 分别作垂直于三个坐标轴的平面，与三个坐标轴分别相交于点 P、Q 和 R，这三个点在三个坐标轴上的坐标分别为 x、y 和 z，则点 M 唯一确定了有序数组 x、y 和 z，用 (x,y,z) 表示.反过来，如果给定一有序数组 x、y 和 z，它们分别对应 x 轴、y 轴和 z 轴上的点 P、Q 和 R，过这三点分别作三个坐标轴的垂面，则这三个平面相交于唯一点 M.这样，空间的点与有序数组 (x,y,z) 之间建立起了一一对应的关系.(x,y,z) 称为点 M 的坐标，其中 x、y 和 z 分别称为点 M 的横坐标、纵坐标和竖坐标.例如，原点的坐标为 $(0,0,0)$，x 轴、y 轴和 z 轴上点的坐标分别为 $(x,0,0)$、$(0,y,0)$ 和 $(0,0,z)$.xOy、yOz 和 zOx 平面上的点的坐标分别为 $(x,y,0)$、$(0,y,z)$ 和 $(x,0,z)$，如图 6-4 所示.

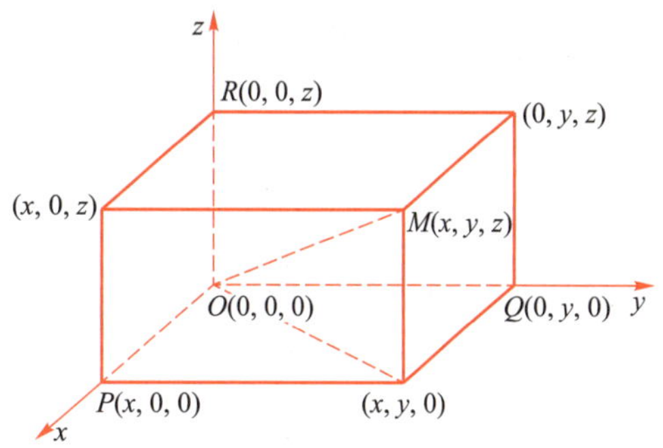

图 6-4

6.1.2 空间两点间距离公式

空间两点间距离公式

设 $M_1(x_1,y_1,z_1)$ 和 $M_2(x_2,y_2,z_2)$ 是空间两已知点，分别过 M_1 和 M_2 作平行于三个坐标面的平面，这六个平面围成一个以 M_1M_2 为对角线的长方体，如图 6-5 所示.

假设 M_1M_2 之间的距离为 $d=|M_1M_2|$，则

$$
\begin{aligned}
d^2 &= |M_1M_2|^2 \\
&= |M_1Q|^2+|QM_2|^2 \\
&= |M_1P|^2+|PQ|^2+|QM_2|^2 \\
&= |M_1'P'|^2+|P'M_2'|^2+|QM_2|^2 \\
&= (x_2-x_1)^2+(y_2-y_1)^2+(z_2-z_1)^2.
\end{aligned}
$$

于是空间两点间的距离公式为

$$d=\sqrt{(x_2-x_1)^2+(y_2-y_1)^2+(z_2-z_1)^2}.$$

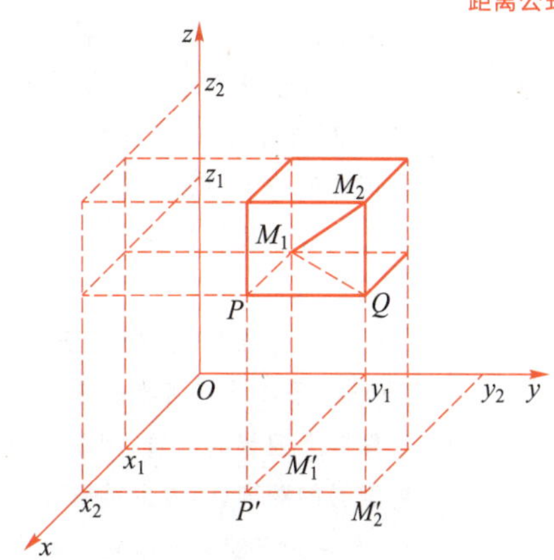

图 6-5

拓展

欧氏距离以古希腊数学家欧几里得命名，是最常见的距离度量，衡量的是多维空间中两个点之间的绝对距离，也是直观的“两点之间直线最短”的直线距离.

二维空间中的欧氏距离就是平面上两点之间的距离，公式为

$$d=\sqrt{(x_2-x_1)^2+(y_2-y_1)^2};$$

三维空间中的欧氏距离就是空间中两点之间的距离，公式为

$$d=\sqrt{(x_2-x_1)^2+(y_2-y_1)^2+(z_2-z_1)^2}.$$

推广到 n 维空间，若两点为 $M_1(x_1,x_2,\cdots,x_n)$ 和 $M_2(y_1,y_2,\cdots,y_n)$，则欧氏距离公式为

$$d=\sqrt{\sum_{i=1}^{n}(x_i-y_i)^2}.$$

例 1 求两点 $P_1(1,2,0)$，$P_2(1,-2,3)$ 之间的距离.

解 $|P_1P_2|=\sqrt{(1-1)^2+(-2-2)^2+(3-0)^2}=5.$

例 2 设点 P 在 y 轴上，它到 $P_1(2,0,3)$ 的距离为到点 $P_2(1,0,1)$ 距离的 $\sqrt{6}$ 倍，求点 P 的坐标.

解 因为点 P 在 y 轴上，设点 P 坐标为 $P(0,y,0)$，由题意有

$$|PP_1|=\sqrt{2^2+y^2+3^2}=\sqrt{13+y^2},$$

$$|PP_2|=\sqrt{1^2+y^2+1^2}=\sqrt{2+y^2}.$$

所以，$\sqrt{13+y^2}=\sqrt{6}\cdot\sqrt{2+y^2}$，于是 $y=\pm\frac{\sqrt{5}}{5}$. 故所求 P 点为 $\left(0,\frac{\sqrt{5}}{5},0\right)$ 或 $\left(0,-\frac{\sqrt{5}}{5},0\right)$.

探究

北斗卫星导航系统

北斗卫星导航系统是国家重大科技工程，历时十余年建成并开通服务. 我国是世界上四个独立拥有全球卫星导航系统的国家之一.

随着北斗系统建设和服务能力的发展，相关产品逐步走进人类社会生产和人们生活的方方面面，为全球经济和社会发展注入新的活力. 目前，全球已有 120 多个国家使用北斗系统. 2022 年上半年，仅手机地图导航中，北斗定位服务日均使用量已突破 1 000 亿次. 那么，你知道卫星定位导航系统是如何实现精准定位的吗？

卫星导航使用的是“三球交汇”原理，如图 6-6 所示. 用户接收机在某一时刻同时接收三颗以上卫星的信号，测量出用户接收机至三颗卫星的距离，通过星历解算出卫星的空间坐标，利用距离交会法就能解算出用户接收机的位置.

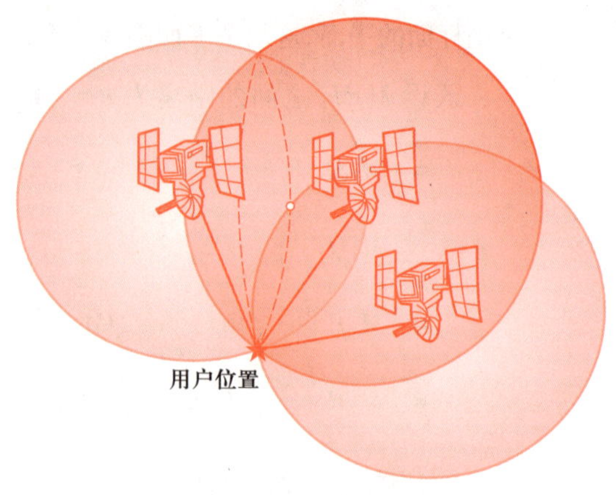

图 6-6

应用与实践

案例 1 结晶体的基本单位称为晶胞.图 6-7 所示为食盐(NaCl)晶胞的示意图,其中叉号(×)代表钠原子,黑点(·)代表氯原子.建立空间直角坐标系 $Oxyz$ 后,试写出全部钠原子所在位置的坐标.

解 把图中的钠原子分成上、中、下三层来标示它们所在位置的坐标.下层的原子全部在 xOy 面上,所以这五个钠原子所在位置的坐标分别为 $O(0,0,0)$,$A(1,0,0)$,$B(1,1,0)$,$C(0,1,0)$,$D\left(\frac{1}{2},\frac{1}{2},0\right)$;中层的原子所在的平面平行于 xOy 面,与 z 轴交点的竖坐标为$\frac{1}{2}$,所以这四个钠原子所在位置的坐标分别为 $E\left(\frac{1}{2},0,\frac{1}{2}\right)$,$F\left(1,\frac{1}{2},\frac{1}{2}\right)$,$G\left(\frac{1}{2},1,\frac{1}{2}\right)$,$H\left(0,\frac{1}{2},\frac{1}{2}\right)$;上层的原子所在的平面平行于 xOy 面,与 z 轴交点的竖坐标为 1,所以这五个钠原子所在位置的坐标分别为$(0,0,1)$,$(1,0,1)$,$(1,1,1)$,$(0,1,1)$,$\left(\frac{1}{2},\frac{1}{2},1\right)$.

案例 2 引例 2 的求解.

解 首先将教室置于空间直角坐标系中,如图 6-8 所示.根据已知,设所求投影仪坐标为 $B(4,y,2.8)$,幕布中心点坐标为 $A(4,0,1.5)$.由空间两点间距离公式有

$$|AB|=\sqrt{(4-4)^2+y^2+(2.8-1.5)^2}=5,$$

解得 $y\approx4.83$.因此,投影仪的最佳安装位置为空间坐标 $B(4,4.83,2.8)$处.

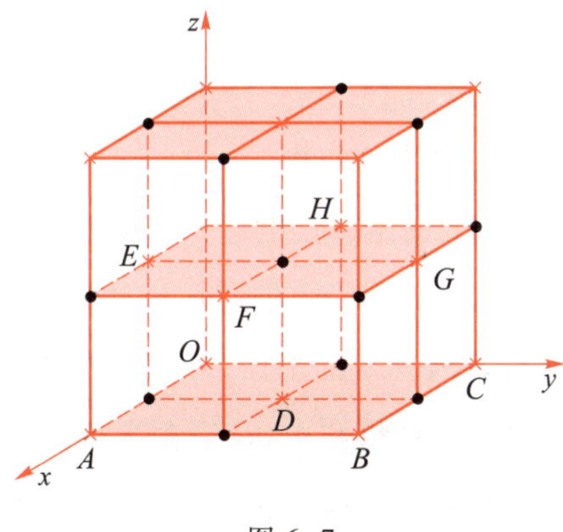

图 6-7

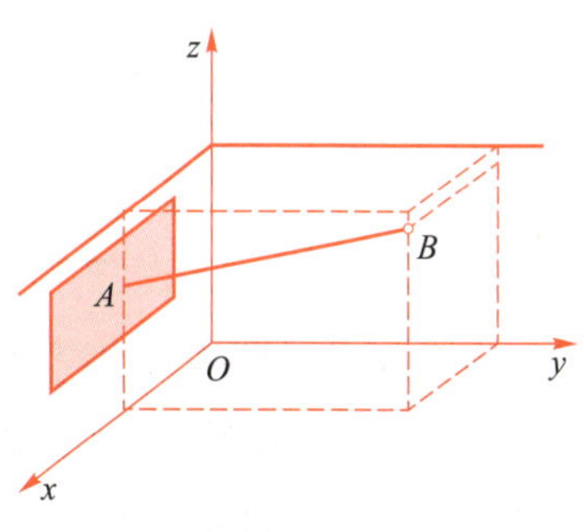

图 6-8

能力训练 6.1

1. 坐标面上的点坐标有什么特点?

2. 坐标轴上的点坐标有什么特点?

3. 在空间直角坐标系中指出下列各点所属的卦限:

$A(1,-1,2)$,$B(1,2,3)$,$C(-2,-5,-3)$,$D(4,-1,-2)$.

4. 在空间直角坐标系中，设点 A 的坐标为 (x,y,z)，求它分别关于 xOy 面、x 轴、y 轴、z 轴和原点对称点的坐标.

5. 求空间两点之间的距离：

(1) $(5,-1,2)$ 与 $(1,3,4)$；　　　　(2) $(0,1,-1)$ 与 $(-1,3,1)$.

6. 已知 $A(a,1,0)$ 与 $B(2,7,2)$ 之间的距离是 8，求 a 的值.

7. 设点 M 在 x 轴上，且与 $A(-1,3,2)$，$B(0,2,4)$ 两点的距离相等，求 M 的点坐标.

8. 已知 $A(5,3,4)$，$B(8,1,1)$，$C(3,0,1)$，试证 $\triangle ABC$ 是等腰三角形.

§6.2 向量及其运算

情景与问题

引例 1 两个人共同提一个重物，为什么夹角越大越费力，你能从数学的角度解释这个现象吗？

分析 如图 6-9 所示，同样大小的力作用于一个物体，显然，夹角越大其向上的分力 $\boldsymbol{F}_2$ 越小，要想将物体提起就需要更大的力气.

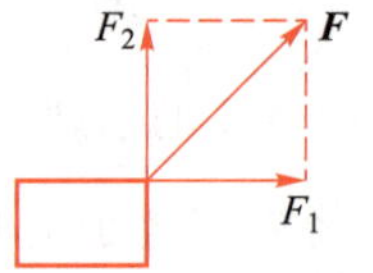

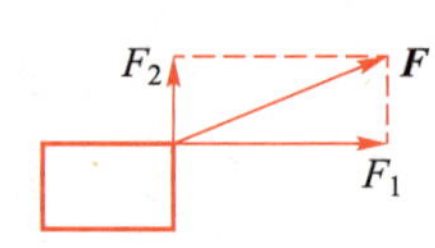

图 6-9

引例 2 一个物体在常力 $\boldsymbol{F}$ 作用下，沿直线从 $\boldsymbol{M}_1$ 移动到 $\boldsymbol{M}_2$，求力 $\boldsymbol{F}$ 所做的功.

分析 根据物理知识，假设物体的位移为 $\boldsymbol{s}$，力 $\boldsymbol{F}$ 和位移 $\boldsymbol{s}$ 的夹角为 θ，则力 $\boldsymbol{F}$ 所做的功为 $W=|\boldsymbol{F}||\boldsymbol{s}|\cos\theta$. 在实际应用中，常常会遇到类似 $W=|\boldsymbol{F}||\boldsymbol{s}|\cos\theta$ 这种形式的运算，在数学中把它称作两向量的数量积.

引例 3 试分析运动电荷在磁场中受到洛伦兹力的作用.

分析 由中学的物理知识知道，如果一个运动的单位正电荷在磁场中所受的力为 $\boldsymbol{F}$，则它的大小是 $|\boldsymbol{F}|=|\boldsymbol{v}||\boldsymbol{B}|\sin\langle\boldsymbol{v},\boldsymbol{B}\rangle$，其中 $\boldsymbol{v}$ 是带电粒子的速度，$\boldsymbol{B}$ 是磁场强度，$\langle\boldsymbol{v},\boldsymbol{B}\rangle$ 是指 $\boldsymbol{v}$ 与 $\boldsymbol{B}$ 之间的夹角. 力 $\boldsymbol{F}$ 的方向垂直于 $\boldsymbol{v}$ 和 $\boldsymbol{B}$ 所决定的平面，且 $\boldsymbol{F}$、$\boldsymbol{v}$ 和 $\boldsymbol{B}$ 三个向量的方向符合右手螺旋法则（即假定右手的大拇指垂直于食指和中指，当食指指向向量 $\boldsymbol{v}$ 的方向，中指指向向量 $\boldsymbol{B}$ 的方向，那么大拇指指向的就是 $\boldsymbol{F}$ 的方向）. 这个力 $\boldsymbol{F}$ 称为洛伦兹力. 与洛伦兹力类似的例子在物理学及其他学科中还有不少，在数学上将它称为向量的向量积.

6.2.1 向量的概念

微课：什么是向量

定义 6.1 既有大小，又有方向的量叫作向量.

在数学上，向量通常用始点到终点的带有箭头的线段表示，如 $\overrightarrow{AB}$ 或黑体字母 $\boldsymbol{a},\boldsymbol{i},\boldsymbol{v}$ 或 $\vec{a},\vec{i},\vec{v}$ 等，如图 6-10 所示.

向量的模：指向量的大小，也称作向量的长度，通常用 $|\overrightarrow{AB}|$，$|\boldsymbol{a}|$ 表示向量的大小.

单位向量：长度为 1 的向量称为单位向量，用$\overrightarrow{AB}^0$，$\boldsymbol{a}^0$ 表示.

零向量：长度为零的向量称为零向量，记作 $\mathbf{0}$ 或 $\vec{0}$.此时向量的始点与终点重合，方向不定或方向为任意.

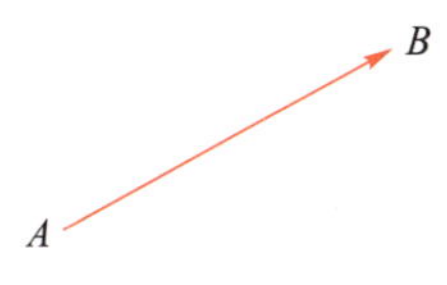

图 6-10

向量的位置关系：

(1) 向量平行：两个非零向量的方向相同或相反，称为两向量平行，用 $\boldsymbol{a}/\!/\boldsymbol{b}$ 表示.由于零向量的方向是任意的，规定零向量与任意向量平行.

(2) 两向量共线：两向量平行时，当将起点放在一起时，终点在同一直线上.

(3) 向量共面：如果有 k 个空间向量，起点重合时，起点和所有终点在同一平面上.

定义 6.2 当两个向量大小相等、方向相同时，称两个向量相等，记作 $\boldsymbol{a}=\boldsymbol{b}$.

注意： 根据向量的定义，向量只与大小和方向有关而与始点的位置无关.因此，当两向量相等时，总可以通过平行移动的方式使这两个向量达到完全重合.

6.2.2 向量的线性运算

定义 6.3 从同一始点出发的两向量 $\boldsymbol{a}$ 和 $\boldsymbol{b}$，作以 $\boldsymbol{a}$、$\boldsymbol{b}$ 为邻边的平行四边形，则由始点到对顶点的向量称为 $\boldsymbol{a}$、$\boldsymbol{b}$ 之和，记作 $\boldsymbol{a}+\boldsymbol{b}$，这种定义法称为平行四边形法则，如图 6-11(a)所示.由于向量可以平行移动，可将 $\boldsymbol{b}$ 平行移动至 $\boldsymbol{a}$ 的终点与 $\boldsymbol{b}$ 的始点重合，则由 $\boldsymbol{a}$ 的始点到 $\boldsymbol{b}$ 的终点的向量也称为 $\boldsymbol{a}$、$\boldsymbol{b}$ 之和，由于其首尾相连构成三角形，因此也称三角形法则，如图 6-11(b)所示.不难看出，三角形法则与平行四边形法则是等价的.

微课：向量如何运算

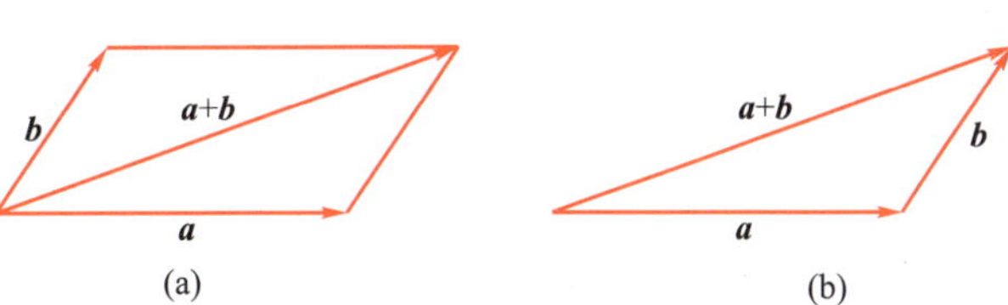

图 6-11

向量的加法运算律：

(1) 交换律：$\boldsymbol{a}+\boldsymbol{b}=\boldsymbol{b}+\boldsymbol{a}$；

(2) 结合律：$(\boldsymbol{a}+\boldsymbol{b})+\boldsymbol{c}=\boldsymbol{a}+(\boldsymbol{b}+\boldsymbol{c})$.

定义 6.4 与向量 $\boldsymbol{a}$ 的模相同但方向相反的向量 $\boldsymbol{b}$，称为向量 $\boldsymbol{a}$ 的负向量，记作 $-\boldsymbol{a}$，即 $\boldsymbol{b}=-\boldsymbol{a}$.

由此可规定两个向量的减法：$\boldsymbol{b}-\boldsymbol{a}=\boldsymbol{b}+(-\boldsymbol{a})$（图 6-12）.特别地，当 $\boldsymbol{a}=\boldsymbol{b}$ 时，有 $\boldsymbol{a}-\boldsymbol{a}=\mathbf{0}$（其中 $\mathbf{0}$ 指零向量）.

微课：向量与数的乘法

向量 $\boldsymbol{a}$ 与实数 λ 的乘积记作 $\lambda\boldsymbol{a}$，规定：

(1) $\lambda\boldsymbol{a}$ 是一个向量；

(2) 其模为 $|\lambda\boldsymbol{a}|=|\lambda||\boldsymbol{a}|$；

(3) 当 $\lambda>0$ 时与 $\boldsymbol{a}$ 方向相同，$|\lambda\boldsymbol{a}|=\lambda|\boldsymbol{a}|$；当 $\lambda<0$ 时与 $\boldsymbol{a}$ 方向相反，$|\lambda\boldsymbol{a}|=|\lambda|\cdot|\boldsymbol{a}|$；当 $\lambda=0$ 时，$\lambda\boldsymbol{a}$ 为零向量.

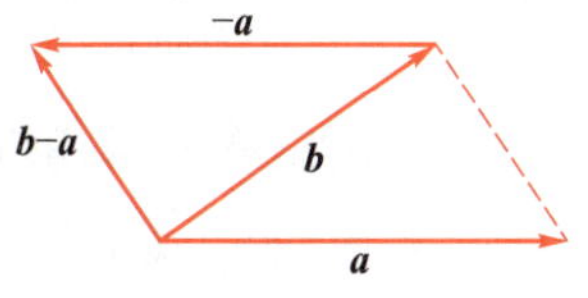

图 6-12

同时规定：若 $\boldsymbol{a}$ 是零向量，则 $\lambda\boldsymbol{0}=\boldsymbol{0}$.

数与向量乘积的运算规律（λ,μ 为实数）：

（1）结合律：$\lambda(\mu\boldsymbol{a})=\mu(\lambda\boldsymbol{a})=(\lambda\mu)\boldsymbol{a}$.

（2）分配律：$(\lambda+\mu)\boldsymbol{a}=\lambda\boldsymbol{a}+\mu\boldsymbol{a}$；$\lambda(\boldsymbol{a}+\boldsymbol{b})=\lambda\boldsymbol{a}+\lambda\boldsymbol{b}$.

证明从略.

由运算规律可知，非零向量 $\boldsymbol{a}$ 同方向的单位向量为 $\boldsymbol{a}^0=\dfrac{\boldsymbol{a}}{|\boldsymbol{a}|}$，因此任意非零向量 $\boldsymbol{a}$ 都可以表示为 $\boldsymbol{a}=|\boldsymbol{a}|\boldsymbol{a}^0$.

例 1 在 $\triangle ABC$ 中，D 是 BC 边的中点，设 $\overrightarrow{AB}=\boldsymbol{c}$，$\overrightarrow{AC}=\boldsymbol{b}$，试用 $\boldsymbol{b}$、$\boldsymbol{c}$ 表示向量 $\overrightarrow{DA}$、$\overrightarrow{DB}$ 和 $\overrightarrow{DC}$，如图 6-13 所示.

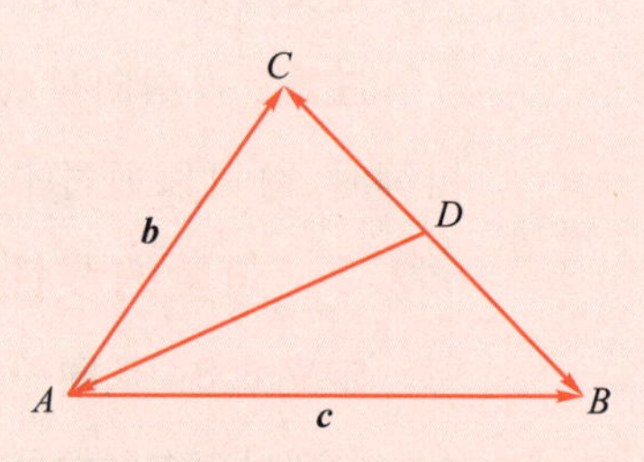

图 6-13

解 由 $\overrightarrow{AC}+\overrightarrow{CB}=\overrightarrow{AB}$，即 $\boldsymbol{b}+2\overrightarrow{DB}=\boldsymbol{c}$，得

$$\overrightarrow{DB}=\frac{1}{2}(\boldsymbol{c}-\boldsymbol{b}),\ \overrightarrow{DC}=-\overrightarrow{DB}=\frac{1}{2}(\boldsymbol{b}-\boldsymbol{c}).$$

又因为 $\overrightarrow{DA}+\overrightarrow{AC}=\overrightarrow{DC}$. 所以

$$\overrightarrow{DA}=\overrightarrow{DC}-\overrightarrow{AC}=\frac{1}{2}(\boldsymbol{b}-\boldsymbol{c})-\boldsymbol{b}=-\frac{1}{2}(\boldsymbol{b}+\boldsymbol{c}).$$

6.2.3 向量的坐标表达式

微课：向量如何坐标表示

前面介绍了向量的运算，但还只能用图形表示. 下面通过空间直角坐标系的引入，实现向量与空间中点的一一对应，从而建立向量与有序数组的对应关系，并最终实现向量几何运算的代数化.

设 M 为空间一点，它的坐标为 (x_0,y_0,z_0)，如图 6-14 所示. 根据向量的运算法则，向量 $\overrightarrow{OM}$ 可以分解为

$$\overrightarrow{OM}=\overrightarrow{ON}+\overrightarrow{NM}=\overrightarrow{OA}+\overrightarrow{OB}+\overrightarrow{OC}.$$

习惯上，把 x 轴、y 轴和 z 轴上沿正向的单位向量分别记为 $\boldsymbol{i}$，$\boldsymbol{j}$ 和 $\boldsymbol{k}$，称为坐标的单位向量. 由数量与向量的乘积定义，有 $\overrightarrow{OA}=x_0\boldsymbol{i}$，$\overrightarrow{OB}=y_0\boldsymbol{j}$，$\overrightarrow{OC}=z_0\boldsymbol{k}$. 从而有

$$\overrightarrow{OM}=x_0\boldsymbol{i}+y_0\boldsymbol{j}+z_0\boldsymbol{k}.$$

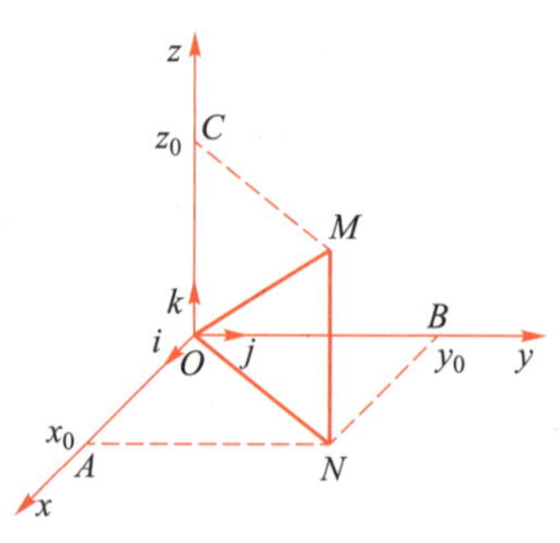

图 6-14

上式称为向量 $\overrightarrow{OM}$ 的坐标表达式，也可记为 $\overrightarrow{OM}=(x_0,y_0,z_0)$，其中，$x_0\boldsymbol{i}$，$y_0\boldsymbol{j}$，$z_0\boldsymbol{k}$ 分别称为向量 $\overrightarrow{OM}$ 沿 x 轴、y 轴、z 轴方向的分向量. 特别地有 $\boldsymbol{i}=(1,0,0)$，$\boldsymbol{j}=(0,1,0)$，$\boldsymbol{k}=(0,0,1)$.

有了向量坐标后，可简化向量加法、减法以及向量与数的乘法的运算，具体如下：

设 $\boldsymbol{a}=x_1\boldsymbol{i}+y_1\boldsymbol{j}+z_1\boldsymbol{k}$，$\boldsymbol{b}=x_2\boldsymbol{i}+y_2\boldsymbol{j}+z_2\boldsymbol{k}$. 则

$$\boldsymbol{a}\pm\boldsymbol{b}=(x_1\pm x_2)\boldsymbol{i}+(y_1\pm y_2)\boldsymbol{j}+(z_1\pm z_2)\boldsymbol{k}=(x_1\pm x_2,y_1\pm y_2,z_1\pm z_2).$$

$$\lambda \boldsymbol{a}=(\lambda x_1)\boldsymbol{i}+(\lambda y_1)\boldsymbol{j}+(\lambda z_1)\boldsymbol{k}=(\lambda x_1,\lambda y_1,\lambda z_1).$$

向量的长度为 $|\boldsymbol{a}|=\sqrt{x_1^2+y_1^2+z_1^2}$. 显然，

$$\boldsymbol{a}=\boldsymbol{b}\Leftrightarrow x_1=x_2, y_1=y_2, z_1=z_2;$$

$$\boldsymbol{a}/\!/\boldsymbol{b}\Leftrightarrow x_1=\lambda x_2, y_1=\lambda y_2, z_1=\lambda z_2 \text{ 或 } \frac{x_1}{x_2}=\frac{y_1}{y_2}=\frac{z_1}{z_2}=\lambda.$$

例 2 已知向量 $\overrightarrow{M_1M_2}$ 的始点为 $M_1=(x_1,y_1,z_1)$，终点为 $M_2=(x_2,y_2,z_2)$（图 6-15），求 $\overrightarrow{M_1M_2}$ 的坐标表示.

解 根据题意有

$$\overrightarrow{OM_1}=x_1\boldsymbol{i}+y_1\boldsymbol{j}+z_1\boldsymbol{k},$$

$$\overrightarrow{OM_2}=x_2\boldsymbol{i}+y_2\boldsymbol{j}+z_2\boldsymbol{k},$$

$$\begin{aligned}\overrightarrow{M_1M_2}=\overrightarrow{OM_2}-\overrightarrow{OM_1}&=(x_2\boldsymbol{i}+y_2\boldsymbol{j}+z_2\boldsymbol{k})-(x_1\boldsymbol{i}+y_1\boldsymbol{j}+z_1\boldsymbol{k})\\&=(x_2-x_1)\boldsymbol{i}+(y_2-y_1)\boldsymbol{j}+(z_2-z_1)\boldsymbol{k}=(x_2-x_1,y_2-y_1,z_2-z_1).\end{aligned}$$

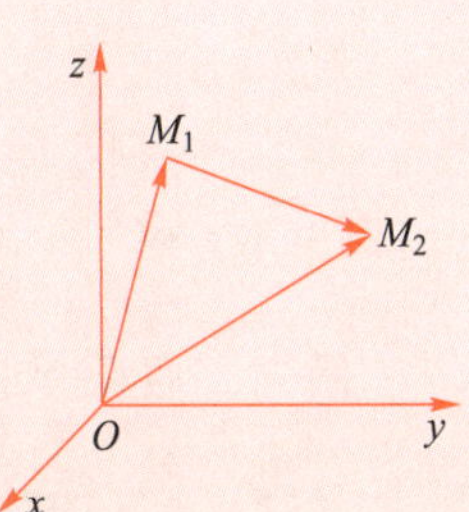

图 6-15

注意： 通过上例可以看出，空间任意两点间连线构成的向量，其坐标可以表示成向量的终点与始点的对应坐标之差.

例 3 已知 $\boldsymbol{a}=(4,-1,-3)$，$\boldsymbol{b}=(2,1,-1)$，求 $\boldsymbol{a}+\boldsymbol{b}$，$\boldsymbol{a}-\boldsymbol{b}$，$2\boldsymbol{a}-3\boldsymbol{b}$.

解 $\boldsymbol{a}+\boldsymbol{b}=(4+2,-1+1,-3-1)=(6,0,-4)$，

$\boldsymbol{a}-\boldsymbol{b}=(4-2,-1-1,-3+1)=(2,-2,-2)$，

$2\boldsymbol{a}-3\boldsymbol{b}=(8,-2,-6)-(6,3,-3)=(2,-5,-3)$.

6.2.4 向量的模与方向余弦

定义 6.5 非零向量与三条坐标轴正向的夹角称为向量的方向角.

微课：向量的模与方向余弦

如图 6-16 所示，向量 $\overrightarrow{M_1M_2}$ 与 x 轴、y 轴和 z 轴正向的夹角分别为 α,β,γ（$0\leqslant\alpha,\beta,\gamma\leqslant\pi$）. 方向角的余弦 $\cos\alpha,\cos\beta,\cos\gamma$ 称为向量的方向余弦.

不妨设 $\boldsymbol{a}=\overrightarrow{M_1M_2}=x\boldsymbol{i}+y\boldsymbol{j}+z\boldsymbol{k}$，由立体几何知识得出：

$$\cos\alpha=\frac{x}{|\boldsymbol{a}|}=\frac{x}{\sqrt{x^2+y^2+z^2}},$$

$$\cos\beta=\frac{y}{|\boldsymbol{a}|}=\frac{y}{\sqrt{x^2+y^2+z^2}},$$

$$\cos\gamma=\frac{z}{|\boldsymbol{a}|}=\frac{z}{\sqrt{x^2+y^2+z^2}}.$$

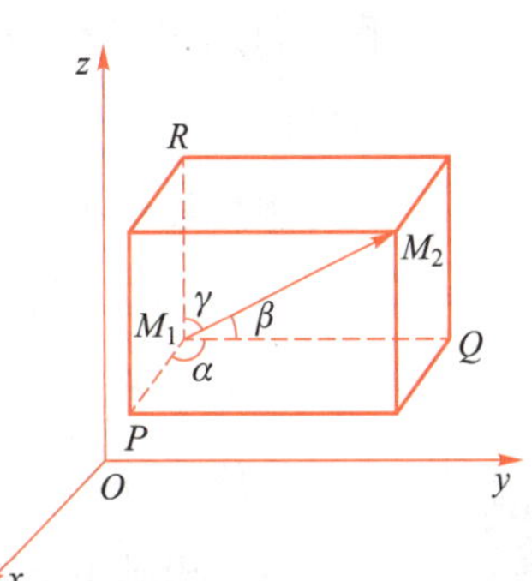

图 6-16

易得 $\cos^2\alpha+\cos^2\beta+\cos^2\gamma=1$，$\boldsymbol{a}^0=(\cos\alpha,\cos\beta,\cos\gamma)$，其中 $\boldsymbol{a}^0$ 为与 $\boldsymbol{a}$ 同向的单位向量.

例 4 已知两点 $M_1(1,-1,3)$，$M_2(3,1,2)$．求向量$\overrightarrow{M_1M_2}$的长度及方向余弦，并求$\overrightarrow{M_1M_2}^0$的坐标表达式．

解
$$\overrightarrow{M_1M_2}=(3-1)\boldsymbol{i}+(1-(-1))\boldsymbol{j}+(2-3)\boldsymbol{k}=2\boldsymbol{i}+2\boldsymbol{j}-\boldsymbol{k},$$
$$|\overrightarrow{M_1M_2}|=\sqrt{2^2+2^2+(-1)^2}=3,$$
$$\cos\alpha=\frac{x}{|\overrightarrow{M_1M_2}|}=\frac{2}{3},\cos\beta=\frac{y}{|\overrightarrow{M_1M_2}|}=\frac{2}{3},\cos\gamma=\frac{z}{|\overrightarrow{M_1M_2}|}=\frac{-1}{3};$$
$$\overrightarrow{M_1M_2}^0=\frac{\overrightarrow{M_1M_2}}{|\overrightarrow{M_1M_2}|}=\frac{2}{3}\boldsymbol{i}+\frac{2}{3}\boldsymbol{j}-\frac{1}{3}\boldsymbol{k}.$$

例 5 设向量 $\boldsymbol{a}$ 的两个方向余弦为 $\cos\alpha=\frac{2}{3}$，$\cos\beta=\frac{1}{3}$，又 $|\boldsymbol{a}|=3$，求向量 $\boldsymbol{a}$ 的坐标．

解 假设所求向量为 $\boldsymbol{a}=(x,y,z)$，因 $\cos^2\alpha+\cos^2\beta+\cos^2\gamma=1$，则
$$\cos\gamma=\pm\sqrt{1-\cos^2\alpha-\cos^2\beta}=\pm\sqrt{1-\left(\frac{2}{3}\right)^2-\left(\frac{1}{3}\right)^2}=\pm\frac{2}{3},$$
$$x=|\boldsymbol{a}|\cos\alpha=3\cdot\frac{2}{3}=2,y=|\boldsymbol{a}|\cos\beta=3\cdot\frac{1}{3}=1,z=|\boldsymbol{a}|\cos\gamma=\pm3\cdot\frac{2}{3}=\pm2.$$

所以，$\boldsymbol{a}=(2,1,2)$ 或 $\boldsymbol{a}=(2,1,-2)$．

例 6 已知作用于一质点的三个力 $\boldsymbol{F}_1=\boldsymbol{i}+2\boldsymbol{j}-\boldsymbol{k}$，$\boldsymbol{F}_2=2\boldsymbol{i}+\boldsymbol{j}$，$\boldsymbol{F}_3=\boldsymbol{j}+\boldsymbol{k}$，求其合力的大小和方向余弦．

解 合力 $\boldsymbol{F}=\boldsymbol{F}_1+\boldsymbol{F}_2+\boldsymbol{F}_3=(1,2,-1)+(2,1,0)+(0,1,1)=(3,4,0)$，即 $\boldsymbol{F}=3\boldsymbol{i}+4\boldsymbol{j}$．所以，

$|\boldsymbol{F}|=\sqrt{3^2+4^2}=5$，方向余弦 $\cos\alpha=\frac{3}{5}$，$\cos\beta=\frac{4}{5}$，$\cos\gamma=0$．

6.2.5 向量的数量积与向量积

定义 6.6 两个向量的长度与它们之间的夹角余弦的乘积称作向量 $\boldsymbol{a},\boldsymbol{b}$ 的数量积（也称点积），记作 $\boldsymbol{a}\cdot\boldsymbol{b}=|\boldsymbol{a}|\cdot|\boldsymbol{b}|\cos\langle\boldsymbol{a},\boldsymbol{b}\rangle$，其中$\langle\boldsymbol{a},\boldsymbol{b}\rangle$为 $\boldsymbol{a},\boldsymbol{b}$ 两个向量正方向之间不超过180°的夹角．

根据数量积的定义，可以得到：

（1）$\boldsymbol{a}\cdot\boldsymbol{a}=|\boldsymbol{a}|^2$；

（2）若 $\boldsymbol{a}$ 与 $\boldsymbol{b}$ 均为非零向量，则 $\boldsymbol{a}\perp\boldsymbol{b}\Leftrightarrow\boldsymbol{a}\cdot\boldsymbol{b}=0$．

显然 $\boldsymbol{i}\cdot\boldsymbol{i}=1,\boldsymbol{j}\cdot\boldsymbol{j}=1,\boldsymbol{k}\cdot\boldsymbol{k}=1$．而由 $\boldsymbol{i}\perp\boldsymbol{j},\boldsymbol{j}\perp\boldsymbol{k},\boldsymbol{k}\perp\boldsymbol{i}$，可知 $\boldsymbol{i}\cdot\boldsymbol{j}=0,\boldsymbol{j}\cdot\boldsymbol{k}=0,\boldsymbol{k}\cdot\boldsymbol{i}=0$．

微课：数量积的定义与性质

数量积满足下列规律：

交换律：$\boldsymbol{a}\cdot\boldsymbol{b}=\boldsymbol{b}\cdot\boldsymbol{a}$；

分配律：$\boldsymbol{a}\cdot(\boldsymbol{b}+\boldsymbol{c})=\boldsymbol{a}\cdot\boldsymbol{b}+\boldsymbol{a}\cdot\boldsymbol{c}$；

结合律：$(\lambda \boldsymbol{a})\cdot \boldsymbol{b}=\lambda(\boldsymbol{a}\cdot \boldsymbol{b})=\boldsymbol{a}\cdot(\lambda \boldsymbol{b})$（$\lambda$ 为实数）.

证明从略.

下面对两个向量数量积的计算公式进行推导：

设 $\boldsymbol{a}=x_1\boldsymbol{i}+y_1\boldsymbol{j}+z_1\boldsymbol{k}$，$\boldsymbol{b}=x_2\boldsymbol{i}+y_2\boldsymbol{j}+z_2\boldsymbol{k}$，则

$$\begin{aligned}\boldsymbol{a}\cdot\boldsymbol{b}&=(x_1\boldsymbol{i}+y_1\boldsymbol{j}+z_1\boldsymbol{k})\cdot(x_2\boldsymbol{i}+y_2\boldsymbol{j}+z_2\boldsymbol{k})\\&=x_1x_2\boldsymbol{i}\cdot\boldsymbol{i}+x_1y_2\boldsymbol{i}\cdot\boldsymbol{j}+x_1z_2\boldsymbol{i}\cdot\boldsymbol{k}+y_1x_2\boldsymbol{j}\cdot\boldsymbol{i}+y_1y_2\boldsymbol{j}\cdot\boldsymbol{j}+y_1z_2\boldsymbol{j}\cdot\boldsymbol{k}+\\&\quad z_1x_2\boldsymbol{k}\cdot\boldsymbol{i}+z_1y_2\boldsymbol{k}\cdot\boldsymbol{j}+z_1z_2\boldsymbol{k}\cdot\boldsymbol{k}=x_1x_2+y_1y_2+z_1z_2.\end{aligned}$$

即 $\boldsymbol{a}\cdot\boldsymbol{b}=x_1x_2+y_1y_2+z_1z_2$.

向量夹角的余弦与例题

利用数量积的坐标表达式，对任意向量 $\boldsymbol{a}$，$\boldsymbol{b}$ 还有如下性质：

（1）如果 $\boldsymbol{a}\perp\boldsymbol{b}$，则由 $\boldsymbol{a}\cdot\boldsymbol{b}=0$ 可得 $x_1x_2+y_1y_2+z_1z_2=0$；

（2）如果 $\boldsymbol{a}$，$\boldsymbol{b}$ 均为非零向量，有 $\cos\langle\boldsymbol{a},\boldsymbol{b}\rangle=\dfrac{\boldsymbol{a}\cdot\boldsymbol{b}}{|\boldsymbol{a}|\,|\boldsymbol{b}|}=\dfrac{x_1x_2+y_1y_2+z_1z_2}{\sqrt{x_1^2+y_1^2+z_1^2}\sqrt{x_2^2+y_2^2+z_2^2}}$；

（3）$\boldsymbol{a}\cdot\boldsymbol{i}=x_1$，$\boldsymbol{a}\cdot\boldsymbol{j}=y_1$，$\boldsymbol{a}\cdot\boldsymbol{k}=z_1$.

例 7 设 $\boldsymbol{a}=\boldsymbol{i}-2\boldsymbol{j}+\boldsymbol{k}$，$\boldsymbol{b}=\boldsymbol{i}+2\boldsymbol{j}-\boldsymbol{k}$，求 $\boldsymbol{a}\cdot\boldsymbol{b}$，$\boldsymbol{a}$ 与 $\boldsymbol{b}$ 之间的夹角余弦.

解 $\boldsymbol{a}\cdot\boldsymbol{b}=1\times1+(-2)\times2+1\times(-1)=-4$；

$$\cos\langle\boldsymbol{a},\boldsymbol{b}\rangle=\frac{\boldsymbol{a}\cdot\boldsymbol{b}}{|\boldsymbol{a}|\,|\boldsymbol{b}|}=\frac{-4}{\sqrt{1^2+(-2)^2+1^2}\cdot\sqrt{1^2+(2)^2+(-1)^2}}=-\frac{2}{3}.$$

例 8 已知三点 $M(1,1,1)$，$A(2,2,1)$，$B(2,1,2)$，求 $\angle AMB$.

解 从 M 到 A 的向量记为 $\boldsymbol{a}$，从 M 到 B 的向量记为 $\boldsymbol{b}$，则 $\angle AMB$ 就是向量 $\boldsymbol{a}$ 与向量 $\boldsymbol{b}$ 的夹角.

$$\boldsymbol{a}=(2,2,1)-(1,1,1)=(1,1,0),\ \boldsymbol{b}=(2,1,2)-(1,1,1)=(1,0,1).$$

$$\boldsymbol{a}\cdot\boldsymbol{b}=1\times1+1\times0+0\times1=1,$$

$$|\boldsymbol{a}|=\sqrt{1^2+1^2+0^2}=\sqrt{2},\ |\boldsymbol{b}|=\sqrt{1^2+0^2+1^2}=\sqrt{2},$$

所以 $\cos\angle AMB=\dfrac{\boldsymbol{a}\cdot\boldsymbol{b}}{|\boldsymbol{a}|\,|\boldsymbol{b}|}=\dfrac{1}{\sqrt{2}\cdot\sqrt{2}}=\dfrac{1}{2}$.

从而，$\angle AMB=\dfrac{\pi}{3}$.

例 9 求在 xOy 坐标面上与向量 $\boldsymbol{a}=-4\boldsymbol{i}+3\boldsymbol{j}-2\boldsymbol{k}$ 垂直的单位向量.

解 设所求向量为 $\boldsymbol{b}=(x,y,0)$.又因为 $\boldsymbol{b}$ 是单位向量且与 $\boldsymbol{a}$ 垂直，所以 $|\boldsymbol{b}|=1$，$\boldsymbol{a}\cdot\boldsymbol{b}=0$.即有

$$\begin{cases}x^2+y^2=1,\\-4x+3y=0,\end{cases}$$

解得 $x=\dfrac{3}{5}$，$y=\dfrac{4}{5}$ 或 $x=-\dfrac{3}{5}$，$y=-\dfrac{4}{5}$.故所求向量

$$\boldsymbol{b}=\frac{3}{5}\boldsymbol{i}+\frac{4}{5}\boldsymbol{j},\text{或 }\boldsymbol{b}=-\frac{3}{5}\boldsymbol{i}-\frac{4}{5}\boldsymbol{j}.$$

探究

互联网时代，信息采集、传播的速度和规模达到空前水平，实现了全球的信息共享与交互.互联网已经成为信息社会必不可少的基础设施.借助互联网技术的发展，我们所生活的世界每天会产生海量的信息，称为“信息爆炸”.那么，如何利用计算机将这些海量数据实现自动分类呢？

通过建立实词词库，并将某篇信息中实词出现的频率赋值为 x_i，从而将实词词库向量化，形成特征向量表达 $\boldsymbol{a}=(x_1,x_2,\cdots,x_n)$.类似地，计算出另一篇信息的特征向量 $\boldsymbol{b}=(y_1,y_2,\cdots,y_n)$，通过余弦公式判断两篇信息是否重复或相似：$\cos\theta=\dfrac{x_1y_1+x_2y_2+\cdots+x_ny_n}{\sqrt{x_1^2+x_2^2+\cdots+x_n^2}\cdot\sqrt{y_1^2+y_2^2+\cdots+y_n^2}}$（越相似，值越接近 1），就可以进行信息判断和处理了.

定义 6.7 设向量 $\boldsymbol{c}$ 由两个向量 $\boldsymbol{a},\boldsymbol{b}$ 按下列条件所确定：

（1）$\boldsymbol{c}$ 的模等于 $|\boldsymbol{a}||\boldsymbol{b}|\sin\langle\boldsymbol{a},\boldsymbol{b}\rangle$；

微课：向量积的定义与性质

（2）$\boldsymbol{c}$ 的方向规定为 $\boldsymbol{c}\perp\boldsymbol{a},\boldsymbol{c}\perp\boldsymbol{b}$，并且按 $\boldsymbol{a},\boldsymbol{b},\boldsymbol{c}$ 顺序符合右手法则，如图 6-17 所示.则称向量 $\boldsymbol{c}$ 为向量 $\boldsymbol{a},\boldsymbol{b}$ 的向量积（也称为叉积），记作 $\boldsymbol{a}\times\boldsymbol{b}$.

引例 3 中，洛伦兹力可表示为 $\boldsymbol{F}=\boldsymbol{v}\times\boldsymbol{B}$.

注意： 两个向量 $\boldsymbol{a},\boldsymbol{b}$ 向量积的模 $|\boldsymbol{a}\times\boldsymbol{b}|$ 有直观几何解释，即以 $\boldsymbol{a},\boldsymbol{b}$（始点重合）为邻边的平行四边形的面积.

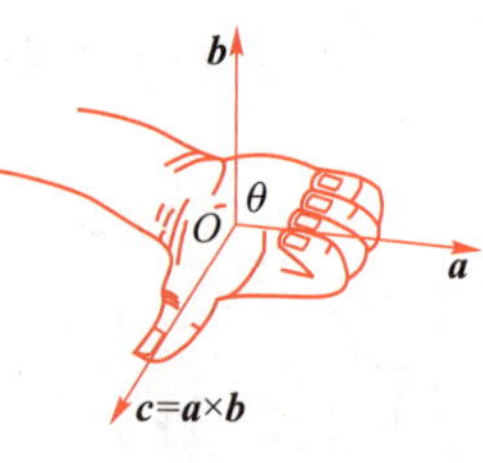

图 6-17

由向量积的定义可得：

（1）$\boldsymbol{a}\times\boldsymbol{a}=\boldsymbol{0}$；

（2）若 $\boldsymbol{a},\boldsymbol{b}$ 均为非零向量，则 $\boldsymbol{a}/\!/\boldsymbol{b}\Leftrightarrow\boldsymbol{a}\times\boldsymbol{b}=\boldsymbol{0}$.

例如，$\boldsymbol{i}\times\boldsymbol{i}=\boldsymbol{0},\boldsymbol{j}\times\boldsymbol{j}=\boldsymbol{0},\boldsymbol{k}\times\boldsymbol{k}=\boldsymbol{0}$.

另外，由定义易得 $\boldsymbol{i}\times\boldsymbol{j}=\boldsymbol{k},\boldsymbol{j}\times\boldsymbol{k}=\boldsymbol{i},\boldsymbol{k}\times\boldsymbol{i}=\boldsymbol{j}$，而 $\boldsymbol{j}\times\boldsymbol{i}=-\boldsymbol{k},\boldsymbol{k}\times\boldsymbol{j}=-\boldsymbol{i},\boldsymbol{i}\times\boldsymbol{k}=-\boldsymbol{j}$.

对于任意向量 $\boldsymbol{a},\boldsymbol{b},\boldsymbol{c}$，满足如下向量积运算规律：

反交换律：$\boldsymbol{a}\times\boldsymbol{b}=-\boldsymbol{b}\times\boldsymbol{a}$；

分配律：$\boldsymbol{a}\times(\boldsymbol{b}+\boldsymbol{c})=\boldsymbol{a}\times\boldsymbol{b}+\boldsymbol{a}\times\boldsymbol{c},(\boldsymbol{b}+\boldsymbol{c})\times\boldsymbol{a}=\boldsymbol{b}\times\boldsymbol{a}+\boldsymbol{c}\times\boldsymbol{a}$；

数乘结合率：$(\lambda\boldsymbol{a})\times\boldsymbol{b}=\lambda(\boldsymbol{a}\times\boldsymbol{b})=\boldsymbol{a}\times(\lambda\boldsymbol{b})$（$\lambda$ 为实数）.

证明从略.

下面讨论向量积的坐标表示式.

设 $\boldsymbol{a}=x_1\boldsymbol{i}+y_1\boldsymbol{j}+z_1\boldsymbol{k},\boldsymbol{b}=x_2\boldsymbol{i}+y_2\boldsymbol{j}+z_2\boldsymbol{k}$，则

$$\begin{aligned}\boldsymbol{a}\times\boldsymbol{b}&=(x_1\boldsymbol{i}+y_1\boldsymbol{j}+z_1\boldsymbol{k})\times(x_2\boldsymbol{i}+y_2\boldsymbol{j}+z_2\boldsymbol{k})\\&=x_1x_2\boldsymbol{i}\times\boldsymbol{i}+x_1y_2\boldsymbol{i}\times\boldsymbol{j}+x_1z_2\boldsymbol{i}\times\boldsymbol{k}+y_1x_2\boldsymbol{j}\times\boldsymbol{i}+y_1y_2\boldsymbol{j}\times\boldsymbol{j}+y_1z_2\boldsymbol{j}\times\boldsymbol{k}+z_1x_2\boldsymbol{k}\times\boldsymbol{i}+z_1y_2\boldsymbol{k}\times\boldsymbol{j}+z_1z_2\boldsymbol{k}\times\boldsymbol{k}\\&=(y_1z_2-y_2z_1)\boldsymbol{i}-(x_1z_2-z_1x_2)\boldsymbol{j}+(x_1y_2-x_2y_1)\boldsymbol{k}.\end{aligned}$$

利用二阶行列式，可将上式改写为

$$\boldsymbol{a}\times\boldsymbol{b}=\begin{vmatrix}y_1&z_1\\y_2&z_2\end{vmatrix}\boldsymbol{i}-\begin{vmatrix}x_1&z_1\\x_2&z_2\end{vmatrix}\boldsymbol{j}+\begin{vmatrix}x_1&y_1\\x_2&y_2\end{vmatrix}\boldsymbol{k}.\tag{6.1}$$

为了便于记忆，利用三阶行列式的计算规律把式（6.1）记为

$$\boldsymbol{a}\times\boldsymbol{b}=\begin{vmatrix}\boldsymbol{i} & \boldsymbol{j} & \boldsymbol{k}\\ x_1 & y_1 & z_1\\ x_2 & y_2 & z_2\end{vmatrix}. \tag{6.2}$$

进一步可得,两向量平行的充要条件为 $\boldsymbol{a}/\!/\boldsymbol{b}\Leftrightarrow\frac{x_1}{x_2}=\frac{y_1}{y_2}=\frac{z_1}{z_2}$,其中分母不同时为零.

例 10 已知 $\boldsymbol{a}=\boldsymbol{i}-3\boldsymbol{j}+\boldsymbol{k}$,$\boldsymbol{b}=\boldsymbol{i}-\boldsymbol{k}$,$\boldsymbol{c}=6\boldsymbol{i}+4\boldsymbol{j}+6\boldsymbol{k}$,问 $\boldsymbol{a}\times\boldsymbol{b}$ 与 $\boldsymbol{c}$ 平行吗?

解

$$\boldsymbol{a}\times\boldsymbol{b}=\begin{vmatrix}\boldsymbol{i} & \boldsymbol{j} & \boldsymbol{k}\\ 1 & -3 & 1\\ 1 & 0 & -1\end{vmatrix}=3\boldsymbol{i}+2\boldsymbol{j}+3\boldsymbol{k}.$$

显然有 $2\boldsymbol{a}\times\boldsymbol{b}=\boldsymbol{c}$,所以 $(\boldsymbol{a}\times\boldsymbol{b})/\!/\boldsymbol{c}$.

例 11 已知 $\triangle ABC$ 的顶点分别为 $A(1,2,3)$,$B(3,5,5)$,$C(2,4,7)$,求 $\triangle ABC$ 的面积.

解 由向量积的定义有

$$S_{\triangle ABC}=\frac{1}{2}|\overrightarrow{AB}|\,|\overrightarrow{AC}|\sin\angle A=\frac{1}{2}|\overrightarrow{AB}\times\overrightarrow{AC}|.$$

而 $\overrightarrow{AB}\times\overrightarrow{AC}=\begin{vmatrix}\boldsymbol{i} & \boldsymbol{j} & \boldsymbol{k}\\ 2 & 3 & 2\\ 1 & 2 & 4\end{vmatrix}=8\boldsymbol{i}-6\boldsymbol{j}+\boldsymbol{k}$,所以

$$S_{\triangle ABC}=\frac{1}{2}|\overrightarrow{AB}\times\overrightarrow{AC}|=\frac{1}{2}\sqrt{8^2+(-6)^2+1^2}=\frac{1}{2}\sqrt{101}.$$

例 12 求同时垂直于向量 $\boldsymbol{a}=(2,1,-1)$ 和 $\boldsymbol{b}=(0,-2,2)$ 的单位向量.

解 由向量积的定义可知,若 $\boldsymbol{a}\times\boldsymbol{b}=\boldsymbol{c}$,则 $\boldsymbol{c}$ 同时垂直于 $\boldsymbol{a}$ 和 $\boldsymbol{b}$.因此,

$$\boldsymbol{c}=\boldsymbol{a}\times\boldsymbol{b}=\begin{vmatrix}\boldsymbol{i} & \boldsymbol{j} & \boldsymbol{k}\\ 2 & 1 & -1\\ 0 & -2 & 2\end{vmatrix}=-4\boldsymbol{j}-4\boldsymbol{k},$$

与 $\boldsymbol{c}=\boldsymbol{a}\times\boldsymbol{b}$ 平行的单位向量为

$$\boldsymbol{c}^0=\pm\frac{\boldsymbol{c}}{|\boldsymbol{c}|}=\pm\frac{\boldsymbol{a}\times\boldsymbol{b}}{|\boldsymbol{a}\times\boldsymbol{b}|}=\pm\frac{-4\boldsymbol{j}-4\boldsymbol{k}}{\sqrt{0^2+(-4)^2+(-4)^2}}=\pm\frac{\sqrt{2}}{2}(\boldsymbol{j}+\boldsymbol{k}).$$

6.2.6 空间平面与空间直线的方程

1. 空间平面

如果一个非零向量垂直于一平面,则称此向量为该平面的法线向量,简称法向量.易知,平面上的任一向量均与该平面的法向量垂直,而一个平面的法向量有无穷多个.

设平面 Π 通过一定点 $M_0(x_0,y_0,z_0)$,且其法向量为 $\boldsymbol{n}=A\boldsymbol{i}+B\boldsymbol{j}+C\boldsymbol{k}$.下面来建立该平面的方程.

设点 $M(x,y,z)$ 为平面 Π 上任意一点,如图 6-18 所示,则点 $M(x,y,z)$ 在平面 Π 上的充

要条件为$\overrightarrow{M_0M}\perp \boldsymbol{n}$,即$\overrightarrow{M_0M}\cdot \boldsymbol{n}=0$.由于

$$\overrightarrow{M_0M}=(x-x_0)\boldsymbol{i}+(y-y_0)\boldsymbol{j}+(z-z_0)\boldsymbol{k},$$

故
$$A(x-x_0)+B(y-y_0)+C(z-z_0)=0. \tag{6.3}$$

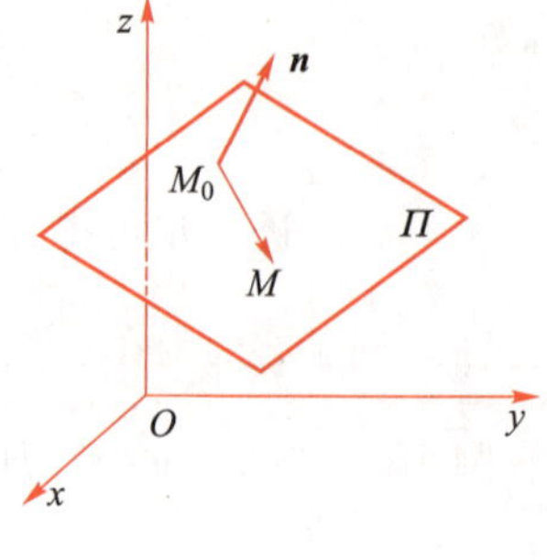

图 6-18

由点 M 的任意性,平面 Π 上的任一点都满足方程(6.3).反之,不在该平面上的点的坐标都不满足方程(6.3).因此,方程(6.3)就是所求的平面 Π 的方程,称为平面的点法式方程.

微课:点法式方程

方程(6.3)整理后可得到一个三元一次方程

$$Ax+By+Cz+D=0. \tag{6.4}$$

微课:一般式方程

式中,$D=-(Ax_0+By_0+Cz_0)$.

反过来,可证明任何一个三元一次方程都代表了某一平面方程.于是,方程(6.4)被称为平面的一般式方程,且 $\boldsymbol{n}=A\boldsymbol{i}+B\boldsymbol{j}+C\boldsymbol{k}$ 为其法向量.

特殊地,若 $D=0$,则平面过原点;若 $A=0$ 或 $B=0$ 或 $C=0$,则平面分别平行于 x 轴、y 轴、z 轴;若 $A=D=0$ 或 $B=D=0$ 或 $C=D=0$,则平面分别过 x 轴、y 轴、z 轴.

例 13 求过点$(2,-3,1)$且以 $\boldsymbol{n}=\boldsymbol{i}-2\boldsymbol{j}+3\boldsymbol{k}$ 为法向量的平面的方程.

解 根据平面的点法式方程,得所求平面的方程为

$$(x-2)-2(y+3)+3(z-1)=0,$$

即 $x-2y+3z-11=0$.

例 14 求与平面 $x+2y-z+3=0$ 平行且过点$(0,-1,2)$的平面的方程.

解 因所求平面与已知平面平行,因而所求平面的法向量可取为已知平面的法向量:$\boldsymbol{n}=\boldsymbol{i}+2\boldsymbol{j}-\boldsymbol{k}$.由点法式,可得所求的平面方程为

$$(x-0)+2(y+1)-(z-2)=0,\text{即 } x+2y-z+4=0.$$

例 15 已知平面上三点 $A(1,1,-1)$,$B(0,-2,2)$,$C(1,-1,2)$,求此平面方程.

解 $\overrightarrow{AB}=(-1,-3,3)$,$\overrightarrow{AC}=(0,-2,3)$.所求平面的法向量为

$$\boldsymbol{n}=\overrightarrow{AB}\times\overrightarrow{AC}=\begin{vmatrix}\boldsymbol{i} & \boldsymbol{j} & \boldsymbol{k}\\ -1 & -3 & 3\\ 0 & -2 & 3\end{vmatrix}=-3\boldsymbol{i}+3\boldsymbol{j}+2\boldsymbol{k}.$$

由点法式,可得所求的平面方程为

$$-3(x-1)+3(y-1)+2(z+1)=0,\text{即 } 3x-3y-2z-2=0.$$

例 16 如图 6-19 所示,平面过三定点 $P(a,0,0)$,$Q(0,b,0)$,$R(0,0,c)$,且 $abc\neq 0$,求该平面的方程.

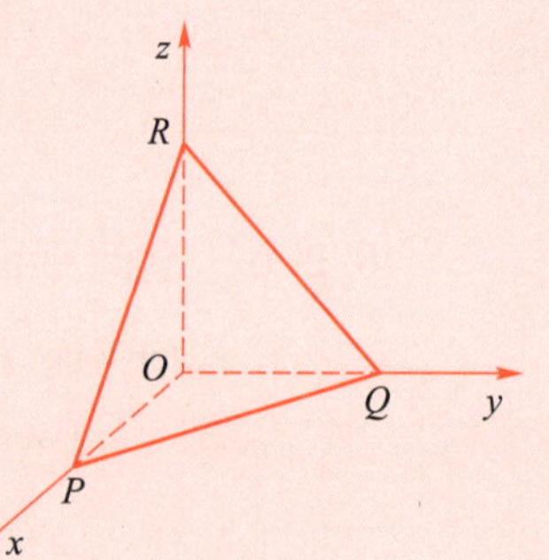

图 6-19

解 根据题意可知,$\boldsymbol{n}\perp\overrightarrow{PQ}$,$\boldsymbol{n}\perp\overrightarrow{PR}$.所以平面的法向量 $\boldsymbol{n}$ 可取为 $\boldsymbol{n}=\overrightarrow{PQ}\times\overrightarrow{PR}$.

又根据已知点的坐标可求得$\overrightarrow{PQ}=-a\boldsymbol{i}+b\boldsymbol{j}$,$\overrightarrow{PR}=-a\boldsymbol{i}+c\boldsymbol{k}$.

所以，$\boldsymbol{n}=\begin{vmatrix} \boldsymbol{i} & \boldsymbol{j} & \boldsymbol{k} \\ -a & b & 0 \\ -a & 0 & c \end{vmatrix}=bc\boldsymbol{i}+ac\boldsymbol{j}+ba\boldsymbol{k}$.

取定点为$(a,0,0)$，代入平面的点法式方程并化简可得 $bcx+acy+baz-abc=0$.

由于 $abc\neq0$，上式两边除以 abc，得

$$\frac{x}{a}+\frac{y}{b}+\frac{z}{c}=1. \tag{6.5}$$

微课：平面的截距式方程

注意：式(6.5)称为平面的截距式方程，a,b,c 分别称为平面在 x 轴、y 轴和 z 轴上的截距.

设两平面 Π_1 和 Π_2 的法向量分别为 $\boldsymbol{n}_1=(A_1,B_1,C_1)$，$\boldsymbol{n}_2=(A_1,B_1,C_1)$，称这两个平面法向量的夹角（锐角）为这两个平面的夹角，如图 6-20 所示，则

微课：两平面夹角

$$\cos\theta=|\cos\langle\boldsymbol{n}_1,\boldsymbol{n}_2\rangle|=\frac{|A_1A_2+B_1B_2+C_1C_2|}{\sqrt{A_1^2+B_1^2+C_1^2}\sqrt{A_2^2+B_2^2+C_2^2}}. \tag{6.6}$$

易知：

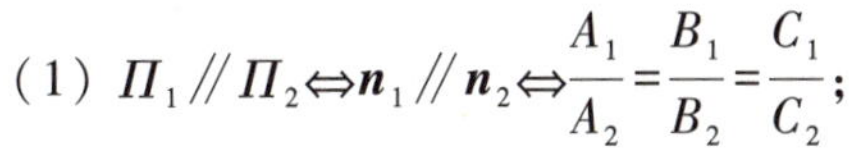

(1) $\Pi_1/\!/\Pi_2\Leftrightarrow\boldsymbol{n}_1/\!/\boldsymbol{n}_2\Leftrightarrow\frac{A_1}{A_2}=\frac{B_1}{B_2}=\frac{C_1}{C_2}$;

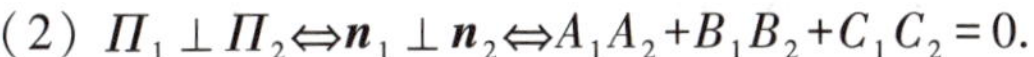

(2) $\Pi_1\perp\Pi_2\Leftrightarrow\boldsymbol{n}_1\perp\boldsymbol{n}_2\Leftrightarrow A_1A_2+B_1B_2+C_1C_2=0$.

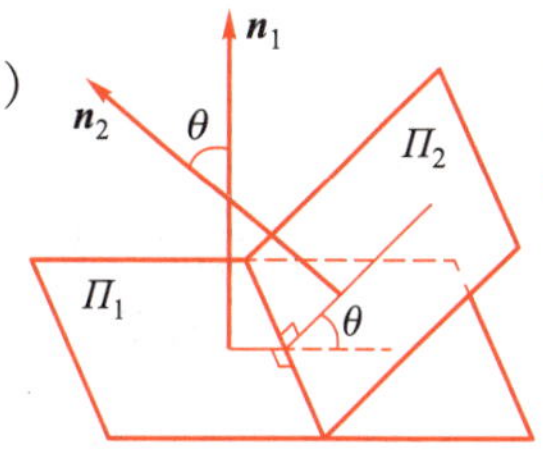

图 6-20

例 17 求两平面 $x-y+2z-6=0$ 和 $2x+y+z-5=0$ 的夹角.

解 两平面的法向量分别为 $\boldsymbol{n}_1=\{1,-1,2\}$，$\boldsymbol{n}_2=\{2,1,1\}$，因此

$$\cos\theta=|\cos\langle\boldsymbol{n}_1,\boldsymbol{n}_2\rangle|=\frac{|A_1A_2+B_1B_2+C_1C_2|}{\sqrt{A_1^2+B_1^2+C_1^2}\sqrt{A_2^2+B_2^2+C_2^2}}$$

$$=\frac{|1\times2+(-1)\times1+2\times1|}{\sqrt{1^2+(-1)^2+2^2}\cdot\sqrt{2^2+1^2+1^2}}=\frac{1}{2}.$$

所以，所求夹角为 $\theta=\frac{\pi}{3}$.

2. 空间直线

空间直线可看作两平面的交线，于是直线方程可以通过这两个平面的方程联立获得. 即

$$\begin{cases} A_1x+B_1y+C_1z+D_1=0, \\ A_2x+B_2y+C_2z+D_2=0. \end{cases} \tag{6.7}$$

微课：直线方程点向式参数方程

式(6.7)中的 A_1,B_1,C_1 与 A_2,B_2,C_2 不成比例. 式(6.7)称为直线的一般式. 已知过定点且与一条非零向量平行的直线可以被唯一确定下来. 假设定点为 $M_0(x_0,y_0,z_0)$，非零向量为 $\boldsymbol{s}=(m,n,p)$，又设直线上任意一点为 $M(x,y,z)$，如图 6-21 所示，则 $\overrightarrow{M_0M}=(x-x_0,y-y_0,z-z_0)$. 显然向量 $\boldsymbol{s}$ 与向量 $\overrightarrow{M_0M}$ 平行，满足

$$\frac{x-x_0}{m}=\frac{y-y_0}{n}=\frac{z-z_0}{p}. \tag{6.8}$$

M
M_0
$\boldsymbol{s}$

图 6-21

式(6.8)称为直线的点向式方程,又称为直线的对称式方程或标准方程,其中 $\boldsymbol{s}=(m,n,p)$ 称为直线的方向向量.

注意: 约定当分母为0时,其对应分子也为0.

显然,直线的点向式可以转化为一般式.其实,式(6.8)可以改写为两个平面方程的联立,即 $\begin{cases}\dfrac{x-x_0}{m}=\dfrac{y-y_0}{n},\\ \dfrac{y-y_0}{n}=\dfrac{z-z_0}{p}.\end{cases}$ 同时,设 $\dfrac{x-x_0}{m}=\dfrac{y-y_0}{n}=\dfrac{z-z_0}{p}=t$,可得

$$\begin{cases}x=mt+x_0,\\ y=nt+y_0,\\ z=pt+z_0.\end{cases} \tag{6.9}$$

式(6.9)称为直线的参数方程,其中 t 为参变量.

例 18 已知直线的一般式为 $\begin{cases}2x-y-2z=0,\\ x-y+z-12=0.\end{cases}$ 求此直线的对称式与参数方程.

解 方法一:对一般式方程利用消元法,消去 y,得 $x-3z+12=0$,即 $\dfrac{x}{3}=\dfrac{z-4}{1}$.同样的,对一般式方程利用消元法,消去 z,得 $\dfrac{x}{3}=\dfrac{y+8}{4}$.所以对称式方程为

$$\frac{x}{3}=\frac{y+8}{4}=\frac{z-4}{1}.$$

又令 $\dfrac{x}{3}=\dfrac{y+8}{4}=\dfrac{z-4}{1}=t$,则可得直线的参数方程为 $\begin{cases}x=3t,\\ y=4t-8,\\ z=t+4.\end{cases}$

方法二:设这两个平面的法向量分别为 $\boldsymbol{n}_1=(2,-1,-2)$ 和 $\boldsymbol{n}_2=(1,-1,1)$,显然直线的方向向量 $\boldsymbol{s}$ 满足 $\boldsymbol{s}\perp\boldsymbol{n}_1$,$\boldsymbol{s}\perp\boldsymbol{n}_2$.因此

$$\boldsymbol{s}=\boldsymbol{n}_1\times\boldsymbol{n}_2=\begin{vmatrix}\boldsymbol{i} & \boldsymbol{j} & \boldsymbol{k}\\ 2 & -1 & -2\\ 1 & -1 & 1\end{vmatrix}=-3\boldsymbol{i}-4\boldsymbol{j}-\boldsymbol{k}$$

是所求直线的一个方向向量.现在求直线上一点,令 $x=0$,求解

$$\begin{cases}-y-2z=0,\\ -y+z-12=0,\end{cases}$$

可得 $(0,-8,4)$ 是直线上的点.所以直线的对称式方程以及直线的参数方程分别为

$$\frac{x}{3}=\frac{y+8}{4}=\frac{z-4}{1},\quad \begin{cases}x=3t,\\ y=4t-8,\\ z=t+4.\end{cases}$$

例 19　求过点 $A(1,0,-3)$ 且过直线 $\frac{x-2}{3}=y+2=\frac{z+2}{-1}$ 的平面方程.

解　由直线方程易知,点 $M(2,-2,-2)$ 为已知直线上的点.同时,直线的方向向量为 $\boldsymbol{a}=3\boldsymbol{i}+\boldsymbol{j}-\boldsymbol{k}$.设所求平面的法向量为 $\boldsymbol{n}$,显然 $\overrightarrow{AM}\perp\boldsymbol{n}$,$\boldsymbol{a}\perp\boldsymbol{n}$.所以

$$\boldsymbol{n}=\boldsymbol{a}\times\overrightarrow{AM}=\begin{vmatrix}\boldsymbol{i} & \boldsymbol{j} & \boldsymbol{k}\\ 3 & 1 & -1\\ 1 & -2 & 1\end{vmatrix}=-\boldsymbol{i}-4\boldsymbol{j}-7\boldsymbol{k}.$$

所求平面方程为

$$-(x-1)-4y-7(z+3)=0,\text{即 } x+4y+7z+20=0.$$

称两条直线相交所形成的锐角为两直线的夹角.设两直线 L_1 和 L_2 的方向向量分别为 $\boldsymbol{s}_1=(m_1,n_1,p_1)$,$\boldsymbol{s}_2=(m_2,n_2,p_2)$,于是

$$\cos\theta=|\cos\langle\boldsymbol{s}_1,\boldsymbol{s}_2\rangle|=\frac{|\boldsymbol{s}_1\cdot\boldsymbol{s}_2|}{|\boldsymbol{s}_1|\,|\boldsymbol{s}_2|}=\frac{|m_1m_2+n_1n_2+p_1p_2|}{\sqrt{m_1^2+n_1^2+p_1^2}\sqrt{m_2^2+n_2^2+p_2^2}}. \tag{6.10}$$

易知:

(1) $L_1/\!/L_2\Leftrightarrow\boldsymbol{s}_1/\!/\boldsymbol{s}_2\Leftrightarrow\frac{m_1}{m_2}=\frac{n_1}{n_2}=\frac{p_1}{p_2}$;

(2) $L_1\perp L_2\Leftrightarrow\boldsymbol{s}_1\perp\boldsymbol{s}_2\Leftrightarrow m_1m_2+n_1n_2+p_1p_2=0$.

类似地,直线和平面的夹角可以由直线的方向向量和平面的法向量之间的夹角(锐角)获得,如图 6-22 所示.设直线 L 的方向向量为 $\boldsymbol{s}=(m,n,p)$,平面 Π 的法向量为 $\boldsymbol{n}=(A,B,C)$,则

$$\sin\varphi=|\cos\langle\boldsymbol{n},\boldsymbol{s}\rangle|=\frac{|\boldsymbol{n}\cdot\boldsymbol{s}|}{|\boldsymbol{n}|\,|\boldsymbol{s}|}=\frac{|Am+Bn+Cp|}{\sqrt{A^2+B^2+C^2}\sqrt{m^2+n^2+p^2}}. \tag{6.11}$$

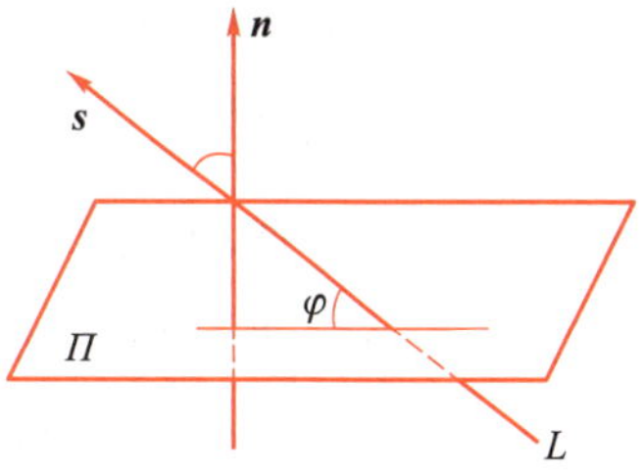

图 6-22

易知:

(1) $L/\!/\Pi\Leftrightarrow\boldsymbol{s}\perp\boldsymbol{n}\Leftrightarrow Am+Bn+Cp=0$;

(2) $L\perp\Pi\Leftrightarrow\boldsymbol{s}/\!/\boldsymbol{n}\Leftrightarrow\frac{A}{m}=\frac{B}{n}=\frac{C}{p}$..

例 20　已知直线 $L:\frac{x-1}{0}=\frac{y-2}{1}=\frac{z}{1}$ 和平面 $\Pi:\sqrt{2}x+y+z=0$.求 L 和 Π 的夹角 φ.

解　由题意可知直线 L 的方向向量为 $\boldsymbol{s}=(0,1,1)$,平面 Π 的法向量为 $\boldsymbol{n}=(\sqrt{2},1,1)$,则

$$\sin\varphi=|\cos\langle\boldsymbol{n},\boldsymbol{s}\rangle|=\frac{|\boldsymbol{n}\cdot\boldsymbol{s}|}{|\boldsymbol{n}|\,|\boldsymbol{s}|}=\frac{|\sqrt{2}\cdot 0+1\cdot 1+1\cdot 1|}{\sqrt{\sqrt{2}^2+1^2+1^2}\sqrt{0^2+1^2+1^2}}=\frac{\sqrt{2}}{2},\text{即 }\varphi=\frac{\pi}{4}.$$

应用与实践

案例 1 长方体 $OAEB-O_1A_1E_1B_1$ 中，$OA=3,OB=4,OO_1=2$，点 P 在棱 AA_1 上，且 $AP=2PA_1$，点 S 在棱 BB_1 上，且 $B_1S=2SB$，点 Q,R 分别是 O_1B_1,AE 的中点，如图 6-23(a)所示.求证：$PQ /\!/ RS$.

解 建立空间直角坐标系，如图 6-23(b)所示，则长方体顶点坐标为 $O(0,0,0),A(3,0,0),B(0,4,0),O_1(0,0,2),A_1(3,0,2),B_1(0,4,2),E(3,4,0)$.由此，知 $\overrightarrow{AA_1}=\{0,0,2\}$.

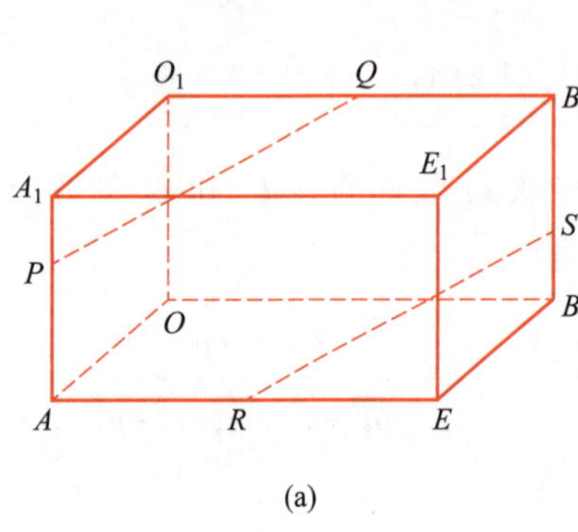

(a)

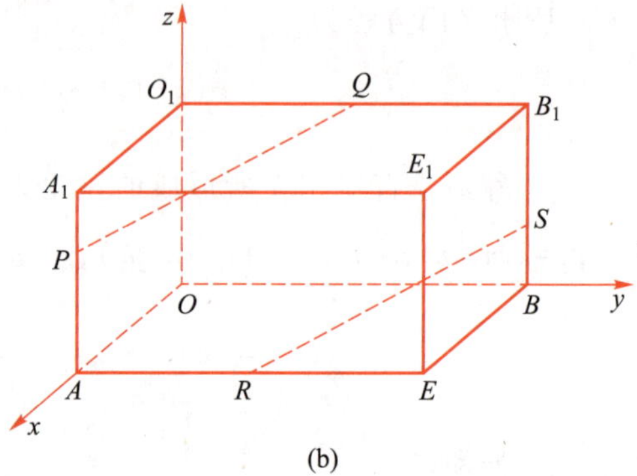

(b)

图 6-23

已知 $AP=2PA_1$，有 $\overrightarrow{AP}=\frac{2}{3}\overrightarrow{AA_1}=\frac{2}{3}(0,0,2)=\left(0,0,\frac{4}{3}\right)$，所以可得 $P\left(3,0,\frac{4}{3}\right)$ · 同理可得 $Q(0,2,2),R(3,2,0),S\left(0,4,\frac{2}{3}\right)$.因而 $\overrightarrow{PQ}=\left(-3,2,\frac{2}{3}\right)=\overrightarrow{RS}$.显然，$\overrightarrow{PQ} /\!/ \overrightarrow{RS}$.又因为 $R\notin PQ$，所以 $PQ /\!/ RS$.

案例 2 已知正方体 $ABCD-A_1B_1C_1D_1$ 中，M,N 是棱 A_1B_1,B_1B 的中点，如图 6-24(a)所示，求直线 AM 和 CN 所成角的余弦值.

解 设正方体的棱长为 2，建立空间直角坐标系，如图 6-24(b)所示，则 $D(0,0,0),A(2,0,0),M(2,1,2),C(0,2,0),N(2,2,1)$.由此，$\overrightarrow{AM}=(0,1,2),\overrightarrow{CN}=(2,0,1)$.

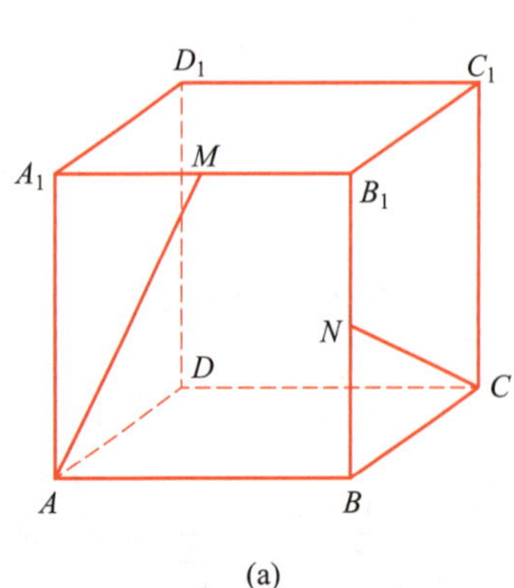

(a)

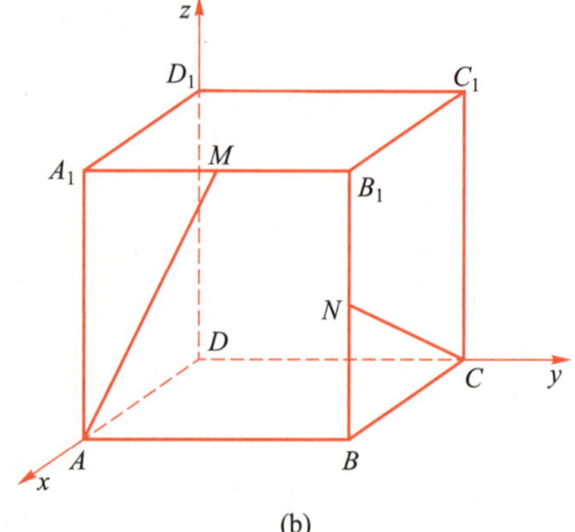

(b)

图 6-24

设$\overrightarrow{AM}$和$\overrightarrow{CN}$所成的角为θ，则 $\cos\theta=\dfrac{\overrightarrow{AM}\cdot\overrightarrow{CN}}{|\overrightarrow{AM}||\overrightarrow{CN}|}=\dfrac{2}{5}$.因此，直线 AM 和 CN 所成角的余弦值是$\dfrac{2}{5}$.

案例 3 如图 6-25 所示，质量为 m 的小滑块，由静止开始从倾角为 θ 的固定光滑斜面顶端 A 滑至底端 B，A 点距离水平地面的高度为 h，求滑块滑到 B 点时重力的瞬时功率.

解 重力的功率也是向量的数量积，即 $P=\boldsymbol{F}\cdot\boldsymbol{v}=|mg|\cdot|\boldsymbol{v}|\cos\alpha$，其中速度 $\boldsymbol{v}=\sqrt{2gh}$，$\alpha$ 为重力与速度之间的夹角，由图 6-25 可知 $\alpha=\dfrac{\pi}{2}-\theta$，因此滑块滑到 B 点时重力的瞬时功率 $P=mg\sqrt{2gh}\sin\theta$.

案例 4 刚体以等角速度 ω 绕 l 轴旋转，试表示刚体上一点 M 的线速度.

解 设点 M 到旋转轴 l 的距离为 a，再在 l 轴上任取一点 O 作向量 $\boldsymbol{r}=\overrightarrow{OM}$，并以 θ 表示 l 与 $\boldsymbol{r}$ 的夹角，那么 $a=|\boldsymbol{r}|\sin\theta$.设线速度为 $\boldsymbol{v}$，那么由物理学可知 $|\boldsymbol{v}|=|\boldsymbol{\omega}|a=|\boldsymbol{\omega}||\boldsymbol{r}|\sin\theta$，$\boldsymbol{v}$ 垂直于 $\boldsymbol{\omega}$ 与 $\boldsymbol{r}$，且 $\boldsymbol{v}$ 的指向是使 $\boldsymbol{\omega},\boldsymbol{r},\boldsymbol{v}$ 符合右手法则，如图 6-26 所示，因此有 $\boldsymbol{v}=\boldsymbol{\omega}\times\boldsymbol{r}$.

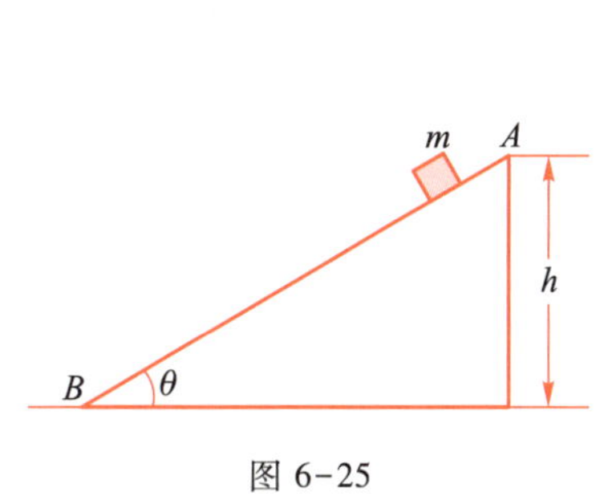

图 6-25

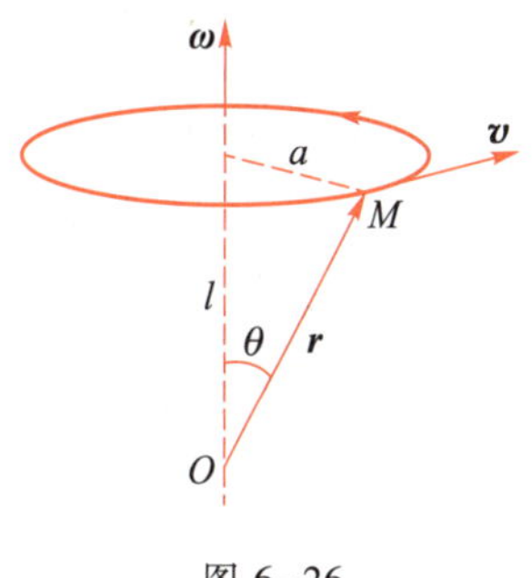

图 6-26

能力训练 6.2

1. 设 A_1,B_1,C_1 分别为$\triangle ABC$ 的三个边 AB,BC,CA 的中点，已知$\overrightarrow{AB}=\boldsymbol{a}$，$\overrightarrow{BC}=\boldsymbol{b}$，$\overrightarrow{CA}=\boldsymbol{c}$.求$\overrightarrow{AA_1}$，$\overrightarrow{BB_1}$，$\overrightarrow{AC_1}$.

2. 设 $A(3,0,-1)$，$B(0,2,-1)$，$C(3,0,1)$，求$\overrightarrow{AB}$，$\overrightarrow{AC}$，$\overrightarrow{BC}$及$\overrightarrow{AB}-3\overrightarrow{BC}-2\overrightarrow{CA}$的坐标表达式.

3. 分别求出向量 $\boldsymbol{a}=(1,1,1)$，$\boldsymbol{b}=(2,-2,3)$及 $\boldsymbol{c}=(-2,-1,0)$的模，并分别用单位向量 $\boldsymbol{a}^0,\boldsymbol{b}^0,\boldsymbol{c}^0$ 表达向量 $\boldsymbol{a},\boldsymbol{b},\boldsymbol{c}$.

4. 设 $\boldsymbol{a}=\boldsymbol{i}+2\boldsymbol{j}-\boldsymbol{k}$，求$|\boldsymbol{a}|$，$\boldsymbol{a}$ 的方向余弦以及 $\boldsymbol{a}^0$.

5. 设 $\boldsymbol{a}=(3,-1,-2)$，$\boldsymbol{b}=(1,2,-1)$，求：

(1) $\boldsymbol{a}\cdot\boldsymbol{b}$ 及 $\boldsymbol{a}\times\boldsymbol{b}$；

(2) $(-2\boldsymbol{a})\cdot3\boldsymbol{b}$ 及 $\boldsymbol{a}\times2\boldsymbol{b}$；

(3) $\boldsymbol{a}$ 与 $\boldsymbol{b}$ 的夹角余弦 $\cos\theta$.

6. 设$\triangle ABC$的三个顶点的坐标分别为$A(5,1,-1)$,$B(0,-4,3)$,$C(1,-3,7)$,求$\triangle ABC$的面积及$\overrightarrow{BC}$边上的高.

7. 求过点$(2,-1,5)$且与平面$3x-2y+7z-8=0$平行的平面方程.

8. 将平面方程$x+2y-z+4=0$化为截距式.

9. 根据题意求平面方程:

(1) 平面平行于xOz面,且过点$(2,-4,-1)$;

(2) 平面过z轴和点$(-3,1,-2)$;

(3) 平面平行于x轴,且过两点$M_1(1,0,-2)$与$M_2(2,1,0)$.

10. 已知平面过点$(2,-1,3)$,且与两向量$\boldsymbol{a}=(2,1,5)$和$\boldsymbol{b}=(1,-1,2)$垂直,求此平面方程.

11. 已知一平面通过两点$M_1(1,1,1)$和$M_2(0,1,-1)$且垂直于平面$x+y+z=0$,求此平面方程.

12. 设平面过点$M(1,0,-2)$和$N(1,2,2)$,且与向量$\boldsymbol{a}=(1,1,1)$平行,求此平面方程.

13. 设一平面通过x轴和点$M(4,-3,-1)$,求此平面方程.

14. 求通过点$M_1(-3,0,1)$和$M_2(2,-5,1)$的直线方程.

15. 设一直线过点$M(2,0,3)$且垂直于平面$4x+y-z+5=0$,求此直线方程.

16. 求直线$\begin{cases}x=1-t,\\y=2+t,\\z=3-2t\end{cases}$与平面$2x+y-z=5$的交点.

17. 用对称式和参数方程表示直线:

(1) $\begin{cases}x-y+z=1,\\2x+y+z=4;\end{cases}$ (2) $\begin{cases}x+y+z+3=0,\\2x+3y-z+1=0.\end{cases}$

18. 求过点$M(2,1,6)$且与两平面$\Pi_1:x+2z=1$与$\Pi_2:y-3z=2$均平行的直线方程.

19. 设有直线$L:\dfrac{x-1}{2}=\dfrac{y+2}{2}=\dfrac{z+3}{1}$和平面$\Pi:x+y-z+1=0$,求直线和平面的夹角$\alpha$.

§6.3 几种常见的曲面

情景与问题

图 6-27

引例 双曲冷却塔(图 6-27)是火电厂、核电站中的循环水进行自然通风冷却的一种构筑物.由于其具有占地面积小、布置紧凑、水量损失小、冷却效果不受风力影响、维护相对简便、节约能源等特点而得到广泛使用.试分析双曲冷却塔外表面的数学模型.

分析 双曲冷却塔的外表面是由空间中满足特定特征的点汇集而成的.从侧平面观察,塔身呈双曲线型,可以看作是由双曲线绕竖轴旋转而成的，数学上称作单叶旋转双曲面.那么它是如何旋转而成的呢？空间表达式如何表示呢？本节就来介绍一些典型空间曲面方程.

6.3.1 球面方程

微课：球面方程

已知一个以点 $P_0(x_0,y_0,z_0)$ 为球心、R 为半径的空间球面，设点 $P(x,y,z)$ 是球面上的任意一点.根据空间两点间的距离公式，有方程 $\sqrt{(x-x_0)^2+(y-y_0)^2+(z-z_0)^2}=R$.即

$$(x-x_0)^2+(y-y_0)^2+(z-z_0)^2=R^2. \tag{6.12}$$

式(6.12)就是球面上的点的坐标所满足的方程.反之，不在球面上的点的坐标就不能满足这个方程，故方程(6.12)即为球心在 $P_0(x_0,y_0,z_0)$、半径为 R 的球面的方程，称此方程为球面标准方程.

特别地，当 $x_0=y_0=z_0=0$，即球心在原点时的球面方程为

$$x^2+y^2+z^2=R^2. \tag{6.13}$$

将式(6.12)展开可得方程

$$x^2+y^2+z^2-2x_0x-2y_0y-2z_0z+(x_0^2+y_0^2+z_0^2-R^2)=0.$$

其特点是缺少 xy、yz、zx 项，且平方项各系数相同.将上式整合简记为

$$x^2+y^2+z^2+Ax+By+Cz+D=0.$$

该方程被称作球面的一般方程.

例 1　方程 $x^2+y^2+z^2-2x+4y-11=0$ 表示怎样的曲面？

解　原方程可以改写为

$$(x-1)^2+(y+2)^2+z^2=16.$$

因此，它表示一个球心在 $(1,-2,0)$、半径为 4 的球面.

6.3.2 柱面

微课：柱面

定义 6.8　设有一条曲线 C，过 C 上的每一点作与 l 平行的直线，这些直线所形成的面称为柱面，C 称为柱面的准线，这些相互平行的直线称为柱面的母线，如图 6-28(a)所示.这里仅讨论准线在坐标面上，而母线垂直于该坐标面的柱面，如图 6-28(b)所示.

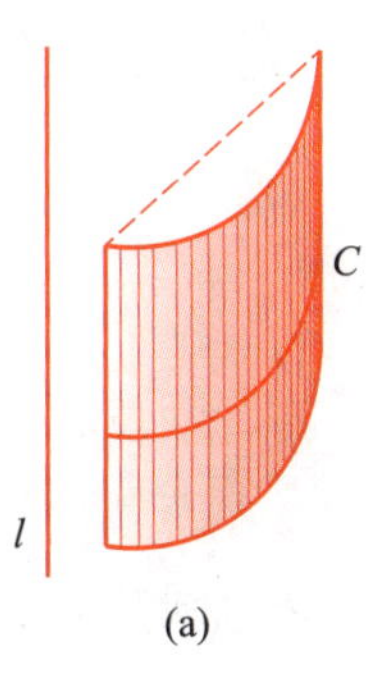

(a)

(b)

图 6-28

例 2　分析方程 $x^2+y^2=R^2$ 表示什么曲面？

分析：在 xOy 坐标面上，方程 $x^2+y^2=R^2$ 表示圆心在原点、半径为 R 的圆. 在空间直角坐标系中，由于方程缺 z，这意味着不论空间中点的 z 坐标是什么，凡是 x 坐标和 y 坐标满足这个方程的点，都在方程所表示的曲面 S 上；反之，凡是 x 坐标和 y 坐标不满足这个方程的点，不论 z 坐标是什么，都不在曲面 S 上，即点 (x,y,z) 在曲面 S 上的充要条件是点 $P'(x,y,0)$ 在圆 $x^2+y^2=R^2$ 上. $P(x,y,z)$ 是在过点 $P'(x,y,0)$ 且平行于 z 轴的直线上，这就是说方程 $x^2+y^2=R^2$ 表示由通过 xOy 坐标面上的圆 $x^2+y^2=R^2$ 上每一点且平行于 z 轴（即垂直于 xOy 坐标面）的直线所组成，即方程 $x^2+y^2=R^2$ 表示柱面，该柱面称为圆柱面，如图 6-29 所示.

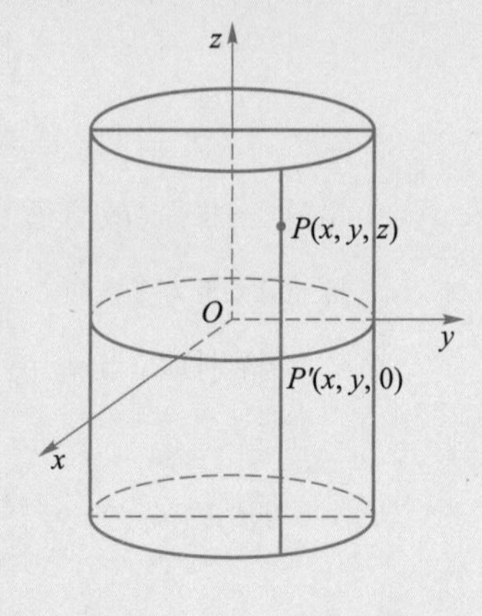

图 6-29

注意：一般地，如果方程中缺 z，即 $f(x,y)=0$，表示准线在 xOy 坐标面上，母线平行于 z 轴的柱面. 类似地，方程 $g(y,z)=0$ 表示母线平行于 x 轴的柱面方程，$h(x,z)=0$ 表示母线平行于 y 轴的柱面方程.

例 3　作方程 $x=y^2$ 的图形.

解　因为方程缺 z，所以它表示母线平行于 z 轴、准线为 xOy 坐标面上的抛物线的柱面. 该柱面称为抛物柱面，如图 6-30 所示.

例 4　方程 $y^2+\dfrac{z^2}{4}=1$ 表示什么曲面？

解　因为方程中缺 x，所以它表示母线平行于 x 轴的柱面. 它的准线是 yOz 坐标面上的椭圆. 方程表示一个椭圆柱面，如图 6-31 所示.

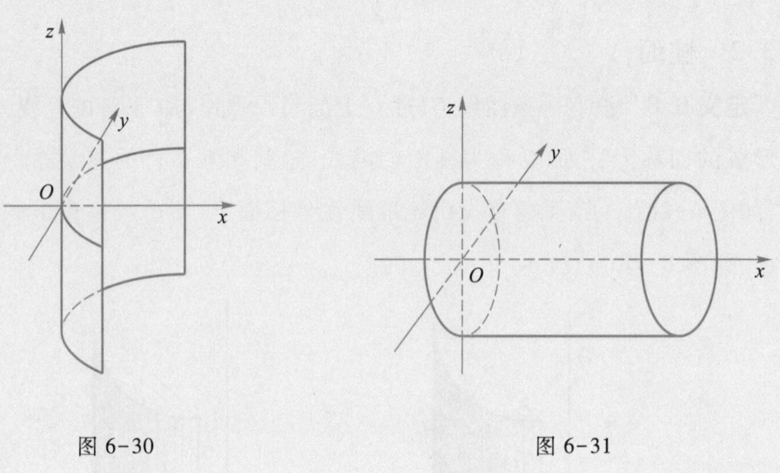

图 6-30　　图 6-31

微课：旋转曲面

6.3.3　旋转曲面

定义 6.9　一条平面曲线绕其平面上的一条直线旋转一周所成的曲面称为旋转曲面，这条直线称为旋转轴.

下面讨论旋转轴为坐标轴的旋转曲面方程.

设在 yOz 坐标面上曲线 C 的方程为 $f(y,z)=0$.求曲线 C 绕 z 轴旋转得到的旋转曲面方程.

设点 $M(x,y,z)$ 是旋转曲面上任一点,过点 M 作垂直于 z 轴的平面,如图 6-32 所示,交 z 轴于点 $P(0,0,z)$,交曲线 C 于 $M_0(0,y_0,z_0)$,由于点 M 是由点 M_0 绕 z 轴旋转得到,因此有 $|PM|=|PM_0|$,$z=z_0$.因为 $|PM|=\sqrt{x^2+y^2}$,$|PM_0|=y_0$,所以 $y_0=\pm\sqrt{x^2+y^2}$.又由于 M_0 在曲线 C 上,即点 $M_0(0,y_0,z_0)$ 满足 $f(y_0,z_0)=0$.从而得到旋转曲面方程为

$$f(\pm\sqrt{x^2+y^2},z)=0.$$

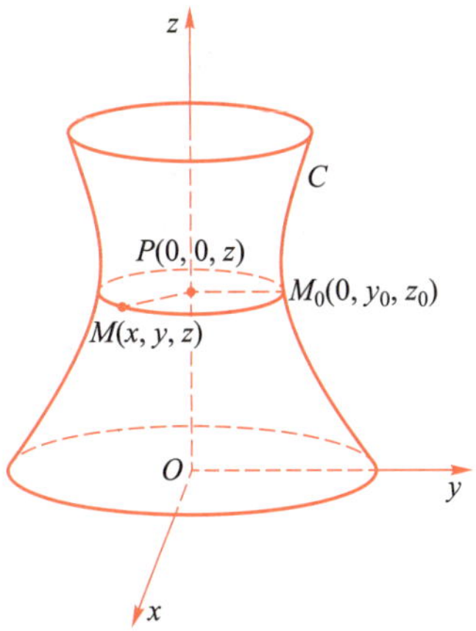

同理,平面曲线 C 绕 y 轴旋转的旋转曲面方程为

$$f(y,\pm\sqrt{x^2+z^2})=0. \qquad (6.14)$$

图 6-32

注意:若平面曲线 $f(y,z)=0$ 绕着 z 轴(y 轴)旋转,方程中的变量 $z(y)$ 就不变,而把方程中的另一个变量 $y(z)$ 置换为 $\pm\sqrt{x^2+y^2}\left(\pm\sqrt{x^2+z^2}\right)$,就得到曲线 C 绕 z 轴(y 轴)旋转的旋转曲面方程.其他几种旋转曲面方程可类似得到.

例 5 求 xOz 坐标面上的双曲线 $\frac{x^2}{a^2}-\frac{z^2}{c^2}=1$ 分别绕 x 轴和 z 轴旋转一周所生成的旋转曲面方程.

解 绕 x 轴旋转:x 不变,z 置换为 $\pm\sqrt{y^2+z^2}$,可生成双叶旋转双曲面(图 6-33):

$$\frac{x^2}{a^2}-\frac{y^2+z^2}{c^2}=1.$$

绕 z 轴旋转:z 不变,x 置换为 $\pm\sqrt{x^2+y^2}$,可生成单叶旋转双曲面(图 6-34):$\frac{x^2+y^2}{a^2}-\frac{z^2}{c^2}=1$.

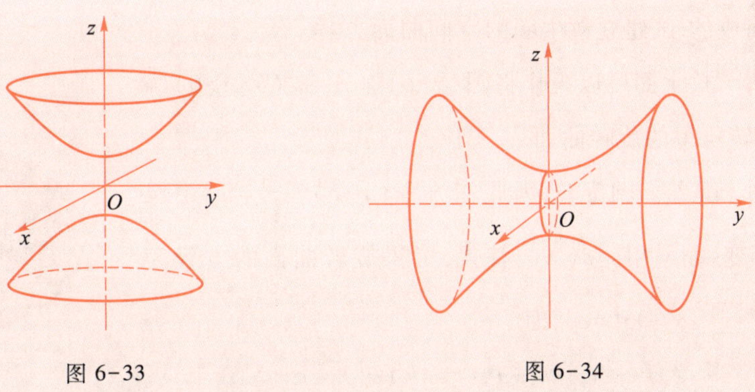

图 6-33　　图 6-34

探究

为什么电厂冷却塔是双曲面形?

电厂冷却塔的作用是使携带热量的冷却水在塔内和空气进行热交换,将冷却水的热量传输给空气并散入大气.早期的冷却塔有各种形状,如圆柱形、八边筒形等.为什么现在电厂冷却塔多是双曲面形的呢?

20 世纪,随着电站装机增大的需求发展,需要建设更大规模的冷却塔.然而圆柱形的结构很不稳定,建设成本也很高.通过研究发现,双曲冷却塔的结构稳定、抗变形能力强,同时塔的框架由直钢梁组成,更经济、更容易施工,而塔形的下粗中细结构更容易让空气流通换热.因此,自 1915 年发明双曲面形塔后,这种构型就在热电站中迅速流行开来.经过多年的工程实践,这种结构的力学性能和防风性能得到了很好的检验,成为最普遍的冷却塔形式.当然,实际工程实践中不是完全按照曲面的几何形状去施工,如今的塔形是优化设计、工程实践和施工习惯相互影响的结果,和几何上的双曲面会有差异.

应用与实践

案例 1 橄榄球运动是由足球运动派生出来的一项球类运动.因形似橄榄,在中国称为"橄榄球".橄榄球运动分为英式橄榄球和美式橄榄球两类,其中英式橄榄球相较于美式橄榄球更大、更短,近似一个椭球形,如图 6-35 所示.试根据旋转曲面原理建立橄榄球的空间曲面方程.

解 将橄榄球视作椭球形,那么它是由椭圆绕长轴旋转而成的旋转曲面.

图 6-35

设椭圆方程为$\dfrac{x^2}{a^2}+\dfrac{y^2}{b^2}=1(a>b)$,在方程中保持坐标 x 不变,用 $\pm\sqrt{y^2+z^2}$ 代替 y,便得到椭圆绕其长轴旋转的曲面方程:$\dfrac{x^2}{a^2}+\dfrac{y^2}{b^2}+\dfrac{z^2}{b^2}=1$.

注意: 与上同理,绕 y 轴旋转所得的曲面方程为$\dfrac{x^2}{a^2}+\dfrac{y^2}{b^2}+\dfrac{z^2}{a^2}=1$.更一般的方程$\dfrac{x^2}{a^2}+\dfrac{y^2}{b^2}+\dfrac{z^2}{c^2}=1$称为椭球面方程.

案例 2 将救生圈(图 6-36)的横截面看成是一个圆,那么救生圈就是这个圆绕中心轴旋转而成的.试建立救生圈的空间曲面方程.

解 救生圈可以视作将圆$(y-b)^2+z^2=a^2(b>a>0)$绕 z 轴旋转所得的旋转曲面.

由于是绕 z 轴旋转,因此在方程$(y-b)^2+z^2=a^2$ 中保留 z 不变,而 y 用$\pm\sqrt{x^2+y^2}$ 替代,可得旋转曲面的方程为$\left(\pm\sqrt{x^2+y^2}-b\right)^2+z^2=a^2$,即

$$(x^2+y^2+z^2+b^2-a^2)^2=4b^2(x^2+y^2).$$

图 6-36

能力训练 6.3

1. 指出下列方程在空间解析几何中表示的图形.

(1) $x^2+(y-a)^2=a^2$； (2) $\frac{x^2}{16}+\frac{y^2}{9}=1$； (3) $y=x^2+1$.

2. 指出下列方程各表示什么曲面?

(1) $z^2=16$； (2) $y^2+z^2=1$； (3) $x=y^2$.

3. 求中心坐标为 $(2,-1,3)$，半径为 $R=5$ 的球面方程.

4. 求下列旋转曲面的方程：

(1) xOz 面上的抛物线 $z^2=4x$，绕 x 轴旋转一周；

(2) xOy 面上的双曲线 $4x^2-9y^2=36$，分别绕 x 轴及 y 轴旋转一周.

5. 判断下列旋转曲面是什么曲面，并说明是由什么曲线绕哪个坐标轴旋转形成的.

(1) $\frac{x^2}{9}+\frac{y^2}{16}+\frac{z^2}{16}=1$； (2) $x^2-\frac{y^2}{9}+z^2=1$； (3) $x^2-y^2-z^2=1$.

总习题 6

A 基础巩固

1. 设已知两点 $M_1(4,\sqrt{2},1)$ 和 $M_2(3,0,2)$，求向量$\overrightarrow{M_1M_2}$的模、方向余弦和方向角.

2. 在空间直角坐标系下，求点 $M(a,b,c)$ 关于坐标平面、坐标轴、坐标原点的各个对称点的坐标.

3. 设 $\boldsymbol{a}=\boldsymbol{i}-\boldsymbol{j}-2\boldsymbol{k}$，$\boldsymbol{b}=\boldsymbol{i}+2\boldsymbol{j}-\boldsymbol{k}$，求：

(1) $\boldsymbol{a}\cdot\boldsymbol{b}$ 和 $\boldsymbol{a}\times\boldsymbol{b}$；　(2) $(-2\boldsymbol{a})\cdot 3\boldsymbol{b}$ 和 $\boldsymbol{a}\times 2\boldsymbol{b}$；　(3) $\cos\langle\boldsymbol{a},\boldsymbol{b}\rangle$.

4. 求下列各球面的方程：

(1) 中心在原点，且经过点 $(6,-2,3)$；

(2) 某条直径的两端点是 $(2,-3,5)$ 与 $(4,1,-3)$.

5. 求过点 $(3,0,-1)$ 且与平面 $3x-7y+5z-12=0$ 平行的平面方程.

6. 求平行于 x 轴且过两点 $(4,0,-2)$ 和 $(5,1,7)$ 的平面方程.

7. 求过点 $(2,0,-3)$ 且与直线$\begin{cases}2x-2y+4z-7=0,\\3x+5y-2z+1=0\end{cases}$垂直的平面方程.

8. 求过点 $(1,2,3)$ 且平行于直线$\dfrac{x}{2}=\dfrac{y-3}{1}=\dfrac{z-1}{5}$的直线方程.

9. 求过点 $A(-3,0,1)$ 和点 $B(2,-5,1)$ 的直线方程.

10. 求过点 $M(1,0,-2)$ 且与两直线$\dfrac{x-1}{1}=\dfrac{y}{1}=\dfrac{z+1}{-1}$和$\dfrac{x}{1}=\dfrac{y-1}{-1}=\dfrac{z+1}{0}$垂直的直线方程.

11. 求解：

(1) 平面 $x+y-11=0$ 与平面 $3x+8=0$ 的夹角；

(2) 平面 $2x-3y+6z-12=0$ 与平面 $x+2y+2z-7=0$ 的夹角；

(3) 直线$\dfrac{x-1}{2}=\dfrac{y}{3}=\dfrac{z-2}{6}$与直线 $x-2y+z-1=0$ 的夹角；

(4) 直线$\dfrac{x-1}{1}=\dfrac{y}{-4}=\dfrac{z}{1}$与直线$\dfrac{x}{2}=\dfrac{y+2}{-2}=\dfrac{z}{-1}$的夹角.

12. 分析下列旋转曲面的生成过程：

(1) $\dfrac{x^2}{4}+\dfrac{y^2}{6}+\dfrac{z^2}{6}=1$；　(2) $x^2-\dfrac{y^2}{9}+z^2=1$；

(3) $x^2-y^2-z^2=1$；　(4) $x=y^2+z^2$.

13. 指明并画出下列方程在空间中表示的图形.

(1) $x=4$；　(2) $y=x+7$；　(3) $y^2+z^2=1$；

(4) $x^2-y^2=1$;　　(5) $\frac{x^2}{4}+\frac{y^2}{9}=1$;　　(6) $y^2=4$.

B 能力提升

14. 求垂直于向量 $\boldsymbol{a}=(2,2,1)$ 与 $\boldsymbol{b}=(4,5,3)$ 的单位向量.

15. 若 $|\boldsymbol{a}|=3$, $|\boldsymbol{b}|=4$,且向量 $\boldsymbol{a},\boldsymbol{b}$ 相互垂直,求 $|(\boldsymbol{a}+\boldsymbol{b})\times(\boldsymbol{a}-\boldsymbol{b})|$.

16. 求在 y 轴上的截距为 4 且垂直于 y 轴的平面方程.

17. 一直线过点 $M(1,2,1)$,垂直于直线 L_1:$\frac{x-1}{3}=\frac{y}{2}=\frac{z+1}{1}$,且和直线 L_2:$\frac{x}{2}=y=\frac{z}{-1}$相交,求该直线方程.

18. 设一平面过点 $M(2,3,-5)$,且与已知平面 $x-y+z=1$ 垂直,又与直线$\frac{x+1}{1}=\frac{y-2}{5}=\frac{z+7}{-3}$平行,求该平面方程.

19. 求与直线 L_1:$\begin{cases}x=1,\\y=-1+t,\\z=2+t\end{cases}$及直线 L_2:$\frac{x+1}{1}=\frac{y+2}{2}=\frac{z+1}{1}$都平行且经过坐标原点的平面方程.

20. 求两平行直线$\frac{x+3}{3}=\frac{y+2}{-2}=\frac{z}{1}$和$\frac{x+3}{3}=\frac{y+4}{-2}=\frac{z+1}{1}$所确定的平面方程.

21. 求通过点 $(1,1,1)$ 且与直线$\begin{cases}x=2+t,\\y=3+2t,\\z=5+3t\end{cases}$垂直,又与平面 $2x-z-5=0$ 平行的直线方程.

22. 指明下列方程在空间中表示的图形.

(1) $\frac{x^2+y^2}{-3}-\frac{z^2}{4}=1$;　　(2) $(z-a)^2=x^2+y^2$;

(3) $y^2=x-z^2$;　　(4) $x^2+y^2-2x=0$.

数学实验 6:向量与空间解析几何

一、实验目的

(1) 了解空间直线图像绘制.

(2) 了解空间平面图像绘制.

(3) 了解旋转曲面的图形绘制.

(4) 能结合实际问题,建立数学模型,并利用 MATLAB 软件进行求解.从而提高应用数学知识解决实际问题的能力.

二、实验原理

(1) 绘制三维曲线的函数调用格式如下:

```
① plot3(x,y,z,s)
② plot3(x1,y1,z1,s1,x2,y2,z2,s2,…,xn,yn,zn,sn)
```

(2) 绘制三维曲面的函数调用格式如下:

```
① mesh(x,y,z,c)
② surf(x,y,z,c)
③ meshgrid(x,y)
④ isosurface(x,y,z,v,isovalue)
```

其中,v 是关于网格数据 x,y,z 的体数据,isovalue 是对应于 v 的水平基下的关联数据.

(3) MATLAB 中还有类似的绘图函数,如 meshc( ),meshz( ),surfz( )等,可以绘制带等值线或底座的曲面.针对数学中一些应用广泛的曲面,MATLAB 提供了专门的绘图函数,如绘制球面的 sphere( )函数,绘制椭球面的 ellipsoid( )函数、绘制旋转曲面的 cylinder( )函数等.

三、实验内容

例 1 描绘空间直线$\frac{x-2}{3}=\frac{y}{-2}=\frac{z+2}{-1}$.

首先,将空间直线方程转化为参数方程:$\begin{cases}x=3t+2,\\y=-2t,\\z=-t-2.\end{cases}$

```
>> clc;clear;
>> t=-10:0.01:10;
>> plot3(3*t+2,-2*t,-t-2)
```

运行结果如图 6-37 所示.

例 2 描绘空间平面 $3x-3y-2z-2=0$.

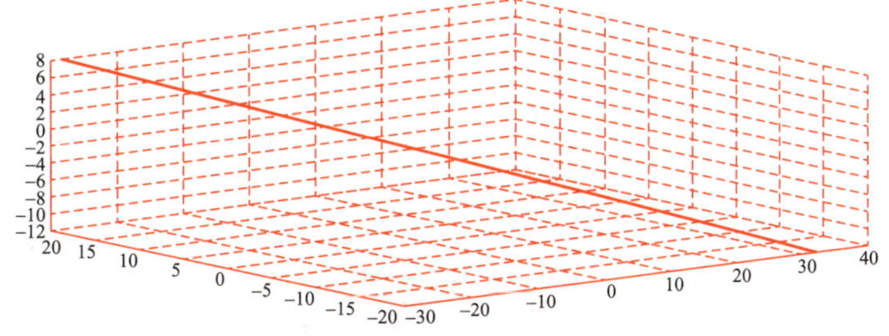

图 6-37

```
>> clc;clear;
>> [x,y,z]=meshgrid(-1:0.1:1);% 设置范围
>> f=3.*x-3.*y-2.*z-2;% 平面方程
>> isosurface(x,y,z,f,0,x);% 隐函数绘图
```

运行结果如图 6-38 所示.

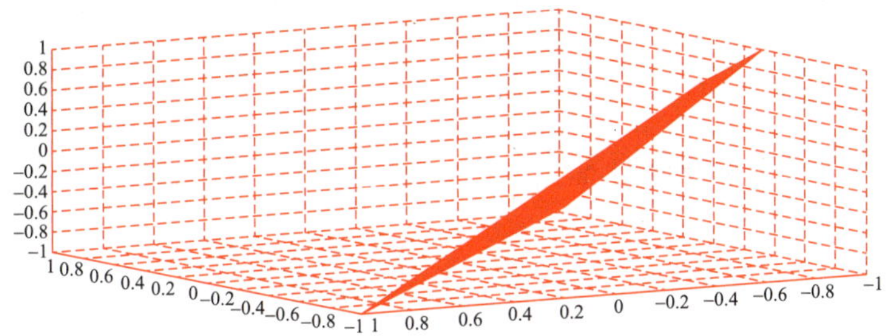

图 6-38

例 3 描绘抛物柱面 $y=x^2$.

```
>> clc;clear;
>> x=-10:0.1:10;
>> z=-10:0.1:10;
>> [X,Z]=meshgrid(x,z);   % 生成网格矩阵
>> y=X.^2;
>> mesh(y)
>> xlabel('x 轴','Fontsize',8);   % 标记坐标轴
>> ylabel('y 轴','Fontsize',8);
>> zlabel('z 轴','Fontsize',8);
```

运行结果如图 6-39 所示.

例 4 绘制 xOz 坐标面上的双曲线 $\frac{x^2}{2^2}-\frac{z^2}{3^2}=1$ 分别绕 x 轴和 z 轴旋转一周所生成的旋转曲面图形.

绕 x 轴旋转一周所生成的旋转曲面为 $\frac{x^2}{2^2}-\frac{y^2+z^2}{3^2}=1$.

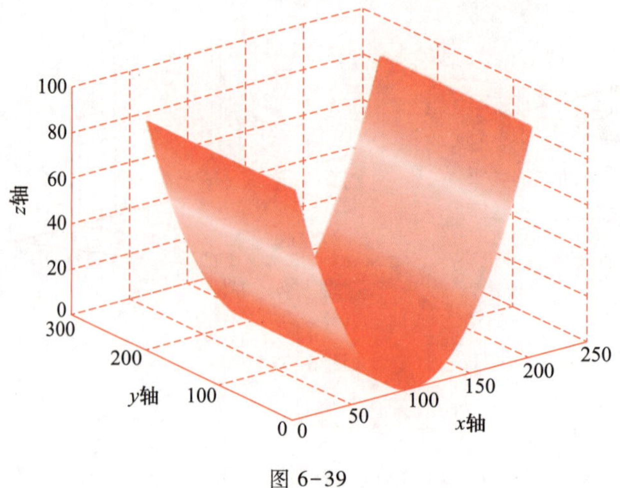

图 6-39

```
clc;clear;
[x,y,z]=meshgrid(-5:0.1:5);
f=x.^2/4-(y.^2+z.^2)/9-1;
isosurface(x,y,z,f,0)
```

运行结果如图 6-40 所示.

绕 z 轴旋转一周所生成的旋转曲面为$\dfrac{x^2+y^2}{2^2}-\dfrac{z^2}{3^2}=1$.

```
clc;clear;
[x,y,z]=meshgrid(-5:0.1:5);
f=(x.^2+y.^2)/4-z.^2/9-1;
isosurface(x,y,z,f,0)
```

运行结果如图 6-41 所示.

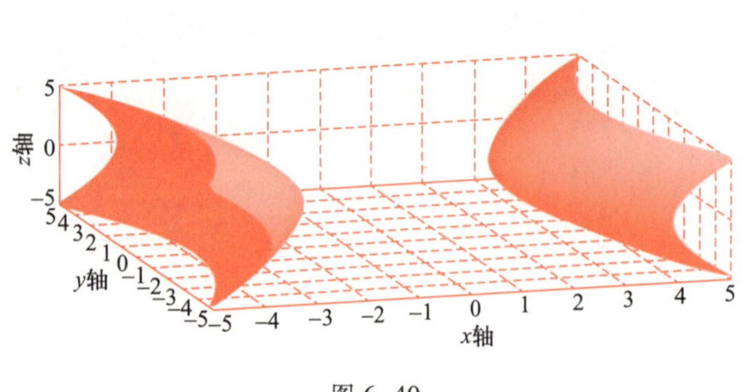

图 6-40

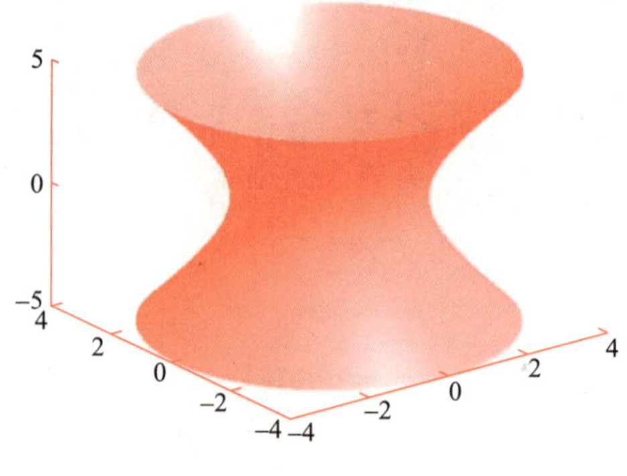

图 6-41

拓展与提高 6：曲面与空间曲线

阅读与思考 6：笛卡儿与解析几何

第 7 章
多元函数微积分

在自然科学和工程技术中所遇到的函数,往往不仅依赖于一个自变量,而是依赖两个或更多个自变量,这样的函数通常称为多元函数.多元函数微积分是一元函数微积分的推广和发展.它们有着许多类似之处,但差别也很明显.本章将介绍多元函数微分法及其应用,二重积分的概念、性质、计算及应用.

☆☆☆学习目标

了解多元函数的概念,理解二元函数极限及连续的概念,掌握二元函数极限的求法.

理解偏导数的概念,掌握偏导数(一阶及高阶)的计算,会求多元复合函数的偏导数.

理解全微分的概念,掌握全微分的计算方法.

理解曲线的切线与法平面及曲面的切平面与法线等概念,并掌握它们的方程的求解方法.

理解多元函数极值的概念,会求二元函数的极值.

理解二重积分的概念及二重积分的性质,掌握二重积分的简单计算.

了解二重积分在求图形面积、立体体积及平面或立体图形几何中心(形心)等方面的应用.

§7.1 多元函数微分学

情景与问题

引例 1 身体质量指数 BMI 是国际上衡量人体胖瘦程度以及是否健康的一个常用指标，它的计算与体重 W(单位:kg)和身高 L(单位:m)相关：$\mathrm{BMI}=\frac{W}{L^2}$，BMI 在 19 世纪中期最先提出.BMI 正常值为 20~25，低于 18.5 为体重不足，超过 25 为超重，30 以上则属肥胖.

引例 2 由物理学知识，运动物体的动能 E 与物体的质量 m 和运动的速度 v 两个量之间满足关系：$E=\frac{1}{2}mv^2$.

引例 3 在周长为 $2p$ 的所有三角形中，求出面积最大的三角形.

分析 设三角形的三边长分别为 x、y、z，则面积为 $S=\sqrt{p(p-x)(p-y)(p-z)}$. 于是，所讨论问题便转化为：在 $x+y+z=2p$ 条件下求函数 S 的最大值问题.

上述各例所讨论的函数都涉及多个自变量，去掉它们的具体实际意义，只保留数量关系，便可抽象出多元函数的概念.

7.1.1 二元函数的概念、极限与连续

1. 二元函数的概念

定义 7.1 设有三个变量 x,y 和 z，如果当变量 x,y 在它们的变化范围 D 中任意取一对值 (x,y) 时，按照给定的对应关系 f，变量 z 都有唯一确定的数值与它们对应，则称 z 是关于 x,y 的**二元函数**，记为

$$z=f(x,y),$$

其中 x,y 称为自变量，z 称为因变量.D 称为函数的定义域，所有函数值的集合 $\{z\mid z=f(x,y),(x,y)\in D\}$ 称为函数的值域.

类似地可以定义三元函数 $w=f(x,y,z)$ 以及 n 元函数 $w=f(x_1,x_2,\cdots,x_n)$.多于一个自变量的函数统称为**多元函数**.引例 1、引例 2 得到的是二元函数，引例 3 是三元函数.

与一元函数一样，定义域和对应关系是二元函数定义的两要素.对于以解析式表示的二元函数 $z=f(x,y)$，其定义域就是使函数有意义的自变量的取值范围.

一般来说一元函数的定义域往往是一个或者几个区间，而二元函数的定义域通常是平面上的某个**区域**.二元函数定义域的区域可能是全部 xOy 坐标面，可能是一条直线，也可能是由曲线所围成的部分平面等.围成区域的曲线称为该区域的**边界**，包含全部边界的区域称为**闭区域**；不包括边界上任何点的区域称为**开区域**. 能被包含在以原点为圆心的某一圆内的区域称为**有界区域**；否则称为**无界区域**.

如同区间可以用不等式表示一样.区域也可以用不等式或不等式组表示.

例 1　求下列函数的定义域 D，并画出 D 的图形.

(1) $f(x,y)=\sqrt{9-x^2-y^2}$；

(2) $z=\arcsin x+\arccos \dfrac{y}{2}$.

解　(1) 当根式内的表达式非负时函数才有意义，所以定义域为 $D=\{(x,y)\mid x^2+y^2\leqslant 9\}$. 表示在 xOy 平面上以原点为圆心、以 3 为半径的圆以及圆的内部全部点构成的闭区域，如图 7-1 所示.

(2) 因为要使 $z=\arcsin x+\arccos \dfrac{y}{2}$ 有意义，应有

$$\begin{cases} |x|\leqslant 1, \\ \left|\dfrac{y}{2}\right|\leqslant 1, \end{cases} \quad 即 \begin{cases} -1\leqslant x\leqslant 1, \\ -2\leqslant y\leqslant 2. \end{cases}$$

所以函数的定义域 D 是以 $x=\pm 1, y=\pm 2$ 为边界的矩形闭区域，如图 7-2 所示.

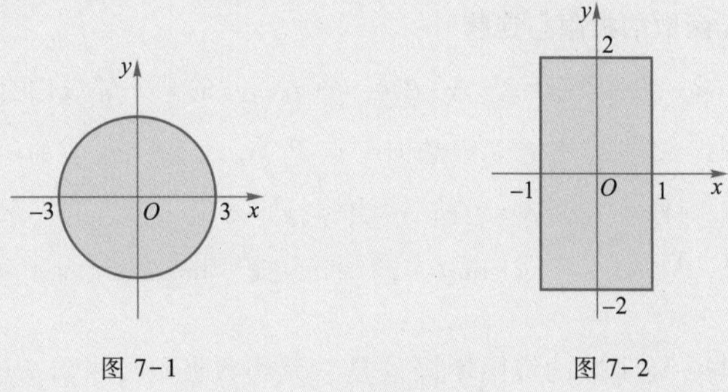

图 7-1　　图 7-2

例 2　求用形如 $\begin{cases} a\leqslant x\leqslant b, \\ y_1(x)\leqslant y\leqslant y_2(x) \end{cases}$ 或 $\begin{cases} c\leqslant y\leqslant d, \\ x_1(y)\leqslant x\leqslant x_2(y) \end{cases}$ 的不等式组来表示平面闭区域 D，D 由 $x=2, y=1, y=x$ 所围成.

解　先作出区域 D 的图形(图 7-3)，再将 D 投影到 x 轴上，得到区间 $[1,2]$，则区域 D 内任一点的横坐标满足不等式 $1\leqslant x\leqslant 2$. 在 $[1,2]$ 内任取一点 x，作平行于 y 轴的直线，则对于所给的 x，D 内对应点的纵坐标 y 满足 $1\leqslant y\leqslant x$，因此区域 D 可以用不等式组表示为

$$\begin{cases} 1\leqslant x\leqslant 2, \\ 1\leqslant y\leqslant x. \end{cases}$$

另外，若将 D 投影到 y 轴上，则在 y 轴上得到区间 $[1,2]$. 在区间 $[1,2]$ 内任取一点 y，作平行于 x 轴的直线，则由图 7-3 可知，对于所给的 y，D 内对应点的横坐标 x 满足 $y\leqslant x\leqslant 2$，因此区域 D 可以用不等式组表示为 $\begin{cases} 1\leqslant y\leqslant 2, \\ y\leqslant x\leqslant 2. \end{cases}$

一元函数一般表示平面上的一条曲线，二元函数 $z=f(x,y)$ 在几何上通常表示**空间曲面**（图 7-4）. 设点 $P(x,y)$ 是二元函数的定义域 D 内的任一点，则相应的函数值是 $z=f(x,y)$，于是，有序数组 x,y,z 确定了空间一点 $M(x,y,z)$. 当点 P 在 D 内变动时，对应的点 M 就在空间变动，一般形成一张曲面，即为二元函数 $z=f(x,y)$ 的图像，其定义域 D 就是空间曲面在 xOy 面的投影.

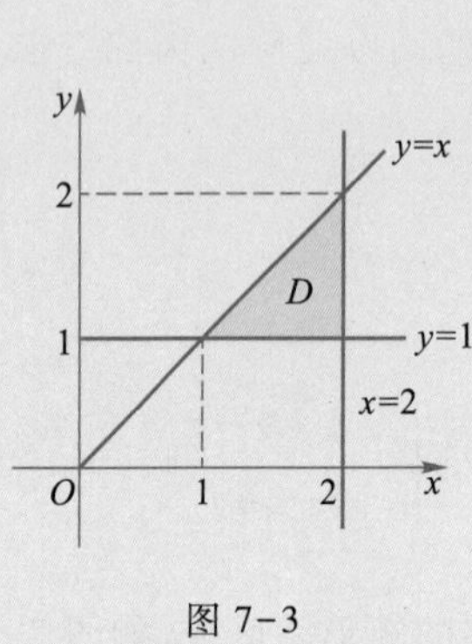

图 7-3

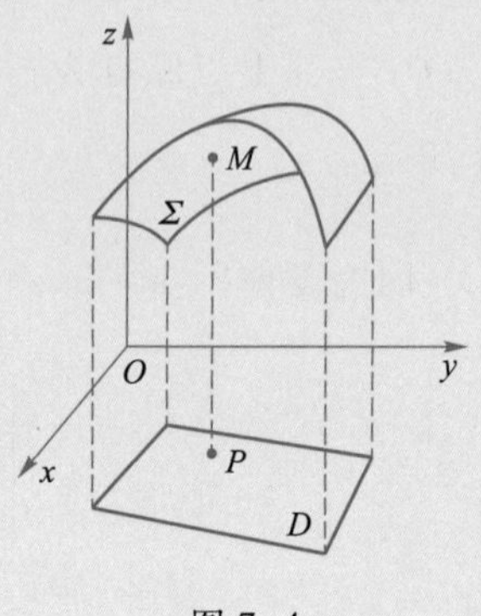

图 7-4

2. 二元函数的极限与连续

定义 7.2 设函数 $z=f(x,y)$ 在点 $P_0(x_0,y_0)$ 的某一邻域内有定义（点 P_0 可以除外），如果当点 $P(x,y)$ 以任意方式无限趋向于点 $P_0(x_0,y_0)$ 时，对应的函数值 $f(x,y)$ 趋向于一个确定的常数 A，则称 A 为函数 $z=f(x,y)$ 当 $(x,y)\to(x_0,y_0)$ 时的极限. 记为

$$\lim_{\substack{x\to x_0\\ y\to y_0}} f(x,y)=A \quad 或 \quad \lim_{P\to P_0} f(x,y)=A.$$

注意：与一元函数的极限不同的是二元函数极限要求点 $P(x,y)$ 以**任意方式**趋向于点 $P_0(x_0,y_0)$ 时，函数值 $z=f(x,y)$ 都趋向于同一个确定的常数 A. 因此，如果当 $P(x,y)$ 沿着不同的路径趋向于 $P_0(x_0,y_0)$ 时，函数 $z=f(x,y)$ 趋向于不同的值，那么可以断定函数极限一定不存在.

一元函数极限的四则运算法则可以相应地推广到二元函数.

例 3 求极限：

(1) $\lim\limits_{\substack{x\to 0\\ y\to 0}} \dfrac{\sin(x^2+y^2)}{x^2+y^2}$；　(2) $\lim\limits_{\substack{x\to 0\\ y\to 2}} \dfrac{\sin(xy)}{x}$.

解 (1) 令 $u=x^2+y^2$，则 $\lim\limits_{\substack{x\to 0\\ y\to 0}} \dfrac{\sin(x^2+y^2)}{x^2+y^2}=\lim\limits_{u\to 0}\dfrac{\sin u}{u}=1$.

(2) $\lim\limits_{\substack{x\to 0\\ y\to 2}} \dfrac{\sin(xy)}{x}=\lim\limits_{xy\to 0}\dfrac{\sin(xy)}{xy}\cdot y=\lim\limits_{xy\to 0}\dfrac{\sin(xy)}{xy}\cdot\lim\limits_{y\to 2} y=1\times 2=2$.

本例表明，二元函数的极限问题有时可转化为一元函数的极限问题.

例 4 讨论函数 $f(x,y)=\begin{cases}\dfrac{xy}{x^2+y^2}, & x^2+y^2\neq 0,\\ 0, & x^2+y^2=0\end{cases}$ 当 $(x,y)\to(0,0)$ 时的极限.

解　当点(x,y)沿 $y=kx(x\neq 0)$趋向于点$(0,0)$时,有

$$\lim_{\substack{x\to 0\\ y=kx\to 0}}\frac{xy}{x^2+y^2}=\lim_{x\to 0}\frac{k}{1+k^2}=\frac{k^2}{1+k^2}.$$

显然当 k 取不同的值时,$\frac{k^2}{1+k^2}$也不同,所以函数的极限不存在.

启迪

一元函数与二元函数的极限研究方法有区别.在研究一元函数时,自变量在邻域内(区间)趋于某点的方式只有左右两种,分别对应左极限和右极限,但对于二元函数来说,自变量的邻域是二维平面内的区域,它趋于某点的方式是任意的,有无穷多种,这就需要从整体的角度,去观察函数值的变化情况.

下面给出二元函数连续性的定义.

定义 7.3　设函数 $z=f(x,y)$在点 $P_0(x_0,y_0)$的某个邻域内有定义,如果当点 $P(x,y)$趋向于点 $P_0(x_0,y_0)$时,函数 $z=f(x,y)$的极限存在,且等于它在点 P_0 处的函数值,即

$$\lim_{\substack{x\to x_0\\ y\to y_0}}f(x,y)=f(x_0,y_0).$$

则称函数 $z=f(x,y)$在点 $P_0(x_0,y_0)$处**连续**.

在上边的定义中,若令 $x=x_0+\Delta x,y=y_0+\Delta y$,则得到连续的另一个等价定义:

定义 7.3′　设函数 $z=f(x,y)$在点 $P_0(x_0,y_0)$的某个邻域内有定义,若当自变量 x,y 的增量 $\Delta x,\Delta y$ 趋向于零时,对应函数的**全增量** $\Delta z=f(x_0+\Delta x,y_0+\Delta y)-f(x_0,y_0)$也趋于零,即

$$\lim_{\substack{\Delta x\to 0\\ \Delta y\to 0}}\Delta z=0.$$

则称函数 $z=f(x,y)$在点 $P_0(x_0,y_0)$处连续.

同一元函数一样,二元连续函数的和、差、积、商(分母不为零)及复合函数仍是连续函数;同时也有结论"多元初等函数在其定义区域内连续".

与闭区间上一元连续函数的性质相类似,在有界闭区域上连续的二元函数也有以下结论.

定理 7.1(最值定理)　在有界闭区域上连续的二元函数在该区域上一定能取得到最大值和最小值.

定理 7.2(介值定理)　在有界闭区域上连续的二元函数可取得介于它的最大值 M 和最小值 m 之间的任何值.

以上关于二元函数极限与连续的讨论可以推广到三元及以上的函数.

7.1.2　偏导数

1. 一阶偏导数

在一元函数微分学中,研究并学习过函数 $y=f(x)$的导数,即函数 y 对于自变量 x 的变化率$\frac{\mathrm{d}y}{\mathrm{d}x}=\lim_{\Delta x\to 0}\frac{f(x+\Delta x)-f(x)}{\Delta x}$.对于多元函数,也常常遇到研究它对某个自变量的变化率问题,这就产生了偏导数的概念.

微课:偏导数

定义 7.4 设函数 $z=f(x,y)$ 在点 $P(x_0,y_0)$ 的某一邻域内有定义. 若

$$\lim_{\Delta x\to 0}\frac{f(x_0+\Delta x,y_0)-f(x_0,y_0)}{\Delta x}$$

存在,则称此极限值为函数 $z=f(x,y)$ 在点 $P_0(x_0,y_0)$ 处对 x 的**偏导数**,记为

$$z'_x(x_0,y_0),\left.\frac{\partial z}{\partial x}\right|_{(x_0,y_0)},f'_x(x_0,y_0),或\left.\frac{\partial f}{\partial x}\right|_{\substack{x=x_0\\y=y_0}},$$

即

$$\left.\frac{\partial z}{\partial x}\right|_{(x_0,y_0)}=\lim_{\Delta x\to 0}\frac{\Delta_x z}{\Delta x}=\lim_{\Delta x\to 0}\frac{f(x_0+\Delta x,y_0)-f(x_0,y_0)}{\Delta x}.$$

同理,可定义 $z=f(x,y)$ 在点 $P_0(x_0,y_0)$ 处对 y 的**偏导数**为

$$\left.\frac{\partial z}{\partial y}\right|_{(x_0,y_0)}=\lim_{\Delta y\to 0}\frac{\Delta_y z}{\Delta y}=\lim_{\Delta y\to 0}\frac{f(x_0,y_0+\Delta y)-f(x_0,y_0)}{\Delta y}.$$

如果函数 $z=f(x,y)$ 在区域 D 内每一点 (x,y) 处对 x 的偏导数都存在,那么这个偏导数就是 x,y 的函数,称为函数 $z=f(x,y)$ 对自变量 x 的偏导函数,简称偏导数,记为

$$\frac{\partial z}{\partial x},\frac{\partial f}{\partial x},z'_x或f'_x(x,y).$$

类似地,可定义函数 $z=f(x,y)$ 对自变量 y 的偏导数,记为

$$\frac{\partial z}{\partial y},\frac{\partial f}{\partial y},z'_y或f'_y(x,y).$$

偏导数 $\frac{\partial z}{\partial x},\frac{\partial z}{\partial y}$ 也称为一阶偏导数. 上述二元函数偏导数定义可以推广到多元函数. 如 n 元函数 $z=f(x_1,x_2,\cdots,x_n)$ 对 x_1 的偏导数被定义为

$$\frac{\partial z}{\partial x_1}=\lim_{\Delta x_1\to 0}\frac{f(x_1+\Delta x_1,x_2,\cdots,x_n)-f(x_1,x_2,\cdots,x_n)}{\Delta x_1}.$$

注意:从偏导数的定义可以看出,求二元函数对某一个自变量的偏导数时,实际上只需将另一个自变量看成常数,再按照一元函数的求导法则求导即可.

例 5 求函数 $z=x^2-xy+2y^3$ 在点 $(1,2)$ 处的两个偏导数.

解 因为 $\frac{\partial z}{\partial x}=2x-y,\frac{\partial z}{\partial y}=-x+6y^2$, 所以 $\left.\frac{\partial z}{\partial x}\right|_{\substack{x=1\\y=2}}=0,\left.\frac{\partial z}{\partial y}\right|_{\substack{x=1\\y=2}}=23.$

例 6 求函数 $z=x^y+\ln(xy)$ 的偏导数.

解 按偏导数定义有

$$\frac{\partial z}{\partial x}=yx^{y-1}+\frac{1}{xy}y=yx^{y-1}+\frac{1}{x},$$

$$\frac{\partial z}{\partial y}=x^y\ln x+\frac{1}{xy}x=x^y\ln x+\frac{1}{y}.$$

例 7 求 $r=\sqrt{x^2+y^2+z^2}$ 的偏导数.

解 把 y 和 z 看成是常数,对 x 求导,得 $\frac{\partial r}{\partial x}=\frac{x}{\sqrt{x^2+y^2+z^2}}=\frac{x}{r}.$

观察到此函数自变量具有对称性，因此有$\frac{\partial r}{\partial y}=\frac{y}{r},\frac{\partial r}{\partial z}=\frac{z}{r}$.

例 8 已知理想气体的状态方程 $PV=RT$（R 常数），求证$\frac{\partial P}{\partial V}\cdot\frac{\partial V}{\partial T}\cdot\frac{\partial T}{\partial P}=-1$.

证 因为
$$P=\frac{RT}{V},\frac{\partial P}{\partial V}=-\frac{RT}{V^2};V=\frac{RT}{P},\frac{\partial V}{\partial T}=\frac{R}{P};T=\frac{PV}{R},\frac{\partial T}{\partial P}=\frac{V}{R},$$
所以
$$\frac{\partial P}{\partial V}\cdot\frac{\partial V}{\partial T}\cdot\frac{\partial T}{\partial P}=-\frac{RT}{V^2}\cdot\frac{R}{P}\cdot\frac{V}{R}=-\frac{TR}{VP}=-1.$$

注意： 这个例子说明，偏导数$\frac{\partial z}{\partial x},\frac{\partial z}{\partial y}$的记号是一个整体，不能看成$\partial z$与$\partial x$或者$\partial z$与$\partial y$之商.

例 9 求二元函数$f(x,y)=\begin{cases}\frac{xy}{x^2+y^2}, & x^2+y^2\neq 0,\\ 0, & x^2+y^2=0\end{cases}$在点$(0,0)$处的两个偏导数.

解 $f'_x(0,0)=\lim\limits_{\Delta x\to 0}\frac{f(0+\Delta x,0)-f(0,0)}{\Delta x}=\lim\limits_{\Delta x\to 0}\frac{0-0}{\Delta x}=0.$

类似地可求得$f'_y(0,0)=0$.

在例 4 中，已指出$f(x,y)$在点$(0,0)$处极限不存在，所以不连续，然而本例表明该函数在$(0,0)$处的两个偏导数都存在.另外也可证明函数$g(x,y)=\sqrt{x^2+y^2}$在点$(0,0)$处是连续的，但在该点的偏导数却不存在.所以，**二元函数连续与偏导数存在这两个条件之间没有必然关系**.

2. 偏导数的几何意义

一元函数$y=f(x)$在点$P_0(x_0,y_0)$处导数的几何意义是曲线在该点处切线的斜率，而二元函数$z=f(x,y)$在点(x_0,y_0)处的偏导数，实际上就是一元函数$z=f(x,y_0)$及$z=f(x_0,y)$分别在点$x=x_0$及$y=y_0$处的导数.因此二元函数偏导数的几何意义也是曲线切线的斜率.$\left.\frac{\partial z}{\partial x}\right|_{\substack{x=x_0\\y=y_0}}$是曲线$\begin{cases}z=f(x,y),\\y=y_0\end{cases}$在点$(x_0,y_0,f(x_0,y_0))$处切线的斜率（图 7-5），即$\left.\frac{\partial z}{\partial x}\right|_{\substack{x=x_0\\y=y_0}}=\tan\alpha$；$\left.\frac{\partial z}{\partial y}\right|_{\substack{x=x_0\\y=y_0}}$是曲线$\begin{cases}z=f(x,y),\\x=x_0\end{cases}$在点$(x_0,y_0,f(x_0,y_0))$处切线的斜率，即$\left.\frac{\partial z}{\partial y}\right|_{\substack{x=x_0\\y=y_0}}=\tan\beta$.

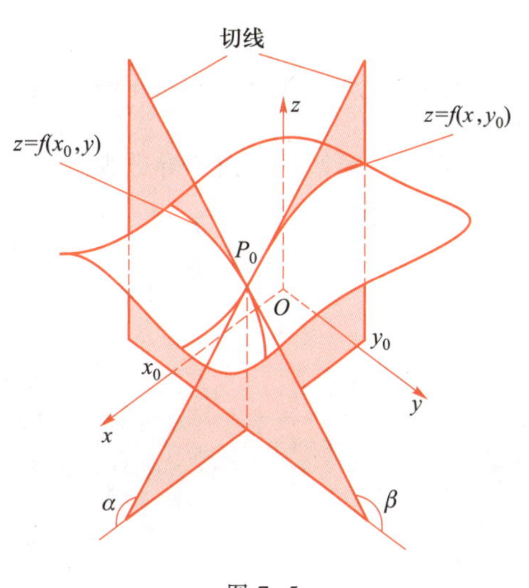

图 7-5

3. 高阶偏导数

函数 $z=f(x,y)$ 的两个偏导数$\frac{\partial z}{\partial x},\frac{\partial z}{\partial y}$一般仍然是 x,y 的函数，可以对其继续求偏导数（如果存在的话），且称它们为函数 $f(x,y)$ 的**二阶偏导数**. 按照对变量求导次序的不同，二元函数有下列四种二阶偏导数：

纯偏导数：$\left(\frac{\partial z}{\partial x}\right)'_x=\frac{\partial^2 z}{\partial x^2}=f''_{xx}(x,y)$，$\left(\frac{\partial z}{\partial y}\right)'_y=\frac{\partial^2 z}{\partial y^2}=f''_{yy}(x,y)$；

混合偏导数：$\left(\frac{\partial z}{\partial x}\right)'_y=\frac{\partial^2 z}{\partial x\partial y}=f''_{xy}(x,y)$，$\left(\frac{\partial z}{\partial y}\right)'_x=\frac{\partial^2 z}{\partial y\partial x}=f''_{yx}(x,y)$.

类似地，可以定义多元函数的三阶、四阶、……、n 阶偏导数，二阶及以上的偏导数统称为高阶偏导数.

例 10 求 $z=x^4+2x^2y^2+x^3y^4-3$ 的所有二阶偏导数.

解 因为$\frac{\partial z}{\partial x}=4x^3+4xy^2+3x^2y^4$，$\frac{\partial z}{\partial y}=4x^2y+4x^3y^3$，所以

$$\frac{\partial^2 z}{\partial x^2}=12x^2+4y^2+6xy^4,\ \frac{\partial^2 z}{\partial x\partial y}=8xy+12x^2y^3,$$

$$\frac{\partial^2 z}{\partial y\partial x}=8xy+12x^2y^3,\ \frac{\partial^2 z}{\partial y^2}=4x^2+12x^3y^2.$$

注意：例 10 中的两个二阶混合偏导数相等，这并非偶然，在此不加证明地给出二阶混合偏导数相等的充分条件.

定理 7.3 如果函数 $z=f(x,y)$ 在区域 D 上的两个二阶混合偏导数$\frac{\partial^2 z}{\partial x\partial y},\frac{\partial^2 z}{\partial y\partial x}$连续，那么在区域 D 上必有$\frac{\partial^2 z}{\partial x\partial y}=\frac{\partial^2 z}{\partial y\partial x}$.

例 11 求函数 $z=\arctan\frac{y}{x}$的所有二阶偏导数.

解 函数的一阶偏导数为

$$\frac{\partial z}{\partial x}=\frac{1}{1+\left(\frac{y}{x}\right)^2}\cdot\left(-\frac{y}{x^2}\right)=-\frac{y}{x^2+y^2},\ \frac{\partial z}{\partial y}=\frac{1}{1+\left(\frac{y}{x}\right)^2}\cdot\frac{1}{x}=\frac{x}{x^2+y^2},$$

因此，

$$\frac{\partial^2 z}{\partial x^2}=\frac{2xy}{(x^2+y^2)^2},\quad \frac{\partial^2 z}{\partial x\partial y}=-\frac{x^2+y^2-2y^2}{(x^2+y^2)^2}=\frac{y^2-x^2}{(x^2+y^2)^2},$$

$$\frac{\partial^2 z}{\partial y\partial x}=\frac{y^2-x^2}{(x^2+y^2)^2},\quad \frac{\partial^2 z}{\partial y^2}=-\frac{2xy}{(x^2+y^2)^2}.$$

例 12 设 $u=e^{xyz}$，求 $\frac{\partial^3 u}{\partial x\partial y\partial z}$.

解 $\frac{\partial u}{\partial x}=yze^{xyz}$,

$$\frac{\partial^2 u}{\partial x\partial y}=\frac{\partial}{\partial y}(yze^{xyz})=z\frac{\partial}{\partial y}(ye^{xyz})=z(e^{xyz}+ye^{xyz}\cdot xz)=z(1+xyz)e^{xyz},$$

$$\frac{\partial^3 u}{\partial x\partial y\partial z}=\frac{\partial}{\partial z}\left(\frac{\partial^2 u}{\partial x\partial y}\right)=\frac{\partial}{\partial z}(z(1+xyz)e^{xyz})$$

$$=(1+xyz)e^{xyz}+z\cdot xye^{xyz}+z(1+xyz)e^{xyz}\cdot xy=(1+3xyz+x^2y^2z^2)e^{xyz}.$$

7.1.3 全微分

1. 全微分的概念

在一元函数 $y=f(x)$ 中，若 $f'(x)\neq 0$，那么函数的微分 dy 是函数的增量 Δy 的线性主部，可用 dy 近似代替 Δy，其误差是 Δx 的高阶无穷小.对于二元函数来说，计算全增量 Δz 比较复杂.类似于一元函数，可以用自变量 $\Delta x,\Delta y$ 的线性函数来近似地代替函数的全增量，从而引入如下定义.

微课：全微分

定义 7.5 设函数 $z=f(x,y)$ 在点 (x_0,y_0) 的某一邻域内有定义，且函数在该点处的全增量 Δz 可表示为

$$\Delta z=A\Delta x+B\Delta y+\omega,$$

式中，A,B 与 $\Delta x,\Delta y$ 无关；ω 为 $\rho=\sqrt{(\Delta x)^2+(\Delta y)^2}$ 的高阶无穷小，即 $\lim\limits_{\rho\to 0}\frac{\omega}{\rho}=0$，则称 $A\Delta x+B\Delta y$ 为函数 $z=f(x,y)$ 在点 (x_0,y_0) 的**全微分**，记作 dz，即

$$dz=A\Delta x+B\Delta y.$$

这时也称函数 $z=f(x,y)$ 在点 (x_0,y_0) 处**可微**.

当函数 $z=f(x,y)$ 在区域 D 内各点处都可微时，那么称函数 $z=f(x,y)$ 在 D 内可微.

像一元函数一样，规定 $\Delta x=dx,\Delta y=dy$，则全微分也可写为

$$dz=Adx+Bdy. \tag{7.1}$$

定理 7.4（可微的必要条件） 如果函数 $z=f(x,y)$ 在点 (x,y) 可微，则

(1) $f(x,y)$ 在点 (x,y) 处连续；

(2) $f(x,y)$ 在点 (x,y) 处偏导数存在，且 $A=\frac{\partial z}{\partial x},B=\frac{\partial z}{\partial y}$，即 $z=f(x,y)$ 在点 (x,y) 的全微分为

$$dz=\frac{\partial z}{\partial x}dx+\frac{\partial z}{\partial y}dy. \tag{7.2}$$

证明 由函数 $z=f(x,y)$ 在点 (x,y) 可微，可得 $\Delta z=A\Delta x+B\Delta y+\omega$，其中 $\lim\limits_{\rho\to 0}\frac{\omega}{\rho}=0$.

(1) 因为 $\lim\limits_{\rho\to 0}\omega=0$，所以 $\lim\limits_{\substack{\Delta x\to 0\\ \Delta y\to 0}}\Delta z=\lim\limits_{\substack{\Delta x\to 0\\ \Delta y\to 0}}(A\Delta x+B\Delta y)+\lim\limits_{\rho\to 0}\omega=0$.即 $f(x,y)$ 在点 (x,y) 处连续.

（2）对于偏增量来说，

$$\Delta_x z=f(x+\Delta x,y)-f(x,y)=A\Delta x+B\cdot 0+\omega,$$

此时的 $\rho=\sqrt{\Delta x^2+0^2}=|\Delta x|$，对偏增量除以 Δx 求极限得

$$\lim_{\Delta x\to 0}\frac{\Delta_x z}{\Delta x}=\lim_{\Delta x\to 0}\left(A+\frac{\omega}{\Delta x}\right)=\lim_{\Delta x\to 0}\left(A+\frac{\omega}{|\Delta x|}\cdot\frac{|\Delta x|}{\Delta x}\right)=A+\lim_{\Delta x\to 0}\left(\frac{\omega}{\rho}\cdot\frac{\rho}{\Delta x}\right)=A,$$

即 $A=\frac{\partial z}{\partial x}$. 同理可证 $B=\frac{\partial z}{\partial y}$.

定理 7.5（可微的充分条件） 如果函数 $z=f(x,y)$ 在点 (x,y) 的某一邻域内偏导数 $\frac{\partial z}{\partial x}$，$\frac{\partial z}{\partial y}$ 连续，则函数在该点处可微.

证明从略.

以上关于二元函数全微分的定义及可微分的必要条件和充分条件，可以完全类似地推广到三元及三元以上的多元函数.

例 13 求函数 $z=x^2y+\frac{x}{y}$ 的全微分.

解 因为 $\frac{\partial z}{\partial x}=2xy+\frac{1}{y}$，$\frac{\partial z}{\partial y}=x^2-\frac{x}{y^2}$，所以

$$dz=\left(2xy+\frac{1}{y}\right)dx+\left(x^2-\frac{x}{y^2}\right)dy.$$

例 14 求函数 $z=e^{xy}$ 在点 $(2,1)$ 处的全微分.

解 因为 $\frac{\partial z}{\partial x}=ye^{xy}$，$\frac{\partial z}{\partial y}=xe^{xy}$ 在点 $(2,1)$ 处连续，所以函数在点 $(2,1)$ 处可微，且

$$dz\Big|_{(2,1)}=\frac{\partial z}{\partial x}\Big|_{(2,1)}dx+\frac{\partial z}{\partial y}\Big|_{(2,1)}dy=e^2dx+2e^2dy.$$

2. 近似计算

多元函数的全微分也可以用于近似计算. 对于可微的二元函数 $z=f(x,y)$，因为 $\Delta z-dz=\omega$ 是一个比 ρ 高阶的无穷小量，所以有近似公式

$$\Delta z\approx dz=f'_x(x,y)\Delta x+f'_y(x,y)\Delta y. \tag{7.3}$$

式（7.3）也可以写成 $f(x+\Delta x,y+\Delta y)\approx f(x,y)+f_x(x,y)\Delta x+f_y(x,y)\Delta y$.

例 15 计算 $(1.04)^{2.02}$ 的近似值.

解 设函数 $f(x,y)=x^y$，显然，要计算的值就是 $f(1.04,2.02)$. 取 $x=1,y=2,\Delta x=0.04,\Delta y=0.02$. 由于 $f(1,2)=1$，$f'_x(x,y)=yx^{y-1}$，$f'_y(x,y)=x^y\ln x$，有 $f'_x(1,2)=2$，$f'_y(1,2)=0$.

所以

$$(1.04)^{2.02}=f(1.04,2.02)\approx f(1,2)+f'_x(1,2)\times 0.04+f'_y(1,2)\times 0.02$$

$$=1+2\times 0.04+0\times 0.02=1.08.$$

例 16 一个圆锥的底面半径和高度分别为 10 cm 和 25 cm，这两个量的可能误差为 0.1 cm，用微分的方法估计该圆锥体积的最大误差.

解 设圆锥的底面半径为 r，高为 h，根据圆锥的体积公式有 $V=\frac{1}{3}\pi r^2 h$，得体积的全微分为 $\mathrm{d}V=\frac{\partial V}{\partial r}\mathrm{d}r+\frac{\partial V}{\partial h}\mathrm{d}h=\frac{2\pi rh}{3}\mathrm{d}r+\frac{\pi r^2}{3}\mathrm{d}h$.

取 $\mathrm{d}r=\mathrm{d}h=0.1(\mathrm{cm})$，$r=10(\mathrm{cm})$，$h=25(\mathrm{cm})$，得

$$\mathrm{d}V=\frac{500\pi}{3}\times 0.1+\frac{100\pi}{3}\times 0.1=20\pi\approx 62.8(\mathrm{cm}^3).$$

即圆锥体积的最大误差为 62.8 cm^3.

3. 全微分的几何意义

类似一元微分的几何意义，可以得到二元函数全微分（图 7-6）的几何意义：函数在点 (x_0,y_0) 处切平面上的点 $(x_0+\Delta x,y_0+\Delta y,z_0+\mathrm{d}z)$ 与曲面 $z=f(x,y)$ 上点 (x_0,y_0,z_0) 的 z 轴坐标之差.

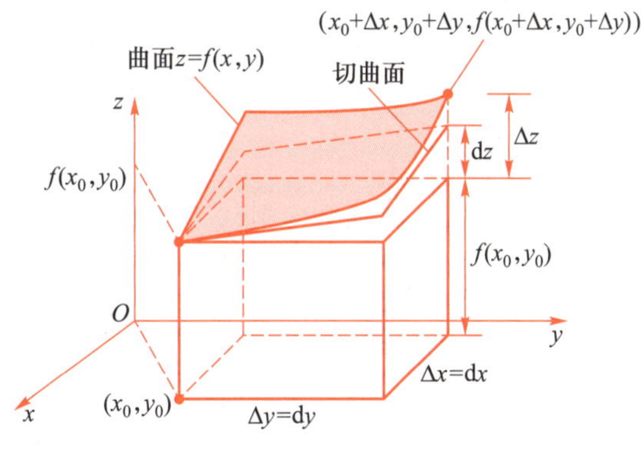

图 7-6

想一想

古时候的人们为什么认为地球是方的？

函数微分是在“以直代曲，以线性代非线性”的思想下做的一种近似，根据全微分的定义有 $\Delta z\approx \mathrm{d}z=f'_x(x,y)\Delta x+f'_y(x,y)\Delta y$，也就是说微分是实现增量线性化的一种数学模型.对于三维空间中的曲面来说，微分的实质就是：局部区域像一个平面.当可微函数的自变量改变很小时，函数增量可以近似看作一个二维线性函数——平面.如果视地球表面为一个二元函数，那么在人的肉眼范围内，也就是当自变量增量很小的时候（相对于地球半径），所看到的地球表面（就是函数的增

量)几乎就是平的.在科技欠发达的时候,人类的视野十分有限,自然会认为地球是方的.

4. 复合函数的微分法

下面不加证明地给出多元复合函数的求导法则.

定理 7.6 若 $z=f(u,v)$ 是关于 u,v 的可微函数, $u=u(x)$ 和 $v=v(x)$ 是关于 x 的可微函数,则 z 是关于 x 的可微函数,并且

$$\frac{dz}{dx}=\frac{\partial z}{\partial u}\frac{du}{dx}+\frac{\partial z}{\partial v}\frac{dv}{dx}. \tag{7.4}$$

由变量关系图 7-7 看到,从函数 z 到自变量 x 有两条路径: $z\to u\to x$ 和 $z\to v\to x$,沿第一条路径有 $\frac{\partial z}{\partial u}\cdot\frac{du}{dx}$,沿第二条路径有 $\frac{\partial z}{\partial v}\cdot\frac{dv}{dx}$,两项相加就得到公式,通常形象地把复合函数的微分法称为链式法则.链式法则可以根据具体情形推广使用.

推论 若 $z=f(x,y)$, $y=\varphi(x)$ 都是可微函数,则

$$\frac{dz}{dx}=\frac{\partial z}{\partial x}+\frac{\partial z}{\partial y}\frac{dy}{dx}.$$

定理 7.7 若 $z=f(x,y)$ 是关于 u,v 的可微函数, $u=u(x,y)$ 和 $v=v(x,y)$ 是关于 x,y 的可微函数(图 7-8),则 z 有对 x,y 的偏导数,并且

$$\frac{\partial z}{\partial x}=\frac{\partial z}{\partial u}\frac{\partial u}{\partial x}+\frac{\partial z}{\partial v}\frac{\partial v}{\partial x},\quad \frac{\partial z}{\partial y}=\frac{\partial z}{\partial u}\frac{\partial u}{\partial y}+\frac{\partial z}{\partial v}\frac{\partial v}{\partial y}.$$

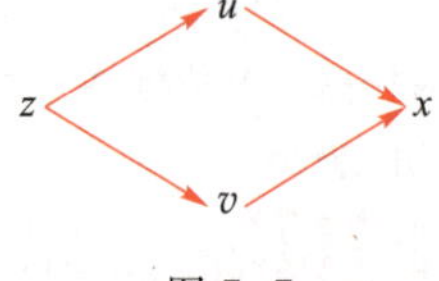

图 7-7

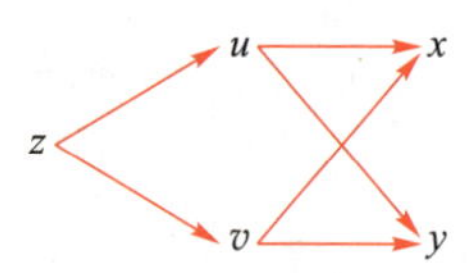

图 7-8

例 17 设 $z=uv$, $u=e^x$, $v=\cos 2x$,求 $\frac{dz}{dx}$.

解 由定理 7.6 得

$$\frac{dz}{dx}=\frac{\partial z}{\partial u}\frac{du}{dx}+\frac{\partial z}{\partial v}\frac{dv}{dx}=v\cdot e^x+2u\cdot(-\sin 2x)=e^x(\cos 2x-2\sin 2x).$$

例 18 设 $z=e^u\sin v$, $u=xy$, $v=x+y$,求 $\frac{\partial z}{\partial x},\frac{\partial z}{\partial y}$.

解 由定理 7.7 得

$$\begin{aligned}\frac{\partial z}{\partial x}&=\frac{\partial z}{\partial u}\frac{\partial u}{\partial x}+\frac{\partial z}{\partial v}\frac{\partial v}{\partial x}=e^u(\sin v)y+e^u\cos v\\&=e^{xy}[y\sin(x+y)+\cos(x+y)];\\\frac{\partial z}{\partial y}&=\frac{\partial z}{\partial u}\frac{\partial u}{\partial y}+\frac{\partial z}{\partial v}\frac{\partial v}{\partial y}=e^u(\sin v)x+e^u\cos v\\&=e^{xy}[x\sin(x+y)+\cos(x+y)].\end{aligned}$$

例 19 设 $z=f(x,x\cos y)$,求 $\frac{\partial z}{\partial x},\frac{\partial z}{\partial y}$.

解 设 $u=x,v=x\cos y$,则 $z=f(u,v)$,于是有

$$\frac{\partial z}{\partial x}=\frac{\partial z}{\partial u}\frac{\mathrm{d}u}{\mathrm{d}x}+\frac{\partial z}{\partial v}\frac{\partial v}{\partial x}=\frac{\partial f}{\partial u}+\frac{\partial f}{\partial v}\frac{\partial v}{\partial x}$$

$$=\frac{\partial f}{\partial u}+\cos y\cdot\frac{\partial f}{\partial v}=f_1'+f_2'\cos y;$$

$$\frac{\partial z}{\partial y}=\frac{\partial z}{\partial v}\frac{\partial v}{\partial y}=-x\sin y\cdot\frac{\partial f}{\partial v}=-xf_2'\sin y.$$

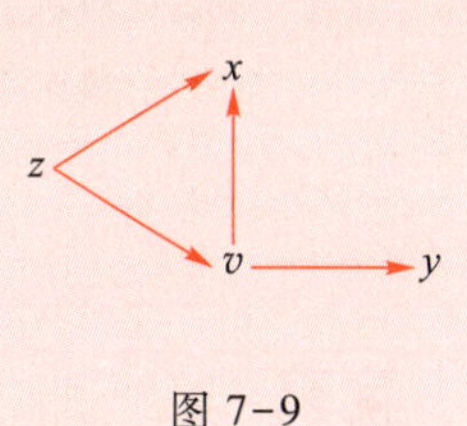

图 7-9

该函数的变量关系实际如图 7-9.

注意: 一般地,用 $f_i'(i=1,2,\cdots)$ 表示函数 z 对第 i 个中间变量的偏导数,如例 19 中将 $\frac{\partial f}{\partial x}$ 记为 f_1',将 $\frac{\partial f}{\partial v}$ 记为 f_2'.

启迪

在多元复合函数求导的链式法则中,可以感受到思维的魔力,整个过程结构清晰,层层递进,在解题中可以体会到数学的逻辑性和严谨性."书山有路勤为径,学海无涯苦作舟",让我们畅游在知识的海洋中感受数学的魅力吧.

7.1.4 偏导数的应用

1. 空间曲线的切线和法平面

微课:空间曲线的切线和法平面

设空间曲线 L(图 7-10)的参数方程为

$$\begin{cases}x=x(t),\\y=y(t),\\z=z(t).\end{cases}$$

曲线上对应于 $t=t_0$ 及 $t=t_0+\Delta t$ 的点分别为 $M_0(x_0,y_0,z_0)$ 和 $M(x_0+\Delta x,y_0+\Delta y,z_0+\Delta z)$,假定 $x(t),y(t),z(t)$ 均可导,且 $x'(t_0),y'(t_0),z'(t_0)$ 不全为零,则割线 M_0M 的方程为

$$\frac{x-x_0}{\Delta x}=\frac{y-y_0}{\Delta y}=\frac{z-z_0}{\Delta z}.$$

当 M 沿着曲线 L 趋于 M_0 时,割线的极限位置 M_0T 即是 L 在 M_0 处的切线.上式分母同时除以 Δt 得

$$\frac{x-x_0}{\frac{\Delta x}{\Delta t}}=\frac{y-y_0}{\frac{\Delta y}{\Delta t}}=\frac{z-z_0}{\frac{\Delta z}{\Delta t}}.$$

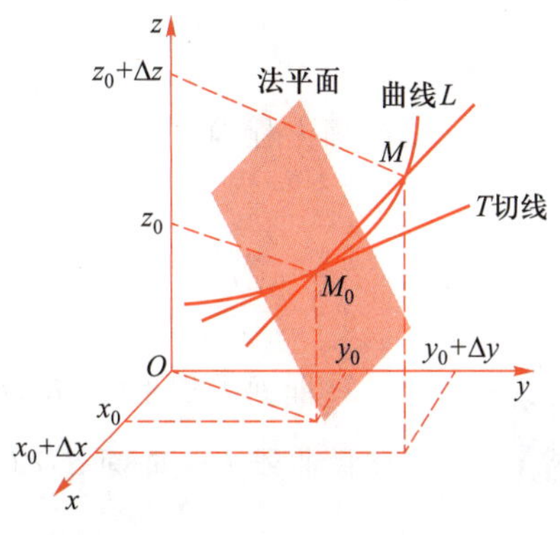

图 7-10

当 $\Delta t\to 0$(即 $M\to M_0$)时,对上式取极限,即得曲线在 M_0 点的切线方程为

$$\frac{x-x_0}{x'(t_0)}=\frac{y-y_0}{y'(t_0)}=\frac{z-z_0}{z'(t_0)}.$$

向量 $\boldsymbol{T}=(x'(t_0),y'(t_0),z'(t_0))$ 是切线 M_0T 的方向向量，称为**切线向量**.切线向量的方向余弦即为切线的**方向余弦**.

通过点 $M_0(x_0,y_0,z_0)$ 与切线垂直的平面称为曲线在 M_0 点的**法平面**，它是以切线向量 $\boldsymbol{T}$ 为法向量的平面.因此法平面方程为

$$x'(t_0)(x-x_0)+y'(t_0)(y-y_0)+z'(t_0)(z-z_0)=0.$$

例 20 求螺旋线 $x=\cos t,y=\sin t,z=t$ 在 $t=0$ 对应点的切线及法平面方程.

解 易得 $t=0$ 对应的点为 $(1,0,0)$.因为 $x'(t)=-\sin t,y'(t)=\cos t,z'(t)=1$，所以切线向量 $\boldsymbol{T}=(x'(0),y'(0),z'(0))=(0,1,1)$. 因此，曲线在点 $(1,0,0)$ 处的切线方程为

$$\frac{x-1}{0}=\frac{y-0}{1}=\frac{z-0}{1}.$$

在点 $(1,0,0)$ 处的法平面方程为

$$0\times(x-1)+1\times(y-0)+1\times(z-0)=0,\text{即 } y+z=0.$$

例 21 求曲线 $\begin{cases}y=\sin x,\\ z=\dfrac{x}{2}\end{cases}$ 上点 $\left(\pi,0,\dfrac{\pi}{2}\right)$ 处的切线和法平面方程.

解 把 x 看作参数，此时曲线方程为 $\begin{cases}x=x,\\ y=\sin x,\\ z=\dfrac{x}{2},\end{cases}$ 且

$$x'\big|_{x=\pi}=1,y'\big|_{x=\pi}=\cos x\big|_{x=\pi}=-1,z'\big|_{x=\pi}=\frac{1}{2}.$$

所以，曲线在点 $\left(\pi,0,\dfrac{\pi}{2}\right)$ 处的切线方程为

$$\frac{x-\pi}{1}=\frac{y-0}{-1}=\frac{z-\dfrac{\pi}{2}}{\dfrac{1}{2}};$$

法平面方程为

$$(x-\pi)-(y-0)+\frac{1}{2}\left(z-\frac{\pi}{2}\right)=0,\text{即 } 4x-4y+2z=5\pi.$$

微课：曲面的切平面与法线

2. 曲面的切平面与法线

设曲线 L 是曲面 $S:F(x,y,z)=0$ 上过点 $M_0(x_0,y_0,z_0)$ 的任意一条曲线（图 7-11），L 的方程为 $x=x(t),y=y(t),z=z(t)$，与点 M_0 相对应的参数为 t_0，假定函数 $F(x,y,z)$ 的偏导数在该点连续且不同时为零，则曲线 L 在 M_0 处的切线向量为

$$\boldsymbol{T}=(x'(t_0),y'(t_0),z'(t_0)).$$

因 L 在 S 上，故有 $F[x(t),y(t),z(t)]=0$. 此恒等式左端为复合函数，在 $t=t_0$ 时的导数为

$$\left.\frac{\mathrm{d}F}{\mathrm{d}t}\right|_{t=t_0}=F'_x(x_0,y_0,z_0)x'(t_0)+F'_y(x_0,y_0,z_0)y'(t_0)+F'_z(x_0,y_0,z_0)z'(t_0)=0.$$

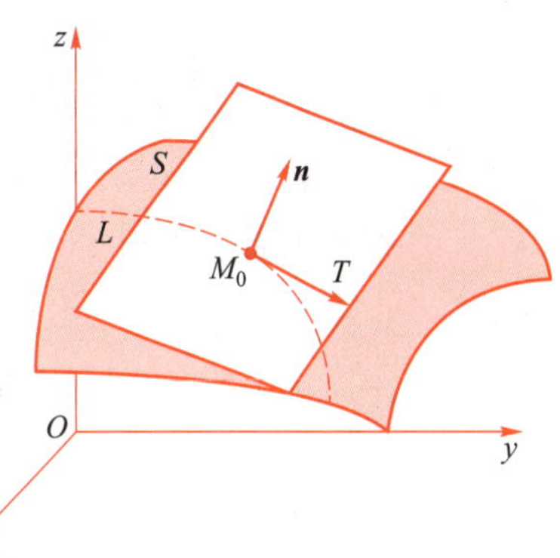

图 7-11

记 $\boldsymbol{n}=(F'_x(x_0,y_0,z_0),F'_y(x_0,y_0,z_0),F'_z(x_0,y_0,z_0))$，上式则说明 $\boldsymbol{T}\cdot\boldsymbol{n}=0$，即 $\boldsymbol{n}$ 与 $\boldsymbol{T}$ 互相垂直. 由于曲线 L 是曲面上过 M_0 的任意一条曲线，所以在曲面 S 上所有过 M_0 点的曲线的切线都与同一向量 $\boldsymbol{n}$ 垂直，故这些切线位于同一个平面上. 这个平面称为曲面在 M_0 处的**切平面**. 向量 $\boldsymbol{n}$ 是切平面的法向量，称为曲面在 M_0 处的法向量. 切平面方程为

$$F'_x(x_0,y_0,z_0)(x-x_0)+F'_y(x_0,y_0,z_0)(y-y_0)+F'_z(x_0,y_0,z_0)(z-z_0)=0.$$

过点 M_0 且与切平面垂直的直线称为曲面 S 在点 M_0 处的法线，其方程为

$$\frac{x-x_0}{F'_x(x_0,y_0,z_0)}=\frac{y-y_0}{F'_y(x_0,y_0,z_0)}=\frac{z-z_0}{F'_z(x_0,y_0,z_0)}.$$

若曲面方程由 $z=f(x,y)$ 给出，则可令 $F(x,y,z)=f(x,y)-z=0$. 于是，

$$F'_x=f'_x,\quad F'_y=f'_y,\quad F'_z=-1.$$

此时，曲面在 $M_0(x_0,y_0,z_0)$ 处的切平面方程为

$$f'_x(x_0,y_0)(x-x_0)+f'_y(x_0,y_0)(y-y_0)-(z-z_0)=0.$$

法线方程为

$$\frac{x-x_0}{f'_x(x_0,y_0)}=\frac{y-y_0}{f'_y(x_0,y_0)}=\frac{z-z_0}{-1}.$$

例 22 求椭球面 $x^2+3y^2+2z^2=6$ 在点 $(1,1,1)$ 处的切平面和法线方程.

解 设 $F(x,y,z)=x^2+3y^2+2z^2-6$，则

$$F'_x(x,y,z)=2x,F'_y(x,y,z)=6y,F'_z(x,y,z)=4z,$$

$$F'_x(1,1,1)=2,F'_y(1,1,1)=6,F'_z(1,1,1)=4.$$

故在点 $(1,1,1)$ 处椭球面的切平面方程为

$$2(x-1)+6(y-1)+4(z-1)=0.$$

即

$$x+3y+2z-6=0.$$

法线方程为

$$\frac{x-1}{1}=\frac{y-1}{3}=\frac{z-1}{2}.$$

例 23 求旋转抛物面 $z=x^2+y^2$ 在点 $(1,-1,2)$ 处的切平面方程和法线方程.

解 由 $z=x^2+y^2$ 得

$$f'_x(1,-1)=2x\big|_{(1,-1)}=2,\quad f'_y(1,-1)=2y\big|_{(1,-1)}=-2.$$

则切平面方程为

$$z-2=2(x-1)-2(y+1)\text{，即 } 2x-2y-z=2.$$

法线方程为

$$\frac{x-1}{2}=\frac{y+1}{-2}=\frac{z-2}{-1}.$$

3. 二元函数的极值

在实际问题中，会遇到求多元函数最大值或最小值的问题，这里只讨论二元函数的情形，三元以上函数的情形可类似讨论.与一元函数相类似，二元函数的最大值、最小值常与极大值、极小值相联系，因此下面先讨论极值问题.

微课：二元函数极值定义

定义 7.6 设函数 $z=f(x,y)$ 在点 (x_0,y_0) 的某一邻域内有定义，如果对于该邻域内异于 (x_0,y_0) 的任意一点 (x,y)，都有

$$f(x,y)\leqslant f(x_0,y_0)\ (\text{或 } f(x,y)\geqslant f(x_0,y_0)),$$

则称函数在 (x_0,y_0) 处有**极大值**（或**极小值**）.称点 (x_0,y_0) 为函数的极大值点（或极小值点）.极大值与极小值统称为函数的**极值**，极大值点与极小值点统称为函数的极值点.

定理 7.8（极值点的必要条件） 设函数 $z=f(x,y)$ 在点 $P_0(x_0,y_0)$ 的两个一阶偏导数都存在，且点 P_0 为极值点，则

$$\begin{cases} f'_x(x_0,y_0)=0, \\ f'_y(x_0,y_0)=0. \end{cases}$$

证明 因为点 $P_0(x_0,y_0)$ 是函数 $z=f(x,y)$ 的极值点，所以当 y 固定为 y_0 时，x_0 为一元函数 $z=f(x,y_0)$ 的极值点.由一元函数极值点的必要条件，有 $f'_x(x_0,y_0)=0$，几何上表现为：对应于 $P(x_0,y_0)$ 的曲面 $z=f(x,y)$ 上的点 $M(x_0,y_0,z_0)$ 有平行于 x 轴的切线.同理可证 $f'_y(x_0,y_0)=0$.

满足方程组 $\begin{cases} f'_x(x_0,y_0)=0, \\ f'_y(x_0,y_0)=0 \end{cases}$ 的点 (x_0,y_0) 称为函数 $z=f(x,y)$ 的**驻点**.与一元函数一样，驻点不一定是极值点.那么，如何判断一个驻点是否是极值点呢？下面不加证明地给出极值点的判定定理.

定理 7.9（极值存在的充分条件） 设函数 $z=f(x,y)$ 在点 (x_0,y_0) 的某个领域内具有二阶连续偏导数，且 (x_0,y_0) 是驻点. 令 $A=f''_{xx}(x_0,y_0)$，$B=f''_{xy}(x_0,y_0)$，$C=f''_{yy}(x_0,y_0)$，$\Delta=B^2-AC$，则

微课：求解二元函数的极值

（1）当 $\Delta<0$ 时，点 (x_0,y_0) 是函数 $z=f(x,y)$ 的极值点，且当 $A<0$ 时，点 (x_0,y_0) 是极大值点；当 $A>0$，点 (x_0,y_0) 是极小值点.

（2）当 $\Delta>0$ 时，点 (x_0,y_0) 不是极值点.

（3）当 $\Delta=0$ 时，点 (x_0,y_0) 可能是极值点，也可能不是极值点.

例 24 求函数 $f(x,y)=x^3-y^3+3x^2+3y^2-9x$ 的极值.

解 （1）求偏导数,解方程组 $\begin{cases} f'_x(x,y)=3x^2+6x-9=0, \\ f'_y(x,y)=-3y^2+6y=0, \end{cases}$ 得驻点(1,0),(1,2),(−3,0),(−3,2).

（2）求出二阶偏导数 $A=f_{xx}(x,y)=6x+6, B=f_{xy}(x,y)=0, C=f_{yy}(x,y)=-6y+6$.

（3）列表判断极值点讨论如下：

驻点	$A=6x+6$	$B=0$	$C=-6y+6$	$\Delta=B^2-AC$	结论
(1,0)	12	0	6	−72	极小值 $f(1,0)=-5$
(1,2)	12	0	−6	72	无极值
(−3,0)	−12	0	6	72	无极值
(−3,2)	−12	0	−6	−72	极大值 $f(-3,2)=31$

与一元函数类似,二元可微函数的极值点一定是驻点,但对不可微函数来说却不一定.例如,点(0,0)是函数 $z=\sqrt{x^2+y^2}$ 的极小值点,但它并不是驻点,因为函数在该点的偏导数并不存在.

4. 二元函数的最值

我们已经知道,有界闭区域 D 上的连续函数一定有最大值和最小值.如果使函数取得最值的点在区域 D 的内部,则对可微函数来讲,这个点必然是函数的驻点,然而,函数的最值也可能在该区域的边界上取得.因此,求有界闭区域 D 上可微的二元函数的最值时,求出函数在 D 内的驻点及在 D 的边界上的最值,比较这些值,其中最大(小)者,就是该函数在区域 D 上的最大(小)值.(对于不可微函数,还应求出连续而不可微点处的函数值加以比较.)

微课：二元函数的最值

求二元函数在区域上的最值往往比较复杂,但在实际问题中,若由分析可知二元函数的最值一定存在时,如果目标函数的驻点唯一,且无其他可疑极值点,那么这个驻点即是极值点.

例 25 在 xOy 坐标面上找出点 P,使它到三点 $P_1(0,0)$,$P_2(1,0)$,$P_3(0,1)$ 距离的平方和为最小.

解 设 $P(x,y)$ 到三点距离的平方和为 l,有

$$\begin{aligned} l &= |PP_1|^2+|PP_2|^2+|PP_3|^2 \\ &= x^2+y^2+(x-1)^2+y^2+x^2+(y-1)^2 \\ &= 3x^2+3y^2-2x-2y+2. \end{aligned}$$

对 x,y 求偏导数,解方程组 $\begin{cases} l'_x=6x-2=0, \\ l'_y=6y-2=0, \end{cases}$ 得驻点 $\left(\dfrac{1}{3},\dfrac{1}{3}\right)$.

由问题的实际意义，到三点距离平方和最小的点一定存在，函数 l 可微且只有一个驻点，因此 $\left(\frac{1}{3},\frac{1}{3}\right)$ 即为所求之点.

例 26 某工厂要用铁板做一个体积为 2 m^3 的有盖长方体水箱，问当长、宽、高各取怎样的尺寸时，用料最省？

解 设水箱的长、宽分别为 x,y，则高为 $\frac{2}{xy}$，水箱所用材料的面积为

$$S=2\left(xy+y\cdot\frac{2}{xy}+x\cdot\frac{2}{xy}\right)=2\left(xy+\frac{2}{x}+\frac{2}{y}\right)\ (D:x>0,y>0).$$

令 $\begin{cases}S'_x=2\left(y-\dfrac{2}{x^2}\right)=0,\\ S'_y=2\left(x-\dfrac{2}{y^2}\right)=0,\end{cases}$ 得驻点 $(\sqrt[3]{2},\sqrt[3]{2})$.

根据实际问题可知最小值在定义域内必存在，可断定此唯一驻点就是最小值点.

即当长、宽均为 $\sqrt[3]{2}$，高为 $\frac{2}{\sqrt[3]{2}\cdot\sqrt[3]{2}}=\sqrt[3]{2}$ 时，水箱所用材料最省.

应用与实践

案例 1 边缘检测是图像处理和计算机视觉中的基本问题，检测的目的是标识数字图像中亮度变化明显的点，是特征提取中的一个重要研究领域，它能大幅度地减少数据量，并且剔除可能不相关的信息，保留图像重要的结构属性. 几种最常用的经典图像边缘提取算子，都是基于微分的理论得以实现的. 以图 7-12 为例，简要分析图像边缘检测原理.

图 7-12

解 在图像处理中认为，灰度值变化剧烈的地方就是边缘. 变化剧烈程度，其实就是函数的一阶导数. 函数 $z=f(x,y)$ 的偏导数定义为

$$\frac{\partial f}{\partial x}=\lim_{\Delta x\to 0}\frac{f(x+\Delta x,y)-f(x,y)}{\Delta x},\quad \frac{\partial f}{\partial y}=\lim_{\Delta y\to 0}\frac{f(x,y+\Delta y)-f(x,y)}{\Delta y},$$

但数字图像是离散的二维函数，Δx 和 Δy 不能无限小，图像是按照像素来离散的，因此最小的 Δx 和 Δy 就是 1 像素，于是图像的微分就可以记为

$$\frac{\partial f}{\partial x}=f(x+1,y)-f(x,y),\quad \frac{\partial f}{\partial y}=f(x,y+1)-f(x,y).$$

它们分别是图像在 (x,y) 点处 x 方向和 y 方向上的梯度，即两个相邻像素之间的差值. 设图

像在某区域的灰度值为$\begin{bmatrix}0&1&255&255\\1&1&254&253\\0&0&255&255\\1&0&254&254\end{bmatrix}$,则 y 方向上的微分为$\begin{bmatrix}1&254&0\\0&253&-1\\0&255&0\\-1&254&0\end{bmatrix}$,相减的结果能反映图像亮度的变化率:像素值保持不变的区域,相减的结果为 0,即像素为黑.像素值变化剧烈的区域,相减的差越大,则得到的像素就越亮,图像的竖直边缘得到增强.但对于二维图像来说,仅仅得到 x 或者 y 方向的边缘是不够的,更需要考虑的是边缘到底是什么走向,所以要用到不同方向上的梯度,并由此衍生出一系列的算子,图 7-13展示了不同算子的边缘检测效果.欢迎有兴趣的同学参阅专业书籍进行更深入的学习.

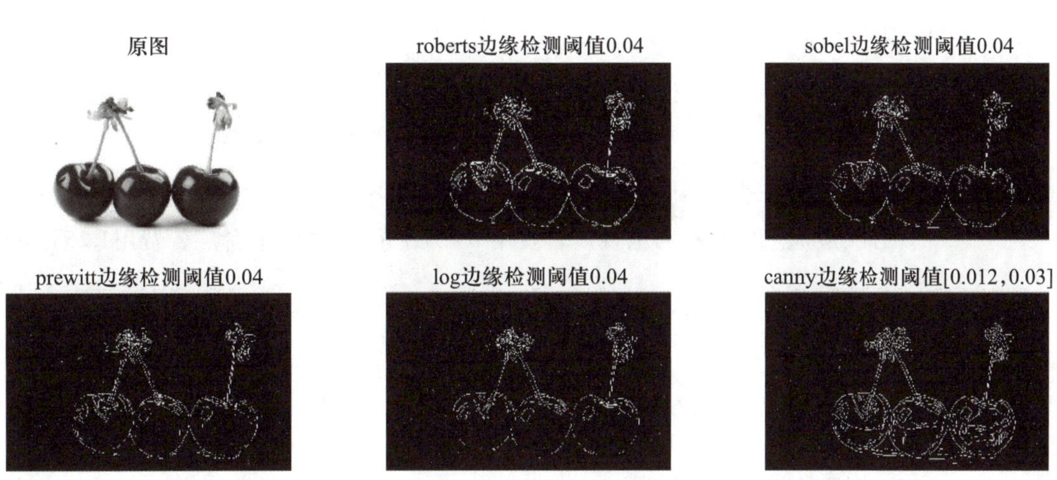

图 7-13　几种经典图像边缘提取算子效果图

案例 2　日常生活中罐装食品很多,如饮料、调味品、熟食等,体积相同的罐头可做成尺寸不同的形状.设有一个半径为 2.5 cm,高为 12.5 cm 的圆柱形罐头外壳,当其半径 r 或高 h 有微小增量时,都会引起容积产生相应的增量.试比较容积 V 对半径 r 和高 h 的微小变化的敏感度.

解　计算 $V=\pi r^2 h$ 的全微分,有

$$dV=\frac{\partial V}{\partial r}dr+\frac{\partial V}{\partial h}dh=2\pi rh\,dr+\pi r^2\,dh,$$

于是容积的增量

$$\begin{aligned}\Delta V&\approx dy\,\big|_{(2.5,12.5)}=2\pi\times2.5\times12.5\Delta r+2.5^2\pi\Delta h\\&=62.5\pi\Delta r+6.25\pi\Delta h=6.25\pi(10\Delta r+\Delta h).\end{aligned}$$

这表明半径 r 的变化要比高 h 的变化所造成的容积 V 的改变约敏感 10 倍,也表明,当半径有微小减少时,必须使高明显地增加,才能保持容积不变.因此,将一个罐头外壳的半径取得比标准的小一些,小得使人不易注意到,而增加高度使容积保持不变,可使人感到容积比原来标准的大了许多,这也是将啤酒罐做得又细又高的原因,当然,将它做得又细又高也便于握持.

案例 3 某零售商公司为提高产品销量，通过某电视台和某网络平台做销售产品广告. 根据统计资料，销售收入 $\boldsymbol{R}$（万元）与电视广告费用 x_1（万元）和网络平台广告费用 x_2（万元）的关系有如下的公式：$R=15+14x_1+32x_2-8x_1x_2-2x_1^2-10x_2^2$. 如果零售商公司有足够的广告费用支出预算，求最优广告策略.

解 零售商公司的纯销售收入为

$$\begin{aligned} f(x_1,x_2) &= 15+14x_1+32x_2-8x_1x_2-2x_1^2-10x_2^2-(x_1+x_2) \\ &= 15+13x_1+31x_2-8x_1x_2-2x_1^2-10x_2^2. \end{aligned}$$

令$\begin{cases} f'_{x_1}=13-8x_2-4x_1=0, \\ f'_{x_2}=31-8x_1-20x_2=0, \end{cases}$ 得驻点 $x_1=0.75$（万元），$x_2=1.25$（万元）.

又因为

$$A=f''_{x_1x_1}(0.75,1.25)=-4, B=f''_{x_1x_2}(0.75,1.25)=-8,$$

$$C=f''_{x_2x_2}(0.75,1.25)=-20, \Delta=B^2-AC<0,$$

所以，函数 $f(x_1,x_2)$ 在点(0.75,1.25)取得极大值，又因为是唯一极值点，故为最大值.

因此，最优广告策略为电视广告费用 0.75 万元，而网络平台广告费用1.25万元.

能力训练 7.1

1. 已知 $f(x,y)=\dfrac{xy}{x^2+y^2}$，求 $f\left(\dfrac{y}{x},1\right)$.

2. 求下列函数的定义域：

(1) $z=\ln(x+y)$；　　(2) $z=\sqrt{4-x^2-y^2}+\dfrac{1}{\sqrt{x^2+y^2-1}}$；

(3) $z=\dfrac{1}{\sqrt{x+y}}+\dfrac{1}{\sqrt{y-x}}$；　　(4) $z=\arcsin\dfrac{x^2+y^2}{4}+\dfrac{1}{\ln(x^2+y^2)}$.

3. 用不等式组表示下列曲线围成的区域 D.

(1) D 由 $y=x^2$，$y=2-x$ 围成；

(2) D 由 $y=\dfrac{1}{x}$，$y=x$，$x=2$ 围成；

(3) D 由 $y=1-x$，$y=x-1$，y 轴围成.

4. 求下列极限：

(1) $\lim\limits_{\substack{x\to1\\y\to2}}\dfrac{3xy+x^2y^2}{x+y}$；　　(2) $\lim\limits_{\substack{x\to0\\y\to1}}\arcsin\sqrt{x^2+y^2}$；

(3) $\lim\limits_{\substack{x\to0\\y\to0}}\dfrac{\sqrt{xy+1}-1}{xy}$；　　(4) $\lim\limits_{\substack{x\to0\\y\to0}}\dfrac{\sin(xy)}{x}$.

5. 试讨论函数 $f(x,y)=\dfrac{1}{2-x^2-y^2}$ 的间断点.

6. 求下列函数对各自变量的一阶偏导数：

(1) $z=xy^2+x^2y$;　　(2) $z=\arcsin(xy)$;

(3) $z=x^{2y}$;　　(4) $z=\sqrt{1-x^2-y^2}$.

7. 求下列函数的所有二阶偏导数:

(1) $z=x^3-4x^2y^2+y^4$;　　(2) $z=\sqrt{xy}$;

(3) $z=\ln(x^2+y^2)$;　　(4) $z=\sin^2(2x+3y)$.

8. 设 $z=x\ln(xy)$,求$\dfrac{\partial^2 z}{\partial y\partial x}$,$\dfrac{\partial^3 z}{\partial x^2\partial y}$.

9. 设 $u=\sqrt{x^2+y^2+z^2}$,证明$\dfrac{\partial^2 u}{\partial x^2}+\dfrac{\partial^2 u}{\partial y^2}+\dfrac{\partial^2 u}{\partial z^2}=\dfrac{2}{u}$.

10. 拉普拉斯方程$\dfrac{\partial^2 u}{\partial x^2}+\dfrac{\partial^2 u}{\partial y^2}=0$在热力学、流体力学和电势理论中都有应用.试验证函数 $u(x,y)=\mathrm{e}^x\sin y$ 是拉普拉斯方程的解.

11. 计算下列函数的全微分.

(1) $z=x\cos y$;　　(2) $z=y^3+\ln(xy)$;

(3) $z=\sin(x+y)$;　　(4) $z=\sqrt{x^2+y^2}$.

12. 求函数 $z=y\mathrm{e}^x$ 在点$(-2,3)$处的全微分.

13. 求函数 $z=x^2y^3$ 在点$(2,-1)$处当 $\Delta x=0.02,\Delta y=0.01$ 时的全增量与全微分.

14. 计算$(1.02)^{1.99}$的近似值.

15. 求下列函数的导数.

(1) $z=u^v(u>0),u=\sin x,v=\cos x$;

(2) $z=\ln(u+v),u=3t,v=4t^2$;

(3) $u=\mathrm{e}^x(y-z),x=t,y=\sin t,z=\cos t$.

16. 求下函数对各自变量的一阶偏导数,其中 f 可微.

(1) $z=x^2y-xy^2,x=u\cos v,y=u\sin v$;

(2) $u=f(x^2-y^2,\mathrm{e}^{xy})$;

(3) $u=f(x^3+2xy+3xyz)$;

(4) $z=f(xy,y)$.

17. 求下列曲线在指定点处的切线及法平面方程.

(1) $x=2t,y=t^2,z=\dfrac{t^3}{3}$在点$(6,9,9)$处;

(2) $x=\mathrm{e}^t\sin t,y=\mathrm{e}^t\cos t,z=2\mathrm{e}^t$ 在对应于 $t=0$ 处;

(3) $y^2=2x,z^2=1-x$ 在点$\left(\dfrac{1}{2},-1,\dfrac{\sqrt{2}}{2}\right)$处;

(4) $x=a\cos t,y=b\sin t,z=ct$ 在点$\left(\dfrac{\sqrt{3}}{2}a,\dfrac{1}{2}b,\dfrac{\pi}{6}c\right)$处.

18. 求下列曲面在指定点处的切平面和法线方程.

(1) $z=x^2+y^2$ 在点 $(1,2,5)$ 处;

(2) $z=\sqrt{1-x^2-y^2}$ 在点 $\left(\frac{1}{2},\frac{1}{2},\frac{\sqrt{2}}{2}\right)$ 处;

(3) $\frac{x^2}{16}+\frac{y^2}{9}-\frac{z^2}{8}=0$ 在点 $(4,3,4)$ 处;

(4) $3x^2+y^2-z^2=27$ 在点 $(3,1,1)$ 处.

19. 求下列函数的极值点与极值.

(1) $z=y^3-x^2+6x-12y+5$;　　(2) $z=xy(x^2+y^2-1)$;

(3) $z=x^3+y^2-3(x^2+y^2)$;　　(4) $z=\mathrm{e}^{2x}(x+2y+y^2)$.

20. 求函数 $z=(x^2+y^2-2x)^2$ 在圆域 $x^2+y^2\leqslant 2x$ 上的最大值和最小值.

21. 把数 $a(a>0)$ 分成三份,使得三份连乘起来的积为最大.

22. 求半径为 r 的圆的面积最大的内接三角形,及面积最小的外切三角形.

23. 生产某产品要用 A、B 两种原料,设该产品的产量 Q 与原料 A、B 的质量 x,y(单位:t) 满足关系 $Q=0.005x^2y$.厂家计划用 15 000 元购买原料,已知 A、B 的单价分别为 100 元/t、200 元/t,那么购买两种原料各多少吨可使产品的产量最大?

§7.2 二重积分

情景与问题

引例 1　曲顶柱体的体积.

设有一曲顶柱体,它的底面是 xOy 平面上的有界闭区域 D,侧面是以 D 的边界曲线为准线,母线平行于 z 轴的柱面,它的顶是由二元非负连续函数 $z=f(x,y)$ 所表示的曲面(图 7-14),求其体积.

分析　采用类似于求曲边梯形面积的方法,通过分割、局部近似、累加求和、取极限来研究曲顶柱体的体积.

(1) 分割:将区域 D 任意分割成 n 个小区域(子域):$\Delta\sigma_1,\Delta\sigma_2,\cdots,\Delta\sigma_n$,并用 $\Delta\sigma_i(i=1,2,\cdots,n)$ 表示第 i 个子域的面积.然后对每个子域,作以它的边界为准线,母线平行于 z 轴的柱面,这些柱面把原来的曲顶柱体分成 n 个小曲顶柱体.

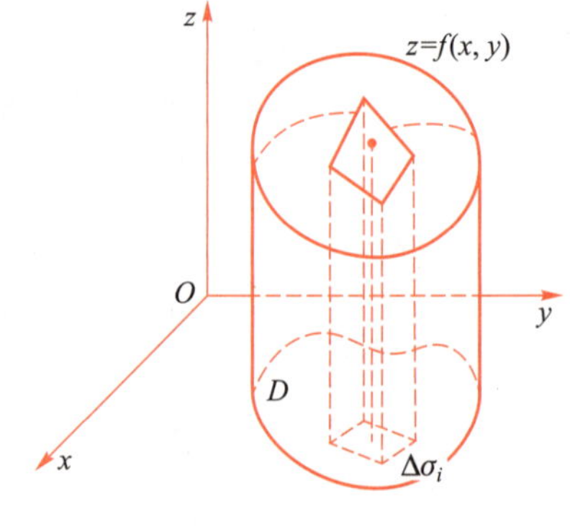

图 7-14

(2) 近似:将小曲顶柱体近似地看成平顶柱体,以子域 $\Delta\sigma_i$ 内的任意一点 $(\xi_i,\eta_i)(i=1,2,\cdots,n)$ 对应的函数值 $f(\xi_i,\eta_i)$ 为它的高,则小曲顶柱体的体积为

$$\Delta V_i \approx f(\xi_i,\eta_i)\Delta\sigma_i.$$

(3) 求和:将这 n 个小平顶柱体的体积相加,得到原曲顶柱体体积 V 的近似值,即

$$V=\sum_{i=1}^{n}\Delta V_i \approx \sum_{i=1}^{n} f(\xi_i,\eta_i)\Delta\sigma_i.$$

(4) 极限:将区域 D 无限细分,每个子域趋向于缩成一点,这个近似值就趋向于原曲顶柱体的体积,即

$$V=\lim_{\lambda\to 0}\sum_{i=1}^{n} f(\xi_i,\eta_i)\Delta\sigma_i.$$

式中,λ 为这 n 个子域的最大直径(有界闭区域的直径是指区域中任意两点间距离的最大值).

引例 2　平面薄片的质量.

设有一平面薄板,在 xOy 平面上占有区域 D,其质量分布的面密度(单位面积上的质量)函数是 D 上的连续函数 $\mu=\mu(x,y)$,试求薄板的质量 M.

分析　仍然采用微元法的思想.

(1) 分割:将区域 D 任意分割成 n 个小块(图 7-15):$\Delta\sigma_1,\Delta\sigma_2,\cdots,\Delta\sigma_n$,并用 $\Delta\sigma_i(i=1,2,\cdots n)$ 表示第 i 个小块的面积.

(2) 近似:当 $\Delta\sigma_i$ 直径很小时,可以认为在 $\Delta\sigma_i$ 上的质量分布是均匀的,以 $\Delta\sigma_i$ 内的任意一点 $(\xi_i,\eta_i)\in\Delta\sigma_i$ 处的密度 $\mu(\xi_i,\eta_i)$ 为它的面密度,则第 i 个小块的质量为

$$\Delta m_i \approx \mu(\xi_i,\eta_i)\Delta\sigma_i.$$

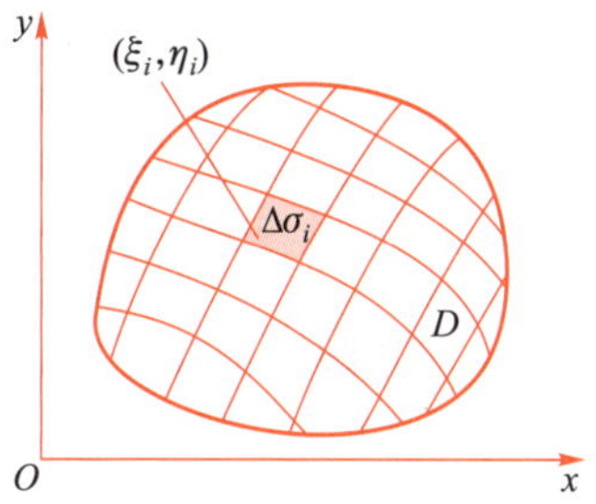

图 7-15

(3) 求和:薄板的质量可以表示为

$$m=\sum_{i=1}^{n}\Delta m_i \approx \sum_{i=1}^{n}\mu(\xi_i,\eta_i)\Delta\sigma_i.$$

(4) 极限:用 λ 表示这 n 个小块的最大直径,当 $\lambda\to 0$ 时,上边和式的极限就是薄片的质量,即

$$m=\lim_{\lambda\to 0}\sum_{i=1}^{n}\mu(\xi_i,\eta_i)\Delta\sigma_i.$$

7.2.1　二重积分的概念与性质

引例 1 和引例 2 虽然来自不同的领域,但解决问题的办法却是一样的,都归结为二元函数在平面区域上和式的极限.这种案例在物理、力学、几何及工程技术中有许多,抽去它们的具体意义,就得到二重积分的定义.

定义 7.7　设函数 $z=f(x,y)$ 是定义在有界闭区域 D 上的有界函数,将闭区域 D 任意分割成 n 个子域 $\Delta\sigma_i(i=1,2,\cdots,n)$,其面积也用 $\Delta\sigma_i$ 表示.在每个子域 $\Delta\sigma_i$ 上任取一点(ξ_i,η_i),作和 $\sum\limits_{i=1}^{n} f(\xi_i,\eta_i)\Delta\sigma_i$.如果当各个子域的直径的最大值 λ 趋于零时,和式的极限存在,且此极限与区域 D 的分割方法以及点(ξ_i,η_i)的取法无关,则称此极限为函数 $z=f(x,y)$ 在闭区域 D 上的**二重积分**,记作 $\iint\limits_D f(x,y)\mathrm{d}\sigma$ 或 $\iint\limits_D f(x,y)\mathrm{d}x\mathrm{d}y$,即

$$\iint_D f(x,y)\,\mathrm{d}\sigma=\lim_{\lambda\to 0}\sum_{i=1}^{n} f(\xi_i,\eta_i)\Delta\sigma_i. \tag{7.5}$$

此时称 $f(x,y)$ 在 D 上可积，其中 $\iint$ 为二重积分号，$f(x,y)$ 为被积函数，$f(x,y)\,\mathrm{d}\sigma$ 为积分表达式，$\mathrm{d}\sigma$ 为面积微元，D 为积分区域，x,y 为积分变量.

当 $f(x,y)>0$ 时，二重积分 $\iint\limits_D f(x,y)\,\mathrm{d}\sigma$ 的几何意义就是图 7-14 所示的曲顶柱体的体积；当 $f(x,y)<0$ 时，柱体在 xOy 平面的下方，二重积分的绝对值仍等于柱体的体积，所以 $\iint\limits_D f(x,y)\,\mathrm{d}\sigma$ 的值是 xOy 平面上下方柱体体积的代数和.

由于二重积分和定积分本质都是和式的极限，所以它们有着相似的性质，下面给出二重积分的基本性质（假设以后提到的函数均可积）.

性质 1　被积函数中的常数因子可以提到二重积分号前面，即

$$\iint_D kf(x,y)\,\mathrm{d}\sigma=k\iint_D f(x,y)\,\mathrm{d}\sigma.$$

性质 2　函数和或差的二重积分等于各个函数二重积分的和或差，即

$$\iint_D [f(x,y)\pm g(x,y)]\,\mathrm{d}\sigma=\iint_D f(x,y)\,\mathrm{d}\sigma\pm\iint_D g(x,y)\,\mathrm{d}\sigma.$$

性质 3　如果积分区域 D 被分成两个子区域 D_1,D_2，则在 D 上的二重积分等于各个子区域 D_1,D_2 上二重积分的和，即

$$\iint_D f(x,y)\,\mathrm{d}\sigma=\iint_{D_1} f(x,y)\,\mathrm{d}\sigma+\iint_{D_2} f(x,y)\,\mathrm{d}\sigma.$$

性质 4　如果在区域 D 上，$f(x,y)=1$，且 D 的面积为 S，则 $\iint\limits_D \mathrm{d}\sigma=S$.

性质 5　如果在区域 D 上，$f(x,y)\leqslant g(x,y)$，则有 $\iint\limits_D f(x,y)\,\mathrm{d}\sigma\leqslant\iint\limits_D g(x,y)\,\mathrm{d}\sigma$.

性质 6　假设 $f(x,y)$ 在闭区域 D 上的最大值和最小值分别为 M 和 m，D 的面积为 S，则

$$mS\leqslant\iint_D f(x,y)\,\mathrm{d}\sigma\leqslant MS.$$

性质 7（二重积分中值定理）　假设 $f(x,y)$ 在闭区域 D 上连续，D 的面积为 S，则在 D 上至少存在一点 (ξ,η)，使得 $\iint\limits_D f(x,y)\,\mathrm{d}\sigma=f(\xi,\eta)S$.

例 1　试估计二重积分 $\iint\limits_{x^2+y^2\leqslant 4}(x^2+y^2+9)\,\mathrm{d}x\mathrm{d}y$ 的值.

解　被积函数 $f(x,y)=x^2+y^2+9$ 在 $(0,0)$ 处取得最小值 $m=9$，在 $x^2+y^2=4$ 处取得最大值 $M=4+9=13$，积分区域的面积 $S=4\pi$.

根据性质 6，

$$36\pi=9\times4\pi\leqslant\iint_{x^2+y^2\leqslant 4}(x^2+y^2+9)\,\mathrm{d}x\mathrm{d}y\leqslant 13\times4\pi=52\pi.$$

7.2.2 二重积分的计算

用二重积分的定义(即和式的极限)来计算二重积分比较困难,通常用计算两次定积分的办法来解决.由二重积分定义知当 $f(x,y)$ 在闭区域 D 上可积时,其积分值与区域的分割方式无关,因此可以采取特殊的分割方法来简化计算.

在直角坐标系中,用分别平行于 x 轴和 y 轴的直线将区域 D 分成许多小矩形,这时面积元素 $\mathrm{d}\sigma=\mathrm{d}x\mathrm{d}y$,二重积分也可记为 $\iint\limits_{D} f(x,y)\mathrm{d}\sigma=\iint\limits_{D} f(x,y)\mathrm{d}x\mathrm{d}y$.

在讨论二重积分之前,先介绍下面两种类型的区域.

(1) 若区域 D 可用不等式组表示为 $\begin{cases} a\leqslant x\leqslant b, \\ \varphi_1(x)\leqslant y\leqslant\varphi_2(x), \end{cases}$ 其中 $\varphi_1(x),\varphi_2(x)$ 在 $[a,b]$ 上连续,则称 D 为 X 型区域,如图 7-16 所示.

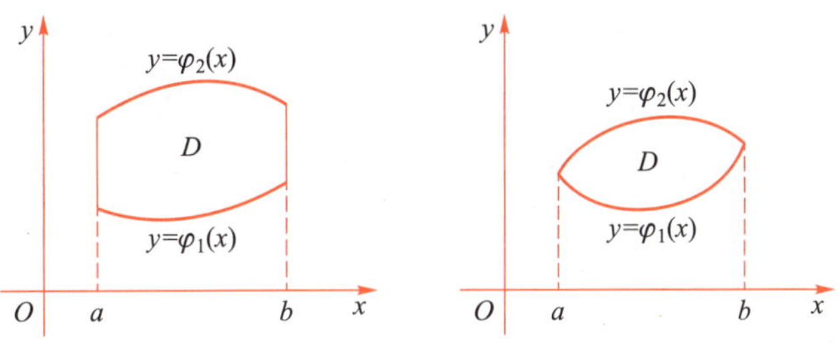

图 7-16

(2) 若区域 D 可用不等式组表示为 $\begin{cases} c\leqslant y\leqslant d, \\ \psi_1(y)\leqslant x\leqslant\psi_2(y), \end{cases}$ 其中 $\psi_1(y),\psi_2(y)$ 在 $[c,d]$ 上连续,则称 D 为 Y 型区域,如图 7-17 所示.

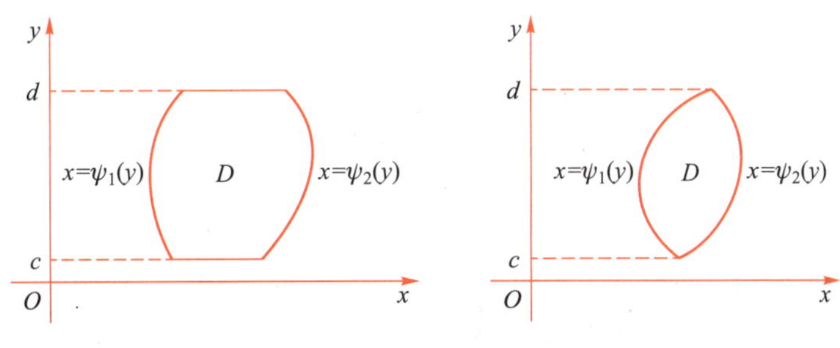

图 7-17

由二重积分几何意义知,$\iint\limits_{D} f(x,y)\mathrm{d}\sigma$ 的值等于一个以 D 为底,以曲面 $z=f(x,y)$ 为顶的曲顶柱体的体积,我们用微元法解决二重积分的计算.下面以 X 型区域为例进行讲解.

选 x 为积分变量,$x\in[a,b]$,任取子区间 $[x,x+\mathrm{d}x]\subset[a,b]$.设 $A(x)$ 表示过点 x 且垂直 x 轴的平面与曲顶柱体相交的截面的面积(图 7-18),则曲顶柱体体积 V 的微元为

$$\mathrm{d}V=A(x)\mathrm{d}x.$$

于是曲顶柱体体积为 $V=\int_a^b A(x)\mathrm{d}x$.

由图 7-18 可见该截面是一个以区间 $[\varphi_1(x),\varphi_2(x)]$ 为底边，以曲线 $z=f(x,y)$（此时 x 是固定的）为曲边的曲边梯形，其面积可表示为

$$A(x)=\int_{\varphi_1(x)}^{\varphi_2(x)} f(x,y)\mathrm{d}y.$$

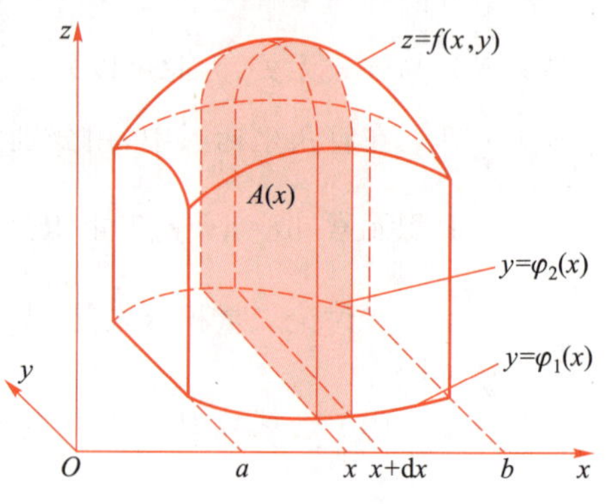

图 7-18

将 $A(x)$ 代入上边曲顶柱体的体积，就得到二重积分

$$\iint_D f(x,y)\mathrm{d}\sigma=V=\int_a^b\left[\int_{\varphi_1(x)}^{\varphi_2(x)} f(x,y)\mathrm{d}y\right]\mathrm{d}x.$$

在上边的积分过程中，第一次积分时，把 x 视为常量，对变量 y 进行积分，它的积分限一般是关于 x 的函数；第二次是对变量 x 积分，它的积分限是常量.这种先对一个变量积分，再对另一个变量积分的方法，称为**累次积分（二次积分）法**，上边先积 y 后积 x 的积分通常也可以写为

$$\iint_D f(x,y)\mathrm{d}\sigma=\int_a^b\left[\int_{\varphi_1(x)}^{\varphi_2(x)} f(x,y)\mathrm{d}y\right]\mathrm{d}x=\int_a^b\mathrm{d}x\int_{\varphi_1(x)}^{\varphi_2(x)} f(x,y)\mathrm{d}y.$$

拾趣

大家有没有注意到，上述求二重积分的过程，如同求一个面包的体积呢？如果把面包放在 xOy 坐标面上，将上表面视为函数 $f(x,y)$，则一小片面包的切面面积就是 $A(x)$，其体积就是体积微元 $A(x)\mathrm{d}x$，将所有面包片的体积加起来（积分）就是整个面包的体积了，如图 7-19 所示.可见数学与生活联系非常紧密.

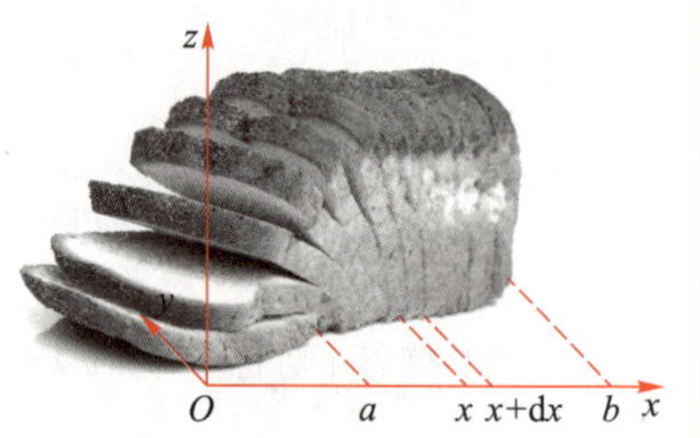

图 7-19

对于 Y 型区域，先积 x 后积 y，可以类似得到

$$\iint_D f(x,y)\mathrm{d}\sigma=\int_c^d\left[\int_{\psi_1(x)}^{\psi_2(x)} f(x,y)\mathrm{d}x\right]\mathrm{d}y=\int_c^d\mathrm{d}y\int_{\psi_1(x)}^{\psi_2(x)} f(x,y)\mathrm{d}x.$$

例 2 将二重积分 $\iint_D f(x,y)\mathrm{d}\sigma$ 化为两种不同次序的累次积分.其中 D 是由 $x=a,x=b,y=c,y=d\ (a<b,c<d)$ 所围成的矩形区域.

解 先画出积分区域 D（图 7-20）.如果先积 y 后积 x，有

$$\iint_D f(x,y)\mathrm{d}\sigma=\int_a^b\mathrm{d}x\int_c^d f(x,y)\mathrm{d}y.$$

如果先积 x 后积 y，有

$$\iint_D f(x,y)\mathrm{d}\sigma=\int_c^d\mathrm{d}y\int_a^b f(x,y)\mathrm{d}x.$$

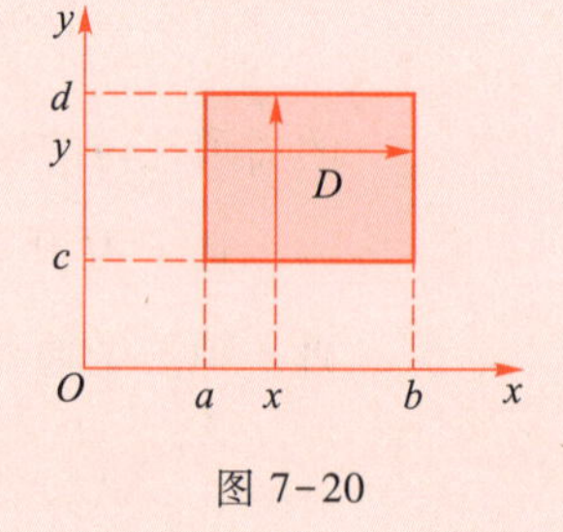

图 7-20

例 3　将二重积分 $\iint\limits_D f(x,y)\mathrm{d}\sigma$ 化为两种不同次序的累次积分.其中 D 是由 $y=x,y=2-x$ 和 x 轴所围成的区域.

解　先画出积分区域 D(图 7-21).求出边界曲线交点(1,1),(0,0)和(2,0).

如果先积 y 后积 x,可以将区域 D 投影到 x 轴上得区间[0,2],0 和 2 就是对 x 积分的下限和上限,在[0,2]上任取一点 x,过 x 作与 y 轴平行的直线,发现 x 在不同的区间[0,1],[1,2]上时,区域 D 的边界曲线是不同的,因此要将 D 分成两个区域 D_1 和 D_2,分别在两个小区域上进行累次积分,并由积分域的可加性,得

$$\iint\limits_D f(x,y)\mathrm{d}\sigma=\iint\limits_{D_1} f(x,y)\mathrm{d}\sigma+\iint\limits_{D_2} f(x,y)\mathrm{d}\sigma=\int_0^1\mathrm{d}x\int_0^x f(x,y)\mathrm{d}y+\int_1^2\mathrm{d}x\int_0^{2-x} f(x,y)\mathrm{d}y.$$

如果先积 x 后积 y,可以将区域 D 投影到 y 轴上得区间[0,1],0 和 1 就是对 y 积分的下限和上限,在[0,1]上任取一点 y,过 y 作与 x 轴平行的直线,与 D 的边界交两点 $x=y$ 和 $x=2-y$,它们就是对 x 积分的下限和上限(图 7-22),所以有

$$\iint\limits_D f(x,y)\mathrm{d}\sigma=\int_0^1\mathrm{d}y\int_y^{2-y} f(x,y)\mathrm{d}x.$$

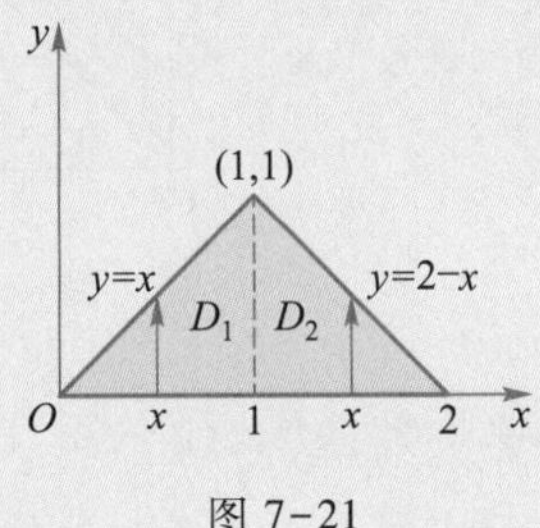

图 7-21

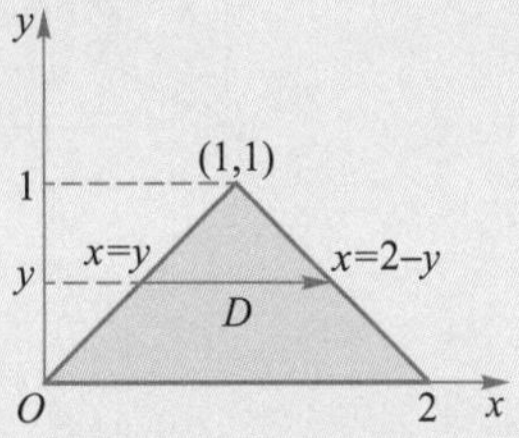

图 7-22

累次积分的计算关键是根据所给积分域,定出两次定积分的上下限,可以根据以上例题的方法进行直观的确定.

例 4　计算二重积分 $\iint\limits_D \frac{x^2}{y^2}\mathrm{d}x\mathrm{d}y$,其中 D 是由 $x=2,y=x,xy=1$ 围成的区域.

解　先画出积分区域 D 的图形(图 7-23),这是一个 X 型区域,则

$$\iint\limits_D \frac{x^2}{y^2}\mathrm{d}x\mathrm{d}y=\int_1^2\mathrm{d}x\int_{\frac{1}{x}}^{x}\frac{x^2}{y^2}\mathrm{d}y=\int_1^2\left[x^2\left(-\frac{1}{y}\right)\right]_{\frac{1}{x}}^{x}\mathrm{d}x=\int_1^2(x^3-x)\mathrm{d}x=\frac{9}{4}.$$

思考:如果化为先 x 后 y 的二次积分,又应该怎么计算(提示:$D=D_1+D_2$).

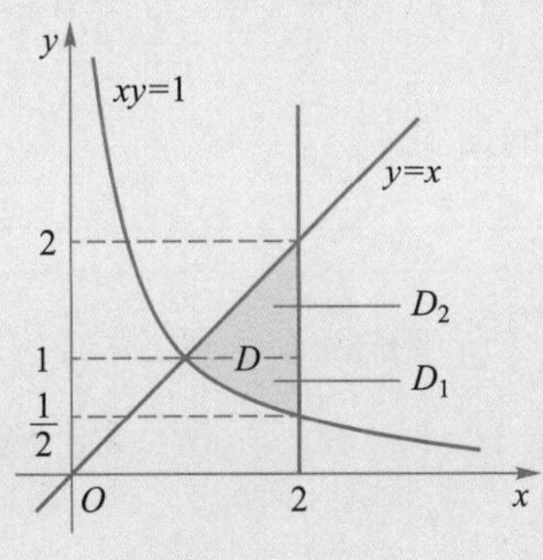

图 7-23

例 5 计算二重积分 $\iint\limits_{D}(x^2+y^2-y)\,\mathrm{d}x\mathrm{d}y$，其中 D 是由 $y=x,y=\dfrac{x}{2},y=2$ 围成的区域.

解 先画出区域 D 的图形(图 7-24)，这是一个 Y 型区域，则

$$\iint\limits_{D}(x^2+y^2-y)\,\mathrm{d}x\mathrm{d}y=\int_0^2\mathrm{d}y\int_y^{2y}(x^2+y^2-y)\,\mathrm{d}x=\int_0^2\left[\frac{1}{3}x^3+x(y^2-y)\right]_y^{2y}\mathrm{d}y$$

$$=\int_0^2\left(\frac{10}{3}y^3-y^2\right)\mathrm{d}y=\left[\frac{5}{6}y^4-\frac{1}{3}y^3\right]\Big|_0^2=\frac{32}{3}.$$

此题若先积 y 后积 x，则需分块考虑，计算较麻烦，读者不妨尝试一下.

例 6 计算 $\iint\limits_{D}\mathrm{e}^{-y^2}\mathrm{d}\sigma$，其中 D 是由直线 $y=x,y=1$ 与 y 轴所围成的区域.

解 求出边界区域交点$(1,1)$、$(0,0)$和$(0,1)$，画出积分区域 D，如图 7-25 所示.

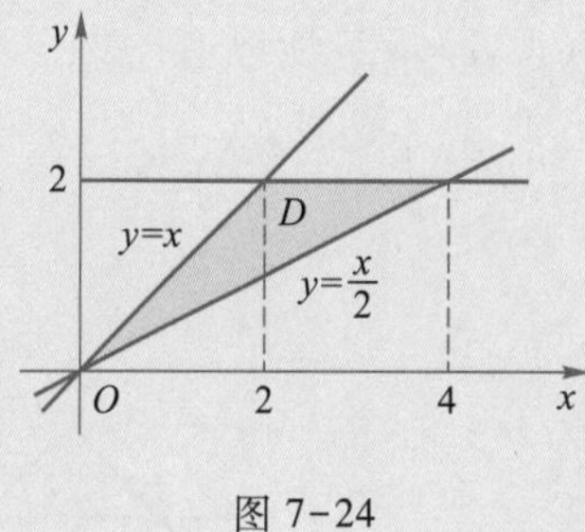

图 7-24

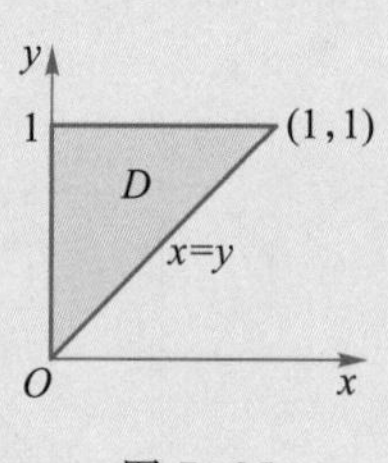

图 7-25

从图中可以看出，这个二重积分无论采取哪种次序，都不会出现需要将区域 D 分块计算的情况.但是，如果先积 y 后积 x，e^{-y^2}是无法积分的，所以只能采用先积 x 后积 y 的次序.

$$\iint\limits_{D}\mathrm{e}^{-y^2}\mathrm{d}\sigma=\int_0^1\mathrm{d}y\int_0^y\mathrm{e}^{-y^2}\mathrm{d}x=\int_0^1[x\mathrm{e}^{-y^2}]_0^y\mathrm{d}y=\int_0^1 y\mathrm{e}^{-y^2}\mathrm{d}y$$

$$=-\frac{1}{2}\mathrm{e}^{-y^2}\Big|_0^1=\frac{1}{2}\left(1-\frac{1}{\mathrm{e}}\right).$$

7.2.3 二重积分的应用

微课：在极坐标下计算二重积分

由二重积分性质知，当 $f(x,y)=1$ 时，$\iint\limits_{D}1\mathrm{d}\sigma=S$ 即为平面区域 D 的面积，因此可以利用二重积分计算平面图形的面积.

例 7 计算由 $y^2=x,x-y=2$ 所围成的平面图形的面积 S.

解 求出区域边界交点$(1,-1)$，$(4,2)$，所给积分域(图 7-26)可以看成 Y 型区域，所以面积为

$$S=\iint\limits_{D}\mathrm{d}x\mathrm{d}y=\int_{-1}^{2}\mathrm{d}y\int_{y^2}^{2+y}\mathrm{d}x=\int_{-1}^{2}(2+y-y^2)\mathrm{d}y=\frac{9}{2}.$$

根据二重积分的几何意义,可以计算空间立体的体积.

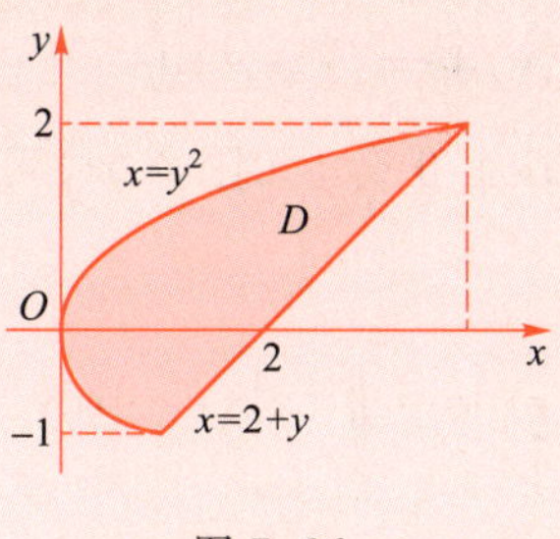

图 7-26

由引例 2 可知,若平面薄板 D 的面密度为 $\mu=\mu(x,y)$,则 D 的质量为 $m=\iint\limits_{D}f(x,y)\mathrm{d}\sigma$,这里不加证明地给出它的质心$(\overline{x},\overline{y})$坐标公式为

$$\overline{x}=\frac{\iint\limits_{D}x\mu(x,y)\mathrm{d}x\mathrm{d}y}{\iint\limits_{D}\mu(x,y)\mathrm{d}x\mathrm{d}y},\overline{y}=\frac{\iint\limits_{D}y\mu(x,y)\mathrm{d}x\mathrm{d}y}{\iint\limits_{D}\mu(x,y)\mathrm{d}x\mathrm{d}y}.$$

当密度分布均匀时,μ 为常数,则质心坐标为

$$\overline{x}=\frac{\iint\limits_{D}x\mathrm{d}x\mathrm{d}y}{\iint\limits_{D}\mathrm{d}x\mathrm{d}y}=\frac{1}{\sigma}\iint\limits_{D}x\mathrm{d}x\mathrm{d}y,\overline{y}=\frac{\iint\limits_{D}y\mathrm{d}x\mathrm{d}y}{\iint\limits_{D}\mathrm{d}x\mathrm{d}y}=\frac{1}{\sigma}\iint\limits_{D}y\mathrm{d}x\mathrm{d}y.$$

式中,σ 为 D 的面积,上式表示的坐标又称为 D 的形心坐标.

例 8 求质量分布均匀的半圆形薄板的形心.

解 设半圆圆心在原点,半径为 R,则半圆形区域为 $-R\leqslant x\leqslant R,0\leqslant y\leqslant\sqrt{R^2-x^2}$.由于区域关于 y 轴对称,且质量分布均匀,所以 $\overline{x}=0$,

$$\overline{y}=\frac{1}{\sigma}\iint\limits_{D}y\mathrm{d}x\mathrm{d}y=\frac{1}{\frac{1}{2}\pi R^2}\int_{-R}^{R}\mathrm{d}x\int_{0}^{\sqrt{R^2-x^2}}y\mathrm{d}y=\frac{1}{\pi R^2}\int_{-R}^{R}(R^2-x^2)\mathrm{d}x=\frac{4R}{3\pi}.$$

因此半圆的形心坐标为$\left(0,\frac{4R}{3\pi}\right)$.

应用与实践

案例 腰长为 a 的一等腰直角三角形薄板,各点处的密度等于该点到直角顶点的距离的平方,求此薄板的质量.

解 建立直角坐标系(图 7-27),则斜边的方程为 $x+y=a$,区域 D 为$\begin{cases}0\leqslant x\leqslant a,\\0\leqslant y\leqslant a-x.\end{cases}$

由题意可知该薄板的面密度函数为 $\mu(x,y)=x^2+y^2$. 在区域 D 上任取一小区域 $\mathrm{d}\sigma$,得到薄板的质量微元

$$\mathrm{d}m=\mu(x,y)\,\mathrm{d}\sigma=(x^2+y^2)\,\mathrm{d}\sigma.$$

将该微元 $\mathrm{d}m$ 在区域 D 上积分(无限累加)可得到平面薄板的质量为

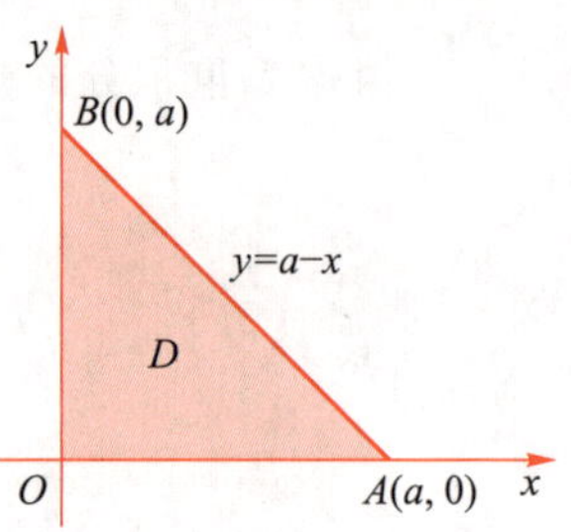

图 7-27

$$m=\iint\limits_D \mu(x,y)\,\mathrm{d}\sigma=\iint\limits_D (x^2+y^2)\,\mathrm{d}x\mathrm{d}y$$

$$=\int_0^a \mathrm{d}x\int_0^{a-x}(x^2+y^2)\,\mathrm{d}y=\frac{1}{6}a^4.$$

能力训练 7.2

1. 试用二重积分表示以 $z=x^2+y^2$ 为顶、以 $z=0$ 为底、以 xOy 面上的曲线 $x^2+y^2=1$ 为准线,平行于 z 轴的直线为母线的柱面为侧面的立体体积.

2. 估计积分 $I=\iint\limits_D (x+y+1)\,\mathrm{d}\sigma\,(D:0\leqslant x\leqslant 1,0\leqslant y\leqslant 2)$ 的值.

3. 计算下列二重积分:

(1) $\iint\limits_D xy\,\mathrm{d}\sigma$,其中 D 是由 $y=x,y=1,x=2$ 所围成的区域;

(2) $\iint\limits_D \frac{y}{x}\mathrm{d}\sigma$,其中 D 是由 $y=2x,y=x,x=4,x=2$ 所围成的区域;

(3) $\iint\limits_D (2x-y)\,\mathrm{d}\sigma$,其中 D 是由 $2x-y+3=0,y+x-3=0$ 和 x 轴所围成的区域.

(4) $\iint\limits_D x^2+y^2\mathrm{d}\sigma,D=\{(x,y)\mid |x|\leqslant 1,\ |y|\leqslant 1\}$.

(5) $\iint\limits_D \mathrm{e}^{x+y}\mathrm{d}\sigma$,其中 D 是由 $1\leqslant x\leqslant 2,0\leqslant y\leqslant 1$ 所围成的区域.

4. 改变下列二次积分的积分次序.

(1) $I=\int_0^2\mathrm{d}y\int_{y^2}^{2y}f(x,y)\,\mathrm{d}x$; (2) $I=\int_0^2\mathrm{d}y\int_{2-x}^{\sqrt{2x-x^2}}f(x,y)\,\mathrm{d}x$.

5. 求由 $z=x^2+y^2$ 与 $z=2-x^2-y^2$ 围成的立体的体积.

总习题 7

A 基础巩固

1. 判断下列命题的真伪：

(1) 若 $\lim\limits_{\substack{x\to x_0\\ y\to y_0}} = A$，则必有 $\lim\limits_{x\to x_0} f(x,y)=A$ 且有 $\lim\limits_{y\to y_0} f(x,y)=A$.

(2) 若二元函数 $z=f(x,y)$ 在点 $P_0(x_0,y_0)$ 的两个偏导数存在，则 $f(x,y)$ 在 P_0 一定连续.

(3) 若 $\dfrac{\partial^2 z}{\partial x\partial y}$ 和 $\dfrac{\partial^2 z}{\partial y\partial x}$ 都存在，则 $\dfrac{\partial^2 z}{\partial x\partial y}=\dfrac{\partial^2 z}{\partial y\partial x}$.

(4) 可微函数 $f(x,y)$ 在点 (x_0,y_0) 达到极值，则必有 $f'_x(x_0,y_0)=0, f'_y(x_0,y_0)=0$.

(5) 若 $I=\iint\limits_D f(x,y)\mathrm{d}\sigma=0$，则在 D 内处处有 $f(x,y)=0$.

(6) 若 $f(x,y)$ 在 D 上是关于 x 的奇函数，则当 $f(x,y)$ 在 D 上连续时，必有 $\iint\limits_D f(x,y)\mathrm{d}\sigma=0$.

2. 求下列极限：

(1) $\lim\limits_{\substack{x\to 0\\ y\to 1}}\dfrac{1-(xy)^2+\mathrm{e}^x}{x^2+y^3}$；

(2) $\lim\limits_{\substack{x\to 0\\ y\to 0}}\dfrac{1-\cos(xy)}{\sqrt{x^2y^2+1}-1}$.

3. 判断极限 $\lim\limits_{\substack{x\to 0\\ y\to 0}}\dfrac{x^2-y}{y}$ 是否存在，若存在，求出极限值.

4. 设函数 $f(x,y)=\begin{cases} y\cos\dfrac{1}{x^2+y^2}, & x^2+y^2\neq 0,\\ 0, & x^2+y^2=0.\end{cases}$ 判断其在点 $(0,0)$ 处的连续性以及偏导数是否存在.

5. 求下列函数的一阶偏导数.

(1) $z=\dfrac{xy}{x+y}$；

(2) $z=(1+y)^x$.

6. 求下列函数的二阶偏导数.

(1) $z=x\ln(x+y)$；

(2) $z=\arcsin\dfrac{x}{y}$.

7. 求曲线 $x=\dfrac{t}{2}, y=\sin t, z=\dfrac{1}{2}\cos t$ 在对应 $t=\dfrac{\pi}{4}$ 的点处的切线方程和法平面方程.

8. 求椭球面 $x^2+2y^2+3z^2=21$ 上某点 M 处的切平面 π 的方程，使平面 π 过已知直线 $L:\dfrac{x-6}{2}=\dfrac{y-3}{1}=\dfrac{2z-1}{-2}$.

9. 求函数 $f(x,y)=xy(a-x-y)$ 的极值.

10. 经过第一卦限中的点 (a,b,c) 作平面,使之与三坐标轴相交,如何作可使该平面与坐标面围成的四面体体积最小.

11. 将周长为 $2p$ 的矩形绕它的一边旋转得一圆柱体,问矩形的边长各为多少时,所得圆柱体的体积为最大?

12. 计算二重积分 $\iint\limits_{D}(3x+2y)\mathrm{d}x\mathrm{d}y$,其中 D 是由直线 $x=0,y=0,x+y=2$ 所围成的闭区域.

13. 改变下列二次积分的积分次序.

(1) $I=\int_0^1\mathrm{d}y\int_0^y f(x,y)\mathrm{d}x$;　　(2) $I=\int_{-1}^1\mathrm{d}y\int_{y^2}^1 f(x,y)\mathrm{d}x$.

14. 计算由平面 $x=0,y=0,x=1,y=1$ 所围成的柱面被平面 $z=0$ 及 $2x+3y+z=6$ 截得的立体的体积.

B 能力提升

15. 求下列极限:

(1) $\lim\limits_{\substack{x\to0\\y\to0}}\dfrac{x^2-xy}{\sqrt{x}-\sqrt{y}}$;　　(2) $\lim\limits_{\substack{x\to0\\y\to0}}\dfrac{x^3}{x^2+y^2}$;

(3) $\lim\limits_{\substack{x\to2\\y\to0}}\dfrac{\sin(xy)}{y}(1+xy)^{\frac{1}{y}}$;　　(4) $\lim\limits_{\substack{x\to0\\y\to0}}\dfrac{x^2y^2}{x^2y^2+(x-y)^2}$.

16. 求下列函数对各自变量的一阶偏导数:

(1) $z=\dfrac{x+y}{x-y}$;　　(2) $u=x^{\frac{y}{z}}$;

(3) $u=x^{y^z}$;　　(4) $z=\mathrm{e}^{uv},u=\ln(x+y),v=\dfrac{y}{x}$.

17. 计算下列函数的全微分.

(1) $z=xy+\dfrac{x}{y}$;　　(2) $u=x^{yz}$.

18. 计算二重积分 $\iint\limits_{D}x\sqrt{y}\,\mathrm{d}\sigma$,其中 D 是由 $y=\sqrt{x},y=x^2$ 所围成的区域.

19. 改变二次积分 $I=\int_1^3\mathrm{d}y\int_1^y f(x,y)\mathrm{d}x+\int_3^9\mathrm{d}y\int_{\frac{y}{3}}^3 f(x,y)\mathrm{d}x$ 的积分次序.

20. 设 $f(x,y)=3x+4y-\alpha x^2-2\alpha y^2-2\beta xy$,问:参数 α,β 满足什么条件时 $f(x,y)$ 有唯一极大值?有唯一极小值?

21. 求均匀半圆环 $1\leqslant r\leqslant2,0\leqslant\theta\leqslant\pi$ 的质心坐标.

数学实验 7:多元微积分

一、实验目的

(1) 加深对二元函数图形、偏导数、极值等相关知识的理解.

(2) 会熟练运用数学软件 MATLAB 绘制三维曲面.

(3) 会用 MATLAB 计算多元函数偏导数.

(4) 能结合实际问题,建立数学模型,并利用 MATLAB 软件进行求解.提高应用数学知识解决实际问题的能力.

二、实验原理

1. 绘制三维曲面常用的函数有:

```
① mesh(X,Y,Z,c)
② surf(X,Y,Z,c)
③ meshgrid(x,y)
```

说明 (1) 函数①画出立体网状图, 函数②画出立体曲面图,其中 c 控制曲面的颜色分布,缺省时曲面颜色亮度与 Z 方向上的高度成正比.

(2) 函数①和②的调用格式基本相同,类似的函数还有 meshc( ),meshz( )等,它们可以绘制带等值线或底座的曲面.

(3) 函数③用来生成网格矩阵数据,其中 x,y 是向量,当函数①和②中的 X,Y 是向量时,用函数③先转化为网格矩阵数据,可以方便绘图.

2. 调用函数 diff(F(x1,x2,…,xn), xi,n),求多元函数 F 对 xi 的 n 阶偏导数.

3. fmincon( )函数可以求取多元函数的极值.

基本语法[x,fval]=fmincon(fun,x0,A,b,Aeq,beq,lb,ub,nonlcon,options)

说明 (1) 其约束包括五种:线性不等式约束、线性等式约束、变量约束、非线性不等式约束、非线性等式约束.

(2) x 的返回值是决策向量 x 的取值,fval 的返回值是目标函数 f(x)的取值.fun 是用 M 文件定义的函数 f(x),代表了(非)线性目标函数.x0 是 x 的初始值.A,b,Aeq,beq 定义了线性约束,如果没有线性约束,则 A=[ ],b=[ ],Aeq=[ ],beq=[ ].lb 和 ub 是变量 x 的下界和上界,如果下界和上界没有约束,则 lb=[ ],ub=[ ];也可以写成 lb 的各分量都为 -inf,ub 的各分量都为 inf.nonlcon 是用 M 文件定义的非线性向量函数约束.options 定义了优化参数,不填写表示使用 MATLAB 默认的参数设置.

(3) 求解问题的标准型为

```
min F(X)
s.t
AX <= b(线性不等式约束)
```

```
AeqX = beq(线性等式约束)

G(x) <= 0(非线性不等式约束)

Ceq(X) = 0(非线性等式约束)

lb <= X <= ub(变量约束)
```

三、实验内容

例 1 绘制函数 $z=e^{-x^2-y^2}$ 表示的曲面.

```
>> x=linspace(-2,2,30);y=x;  % 设置变量 x,y 的范围

>> [X,Y]=meshgrid(x,y);  % 把 x 与 y 转化为网格矩阵数据

>> z=exp(-X.^2-Y.^2);

>> mesh(x,y,z)% 绘制三维立体网状图
```

运行结果如图 7-28 所示.

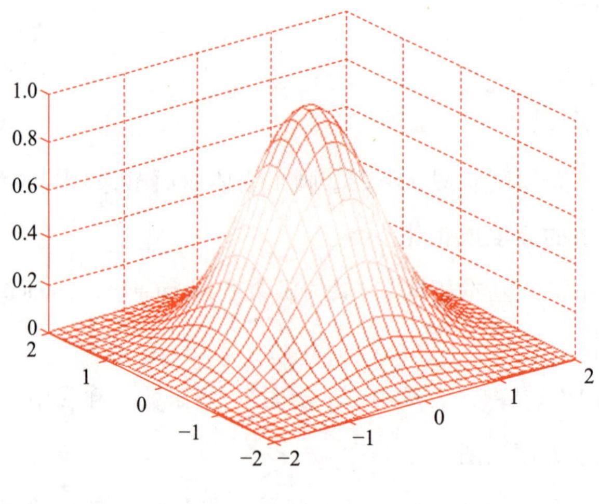

图 7-28

例 2 求函数 $z=x^2-xy+2y^3$ 的一阶偏导数、对 x 和对 y 的二阶偏导数.

```
>> syms x y

>> z=x^2-x*y+2*y^3;

>> dy_x=diff(z,x)        % 对 x 求一阶偏导数

dy_x =2*x - y

>> dy_y=diff(z,y)        % 对 y 求一阶偏导数

dy_y =6*y^2 - x

>> dy2_x=diff(z,x,2)    % 对 x 求二阶偏导数

dy2_x =2

>> dy2_y=diff(z,y,2)    % 对 y 求二阶偏导数

dy2_y =12*y
```

例 3 求函数 $f(x,y)=x^3-y^3+3x^2+3y^2-9x$ 的一个极小值.

```
>> f =@ (x)x(1)^3-x(2)^3+3 * x(1)^2+3 * x(2)^2-9 * x(1);
>> x0 =[0,0];        % 初始迭代起点
>> A =[];
>> b =[];
>> [x,fval] = fmincon(f,x0,A,b)% 求函数在点 x0 =[0,0]附近的极小值
x =1.0000    0.0000       % 极小值点为[1,0]
fval =-5       % 极小值为-5
```

例 4 求解 $S=2(xy+yz+xz)$ 在条件 $xyz=2$ 下的极值问题.

(1) 编写 M 函数 fun1.m 定义目标函数:

```
function f = fun1(x);
f=2 * (x(1) * x(2)+x(2) * x(3)+x(3) * x(1));
```

(2) 编写 M 函数 fun2.m 定义非线性约束条件:

```
function [c,ceq] = fun2(x);
c=[];
ceq=x(1) * x(2) * x(3)-2;
```

(3) 编写主程序函数:

```
>> [x,y] = fmincon('fun1',rand(3,1),[],[],[],[],zeros(3,1),[],'fun2')
x =
      1.2599
      1.2599
      1.2599         % x,y,z 的长度
fval =9.5244         % 最优值,即水箱所用材料的面积
```

拓展与提高 7:拉格朗日乘数法和方向导数

阅读与思考 7:危中有机——三大数学危机浅谈

选学模块

第 8 章

行列式、矩阵与线性方程组

线性代数是近代数学的基础,许多纯粹数学和应用数学领域的问题通常可转化为线性代数问题来解决.同时,它也是理论物理、理论化学、计量经济、社会科学与生物科学等基础学科中不可或缺的数学工具.尤其是在数字经济时代,诸如计算机图形学、计算机辅助设计、密码学、经济学、网络技术、人工智能、大数据等领域都与线性代数知识息息相关.而行列式和矩阵是研究线性代数的重要工具.本章将首先学习行列式的定义、性质及计算方法,然后学习矩阵的概念及其各种运算,最后学习用矩阵的初等变换解线性方程组的方法.

☆☆☆学习目标

理解行列式的概念和性质;掌握行列式的计算方法;了解克拉默法则.

理解矩阵的概念;掌握矩阵的线性运算、乘法运算和方阵的行列式;理解逆矩阵和伴随矩阵的概念;掌握逆矩阵存在的充要条件.

了解矩阵的初等变换;会将一个矩阵利用初等行变换化为行阶梯矩阵以及行最简矩阵;会用矩阵的初等变换求矩阵的秩和可逆矩阵的逆矩阵.

会根据线性方程组的增广矩阵的秩判定方程组是否无解、有唯一解或有无穷多解;掌握用矩阵的初等变换求线性方程组通解的方法.

§8.1 行列式

情景与问题

引例 1 平面上两条直线 $A_ix+B_iy=C_i(i=1,2)$ 平行或重合的条件是

$$\frac{A_1}{A_2}=\frac{B_1}{B_2}, \text{或 } A_1B_2-B_1A_2=0.$$

约定符号 $\begin{vmatrix} A_1 & B_1 \\ A_2 & B_2 \end{vmatrix}=A_1B_2-B_1A_2$，则这两条直线平行或重合的条件是

$$\begin{vmatrix} A_1 & B_1 \\ A_2 & B_2 \end{vmatrix}=0.$$

引例 2 对二元一次方程组 $\begin{cases} a_1x_1+a_2x_2=a_3, \\ b_1x_1+b_2x_2=b_3 \end{cases}$ 进行加减消元得到

$$(a_1b_2-a_2b_1)x_1=a_3b_2-a_2b_3,$$
$$(a_1b_2-a_2b_1)x_2=a_1b_3-a_3b_1.$$

约定符号 $\begin{vmatrix} a_1 & a_2 \\ b_1 & b_2 \end{vmatrix}=a_1b_2-a_2b_1$，则当 $\begin{vmatrix} a_1 & a_2 \\ b_1 & b_2 \end{vmatrix}\neq 0$ 时原方程组的解为

$$x_1=\frac{\begin{vmatrix} a_3 & a_2 \\ b_3 & b_2 \end{vmatrix}}{\begin{vmatrix} a_1 & a_2 \\ b_1 & b_2 \end{vmatrix}}, x_2=\frac{\begin{vmatrix} a_1 & a_3 \\ b_1 & b_3 \end{vmatrix}}{\begin{vmatrix} a_1 & a_2 \\ b_1 & b_2 \end{vmatrix}}.$$

引例 3 两个向量 $\boldsymbol{a}=x_1\boldsymbol{i}+y_1\boldsymbol{j}+z_1\boldsymbol{k}, \boldsymbol{b}=x_2\boldsymbol{i}+y_2\boldsymbol{j}+z_2\boldsymbol{k}$ 的向量积为

$$\boldsymbol{a}\times\boldsymbol{b}=\begin{vmatrix} \boldsymbol{i} & \boldsymbol{j} & \boldsymbol{k} \\ x_1 & y_1 & z_1 \\ x_2 & y_2 & z_2 \end{vmatrix}=\begin{vmatrix} y_1 & z_1 \\ y_2 & z_2 \end{vmatrix}\boldsymbol{i}-\begin{vmatrix} x_1 & z_1 \\ x_2 & z_2 \end{vmatrix}\boldsymbol{j}+\begin{vmatrix} x_1 & y_1 \\ x_2 & y_2 \end{vmatrix}\boldsymbol{k},$$

约定符号 $\begin{vmatrix} \boldsymbol{i} & \boldsymbol{j} & \boldsymbol{k} \\ x_1 & y_1 & z_1 \\ x_2 & y_2 & z_2 \end{vmatrix}=(-1)^{1+1}\begin{vmatrix} y_1 & z_1 \\ y_2 & z_2 \end{vmatrix}\boldsymbol{i}+(-1)^{1+2}\begin{vmatrix} x_1 & z_1 \\ x_2 & z_2 \end{vmatrix}\boldsymbol{j}+(-1)^{1+3}\begin{vmatrix} x_1 & y_1 \\ x_2 & y_2 \end{vmatrix}\boldsymbol{k}.$

以上三个引例中约定的符号分别称为二阶行列式和三阶行列式. 一般地，二阶行列式记为

$$D_2=\begin{vmatrix} a_{11} & a_{12} \\ a_{21} & a_{22} \end{vmatrix}; \tag{8.1}$$

三阶行列式记为

$$D_3=\begin{vmatrix}a_{11} & a_{12} & a_{13}\\ a_{21} & a_{22} & a_{23}\\ a_{31} & a_{32} & a_{33}\end{vmatrix}. \tag{8.2}$$

引例 4　某车站在检票前若干分钟开始排队，假设每分钟来的乘客人数一样多，从开始检票到检票完毕，若开一个检票口，需 30 min；若开放两个检票口，则只需 10 min；如果要在 5 min内将排队等候检票的旅客全部检票完毕，以使后来到站的旅客能随到随检，则至少要同时开放几个检票口？

分析　本题涉及的是检票问题，采用"设辅助元"列方程解决，但这类方程中的未知数多于方程个数，需要讨论才能得出结果，难度较大. 若采用本节学习的行列式及相关性质求解就会大大降低难度.

本节将把二、三阶行列式的概念推广到 n 阶行列式，由浅入深方便掌握，并给出 n 阶行列式的性质和计算方法，以便应用于实际问题的解决.

8.1.1　n 阶行列式的定义

定义 8.1　n^2 个数排列成 n 行 n 列，算式

$$D_n=\begin{vmatrix}a_{11} & a_{12} & \cdots & a_{1n}\\ a_{21} & a_{22} & \cdots & a_{2n}\\ \vdots & \vdots & & \vdots\\ a_{n1} & a_{n2} & \cdots & a_{nn}\end{vmatrix} \tag{8.3}$$

微课：行列式的定义

称为 n 阶行列式，其中 a_{ij}称为行列式 D_n 的第 i 行第 j 列的**元素**$(i,j=1,2,\cdots,n)$.

在行列式 D_n 中，划掉第 i 行和第 j 列后，剩下的元素按照原来的位置保持不变构成的$n-1$阶行列式称为元素 a_{ij}的余子式，记为 M_{ij}，而将 $A_{ij}=(-1)^{i+j}M_{ij}$称为元素 a_{ij}的代数余子式.

当 $n=1$ 时，规定行列式的值

$$D_1=|a_{11}|=a_{11}.$$

设 $n-1$ 阶行列式的值已定义，则规定 n 阶行列式的值为

$$D_n=a_{11}A_{11}+a_{12}A_{12}+\cdots+a_{1n}A_{1n}=\sum_{j=1}^{n}a_{1j}A_{1j}. \tag{8.4}$$

式中，A_{1j}为行列式 D_n 中元素 a_{1j}的代数余子式，$j=1,2,\cdots,n$.

注意：一个 n 阶行列式表示一个数值，这个值是其第 1 行所有元素与其对应的代数余子式的乘积之和. 通常将行列式的这个定义简称为 n 阶行列式按第 1 行展开. 当然，也可将该行列式按其他行展开.

显然，$n=2$ 时，式(8.4)为

$$D_2=a_{11}|a_{22}|-a_{12}|a_{21}|=a_{11}a_{22}-a_{12}a_{21}.$$

这正是引例 2 中对二阶行列式的约定.

$n=3$ 时，式(8.4)为

$$D_3=\begin{vmatrix} a_{11} & a_{12} & a_{13} \\ a_{21} & a_{22} & a_{23} \\ a_{31} & a_{32} & a_{33} \end{vmatrix}$$

$$=a_{11}\cdot(-1)^{1+1}\begin{vmatrix} a_{22} & a_{23} \\ a_{32} & a_{33} \end{vmatrix}+a_{12}\cdot(-1)^{1+2}\begin{vmatrix} a_{21} & a_{23} \\ a_{31} & a_{33} \end{vmatrix}+a_{13}\cdot(-1)^{1+3}\begin{vmatrix} a_{21} & a_{22} \\ a_{31} & a_{32} \end{vmatrix}$$

$$=a_{11}a_{22}a_{33}+a_{12}a_{23}a_{31}+a_{13}a_{21}a_{32}-a_{11}a_{23}a_{32}-a_{12}a_{21}a_{33}-a_{13}a_{22}a_{31}. \tag{8.5}$$

可以看出，三阶行列式 D_3 展开后，一共有 3！项；每一项是来自行列式的不同行不同列的 3 个元素之积；每一项的 3 个元素的行指标若按 1,2,3 的顺序排列，则其列指标刚好是 1，2,3 的一个排列，这种排列无重复无遗漏；每一项带一个符号，带正号有$\frac{1}{2}\times 3!$ 项，带负号也有$\frac{1}{2}\times 3!$ 项. 因此很容易将这些结论推广到 n 阶行列式.

引例 3 中计算两个向量的向量积，就是三阶行列式按第一行展开.

例 1 计算三阶行列式：

(1) $D=\begin{vmatrix} 1 & 2 & 3 \\ 2 & 3 & 1 \\ 3 & 1 & 2 \end{vmatrix}$；(2) $D=\begin{vmatrix} 5 & 2 & 1 \\ 1 & 2 & 5 \\ 34 & 1 & 34 \end{vmatrix}$.

解 (1) $D=1\times(-1)^{1+1}\begin{vmatrix} 3 & 1 \\ 1 & 2 \end{vmatrix}+2\times(-1)^{1+2}\begin{vmatrix} 2 & 1 \\ 3 & 2 \end{vmatrix}+3\times(-1)^{1+3}\begin{vmatrix} 2 & 3 \\ 3 & 1 \end{vmatrix}$

$=5-2-21=-18.$

注意：三阶行列式的计算，也可以按照式(8.5)那样顺次写出 6 项，如例 1 中行列式可写为

$$D_3=\begin{vmatrix} 1 & 2 & 3 \\ 2 & 3 & 1 \\ 3 & 1 & 2 \end{vmatrix}=1\times3\times2+2\times1\times3+3\times2\times1-$$

$$1\times1\times1-2\times2\times2-3\times3\times3=-18.$$

这种计算三阶行列式的方法称为沙路法，如图 8-1 所示.

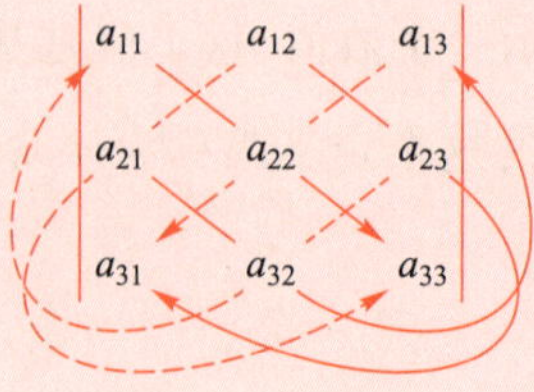

图 8-1

（2）$D=\begin{vmatrix}5&2&1\\1&2&5\\34&1&34\end{vmatrix}=5\times2\times34+2\times5\times34+1\times1\times1-1\times2\times34-5\times1\times5-34\times2\times1=520.$

例 2 计算四阶行列式 $D_4=\begin{vmatrix}1&1&0&1\\1&-1&2&1\\2&1&2&0\\1&0&4&2\end{vmatrix}$.

解 $D_4=1\cdot(-1)^{1+1}\begin{vmatrix}-1&2&1\\1&2&0\\0&4&2\end{vmatrix}+(-1)^{1+2}\begin{vmatrix}1&2&1\\2&2&0\\1&4&2\end{vmatrix}+(-1)^{1+4}\begin{vmatrix}1&-1&2\\2&1&2\\1&0&4\end{vmatrix}=-14.$

例 3 计算下三角形行列式 $D_n=\begin{vmatrix}a_{11}&0&0&\cdots&0\\a_{12}&a_{22}&0&\cdots&0\\a_{31}&a_{32}&a_{33}&\cdots&0\\\vdots&\vdots&\vdots&&\vdots\\a_{n1}&a_{n2}&a_{n3}&\cdots&a_{nn}\end{vmatrix}$.

解 $D_n=a_{11}\cdot\begin{vmatrix}a_{22}&0&0&\cdots&0\\a_{32}&a_{33}&0&\cdots&0\\a_{42}&a_{43}&a_{44}&\cdots&0\\\vdots&\vdots&\vdots&&\vdots\\a_{n2}&a_{n3}&a_{n4}&\cdots&a_{nn}\end{vmatrix}=a_{11}a_{22}\begin{vmatrix}a_{33}&0&0&\cdots&0\\a_{43}&a_{44}&0&\cdots&0\\a_{53}&a_{54}&a_{55}&\cdots&0\\\vdots&\vdots&\vdots&&\vdots\\a_{n3}&a_{n4}&a_{n5}&\cdots&a_{nn}\end{vmatrix}$

$=\cdots=a_{11}a_{22}\cdots a_{nn}.$

特别地，n 阶对角行列式 $D_n=\begin{vmatrix}a_{11}&0&0&\cdots&0\\0&a_{22}&0&\cdots&0\\0&0&a_{33}&\cdots&0\\\vdots&\vdots&\vdots&&\vdots\\0&0&0&\cdots&a_{nn}\end{vmatrix}=a_{11}a_{22}\cdots a_{nn}.$

8.1.2 行列式的性质

定义 8.2 将行列式 D 的行、列互换得到的新行列式称为行列式 D 的转置行列式，记为 D^{T}.

定理 8.1 行列式与它的转置行列式相等，即 $D=D^{\mathrm{T}}$.

例如，$D=\begin{vmatrix}a_{11}&a_{12}\\a_{21}&a_{22}\end{vmatrix}=a_{11}a_{22}-a_{12}a_{21}=\begin{vmatrix}a_{11}&a_{21}\\a_{12}&a_{22}\end{vmatrix}=D^{\mathrm{T}}.$

微课：行列式的性质

这个性质表明，在 n 阶行列式中，行与列的地位是对等的，行所具有的性质，对于列也同样成立.

由定理 8.1 和例 3，立即得到上三角形行列式

$$D_n=\begin{vmatrix} a_{11} & a_{12} & a_{13} & \cdots & a_{1n} \\ 0 & a_{22} & a_{23} & \cdots & a_{2n} \\ 0 & 0 & a_{33} & \cdots & a_{3n} \\ \vdots & \vdots & \vdots & & \vdots \\ 0 & 0 & 0 & \cdots & a_{nn} \end{vmatrix}=a_{11}a_{22}\cdots a_{nn}.$$

定理 8.2 互换行列式的任意两行(列)的位置，行列式的值变号.

例如，行列式 $\begin{vmatrix} 1 & 1 & 0 \\ 2 & 0 & 1 \\ 0 & 1 & 0 \end{vmatrix}=-1$，而 $\begin{vmatrix} 1 & 1 & 0 \\ 0 & 1 & 0 \\ 2 & 0 & 1 \end{vmatrix}=1$.

推论 如果行列式有两行(列)的对应元素相同，则行列式等于零.

定理 8.3 行列式等于任意一行(列)所有元素与其对应的代数余子式的乘积之和.即

$$D_n=a_{i1}A_{i1}+a_{i2}A_{i2}+\cdots+a_{in}A_{in}=\sum_{k=1}^{n}a_{ik}A_{ik},i=1,2,\cdots,n;$$

或

$$D_n=a_{1j}A_{1j}+a_{2j}A_{2j}+\cdots+a_{nj}A_{nj}=\sum_{k=1}^{n}a_{kj}A_{kj},j=1,2,\cdots,n.$$

推论 若行列式某行(列)的元素全为 0，则行列式为零.

定理 8.4 行列式某行(列)所有元素同乘常数 k，等于以数 k 乘此行列式.

例如，$k\begin{vmatrix} a_{11} & a_{12} & a_{13} \\ a_{21} & a_{22} & a_{23} \\ a_{31} & a_{32} & a_{33} \end{vmatrix}=\begin{vmatrix} a_{11} & a_{12} & a_{13} \\ a_{21} & a_{22} & a_{23} \\ ka_{31} & ka_{32} & ka_{33} \end{vmatrix}$.

推论 如果行列式某两行(列)元素对应成比例，则此行列式为零.

定理 8.5 如果行列式中某一行(列)的元素都是两项之和，则此行列式等于两个行列式之和，这两个行列式分别以这两项为所在行(列)对应位置的元素，其他行(列)的元素与原行列式相同.

例如，$\begin{vmatrix} a & b_1+b_2 \\ c & d_1+d_2 \end{vmatrix}=\begin{vmatrix} a & b_1 \\ c & d_1 \end{vmatrix}+\begin{vmatrix} a & b_2 \\ c & d_2 \end{vmatrix}$.

定理 8.6 将行列式的某一行(列)的元素都乘以常数 k 加到另一行(列)的对应元素上，行列式的值不变.

例如，$\begin{vmatrix} a_{11} & a_{12} & a_{13} \\ a_{21} & a_{22} & a_{23} \\ a_{31} & a_{32} & a_{33} \end{vmatrix}=\begin{vmatrix} a_{11} & a_{12} & a_{13} \\ a_{21}+ka_{31} & a_{22}+ka_{32} & a_{23}+ka_{33} \\ a_{31} & a_{32} & a_{33} \end{vmatrix}$.

定理 8.7（克拉默(Cramer)法则） 对于 n 个方程 n 个未知量的线性方程组

$$\begin{cases} a_{11}x_1+a_{12}x_2+\cdots+a_{1n}x_n=b_1, \\ a_{21}x_1+a_{22}x_2+\cdots+a_{2n}x_n=b_2, \\ \cdots\cdots\cdots\cdots \\ a_{n1}x_1+a_{n2}x_2+\cdots+a_{nn}x_n=b_n, \end{cases} \tag{8.6}$$

记系数行列式为 D，而 D 中的第 j 列换成常数列，其他列不变所构成的行列式记为 $D_j(j=1,2,\cdots,n)$，则当系数行列式 $D\neq0$ 时，方程组(8.6)存在唯一解，并且其解为

$$x_j=\frac{D_j}{D},j=1,2,\cdots,n.$$

证明从略. 注意定理中 D_j 并不表示 j 阶行列式，可从前后语义中区分.

如果 $b_1=b_2=\cdots=b_n=0$，线性方程组(8.6)即为

$$\begin{cases} a_{11}x_1+a_{12}x_2+\cdots+a_{1n}x_n=0, \\ a_{21}x_1+a_{22}x_2+\cdots+a_{2n}x_n=0, \\ \cdots\cdots\cdots\cdots \\ a_{n1}x_1+a_{n2}x_2+\cdots+a_{nn}x_n=0, \end{cases} \tag{8.7}$$

称式(8.7)为齐次线性方程组. 显然，由定理 8.7，如果 $D\neq0$，方程组(8.7)只有零解. 于是有如下推论.

推论 齐次线性方程组(8.7)有非零解的充要条件是系数行列式 $D=0$.

例 4 计算行列式 $D=\begin{vmatrix} 3 & 1 & 2 \\ 290 & 106 & 196 \\ 5 & -3 & 2 \end{vmatrix}$.

解

$$D=\begin{vmatrix} 3 & 1 & 2 \\ 300-10 & 100+6 & 200-4 \\ 5 & -3 & 2 \end{vmatrix}=\begin{vmatrix} 3 & 1 & 2 \\ 300 & 100 & 200 \\ 5 & -3 & 2 \end{vmatrix}+\begin{vmatrix} 3 & 1 & 2 \\ -10 & 6 & -4 \\ 5 & -3 & 2 \end{vmatrix}$$

$$=100\begin{vmatrix} 3 & 1 & 2 \\ 3 & 1 & 2 \\ 5 & -3 & 2 \end{vmatrix}+(-2)\begin{vmatrix} 3 & 1 & 2 \\ 5 & -3 & 2 \\ 5 & -3 & 2 \end{vmatrix}=0.$$

8.1.3 行列式的计算

一般地讲，计算行列式的方法灵活，综合性较强，难度较大. 通常是利用行列式的性质，将其化简为上三角行列式后求值；或将其化为某行(列)的元素多数为 0，再按这行(列)展开从而降阶，直至化为二、三阶行列式求值.

约定：r 表示行，c 表示列；r_i+kr_j 表示第 j 行的 k 倍加到第 i 行；$c_i\leftrightarrow c_j$ 表示交换 i,j 两列等.

例 5 计算行列式 $\begin{vmatrix} 1 & 1 & 1 & 1 \\ 1 & 0 & 0 & 1 \\ 0 & 1 & 0 & -1 \\ 2 & 0 & 1 & 2 \end{vmatrix}$.

解 利用行列式的性质将行列式化为上三角形行列式再进行计算.

$$\begin{vmatrix} 1 & 1 & 1 & 1 \\ 1 & 0 & 0 & 1 \\ 0 & 1 & 0 & -1 \\ 2 & 0 & 1 & 2 \end{vmatrix} \xlongequal[r_4-2r_1]{r_2-r_1} \begin{vmatrix} 1 & 1 & 1 & 1 \\ 0 & -1 & -1 & 0 \\ 0 & 1 & 0 & -1 \\ 0 & -2 & -1 & 0 \end{vmatrix} \xlongequal[r_4-2r_2]{r_3+r_2} \begin{vmatrix} 1 & 1 & 1 & 1 \\ 0 & -1 & -1 & 0 \\ 0 & 0 & -1 & -1 \\ 0 & 0 & 1 & 0 \end{vmatrix}$$

$$\xlongequal{r_4+r_3} \begin{vmatrix} 1 & 1 & 1 & 1 \\ 0 & -1 & -1 & 0 \\ 0 & 0 & -1 & -1 \\ 0 & 0 & 0 & -1 \end{vmatrix} = 1 \cdot (-1) \cdot (-1) \cdot (-1) = -1.$$

例 6 计算行列式 $\begin{vmatrix} 1 & -1 & 1 & 1 \\ -1 & 0 & 2 & 1 \\ 2 & 1 & 1 & 0 \\ 0 & 0 & -1 & 2 \end{vmatrix}$.

解 行列式的第 2 列的元素已有两个为零,再将 $a_{32}=1$ 化为零,则本列只剩一个元素 $a_{12}=-1$ 非零,若再按第 2 列展开,则可以将原 4 阶行列式化为 3 阶行列式.

$$\begin{vmatrix} 1 & -1 & 1 & 1 \\ -1 & 0 & 2 & 1 \\ 2 & 1 & 1 & 0 \\ 0 & 0 & -1 & 2 \end{vmatrix} \xlongequal{r_3+r_1} \begin{vmatrix} 1 & -1 & 1 & 1 \\ -1 & 0 & 2 & 1 \\ 3 & 0 & 2 & 1 \\ 0 & 0 & -1 & 2 \end{vmatrix} = -(-1)^{1+2} \begin{vmatrix} -1 & 2 & 1 \\ 3 & 2 & 1 \\ 0 & -1 & 2 \end{vmatrix} = -20.$$

例 7 解线性方程组 $\begin{cases} x_1-x_2+x_3=1, \\ x_1+2x_2-x_3=0, \\ x_1+x_2+2x_3=1. \end{cases}$

解 因为系数行列式 $D=\begin{vmatrix} 1 & -1 & 1 \\ 1 & 2 & -1 \\ 1 & 1 & 2 \end{vmatrix}=7\neq 0$,故由克拉默法则知,此方程组有唯一解.

$$D_1=\begin{vmatrix} 1 & -1 & 1 \\ 0 & 2 & -1 \\ 1 & 1 & 2 \end{vmatrix}=4,\quad D_2=\begin{vmatrix} 1 & 1 & 1 \\ 1 & 0 & -1 \\ 1 & 1 & 2 \end{vmatrix}=-1,\quad D_3=\begin{vmatrix} 1 & -1 & 1 \\ 1 & 2 & 0 \\ 1 & 1 & 1 \end{vmatrix}=2,$$

所以方程组的解为

$$x_1=\frac{D_1}{D}=\frac{4}{7},\qquad x_2=\frac{D_2}{D}=-\frac{1}{7},\qquad x_3=\frac{D_3}{D}=\frac{2}{7}.$$

应用与实践

案例 1 某厂生产甲、乙、丙、丁四种机器，它们主要由 A、B、C、D 四种零件装配而成，每台机器所需零件数如表 8-1 所示.

表 8-1 四种机器所需零件数对照表

零件	所需零件数			
	甲	乙	丙	丁
A	2	1	3	4
B	1	2	4	1
C	3	1	2	2
D	2	3	3	1

按照生产计划，现已购回 A 零件 1 250 个、B 零件 850 个、C 零件 1 130 个、D 零件 1 050 个. 问该厂原计划装配机器甲、乙、丙和丁各多少台？

解 设原计划装配机器甲、乙、丙、丁分别为 x,y,z,t 台，则可建立线性方程组为

$$\begin{cases}2x+y+3z+4t=1\ 250,\\x+2y+4z+t=850,\\3x+y+2z+2t=1\ 130,\\2x+3y+3z+t=1\ 050.\end{cases}$$

因为系数行列式 $D=\begin{vmatrix}2&1&3&4\\1&2&4&1\\3&1&2&2\\2&3&3&1\end{vmatrix}=-35\neq0$，故由克拉默法则，此方程组有唯一解.

又因为 $D_1=-7\ 350$，$D_2=-2\ 800$，$D_3=-3\ 150$，$D_4=-4\ 200$，故

$$x=\frac{D_1}{D}=210,\ y=\frac{D_2}{D}=80,\ z=\frac{D_3}{D}=90,\ t=\frac{D_4}{D}=120.$$

所以该厂原计划装配机器甲 210 台、乙 80 台、丙 90 台、丁 120 台.

案例 2 江堤边一洼地发生管涌，江水不断地涌出. 假定每分钟涌出的水量相等. 如果用两台抽水机抽水，40 min 可抽完；如果用 4 台抽水机抽水，16 min 可抽完. 如果要在 10 min 内抽完水，那么至少需要多少台抽水机？

解 设抽水前已涌出水量 a m^3，管涌每分钟涌出 b m^3，每台抽水机每分钟可抽水 c m^3，再设需要 x 台抽水机可在 10 min 抽完. 那么，由题得

$$\begin{cases}a+40b-80c=0,\\a+16b-64c=0,\\a+10b-10xc=0.\end{cases}$$

该关于 a,b,c 的齐次线性方程组有非零解，由定理 8.7 的推论知，系数行列式为

$$\begin{vmatrix} 1 & 40 & -80 \\ 1 & 16 & -64 \\ 1 & 10 & -10x \end{vmatrix}=0.$$

解得 $x=6$，即需要 6 台抽水机同时抽水.

案例 3 有三片牧场，场上的草一样密，而且长得一样快. 它们的面积分别是 $\frac{10}{3}$ 公顷、10 公顷和 24 公顷.第一片牧场饲养 12 头牛可以维持 4 星期，第二片牧场饲养 21 头牛可以维持 9 星期.问：在第三片牧场上饲养多少头牛恰好可以维持 18 个星期？（这是牛顿在他的名著《普通算术》中提出的问题.）

解 设每公顷牧场原有草 x kg，每星期每公顷生长新草 y kg，第三片牧场可饲养 z 头牛，每头牛每星期吃 a kg 草，则由题意得

$$\begin{cases} \frac{10}{3}x+\frac{10}{3}\times 4y=12a\times 4, \\ 10x+10\times 9y=21a\times 9, \\ 24x+24\times 18y=18az. \end{cases}$$

化简得

$$\begin{cases} 10x+40y-144a=0, \\ 10x+90y-189a=0, \\ 4x+72y-3za=0. \end{cases}$$

该关于 x,y,a 的齐次线性方程组有非零解，由定理 8.7 的推论知，系数行列式为

$$\begin{vmatrix} 10 & 40 & -144 \\ 10 & 90 & -189 \\ 4 & 72 & -3z \end{vmatrix}=0.$$

解得 $z=36$，即第三片牧场上饲养 36 头牛恰好可以维持 18 个星期.

能力训练 8.1

1. 写出 4 阶行列式

$$D=\begin{vmatrix} 2 & 3 & 6 & 0 \\ 2 & 1 & -2 & 2 \\ 0 & 0 & 9 & 2 \\ 1 & 0 & 3 & 5 \end{vmatrix}$$

中元素 $a_{22}=1$ 和 $a_{43}=3$ 的代数余子式，并求其值.

2. 利用行列式的性质计算下列三阶行列式：

(1) $\begin{vmatrix} 25 & 76 & 60 \\ 0 & 10 & -23 \\ 0 & 0 & -25 \end{vmatrix}$; (2) $\begin{vmatrix} 0 & 0 & 10 \\ 0 & 10 & 23 \\ 10 & 0 & -25 \end{vmatrix}$; (3) $\begin{vmatrix} 1 & -2 & 4 \\ 3 & 8 & -16 \\ 78 & -1 & 2 \end{vmatrix}$;

(4) $\begin{vmatrix} a & a+b & b \\ a^2 & a^2+b^2 & b^2 \\ a^3 & a^3+b^3 & b^3 \end{vmatrix}$; (5) $\begin{vmatrix} 5 & 6 & 4 \\ 5 & -12 & -8 \\ 5 & 18 & 12 \end{vmatrix}$; (6) $\begin{vmatrix} a-5 & -2 & 4 \\ -2 & a-2 & 2 \\ 4 & 2 & a-5 \end{vmatrix}$.

3. 计算下列四阶行列式：

(1) $\begin{vmatrix} 1 & 0 & -2 & 4 \\ -3 & 7 & 2 & 1 \\ 2 & 1 & -5 & -3 \\ 0 & -4 & 11 & 12 \end{vmatrix}$; (2) $\begin{vmatrix} 1 & 3 & 5 & -2 \\ 0 & 5 & 2 & 5 \\ 2 & 0 & 1 & 0 \\ 0 & 2 & 3 & 0 \end{vmatrix}$; (3) $\begin{vmatrix} 1 & 2 & 3 & 4 \\ 4 & 1 & 2 & 3 \\ 3 & 4 & 1 & 2 \\ 2 & 3 & 4 & 1 \end{vmatrix}$;

(4) $\begin{vmatrix} a & 0 & 0 & 1 \\ 0 & a & 0 & 0 \\ 0 & 0 & a & 0 \\ 1 & 0 & 0 & a \end{vmatrix}$; (5) $\begin{vmatrix} x & a & a & a \\ a & x & a & a \\ a & a & x & a \\ a & a & a & x \end{vmatrix}$; (6) $\begin{vmatrix} 1 & 2 & a & b \\ 3 & 4 & c & d \\ 0 & 0 & 5 & 6 \\ 0 & 0 & 7 & 8 \end{vmatrix}$.

4. 用克拉默法则解下列线性方程组：

(1) $\begin{cases} 2x_1+2x_2-x_3=6, \\ x_1-2x_2+4x_3=3, \\ 5x_1+7x_2+x_3=28; \end{cases}$ (2) $\begin{cases} x_1+x_2+x_3+x_4=5, \\ x_1+2x_2-x_3+4x_4=-2, \\ 2x_1-3x_2-x_3-5x_4=-2, \\ 3x_1+x_2+2x_3+11x_4=0. \end{cases}$

5. 利用本节所学内容求解引例 4 中的检票问题.

6. 某砂浆厂现库存若干河砂，采购员每天能够从外地购回等量的河砂供生产砂浆用，如果每个机组每天使用河砂量相同，若开 1 个机组，则 60 天刚好用完所有河砂；若开 2 个机组，则 20 天刚好用完所有河砂，问：若开 3 个机组，则多少天用完所有河砂？

§8.2 矩阵及其运算

情景与问题

引例 1 数字图像处理（Digital Image Processing，DIP）又称为计算机图像处理，是指将图像信号转换成数字信号并利用计算机进行处理的过程. DIP 已被广泛应用于航空航天、机器人视觉、生物医学工程、工业检测、军事制导、遥感成像、文化艺术等领域. 变换方法、统计方法、微分方法等数学方法是 DIP 的主要方法，而实现图像的数字化是其基础. 以图像镜像变换为例，设原图像高宽分别为 H 和 W，水平镜像将原图中坐标为(x_0, y_0)的像素

点变换为$(W-x_0,y_0)$,垂直镜像则将其变换为$(x_0,H-y_0)$.具体变换表达形式如下:

$$\begin{pmatrix}x\\y\\1\end{pmatrix}=\begin{pmatrix}-1&0&W\\0&1&0\\0&0&1\end{pmatrix}\begin{pmatrix}x_0\\y_0\\1\end{pmatrix},\quad\begin{pmatrix}x\\y\\1\end{pmatrix}=\begin{pmatrix}1&0&0\\0&-1&H\\0&0&1\end{pmatrix}\begin{pmatrix}x_0\\y_0\\1\end{pmatrix}.$$

根据上述变换,可实现图像的镜像变换,如图 8-2 所示,图 8-2(a)为原始图像,图 8-2(b)和图 8-2(c)分别为水平和垂直镜像变换效果.

(a) 原始图像

(b) 水平镜像

(c) 垂直镜像

图 8-2　图像镜像变换效果图

引例 2　某超市计划在今年各季度销售 A,B,C 三种饮料,计划数如表 8-2 所示(单位:件).

表 8-2　各季度三种饮料销售计划数

饮料	销售计划数			
	一	二	三	四
A	120	310	470	200
B	300	460	480	300
C	380	650	710	350

分析可知其计划销售数量可用一个 3 行 4 列的数表来表示:

$$\begin{pmatrix}120&310&470&200\\300&460&480&300\\380&650&710&350\end{pmatrix}.$$

引例 3　某航空公司在 A,B,C,D 四个城市开通若干航线,如图 8-3 所示. 如果开通航线用 1 表示,没有开通用 0 表示,那么四个城市之间的航线可用下面的数表来表示:

$$\begin{array}{c}\\A\\B\\C\\D\end{array}\begin{array}{c}\begin{array}{cccc}A&B&C&D\end{array}\\\begin{pmatrix}0&1&1&0\\1&0&1&0\\1&0&0&1\\0&1&0&0\end{pmatrix}\end{array}$$

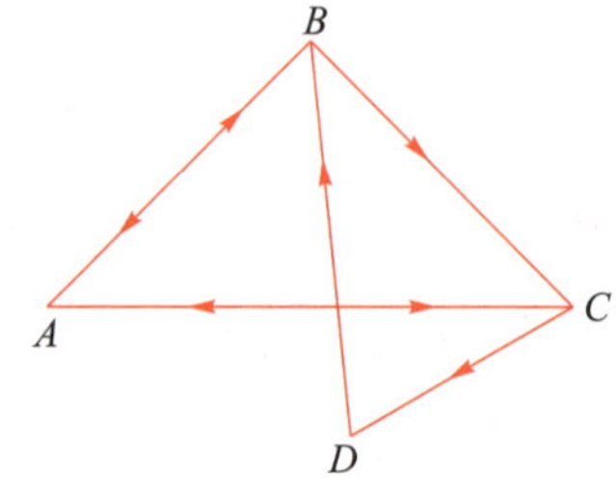

图 8-3

引例 4　n 个未知量 n 个方程的线性方程组(8.6)的未知量系数和常数项按原来的次序可用一个 n 行 $n+1$ 列的数表来表示：

$$\begin{pmatrix} a_{11} & a_{12} & \cdots & a_{1n} & b_1 \\ a_{21} & a_{22} & \cdots & a_{2n} & b_2 \\ \vdots & \vdots & & \vdots & \vdots \\ a_{n1} & a_{n2} & \cdots & a_{nn} & b_n \end{pmatrix}.$$

由上述引例可以看出,大量的生产实际问题都可以用一个具有行和列的数表来描述.我们将这样的数表称为矩阵.

8.2.1　矩阵的概念

定义 8.3　由 $m\times n$ 个数 $a_{ij}(i=1,2,\cdots,m;j=1,2,\cdots,n)$ 排成 m 行 n 列的数表

$$\begin{pmatrix} a_{11} & a_{12} & \cdots & a_{1n} \\ a_{21} & a_{22} & \cdots & a_{2n} \\ \vdots & \vdots & & \vdots \\ a_{m1} & a_{m2} & \cdots & a_{mn} \end{pmatrix} \tag{8.8}$$

微课：矩阵的概念

称为 m 行 n 列矩阵,简称 $m\times n$ 矩阵. 矩阵通常用大写拉丁字母黑斜体 $\boldsymbol{A},\boldsymbol{B},\boldsymbol{C},\cdots$表示. 一个 m 行 n 列矩阵记为 $\boldsymbol{A}_{m\times n}$,不需要指明行和列时,下标可省略. 若矩阵 $\boldsymbol{A}$ 的第 i 行第 j 列处的元素是 a_{ij},则矩阵 $\boldsymbol{A}$ 又可简记为

$$\boldsymbol{A}=(a_{ij})_{m\times n}.$$

当矩阵 $\boldsymbol{A}$ 的行数 m 和列数 n 相等时,称之为 n 阶矩阵,或 n 阶方阵.

当 $m=1$ 或 $n=1$ 时,矩阵只有一行或只有一列,即

$$\boldsymbol{A}=(a_{11},a_{12},\cdots,a_{1n}) \quad 或 \quad \boldsymbol{B}=\begin{pmatrix} a_{11} \\ a_{21} \\ \vdots \\ a_{m1} \end{pmatrix}=(a_{11},a_{21},\cdots,a_{m1})^{\mathrm{T}},$$

分别称为行矩阵和列矩阵. 行(列)矩阵又称为行(列)向量,常用小写字母黑斜体 $\boldsymbol{a},\boldsymbol{b},\boldsymbol{x},\boldsymbol{y}$, $\boldsymbol{\alpha},\boldsymbol{\beta},\cdots$表示. 为了直观理解,列向量往往写成行向量的转置.

所有元素全为零的矩阵称为**零矩阵**,记为 $\boldsymbol{O}_{m\times n}$或 $\boldsymbol{O}$.

将矩阵 $\boldsymbol{A}$ 的各元素都取相反数得到的矩阵,称为矩阵 $\boldsymbol{A}$ 的**负矩阵**,记为$-\boldsymbol{A}$.

在 n 阶方阵中,从左上角到右下角的对角线称为主对角线,从右上角到左下角的对角线称为**次对角线**. 主对角线下方(或上方)的元素全为零的 n 阶方阵,称为 **n 阶上(或下)三角**

矩阵. 上、下三角矩阵统称为**三角矩阵**.

如果一个 n 阶矩阵既是上三角矩阵又是下三角矩阵,则称为 n 阶对角矩阵. 主对角线上的元素为 $\lambda_1,\lambda_2,\cdots,\lambda_n$ 的对角矩阵记为

$$\boldsymbol{\Lambda}=\begin{pmatrix}\lambda_1 & 0 & \cdots & 0\\ 0 & \lambda_2 & & 0\\ \vdots & & \ddots & \vdots\\ 0 & 0 & \cdots & \lambda_n\end{pmatrix}=\mathrm{diag}(\lambda_1,\lambda_2,\cdots,\lambda_n).$$

主对角线上元素相同且非零的 n 阶对角矩阵称为 **n 阶数量矩阵**.

主对角线上元素都是 1 的 n 阶数量矩阵称为 **n 阶单位矩阵**,记作 $\boldsymbol{E}_n$ 或 $\boldsymbol{E}$.

微课:矩阵的运算(一)

8.2.2 矩阵的运算

定义 8.4 如果两个矩阵的行、列数都相同,则称它们是**同型矩阵**.

定义 8.5 如果两个矩阵 $\boldsymbol{A}=(a_{ij})$ 和 $\boldsymbol{B}=(b_{ij})$ 是同型矩阵,且其对应元素相等,即 $a_{ij}=b_{ij}$,则称矩阵 $\boldsymbol{A}$ 与 $\boldsymbol{B}$ 相等,记为 $\boldsymbol{A}=\boldsymbol{B}$.

定义 8.6 设两个矩阵 $\boldsymbol{A}=(a_{ij})_{m\times n}$ 和 $\boldsymbol{B}=(b_{ij})_{m\times n}$ 是同型矩阵,k 为实常数.规定

(1) $\boldsymbol{A}$ 与 $\boldsymbol{B}$ 的和为

$$\boldsymbol{A}+\boldsymbol{B}=(a_{ij}+b_{ij})_{m\times n};$$

(2) $\boldsymbol{A}$ 与 $\boldsymbol{B}$ 的差为

$$\boldsymbol{A}-\boldsymbol{B}=\boldsymbol{A}+(-\boldsymbol{B})=(a_{ij}-b_{ij})_{m\times n};$$

(3) k 与 $\boldsymbol{A}$ 的数乘为

$$k\boldsymbol{A}=(ka_{ij})_{m\times n}.$$

求两个矩阵的和(或差)的运算称为矩阵的加法(或减法)运算. 矩阵的加法和数乘统称为**矩阵的线性运算**.

设 $\boldsymbol{A},\boldsymbol{B},\boldsymbol{C},\boldsymbol{O}$ 都是 $m\times n$ 矩阵, k,l 为常数,矩阵的线性运算满足以下运算规则:

(1) $\boldsymbol{A}+\boldsymbol{B}=\boldsymbol{B}+\boldsymbol{A}$;　　(2) $(\boldsymbol{A}+\boldsymbol{B})+\boldsymbol{C}=\boldsymbol{A}+(\boldsymbol{B}+\boldsymbol{C})$;

(3) $\boldsymbol{A}+\boldsymbol{O}=\boldsymbol{A}$;　　(4) $\boldsymbol{A}+(-\boldsymbol{A})=\boldsymbol{O}$;

(5) $k(\boldsymbol{A}+\boldsymbol{B})=k\boldsymbol{A}+k\boldsymbol{B}$;　　(6) $(k+l)\boldsymbol{A}=k\boldsymbol{A}+l\boldsymbol{A}$;

(7) $k(l\boldsymbol{A})=l(k\boldsymbol{A})=(kl)\boldsymbol{A}$;　　(8) $1\boldsymbol{A}=\boldsymbol{A},(-1)\boldsymbol{A}=-\boldsymbol{A}$.

例 1 已知 $\boldsymbol{A}=\begin{pmatrix}3 & 2\\ 4 & 5\\ 6 & 7\end{pmatrix},\boldsymbol{B}=\begin{pmatrix}5 & 4\\ 2 & -4\\ 3 & 5\end{pmatrix}$,求 $\boldsymbol{A}+\boldsymbol{B},3(\boldsymbol{A}-\boldsymbol{B})$.

解

$$A+B=\begin{pmatrix}3+5 & 2+4\\4+2 & 5+(-4)\\6+3 & 7+5\end{pmatrix}=\begin{pmatrix}8 & 6\\6 & 1\\9 & 12\end{pmatrix},$$

$$3(A-B)=3\left(\begin{pmatrix}3 & 2\\4 & 5\\6 & 7\end{pmatrix}-\begin{pmatrix}5 & 4\\2 & -4\\3 & 5\end{pmatrix}\right)=3\begin{pmatrix}-2 & -2\\2 & 9\\3 & 2\end{pmatrix}=\begin{pmatrix}-6 & -6\\6 & 27\\9 & 6\end{pmatrix}.$$

定义 8.7 设矩阵 $\boldsymbol{A}=(a_{ij})_{m\times s}$，$\boldsymbol{B}=(b_{ij})_{s\times n}$，规定 $\boldsymbol{A}$ 与 $\boldsymbol{B}$ 的乘积是一个 $m\times n$ 矩阵 $\boldsymbol{C}=(c_{ij})_{m\times n}$，其中 $c_{ij}=a_{i1}b_{1j}+a_{i2}b_{2j}+\cdots+a_{is}b_{sj}=\sum\limits_{k=1}^{s}a_{ik}b_{kj}(i=1,2,\cdots,m;j=1,2,\cdots,n)$.$\boldsymbol{A}$ 与 $\boldsymbol{B}$ 的乘积记作 $\boldsymbol{AB}$，即 $\boldsymbol{C}=\boldsymbol{AB}$.

注意：矩阵 $\boldsymbol{A}$ 与矩阵 $\boldsymbol{B}$ 能够相乘的条件是：$\boldsymbol{A}$ 的列数 $=\boldsymbol{B}$ 的行数.

例 2 设 $\boldsymbol{A}=\begin{pmatrix}1 & 2\\1 & 2\end{pmatrix}$，$\boldsymbol{B}=\begin{pmatrix}1 & -1\\-1 & 1\end{pmatrix}$，求 $\boldsymbol{AB}$ 和 $\boldsymbol{BA}$.

解

$$\boldsymbol{AB}=\begin{pmatrix}1 & 2\\1 & 2\end{pmatrix}\begin{pmatrix}1 & -1\\-1 & 1\end{pmatrix}=\begin{pmatrix}-1 & 1\\-1 & 1\end{pmatrix},$$

$$\boldsymbol{BA}=\begin{pmatrix}1 & -1\\-1 & 1\end{pmatrix}\begin{pmatrix}1 & 2\\1 & 2\end{pmatrix}=\begin{pmatrix}0 & 0\\0 & 0\end{pmatrix}.$$

例 3 设 $\boldsymbol{\alpha}=(1\quad 2\quad 0\quad 3)$，求 $\boldsymbol{\alpha\alpha}^{\mathrm{T}}$ 和 $\boldsymbol{\alpha}^{\mathrm{T}}\boldsymbol{\alpha}$.

解 $$\boldsymbol{\alpha\alpha}^{\mathrm{T}}=(1\quad 2\quad 0\quad 3)\begin{pmatrix}1\\2\\0\\3\end{pmatrix}=(14),\quad \boldsymbol{\alpha}^{\mathrm{T}}\boldsymbol{\alpha}=\begin{pmatrix}1\\2\\0\\3\end{pmatrix}(1\quad 2\quad 0\quad 3)=\begin{pmatrix}1 & 2 & 0 & 3\\2 & 4 & 0 & 6\\0 & 0 & 0 & 0\\3 & 6 & 0 & 9\end{pmatrix}.$$

从上面的例子可以看出：矩阵乘法不满足交换律，即 $\boldsymbol{AB}\neq\boldsymbol{BA}$.

矩阵乘法满足下面的运算规则：

(1) $(\boldsymbol{AB})\boldsymbol{C}=\boldsymbol{A}(\boldsymbol{BC})$（结合律）；

(2) $\boldsymbol{A}(\boldsymbol{B}+\boldsymbol{C})=\boldsymbol{AB}+\boldsymbol{AC}$（左分配律）；$(\boldsymbol{A}+\boldsymbol{B})\boldsymbol{C}=\boldsymbol{AC}+\boldsymbol{BC}$（右分配律）；

(3) $k(\boldsymbol{AB})=(k\boldsymbol{A})\boldsymbol{B}=\boldsymbol{A}(k\boldsymbol{B})$（数因子结合律）；

(4) $\boldsymbol{EA}=\boldsymbol{A}$，$\boldsymbol{AE}=\boldsymbol{A}$.

注意：方阵 $\boldsymbol{A}$ 可以与自身相乘，规定 $\boldsymbol{AA}=\boldsymbol{A}^2$，一般 k 个方阵 $\boldsymbol{A}$ 的乘积记为 $\boldsymbol{A}^k$.

设有 m 个方程 n 个未知量的线性方程组：

$$
\begin{cases}
a_{11}x_1+a_{12}x_2+\cdots+a_{1n}x_n=b_1,\\
a_{21}x_1+a_{22}x_2+\cdots+a_{2n}x_n=b_2,\\
\cdots\cdots\cdots\cdots\\
a_{m1}x_1+a_{m2}x_2+\cdots+a_{mn}x_n=b_m.
\end{cases}
\tag{8.9}
$$

记系数矩阵为 $\boldsymbol{A}=(a_{ij})_{m\times n}$，未知量向量为 $\boldsymbol{X}=\begin{pmatrix}x_1\\x_2\\\vdots\\x_n\end{pmatrix}$，常数项向量为 $\boldsymbol{B}=\begin{pmatrix}b_1\\b_2\\\vdots\\b_m\end{pmatrix}$，矩阵 $\boldsymbol{A}$ 与 $\boldsymbol{B}$ 拼接的矩阵 $\overline{\boldsymbol{A}}=(\boldsymbol{A}\,\vdots\,\boldsymbol{B})$ 称为**增广矩阵**，则线性方程组(8.9)的矩阵形式为 $\boldsymbol{AX}=\boldsymbol{B}$.

定义 8.8 设 $m\times n$ 矩阵 $\boldsymbol{A}=(a_{ij})_{m\times n}$，将其行、列互换而得到的 $n\times m$ 矩阵，称为矩阵 $\boldsymbol{A}$ 的转置矩阵，记为 $\boldsymbol{A}^{\mathrm{T}}$.

微课：矩阵的运算(二)

例如，$\boldsymbol{A}=\begin{pmatrix}1&2&3\\4&5&6\\7&8&9\end{pmatrix}$，$\boldsymbol{A}^{\mathrm{T}}=\begin{pmatrix}1&4&7\\2&5&8\\3&6&9\end{pmatrix}$.

矩阵的转置满足下列运算规则：

(1) $(\boldsymbol{A}^{\mathrm{T}})^{\mathrm{T}}=\boldsymbol{A}$； (2) $(\boldsymbol{A}+\boldsymbol{B})^{\mathrm{T}}=\boldsymbol{A}^{\mathrm{T}}+\boldsymbol{B}^{\mathrm{T}}$；

(3) $(k\boldsymbol{A})^{\mathrm{T}}=k\boldsymbol{A}^{\mathrm{T}}$； (4) $(\boldsymbol{AB})^{\mathrm{T}}=\boldsymbol{B}^{\mathrm{T}}\boldsymbol{A}^{\mathrm{T}}$.

例 4 设 $\boldsymbol{A}=(1\quad -1\quad 2)$，$\boldsymbol{B}=\begin{pmatrix}2&-1&0\\1&1&3\\4&2&1\end{pmatrix}$. 验证：$(\boldsymbol{AB})^{\mathrm{T}}=\boldsymbol{B}^{\mathrm{T}}\boldsymbol{A}^{\mathrm{T}}$.

解 因为 $\boldsymbol{AB}=(1\quad -1\quad 2)\begin{pmatrix}2&-1&0\\1&1&3\\4&2&1\end{pmatrix}=(9\quad 2\quad -1)$，所以 $(\boldsymbol{AB})^{\mathrm{T}}=\begin{pmatrix}9\\2\\-1\end{pmatrix}$；

而 $\boldsymbol{B}^{\mathrm{T}}\boldsymbol{A}^{\mathrm{T}}=\begin{pmatrix}2&1&4\\-1&1&2\\0&3&1\end{pmatrix}\begin{pmatrix}1\\-1\\2\end{pmatrix}=\begin{pmatrix}9\\2\\-1\end{pmatrix}$，所以 $(\boldsymbol{AB})^{\mathrm{T}}=\boldsymbol{B}^{\mathrm{T}}\boldsymbol{A}^{\mathrm{T}}$.

定义 8.9 由方阵 $\boldsymbol{A}$ 的元素按原来的次序所构成的行列式称为方阵 $\boldsymbol{A}$ 的行列式，记为 $|\boldsymbol{A}|$，或 $\det(\boldsymbol{A})$.

设矩阵 $\boldsymbol{A}$，$\boldsymbol{B}$ 都是 n 阶方阵，λ 为常数，则方阵的行列式满足下述运算规则：

(1) $\det(\boldsymbol{A}^{\mathrm{T}})=\det\boldsymbol{A}$；

(2) $\det(\lambda\boldsymbol{A})=\lambda^{n}\det\boldsymbol{A}$；

(3) $\det(\boldsymbol{AB})=\det\boldsymbol{A}\cdot\det\boldsymbol{B}$.

例 5　设 $\boldsymbol{A}=\begin{pmatrix}2 & 1\\ -1 & 2\end{pmatrix}$，$\boldsymbol{B}=\begin{pmatrix}1 & 3\\ 2 & 0\end{pmatrix}$，求 $\det(\boldsymbol{A}+\boldsymbol{B})$ 和 $\det(3\boldsymbol{A})$.

解　$\det(\boldsymbol{A}+\boldsymbol{B})=\det\begin{pmatrix}3 & 4\\ 1 & 2\end{pmatrix}=2$；　$\det(3\boldsymbol{A})=\begin{vmatrix}6 & 3\\ -3 & 6\end{vmatrix}=36+9=45$.

由例 5 可以看出，一般地有

(1) $\det(\boldsymbol{A}+\boldsymbol{B})\neq\det(\boldsymbol{A})+\det(\boldsymbol{B})$；　　(2) $\det(k\boldsymbol{A})\neq k\det(\boldsymbol{A})$.

8.2.3　逆矩阵

定义 8.10　对于 n 阶方阵 $\boldsymbol{A}$，如果存在一个矩阵 $\boldsymbol{B}$，使得

$$\boldsymbol{AB}=\boldsymbol{BA}=\boldsymbol{E} \tag{8.10}$$

成立，则称矩阵 $\boldsymbol{A}$ 是可逆矩阵（或称 $\boldsymbol{A}$ 可逆），并称矩阵 $\boldsymbol{B}$ 是矩阵 $\boldsymbol{A}$ 的逆矩阵，记为 $\boldsymbol{A}^{-1}=\boldsymbol{B}$.

注意：(1) 可逆矩阵一定是方阵，并且其逆矩阵是同阶方阵；

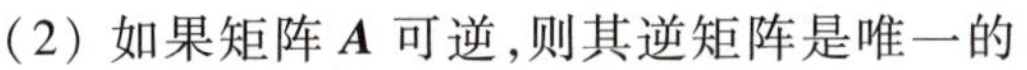
(2) 如果矩阵 $\boldsymbol{A}$ 可逆，则其逆矩阵是唯一的；

(3) 满足式(8.10)的矩阵 $\boldsymbol{A}$ 与 $\boldsymbol{B}$ 互为逆矩阵，即 $\boldsymbol{A}^{-1}=\boldsymbol{B}$，$\boldsymbol{B}^{-1}=\boldsymbol{A}$.

微课：矩阵的逆（一）

下面讨论逆矩阵的求法.

定义 8.11　设方阵 $\boldsymbol{A}=(a_{ij})_{n\times n}$ 的行列式 $|\boldsymbol{A}|$ 中元素 a_{ij} 的代数余子式为 A_{ij}，称矩阵

$$\boldsymbol{A}^{*}=\begin{pmatrix}A_{11} & A_{21} & \cdots & A_{n1}\\ A_{12} & A_{22} & \cdots & A_{n2}\\ \vdots & \vdots & & \vdots\\ A_{1n} & A_{2n} & \cdots & A_{nn}\end{pmatrix}$$

为矩阵 $\boldsymbol{A}$ 的伴随矩阵.规定 1 阶方阵的伴随矩阵为 1 阶单位矩阵 $\boldsymbol{E}_1$.

例 6　求矩阵 $\boldsymbol{A}=\begin{pmatrix}a_{11} & a_{12}\\ a_{21} & a_{22}\end{pmatrix}$ 的伴随矩阵 $\boldsymbol{A}^{*}$，并验证 $\boldsymbol{AA}^{*}=\boldsymbol{A}^{*}\boldsymbol{A}=|\boldsymbol{A}|\boldsymbol{E}$.

解　由于 $A_{11}=a_{22}$，$A_{12}=-a_{21}$，$A_{21}=-a_{12}$，$A_{22}=a_{11}$，所以矩阵 $\boldsymbol{A}$ 的伴随矩阵为

$$\boldsymbol{A}^{*}=\begin{pmatrix}A_{11} & A_{21}\\ A_{12} & A_{22}\end{pmatrix}=\begin{pmatrix}a_{22} & -a_{12}\\ -a_{21} & a_{11}\end{pmatrix}.$$

且有

$$\begin{aligned}\boldsymbol{AA}^{*}&=\begin{pmatrix}a_{11} & a_{12}\\ a_{21} & a_{22}\end{pmatrix}\begin{pmatrix}a_{22} & -a_{12}\\ -a_{21} & a_{11}\end{pmatrix}=\begin{pmatrix}a_{11}a_{22}-a_{12}a_{21} & 0\\ 0 & a_{11}a_{22}-a_{12}a_{21}\end{pmatrix}\\ &=(a_{11}a_{22}-a_{12}a_{21})\boldsymbol{E}=|\boldsymbol{A}|\boldsymbol{E}.\end{aligned}$$

同理

$$\boldsymbol{A}^{*}\boldsymbol{A}=\begin{pmatrix}a_{22} & -a_{12}\\ -a_{21} & a_{11}\end{pmatrix}\begin{pmatrix}a_{11} & a_{12}\\ a_{21} & a_{22}\end{pmatrix}=(a_{11}a_{22}-a_{12}a_{21})\boldsymbol{E}=|\boldsymbol{A}|\boldsymbol{E}.$$

所以 $AA^*=A^*A=|A|E$.

一般地,对于任何方阵 A,都有 $AA^*=A^*A=|A|E$.

定理 8.8 n 阶矩阵 A 可逆的充要条件是 $|A|\neq 0$. 当 A 可逆时,$A^{-1}=\dfrac{1}{|A|}A^*$.

证明从略. 此定理不仅回答了在什么情况下方阵 A 可逆,而且给出了逆矩阵 A^{-1} 的计算方法.下述定理指明了逆矩阵的运算性质.

若 $|A|=0$,称矩阵 A 为奇异矩阵;若 $|A|\neq 0$,称矩阵 A 为非奇异矩阵.

定理 8.9 设矩阵 A 与 B 是同阶可逆矩阵,常数 $k\neq 0$,则

(1) $(A^{-1})^{-1}=A$;(2) $(kA)^{-1}=\dfrac{1}{k}A^{-1}$;(3) $(AB)^{-1}=B^{-1}A^{-1}$;(4) $(A^{\mathrm{T}})^{-1}=(A^{-1})^{\mathrm{T}}$.

此定理表明,若 A 与 B 是同阶可逆矩阵,则对于任意常数 $k\neq 0$,A^{-1},kA,AB,A^{T} 都可逆. 但要注意矩阵 A,B 可逆,而 $A\pm B$ 不一定可逆.

例 7 判断矩阵 $A=\begin{pmatrix}3&-1&0\\-2&1&1\\1&-1&4\end{pmatrix}$ 是否可逆. 若可逆,求 A^{-1}.

解 因为

$$|A|=\begin{vmatrix}3&-1&0\\-2&1&1\\1&-1&4\end{vmatrix}=6,$$

所以 A 可逆.又 $|A|$ 中元素的代数余子式为

$$A_{11}=\begin{vmatrix}1&1\\-1&4\end{vmatrix}=5,\quad A_{12}=-\begin{vmatrix}-2&1\\1&4\end{vmatrix}=9,\quad A_{13}=\begin{vmatrix}-2&1\\1&-1\end{vmatrix}=1,$$

$$A_{21}=-\begin{vmatrix}-1&0\\-1&4\end{vmatrix}=4,\quad A_{22}=\begin{vmatrix}3&0\\1&4\end{vmatrix}=12,\quad A_{23}=-\begin{vmatrix}3&-1\\1&-1\end{vmatrix}=2,$$

$$A_{31}=\begin{vmatrix}-1&0\\1&1\end{vmatrix}=-1,\quad A_{32}=-\begin{vmatrix}3&0\\-2&1\end{vmatrix}=-3,\quad A_{33}=\begin{vmatrix}3&-1\\-2&1\end{vmatrix}=1.$$

由定理 8.8 知,$A^{-1}=\dfrac{1}{6}A^*=\dfrac{1}{6}\begin{pmatrix}5&4&-1\\9&12&-3\\1&2&1\end{pmatrix}$.

例 8 已知 $A=\begin{pmatrix}1&0&2\\2&1&0\\0&1&2\end{pmatrix}$,$B=\begin{pmatrix}-12\\12\\18\end{pmatrix}$,$AX=B$,求矩阵 X.

解 A 的逆矩阵 $A^{-1}=\dfrac{1}{3}\begin{pmatrix}1&1&-1\\-2&1&2\\1&-1&1\end{pmatrix}$,由 $AX=B$ 两边同时左乘 A^{-1} 得

$$X=A^{-1}B=\frac{1}{3}\begin{pmatrix}1&1&-1\\-2&1&2\\1&-1&1\end{pmatrix}\begin{pmatrix}-12\\12\\18\end{pmatrix}=\begin{pmatrix}-6\\24\\-3\end{pmatrix}.$$

定义 8.12 对矩阵 $\boldsymbol{A}$ 的行进行以下三种变换都叫作矩阵的初等行变换.

(1) 将矩阵的某两行元素互换(互换 i,j 两行,记作 $r_i\leftrightarrow r_j$);

(2) 用一个非零常数 k 遍乘矩阵的某一行元素(k 遍乘第 i 行,记作 $r_i\times k$);

微课:矩阵的逆(二)

(3) 将矩阵某一行的所有元素乘以常数 k 加到另一行的对应元素上(第 j 行的 k 倍加到第 i 行,记作 r_i+kr_j).

以上三种变换分别简称为对行的对换变换、倍乘变换和倍加变换.

把定义中的“行”换成“列”,就得到矩阵的初等列变换的定义(将记号 r 换成 c).

矩阵的初等行变换和初等列变换统称为**矩阵的初等变换**.下面主要讨论初等行变换.

定义 8.13 若矩阵 $\boldsymbol{A}$ 经过有限次初等变换变成 $\boldsymbol{B}$,则称矩阵 $\boldsymbol{A}$ 与 $\boldsymbol{B}$ 等价,并用记号 $\boldsymbol{A}\to\boldsymbol{B}$ 表示.

例如,

$$\begin{pmatrix}1&2&4\\5&-3&9\\6&7&8\end{pmatrix}\xrightarrow{r_3-6r_1}\begin{pmatrix}1&2&4\\5&-3&9\\0&-5&-16\end{pmatrix}.$$

在计算行列式的时候,曾经用定义 8.12 中提到的几种操作将行列式化为上三角行列式,然后很方便地得到行列式的值. 下面先通过一个例子,对矩阵作类似的初等行变换看有什么结果.

例 9 已知矩阵 $\boldsymbol{A}=\begin{pmatrix}1&1&-1&1&1\\2&0&-4&1&0\\2&-1&-5&-3&6\\3&4&-2&4&3\end{pmatrix}$,试对其作初等行变换.

解

$$\boldsymbol{A}\xrightarrow[r_4-2r_1]{\substack{r_2-2r_1\\r_3-2r_1}}\begin{pmatrix}1&1&-1&1&1\\0&-2&-2&-1&-2\\0&-3&-3&-5&4\\0&1&1&1&0\end{pmatrix}=\boldsymbol{A}_1$$

$$\xrightarrow[r_4+2r_2]{\substack{r_2\leftrightarrow r_4\\r_3+3r_2}}\begin{pmatrix}1&1&-1&1&1\\0&1&1&1&0\\0&0&0&-2&4\\0&0&0&1&-2\end{pmatrix}=\boldsymbol{A}_2$$

$$\xrightarrow[r_4-r_3]{r_3\times\left(-\frac{1}{2}\right)}\begin{pmatrix}1&1&-1&1&1\\0&1&1&1&0\\0&0&0&1&-2\\0&0&0&0&0\end{pmatrix}=\boldsymbol{A}_3$$

$$\xrightarrow[r_2-r_3]{r_1-r_2}\begin{pmatrix}1&0&-2&0&1\\0&1&1&0&2\\0&0&0&1&-2\\0&0&0&0&0\end{pmatrix}=\boldsymbol{A}_4$$

对于矩阵 $\boldsymbol{A}_3$，是通过一系列初等行变换由矩阵 $\boldsymbol{A}$ 得到的，并且可画一条阶梯线，线的下方全是零，每个台阶只有一行，台阶数就是非零行的行数，每个台阶线上从左至右的第一个元是非零元（称为首非零元）. 即 $\boldsymbol{A}_3$ 的零行位于下方，并且各非零行的首非零元的列指标随行指标的增大而严格增大，这样的矩阵被称为**行阶梯矩阵**.

对于矩阵 $\boldsymbol{A}_4$，也是行阶梯矩阵，而且非零行的首非零元均为 1，且首非零元所在列的其他元都是零. 这样的矩阵称为**行最简矩阵**.

下面不加证明地给出以下重要结论：

定理 8.10 任一 $m\times n$ 矩阵 $\boldsymbol{A}$ 都可以经过一系列初等行变换化为行阶梯矩阵和行最简矩阵.

对于三阶以上的矩阵，用伴随矩阵法求逆矩阵运算量较大. 下面介绍用初等行变换求逆矩阵的方法.

定理 8.11 n 阶方阵 $\boldsymbol{A}$ 可逆的充要条件是 $\boldsymbol{A}\to\boldsymbol{E}$.

证明从略. 此定理表明，n 阶可逆矩阵 $\boldsymbol{A}$ 的行最简矩阵是 n 阶单位矩阵.

设 n 阶矩阵 $\boldsymbol{A}$ 是可逆矩阵，根据定理 8.11，用矩阵 $\boldsymbol{A}$ 与 n 阶单位矩阵 $\boldsymbol{E}$ 拼成一个 $n\times 2n$ 矩阵 $(\boldsymbol{A}\mid\boldsymbol{E})$，对这个矩阵作初等行变换，将其化为行最简矩阵 $\boldsymbol{B}$，则矩阵 $\boldsymbol{B}$ 由一个单位矩阵和一个 n 阶矩阵 $\boldsymbol{X}$ 构成，即 $(\boldsymbol{A}\mid\boldsymbol{E})\to\boldsymbol{B}=(\boldsymbol{E}\mid\boldsymbol{X})$.

定理 8.12 对于 n 阶矩阵 $\boldsymbol{A}$，若 $(\boldsymbol{A}\mid\boldsymbol{E})\to(\boldsymbol{E}\mid\boldsymbol{X})$，则矩阵 $\boldsymbol{A}$ 可逆，并且 $\boldsymbol{A}^{-1}=\boldsymbol{X}$.

证明从略. 这个定理给出了判断一个 n 阶矩阵是否可逆，以及可逆时求逆矩阵的方法.

例 10 用初等行变换求矩阵 $\boldsymbol{A}=\begin{pmatrix}1&2&3\\2&1&2\\1&3&4\end{pmatrix}$ 的逆矩阵 $\boldsymbol{A}^{-1}$.

解
$$(\boldsymbol{A}\mid\boldsymbol{E})=\left(\begin{array}{ccc|ccc}1&2&3&1&0&0\\2&1&2&0&1&0\\1&3&4&0&0&1\end{array}\right)\xrightarrow[r_3-r_1]{r_2-2r_1}\left(\begin{array}{ccc|ccc}1&2&3&1&0&0\\0&-3&-4&-2&1&0\\0&1&1&-1&0&1\end{array}\right)$$

$$\xrightarrow{r_2\leftrightarrow r_3}\left(\begin{array}{ccc:ccc}1&2&3&1&0&0\\0&1&1&-1&0&1\\0&-3&-4&-2&1&0\end{array}\right)\xrightarrow[r_3+3r_2]{r_1-2r_2}\left(\begin{array}{ccc:ccc}1&0&1&3&0&-2\\0&1&1&-1&0&1\\0&0&-1&-5&1&3\end{array}\right)$$

$$\xrightarrow[r_1+r_3]{r_2+r_3}\left(\begin{array}{ccc:ccc}1&0&0&-2&1&1\\0&1&0&-6&1&4\\0&0&-1&-5&1&3\end{array}\right)\xrightarrow{r_3\times(-1)}\left(\begin{array}{ccc:ccc}1&0&0&-2&1&1\\0&1&0&-6&1&4\\0&0&1&5&-1&-3\end{array}\right),$$

故矩阵 $\boldsymbol{A}$ 可逆，且逆矩阵为 $\boldsymbol{A}^{-1}=\begin{pmatrix}-2&1&1\\-6&1&4\\5&-1&-3\end{pmatrix}$.

8.2.4 矩阵的秩

在矩阵理论中，矩阵的秩是一个重要的概念，它是矩阵的一个数量特征，在讨论线性方程组的解时有重要应用.为了建立矩阵秩的概念，下面首先给出子式的定义.

微课：矩阵的秩

定义 8.14 在 $m\times n$ 矩阵 $\boldsymbol{A}$ 中任取 k 行 k 列，位于这些行列交叉处的 k^2 个元素，按原来的次序组成的 k 阶行列式称为矩阵 $\boldsymbol{A}$ 的 k 阶子式.

例如，对于矩阵 $\boldsymbol{A}=\begin{pmatrix}3&2&1&1\\1&2&-3&2\\4&4&-2&3\end{pmatrix}$，以下行列式分别为其一阶、二阶和三阶子式：

$$|4|,\quad |-3|,\quad \begin{vmatrix}1&2\\4&4\end{vmatrix},\quad \begin{vmatrix}3&1\\1&-3\end{vmatrix},\quad \begin{vmatrix}3&2&1\\1&2&-3\\4&4&-2\end{vmatrix},\quad \begin{vmatrix}3&2&1\\1&2&2\\4&4&3\end{vmatrix}.$$

定义 8.15 矩阵 $\boldsymbol{A}$ 的非零子式的最高阶数称为矩阵 $\boldsymbol{A}$ 的秩，记为 $R(\boldsymbol{A})$.

规定零矩阵的秩为 0，即 $R(\boldsymbol{O})=0$.

根据矩阵秩的定义，下述两条性质显然成立：

(1) 若 $\boldsymbol{A}$ 为 $m\times n$ 矩阵，则 $0\leqslant R(\boldsymbol{A})\leqslant\min\{m,n\}$；

(2) $R(\boldsymbol{A})=R(\boldsymbol{A}^{\mathrm{T}})$.

例 11 求矩阵 $\boldsymbol{A}=\begin{pmatrix}1&2&1&1\\0&-1&1&2\\1&1&2&3\end{pmatrix}$ 的秩 $R(\boldsymbol{A})$.

解 $\boldsymbol{A}$ 共有 4 个三阶子式，即

$$\begin{vmatrix}1&2&1\\0&-1&1\\1&1&2\end{vmatrix}=0,\quad \begin{vmatrix}1&2&1\\0&-1&2\\1&1&3\end{vmatrix}=0,\quad \begin{vmatrix}1&1&1\\0&1&2\\1&2&3\end{vmatrix}=0,\quad \begin{vmatrix}2&1&1\\-1&1&2\\1&2&3\end{vmatrix}=0.$$

而二阶子式$\begin{vmatrix}1 & 2\\0 & -1\end{vmatrix}\neq 0$，所以矩阵$\boldsymbol{A}$的秩$R(\boldsymbol{A})=2$.

定理 8.13 一个行阶梯矩阵的秩等于它的非零行行数.

定理 8.14 若矩阵$\boldsymbol{A}\to\boldsymbol{B}$，则$R(\boldsymbol{A})=R(\boldsymbol{B})$，即初等变换不改变矩阵的秩.

证明从略. 根据此定理，用初等行变换把矩阵$\boldsymbol{A}$化成行阶梯矩阵，则矩阵$\boldsymbol{A}$的秩等于此行阶梯矩阵非零行行数.

例 12 设矩阵$\boldsymbol{A}=\begin{pmatrix}1 & -2 & 2 & -1\\2 & -4 & 8 & 0\\-2 & 4 & -2 & 3\\3 & -6 & 0 & -6\end{pmatrix}$，$\boldsymbol{B}=\begin{pmatrix}1\\2\\3\\4\end{pmatrix}$，求$R(\boldsymbol{A})$，$R(\boldsymbol{A}\,\vdots\,\boldsymbol{B})$.

解

$$(\boldsymbol{A}\,\vdots\,\boldsymbol{B})\longrightarrow\left(\begin{array}{cccc:c}1 & -2 & 2 & -1 & 1\\2 & -4 & 8 & 0 & 2\\-2 & 4 & -2 & 3 & 3\\3 & -6 & 0 & -6 & 4\end{array}\right)\longrightarrow\left(\begin{array}{cccc:c}1 & -2 & 2 & -1 & 1\\0 & 0 & 4 & 2 & 0\\0 & 0 & 2 & 1 & 5\\0 & 0 & -6 & -3 & 1\end{array}\right)$$

$$\longrightarrow\left(\begin{array}{cccc:c}1 & -2 & 2 & -1 & 1\\0 & 0 & 2 & 1 & 0\\0 & 0 & 0 & 0 & 5\\0 & 0 & 0 & 0 & 1\end{array}\right)\longrightarrow\left(\begin{array}{cccc:c}1 & -2 & 2 & -1 & 1\\0 & 0 & 2 & 1 & 0\\0 & 0 & 0 & 0 & 1\\0 & 0 & 0 & 0 & 0\end{array}\right).$$

由最后的行阶梯矩阵可知$R(\boldsymbol{A})=2$，$R(\boldsymbol{A}\,\vdots\,\boldsymbol{B})=3$.

由矩阵秩的定义可知，对于n阶方阵$\boldsymbol{A}$，如果$R(\boldsymbol{A})=n$，则其行列式不等于零，反之亦然. 于是，n阶矩阵$\boldsymbol{A}$可逆的充要条件是$R(\boldsymbol{A})=n$.

应用与实践

案例 1 随着互联网的发展，信息加密、数字签名、身份认证等成为常用的信息安全措施.信息安全的核心是密码学.密码学中将原来的信息称为明文，经过伪装的信息称为密文，从明文到密文的处理过程称为加密，反之称为解密. 现假定空格和 26 个小写英文字母依次对应 0~26 的整数. 约定明文由小写英文字母和空格组成，其中两个字母之间只留一个空格. 将明文从左到右每 3 个字符分为一组（不足 3 个字符时用空格代替），对应的 3 个整数构成 3 维行向量，加密后仍为 3 维行向量. 假设 3 维行向量$\boldsymbol{x}$为明文中一个组，为了使加密后的行向量分量仍为整数，选取一个行列式为±1 的 3 阶加密矩阵$\boldsymbol{A}$对$\boldsymbol{x}$进行加密，对应的密文$\boldsymbol{y}$满足$\boldsymbol{y}=\boldsymbol{x}\boldsymbol{A}$. 现需要传送的明文为 action，请按要求适当选取一个加密矩阵$\boldsymbol{A}$，计算密文，并说明解密方法.

解 取 $A=\begin{pmatrix}1&1&0\\2&1&1\\3&2&2\end{pmatrix}$，则 $|A|=-1$. A 可以作加密矩阵. 明文 action 编码后对应的 3 维行向量为 $x_1=(1,3,20)$，$x_2=(9,15,14)$，加密后的密文为

$$y_1=(1,3,20)\begin{pmatrix}1&1&0\\2&1&1\\3&2&2\end{pmatrix}=(67,44,43),\quad y_2=(9,15,14)\begin{pmatrix}1&1&0\\2&1&1\\3&2&2\end{pmatrix}=(81,52,43).$$

接收方收到密文 67，44，43，81，52，43 后，只需计算 y_1A^{-1}，y_2A^{-1} 就可得到明文编码，即

$$x_1=y_1A^{-1}=(67,44,43)\begin{pmatrix}0&2&-1\\1&-2&1\\-1&-1&1\end{pmatrix}=(1,3,20),$$

$$x_2=y_2A^{-1}=(81,52,43)\begin{pmatrix}0&2&-1\\1&-2&1\\-1&-1&1\end{pmatrix}=(9,15,14).$$

然后按照编码规则就能翻译出原文 action.

探究

该案例中介绍的信息加密方法较为简单，破解难度不大，而在实际生活中，加密信息的方法要复杂得多，破解的难度很大，对传输信息的安全性要求更高. 那么还有哪些加密的方法和技术呢?

案例 2 某地对城乡人口流动做年度调查，发现有一个稳定的向城镇流动的趋势. 每年农村居民有 2.5% 移居到城镇，而城镇居民有 1% 迁居到农村. 假如城乡总人口数保持不变，并且人口流动的这种趋势继续下去，那么 k 年后城镇和农村人口分布如何?

解 设开始时城镇人口为 y_0，乡村人口为 z_0，k 年以后城镇人口为 y_k，乡村人口为 z_k.

一年后，$y_1=0.99y_0+0.025z_0$，$z_1=0.01y_0+0.975z_0$，或写成矩阵形式

$$\begin{pmatrix}y_1\\z_1\end{pmatrix}=\begin{pmatrix}0.99&0.025\\0.01&0.975\end{pmatrix}\begin{pmatrix}y_0\\z_0\end{pmatrix};$$

两年后，$y_2=0.99y_1+0.025z_1$，$z_2=0.01y_1+0.975z_1$，或写成矩阵形式

$$\begin{pmatrix}y_2\\z_2\end{pmatrix}=\begin{pmatrix}0.99&0.025\\0.01&0.975\end{pmatrix}\begin{pmatrix}y_1\\z_1\end{pmatrix}=\begin{pmatrix}0.99&0.025\\0.01&0.975\end{pmatrix}^2\begin{pmatrix}y_0\\z_0\end{pmatrix};$$

一般地，k 年以后，城镇人口 y_k 和农村人口 z_k 可由下式求出：

$$\begin{pmatrix}y_k\\z_k\end{pmatrix}=\begin{pmatrix}0.99&0.025\\0.01&0.975\end{pmatrix}^k\begin{pmatrix}y_0\\z_0\end{pmatrix}.$$

案例 3 某地供电部门鼓励用户夜间用电，实行分时段计费. 现知甲、乙两用户在某月的用电数及交费情况如表 8-3 所示.

表 8-3　用户用电数和交费情况

用户	用电数及交费情况		
	白天/kWh	夜间/kWh	交费/元
甲	120	150	92.70
乙	132	174	104.22

问：当地白天和夜间的电价各是多少？

解　设当地白天与夜间的电价分别为 x 元/kWh 和 y 元/kWh，根据题意有

$$\boldsymbol{A}=\begin{pmatrix}120 & 150\\132 & 174\end{pmatrix},\quad \boldsymbol{P}=\begin{pmatrix}x\\y\end{pmatrix},\quad \boldsymbol{F}=\begin{pmatrix}92.70\\104.22\end{pmatrix},$$

则 $\boldsymbol{AP}=\boldsymbol{F}$.所以

$$\boldsymbol{P}=\boldsymbol{A}^{-1}\boldsymbol{F}=\frac{1}{|\boldsymbol{A}|}\boldsymbol{A}^{*}\boldsymbol{F}=\frac{1}{1\ 080}\begin{pmatrix}174 & -150\\-132 & 120\end{pmatrix}\begin{pmatrix}92.70\\104.22\end{pmatrix}$$

$$=\frac{1}{1\ 080}\begin{pmatrix}496.80\\270.00\end{pmatrix}=\begin{pmatrix}0.46\\0.25\end{pmatrix}.$$

即白天的电价为 0.46 元/kWh，夜间的电价为 0.25 元/kWh.

能力训练 8.2

1. 设矩阵

$$\boldsymbol{A}=\begin{pmatrix}x & 0\\7 & y\end{pmatrix},\boldsymbol{B}=\begin{pmatrix}u & v\\y & 2\end{pmatrix},\boldsymbol{C}=\begin{pmatrix}3 & -4\\x & v\end{pmatrix},$$

且 $\boldsymbol{A}+2\boldsymbol{B}-\boldsymbol{C}=\boldsymbol{O}$，求未知元素 x,y,u,v.

2. 计算下列矩阵的乘积：

（1）$\begin{pmatrix}4 & 3 & 1\\1 & -2 & 3\\5 & 7 & 0\end{pmatrix}$ 与 $\begin{pmatrix}7\\2\\1\end{pmatrix}$；　　（2）$\begin{pmatrix}2 & 1 & 4 & 0\\1 & -1 & 3 & 4\end{pmatrix}$ 与 $\begin{pmatrix}1 & 3 & 1\\0 & -1 & 2\\1 & -3 & 1\\4 & 0 & -2\end{pmatrix}$.

3. 设 $\boldsymbol{A}=\begin{pmatrix}1 & 3\\2 & -1\end{pmatrix}$，$\boldsymbol{B}=\begin{pmatrix}3 & 0\\1 & 2\end{pmatrix}$，求 $2\boldsymbol{A}-3\boldsymbol{B}$，$\boldsymbol{AB}-\boldsymbol{BA}$，$\boldsymbol{A}^2+\boldsymbol{B}^2$.

4. 设 $\boldsymbol{A}=(1\quad 2)$，$\boldsymbol{B}=(-1\quad 3)$，$\boldsymbol{E}$ 是单位矩阵，求 $(\boldsymbol{A}^{\mathrm{T}}\boldsymbol{B})\boldsymbol{E}-\boldsymbol{E}(\boldsymbol{B}^{\mathrm{T}}\boldsymbol{A})$.

5. 设矩阵 $\boldsymbol{A}=\begin{pmatrix}1 & -2\\4 & 3\end{pmatrix}$，$\boldsymbol{E}$ 为单位矩阵，求 $(\boldsymbol{E}-\boldsymbol{A})^{\mathrm{T}}$.

6. 已知 $\boldsymbol{A}=\begin{pmatrix}2 & 1\\3 & 6\end{pmatrix}$，$\boldsymbol{B}=\begin{pmatrix}2 & 0\\1 & 6\end{pmatrix}$，求 $\det(3\boldsymbol{A}^2-2\boldsymbol{AB})$.

7. 设矩阵 $\boldsymbol{A}=\begin{pmatrix}1&0&1\\2&1&0\\-3&2&5\end{pmatrix}$,求伴随矩阵 $\boldsymbol{A}^*$.

8. 用伴随矩阵法求下列矩阵的逆矩阵：

(1) $\begin{pmatrix}1&1&1\\2&-1&1\\1&2&0\end{pmatrix}$;　(2) $\begin{pmatrix}1&0&0&0\\1&1&0&0\\2&1&1&0\\1&2&1&1\end{pmatrix}$;　(3) $\begin{pmatrix}0&1&0&-1\\0&1&2&0\\2&0&0&1\\0&1&0&1\end{pmatrix}$.

9. 将下列矩阵化为行最简矩阵：

(1) $\begin{pmatrix}0&0&0&1&1&1\\0&0&1&1&1&0\end{pmatrix}$;　(2) $\begin{pmatrix}1&1&1&0\\1&0&-2&0\\2&-1&0&1\end{pmatrix}$;　(3) $\begin{pmatrix}1&2&3&4&5\\0&1&2&-3&4\\1&3&5&1&9\end{pmatrix}$.

10. 用初等行变换求下列矩阵的逆矩阵($abc\neq0,ad-bc\neq0$)：

(1) $\begin{pmatrix}2&0\\3&1\end{pmatrix}$;　(2) $\begin{pmatrix}0&0&1\\0&1&2\\1&2&-1\end{pmatrix}$;　(3) $\begin{pmatrix}0&0&a\\0&b&0\\c&0&0\end{pmatrix}$;

(4) $\begin{pmatrix}1&0&1&0\\1&1&0&1\\0&1&1&0\\1&0&0&1\end{pmatrix}$;　(5) $\begin{pmatrix}0&0&2&0\\0&0&0&2\\0&2&0&0\\2&0&0&0\end{pmatrix}$;　(6) $\begin{pmatrix}a&0&0&b\\0&a&b&0\\0&c&d&0\\c&0&0&d\end{pmatrix}$.

11. 求下列矩阵的秩：

(1) $\begin{pmatrix}1&2&3&4\\0&1&1&2\\0&0&0&1\\0&0&0&0\end{pmatrix}$;　(2) $\begin{pmatrix}1&1&0&0\\1&0&1&0\\1&0&0&1\\1&1&1&1\end{pmatrix}$;　(3) $\begin{pmatrix}1&1&2&2\\1&2&1&2\\1&1&2&1\\1&1&1&2\end{pmatrix}$;

(4) $\begin{pmatrix}2&1&2&3\\4&1&3&5\\2&0&1&2\\0&1&0&1\end{pmatrix}$;　(5) $\begin{pmatrix}2&0&0&0&0\\1&1&0&0&0\\0&0&1&5&3\\0&0&2&9&5\end{pmatrix}$;　(6) $\begin{pmatrix}2&0&1&3&-1\\1&1&0&-1&1\\0&-2&1&5&-3\\1&-3&2&9&-5\end{pmatrix}$.

12. 甲、乙、丙三人合做一项任务，15 天可以完成；如果甲、乙合做 10 天，其余的由丙单独做，还要 30 天才能完成；如果交由乙单独做 6 天后，再安排丙接着单独做 20 天，剩下的任务由甲单独完成，那么甲将要承担整个任务的一半.问：甲、乙、丙各单独做，分别要多少天才能完成这项任务？

13. 在军事通信中，经常将字符与数字对应起来，如 $a\to1,b\to2\cdots z\to26$ 等.若加密矩阵

为 $\boldsymbol{A}=\begin{bmatrix}1&2&1\\2&1&1\\0&2&1\end{bmatrix}$，收到的信号为矩阵 $\boldsymbol{C}=\begin{bmatrix}21&64&65&21\\30&57&40&42\\12&49&65&0\end{bmatrix}$，则传递的信号是什么？

§8.3 线性方程组求解

情景与问题

引例1 《九章算术》与线性方程组.

微课：高斯消元法

线性代数就是从解线性方程组等问题发展起来的一门数学学科. 关于线性方程组的求解在我国的《九章算术》一书中的第八章"方程"中就有所涉及. 其采用分离系数的方法来表示线性方程组，实际上相当于现在的矩阵；并使用"遍乘直除"法求解，这基本上与矩阵的初等变换是一致的. 这可以说是世界上最早的完整的线性方程组的解法. 从时间上来看，《九章算术》写成于公元1世纪左右，是一本综合性的历史著作，是当时世界上最简练有效的应用数学书籍，它的出现标志着中国古代数学形成了完整的体系. 西方关于线性方程组的研究直到17世纪才由莱布尼茨建立了完整的理论体系.我国古代数学家在这一问题上的研究早于西方1 000余年，这是非常值得骄傲的.

引例2 用消元法解线性方程组

$$\begin{cases}2x_1+2x_2-x_3=6,\\x_1-2x_2+4x_3=3,\\5x_1+7x_2+x_3=28.\end{cases}$$

分析 在消元时，将方程组的变化过程与增广矩阵的变化过程相对照（方程组里忽略未知量，+，-号和等号就是增广矩阵，故未单独列出增广矩阵），注意每一步得到新方程组和新增广矩阵，使用的是完全相同的初等变换（r_i 既表示第 i 个方程，也表示增广矩阵的第 i 行）：

$$\begin{cases}2x_1+2x_2-x_3=6,\\x_1-2x_2+4x_3=3,\\5x_1+7x_2+x_3=28\end{cases}\text{①}\xrightarrow[r_3-\frac{5}{2}r_1]{r_2-\frac{1}{2}r_1}\begin{cases}2x_1+2x_2-x_3=6,\\-3x_2+\dfrac{9}{2}x_3=0,\\2x_2+\dfrac{7}{2}x_3=13\end{cases}\text{②}$$

$$\xrightarrow{r_3+\frac{2}{3}r_2}\begin{cases}2x_1+2x_2-x_3=6,\\-3x_2+\dfrac{9}{2}x_3=0,\\\dfrac{13}{2}x_3=13\end{cases}\text{③}\quad\xrightarrow{r_3\times\frac{2}{13}}\begin{cases}2x_1+2x_2-x_3=6,\\-3x_2+\dfrac{9}{2}x_3=0,\\x_3=2,\end{cases}\text{④}$$

不难看出，消元得到的每个新方程组一定是与原方程组同解的.从最后一个方程得到 $x_3=2$，将其代入第二个方程得到 $x_2=3$，再将 $x_3=2, x_2=3$ 代入第一个方程得到 $x_1=1$. 这样，就得到方程组的解：$x_1=1, x_2=3, x_3=2$. 事实上后面这几步的操作为

$$④ \xrightarrow[r_2-\frac{9}{2}r_3]{r_1+r_3} \begin{cases} 2x_1+2x_2=8, \\ -3x_2=-9, \\ x_3=2 \end{cases} ⑤ \xrightarrow{r_2\times\left(-\frac{1}{3}\right)} \begin{cases} 2x_1+2x_2=8, \\ x_2=3, \\ x_3=2 \end{cases} ⑥$$

$$\xrightarrow{r_1-2r_2} \begin{cases} 2x_1=2, \\ x_2=3, \\ x_3=2 \end{cases} ⑦ \xrightarrow{r_1\times\left(\frac{1}{2}\right)} \begin{cases} x_1=1, \\ x_2=3, \\ x_3=2. \end{cases} ⑧$$

通常把①～④称为消元过程，把⑤～⑧称为回代过程. 可以看到，式④对应的矩阵是行阶梯矩阵，而式⑧对应的矩阵是行最简矩阵.

引例 3 用消元法解线性方程组 $\begin{cases} x+y-2z=1, \\ 2x-2y+z=2, \\ 3x-y-z=3. \end{cases}$

分析

$$\begin{cases} x+y-z=1, \\ x+2y-2z=3, \\ -y+z=-2 \end{cases} ① \xrightarrow{r_2-r_1} \begin{cases} x+y-z=1, \\ y-z=2, \\ -y+z=-2 \end{cases} ②$$

$$\xrightarrow{r_3+r_2} \begin{cases} x+y-z=1, \\ y-z=2, \\ 0=0 \end{cases} ③ \xrightarrow{r_1-r_2} \begin{cases} x=-1, \\ y-z=2, \\ 0=0 \end{cases} ④$$

式③对应的矩阵是行阶梯矩阵，而式④对应的矩阵是行最简矩阵. 从式④可以看出，此线性方程组未知量是 3 个，独立的方程却只有 2 个，方程的解可以有无穷多个. 事实上，对于式④，通常把未知量 x, y（行最简矩阵非零行的首非零元对应的未知量）留在等号左边，而将未知量 z 移到等号右边，即

$$\begin{cases} x=-1, \\ y=2+z. \end{cases}$$

令 $z=k$，就得到方程组的全部解：$x=-1, y=2+k, z=k$，其中 k 可取任意实数，即

$$\boldsymbol{X}=\begin{pmatrix} -1 \\ 2 \\ 0 \end{pmatrix}+k\begin{pmatrix} 0 \\ 1 \\ 1 \end{pmatrix}, k\in\mathbf{R}.$$

当把一个线性方程组 $\boldsymbol{AX}=\boldsymbol{B}$ 的解写成上述形式时，称为方程组 $\boldsymbol{AX}=\boldsymbol{B}$ 的通解.

本节将给出线性方程组解的判定定理，并由上述引例总结出解线性方程组的一般方法.

8.3.1 线性方程组的解向量

对于一般的 m 个方程 n 个未知量的线性方程组

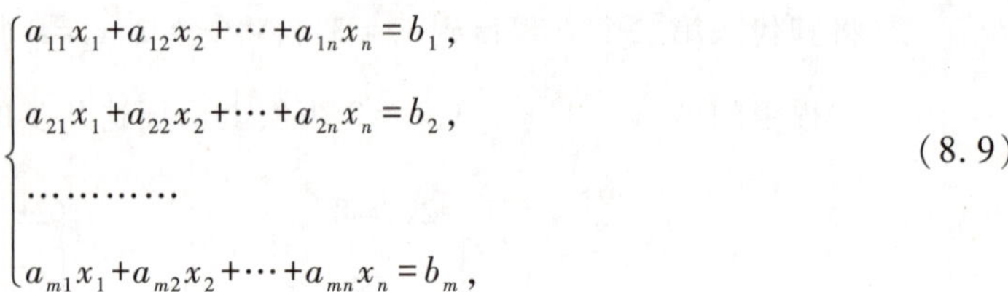

$$\begin{cases} a_{11}x_1+a_{12}x_2+\cdots+a_{1n}x_n=b_1, \\ a_{21}x_1+a_{22}x_2+\cdots+a_{2n}x_n=b_2, \\ \cdots\cdots\cdots\cdots \\ a_{m1}x_1+a_{m2}x_2+\cdots+a_{mn}x_n=b_m, \end{cases} \tag{8.9}$$

微课：线性方程组的概念

可用矩阵表示为

$$\boldsymbol{AX}=\boldsymbol{B}. \tag{8.11}$$

当 $\boldsymbol{B}\neq\boldsymbol{0}$ 时，方程组(8.11)称为非齐次线性方程组，当 $\boldsymbol{B}=\boldsymbol{0}$ 时，方程组(8.11)为 $\boldsymbol{AX}=\boldsymbol{0}$，称为齐次线性方程组.线性方程组(8.9)的解 $x_1=c_1,x_2=c_2,\cdots,x_n=c_n$ 记为

$$\boldsymbol{X}=\begin{pmatrix} c_1 \\ c_2 \\ \vdots \\ c_n \end{pmatrix},$$

称为线性方程组(8.9)的解向量，亦简称为解.

因为 $\boldsymbol{A0}=\boldsymbol{0}$，所以齐次线性方程组 $\boldsymbol{AX}=\boldsymbol{0}$ 一定有零解 $\boldsymbol{X}=(0,0,\cdots,0)^{\mathrm{T}}$.

8.3.2 线性方程组解的判定

我们知道，齐次线性方程组 $\boldsymbol{AX}=\boldsymbol{0}$ 总是有解的，但是非齐次线性方程组则不一定. 线性方程组 $\boldsymbol{AX}=\boldsymbol{B}$ 没有解、有唯一解或有无穷多解，都可以根据增广矩阵 $\overline{\boldsymbol{A}}=(\boldsymbol{A}\,\vdots\,\boldsymbol{B})$ 的秩来判断.

定理 8.15 线性方程组 $\boldsymbol{AX}=\boldsymbol{B}$ 有解的充分必要条件是 $R(\boldsymbol{A})=R(\overline{\boldsymbol{A}})$.

证明从略.

注意：对于线性方程组 $\boldsymbol{AX}=\boldsymbol{B}$，由于增广矩阵 $\overline{\boldsymbol{A}}$ 比系数矩阵 $\boldsymbol{A}$ 多且只多一列，故要么 $R(\boldsymbol{A})=R(\overline{\boldsymbol{A}})$，要么 $R(\boldsymbol{A})=R(\overline{\boldsymbol{A}})-1$，于是可得以下推论.

推论 1 对于 m 个方程 n 个未知量的非齐次线性方程组 $\boldsymbol{AX}=\boldsymbol{B}$：

(1) $\boldsymbol{AX}=\boldsymbol{B}$ 无解的充分必要条件是 $R(\boldsymbol{A})<R(\overline{\boldsymbol{A}})$；

(2) $\boldsymbol{AX}=\boldsymbol{B}$ 有唯一解的充分必要条件是 $R(\boldsymbol{A})=R(\overline{\boldsymbol{A}})=n$；

(3) $\boldsymbol{AX}=\boldsymbol{B}$ 有无穷多解的充分必要条件是 $R(\boldsymbol{A})=R(\overline{\boldsymbol{A}})=r<n$.

推论的证明从略.

对于齐次线性方程组 $\boldsymbol{AX}=\boldsymbol{0}$，由于 $\overline{\boldsymbol{A}}=(\boldsymbol{A}\,\vdots\,\boldsymbol{0})$，一定有 $R(\boldsymbol{A})=R(\overline{\boldsymbol{A}})$，由定理 8.15 知，$\boldsymbol{AX}=\boldsymbol{0}$ 必有解，事实上零解就是其解. 结合推论 1，容易得到以下推论.

推论 2 对于 m 个方程 n 个未知量的齐线性方程组 $\boldsymbol{AX}=\boldsymbol{0}$：

(1) $\boldsymbol{AX}=\boldsymbol{0}$ 只有零解的充分必要条件是 $R(\boldsymbol{A})=n$；

(2) $\boldsymbol{AX}=\boldsymbol{0}$ 有非零解的充分必要条件是 $R(\boldsymbol{A})=r<n$.

定理 8.15 以及上述两个推论是判定一个线性方程组是否无解、有唯一解和有无穷多解的重要定理. 由推论 2，还可以直接得到以下推论.

推论 3 对于 m 个方程 n 个未知量的齐线性方程组 $\boldsymbol{AX}=\boldsymbol{0}$，当 $m<n$ 时，必有非零解.

推论 4 n 个未知量 n 个方程的齐次线性方程组 $\boldsymbol{AX}=\boldsymbol{0}$ 有非零解的充要条件是 $|\boldsymbol{A}|=0$.

推论 4 就是克拉默法则(定理 8.7)的推论.

例 1 判断下列线性方程组是否有解:

(1) $\begin{cases}x+y-z=1,\\x+2y+z=1,\\x-3z=1;\end{cases}$ (2) $\begin{cases}x_1+x_2-x_3+x_4=1,\\x_1-x_2-x_3+x_4=1,\\x_1+3x_2-x_3+x_4=3.\end{cases}$

解 (1) 因为 $\overline{\boldsymbol{A}}=\begin{pmatrix}1&1&-1&1\\1&2&1&1\\1&0&-3&1\end{pmatrix}\to\begin{pmatrix}1&1&-1&1\\0&1&2&0\\0&0&0&0\end{pmatrix}$, $R(\boldsymbol{A})=R(\overline{\boldsymbol{A}})=2<3$, 所以该非齐次线性方程组有无穷多解.

(2) 因为 $\overline{\boldsymbol{A}}=\begin{pmatrix}1&1&-1&1&1\\1&-1&-1&1&1\\1&3&-1&1&3\end{pmatrix}\to\begin{pmatrix}1&1&-1&1&1\\0&-2&0&0&0\\0&0&0&0&2\end{pmatrix}$, $R(\boldsymbol{A})=2<R(\overline{\boldsymbol{A}})=3$, 所以该非齐次线性方程组无解.

例 2 判断齐次线性方程组 $\begin{cases}x_1-2x_2+x_3=0,\\2x_1-3x_2+x_3=0,\\4x_1-3x_2-x_3=0,\\x_1-x_3=0\end{cases}$ 是否有非零解.

解 将系数矩阵化为行阶梯矩阵:

$$\boldsymbol{A}=\begin{pmatrix}1&-2&1\\2&-3&1\\4&-3&-1\\1&0&-1\end{pmatrix}\longrightarrow\begin{pmatrix}1&-2&1\\0&1&-1\\0&5&-5\\0&2&-2\end{pmatrix}\longrightarrow\begin{pmatrix}1&-2&1\\0&1&-1\\0&0&0\\0&0&0\end{pmatrix}.$$

由此可知, $R(\boldsymbol{A})=2<3$, 所以该方程组有非零解.

8.3.3 线性方程组的求解

由引例 2 和引例 3 可以看出,用消元法解线性方程组 $\boldsymbol{AX}=\boldsymbol{B}$,其消元过程是将方程组化为行阶梯方程组的过程,也就是将其增广矩阵 $\overline{\boldsymbol{A}}=(\boldsymbol{A}\mid\boldsymbol{B})$ 利用对应的初等行变换化为行阶梯矩阵的过程;而回代是将行阶梯矩阵进一步化为行最简矩阵的过程. 因此,在解线性方程组 $\boldsymbol{AX}=\boldsymbol{B}$ 时,可以用增广矩阵 $\overline{\boldsymbol{A}}=(\boldsymbol{A}\mid\boldsymbol{B})$ 的初等行变换代替具体的消元化简过程. 结合前述解的判定定理,可以得到用矩阵的初等变换解线性方程组的一般步骤:

(1) 写出增广矩阵 $\overline{\boldsymbol{A}}=(\boldsymbol{A}\mid\boldsymbol{B})$;

(2) 把增广矩阵 $\overline{\boldsymbol{A}}$ 化成行阶梯矩阵,并根据其非零行行数确定 $R(\boldsymbol{A})$ 和 $R(\overline{\boldsymbol{A}})$,如果 $R(\boldsymbol{A})<R(\overline{\boldsymbol{A}})$,原方程组无解;如果 $R(\boldsymbol{A})=R(\overline{\boldsymbol{A}})=r$,原方程组有解,继续后面步骤;

（3）有解时，进一步把 $\overline{\boldsymbol{A}}$ 化为行最简矩阵 $\overline{\boldsymbol{B}}$，如果 $r=n$，则可由行最简矩阵直接写出原方程组的唯一解；如果 $r<n$，原方程组有无穷多解，继续后面步骤；

（4）写出与行最简矩阵 $\overline{\boldsymbol{B}}$ 对应的线性方程组，并保留 $\overline{\boldsymbol{B}}$ 中 r 个非零行的首非零元所对应的未知量在等号左边，其余 $n-r$ 个未知量作为自由未知量移到等号右边；

（5）将自由未知量分别取不同的任意值 $k_1,k_2,\cdots,k_{n-r}$，写出通解.

注意：无论是非齐次线性方程组 $\boldsymbol{AX}=\boldsymbol{B}(\boldsymbol{B}\neq\boldsymbol{0})$ 还是齐次线性方程组 $\boldsymbol{AX}=\boldsymbol{0}$，上述解法都适用.不过，对于齐次线性方程组 $\boldsymbol{AX}=\boldsymbol{0}$，只需对系数矩阵 $\boldsymbol{A}$ 施行初等行变换.

例 3　解非齐次线性方程组

$$\begin{cases}x_1+2x_2+3x_3=-7,\\2x_1-x_2+2x_3=-8,\\x_1+3x_2=7.\end{cases}$$

解　方程组的增广矩阵 $\overline{\boldsymbol{A}}=\left(\begin{array}{ccc|c}1&2&3&-7\\2&-2&2&-8\\1&3&0&7\end{array}\right)$，先用初等行变换化为行阶梯矩阵：

$$\overline{\boldsymbol{A}}\longrightarrow\left(\begin{array}{ccc|c}1&2&3&-7\\0&-5&-4&6\\0&1&-3&14\end{array}\right)\longrightarrow\left(\begin{array}{ccc|c}1&2&3&-7\\0&1&-3&14\\0&-5&-4&6\end{array}\right)$$

$$\longrightarrow\left(\begin{array}{ccc|c}1&2&3&-7\\0&1&-3&14\\0&0&-19&76\end{array}\right)\longrightarrow\left(\begin{array}{ccc|c}1&2&3&-7\\0&1&-3&14\\0&0&1&-4\end{array}\right)=\boldsymbol{B}_1.$$

由于 $r(\boldsymbol{A})=r(\boldsymbol{A})=3$，方程组有唯一解. 将 $\boldsymbol{B}_1$ 进一步化为行最简矩阵：

$$\boldsymbol{B}_1\longrightarrow\left(\begin{array}{ccc|c}1&2&0&5\\0&1&0&2\\0&0&1&-4\end{array}\right)\longrightarrow\left(\begin{array}{ccc|c}1&0&0&1\\0&1&0&2\\0&0&1&-4\end{array}\right)=\boldsymbol{B}_2.$$

所以，原方程组的唯一解为 $x_1=1,x_2=2,x_3=-4$，即 $\boldsymbol{X}=\begin{pmatrix}1\\2\\-4\end{pmatrix}$.

例 4　求解线性方程组 $\begin{cases}x_1+2x_2+3x_3+4x_4=5,\\x_1+2x_2+2x_3+3x_4=4,\\x_1+2x_2+x_3+2x_4=3.\end{cases}$

解　对方程组的增广矩阵 $\overline{\boldsymbol{A}}$ 作初等行变换化为行阶梯矩阵，再化为行最简矩阵：

$$\overline{\boldsymbol{A}}=\left(\begin{array}{cccc|c}1&2&3&4&5\\1&2&2&3&4\\1&2&1&2&3\end{array}\right)\longrightarrow\left(\begin{array}{cccc|c}1&2&3&4&5\\0&0&-1&-1&-1\\0&0&-2&-2&-2\end{array}\right)$$

$$\longrightarrow\left(\begin{array}{cccc:c}1&2&3&4&5\\0&0&1&1&1\\0&0&0&0&0\end{array}\right)\longrightarrow\left(\begin{array}{cccc:c}1&2&0&1&2\\0&0&1&1&1\\0&0&0&0&0\end{array}\right),$$

于是得与原方程组同解的线性方程组

$$\begin{cases}x_1+2x_2+x_4=2,\\x_3+x_4=1.\end{cases}$$

保留未知量 x_1 和 x_3 在等号左边,将 x_2,x_4 作为自由未知量移到等号右边得

$$\begin{cases}x_1=2-2x_2-x_4,\\x_2=x_2,\\x_3=1-x_4,\\x_4=x_4.\end{cases}$$

令 $x_2=k_1,x_4=k_2$,解得原方程组的通解为

$$\begin{pmatrix}x_1\\x_2\\x_3\\x_4\end{pmatrix}=\begin{pmatrix}2\\0\\1\\0\end{pmatrix}+k_1\begin{pmatrix}-2\\1\\0\\0\end{pmatrix}+k_2\begin{pmatrix}-1\\0\\-1\\1\end{pmatrix},\quad k_1,k_2\in\mathbf{R}.$$

例 5　解齐次线性方程组 $\begin{cases}x_1+2x_2-x_3+4x_4=0,\\2x_1+4x_2+3x_3+5x_4=0,\\-x_1-2x_2+6x_3-7x_4=0.\end{cases}$

解　对系数矩阵 $\boldsymbol{A}$ 施行初等行变换化为行阶梯矩阵:

$$\boldsymbol{A}=\begin{pmatrix}1&2&-1&4\\2&4&3&5\\-1&-2&6&-7\end{pmatrix}\longrightarrow\begin{pmatrix}1&2&-1&4\\0&0&5&-3\\0&0&5&-3\end{pmatrix}\longrightarrow\begin{pmatrix}1&2&-1&4\\0&0&5&-3\\0&0&0&0\end{pmatrix}=\boldsymbol{B}_1.$$

因为 $R(\boldsymbol{A})=2<n=4$,由定理 8.15 的推论 2 知,原方程组有无穷多非零解. 进一步将 $\boldsymbol{B}_1$ 化为行最简矩阵:

$$\boldsymbol{B}_1\longrightarrow\begin{pmatrix}1&2&-1&4\\0&0&1&-\dfrac{3}{5}\\0&0&0&0\end{pmatrix}\longrightarrow\begin{pmatrix}1&2&0&\dfrac{17}{5}\\0&0&1&-\dfrac{3}{5}\\0&0&0&0\end{pmatrix}=\boldsymbol{B}_2.$$

矩阵 $\boldsymbol{B}_2$ 对应的齐次线性方程组为

$$\begin{cases}x_1+2x_2+\dfrac{17}{5}x_4=0,\\x_3-\dfrac{3}{5}x_4=0.\end{cases}$$

它与原方程组同解. 保留 $\boldsymbol{B}_2$ 的首非零元对应的未知量 x_1, x_3 在等号左边, 将 x_2, x_4 作为自由未知量移至等号右边有

$$\begin{cases} x_1=-2x_2-\dfrac{17}{5}x_4, \\ x_2=x_2, \\ x_3=\dfrac{3}{5}x_4, \\ x_4=x_4. \end{cases}$$

令 $x_2=k_1, x_4=k_2$, 解得原方程组的通解为

$$\begin{pmatrix} x_1 \\ x_2 \\ x_3 \\ x_4 \end{pmatrix}=k_1\begin{pmatrix} -2 \\ 1 \\ 0 \\ 0 \end{pmatrix}+k_2\begin{pmatrix} -\dfrac{17}{5} \\ 0 \\ \dfrac{3}{5} \\ 1 \end{pmatrix}, k_1, k_2 \in \mathbf{R}.$$

探究

在科学与工程中的许多重要领域,如计算电磁学、计算化学、计算流体力学、生命科学、结构力学、天文学、空气动力学、医学、系统科学、经济学、社会科学以及其他软科学中所建立的数学模型通常是偏微分方程,由于所描述实际问题的结构与现象的复杂性,导致模型的偏微分方程很难求得精确解,于是人们就通过有限元、有限差分法或无网格方法等进行离散,并将偏微分方程转化为大规模稀疏线性代数系统 $\boldsymbol{Ax}=\boldsymbol{b}$. 当系统的规模不断扩大时,如何保证快速求解且保证精度成为研究热点,这也是很多研究者目前仍在继续研究的重大课题之一. 大家熟知的互联网搜索引擎, 就主要建立在经典算法 PageRank基础上,而 PageRank 的技术基础便是求解线性代数系统 $(\boldsymbol{I}-\alpha\boldsymbol{P})\boldsymbol{x}=(1-\alpha)\boldsymbol{v}$ 或对应的齐次线性代数系统 $\boldsymbol{Ax}=\boldsymbol{0}$. 目前,关于该算法的研究已取得了若干重大成果,并已广泛应用在基因测序、癌症研究、交通网络等领域. 有兴趣的读者可以参阅该方面书籍进行深入了解.

应用与实践

案例 1 在研究钢板热传导过程中,常常用节点温度来描述钢板温度的分布. 如图8-4所示,假设钢板已达到稳态温度分布,且其上下左右四个边界的温度值已测得. 试建立热传导模型,并确定钢板内四个节点的温度.

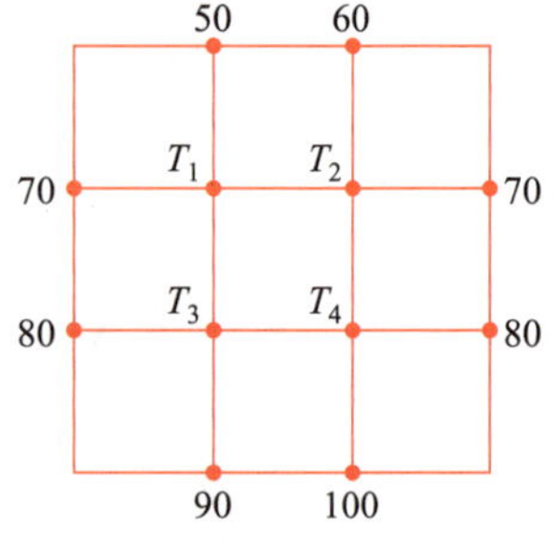

图 8-4

解 若忽略垂直于该截面方向上的热传导,那么内部某个节点的温度可以近似地等于与它相邻的四个节点温度的算术平均值. 由此可建立热传导模型:

$$
\begin{cases}
T_1=\dfrac{1}{4}(50+70+T_2+T_3),\\
T_2=\dfrac{1}{4}(60+70+T_1+T_4),\\
T_3=\dfrac{1}{4}(80+90+T_1+T_4),\\
T_4=\dfrac{1}{4}(80+100+T_2+T_3).
\end{cases}
$$

整理为

$$
\begin{cases}
4T_1-T_2-T_3\qquad=120,\\
-T_1+4T_2\qquad-T_4=130,\\
-T_1\qquad+4T_3-T_4=170,\\
\qquad-T_2-T_3+4T_4=180.
\end{cases}
$$

接下来用 MATLAB 求解.

```
>>A = [4,-1,-1,0;-1,4,0,-1;-1,0,4,-1;0,-1,-1,4];
>>b = [120;130;170;180];
>>T = A \b
```

结果为 $\boldsymbol{T}=(67.5000\quad 70.0000\quad 80.0000\quad 82.5000)$.

在实际应用中,可将钢板内部分为更多节点,得到的温度分布会更精准.

案例 2 某城区四个交叉路口 A,B,C,D 均由两条单向车道组成,如图 8-5 所示.图中给出了在交通高峰时段每小时进入和离开各路口的车辆数,试计算四个交叉路口之间通行的车辆数.

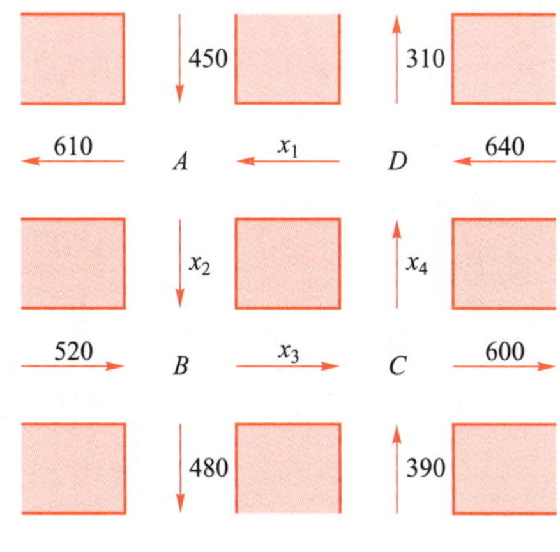

图 8-5

解 如图 8-5 所示,因为每一个路口进入车辆数等于离开车辆数,所以对于路口 A,B,C,D 分别有

$$x_1+450=x_2+610,$$

$$x_2+520=x_3+480,$$

$$x_3+390=x_4+600,$$

$$x_4+640=x_1+310,$$

整理得线性方程组

$$\begin{cases} x_1-x_2=160, \\ x_2-x_3=-40, \\ x_3-x_4=210, \\ -x_1+x_4=-330. \end{cases} \tag{8.12}$$

其增广矩阵

$$\overline{\boldsymbol{A}}=\left(\begin{array}{cccc:c} 1 & -1 & 0 & 0 & 160 \\ 0 & 1 & -1 & 0 & -40 \\ 0 & 0 & 1 & -1 & 210 \\ -1 & 0 & 0 & 1 & -330 \end{array}\right) \to \left(\begin{array}{cccc:c} 1 & 0 & 0 & -1 & 330 \\ 0 & 1 & 0 & -1 & 170 \\ 0 & 0 & 1 & -1 & 210 \\ 0 & 0 & 0 & 0 & 0 \end{array}\right).$$

由于 $R(\boldsymbol{A})=R(\overline{\boldsymbol{A}})=3$，故方程组(8.12)有解，且有一个自由未知量 x_4，

$$x_1=x_4+330, x_2=x_4+170, x_3=x_4+210.$$

图 8-5 中没有给出足够信息来确定 x_1,x_2,x_3,x_4. 如果知道路口 C 到 D 的平均车辆数 $x_4=200$，那么其他路口间的车辆数为：路口 A 到 B 的平均车辆数 $x_2=370$ 辆，路口 B 到 C 的平均车辆数 $x_3=410$ 辆，路口 D 到 A 的平均车辆数 $x_1=530$ 辆.

案例 3　已知 A、B、C 三家公司具有如图 8-6 所示的股份关系，如 A 公司拥有 C 公司 50% 的股份，C 公司拥有 A 公司 30% 的股份，而 A 公司 70% 的股份不受另外两家公司控制等.

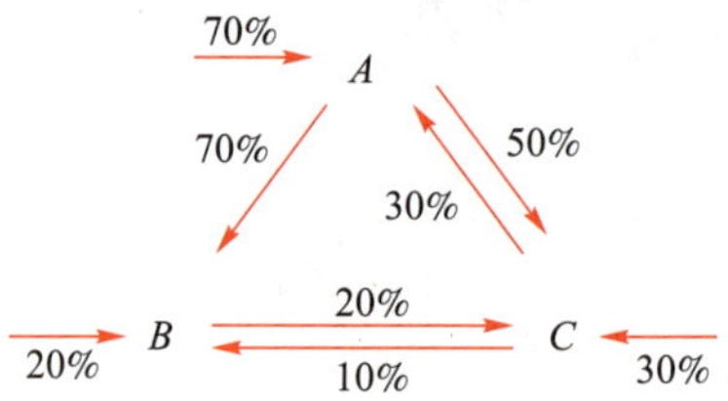

现设 A、B、C 三家公司各自的营业净收入分别为 12 万元、10 万元和 8 万元，每家公司的联合收入是其净收入加上从另两家公司得到的按比例提成收入. 试确定各公司的联合收入及实际收入.

图 8-6

解　设 A、B、C 三家公司的联合收入分别为 x,y,z 万元，则实际收入分别为 $0.7x$，$0.2y$，$0.3z$ 万元. 由题意有

$$x=0.7y+0.5z+12, y=0.2z+10, z=0.3x+0.1y+8,$$

整理得线性方程组

$$\begin{cases} x-0.7y-0.5z=12, \\ y-0.2z=10, \\ -0.3x-0.1y+z=8. \end{cases}$$

其增广矩阵

$$\bar{\boldsymbol{A}}=\left(\begin{array}{ccc:c}1 & -0.7 & -0.5 & 12\\ 0 & 1 & -0.2 & 10\\ -0.3 & -0.1 & 1 & 8\end{array}\right)\to\left(\begin{array}{ccc:c}1 & 0 & 0 & 30.94\\ 0 & 1 & 0 & 13.73\\ 0 & 0 & 1 & 18.65\end{array}\right).$$

所以 A、B、C 三家公司的联合收入分别为 30.94 万元、13.73 万元和 18.65 万元，而它们的实际收入分别为 $30.94\times0.7\approx21.66$ 万元、$13.73\times0.2\approx2.75$ 万元和 $18.65\times0.3\approx5.60$ 万元.

案例 4 甲、乙、丙三个村民组成互助组，每人工作 6 天（包括为自己家干活的天数）刚好完成他们三家的农活，甲、乙、丙分别在三家干活天数如表 8-4 所示.

表 8-4 甲、乙、丙三人干活天数

在谁家	干活天数		
	甲	乙	丙
甲家	2	2	1.5
乙家	2.5	2	2
丙家	1.5	2	2.5

根据三人干活的种类、速度和时间，他们认为不必相互支付工资差额是公平的. 随后三人又合作到邻村干了 2 天（每人干活的种类和强度不变），共获得工资 500 元. 问：他们应该怎样分配这 500 元才合理？

解 要分配已得收入 500 元，应该根据三家互助情况确定三人日工资比. 设甲、乙、丙三人的日工资分别为 x,y,z 元，由于他们认为不必相互支付工资差额是公平的，说明每人从另两人那里获得的工资总额等于需要支付给另两人的工资总额. 由此建立线性方程组：

$$\begin{cases}2x+2y+1.5z=6x,\\ 2.5x+2y+2z=6y,\\ 1.5x+2y+2.5z=6z,\end{cases}\quad 整理得\begin{cases}-4x+2y+1.5z=0,\\ 2.5x-4y+2z=0,\\ 1.5x+2y-3.5z=0,\end{cases}$$

其系数矩阵

$$\boldsymbol{A}=\begin{pmatrix}-4 & 2 & 1.5\\ 2.5 & -4 & 2\\ 1.5 & 2 & -3.5\end{pmatrix}\to\begin{pmatrix}8 & -4 & -3\\ -5 & 8 & -4\\ -3 & -4 & 7\end{pmatrix}\to\begin{pmatrix}1 & 0 & -\frac{40}{44}\\ 0 & 1 & -\frac{47}{44}\\ 0 & 0 & 0\end{pmatrix}.$$

令 $z=k$，所得齐次线性方程组的通解为 $x=\frac{40}{44}k, y=\frac{47}{44}k, z=k$.

显然 $k\neq0$，故 $x:y:z=40:47:44$，按此比例分配 500 元工资最合理. 即甲应该分得工资 $500\times\frac{40}{131}\approx152.67$ 元，乙应该分得工资 $500\times\frac{47}{131}\approx179.39$ 元，丙应该分得工资 $500\times\frac{44}{131}\approx167.94$ 元.

能力训练 8.3

1. 判断下列齐次线性方程组有无非零解：

(1) $\begin{cases}2x_1-x_2+3x_3+x_4=0,\\4x_1+2x_2+5x_3-4x_4=0,\\2x_1+x_2+3x_3-2x_4=0,\\x_1\qquad+x_3-3x_4=0;\end{cases}$ (2) $\begin{cases}2x_1-x_2+2x_3-x_4=0,\\x_1+2x_2+x_3-x_4=0,\\-2x_1+x_2-x_3=0,\\x_1-3x_2+x_3=0.\end{cases}$

2. 判断下列非齐次线性方程组是无解、有唯一解还是有无穷多解：

(1) $\begin{cases}x_1+x_2+x_3=1,\\3x_1+5x_2+2x_3=4,\\9x_1+25x_2+4x_3=16,\\27x_1+125x_2+8x_3=64;\end{cases}$ (2) $\begin{cases}2x_1-x_2+x_3-2x_4=1,\\-x_1+x_2+2x_3+x_4=0,\\x_1-x_2-2x_3+2x_4=3.\end{cases}$

3. 求下列非齐次线性方程组的通解：

(1) $\begin{cases}2x_1-x_2+3x_3-x_4=1,\\3x_1-2x_2-3x_3+3x_4=3,\\x_1-x_2-5x_3+4x_4=2,\\7x_1-5x_2-9x_3+10x_4=8;\end{cases}$ (2) $\begin{cases}x_1+x_2+x_3+4x_4=3,\\x_1-x_2+3x_3-2x_4=1,\\2x_1+x_2+3x_3+5x_4=5,\\3x_1+x_2+5x_3+6x_4=7;\end{cases}$

(3) $\begin{cases}2x_1+x_2-5x_3+x_4=8,\\x_1-3x_2-6x_4=9,\\2x_2-x_3+2x_4=-5,\\x_1+4x_2-7x_3+6x_4=0;\end{cases}$ (4) $\begin{cases}6x_1-9x_2+3x_3-x_4=2,\\4x_1-6x_2+2x_3+3x_4=5,\\2x_1-3x_2+x_3-2x_4=-1.\end{cases}$

4. 求下列齐次线性方程组的通解：

(1) $\begin{cases}x+y+z-t=0,\\x+y-z+t=0;\end{cases}$ (2) $\begin{cases}x\qquad\qquad=0,\\\quad y+z+t=0,\\2x+y+z+t=0;\end{cases}$

(3) $\begin{cases}3x_1+2x_2+x_3+x_4=0,\\2x_1+3x_2+x_3-x_4=0,\\x_1+2x_2+3x_3-x_4=0;\end{cases}$ (4) $\begin{cases}x_1+x_2+x_3+4x_4-3x_5=0,\\x_1-x_2+3x_3-2x_4-x_5=0,\\2x_1+x_2+3x_3+5x_4-5x_5=0,\\3x_1+x_2+5x_3+6x_4-7x_5=0.\end{cases}$

5. 问 a,b 取何值时，方程组

$$\begin{cases}x_1\qquad+2x_3=-1,\\-x_1+x_2-3x_3=2,\\2x_1-x_2+ax_3=b\end{cases}$$

无解？有唯一解？有无穷多解？

6. 一百货店出售小号、中号、大号和加大号四种型号的 T 恤衫，售价分别为 22 元、24 元、26 元和 30 元，一周内商店共售出 13 件 T 恤衫，收入 320 元.已知大号的销售量为小号和加大号销售量的总和，大号的销售收入是小号和加大号销售收入的总和. 问这一周内售出各种型号的 T 恤衫分别是多少件？

7. 某公司投资 60 万元建设 A、B、C 三个项目，为了有效控制风险和使投资简化，每个项目上的投资都是整万元且不少于 15 万元.其中项目 A 的收益率为 6%，项目 B 的收益率为 12%，项目 C 的收益率为 10%.如果希望总收入为 5.4 万元，那么在 A、B、C 三个项目上有多少投资方式可以实现？

总习题 8

A 基础巩固

1. 判断下列命题的真伪：

(1) 克拉默法则对于任何线性方程组都适用. ( )

(2) $\det(l\boldsymbol{A}+m\boldsymbol{B})=l\det(\boldsymbol{A})+m\det(\boldsymbol{B})$. ( )

(3) 若 $\boldsymbol{A},\boldsymbol{B},\boldsymbol{C}$ 均为 n 阶可逆矩阵，则 $((\boldsymbol{ABC})^{-1})^{\mathrm{T}}=\boldsymbol{C}^{-\mathrm{T}}\boldsymbol{B}^{-\mathrm{T}}\boldsymbol{A}^{-\mathrm{T}}$. ( )

(4) 若 $\boldsymbol{A},\boldsymbol{B},\boldsymbol{C}$ 满足 $(\boldsymbol{A}-\boldsymbol{B})\boldsymbol{C}=\boldsymbol{O}$，则 $\boldsymbol{A}=\boldsymbol{B}$ 或 $\boldsymbol{C}=\boldsymbol{O}$. ( )

(5) 如果矩阵 $\boldsymbol{A}$ 可逆，则其伴随矩阵 $\boldsymbol{A}^*$ 也可逆. ( )

(6) 若 $|\boldsymbol{A}|\neq 0$，则其伴随矩阵 $\boldsymbol{A}^*$ 的逆 $(\boldsymbol{A}^*)^{-1}=\dfrac{\boldsymbol{A}}{|\boldsymbol{A}|}$. ( )

(7) 任意有限次初等行变换都不会改变矩阵的秩. ( )

(8) n 元齐次线性方程组 $\boldsymbol{AX}=\boldsymbol{0}$ 有唯一解的充要条件是 $R(\boldsymbol{A})=n$. ( )

(9) n 元非齐次线性方程组 $\boldsymbol{AX}=\boldsymbol{B}$ 有唯一解的充要条件是 $R(\boldsymbol{A})=n$. ( )

(10) 当非齐次线性方程组 $\boldsymbol{AX}=\boldsymbol{B}$ 有解时，方程个数不会大于未知量个数. ( )

2. 计算下列行列式：

(1) $\begin{vmatrix} a_0 & 1 & 1 & \cdots & 1 \\ 1 & a_1 & 1 & \cdots & 1 \\ 1 & 1 & a_2 & \cdots & 1 \\ \vdots & \vdots & \vdots & & \vdots \\ 1 & 1 & 1 & \cdots & a_n \end{vmatrix}$ $(a_j\neq 1, j=0,1,\cdots,n)$；

(2) $\begin{vmatrix} 1 & 1 & 1 & \cdots & 1 \\ b_1 & a_1 & a_1 & \cdots & a_1 \\ b_1 & b_2 & a_2 & \cdots & a_2 \\ \vdots & \vdots & \vdots & & \vdots \\ b_1 & b_2 & b_3 & \cdots & a_n \end{vmatrix}$.

3. 计算下列各题：

(1) $\boldsymbol{A}=\begin{pmatrix} 1 & 2 \\ 2 & 1 \end{pmatrix}$，$\boldsymbol{B}=\begin{pmatrix} 2 & -2 \\ 2 & 3 \end{pmatrix}$，求 $|\boldsymbol{AB}|$.

(2) 已知 $\begin{pmatrix} 1 & 1 \\ 1 & 2 \end{pmatrix}\begin{pmatrix} x_1 & x_2 \\ x_3 & x_4 \end{pmatrix}=\begin{pmatrix} 1 & 2 \\ 0 & 3 \end{pmatrix}$，求向量 (x_1,x_2,x_3,x_4).

(3) 设 $\boldsymbol{A}=2\begin{pmatrix}2&3\\4&4\end{pmatrix}$,求 $(\boldsymbol{A}-2\boldsymbol{E})^{-1}$.

(4) 已知 $2\begin{pmatrix}2&1&-3\\0&-2&1\end{pmatrix}+3\boldsymbol{X}-\begin{pmatrix}1&-2&2\\3&0&-1\end{pmatrix}=\boldsymbol{O}$,求矩阵 $\boldsymbol{X}$.

(5) 矩阵 $\boldsymbol{A}=\begin{pmatrix}a&0&b\\0&e&0\\c&0&d\end{pmatrix}$ 满足 $(ad-bc)e=1$,求 $\boldsymbol{A}^{-1}$.

(6) 线性方程组 $\begin{cases}x+y=1,\\y+az=1,\\x+z=a\end{cases}$ 无解,求 a.

4. 试证:若 $\boldsymbol{A}^k=\boldsymbol{O}$($k$ 是正整数),则

$$(\boldsymbol{E}-\boldsymbol{A})^{-1}=\boldsymbol{E}+\boldsymbol{A}+\boldsymbol{A}^2+\cdots+\boldsymbol{A}^{k-1}.$$

5. 求下列矩阵的逆矩阵:

(1) $\boldsymbol{A}=\begin{pmatrix}1&2&-3\\0&1&2\\0&0&1\end{pmatrix}$;

(2) $\boldsymbol{A}=\begin{pmatrix}0&0&1\\0&-2&0\\3&0&0\end{pmatrix}$;

(3) $\boldsymbol{A}=\begin{pmatrix}1&3&-5&7\\0&1&2&-3\\0&0&1&2\\0&0&0&1\end{pmatrix}$;

(4) $\boldsymbol{A}=\begin{pmatrix}3&-2&0&-1\\0&2&2&1\\1&-2&-3&-2\\0&1&2&1\end{pmatrix}$.

6. 求下列矩阵的秩:

(1) $\begin{pmatrix}3&2&-1&-3&-2\\2&-1&3&1&-3\\7&0&5&-1&8\end{pmatrix}$;

(2) $\begin{pmatrix}1&0&1&0&0\\1&1&0&0&0\\0&1&1&0&0\\0&0&1&1&0\\0&1&0&1&1\end{pmatrix}$.

B 能力提升

7. 已知 $\boldsymbol{A}=\begin{pmatrix}1&-1&0\\0&2&1\\1&0&-1\end{pmatrix}$,求 $(\boldsymbol{A}+2\boldsymbol{I})(\boldsymbol{A}^2-4\boldsymbol{I})^{-1}$.

8. 问能否适当选取矩阵

$$\boldsymbol{A}=\begin{pmatrix}1&-2&-1&3\\3&-6&-3&9\\-2&4&2&k\end{pmatrix}$$

中元素 k 的值，使(1) $R(\boldsymbol{A})=1$；(2) $R(\boldsymbol{A})=2$；(3) $R(\boldsymbol{A})=3$？

9. 已知 $\boldsymbol{\alpha}_1,\boldsymbol{\alpha}_2,\boldsymbol{\alpha}_3$ 是齐次线性方程组 $\boldsymbol{AX}=\boldsymbol{0}$ 的一个基础解系，问 $\boldsymbol{\alpha}_1+\boldsymbol{\alpha}_2,\boldsymbol{\alpha}_2+\boldsymbol{\alpha}_3,\boldsymbol{\alpha}_3+\boldsymbol{\alpha}_1$ 是否是该方程组的一个基础解系？为什么？

10. 解下列非齐次线性方程组：

(1) $\begin{cases}2x+3y+z=4,\\x-2y+4z=-5,\\3x+8y-2z=13,\\4x-y+9z=-6;\end{cases}$　　(2) $\begin{cases}x+y-z+w=1,\\3x-2y+z-3w=4,\\x+4y-3z+5w=-2.\end{cases}$

11. 解下列齐次线性方程组：

(1) $\begin{cases}2x_1+3x_2-x_3+5x_4=0,\\3x_1+x_2+2x_3-7x_4=0,\\4x_1+x_2-3x_3+6x_4=0,\\x_1-2x_2+4x_3-7x_4=0;\end{cases}$　　(2) $\begin{cases}3x_1+4x_2-5x_3+7x_4=0,\\2x_1-3x_2+3x_3-2x_4=0,\\4x_1+11x_2-13x_3+16x_4=0,\\7x_1-2x_2+x_3+3x_4=0.\end{cases}$

12. 求一个非齐次线性方程组，使它的全部解为

$$\begin{pmatrix}x_1\\x_2\\x_3\end{pmatrix}=\begin{pmatrix}1\\-1\\3\end{pmatrix}+c_1\begin{pmatrix}-1\\3\\2\end{pmatrix}+c_2\begin{pmatrix}2\\-3\\1\end{pmatrix},c_1,c_2\in\mathbf{R}.$$

13. 问 a,b 为何值时，下列方程组无解？有唯一解？有无穷解？在有解时求出全部解(用基础解系表示全部解).

(1) $\begin{cases}x_1+ax_2+x_3=a,\\ax_1+x_2+x_3=1,\\x_1+x_2+ax_3=a^2;\end{cases}$　　(2) $\begin{cases}x_1+x_2+bx_3=4,\\-x_1+bx_2+x_3=b^2,\\x_1-x_2+2x_3=-4.\end{cases}$

14. 某工厂检验室有甲、乙两种不同的化学原料，甲原料含锌与镁分别为 10% 和 20%，乙原料含锌与镁分别为 10% 和 30%.现在用这两种原料配制 A、B 两种试剂，A 试剂需含 2 g 锌和 5 g 镁，B 试剂需含 1 g 锌和 2 g 镁.问：配制 A、B 两种试剂需要取两种化学原料各多少克？

15. 一份食谱由 3 种食物组成，这些食物所含营养和食谱中要求达到的营养总量如表 8-5 所示，食物的质量用适当的单位计量.

表 8-5　营养食谱中食物营养含量表

营养成分	单位食谱所含营养/mg			食谱需要的营养总量/mg
	食物 1	食物 2	食物 3	
维生素 C	10	20	20	100
钙	50	40	10	300
镁	30	10	40	200

问食谱中应该包含这 3 种食物各多少单位？

数学实验8:矩阵与线性方程组

一、实验目的

(1) 熟悉向量、矩阵的输入、行列式计算及其他基本操作.

(2) 能熟练运用软件进行矩阵的各项运算.

(3) 能运用软件对方程组是否有解进行判定,并在有解时求解.

二、实验原理及实验内容

(一) 向量与矩阵的输入

数组是MATLAB的基本运算对象,一个数组中的单个数据称为元素.没有元素的数组称为空数组,只有一个元素的数组称为标量,只有一行(列)的数组称为行向量(列向量),二维数组即矩阵,超过二维的数组称为多维数组,本书主要涉及一、二维数组,因此“一(二)维数组”与“向量(矩阵)”不加区分.

向量和矩阵的建立比较简单,可以直接按行输入每个元素,也可以按照某种规律来输入.

例1 复习3种常见的向量输入法.

```
>>A=[1 3 5 7 9 11 13 15] % 直接录入行向量 A
A=  1   3   5   7   9   11   13   15
>>B=1 :3 :17 % 生成行向量 B,首项为 1,步长为 3,终值不超过 17,步长为 1 时可省略.
B=  1   4   7   10   13   16
>>C=linspace(1,8,6) % 生成等距的行向量 C,首项是 1,末项是 8,共有 6 项
C =    1.0000    2.4000    3.8000    5.2000    6.6000    8.0000
```

例2 输入矩阵 $\boldsymbol{D}=\begin{pmatrix}1&3&5\\4&5&6\\1&2&3\end{pmatrix}$.

```
>>D=[1,3,5;4 5,6;1,2 3]
D =     1      3      5
        4      5      6
        1      2      3
```

矩阵直接输入时,元素之间用空格或逗号分隔,行之间用分号(;)或按Enter键输入换行符分隔,并且一律使用中括号“[ ]”界定一个矩阵.

MATLAB还可用[ ]、eye(n)、ones(m,n)、zeros(m,n)、diag(V),rand(m,n)分别建立空矩阵、单位矩阵、全部元素为1的矩阵、零矩阵、主对角线为向量V的对角矩阵以及m行n列的随机矩阵、当m,n相同时,即产生方阵时,可以只输入1个值n,如eye(20)可建立20阶单位矩阵.

例3 生成主对角线元素为1,2,3的三阶对角矩阵,以及4行5列的随机矩阵.

```
>> v=[1,2,3];F=diag(v),G=rand(4,5)
F =    1      0      0
       0      2      0
       0      0      3
G =    0.8147    0.6324    0.9575    0.9572    0.4218
       0.9058    0.0975    0.9649    0.4854    0.9157
       0.1270    0.2785    0.1576    0.8003    0.7922
       0.9134    0.5469    0.9706    0.1419    0.9595
```

（二）矩阵的代数运算

MATLAB 中矩阵的加（+）、减（-）、乘（*）、乘方（^）、转置（'）运算与线性代数中的运算规则一致；而除法运算有左除（\）和右除（/）两种，X=A\B 是矩阵方程 $\boldsymbol{AX}=\boldsymbol{B}$ 的解，而 X=B/A 是矩阵方程 $\boldsymbol{XA}=\boldsymbol{B}$ 的解.另外，MATLAB 还定义了一种特殊运算：点运算，包括点乘（.*）、点左除（.\）、点右除（./）和点乘方（.^），两个矩阵之间的点运算是它们对应元素的直接运算，这在前面已经涉及.显然，矩阵的这些运算对矩阵维数的要求必须满足线性代数中的规定.

例 4　输入两个 2×3 矩阵 $\boldsymbol{A},\boldsymbol{B}$，计算 $\boldsymbol{A}+\boldsymbol{B},\boldsymbol{A}-\boldsymbol{B},3\boldsymbol{A},(2\boldsymbol{A}^{\mathrm{T}}+3\boldsymbol{B}^{\mathrm{T}})^{\mathrm{T}}$.

```
>> A=[1,1,2;2,3,3]; B=[5,5,7;8,9,2];
>> C=A+B,D=A-B,E=3*A,F= (2*A'+3*B')'
C =     6      6      9
       10     12      5
D =    -4     -4     -5
       -6     -6      1
E =     3      3      6
        6      9      9
F =    17     17     25
       28     33     12
```

例 5　求例 4 中矩阵 $\boldsymbol{A},\boldsymbol{B}$ 的点运算.

```
>>G=A.*B,H=A./B,J=A.^2
G =     5      5     14
       16     27      6
H =    0.2000    0.2000    0.2857
       0.2500    0.3333    1.5000
J =     1      1      4
        4      9      9
```

（三）矩阵基本分析

MATLAB 中的矩阵分析包括方阵的行列式、方阵的逆、矩阵的秩和化矩阵为行最简矩阵等，相关

函数的调用十分简单明了:

```
det(A)    % 求方阵 A 的行列式
inv(A)    % 求方阵 A 的逆矩阵
rank(A)   % 求矩阵 A 的秩
rref(A)   % 化矩阵 A 为行最简矩阵
trace(A)     % 求矩阵 A 的迹
eig(A)       % 求矩阵 A 的特征值
[V,D]=eig(A)  % 求矩阵 A 的特征值对角阵 D 和对应的特征向量 V,满足 AV=VD
```

例 6　定义一个方阵,求其行列式、逆和秩.

```
>>format rat; A=[-1,1,0;-4,3,0;1,0,2]; Determinant=det(A), Inverse=inv(A),
Rank=rank(A)
Determinant =  2
Inverse =    3     -1      0
             4     -1      0
            -3/2    1/2    1/2
Rank =    3
```

注意: 若 $\boldsymbol{X}$ 为不可逆方阵,inv(X)将给出警告信息,另外 inv(X)还可以写成 X^(-1).

(四) 解线性方程组

判断一个线性方程组是否有解时,只需将其增广矩阵化为行阶梯矩阵,然后根据非零行行数确定系数矩阵的秩和增广矩阵的秩是否相等即可得出结论;在有解时若要求其解,只需将增广矩阵化为行最简矩阵,即可写出其通解.

例 7　输入一个矩阵,然后将其化为行最简矩阵.

```
>> A=[2,-1,-1,1,2;1,1,-2,1,4;4,-6,2,-2,4;3,6,-9,7,9];
>>B=rref(A)
B =   1    0    -1    0    4
      0    1    -1    0    3
      0    0     0    1   -3
      0    0     0    0    0
```

例 8　求齐次线性方程组$\begin{cases} x_1+2x_2+2x_3+x_4=0, \\ 2x_1+x_2-2x_3-2x_4=0, \\ x_1-x_2-4x_3-3x_4=0 \end{cases}$的通解.

```
>> A=[1,2,2,1;2,1,-2,-2;1, -1,-4, -3]; format rat
>> R=rref(A)
R =   1    0    -2    -5/3
      0    1     2     4/3
```

```
        0    0    0    0
```

可见 $R(\boldsymbol{A})=2<4$,此方程组有无穷多解,取 x_3,x_4 为自由未知量得通解为

$$\boldsymbol{x}=k_1(2,-2,1,0)^{\mathrm{T}}+k_2(5/3,-4/3,0,1)^{\mathrm{T}}.$$

例 9 求非齐次线性方程组 $\begin{cases}2x_1+x_2-5x_3+x_4=8,\\ x_1-3x_2-6x_4=9,\\ 2x_2-x_3+2x_4=-5,\\ x_1+4x_2-7x_3+6x_4=0\end{cases}$ 的解.

```
>> B=[2,1,-5,1,8;1,-3,0,-6,9;0,2,-1,2,-5;1,4,-7,6,0];
>> R=rref(B)        % 将 B 化为行最简矩阵
R =   1    0    0    0    3
      0    1    0    0   -4
      0    0    1    0   -1
      0    0    0    1    1
```

可见 $R(\boldsymbol{A})=R(\boldsymbol{B})=4$,此方程组有唯一解,即 $x_1=3,x_2=-4,x_3=-1,x_4=1$.

拓展与提高 8:线性规划模型

阅读与思考 8:奇妙的数学三则

第 9 章 概率论基础

法国著名数学家拉普拉斯曾经说过:“一门开始于研究赌博机会的科学,居然成了人类知识中最重要的一门学科”.三四百年前的欧洲赌博成风,贵族们提出了不少关于赌金如何合理分配的问题,这引起了法国数学家费马、帕斯卡和荷兰数学家惠更斯的兴趣,他们在研究中逐步建立了概率论的基本概念,如事件、概率、数学期望和加法定理等.惠更斯在 1657 年发表的《赌博论中的计算》被视为概率论最早的著作.

随着生产实践的发展,为了解决射击、保险、测量等工作中涉及的一些概率问题,新的更有力的数学方法被逐步引入,概率论的研究进一步深入.20 世纪概率论实际应用开始飞速发展.物理学中的统计物理、工程技术中的自动电话、无线电技术,以及生物学的发展,使概率论的思想不断深入到各个学科.特别是近几十年来,概率论在近代物理、无线电与自动控制、工厂产品的质量控制、医药及农业实验、生物学、金融保险业等领域都有着重要的应用.这些实际需要有力地推动了概率论的发展,也促进了如信息论、排队论、可靠性理论等边缘学科的形成.

☆☆☆学习目标

理解随机事件及样本空间的概念;了解概率的统计定义;掌握概率的基本性质,会计算古典概型问题的概率.

理解条件概率的概念,掌握概率的乘法公式;会判断事件的独立性,会利用事件的独立性计算概率;掌握全概率公式与贝叶斯公式,并能进行简单应用.

理解随机变量的概念;理解离散型随机变量及分布律的概念及性质,掌握常见的离散型随机变量的分布;理解连续型随机变量及其概率密度函数、分布函数的概念及性质,掌握常见的连续型随机变量的分布;会利用分布列和概率密度以及分布函数计算事件的概率.

理解随机变量的期望与方差的概念;掌握随机变量期望、方差的性质;会计算常见分布的数学期望与方差.

§9.1 随机事件与概率

情景与问题

引例 1　抛两次硬币,观察正、反面的情况.

可能的结果为:{(正面,正面),(正面,反面),(反面,正面),(反面,反面)},抛一次的结果为以上四种中的任意一种,且每种结果出现的可能性均相同.

引例 2　观察一小时中落到地面上某一区域的树叶数.

其可能结果为{0,1,2,3,…}.取值的结果可以按照从小到大的顺序依次排成一列.落在区域上的树叶数为0,或者树叶数大于等于1等都是可能发生也有可能不发生的事件.

引例 3　从一批包含正品和次品的产品中,不放回地依次任意取出两件.若记 A_1={第一件是正品},A_2={第二件是正品},B_1={没有一件是次品},B_2={只有第一件是次品},B_3={恰有一件是次品},B_4={至少有一件是次品}.这几个事件之间存在什么样的关系呢?

三个引例的结果虽然充满着不确定性,但人们仍然能够准确预知可能结果的范围.为了表述和讨论这类随机现象,接下来给出随机事件的定义并讨论其运算和概率.

9.1.1　随机事件的概念

微课:随机试验和随机事件

自然界中的许多现象,其结果是确定的,而且可以事先预测.例如:太阳东升西落;正负电荷互相吸引;水从高处流向低处;按照现行的规则,被出示红牌的足球运动员一定会被罚下场;等等.这种在一定条件下必然发生的现象,称为确定现象或必然现象.除了必然现象外还有一类现象与必然现象是相对的,即结果具有不确定性,且事先不能断言会出现哪种结果.例如,抛掷硬币正面向上,玩骰子掷出点数3,路过十字路口时遇到红灯等,这些称为随机现象或偶然现象.概率论和数理统计就是研究随机现象的统计规律性的一门数学学科,目的是透过随机现象的外表,揭示内在的某种规律.

前面引例是对随机现象进行一次观察或进行一次试验的过程,这样的过程称为随机试验,简称试验,一般用字母 E 表示.随机试验具有以下三个特征:

(1) 可重复性:试验可以在相同条件下重复进行;

(2) 不唯一性:每次试验有多个可能结果,且所有结果已知;

（3）随机性：每次试验之前不能确定具体出现哪个结果.

试验所有可能结果的集合称为这个试验的样本空间，记作 Ω. 样本空间中的元素称为样本点，记作 $\omega_1,\omega_2,\cdots,\omega_n$. 部分样本点组成的集合称为随机事件，简称事件，通常用大写字母 $A,B,C,\cdots$ 表示. 不能再分解的随机事件称为基本事件. 随机试验中，必然发生的事件称为必然事件. 由于每次试验的结果都是 Ω 的一个样本点，所以 Ω 必然发生，即 Ω 为必然事件. 不可能发生的事件称为不可能事件，常用 $\varnothing$ 表示. 如掷骰子时，{出现 7 点} 是不可能事件.

引例 1 抛硬币两次，观察正、反面情况的试验中，Ω_1 = {（正面，正面），（正面，反面），（反面，正面），（反面，反面）}. Ω_1 是样本点个数有限的非数量型样本空间. “正面恰好出现一次”“第二次为反面”是随机事件，其中“两次均为正面”“第一次正面，第二次反面”等事件是基本事件.

引例 2 观察一小时中落到地面上某一区域的树叶数的试验中，$\Omega_2=\{0,1,2,3,\cdots\}$. Ω_2 中的样本点虽然有无数个，但可以依次排成一列，这样的集合称为可列集或可数集. Ω_2 是样本点可列的数量型样本空间.

9.1.2 随机事件的运算

事件是一个集合，所以事件之间的关系和运算都可以按照集合的关系和运算来定义.

定义 9.1 若事件 A 的发生必然导致事件 B 发生，则称事件 B 包含事件 A，记作 $A\subset B$，如图 9-1 所示.

微课：事件的关系与运算

特别地，若 $A\subset B$ 且 $B\subset A$，则称事件 A 与事件 B 相等，记作 $A=B$.

定义 9.2 事件 A 与事件 B 同时发生，这一事件称为事件 A 与 B 的积（交），记为 AB 或 $A\cap B$，如图 9-2 所示.

对任意事件 A，有 $AA=A$，$A\Omega=A$，$A\varnothing=\varnothing$.

定义 9.3 两事件 A 与 B 中至少有一件发生，这一事件称为事件 A 与 B 的和（并），记为 $A+B$ 或 $A\cup B$，如图 9-3 所示.

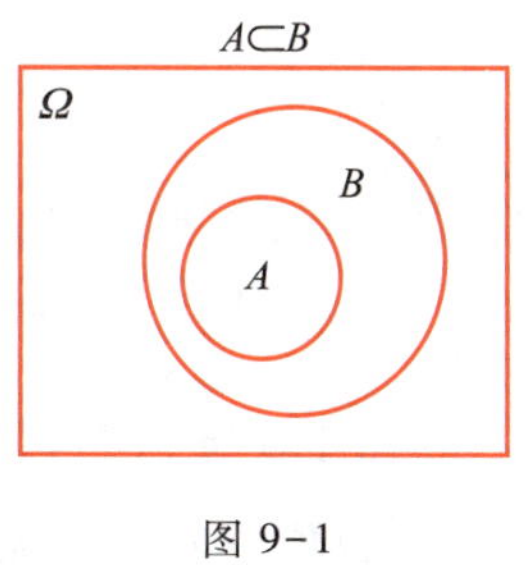

图 9-1

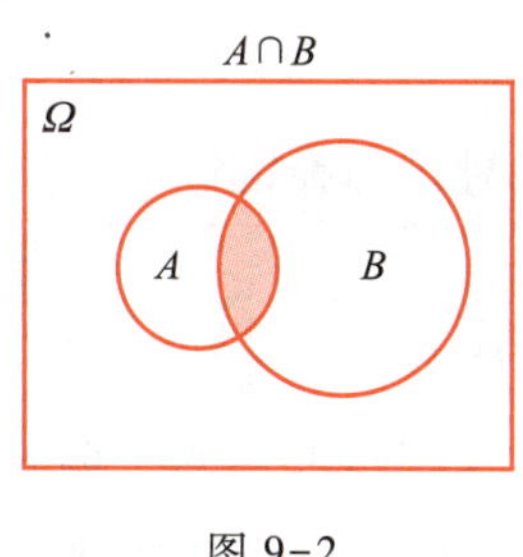

图 9-2

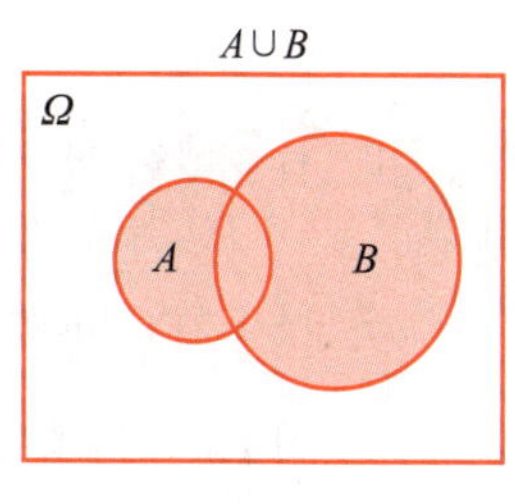

图 9-3

对任意事件 A，有 $A+A=A$，$A+\Omega=\Omega$，$A+\varnothing=A$.

定义 9.4 事件 A 发生而事件 B 不发生，这一事件称为事件 A 与 B 的差，记作 $A-B$，如图 9-4 所示.

定义 9.5 若事件 A 与事件 B 不能同时发生，即 $A\cap B=\varnothing$，则称事件 A 与 B 为互斥事

件(或不相容事件),如图 9-5 所示.

基本事件之间总是互斥的.

定义 9.6 若事件 A 与 B 满足 $A+B=\Omega$ 且 $AB=\varnothing$,则称事件 A 与 B 是互逆事件(或对立事件),记作 $B=\overline{A}$,如图 9-6 所示.

显然,互逆事件一定是互斥事件,但反之不真.

对任意事件 A 和 B,不难证明以下结论成立:

(1) $A-B=A-AB=A\overline{B}$;

(2) $\overline{\overline{A}}=A$, $\overline{\Omega}=\varnothing$, $\overline{\varnothing}=\Omega$;

(3) 德 · 摩根律:$\overline{AB}=\overline{A}+\overline{B}$, $\overline{A+B}=\overline{A}\,\overline{B}$.

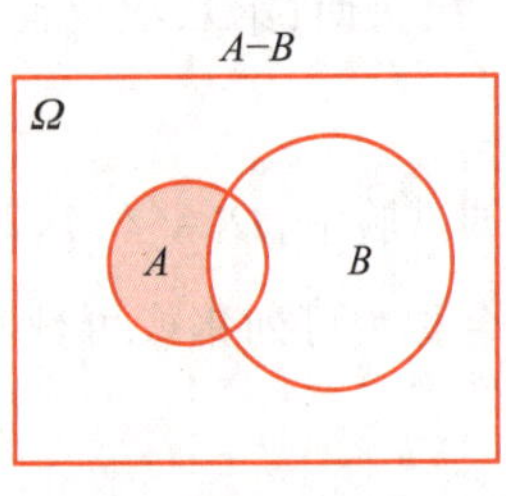

图 9-4

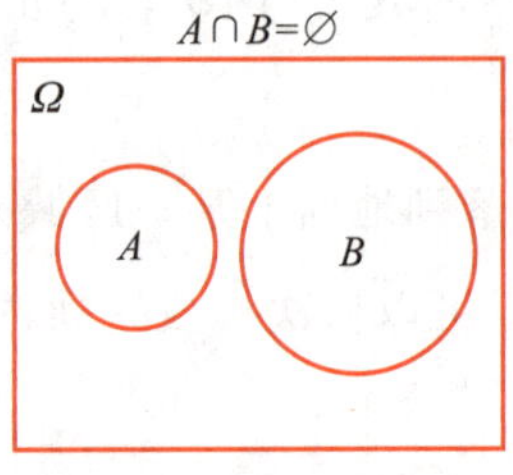

图 9-5

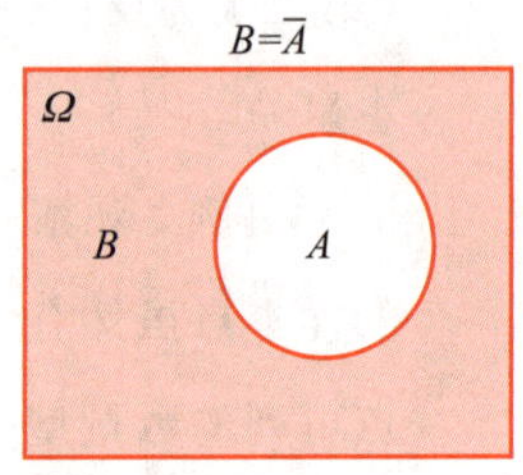

图 9-6

例 1 将引例 3 中的事件 B_1, B_2, B_3, B_4 用 A_1, A_2 表示.

解 (1) $B_1=\{$没有一件是次品$\}$表示成 A_1A_2;

(2) $B_2=\{$只有第一件是次品$\}$表示成 $\overline{A}_1A_2$;

(3) $B_3=\{$恰有一件是次品$\}$表示成 $\overline{A}_1A_2\cup A_1\overline{A}_2$;

(4) $B_4=\{$至少有一件是次品$\}$表示成 $\overline{A}_1\cup\overline{A}_2$ 或 $\overline{A_1A_2}$.

例 2 $A=\{$甲种产品畅销,乙种产品滞销$\}$,则 $\overline{A}$ 表示什么事件?

解 设 $B=\{$甲种产品畅销$\}$, $C=\{$乙种产品畅销$\}$,则 $A=B\overline{C}$.所以

$$\overline{A}=\overline{B\overline{C}}=\overline{B}+\overline{\overline{C}}=\overline{B}+C,$$

即 $\overline{A}=\{$甲种产品滞销或乙种产品畅销$\}$.

9.1.3 随机事件的概率

用来表示随机事件 A 发生可能性大小的数字度量称为事件 A 的概率,记作 $P(A)$.对于确定的事件,概率值是客观存在的.如何才能获得 $P(A)$ 的数值呢?人们常利用事件发生的次数与试验次数的比值来获知概率值的大小,这样的值称为频率.尽管事件的频率随试验的不同会有所改变,但当试验的次数逐渐增加时,频率总是逐渐稳定于一个确定的常数.

微课:概率的定义及计算

表 9-1 所示为有名的频率稳定性的例子,该试验不仅具有典型性,而且可以重复验证.

表 9-1　抛掷硬币的试验记录

试验者	抛掷硬币次数 n	正面出现次数 m	正面出现频率 $\frac{m}{n}$
德·摩根	4 092	2 048	0.500 1
蒲丰	4 040	2 048	0.506 9
威廉·费勒	10 000	4 979	0.497 9
皮尔逊	24 000	12 012	0.500 5
维尼	30 000	14 994	0.499 8

从表中可以看出，抛掷硬币次数比较少的时候，正面出现的频率波动较大，随着试验次数 n 增加，频率表现出稳定性，取值总在 1/2 附近摆动，并逐渐稳定于 1/2. 这个常数就是抛掷硬币试验中出现正面的概率. 事实上，随机事件频率的稳定性不断被人类的实践所证明.

在对英文字母使用频率深入研究后发现，各个字母被使用的频率相当稳定. 表 9-2 所示为英文字母的出现频率统计表. 实际上其他各种文字包括汉字也有类似的统计结果，这对于汉字输入方案的研制，实现汉字信息处理自动化具有重要意义.

表 9-2　英语字母出现频率

字母	空格	E	T	O	A	N	I	R	S
频率	0.2	0.105	0.072	0.065 4	0.063	0.059	0.055	0.054	0.052
字母	H	D	L	C	F	U	M	P	Y
频率	0.047	0.035	0.029	0.023	0.022 5	0.022 5	0.021	0.017 5	0.012
字母	W	G	B	V	K	X	J	Q	Z
频率	0.012	0.011	0.010 5	0.008	0.003	0.002	0.001	0.001	0.001

种种结果表明，随机现象有偶然性的一面，也有必然性的一面，这种必然性表现为大量试验中随机事件出现频率的稳定性，即一个随机事件出现的频率往往在某个常数附近摆动.

定义 9.7　多次重复试验中，若事件 A 发生的频率稳定在常数 p 附近摆动，随着试验次数的增加，这种摆动的幅度是很微小的，则称确定常数 p 为事件 A 发生的概率，记作 $P(A)=p$.

上述定义为随机事件概率的统计定义. 统计定义对应着概率论中的一类随机试验类型即古典概型. 当随机试验满足基本事件总数有限、每个基本事件发生的可能性相等两个特征时称为古典概型. 对于古典概型，概率的计算是非常直观的，若基本事件总数为 n，事件 A 包含的基本事件数为 m，则事件 A 的概率为 $P(A)=\frac{m}{n}$. 拉普拉斯在 1812 年将这个式子作为概率的一般定义.

微课：古典概型

用古典定义求概率的关键是求出基本事件的总数 n 和事件 A 所包含的基本事件数 m. 数学史上曾有一个著名的例子. 在抛掷两枚硬币观察正面和反面出现的试验中，法国著名数学家达朗贝尔论证共有三种结果，即 {（正面，正面），（反面，反面)，(一正面，一反面)}，由此他得出结论：(一正面，一反面)这一事件出现的概率为 $\frac{1}{3}$.这个结论今天看显然是错误的，因为这三种结果出现的可能性并不相同.事实上由引例 1 知基本事件总共有四种，而一正一反在两种情况下出现，即(一正面，一反面)出现的概率应为 $\frac{2}{4}=\frac{1}{2}$.

古典概型有许多方面的应用，产品抽样检查就是其中之一.许多工厂的日产量很大，对于这些产品质量逐一检验通常是不经济的也是不可能的，目前最常见的做法是从当日生产的产品中抽出若干件来检验.如果产品的好坏从外观上看不出来，且每个产品被抽到的可能性都相同，这就是古典概型，此时就可以根据检验的结果判断整批产品的质量.除此之外，古典概型还应用于水稻地块调查、水塘养殖的鱼尾数调查、某种疾病的抽查等实际问题中.

随机事件的统计概率有如下性质：

性质 1(非负性) 对于任意事件 A，有 $0\leqslant P(A)\leqslant 1$.

性质 2(规范性) $P(\Omega)=1, P(\varnothing)=0$.

性质 3(概率的加法公式) 对任意两个事件 A 与 B，有

$$P(A+B)=P(A)+P(B)-P(AB).$$

可以用图 9-7 所示的图形来解释以上事件概率之间的关系.图中阴影部分的面积表示 $P(A+B)$.

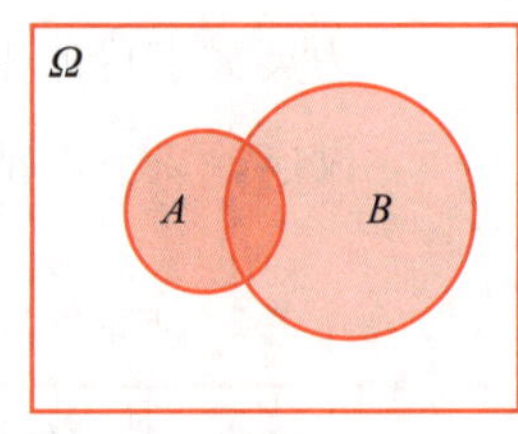

图 9-7

推论 1(有限可加性) 若事件 A 与 B 互斥，则 $P(A+B)=P(A)+P(B)$.

一般地，若事件 $A_1, A_2, \cdots, A_n$ 彼此互斥，则

$$P(A_1+A_2+\cdots+A_n)=P(A_1)+P(A_2)+\cdots+P(A_n).$$

推论 2(逆事件概率) 若 $\overline{A}$ 是 A 的逆事件，则 $P(\overline{A})=1-P(A)$.

推论 3(单调性) 若 $A\subset B$，则 $P(A)\leqslant P(B)$，且 $P(B-A)\leqslant P(B)-P(A)$.

例 3 100 件产品中有 90 件合格品，10 件次品.从中任取 2 件，求恰有 1 件次品的概率.

解 易知该试验模型是古典概型.从 100 件产品中任取 2 件的方式总共有 $n=\mathrm{C}_{100}^2$ 种.设 $A=$ {恰有 1 件次品}，则事件 A 包含的事件数 $m=\mathrm{C}_{90}^1\mathrm{C}_{10}^1$ 种.由古典概率公式得

$$P(A)=\frac{m}{n}=\frac{\mathrm{C}_{90}^1\mathrm{C}_{10}^1}{\mathrm{C}_{100}^2}=\frac{2}{11}.$$

例 4 生日问题：已知有 n 个人($n\leqslant 365$)，求至少有两个人生日在同一天的概率.

解 设 A 表示事件"n 个人中至少有两人的生日在同一天"，则 $\overline{A}$ 表示"n 个人的生日全不相同".

每个人的生日有 $N=365$ 种选择，从而 n 个人的生日共有 N^n 种安排方法，而"n 个人的生日全不相同"的安排方法总共有 A_N^n 种，因此

$$P(\overline{A})=\frac{\mathrm{A}_N^n}{N^n}=\frac{N!}{N^n\cdot(N-n)!}.$$

从而
$$P(A)=1-P(\overline{A})=1-\frac{N!}{N^n\cdot(N-n)!}.$$

对于不同 n 值计算相应的概率 $P(A)$ 如表 9-3 所示.

表 9-3　n 人中至少两人生日同一天对应概率表

n	10	20	23	30	40	50	60
$P(A)$	0.12	0.41	0.51	0.71	0.89	0.97	0.99

从表中可以看到,在人们的印象中,"一个班级中至少有两个人的生日在同一天"似乎并不常见.实际的情况是,一个人数达到 60 的班级,这个事件发生的概率高达 99%,这几乎是必然发生的事件.

例 5　设口袋中有 a 只黑球,b 只白球.现在采取不放回的方式将球一只只摸出来.求第 k 次摸出的是一只黑球的概率($1\leqslant k\leqslant a+b$).

解　$a+b$ 只球依次抽取出来,总的抽取方式有 $n=(a+b)!$种.第 k 次摸到黑球的方式总共有 a 种,同时其余次摸球相当于对 $a+b-1$ 只球进行全排列.故第 k 次摸中的是一只黑球的抽取方式有 $m=a\times(a+b-1)!$种.

由古典概率公式得 $P(A)=\dfrac{m}{n}=\dfrac{a\times(a+b-1)!}{(a+b)!}=\dfrac{a}{a+b}$.

抽签不仅在体育比赛中经常出现,在日常生活中也很常见.但抽签的公平性往往被人质疑,结果会不会和抽签的顺序有关呢？例 5 中的摸球问题是为抽签随机性设计的一个数学模型,其计算结果表明第 k 次摸得黑球结果只与黑球的数量 a 及白球的数量 b 有关,而与抽取的顺序 k 无关,即抽签与顺序无关.

例 6　某班有 80%的学生参加了数学竞赛,70%的学生参加了外语竞赛,60%的学生既参加了数学竞赛又参加了外语竞赛,问该班参加数学竞赛或外语竞赛的学生的比例.

解　设 $A=\{$参加数学竞赛的学生$\}$,$B=\{$参加外语竞赛的学生$\}$,则 $AB=\{$既参加数学竞赛又参加外语竞赛的学生$\}$,$A+B=\{$参加数学竞赛或外语竞赛的学生$\}$.由加法公式
$$P(A+B)=P(A)+P(B)-P(AB)=0.8+0.7-0.6=0.9,$$
即该班参加数学竞赛或外语竞赛的学生占 90%.

例 7　在 20 件产品中,有 15 件一级品,5 件二级品,从中任取 3 件,其中至少 1 件为二级品的概率是多少？

解　设事件 $A=\{$至少 1 件为二级品$\}$,事件 $A_i=\{$恰有 i 件二级品$\}$($i=1,2,3$),其中 A_1,A_2,A_3 彼此互斥.由推论 1 有限可加性可得
$$P(A)=P(A_1+A_2+A_3)=P(A_1)+P(A_2)+P(A_3)$$
$$=\frac{C_5^1C_{15}^2}{C_{20}^3}+\frac{C_5^2C_{15}^1}{C_{20}^3}+\frac{C_5^3}{C_{20}^3}=\frac{105}{228}+\frac{30}{228}+\frac{2}{228}=\frac{137}{228}.$$

例 8 某城市有 N 辆卡车，车牌号从 1 到 N.某人到该城市去将遇到的 n 辆车的号牌抄下，这当中可能会重复抄到某些车牌号.求抄到的最大号码正好为 k 的概率($1\leqslant k\leqslant N$).

解 设每辆卡车被遇到的机会相同. $A_k=\{$抄到的最大号码为 $k\}$，事件 $B_k=\{$抄到的最大号码不超过 $k\}$ $(1\leqslant k\leqslant N)$.显然 $A_k=B_k-B_{k-1}$，且 $B_{k-1}\subset B_k$，由性质 3 的推论 3 知，

$$P(A_k)=P(B_k)-P(B_{k-1})=\frac{k^n-(k-1)^n}{N^n}.$$

这种通过号牌估计卡车数量的方法在第二次世界大战时期的战场上得到了很好的应用.当时的盟军从击毁战车上的出厂号码推测敌方的生产批量，估计其军火生产能力，得到了相当精准的情报.

应用与实践

案例 1（赌徒的困惑） 17 世纪法国的某赌场内，著名赌徒梅尔和一位游客保罗赌钱，他们事先每人拿出 6 枚金币放在一起，并约定谁先胜 3 局谁就拿走全部的 12 枚金币.根据以往的经验，他们在每局中胜利的可能性相同.比赛开始，保罗先胜 1 局后，梅尔又连胜 2 局，这时由于意外事件他们不得不终止了赌博.于是两位赌徒开始商量如何合理分配这 12 枚金币.

保罗对梅尔说："我胜 1 局，你胜 2 局，因此金币应该三等分，你得到的金币为 2 份，总共 8 枚，而我得 1 份，即 4 枚金币."

精通赌博的梅尔对此提出异议："这显然不公平！"梅尔说道："我只需要再赢 1 局就能得到全部的金币，而你得到全部金币还需要连赢 2 局.我胜 1 局的可能性比你连赢 2 局的可能性大得多.金币的分配必须考虑这种可能性."

他们谁也说服不了谁，最后决定由法国著名的数学家费马和帕斯卡来评判.两位数学家并不热衷赌博，但他们仍对这个事件中的规律进行了深入的研究.

费马的解决办法是：如果再玩 2 局，这 2 局会出现 4 种可能的结果：

（梅尔胜，保罗胜）　（梅尔胜，梅尔胜）

（保罗胜，梅尔胜）　（保罗胜，保罗胜）

由于梅尔已经赢了 2 局，这 4 种结果中只有最后 1 种才能使保罗获胜.所以梅尔先胜 3 局的可能性是保罗先胜 3 局可能性的 3 倍.12 枚金币中的 $\frac{3}{4}$，即 9 枚应归梅尔，而保罗只能分得 $\frac{1}{4}$，即 3 枚金币.

帕斯卡用的是另一种分析方法，但分配的方案与费马完全一样.帕斯卡假设这两人接着再玩一局，那么会出现 2 种结果.如果梅尔胜了，此时梅尔已经先胜 3 局，可获得全部的金币，记为 1. 如果获胜的是保罗，梅尔和保罗均各胜两局，各得金币的一半，记为 $\frac{1}{2}$.由于第四

局两人获胜的可能性一样,所以梅尔赢得金币的可能性是两种可能性大小的算术平均,即$\left(1+\frac{1}{2}\right)\div 2=\frac{3}{4}$.同理,保罗获得金币的可能性为$\left(0+\frac{1}{2}\right)\div 2=\frac{1}{4}$.

案例2(蒲丰投针与 π) 1777 年,法国数学家蒲丰向世人宣布,他用投针试验得到了计算 π 的近似公式.投针试验是,先在一张纸上画满距离为 d 的等距平行线,然后将长度为$\frac{d}{2}$的小针随机投往纸上,记下投掷次数 n 和小针与平行线的交点个数 m,蒲丰断言,投掷次数越多,比值$\frac{n}{m}$越接近 π 的值,即 $\pi\approx\frac{n}{m}$.

先试想一下,将一根铁丝弯成直径为 d 的圆圈.将此圆圈随机地投往纸上,显然圆圈与平行线总有两个交点.因此,圆圈投下 n 次,与平行线的交点总数就是 $2n$.若把圆圈拉直,变成一条长为 πd 的铁丝,这样的铁丝投在纸上与平行线的交点可能有 4 个、3 个、2 个、1 个或 0 个,但由于圆圈和直铁丝的长度同为 πd,根据机会均等原理,当投掷较多相同次数时,两者与平行线的交点总数大致相当.这就是说,当长为 πd 的直铁丝投下 n 次时,与平行线的交点总数应大致为 $2n$.

现在讨论铁丝长为 l 的情形.当投掷次数 n 增大时,铁丝跟平行线的交点总数 m 应当与长度 l 成正比,即 $m=kl$.注意到当 $l=\pi d$ 时,有 $m\approx 2n$.于是 $2n\approx k\pi d$,$k\approx\frac{2n}{\pi d}$,代入 $m=kl$ 得 $m\approx\frac{2nl}{\pi d}$,$\pi\approx\frac{2nl}{dm}$.由于投掷的小针长度 $l=\frac{d}{2}$,于是得到 $\pi\approx\frac{n}{m}$,这就是蒲丰的著名结论.

能力训练 9.1

1. 判断下列说法是否正确.

(1) 概率论研究的是自然界中所有的现象;

(2) 互斥事件一定是互逆事件;

(3) 三个事件 A,B,C 互不相容等同于 $ABC=\varnothing$;

(4) 在转盘游戏中,指针指向转盘的每个方向都是等可能的,因此,转盘游戏是古典概型.

2. 指出下列事件中哪些是随机事件?哪些是必然事件?哪些是不可能事件?

(1) A={标准大气压下,在 25 ℃的室温时,纯水会结冰};

(2) B={对于实数 a,b,有 $a+b=b+a$};

(3) C={从分别标有号码 1,2,3,4,5,6,7,8,9,10 的 10 张号签中任取一张,得到 6 号签};

3. 从含有两件正品 a_1、a_2 和一件次品 b_1 的三件产品中每次任取一件,每次取出后不放回,连续取两次,求取出的两件中恰有一件次品的概率.

4. 在上题中,把“每次取出后不放回”这一条件换成“每次取出后放回”,其余不变,求取出的两件中恰有一件次品的概率.

5. 某射手在一次射击中射中 10 环、9 环、8 环的概率分别为 0.24,0.25,0.32,计算这个射手在一次射击中：

(1) 射中 10 环或 9 环的概率；

(2) 不够 8 环的概率.

6. 一箱子内有 9 张票，其号数分别为 1,2,…,9，从中任取 2 张，其号数至少有 1 个为奇数的概率是多少？

7. 甲、乙、丙三人在 3 天节日中需要各值一天班，求甲排在乙前边值班的概率.

8. 袋中有红色、黄色和白色的球各一个，每次任取一个，有放回地抽取三次，求取到的球无红色或无黄色的概率.

§9.2 条件概率与事件的独立性

情景与问题

引例 1 从 1,2,…,10 中任取一个数，A 表示："抽取的数不大于 7"，B 表示："抽取的数不小于 5". 在事件 A 已经发生的条件下，事件 B 发生的概率是多少呢？在事件 B 已经发生的条件下，事件 A 发生的概率又如何呢？

引例 2 肝癌普查中发现，原发性肝癌患者往往伴随着甲胎蛋白含量高的情况出现. 某地区的常住人口每 10 万人中，平均有 40 人患原发性肝癌，有 34 人的甲胎蛋白含量高，有 32 人既患原发性肝癌又出现甲胎蛋白含量高. 可疑肝癌患病确诊的情况下，出现甲胎蛋白偏高的概率是多大呢？

引例 1 提出了事件 A 已经发生的条件下，事件 B 发生的概率，记作 $P(B|A)$，这种带有条件的概率即是接下来将要讨论的条件概率.

9.2.1 条件概率

微课：条件概率与乘法公式

易知引例 1 是个古典概型. 从 1,2,…,10 中任取一个数，其样本空间为 $\Omega=\{1,2,3,\cdots,10\}$，包含了 10 个基本事件. 事件 A 表示"抽取的数不大于 7"，即 $A=\{1,2,3,4,5,6,7\}$，包含了 7 个基本事件. 而事件 B 表示"抽取的数不小于 5"，即 $B=\{5,6,7,8,9,10\}$，包含了 6 个基本事件.

已知事件 A 发生，即在抽取的数字不大于 7 的条件下，所有可能的数限定在这 7 个数的范围内. 这其中同时属于事件 B 即 $AB=\{5,6,7\}$ 的共有 3 个数. 求事件 B 抽取的数不小于 5 的可能性，就是求条件概率 $P(B|A)$. 计算 $P(B|A)$ 的问题等价于在样本空间缩小至 A 的前提下，事件 AB 发生的概率. 因此

$$P(B|A)=\frac{P(AB)}{P(A)}=\frac{3}{7}.$$

同理

$$P(A\mid B)=\frac{P(AB)}{P(B)}=\frac{3}{6}=\frac{1}{2}.$$

定义 9.8 设 A、B 为两个随机事件，且事件 A 的概率 $P(A)>0$，则在事件 A 发生的条件下，事件 B 发生的概率

$$P(B\mid A)=\frac{P(AB)}{P(A)}$$

称为条件概率，相应地把 $P(B)$ 称为无条件概率.

条件概率问题的实质是样本空间发生了缩减.在引例 2 中，若记 $A=\{$某地区原发性肝癌患者$\}$，$B=\{$甲胎蛋白含量高$\}$.当计算无条件概率 $P(B)$ 时，样本空间为“该地区的所有常住居民”，$P(B)=\dfrac{34}{100\,000}$，而在计算条件概率 $P(B\mid A)$ 时，样本空间已缩减为事件 A 即“原发性肝癌患者”，此时事件 AB 发生的次数为 32，有

$$P(B\mid A)=\frac{P(AB)}{P(A)}=\frac{32}{40}=\frac{4}{5}.$$

条件概率具有与概率相同的性质：设 A 是一事件，且 $P(A)>0$，则

(1) 对于任一事件 B，$0\leqslant P(B\mid A)\leqslant 1$；

(2) $P(\Omega|A)=1$；

(3) 若 A_1，A_2 互不相容，则 $P(A_1\cup A_2\mid A)=P(A_1\mid A)+P(A_2\mid A)$.

例 1 某种电池可使用 80 小时以上的概率为 0.9，可使用 100 小时以上的概率为 0.65.一只电池已使用了 80 小时，求它还可以使用至少 20 小时的概率.

解 设事件 $A=\{$使用 80 小时以上$\}$，$B=\{$使用 100 小时以上$\}$，由条件概率公式得

$$P(B\mid A)=\frac{P(AB)}{P(A)}=\frac{0.65}{0.90}=\frac{13}{18}.$$

例 2 一批同型号的产品由甲、乙两厂生产，产品合格情况如表 9-4 所示.

表 9-4 两厂产品的合格情况统计表

等级	合格情况统计		
	甲厂	乙厂	合计
合格品	475	644	1 119
次 品	25	56	81
合 计	500	700	1 200

从这批产品中随机取一件，假设被告之取出的产品是甲厂生产的，那么这件产品为次品的概率是多少？如果发现该产品是次品，那么这件产品是甲厂生产的概率又是多少？

解 记“取出的产品为次品”这一事件为 A，“取出的产品是甲厂生产的”这一事件为 B.由条件概率公式，取出的是甲厂生产的条件下，产品为次品的概率为

$$P(A|B)=\frac{P(AB)}{P(B)}=\frac{25}{500}=\frac{1}{20},$$

而取出的是次品的条件下，产品为甲厂生产的概率为

$$P(B|A)=\frac{P(AB)}{P(A)}=\frac{25}{81}.$$

9.2.2 乘法公式

由条件概率公式变形可以得到

$$P(AB)=P(A)P(B|A),\ P(A)>0,$$

或

$$P(AB)=P(B)P(A|B),\ P(B)>0.$$

上述两式称为概率的乘法公式.它可推广到多个事件的乘积：

$$P(ABC)=P(AB)P(C|AB)=P(A)P(B|A)P(C|AB).$$

$$P(A_1A_2\cdots A_{n-1}A_n)=P(A_1)P(A_2|A_1)P(A_3|A_1A_2)\cdots P(A_n|A_1A_2\cdots A_{n-1}).$$

例 3 某光学仪器厂制造的透镜，第一次落下时打破的概率为 $\frac{1}{2}$，若第一次落下未打破，第二次落下时打破的概率为 $\frac{7}{10}$，若前两次落下均未打破，第三次落下时打破的概率为 $\frac{9}{10}$.求透镜落下三次未打破的概率.

解 设 A_i = {透镜第 i 次落下打破}$(i=1,2,3)$，B = {透镜落下三次未打破}.因为 $B=\overline{A_1}\,\overline{A_2}\,\overline{A_3}$，故有

$$\begin{aligned}P(B)&=P(\overline{A_1}\,\overline{A_2}\,\overline{A_3})=P(\overline{A_1})P(\overline{A_2}|\overline{A_1})P(\overline{A_3}|\overline{A_1}\,\overline{A_2})\\&=\left(1-\frac{1}{2}\right)\times\left(1-\frac{7}{10}\right)\times\left(1-\frac{9}{10}\right)=\frac{3}{200}.\end{aligned}$$

9.2.3 事件的独立性

在条件概率中我们注意到，一般来说 $P(B|A)\neq P(B)$，即 A 是否发生对 B 发生的概率是有影响的，但例外的情形大量存在.

微课：事件的独立性

例如，袋中有 5 个黑球和 3 个白球，从袋中取球两次，设 A = {第一次取到白球}，B = {第二次取到黑球}，讨论第一次取到白球的条件下，第二次取到黑球的概率：

（1）无放回地抽取时，在第一次取到白球的条件下，袋中剩下的球为 4 个黑球，3 个白球，第二次取到黑球的概率为

$$P(B|A)=\frac{4}{7}.$$

（2）有放回地抽取时，无论第一次取到的情况如何，在第二次取球时，仍有 5 个黑球 3 个白球，故有

$$P(B)=P(B|A)=\frac{5}{8}.$$

注意到采用无放回的方式抽取时，第一次有没有取到白球对第二次取到黑球概率的计算是有影响的．但在采用有放回的方式时，事件 B 发生的概率不受事件 A 是否发生的影响．实际上，事件 A 发生的概率也与事件 B 无关．这就是事件的独立性．

定义 9.9 在两个事件 A,B 中，任一事件的发生与否不影响另一事件的发生，则称事件 A 与 B 是相互独立的．

相互独立的事件有如下性质：

性质 1 事件 A 与 B 相互独立的充要条件是 $P(AB)=P(A)P(B)$．

性质 2 若 $P(A)>0$，则事件 A 与 B 相互独立的充要条件是 $P(B\mid A)=P(B)$．

$P(B)>0$ 时有类似的结论．

性质 3 若事件 A 与 B 相互独立，则 A 与 $\overline{B}$，$\overline{A}$ 与 B，$\overline{A}$ 与 $\overline{B}$ 也都相互独立．

下面来定义 n 个事件的独立性．例如，$n=3$ 时，A_1,A_2,A_3 相互独立，当且仅当以下 4 个等式同时成立：

$$\begin{cases}P(A_1A_2)=P(A_1)P(A_2),\\P(A_1A_3)=P(A_1)P(A_3),\\P(A_2A_3)=P(A_2)P(A_3),\\P(A_1A_2A_3)=P(A_1)P(A_2)P(A_3).\end{cases}$$

定义 9.10 设 $A_1,A_2,\cdots,A_n$ 是 n 个事件，若其中任意两个事件均相互独立，则称 $A_1,A_2,\cdots,A_n$ 两两独立．

可见 n 个事件两两独立不能等同于 n 个事件相互独立．n 个事件相互独立时必有事件两两独立，反之不真．

独立性在概率的理论和应用中都很重要．在实际中，一般不会借助公式 $P(AB)=P(A)P(B)$ 来判断事件间的独立性，而是根据独立的意义和事件的实际背景来进行判断．如果事件间没有关联或者关联非常弱，就可以认为它们之间是相互独立的．当事件具有独立性时，许多概率的计算就能大大简化．

例 4 甲、乙二人去考驾照，如果甲通过考试的概率为 0.8，乙通过考试的概率为 0.6，求（1）两人都能通过考试的概率；（2）恰有一人通过考试的概率；（3）至少有一个人通过考试的概率．

解 设 $A=\{$甲通过考试$\}$，$B=\{$乙通过考试$\}$．在考试过程中，由于甲是否通过不会影响到乙的通过，于是 A 与 B 相互独立，由性质 3 可知 A 与 $\overline{B}$，$\overline{A}$ 与 B，$\overline{A}$ 与 $\overline{B}$ 也相互独立．

（1）两人都能通过考试概率为 $P(AB)=P(A)P(B)=0.8\times0.6=0.48$；

（2）设 $C=\{$恰有一人通过考试$\}$，则 $C=A\overline{B}\cup\overline{A}B$，所以

$$\begin{aligned}P(C)&=P(A\overline{B}\cup\overline{A}B)=P(A\overline{B})+P(\overline{A}B)=P(A)P(\overline{B})+P(\overline{A})P(B)\\&=0.8\times(1-0.6)+(1-0.8)\times0.6=0.44;\end{aligned}$$

(3) 设 $D=\{$至少有一人通过考试$\}$,则 $D=A+B$,所以

$$P(D)=1-P(\overline{D})=1-P(\overline{A}\,\overline{B})$$
$$=1-P(\overline{A})P(\overline{B})=1-(1-0.8)\times(1-0.6)=0.92.$$

例 5 设口袋里装有四张形状相同的卡片,在四张卡片上依次标有下列各组数字:110,101,011,000.从袋中任取一张卡片,记 $A_i=\{$取到的卡片第 i 位上的数字为 $1\}$,$(i=1,2,3)$.证明:A_1,A_2,A_3 两两独立,但 A_1,A_2,A_3 不相互独立.

证明 由题意知:

$$P(A_1)=P(A_2)=P(A_3)=\frac{2}{4}=\frac{1}{2},$$

$$P(A_1A_2)=P(A_2A_3)=P(A_1A_3)=\frac{1}{4},$$

$$P(A_1A_2A_3)=0.$$

可见 $P(A_1A_2)=P(A_1)P(A_2)$,$P(A_1A_3)=P(A_1)P(A_3)$,$P(A_2A_3)=P(A_2)P(A_3)$成立,即 A_1,A_2,A_3 两两独立.但 $P(A_1A_2A_3)\neq P(A_1)P(A_2)P(A_3)$,故 A_1,A_2,A_3 不相互独立.

9.2.4 全概率公式与贝叶斯公式

情景与问题

引例 3 编号为甲和乙的箱子装有红球和白球若干.已知甲箱装有 4 个红球,3 个白球.乙箱装有 2 个红球,3 个白球.先从甲箱中任意取一个球放入乙箱,再从乙箱中取出一只球.请问,从乙箱中取出的是红球的概率有多大?

问题的难点在于第一次从甲箱中取出放入乙箱中的球,并不清楚是红球还是黑球.而结果会影响到第二次从乙箱中取出红球的概率.

设 $A=\{$从甲箱中取出红球$\}$,则 $\overline{A}=\{$从甲箱中取出黑球$\}$,$B=\{$从乙箱中取出红球$\}$.

虽然从甲箱中取到的是红球还是黑球是不确定的,但所有可能的原因只有 A 和 $\overline{A}$ 两种,并且 A 和 $\overline{A}$ 不可能同时发生,只可能发生其中之一.此时 B 可以分解为不相容的事件 AB 与 $\overline{A}B$ 之和,即 $B=AB+\overline{A}B$,由加法公式及乘法公式可得:

$$P(B)=P(AB+\overline{A}B)=P(AB)+P(\overline{A}B)$$
$$=P(A)P(B\mid A)+P(\overline{A})P(B\mid \overline{A})$$
$$=\frac{4}{7}\times\frac{3}{6}+\frac{3}{7}\times\frac{2}{6}=\frac{3}{7}.$$

微课:全概率公式

将以上的方法推广到一般的情形,可以得到概率中常用的全概率公式.

设 Ω 为随机试验的样本空间,$A_1,A_2,\cdots,A_n$ 为随机试验的一组事件.若事件 $A_1,A_2,\cdots,A_n$ 互不相容,且 $A_1\cup A_2\cup\cdots\cup A_n=\Omega$,则 $A_1,A_2,\cdots,A_n$ 称为样本空间 Ω 的一个有限分割.此时,对任意事件 B 有

$$P(B)=\sum_{n=1}^{n}P(A_i)P(B\mid A_i),\quad i=1,2,\cdots,n.$$

该公式称为全概率公式.

例 6 先天性色盲是一种双眼视功能正常而变色异常的一种遗传性疾病，男性患者多于女性.已知某地区男性色盲的发病率为 4.7%，女性色盲发病率为 0.7%.该地区的男性与女性比例为 120 : 100，即每出生 100 个女婴时，就有 120 个男婴出生.该地区任意检查一人，此人是色盲的概率是多少？

解 设 $A=\{$抽查到男性$\}$，则 $\overline{A}=\{$抽查到女性$\}$，$B=\{$此人为色盲$\}$，由题意知：

$$P(A)=\frac{120}{220},\ P(\overline{A})=\frac{100}{220};\quad P(B\mid A)=4.7\%,\ P(B\mid \overline{A})=0.7\%.$$

根据全概率公式有

$$\begin{aligned}P(B)&=P(A)P(B\mid A)+P(\overline{A})P(B\mid \overline{A})\\&=\frac{120}{220}\times4.7\%+\frac{100}{220}\times0.7\%\approx2.6\%.\end{aligned}$$

这表明该地区的色盲发病率为 2.6%，每 1 000 个人中，大约有 26 个色盲.

引例 4 在引例 3 中，如果已知从乙箱中取出的是红球，那么从甲箱中取出放入乙箱的是红球的可能性大还是白球的可能性大？

微课：贝叶斯公式

引例 4 是在已经知道 $B=\{$从乙箱中取出红球$\}$这一结果发生的前提下，考察导致这个结果发生的原因 A 和 $\overline{A}$ 的可能性大小.这属于条件概率，比较的是 $P(A\mid B)$ 及 $P(\overline{A}\mid B)$ 的大小.若事件 $A_1,A_2,\cdots,A_n$ 为样本空间 Ω 的有限分割，$P(A_i)>0$，且 $P(B)>0$，由条件概率公式及乘法公式知

$$P(A_i\mid B)=\frac{P(A_iB)}{P(B)}=\frac{P(A_i)P(B\mid A_i)}{\sum\limits_{j=1}^{n}P(A_j)P(B\mid A_j)},\quad i=1,2,\cdots,n.$$

这个公式称为贝叶斯公式.公式中的分母 $P(B)$ 正是全概率公式，而分子是全概率公式 n 项和中对应的某一项.下面我们用贝叶斯公式来计算引例 2 中的 $P(A\mid B)$ 及 $P(\overline{A}\mid B)$.

$$P(A\mid B)=\frac{P(A)P(B\mid A)}{P(A)P(B\mid A)+P(\overline{A})P(B\mid \overline{A})}=\frac{\frac{4}{7}\times\frac{3}{6}}{\frac{4}{7}\times\frac{3}{6}+\frac{3}{7}\times\frac{2}{6}}=\frac{2}{3},$$

$$P(\overline{A}\mid B)=\frac{P(\overline{A})P(B\mid \overline{A})}{P(A)P(B\mid A)+P(\overline{A})P(B\mid \overline{A})}=\frac{\frac{3}{7}\times\frac{2}{6}}{\frac{4}{7}\times\frac{3}{6}+\frac{3}{7}\times\frac{2}{6}}=\frac{1}{3}.$$

结果说明，当发现从乙箱中取出红球时，从甲箱中取出放入乙箱的是红球的可能性约为 66.7%，而从甲箱中取出白球的可能性只有 33.3%.

贝叶斯公式是 1763 年由英国学者贝叶斯发现的.从公式出发，现在已经发展成“贝叶斯理论”,并在工程技术、经济管理、医学诊断等领域发挥着重要的作用.

例 7 发热是医院接待的门诊病人中经常出现的症状.引起发热的原因很多,最常见的原因是病人患有 A_1, A_2, A_3 这三种不同的疾病.根据医学经验,A_1, A_2, A_3 的发病率分别是 0.2, 0.3, 0.5. A_1 的患者中有 90% 比例的病人出现发热症状,而 A_2, A_3 的患者出现发热症状的比例分别为 85% 和 80%.当医生接诊了一名发热患者时,这位病人患哪一种病的可能性更大?

解 用 A_1, A_2, A_3 分别表示患有 A_1, A_2, A_3 这三种疾病. B 表示患者出现发热症状.

则
$$P(A_1)=0.2, P(A_2)=0.3, P(A_3)=0.5,$$
且
$$P(B \mid A_1)=0.9, P(B \mid A_2)=0.85, P(B \mid A_3)=0.80.$$

现在用贝叶斯公式来分析患病可能性大小.

$$P(A_1 \mid B)=\frac{P(A_1)P(B \mid A_1)}{\sum_{j=1}^{3} P(A_j)P(B \mid A_j)}=\frac{0.2\times 0.9}{0.2\times 0.9+0.3\times 0.85+0.5\times 0.8}\approx 17.7\%,$$

$$P(A_2 \mid B)=\frac{P(A_2)P(B \mid A_2)}{\sum_{j=1}^{3} P(A_j)P(B \mid A_j)}=42.9\%,\ P(A_3 \mid B)=\frac{P(A_3)P(B \mid A_3)}{\sum_{j=1}^{3} P(A_j)P(B \mid A_j)}=39.4\%.$$

结果显示 $P(A_2 \mid B)>P(A_3 \mid B)>P(A_1 \mid B)$,即判断患有疾病 A_2 的可能性最大.患有 A_3 的可能性仅次于 A_2,而患 A_1 的可能性最小.

在例 7 中,诸如发病率 $P(A_1), P(A_2), P(A_3)$ 这样在试验前就已经知道的概率称为先验概率.先验概率往往是对过去已有经验的总结,它能对试验将要出现的结果提供一定的信息.当结果“发热”出现时,条件概率 $P(A_1 \mid B), P(A_2 \mid B), P(A_3 \mid B)$ 反映了试验以后对导致结果发生“原因”的各种可能性大小的分析.像 $P(A_1 \mid B), P(A_2 \mid B), P(A_3 \mid B)$ 这样的概率称为后验概率.人们往往喜欢找有经验的医生为自己治病,因为过去的“经验”能帮助医生做出比较准确的诊断.而贝叶斯公式正是用到了“经验”的信息,计算结果往往与实际相符,因此受到人们的普遍重视及应用.

拾趣

诚实守信的重要性——“狼来了”的概率视角

在学习概率论后重温伊索寓言中“狼来了”的故事,非常有趣.设事件 A 表示“小孩说谎”, B 表示“村民相信小孩说的话”.假设村民开始对小孩说话的可信度是 0.8,即 $P(B)=0.8$,则 $P(\overline{B})=0.2$.我们认为村民相信小孩的话时小孩说谎的概率为 0.1,即 $P(A \mid B)=0.1$,村民不相信小孩的话时小孩说谎的概率为 0.8,即 $P(A \mid \overline{B})=0.8$.第一次村民上山打狼发现狼没有真的来,即小孩说谎了.小孩说谎的概率为

$$P(A)=P(B)P(A \mid B)+P(\overline{B})P(A \mid \overline{B})=0.24.$$

村民根据这个信息,对这个小孩的可信度重新进行评估,则村民此时对小孩的可信度为 $P_1(B \mid A)\approx 0.333$.这表明村民上了一次当以后对小孩的可信度由原来的 0.8 降到了 0.333.同样的方法可计算出,第二次说谎后村民对小孩的可信度为 $P_2(B \mid A)\approx 0.059$.这表明村民经过两次上当,对小孩的信任度已经从原来的 0.8 降为 0.059,如此低的可信度,村民怎么可能还会上山来打狼呢?周幽王烽火戏诸侯也是同样道理.

应用与实践

案例 1（系统的可靠性） 一个元件能正常工作的概率称为元件的可靠性，而元件组成的系统能正常工作的概率称为系统的可靠性.可靠性数学理论起源于 20 世纪 30 年代，最早研究的领域包括机器维修、设备更新和材料疲劳寿命等问题.第二次世界大战期间，由于研制使用复杂的军事装备和评定改善系统可靠性的需要，可靠性理论得到重视和发展，它的应用已经从军事部门扩展到国民经济的许多领域.

如图 9-8 所示，这是一个串并联电路示意图，A,B,C,D,E,F,G,H 都是电路中的元件.它们下方的数字是各自的可靠性，求该电路的可靠性.

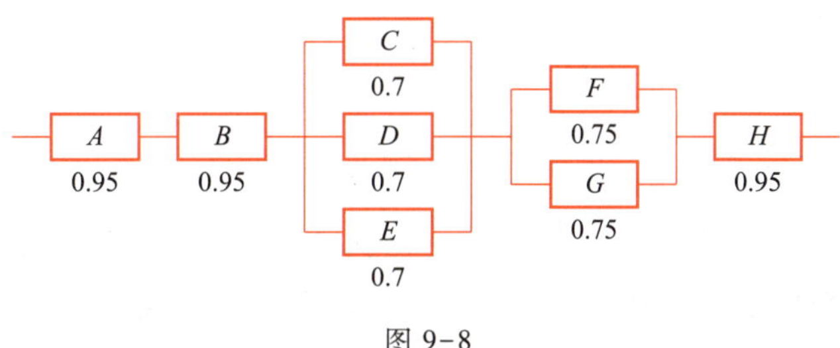

图 9-8

设电路的可靠性为 W，并用 A,B,C,D,E,F,G,H 表示对应元件的可靠性.于是事件 W 发生等价于事件 $A,B,(C+D+E),(F+G)$ 和事件 H 同时发生.其中 $(C+D+E)$ 表示 C,D,E 这三个元件至少有一个正常工作，$(F+G)$ 表示 F,G 这两个元件至少有一个正常工作.由于各元件的能否正常工作相互独立，因此，

$$P(W)=P(A)P(B)P(C+D+E)P(F+G)P(H).$$

其中

$$P(C+D+E)=1-P(\overline{C})P(\overline{D})P(\overline{E})=1-0.3^3=0.973.$$

$$P(F+G)=1-P(\overline{F})P(\overline{G})=1-0.25^2=0.9375.$$

综上有

$$P(W)=0.95^3\times0.973\times0.9375\approx0.782.$$

案例 2（保险赔付问题） 设有 n 个人向保险公司购买人身意外险，保期为一年.假定投保人在一年内发生意外的概率为 0.01，求：(1) 该保险公司赔付的概率；(2) n 为多大时可使以上赔付的概率不低于 $\frac{1}{2}$.

解 (1) 设 A_i 表示第 i 个投保人出现意外，$i=1,2,\cdots,n$，A 表示保险公司赔付，则 A_1，$A_2,\cdots,A_n$ 相互独立，且 $A=\bigcup\limits_{i=1}^{n}A_i$，因此

$$P(A)=P\left(\bigcup_{i=1}^{n} A_i\right)=1-P\left(\overline{\bigcup_{i=1}^{n} A_i}\right)=1-P\left(\bigcap_{i=1}^{n}\overline{A_i}\right)$$

$$=1-\prod_{i=1}^{n}P(\overline{A_i})=1-(0.99)^n.$$

(2) 若要 $P(A)\geqslant 0.5$,即要 $0.99^n<0.5$,则有

$$n>\frac{\lg 2}{2-\lg 99}\approx 684.16.$$

也就是说,当投保人数不少于 685 时,保险公司有大于一半的概率需要赔付.这表明,虽然 0.01 是概率很小的事件,但若重复试验次数充分大时,小概率事件至少发生一次的可能性是不容忽视的.

能力训练 9.2

1. 判断下列说法是否正确.

(1) 在样本空间中存在两个既互斥又相互独立的事件;

(2) 存在与任何事件都相互独立的事件;

(3) 概率非零的两事件 A 和 B,A,B 互斥则必有 A,B 相互独立;

(4) A,B,C 三事件满足 $P(ABC)=P(A)P(B)P(C)$,则 A,B,C 三事件相互独立.

2. 设 $P(A)=0.4$,$P(B)=0.3$,$P(AB)=0.2$,求 $P(A\mid B)$,$P(B\mid A)$.

3. 在 10 个形状大小均相同的球中有 6 个红球和 4 个白球,不放回地依次摸出 2 个球,求在第 1 次摸出红球的条件下第 2 次也摸到红球的概率.

4. 某种动物从出生活到 20 岁的概率为 0.8,活到 25 岁的概率为 0.4.问:现年 20 岁的这种动物活到 25 岁的概率是多少?

5. 甲乙两个同学进行投篮练习,如果他们投篮的命中率分别是 0.9 与 0.8,求在这次练习中:(1) 两个同学都命中的概率;(2) 至少有一个同学命中的概率.

6. 一批产品中有 5%的废品,而合格品中一等品占 40%.在这批产品中任取一件,求该产品是一等品的概率.

7. 假设一批产品中一、二、三等品各占 60%、30%,10%,从中任取一件,发现它不是三等品,求它是一等品的概率.

8. 假设医生甲有 A,B 两种方案治疗某疾病,甲采用方案 A,B 的概率分别为 0.6,0.4.方案 A,B 的治愈率分别为 0.8,0.9.对于患此病的某患者,(1) 计算他被治愈的概率;(2) 现患者被治愈,计算医生采用的是方案 A 的概率.

§9.3 随机变量及其分布

情景与问题

引例 1 抛掷均匀的硬币一次，结果为正面向上或反面向上.定义函数 X 为

$$X=\begin{cases}1, & \text{正面向上},\\ 0, & \text{反面向上}.\end{cases}$$

这里 $X=1$ 等价于事件“硬币正面向上”，且 $P(X=1)=\frac{1}{2}$.

引例 2 某人计划到外地某城市旅游，他可以选择坐飞机、乘火车或者自驾前往.花费分别是 1 000 元、300 元和 1 200 元.该名旅行者选择三种交通工具的概率依次为 0.5、0.3、0.2.定义函数 X 为旅行的费用，则 $X=300$ 等价于事件“坐火车”，$\{X=300\}$ 这一事件的概率记为 $P(X=300)=0.3$.

引例 3 将一根长度为 l 的杆分成两段，记 X 为较长一段的杆的长度，则 $\left\{\frac{3}{4}l\leqslant X\leqslant l\right\}$ 表示“截取的较长一段的杆的长度在 $\frac{3}{4}l$ 到 l 之间”.

可以看出，一些随机试验的结果直接与数值有关，如引例 2 和引例 3.引例 1 中抛硬币的试验的结果虽然与数值没有直接关系，但通过引入函数 X，其结果也能与数值联系起来.在所讨论的随机试验中，人们通过引入与试验结果有关系的变量，以达到对随机试验更好的了解，并从整体上对随机试验进行准确刻画，这样的变量便称为随机变量.本节重点研究随机变量相关概率及其分布.

9.3.1 随机变量的概念

随机变量的概念

定义 9.11 定义在样本空间上的单值实函数 $X=X(\omega)$，对于任意实数 x，集合 $\{\omega\mid X(\omega)\leqslant x\}$ 都是随机事件，则称 X 为随机变量.

随机变量常用大写字母 $X,Y,Z,\cdots$，或希腊字母 $\xi,\eta,\zeta,\cdots$ 等表示.

随机变量的引入，使随机试验中的各种事件可通过随机变量的关系式表达出来.比如在引例 3 中，事件{杆正好从中点截开}可用$\left\{x=\frac{l}{2}\right\}$来表示.随机变量概念的产生是概率论发展史上一次重大的飞跃.对随机现象统计规律的研究，就由对事件及其概率的研究转化为对随机变量及其取值规律的研究，使人们可利用数学分析的方法对随机试验的结果进行广泛而深入的探讨.

随机变量按其取值情况分为离散型和非离散型.若随机变量的取值是有限个或可列个，这样的随机变量称为离散型随机变量，如引例 1、引例 2.在非离散型随机变量中，最常见的是连续型随机变量.连续型随机变量是指按一定的概率规律在某一个或若干个有限或无限区间上取值的随机变量，如引例 3.

9.3.2 离散型随机变量

微课：离散型随机变量

定义 9.12 设随机变量 X 的可能取值为 $x_1, x_2, x_3, \cdots, x_n, \cdots$，其相应的概率 $P(X=x_k)=p_k(k=1,2,3,\cdots)$ 称为离散型随机变量 X 的概率分布，或分布律、分布列，简称为分布. 常用表格形式表示 X 的概率分布：

X	x_1	x_2	x_3	$\cdots$	x_n	$\cdots$
p_k	p_1	p_2	p_3	$\cdots$	p_n	$\cdots$

其中，概率 $p_k=P(X=k)(n=1,2,3,\cdots)$ 有如下性质：

(1) $0\leqslant p_k\leqslant 1(k=1,2,3,\cdots)$；

(2) $p_1+p_2+p_3+\cdots+p_n+\cdots=\sum\limits_{k=1}^{\infty}p_k=1.$

例 1 某射击运动员每次射击中靶与否互不影响，每次射击中靶概率为 p，X 表示射击直到击中目标为止的射击次数. 求出 X 的分布律.

解 X 为离散型随机变量，可能的取值为正整数，相应的概率如下：

“$X=1$”表示射击一次就中靶，则 $P(X=1)=p$；

“$X=2$”表示第一次射击未中靶，第二次射击中靶，则 $P(X=2)=(1-p)p$；

“$X=k$”表示前 $k-1$ 次射击未中靶，第 k 次射击中靶，由此得到 X 的分布律为

$$P(X=k)=(1-p)^{k-1}p,\quad k=1,2,3,\cdots.$$

例 2 设离散型随机变量 X 的分布律为

X	-1	1	2
p_k	a	a	$2a$

求：(1) 常数 a；(2) 概率 $P(X\geqslant 1)$ 及 $P(X\leqslant 2)$.

解 (1) 根据离散型随机变量的性质，有关系式 $a+a+2a=1$ 成立，则 $a=\dfrac{1}{4}$.

(2) 代入常数 a，得 X 的分布律为

X	-1	1	2
p_k	$\dfrac{1}{4}$	$\dfrac{1}{4}$	$\dfrac{1}{2}$

所以

$$P(X\geqslant 1)=P(X=1)+P(X=2)=\frac{1}{4}+\frac{1}{2}=\frac{3}{4},$$

$$P(X\leqslant 2)=P(X=-1)+P(X=1)+P(X=2)=\frac{1}{4}+\frac{1}{4}+\frac{1}{2}=1.$$

常见的离散型随机变量有两点分布和二项分布.

1. 两点分布

抛掷一枚硬币出现正面或反面、产品抽样检验结果合格或不合格、子弹命中目标是与否,新生儿性别男或女等试验中随机变量 X 的共同特点是只有两个取值,其分布律为

微课:常见离散型随机变量的分布

X	0	1
p_k	p	q

其中,$0<p<1$,$q=1-p$.此时称 X 服从参数为 p 的两点分布或 0-1 分布.

两点分布的分布律为 $P(X=k)=p^k(1-p)^{1-k}$,$k=0,1$.

例 3　一批种子的不发芽率为 0.05,从中抽取一粒,随机变量 X 表示发芽的种子数,则 X 为服从参数为 0.05 的两点分布.

2. 二项分布

将一枚硬币连续抛掷三次,X 表示三次试验中,正面出现的次数.如何求 X 的分布律?这类问题涉及独立重复试验.n 重独立试验是指试验在相同条件下重复进行 n 次,且各次试验的结果是相互独立的.在 n 重独立试验中,如果每次试验只有 A 和 $\overline{A}$ 两个结果,且 $P(A)=p$ 在每次试验中保持不变,则称此类试验为 n 重伯努利试验,相应的数学模型称为伯努利概型.

“将一枚硬币连续抛掷三次”的试验是 $n=3$ 的伯努利概型,即试验重复了三次,每次抛得的结果之间相互独立,每次抛掷只有正面和反面两个结果.抛掷骰子三次的试验仍可视为伯努利概型,设 $A=\{$抛得点数 6$\}$ 和 $\overline{A}=\{$未抛得点数 6$\}$,此时每次抛掷只有 A 和 $\overline{A}$ 两个结果.考虑到将一粒骰子抛掷三次与三粒骰子抛掷一次的结果完全相同,故试验的重复性不仅表现在试验次数的重复,试验对象数量的重复也是可以的.例如,100 台同型号的机床中需要维修的设备数问题可视为伯努利概型.

在 n 重伯努利试验中,如果一次试验事件 A 发生的概率是 $p(0<p<1)$,X 表示事件 A 在 n 次试验中发生的次数,则 X 的概率为

$$P_n(X=k)=\mathrm{C}_n^k p^k(1-p)^{n-k},\quad k=0,1,2,\cdots,n.$$

此时,称 X 服从参数为 n,p 的**二项分布**,记为 $X\sim B(n,p)$.

二项分布是“n 重伯努利试验中事件 A 发生的次数”这一随机变量的分布列.

$C_n^k p^k(1-p)^{n-k}$是二项展开式$(p+q)^n$的第$k+1$项而得名.特别地,当$n=1$时,二项分布就是两点分布.

启迪

假设在n重伯努利试验中,每次事件A发生的概率$P(A)=p$,则在n次试验中事件A至少发生一次的概率为$P=1-(1-p)^n \to 1(n\to\infty)$.这说明尽管小概率事件($p$很小)在一次试验中几乎不可能发生,但当试验次数无限增多时,小概率事件又会转化为几乎是必然事件,这就意味着量变到质变的过程.谚语"常在河边走,哪有不湿鞋"是不是这个道理呢?

例 4 某工厂生产的螺丝次品率为5%,每个螺丝是否为次品是相互独立的.工厂将10个螺丝包成一包出售,并保证若发现一包内多于一个次品即可退货,求某包螺丝次品个数X的分布律和售出螺丝的退货率.

解 对10个一包的螺丝进行检验,可以看成是独立地进行了10次试验,由于每个螺丝为次品的概率是0.05,这时10个螺丝中次品的个数$X\sim B(10,0.05)$.设$A=\{$该包螺丝被退回$\}$,则

$$P(A)=P(X>1)=1-P(X\leqslant 1)$$

$$=1-C_{10}^0(0.05)^0(0.95)^{10}-C_{10}^1(0.05)^1(0.95)^9\approx 0.09.$$

事实上,对于任意的n,p,二项分布都具有以下的性质:$P(X=k)$总是随着k的增大而增大,直到达到最大值,然后再随着k的增大而减小.可以证明,$P(X=k)$在$(n+1)p$处取得最大值,此时的$(n+1)p$称为二项分布的最可能值.如果$(n+1)p$为整数,那么二项分布同时在$(n+1)p-1$处概率取得最大值.

例 5 在一个车间里有9个工人相互独立地工作,且他们间歇地用电,若每个工人在1小时内平均有12 min用电,问在1小时内最可能有多少工人需要用电?

解 9个工人相互独立的工作,可以看成是9重的伯努利试验,由于每个工人一小时内用电的概率为$\frac{1}{5}$,每个工人只有用电和不用电两种状态,故需用电的工人数$X\sim B\left(9,\frac{1}{5}\right)$.

由于$\left[(9+1)\times\frac{1}{5}\right]=2$,则1小时内最可能需要用电的工人为2人或者3人.

9.3.3 连续型随机变量

微课:连续型随机变量的概念

定义 9.13 对于随机变量X,若存在一个非负可积函数$f(x)(-\infty<x<+\infty)$,使得对任意实数$a,b(a<b)$,有$P(a<X<b)=\int_a^b f(x)\mathrm{d}x$,则称$X$为连续型随机变量,称$f(x)$为随机变量$X$的概率密度函数,简称密度函数或概率密度.

由概率密度函数的定义可知,$f(x)$具有下列两个性质:

性质 1 $f(x)\geqslant 0$.

性质 2 $\int_{-\infty}^{+\infty} f(x)\,dx=1$.

概率密度$f(x)$的作用类似于离散型随机变量的分布律,都是刻画随机变量取值的规律.下面从几何的角度来解释密度函数的意义:在直角坐标系中画出密度函数$f(x)$的图像,称其为密度曲线,密度曲线位于x轴上方,X在任一区间$[a,b]$内取值的概率等于以$[a,b]$为底、以曲线$f(x)$为顶的曲边梯形的面积(图 9-9),而$f(x)$与x轴之间的面积为1(图 9-10).由定义可知,对任意实数a,有$P(X=a)=0$,从而有

$$P(a<X<b)=P(a<X\leqslant b)=P(a\leqslant X<b)=P(a\leqslant X\leqslant b)=\int_a^b f(x)\,dx.$$

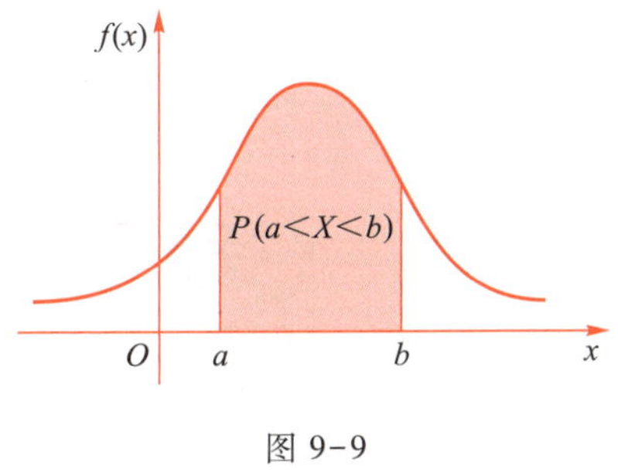

图 9-9

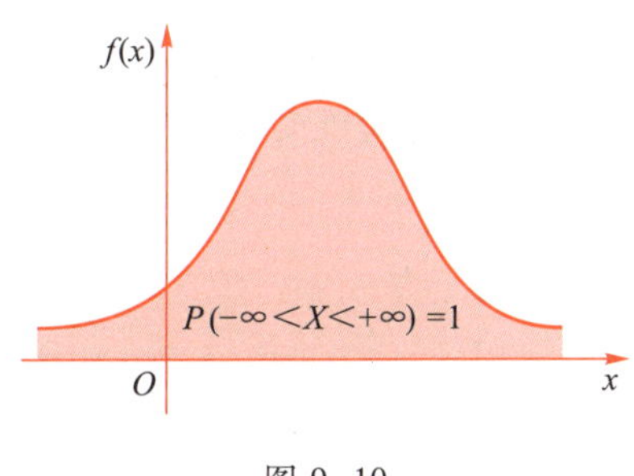

图 9-10

为了对离散型及连续型随机变量进行统一的分析和研究,接下来进一步引入随机变量分布函数的概念.

定义 9.14 设X是一个随机变量,x是任意实数,函数

$$F(x)=P(X\leqslant x)$$

称为X的分布函数.

对于任意的实数$x_1,x_2(x_1<x_2)$,有

$$P(x_1<X\leqslant x_2)=P(X\leqslant x_2)-P(X\leqslant x_1)=F(x_2)-F(x_1).$$

从上公式可以看出,在密度函数$f(x)$的连续点处,分布函数$F(x)$的导数存在,并且有

$$F'(x)=f(x).$$

分布函数$F(x)$具有以下的基本性质:

性质 1 $F(x)$单调不减.

性质 2 $0\leqslant F(x)\leqslant 1$,且$F(-\infty)=\lim\limits_{x\to-\infty}F(x)=0$,$F(+\infty)=\lim\limits_{x\to+\infty}F(x)=1$.

性质 3 $F(x)$为右连续函数.

微课:常见连续型随机变量的概率密度

例 6 若随机变量X具有概率密度$f(x)=\begin{cases}\lambda, a\leqslant x\leqslant b,\\ 0,其他.\end{cases}$求$\lambda$的值,并计算$X$的分布函数.

解 由概率密度函数的性质 2,有$\int_{-\infty}^{+\infty}f(x)\,dx=\int_a^b\lambda\,dx=\lambda(b-a)=1$,得$\lambda=\dfrac{1}{b-a}$.

若$x<a$,则$X\leqslant x$是不可能事件,于是$F(x)=P(X\leqslant x)=0$.

若 $a\leqslant x<b$，则 $F(x)=P(X\leqslant x)=P(X<a)+P(a\leqslant X\leqslant x)$

$$=P(a\leqslant X\leqslant x)=\int_a^x \frac{1}{b-a}\mathrm{d}x=\frac{x-a}{b-a}.$$

若 $x\geqslant b$，则 $F(x)=P(X\leqslant x)=P(X<a)+P(a\leqslant X<b)+P(b\leqslant X\leqslant x)$

$$=P(a\leqslant X<b)=\int_a^b \frac{1}{b-a}\mathrm{d}x=1.$$

综上，

$$F(x)=\begin{cases}0, & x<a,\\ \dfrac{x-a}{b-a}, & a\leqslant x<b,\\ 1, & x\geqslant b.\end{cases}$$

例 6 中，随机变量 X 的概率密度函数是

$$f(x)=\begin{cases}\dfrac{1}{b-a}, & a\leqslant x\leqslant b,\\ 0, & \text{其他}.\end{cases}$$

称这样的随机变量 X 在区间 $[a,b]$ 上服从均匀分布，记为 $X\sim U(a,b)$.

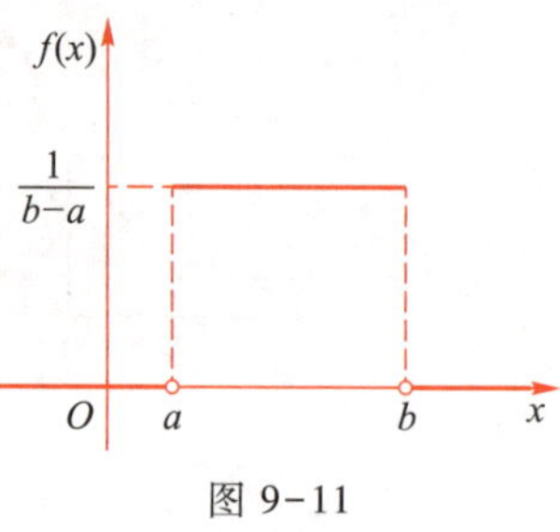

图 9-11

均匀分布的概率密度函数图形如图 9-11 所示.

例 7 设电阻值 R 是一个随机变量，均匀分布在 900～1 100 Ω，求 R 的概率密度，并计算 R 落在 950～1 050 Ω 之间的概率.

解 由题意，R 的概率密度函数为

$$f(x)=\begin{cases}\dfrac{1}{1\,100-900}, & 900\leqslant x\leqslant 1\,100,\\ 0, & \text{其他}.\end{cases}$$

故有 $P(950\leqslant X\leqslant 1\,050)=\int_{950}^{1\,050}\frac{1}{200}\mathrm{d}x=\frac{100}{200}=0.5.$

注意： 若随机变量 X 在区间 $[a,b]$ 上服从均匀分布，则 X 落在区间 $[a,b]$ 内任意子区间 $[c,d]$ 上的概率只与 $[c,d]$ 的长度有关，而与 $[c,d]$ 的位置无关.

9.3.4 正态分布

微课：正态分布

如果随机变量 X 的概率密度函数为

$$f(x)\ \frac{1}{\sqrt{2\pi}\,\sigma}\mathrm{e}^{-\frac{(x-\mu)^2}{2\sigma^2}},\quad -\infty<x<+\infty.$$

则称随机变量 X 服从正态分布，记作 $X\sim N(\mu,\sigma^2)$，其中参数满足 $-\infty<\mu<+\infty$，$\sigma>0$.

正态分布是概率论中最重要的分布.在自然现象和社会现象中，很多随机变量都服从或者近似服从正态分布.例如，测量误差、弹着点、人的身高或体重、某教学班的考试成绩等都

可以认为服从正态分布. 19 世纪前叶德国数学家高斯促进了正态分布的推广和应用,所以正态分布也被称为高斯分布.

正态分布的概率密度函数图形如图 9-12 所示,称为正态曲线.正态曲线以 $x=\mu$ 为对称轴,当 $x=\mu$ 时 $f(x)$ 取最大值 $\dfrac{1}{\sqrt{2\pi}\sigma}$.正态分布曲线的形态取决于密度函数中的两个参数.

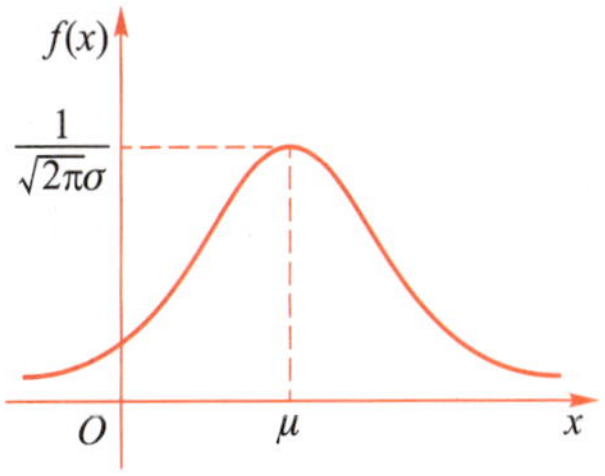

图 9-12

固定 σ 改变 μ 值时,曲线沿 x 轴平移,而不改变其形状,即 μ 决定正态曲线的位置;固定 μ 改变 σ 的值时,图形的形状发生变化而位置不变.σ 越大,图形会变得越平坦,而 σ 越小,图形会变得越陡峭.故 σ 决定正态曲线的陡缓程度.

特别地,当 $\mu=0,\sigma=1$ 时,称 X 服从标准正态分布,记作 $X\sim N(0,1)$,其概率密度函数和分布函数分别用 $\varphi(x)$ 和 $\Phi(x)$ 表示为

$$\varphi(x)=\frac{1}{\sqrt{2\pi}}\mathrm{e}^{-\frac{x^2}{2}}\quad(-\infty<x<+\infty).$$

$$\Phi(x)=P(X\leqslant x)=\int_{-\infty}^{x}\frac{1}{\sqrt{2\pi}}\mathrm{e}^{-\frac{t^2}{2}}\mathrm{d}t.$$

标准正态分布的密度函数 $\varphi(x)$ 如图 9-13 所示.$\varphi(x)$ 为偶函数,即 $\varphi(-x)=\varphi(x)$,最大值是 $\dfrac{1}{\sqrt{2\pi}}$,以 $\left(\pm1,\dfrac{1}{\sqrt{2\pi\mathrm{e}}}\right)$ 为拐点,以 x 轴为渐近线.

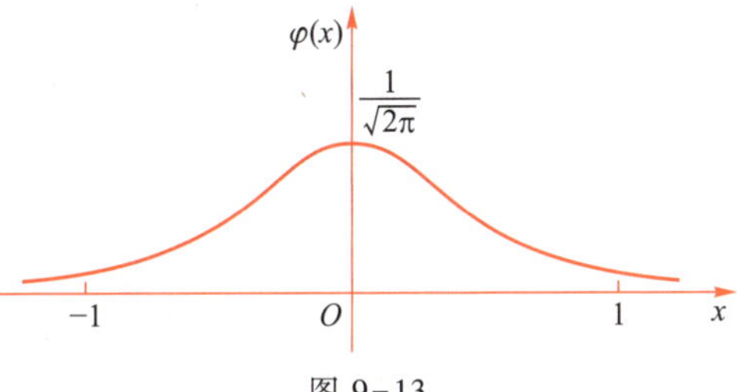

图 9-13

为了便于计算正态分布的概率,人们编制了分布函数 $\Phi(x)$ 的函数值表以供查阅.标准正态分布随机变量 X 在区间 $[a,b]$ 上的概率为

$$P(a<X\leqslant b)=\int_{a}^{b}\frac{1}{\sqrt{2\pi}}\mathrm{e}^{-\frac{x^2}{2}}\mathrm{d}x=\int_{-\infty}^{b}\frac{1}{\sqrt{2\pi}}\mathrm{e}^{-\frac{x^2}{2}}\mathrm{d}x-\int_{-\infty}^{a}\frac{1}{\sqrt{2\pi}}\mathrm{e}^{-\frac{x^2}{2}}\mathrm{d}x=\Phi(b)-\Phi(a).$$

即
$$P(a<X\leqslant b)=\Phi(b)-\Phi(a).$$

注意: 标准正态分布表中只给出了当 $x\geqslant0$ 时 $\Phi(x)$ 的值.由于标准正态曲线的对称性,有

$$\Phi(-x)=1-\Phi(x).$$

因此,当 $x<0$ 时,可利用上式查表计算.

例 8 设 $X\sim N(0,1)$,求:

(1) $P(1<X<2)$;(2) $P(|X|<1.96)$;(3) $P(X\leqslant-1.96)$;(4) $P(|X|>2)$.

解 (1) $P(1<X<2)=\Phi(2)-\Phi(1)=0.977\,2-0.841\,3=0.135\,9$;

(2) $P(|X|<1.96)=\Phi(1.96)-\Phi(-1.96)=2\Phi(1.96)-1$

$=2\times0.975-1=0.95$;

(3) $P(X\leqslant-1.96)=\Phi(-1.96)=1-\Phi(1.96)=1-0.975=0.25$;

(4) $P(|X|>2)=P(X>2)+P(X<-2)=1-\Phi(2)+\Phi(-2)$

$=2-2\Phi(2)=2-2\times 0.977\ 2=0.045\ 6.$

对于一般的正态分布 $N(\mu,\sigma^2)$，只要通过线性变换就可以转化为标准正态分布.可以证明，若 $X\sim N(\mu,\sigma^2)$，则 $\dfrac{X-\mu}{\sigma}\sim N(0,1)$，此时 $P(a<X\leqslant b)=\Phi\left(\dfrac{b-\mu}{\sigma}\right)-\Phi\left(\dfrac{a-\mu}{\sigma}\right)$.其中线性代换 $\dfrac{X-\mu}{\sigma}$ 称为随机变量 X 的标准化.这样，所有的正态分布都可以通过标准化后查标准正态分布表来计算概率.

例 9 设 $X\sim N(\mu,\sigma^2)$，求：

(1) $P(|X-\mu|<\sigma)$；(2) $P(|X-\mu|<2\sigma)$；(3) $P(|X-\mu|<3\sigma)$.

解 (1) $P(|X-\mu|<\sigma)=P\left(-1<\dfrac{X-\mu}{\sigma}<1\right)=\Phi(1)-\Phi(-1)=2\Phi(1)-1=0.682\ 6$；

(2) $P(|X-\mu|<2\sigma)=P\left(-2<\dfrac{X-\mu}{\sigma}<2\right)=\Phi(2)-\Phi(-2)=2\Phi(2)-1=0.954\ 4$；

(3) $P(|X-\mu|<3\sigma)=P\left(-3<\dfrac{X-\mu}{\sigma}<3\right)=\Phi(3)-\Phi(-3)=2\Phi(3)-1=0.997\ 4$.

例 9 的结果表明，正态分布随机变量的取值落在区间 $(\mu-3\sigma,\mu+3\sigma)$ 之外的可能性非常小，这在一次试验中几乎不会发生.正态分布的取值落在区间 $(\mu-3\sigma,\mu+3\sigma)$ 之内几乎是必然的，这就是著名的"3σ 原则".

例 10 公共汽车的车门高度是按成年男子与车门顶碰头的机会不超过 1%设计.设成年男子身高 X(单位：cm)服从正态分布 $N(175,6^2)$，求车门的最低高度.

解 设车门的高度为 a.根据成年男子与车门顶碰头的机会不超过 1%知：

$$P(X>a)\leqslant 0.01.$$

即

$$P(X>a)=P\left(\frac{X-175}{6}>\frac{a-175}{6}\right)=1-\Phi\left(\frac{a-175}{6}\right)\leqslant 0.01.$$

$$\Phi\left(\frac{a-175}{6}\right)\geqslant 0.99.$$

查表得 $\dfrac{a-175}{6}\geqslant 2.33$，解得 $a\geqslant 189$.即按照设计要求，公共汽车车门的高度至少为189 cm.

应用与实践

案例 1(说明书的真实性) 某厂家宣称其生产的成人增高鞋垫有效率在 97%以上.小刘得知此消息后立即购买了一副这样的鞋垫.但使用一段时间之后，发现自己的身高没有丝毫变化，很是疑惑.于是他随机询问了其他同样购买这款产品的 4 人，结果有 3 人明确表示身高也没有变化.小刘怀疑厂家的宣传，又怕厂家说自己只是运气不好，恰恰就是那 3%之列.小刘只能自认倒霉吗?

对于小刘及他随机询问的人中，有 4 人明确表示产品没有效果.由于购买者众多，随机选取的这 5 人相对人数较少，可以看成是有放回的抽样，误差不会太大.这里将涉及的 5 人看成 5 重伯努利试验，则 $A=\{5$ 人中有 4 人没有疗效$\}$这一事件的概率为

$$P(A)=C_5^4\,0.03^4\times0.97=3.928\times10^{-6}\ll0.01.$$

所以事件 A 是小概率事件，且小概率事件在一次试验中几乎不会发生，但现在事件 A 竟然发生了，于是有理由怀疑最初的正品率高达 97%的宣传，从而认为小刘身高没有变化不是运气欠佳，而是厂家误导消费者所致.

案例 2(软件开机耗时页面) 电脑开机后，各杀毒软件都会监测开机耗时.图 9-14 所示是大家非常熟悉的开机界面，告诉用户开机所用的时间，并提示你的开机所用时间击败了全国百分之多少的电脑.软件工程师是怎么实现这个功能的呢？你可能会觉得它是这样设计的：

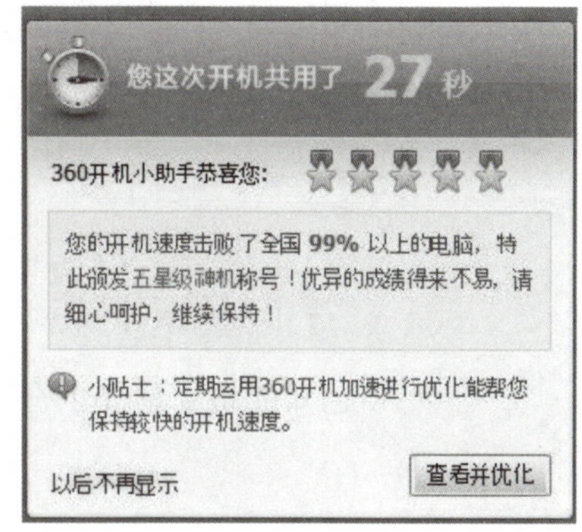

图 9-14

第一步：收集所有用户的开机时间的数据，排好序放在一个数据库中；

第二步：根据你的开机时间，找出你的排名，除以总用户数，就是你击败其他电脑的占比.

听起来这样的设计排名算法非常合理，但存在以下几个漏洞：

(1) 电脑开机的时候并没有连接网络，那就无法请求到其他所有用户的开机数据；

(2) 就算所有用户的数据都已经下载到你本地，根据不完全统计，该杀毒软件的用户数在 10 亿以上，超过 10 亿的数据进行比较统计，放在开机这个地方运行，恐怕不合乎逻辑，而且做过软件开发的人都知道，这种同步数据的方式，非常令人头疼.

那这个功能究竟是如何设计的呢？实际上，软件工程师们会收集尽量多的用户的开机时间，然后查看开机时间可能服从的分布.一旦确定数据是正态分布之后，事情就变得非常简单了.利用统计方法可以确定正态分布模型的参数，在此基础上，再根据正态分布的性质计算相应的占比即可.

假设已经确定开机时间 X (单位:s)服从正态分布，且 $X\sim N(50.784\,8,11.107\,76^2)$.有位用户的开机时间为 38 s，他的击败电脑占比是多少呢？

$$P(X\geqslant38)=1-\Phi\left(\frac{38-50.784\,8}{11.107\,76}\right)=\Phi(1.151\,0)=0.875\,129\,5.$$

这表明该用户的开机所用时间，击败了全国 87.5%的电脑.

能力训练 9.3

1. 判断下列说法是否正确.

(1) 非离散型随机变量就一定是连续型随机变量;

(2) 随机变量 X_i 服从 0-1 分布,则 $\sum_{i=1}^{n} X_i$ 服从二项分布;

(3) 概率为 0 的事件一定是不可能事件;

(4) 概率为 1 的事件一定是必然事件;

(5) 对于离散型随机变量 X, $P(a<X\leqslant b)=P(a<X<b)$ 一定成立;

(6) 对于连续型随机变量 Y, $P(a<Y\leqslant b)=P(a<Y<b)$ 一定成立.

2. 现有 10 件商品,其中有 2 件次品,任取 3 件,用随机变量 X 表示取出的次品数,写出 X 的分布律,并求出 $P(X\geqslant 1)$ 和 $P(X\leqslant 2)$.

3. 已知随机变量 X 的分布律为

X	0	1	3	5	7
p_k	0.1	0.1	a	0.2	0.3

求:(1) 常数 a; (2) $P(X=1)$; (3) $P(X\geqslant 1)$; (4) $P(3\leqslant X<7)$.

4. 已知随机变量 X 的分布律

X	1	3	5	7
p_k	0.1	0.2	0.5	0.2

求 X 的分布函数,并利用分布函数计算 $P(3<X\leqslant 5)$.

5. 设随机变量 X 的概率密度为 $f(x)=\begin{cases} kx, 0<x<1, \\ 0, 其他. \end{cases}$

(1) 试确定常数 k; (2) 求 $P(0\leqslant X<0.5)$; (3) 求 $P(0.25\leqslant X<2)$.

6. 随机变量 k 在 $[1,6]$ 上服从均匀分布,求方程 $X^2+kX+1=0$ 有实根的概率.

7. 一批电池(一节)用于手电筒的寿命服从均值为 35.6 h、标准差为 4.4 h 的正态分布,随机从这批电池中取一节,问这节电池可持续使用不少于 40 h 的概率是多少?

8. 设某一型号晶体管的寿命 X 的概率密度为 $f(x)=\begin{cases} \dfrac{100}{x^2}, & x>100, \\ 0, & x\leqslant 100. \end{cases}$ 若一个电子设备上装有 3 个这种晶体管,求使用的最初 150 小时内,恰有 1 个晶体管烧坏的概率.

§9.4 随机变量的数字特征

情景与问题

引例 1　工人甲生产一种机器零件，生产过程中可能会产生废品．表 9-5 所示为总结经验得到的工人甲的生产记录表，记录了甲生产的废品数 x_k 及出现 x_k 个次品对应的概率 p_k．试问长期来看，工人甲平均每周的次品数是多少呢？

表 9-5　工人甲周废品数统计表

废品数 x_k	0	1	2	3
p_k	0.67	0.26	0.05	0.02

引例 2　射击运动员甲和乙，所得的环数 X 和 Y 是随机变量，并具有以下的分布律：

X	7	8	9
p_k	0.1	0.8	0.1

Y	6	7	8	9	10
p_k	0.1	0.2	0.4	0.2	0.1

现在需要从中选拔一名运动员去参加比赛，哪位运动员的训练水平更高呢？

之前学习的密度函数和分布函数，能够非常完整地描述随机变量的统计特征．然而，在很多实际问题中，确定随机变量的分布并不容易，往往也不是必要的，只要知道它的某些特征即可．例如，评价两个班级某门课程成绩的好坏，关心的是哪个班的平均成绩谁高一些，而对成绩具体服从什么样的分布并不在意．引例 1 中工人甲每周的平均次品数，比具体某次生产记录更能反映工人的技术水平．引例 2 运动员的选拔中，教练更看重的指标是成绩的稳定程度，而不是某一次射击成绩的好坏．这种本质上由随机变量的分布所确定，能刻画随机变量某些特征的确定的数值称为随机变量的数字特征．本节便着手研究随机变量最重要的两个数字特征：数学期望与方差．

9.4.1　数学期望

1. 数学期望的定义

微课：数学期望的定义

定义 9.15　设离散型随机变量 X 的分布列为 $P(X=x_k)=p_k(k=1,2,3,\cdots)$，则和数

$$\sum_k x_k p_k = x_1p_1+x_2p_2+\cdots$$

称为随机变量 X 的数学期望，简称期望或均值，记作 $E(X)$，即 $E(X)=\sum_k x_kp_k$．

在引例 1 中，工人甲每周平均生产的废品数即 X 的平均值为

$$E(X)=0\times0.67+1\times0.26+2\times0.05+3\times0.02=0.42.$$

一般地，如果函数 $f(X)$ 的数学期望存在，则

$$E[f(X)]=\sum_k f(x_k)p_k.$$

数学期望是随机变量的加权平均值，它不再是随机变量而是一个常数.实际上，当 X 的取值为有限时，计算和式 $\sum_k^n x_kp_k$ 即可，此时数学期望一定存在.而当 X 的取值为无限时，数学期望定义中的级数 $\sum_k^{+\infty} x_kp_k$ 要求绝对收敛.否则，数学期望不存在.

例 1　设 X 服从参数为 p 的两点分布，求 $E(X)$，$E(X^2)$.

解　$E(X)=1\cdot p+0\times(1-p)=p$，　$E(X^2)=1^2\cdot p+0^2\cdot(1-p)=p$.

例 2　投资总会伴随着风险.某人有 10 万元现金，想投资于某项目，预估成功的机会为 30%，可得利润 8 万元；失败的机会为 70%，将损失 2 万元.若存入银行，同期利润为 5%，问是否应该做此投资呢？

解　设此人的投资收益为 X，则　　$E(X)=8\times0.3-2\times0.7=1$(万元).

而存入银行的利息为　　$E(X)=10\times5\%=0.5$(万元).

从收益的期望角度看，投资的平均收益高于银行利息，应当选择投资，当然此时要冒一定的风险.

例 3　甲和乙两人商量的赌博规则是：抛掷两粒均匀的骰子，如果同时出现两个六点，甲付给乙 30 元，否则，乙付给甲 1 元.你认为这样的规则合理吗？

解　如果一种规则公平合理，那净利润的期望应该为零.在一次抛掷中，设甲的收益为 X，乙的收益为 Y. X 和 Y 的分布律分别为：

X	1	-30
p_k	$\frac{35}{36}$	$\frac{1}{36}$

Y	-1	30
p_k	$\frac{35}{36}$	$\frac{1}{36}$

甲盈利的期望为　$E(X)=1\times\frac{35}{36}-30\times\frac{1}{36}=\frac{5}{36}$.

乙盈利的期望为　$E(Y)=-1\times\frac{35}{36}+30\times\frac{1}{36}=-\frac{5}{36}$.

结果表明，如果赌博 36 局，平均甲会赢 5 元，乙输 5 元，显然结果对甲更有利，规则并不合理.

定义 9.16　如果连续型随机变量 X 的概率密度函数为 $f(x)$，而积分 $\int_{-\infty}^{+\infty} xf(x)\,\mathrm{d}x$ 绝对收敛，则称

$$E(X)=\int_{-\infty}^{+\infty} xf(x)\,\mathrm{d}x$$

为连续型随机变量 X 的期望(或均值).

如果 $g(X)$ 是随机变量 X 的函数,且积分 $\int_{-\infty}^{+\infty} g(x)f(x)\mathrm{d}x$ 绝对收敛,则 $g(X)$ 的数学期望存在,且为

$$E[g(X)]=\int_{-\infty}^{+\infty} g(x)f(x)\mathrm{d}x.$$

例 4 随机变量 X 在 $[a,b]$ 上服从均匀分布,求 $E(X)$ 和 $E(X^2)$.

解 因为 X 的密度函数为 $f(x)=\begin{cases}\dfrac{1}{b-a}, & a\leqslant x\leqslant b,\\ 0, & \text{其他}.\end{cases}$ 则

$$E(X)=\int_{-\infty}^{+\infty} xf(x)\mathrm{d}x=\int_a^b \frac{1}{b-a}x\mathrm{d}x=\frac{a+b}{2},$$

$$E(X^2)=\int_{-\infty}^{+\infty} x^2f(x)\mathrm{d}x=\int_a^b \frac{1}{b-a}x^2\mathrm{d}x=\frac{b^2+ab+a^2}{3}.$$

例 5 随机变量 X 的概率密度函数为 $f(x)=\begin{cases}\lambda\mathrm{e}^{-\lambda x}, & x\geqslant 0,\\ 0, & x<0.\end{cases}$ 求随机变量 X 的数学期望.

解

$$E(X)=\int_{-\infty}^{+\infty} xf(x)\mathrm{d}x=\int_0^{+\infty} x\cdot\lambda\mathrm{e}^{-\lambda x}\mathrm{d}x=-\int_0^{+\infty} x\mathrm{d}(\mathrm{e}^{-\lambda x})$$

$$=-x\mathrm{e}^{-\lambda x}\Big|_0^{+\infty}+\int_0^{+\infty}\mathrm{e}^{-\lambda x}\mathrm{d}x=\frac{1}{\lambda}.$$

例 5 中的 X 称为服从参数是 λ 的指数分布($\lambda>0$).指数分布的应用很广,如电子元件的使用寿命、电话的通话时间、排队的等待时间等都服从指数分布.当 X 表示电子元件寿命时,$\dfrac{1}{\lambda}$ 就是电子元件的平均寿命.显然,λ 越小则平均寿命越长.

2. 数学期望的性质

微课:数学期望的性质

性质 1 设 C 为任意常数,则 $E(C)=C$.

性质 2 设 X 是随机变量,C 为常数,则 $E(CX)=CE(X)$.

性质 3 设 X、Y 是任意两个随机变量,则 $E(X\pm Y)=E(X)\pm E(Y)$.

推广 $E\left(\sum_{i=1}^{n}a_iX_i\right)=\sum_{i=1}^{n}a_iE(X_i)$.

性质 4 设随机变量 X 与 Y 相互独立,则 $E(XY)=E(X)E(Y)$.

推广 设 $X_1,X_2,\cdots,X_n$ 相互独立,则 $E(X_1X_2\cdots X_n)=E(X_1)E(X_2)\cdots E(X_n)$.

对于多个随机变量的独立性可以根据它们的实际意义来判断,即当每个随机变量在取值时的概率互不影响时,称它们相互独立.

例 6 设 $X\sim B(n,p)$，利用期望的性质求 $E(X)$.

解 设 X 表示 n 次独立重复试验中事件 A 发生的次数，即

$$X_i=\begin{cases}1, & \text{第 } i \text{ 次试验中 } A \text{ 发生},\\ 0, & \text{第 } i \text{ 次试验中 } A \text{ 不发生},\end{cases} \quad i=1,2,\cdots,n.$$

则 X_i 服从参数为 p 的两点分布，由例 1 知，$E(X_i)=p$.因为 $X=\sum\limits_{i=1}^{n}X_i$，则由期望的性质知

$$E(X)=E\left(\sum_{i=1}^{n}X_i\right)=\sum_{i=1}^{n}E(X_i)=\sum_{i=1}^{n}p=np.$$

9.4.2 方差

1. 方差的定义

微课：方差的定义

如何刻画随机变量整体的离散程度呢？直接的想法是，衡量随机变量 X 与其期望 $E(X)$ 差的绝对值的均值，即 $E|X-EX|$ 的大小.但绝对值函数不是初等函数，为了避免计算上的不方便，将绝对值改为平方，用 $E[X-E(X)]^2$ 来描述随机变量 X 的所有取值在均值 $E(X)$ 附近的偏离程度.

定义 9.17 设 X 是一个随机变量，如果 $E[X-E(X)]^2$ 存在，则称它为随机变量 X 的方差，记作 $D(X)$ 或 σ^2，即

$$D(X)=E[X-E(X)]^2.$$

为了避免方差与随机变量的量纲不同，定义 $\sigma=\sqrt{D(X)}$ 为 X 的均方差或标准差.

如果 X 是离散型随机变量，其分布列为 $P(X=x_k)=p_k$，那么

$$D(X)=\sum_{k}[x_k-E(X)]^2p_k;$$

如果 X 是连续型随机变量，其概率密度函数为 $f(x)$，那么

$$D(X)=\int_{-\infty}^{+\infty}[x-E(X)]^2f(x)\,\mathrm{d}x.$$

实际上，$D(X)=E[X-E(X)]^2=E[X^2-2X\cdot E(X)+[E(X)]^2]$

$=E(X^2)-2E(X)\cdot E(X)+[E(X)]^2=E(X^2)-[E(X)]^2.$

所以方差的计算可以用如下常用的简化公式：

$$D(X)=E(X^2)-[E(X)]^2.$$

随机变量的方差是一个非负常数，用来描述随机变量的离散程度.当 X 的取值较为集中时，方差较小；反之，X 的取值较为分散时，方差较大.

例 7 引例 2 的射击运动员甲、乙中，问哪位运动员的水平更高？

解 已知甲、乙两人射击环数的数学期望相等，$E(X)=E(Y)=8$.

仅根据数学期望不能比较出谁的射击水平更高，因此继续求甲、乙两人射击环数的方差分别为

$$E(X^2)=0^2\times0.4+1^2\times0.3+2^2\times0.2+3^2\times0.1=2,$$

$$E(Y^2)=0^2\times0.25+1^2\times0.5+2^2\times0.25+3^2\times0=1.5,$$

所以

$$D(X)=E(X^2)-[E(X)]^2=2-1=1,$$

$$D(Y)=E(Y^2)-[E(Y)]^2=1.5-1=0.5.$$

由于 $D(X)$ 大于 $D(Y)$，因此乙的射击技术比较稳定，即乙的技术较好.

例 8　如果连续型随机变量 X 在区间 $[a,b]$ 上服从均匀分布，求 $D(X)$.

解　因为 $E(X)=\dfrac{a+b}{2}$，$E(X^2)=\dfrac{1}{3}(b^2+ab+b^2)$，所以

$$D(X)=E(X^2)-[E(X)]^2=\frac{b^2+ab+b^2}{3}-\frac{(a+b)^2}{4}=\frac{(b-a)^2}{12}.$$

2. 方差的性质

方差具有以下性质：

微课：方差的性质

性质 5　设 C 为任意常数，则 $D(C)=0$.

性质 6　设 X 是随机变量，C 为常数，则 $D(CX)=C^2D(X)$.

性质 7　设 X,Y 是任意两个相互独立的随机变量，则 $D(X+Y)=D(X)+D(Y)$.

推广　$D\left(\sum\limits_{i=1}^{n}a_iX_i\right)=\sum\limits_{i=1}^{n}a_i^2D(X_i)$.

为了便于使用，下面将常用的分布列（概率密度）及其均值和方差汇集于表 9-6.

表 9-6　常用的分布列（概率密度）及其均值和方差

分布名称	分布列或概率密度	均值	方差	均方差
两点分布（0-1 分布）	$P(X=0)=1-p,P(X=1)=p$	p	$p(1-p)$	$\sqrt{p(1-p)}$
二项分布	$P(X=k)=C_n^kp^k(1-p)^{n-k}$ $(k=0,1,2,\cdots,n)$	np	$np(1-p)$	$\sqrt{np(1-p)}$
均匀分布 $X\sim U[a,b]$	$f(x)=\begin{cases}\frac{1}{b-a}, & a\leqslant x\leqslant b,\\ 0, & \text{其他}\end{cases}$	$\frac{a+b}{2}$	$\frac{(b-a)^2}{12}$	$\frac{b-a}{2\sqrt{3}}$
正态分布 $X\sim N(\mu,\sigma^2)$	$f(x)=\frac{1}{\sqrt{2\pi}\sigma}e^{-\frac{(x-\mu)^2}{2\sigma^2}}$ $(-\infty<x<+\infty,\sigma>0)$	μ	σ^2	σ
标准正态分布 $X\sim N(0,1)$	$\varphi(x)=\frac{1}{\sqrt{2\pi}}e^{-\frac{x^2}{2}}$ $(-\infty<x<+\infty)$	0	1	1

应用与实践

案例 1(报童的决策) 报纸零售商每日从报社以每份报纸 0.3 元的批发价购得当日的日报,然后以每份 0.45 元的零售价售出.若卖不完,则每份报纸的积压损失费为 0.30 元,若不够卖,则缺一份报纸造成潜在损失费为 0.15 元.某零售商对以往的销量作了连续一个月的统计,其记录如表 9-7 所示.

表 9-7 报纸销售量统计表

日需求量 D	120	130	140	150	160
概率 $P(D)$	0.15	0.2	0.3	0.25	0.1

那么,零售商每日应订多少份报纸,才能使总损失费最小?

解 假定零售商每日订报 Q 份,并设当日需求量为 D,则

当 $Q \geqslant D$ 时,积压损失费为 $F=0.30(Q-D)$;

当 $Q<D$ 时,缺货损失费为 $F=0.15(D-Q)$.

于是,零售商订报的决策与相应的损失费用如表 9-8 所示.

表 9-8 订报的决策与相应的损失费用计算表

日需求量 D / 概率 P / 订报数 Q	120	130	140	150	160	平均损失总费用
	0.15	0.2	0.3	0.25	0.1	
120	0	1.5	3	4.5	6	2.95
130	3	0	1.5	3	4.5	2.10
140	6	3	0	1.5	3	2.175
150	9	6	3	0	1.5	3.6
160	12	9	6	3	0	6.15

从表中可看出,当零售商每日订报 130 份时,平均损失费用最小,最小损失费用约为 2.1 元.

案例 2(核酸混检方案) 新冠疫情爆发后,我国开展了全员新冠病毒核酸检测筛查.为提高检测效率,采用了混合检测的方式,即将所有的人分组,同组的人鼻咽拭子样本放在同一采样试管内进行核酸检测.如果该组的混合样本为阴性,则整组排除新冠感染可能;如果混合样本为阳性,则整组进行逐个检查.你认为混检这样的做法是否合理有效?

解 我们来算算核酸检测的工作量在混检的方式下究竟有多大变化.假设每个人核酸检测阳性的概率为 p,每组 k 个人,且每个人患病与否相互独立.那么每组混合核酸检测结果呈阴性的概率为 $(1-p)^k$,呈阳性的概率为 $1-(1-p)^k$.

设 X 表示 k 个人一组时,每个人需做的检验次数. X 的分布律为

X	$\frac{1}{k}$	$1+\frac{1}{k}$
p_k	$(1-p)^k$	$1-(1-p)^k$

则每个人需做的平均检验次数为

$$E(X)=\frac{1}{k}(1-p)^k+\left(1+\frac{1}{k}\right)[1-(1-p)^k]=1-(1-p)^k+\frac{1}{k}.$$

减少的工作量与发病率 p 和分组的人数 k 有关.一般说来,核酸检测阳性的比例较小.例如,当 $p=0.01,k=5$ 时,100 个人采用混合检查法,只需要检查 25 次,而直接检查法需要 100 次,减少的工作量为 75%.

案例 3(股票回报率) 股票投资都是讲究年回报率的,回报率的高低直接决定投资者对这只股票的青睐程度.任何投资者都希望自己的投资能得到较高的回报,但不同的股票投资风险的大小不同.某位投资人,通过对股票基本面和市场行情的分析,筛选出两只股票甲与乙,两只股票均有下跌与上涨的可能.两只股票收益率和对应的概率为

股票甲年回报率	-40%	0.30%	110%
概率	0.1	0.7	0.2

股票乙年回报率	-10%	40%	60%
概率	0.1	0.7	0.2

作为一名理智的投资人,他挑选哪只股票更合适呢?

解 设投资股票甲的年回报率为 ξ,投资股票乙的年回报率为 η.由上表的概率分布,计算出两种投资下年平均回报率分别为

$$E(\xi)=-40\%\times0.1+30\%\times0.7+110\%\times0.2=39\%,$$

$$E(\eta)=-10\%\times0.1+40\%\times0.7+60\%\times0.2=39\%.$$

从两只股票的平均收益来看都是 39% 的年回报率,但是它们的风险不同.人们常用标准差来衡量股票以及基金的投资风险,而且一般而言,标准差越大,风险也就越大.

$$D(\xi)=(-40\%-39\%)^2\times0.1+(30\%-39\%)^2\times0.7+(110\%-39\%)^2\times0.2=1\ 689.$$

$$D(\eta)=(-10\%-39\%)^2\times0.1+(40\%-39\%)^2\times0.7+(60\%-39\%)^2\times0.2=329.$$

故 $$\sigma(\xi)=\sqrt{D\xi}=\sqrt{1\ 689}=41\%,\sigma(\eta)=\sqrt{D\eta}=\sqrt{329}=18.1\%.$$

显然,$\sigma(\xi)>\sigma(\eta)$.可见,从避免投资面临的风险角度考虑,股票乙年回报率的波动比较小,风险也较小.在平均收益相同的情况下,应该优先考虑选择股票乙进行投资.

能力训练 9.4

1. 判断下列说法是否正确.

(1) 任意随机变量都存在数学期望;

(2) 任意随机变量都存在方差;

(3) 随机变量 X 的数学期望不存在,则方差一定不存在;

(4) 随机变量 X 的数学期望存在,则方差一定存在;

(5) 随机变量 X 的方差存在,则数学期望一定存在.

2. 设随机变量 X 的分布列为

X	1	2	3
p_k	0.6	0.3	0.1

求 $E(X)$.

3. 已知 $X \sim B(n,p)$, $E(X)=8$, $D(X)=1.6$,求 n,p 的值分别为多少?

4. 某公司有 50 万元投资开发项目.如果成功,一年后可获利 12%,如果失败,一年后将损失资金的 50%.过去的 100 例类似的开发项目中,成功投资 96 次,失败 4 次.一年后,该公司获利的数学期望是多少?

5. 某项有奖销售中,每 10 万张奖券中有一个头等奖,奖金 10 000 元;2 个二等奖,奖金各 5 000 元;500 个三等奖,奖金各 100 元;10 000 个四等奖,奖金各 5 元.如果每张奖券售价 2 元,所有的奖券全部售完,那么每张奖券平均获利多少?

6. 从学校到火车站的途中有 3 个交通岗,假设在各个交通岗遇到红灯的事件是相互独立的,并且概率都是 $\frac{2}{5}$,求途中平均遇到红灯的次数.

7. 从甲、乙两块稻田里各抽取 8 株水稻,测得各株高度如下:(单位:cm)

甲稻田:76,86,81,90,84,87,86,82;

乙稻田:83,84,89,79,80,85,91,81.

问:这两块稻田中,哪块田的水稻长得更加整齐?

总习题 9

A 基础巩固

1. 选择题：

(1) 设 $P(B\mid A)=1$，则下列命题成立的是(　　).

A. $A\subset B$；　B. $B\subset A$；　C. $A-B=\varnothing$；　D. $P(A-B)=0$.

(2) 设 $AB=\varnothing$，则下列选项成立的是(　　).

A. $P(A)=1-P(B)$；　B. $P(A\mid B)=0$；

C. $P(A\mid \overline{B})=1$；　D. $P(\overline{AB})=0$.

(3) 设 A,B 为对立事件，$0<P(B)<1$，则下列概率值为 1 的是(　　).

A. $P(\overline{A}\mid \overline{B})$；　B. $P(B\mid A)$；　C. $P(\overline{A}\mid B)$；　D. $P(AB)$.

(4) 掷一粒均匀的骰子，则在出现奇数点的条件下出现 3 点的概率为(　　).

A. 1/3；　B. 2/3；　C. 1/6；　D. 3/6.

(5) 设随机变量的概率密度 $f(x)=\begin{cases} qx^{-2}, & x>1, \\ 0, & x\leqslant 1, \end{cases}$ 则 $q=$(　　).

A. 1/2；　B. 1；　C. -1；　D. 3/2

(6) 设 $X\sim N(\mu,1)$，则满足 $P(X>2)=P(X\leqslant 2)$ 的参数 $\mu=$(　　).

A. 0；　B. 1；　C. 2；　D. 3.

2. 填空题：

(1) 设 10 把钥匙中有 2 把能打开门，现任意取两把，能打开门的概率是________.

(2) 10 个球队平均分成两组进行比赛，则最强的两个队分到同一组的概率为________.

(3) $P(A)=0.4,P(B)=0.3,P(A\cup B)=0.6$，则 $P(\overline{AB})=$ ________.

(4) A,B 为随机事件，$P(A\cup B)=0.8,P(B)=0.4$，则 $P(A\mid \overline{B})=$ ________.

(5) 连续型随机变量取任何给定实数值 a 的概率均为________.

(6) 设 $P(A)=\dfrac{1}{4},P(B\mid A)=\dfrac{1}{3},P(A\mid B)=\dfrac{1}{2}$，则 $P(A+B)=$ ________.

(7) 已知 $X\sim N(-2,0.4^2)$，则 $E(X+3)^2=$ ________.

(8) 离散型随机变量 X 分布律为 $P(X=k)=5A\left(\dfrac{1}{2}\right)^k\ (k=1,2,\cdots)$，则 $A=$ ________.

3. 设 A,B,C 为任意 3 个事件，证明：$P(AB)+P(BC)-P(B)\leqslant P(AC)$.

4. 设事件 A,B,C 相互独立，证明事件 $A\cup B$ 与事件 C 也相互独立.

5. 从 1~2 000 这 2 000 个数字中任取一数，求：

(1) 该数能被 6 整除的概率;

(2) 该数能被 8 整除的概率;

(3) 该数能被 6 和 8 整除的概率;

(4) 该数能被 6 或 8 整除的概率.

6. 甲、乙、丙 3 位同学同时独立参加考试,不及格的概率分别为 0.2 ,0.3,0.4,求:

(1) 求恰有 2 位同学不及格的概率;

(2) 若已知 3 位同学中有 2 位不及格,求其中 1 位是同学乙的概率.

7. 设随机变量 ξ 的分布律为

ξ	$-\frac{\pi}{2}$	0	$\frac{\pi}{2}$	π
p	0.2	0.3	0.3	0.2

求随机变量 $\eta=\xi^2+1$ 的分布律.

8. 罐中有 5 个红球、3 个白球,无回放地每次取一球,直到取到红球为止,设 X 表示抽取次数,求:

(1) X 的分布律; (2) $P(1<X\leqslant 3)$.

B 能力提升

9. 设连续型随机变量 X 的密度函数为 $f(x)=\begin{cases}Ke^{-5x}, & x>0,\\ 0, & x\leqslant 0.\end{cases}$

(1) 确定常数 K; (2) 求 $P(X>0.2)$; (3) 求分布函数 $F(x)$.

10. 盒中有 7 个球,其中 4 个白球、3 个黑球,从中任抽 3 个球,求抽到白球数 X 的数学期望 $E(X)$ 和方差 $D(X)$.

11. 设足球队 A 与 B 比赛,若有一队胜 4 场,则比赛结束,假设 A,B 在每场比赛中获胜的概率均为 $\frac{1}{2}$,试求平均需比赛几场才能分出胜负.

12. 设随机变量 X 具有密度函数 $f(x)=\begin{cases}x, & 0\leqslant x\leqslant 1,\\ 2-x, & 1<x\leqslant 2,\\ 0, & \text{其他},\end{cases}$ 求 $E(X)$ 及 $D(X)$.

数学实验 9:概率论基础

一、实验目的

(1) 能熟练应用 MATLAB 软件处理简单概率问题.

(2) 会利用 MATLAB 软件计算离散型随机变量的概率、连续型随机变量概率密度值,以及分布律或分布函数.

(3) 熟练掌握随机变量数字特征的有关操作命令.

(4) 熟练应用软件绘制基本概率图形.

二、实验原理

(1) MATLAB 中随机变量数字特征的调用函数如下:

Mean(X)　　功能:求随机变量 X 的代数平均值.

Median(X)　　功能:求随机变量 X 的中位数.

Var(X)　　功能:求随机变量 X 的方差.

Range(X)　　功能:求随机变量 X 的极差.

Std(X)　　功能:求随机变量 X 的标准差.

(2) 常见分布概率密度和分布函数的命令字符如下:

分布函数	命令	分布函数	命令
二项分布	binopdf(x,n,p) binocdf(x,n,p)	t 分布	tpdf(p,n) tcdf(p,n) tinv(p,n)
均匀分布	unifpdf(x,a,b) unifcdf(x,a,b)	χ^2 分布	chi2pdf(x,n) chi2cdf(x,n) chi2inv(x,n)
正态分布	normpdf(x,μ,δ) normcdf(x,μ,δ)		

注:-pdf:概率密度后缀;-cdf:分布函数后缀;-tivn:分位点后缀.

三、实验内容

例 1 设 n 个人中每个人的生日在一年 365 天中任一天是等可能的.求当 n 为 30,45,60 时,这 n 个人中至少有两人生日相同的概率各为多少?

```
>> n=30;
>> p=1-nchoosek(365,n)*factorial(n)/365^n
```

运行结果:

```
p =
  0.7063
```

```
>> n=45;
```

```
>> p=1-nchoosek(365,n)*factorial(n)/365^n
```

运行结果：

```
p =

    0.9410

>> n=60;
>> p=1-nchoosek(365,n)*factorial(n)/365^n
```

运行结果：

```
p =

    0.9941
```

所以 30,45,60 个人中至少有两人生日相同的概率分别为 0.706 3,0.941 0,0.994 1.

例 2 公司出厂的一批产品共 100 个,其中有 75 个一级品,25 个二级品,从中任意抽取 20 个,求:(1) 其中恰有 5 个二级品的概率;(2) 至少有 2 个一级品的概率?

(1)

```
>> p1=nchoosek(25,5)*nchoosek(75,15)/nchoosek(100,20)
```

运行结果：

```
p1 =

    0.2260
```

所以恰有 5 个二级品的概率为 0.2260.

(2)

```
>> p2=1-(nchoosek(25,20)+nchoosek(75,1)*nchoosek(25,19))/nchoosek(100,20)
```

运行结果：

```
p2 =

    1.0000
```

至少有 2 个一级品的概率为 1.

例 3 事件 A 在每次试验中发生的概率为 0.3,记 10 次试验中 A 发生的次数为 X.

(1) 画出 X 的分布律图形;　　(2) 画出 X 的分布函数图形.

(1)

```
>> x=0:10;y=binopdf(x,10,0.3);
>>plot(x,y,'.-')
```

运行结果如图 9-15 所示.

(2)

```
>>x=0:0.01:10;
>>y=binocdf(x,10,0.3);
>>plot(x,y,'*')
```

运行结果如图 9-16 所示.

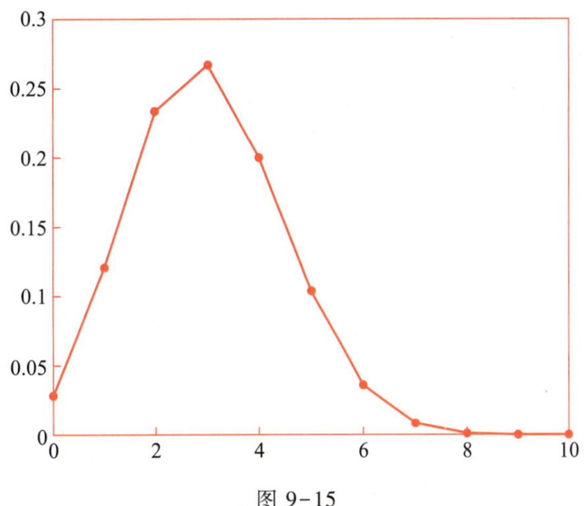

图 9-15

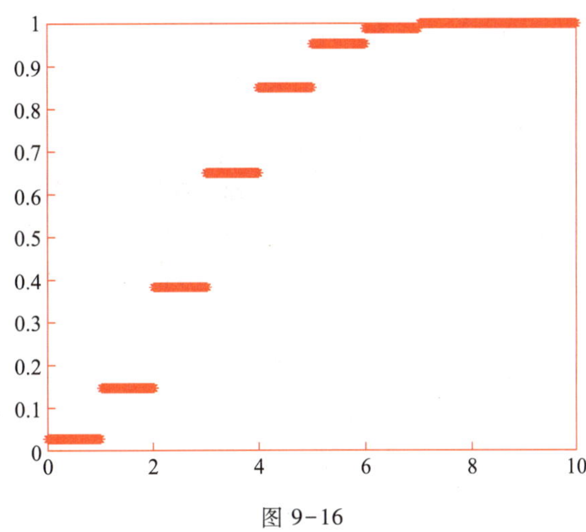

图 9-16

例 4　设随机变量 X 服从区间[2, 6]上的均匀分布,求:

(1) $X=4$ 时的概率密度值;　　(2) $P(X\leqslant 5)$;

(3) 若 $P(X\leqslant x)=0.345$,求 x;　　(4) 绘制概率密度函数图像和分布函数图像.

(1)
```
>> unifpdf(4,2,6)
```
运行结果为
```
ans =

     0.2500
```
(2)
```
>> unifcdf(5,2,6)
```
运行结果为
```
ans =

0.7500
```
(3)
```
>> unifinv(0.345,2,6)
```
运行结果为
```
ans =
```

```
    3.380 0
```

或者：

```
>> icdf('unif',0.345,2,6)
```

运行结果为

```
ans =

    3.3800
```

(4)

```
>> x=2:0.1:6;
>> px=unifpdf(x,2,6);
>>Px=unifcdf(x,2,6);
>>plot(x,px,'+')
>>hold on
>>plot(x,Px,'.-')
>> axis([1,7,0,1.1])
>>legend("密度函数","分布函数")
```

运行结果如图 9-17 所示.

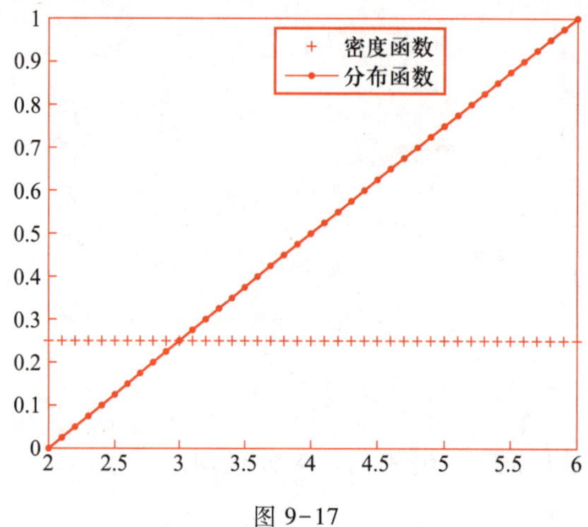

图 9-17

例 5 设样本数据为 110.1,25.2,39.8,65.4,50.0,98.1,48.3,32.2,60.4,40.3.

(1) 求该样本的均值、方差、标准差、中位数、最大值、最小值、极差；

(2) 绘出数据的直方图及圆饼图.

(1)

```
>> x=[110.1 25.2 39.8 65.4 50.0 98.1 48.3 32.2 60.4 40.3];
>> av=mean(x)
av =

    56.9800

>> D=var(x)
D =

   768.5151

>> d=std(x)
d =
```

```
   27.7221
>> z=median(x)
z =
   49.1500
>> max(x)
ans =
   110.1000
>> min(x)
ans =
   25.2000
>> Y=range(x)
Y =
   84.9000
```

(2)
```
>> bar(x)
>> pie(x)
```

运行结果如图 9-18 和图 9-19 所示.

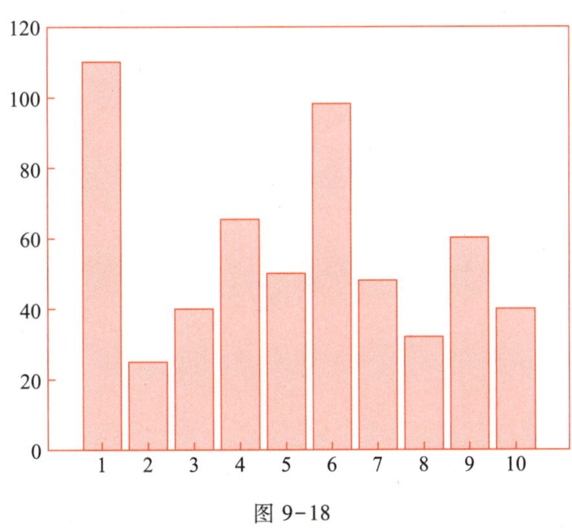

图 9-18

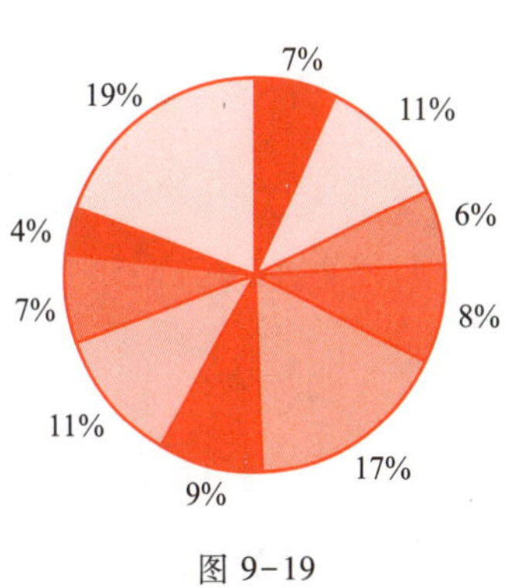

图 9-19

拓展与提高 9：多维随机变量

阅读与思考 9：二战德军坦克数估计

第 10 章 数理统计基础

数理统计诞生于 19 世纪末 20 世纪初，是以概率论作为理论基础的，具有广泛应用的一个数学分支. 概率论和数理统计两者研究的对象都是随机现象. 概率论的主要特点是先从一个数学模型出发，比如已知随机变量的分布，然后去研究它的性质特点和规律性. 而实际的情况是，我们所研究的随机变量服从的分布往往是未知的，即使已知了分布类型，其分布中所含参数和数字特征通常也是不清楚的. 数理统计则侧重于从大量的数据、资料中提取关于分布规律和数字特征的有关信息，从而对研究对象做出符合实际的估计或推断，以便为决策者提供科学的依据.

☆☆☆学习目标

理解总体与个体、样本、简单随机样本和统计量等基本概念；了解 χ^2 分布、t 分布的定义；掌握分位数的概念并会使用相应的分布表.

了解点估计和区间估计的概念；掌握矩法及最大似然法的原理及估计方法；了解估计量的评价标准；掌握单个正态总体的均值的双侧及单侧置信区间的计算.

了解假设检验的基本思想和基本原理；了解假设检验的两类错误；掌握单个正态总体的均值的假设检验基本步骤.

§10.1 数理统计的基本概念

情景与问题

引例 1 众所周知,《红楼梦》一书共 120 回,普遍认为前 80 回为曹雪芹所著,后 40 回为高鹗所续.长期以来红学界对这个问题一直有争议.一般的,每个人使用某些词的习惯是特有的,比如同一情节大家描述的都差不多,但由于个人写作特点和习惯的不同,所用的虚词不会一样.有人分别统计出《红楼梦》前 80 回与后 40 回中与情节无关的虚词出现次数,并与曹雪芹的其他著作进行对比.运用统计学方法进行分析后认为:前 80 回确实为曹雪芹所著,而后 40 回并非是高鹗一个人所写,等等.

引例 2 全球最大的零售商沃尔玛通过统计分析顾客购物的数据后发现,很多周末购买尿布的顾客同时也购买啤酒.人们为什么会同时购买这两样看上去毫不沾边的生活物品呢?通过深入观察和研究发现,美国家庭买尿布的多是爸爸,而年轻的爸爸们下班后在超市买尿布的同时,往往会顺便给自己捎带些啤酒,后来沃尔玛就把尿布和啤酒摆放得很近,从而促进了尿布和啤酒的销量.

引例 3 二战前期,英军从敦刻尔克撤回到本岛期间,德军每天对英国进行狂轰滥炸.英国空军在抵御中,双方空战不断.为了能够提高飞机的防护能力,英国的飞机设计师们决定给飞机增加护甲,但是护甲会增加飞机的重量,在飞机的什么部位安装能最有效地保护飞机呢?统计学家将每架中弹之后仍然安全返航的飞机的中弹部位描绘在一张图上,然后将所有中弹飞机的图都叠放在一起,这样就形成了浓密不同的弹孔分布.绘图完成后,统计学家指出,没有弹孔的地方就是应该增加护甲的地方,因为这个部位中弹的飞机都没能幸免于难.

上述引例均聚焦于从实际数据和资料分析中,找寻研究对象的规律性特征,由此便衍生出了一门新学科——数理统计.数理统计不仅仅是科学研究的利器,也是一门应用性很强的学科,它与人们日常的生产和生活密切相关.接下来,我们从几个重要概念的介绍来开始数理统计学习之旅.

10.1.1 总体与样本

在数理统计中,我们把研究对象的全体称为总体,而把组成总体的每一个对象称为个体.例如研究某城市中学生的身高,整个城市全体中学生的身高组成一个总体,每位学生的身高就是个体;检查某个批次面粉的装袋重量,整个批次的面粉的装袋重量构成一个总体,该批次每袋面粉的重量就是个体.当我们把每袋面粉的重量看作是随机变量 X 时,总体就是该随机变量 X 可能取值的全体.当 X 服从正态分布时,我们称总体为正态总体.

要考察每个个体来全面了解总体,往往是不现实的.一方面会消耗大量的资源和时间,另一方面有些试验是具有破坏性的,比如研究一批电池的寿命,当我们逐一获得了每个电池的寿命数据后,整批电池也就报废了,这样的研究是没有意义的.实际中的做法是,我们从该批电池中随机抽取一部分进行试验,记录这部分电池的寿命去推断整批电池的寿命特征.从总体中随机抽取 n 个个体进行测试,然后根据这 n 个个体的性质来推断总体的性质.我们把被抽取的 n 个个体的集合叫作总体的一个样本,记为$(X_1,X_2\cdots,X_n)$,n 称为该样本的样本容量.在实际问题中,样本$(X_1,X_2,\cdots,X_n)$是一组具体观测数据$(x_1,x_2,\cdots,x_n)$,$(x_1,x_2,\cdots,x_n)$称为样本的观测值.

统计学的基本思想是适当地抽取样本以推测总体的性质,达到花费较小代价而推断结果又足够准确的目的.为了使样本很好地反映总体的特性,需要对抽样的方法提出一定的要求.在随机抽样中,如果每个个体被抽到的机会均等,则称为简单随机抽样.这里提到的简单随机抽样具有以下两个特征:

(1) 代表性:样本的每个分量 X_i 与总体 X 有相同的分布;

(2) 独立性:$X_1,X_2,\cdots,X_n$ 相互独立.

当抽样过程中采用放回抽样时,这往往是简单随机抽样.若采用的是无放回的抽样,在第一次抽取之后,总体的个数减少了一个,其分布已经产生变化,此时 X_1 与 X_2 的分布已经不相同.如果总体中个体的数量 N 庞大,抽出一个或者有限的 n 个时,对总体分布的影响是非常微小的.通常 $\frac{n}{N}\leqslant 0.1$ 时,尽管为无放回抽样,所得的样本分量分布仍认为是没有差异的,每个 X_i 的分布相同.

10.1.2 统计量

抽样得到的样本是一堆散沙,杂乱无章.为了在样本中提取出有用信息,需要对样本值进行加工.比如在研究某城市中学生的身高时,抽样得到的样本数据很难看出规律.我们关心的是中学生们的身高的整体水平有没有提高,也就是估计总体均值.此时构造的随机变量“样本均值”为总体均值的合理估计.这种针对不同问题构造出样本的某种函数,在统计学中称为统计量.

定义 10.1 设$(X_1,X_2,\cdots,X_n)$是来自总体 X 的一个样本,若 $g(X_1,X_2,\cdots,X_n)$为一连续函数,且不含任何未知参数,则称 $g(X_1,X_2,\cdots,X_n)$为样本$(X_1,X_2,\cdots,X_n)$的一个统计量.

例如,(X_1,X_2,X_3)是从总体 $N(\mu,\sigma^2)$中抽取的一个三维样本,其中参数 μ 已知,σ 未知,则 $\frac{X_1-\mu}{\sigma}$,$X_1-2\sigma X_2$ 不是统计量,而 $X_1+X_2+X_3$,$\max(X_1,X_2,X_3)$,$\frac{1}{3}(X_1+X_2+X_3)-\mu$ 都是统计量.

设$(X_1,X_2,\cdots,X_n)$是总体 X 的一个样本,常用统计量如下:

(1) 样本均值 $\overline{X}=\frac{1}{n}\sum_{i=1}^{n}X_i$;

(2) 样本方差 $S^2=\frac{1}{n-1}\sum_{i=1}^{n}(X_i-\overline{X})^2$;

(3) 样本标准差 $S=\sqrt{\frac{1}{n-1}\sum_{i=1}^{n}(X_i-\overline{X})^2}$;

(4) 样本 k 阶原点矩 $A_k=\frac{1}{n}\sum_{i=1}^{n}X_i^k$;

(5) 样本 k 阶中心矩 $B_k=\frac{1}{n}\sum_{i=1}^{n}(X_i-\overline{X})^k$.

当总体 $X\sim N(\mu,\sigma^2)$ 时，$\overline{X}\sim N\left(\mu,\frac{\sigma^2}{n}\right)$，$\frac{\overline{X}-\mu}{\sigma/\sqrt{n}}\sim N(0,1)$.

应用与实践

案例 某食品加工厂某日运进一批生猪，从中随机取 10 头，称得其重量如下（单位：kg）：75，78，77.5，74，80.5，82.5，80，85.5，87，85.求样本均值和样本方差.

解 $\overline{X}=\frac{1}{10}(75+78+77.5+74+80.5+82.5+80+85.5+87+85)=80.5$；

$$S^2=\frac{1}{9}[(75-80.5)^2+(78-80.5)^2+(77.5-80.5)^2+(74-80.5)^2+(80.5-80.5)^2+(82.5-80.5)^2+(80-80.5)^2+(85.5-80.5)^2+(87-80.5)^2+(85-80.5)^2]\approx 19.94.$$

能力训练 10.1

1. 回答下列问题.

（1）数理统计的基本问题是什么？

（2）为什么说从概率论的角度看，总体、个体、样本都是随机变量？

（3）什么是简单随机抽样？

（4）什么是样本的统计量？

（5）常用的统计量有哪些？

2. 设 $(X_1,X_2,\cdots,X_n)$ 是来自总体 X 的容量为 n 的一组样本，试判断下列各式中哪些是统计量？哪些不是？

（1）$\frac{1}{5}(X_1+X_2)$；　　（2）$\frac{1}{2}(X_1-\mu)$（μ 为已知）；

（3）$\frac{1}{n}\sum_{i=1}^{n}(X_i-\mu)$（$\mu$ 未知）；　　（4）$\frac{\overline{X}-\mu}{S/\sqrt{n}}$（$\mu$ 已知）.

3. 为了估计某合成车间产品的得收率，随机抽查了 9 批，其得收率（%）为：

73.2，　78.6，　75.4，　75.7，　74.1，　76.3，　72.8，　74.5，　76.6.

试写出样本容量，求出样本均值和样本方差.

4. 10 名接触某种病人的护士，测量其白细胞数，获得数据如下（单位：$10^9/\mathrm{L}^3$）：

7.1，　6.5，　7.4，　6.35，　6.8，　7.25，　6.6，　7.8，　6.0，　5.95.

求样本均值与样本方差.

5. 在总体 $N(52,6.3^2)$ 中随机抽取一容量为 36 的样本，求样本均值落在 50.8 至 53.8 之间的概率.

§10.2 常用统计分布

情景与问题

引例 1　质检部门想要了解某企业生产的电子元件寿命是否达到质量要求.数据的采集是带有破坏性的,质检部门从某日生产的成品元件中,只随机抽取总量的 5%,试验并记录了寿命数据.寿命的抽样并不是仅仅让我们认识抽出来的这些样品,可是我们如何才能通过样本去推测整体的状况呢?

引例 2　在使用天平称量物体质量时,测量的结果与实际值之间存在一定的差异叫作误差.由于天平的灵敏度、操作环境、操作人员等影响,测量误差在所难免.实际操作中多次重复测量是有效降低误差的办法之一.某实验室重复称量了质量为 m 克的物品,每次称量的结果独立同服从正态分布 $N(m,0.2^2)$.现在需要让测量平均值与真实值之间的差异不超过 ± 0.1 克的把握不小于 0.95%,此时至少需要测量几次呢?

在前面的学习中,我们已经知道统计量为随机变量.对统计量所有可能的取值以及出现可能性的大小进行描述是非常有必要的,这可以反映样本统计量的分布特征,从而全面地把握和了解统计量.对统计量的取值进行的概率描述就是下面要介绍的抽样分布.

样本统计量所服从的分布称为抽样分布.英国统计学家费希尔曾把抽样分布、参数估计和假设检验看作统计推断的三个中心内容.一般来说,要获得统计量的抽样分布是一件非常困难的事情,即使求出了精确分布,也会因为过于复杂而难以应用.统计分析中,正态总体占有特别重要的地位,本节介绍由正态总体导出的重要抽样分布:χ^2 分布和 t 分布.

10.2.1　χ^2 分布

定义 10.2　设 $(X_1,X_2,\cdots,X_n)$ 为取自正态总体 $X\sim N(0,1)$ 的样本,则称统计量

$$\chi^2=X_1^2+X_2^2+\cdots+X_n^2$$

服从自由度为 n 的 χ^2 分布,记作 $\chi^2\sim\chi^2(n)$.

χ^2 分布概率密度函数图形如图 10-1 所示.从图中可以看到 χ^2 分布具有以下特征:

(1) χ^2 分布的密度函数曲线随自由度的不同而有较大改变;

(2) χ^2 分布为非对称分布,n 越大,密度函数的图形越对称.

定义 10.3　设 $\chi^2\sim\chi^2(n)$,其概率密度函数为 $f(x)$,对于给定的正数 $\alpha(0<\alpha<1)$,若存在实数 $\chi_\alpha^2(n)$ 满足

$$P(\chi^2>\chi_\alpha^2(n))=\int_{\chi_\alpha^2(n)}^{+\infty}f(x)\,\mathrm{d}x=\alpha,$$

则称 $\chi_\alpha^2(n)$ 为 χ^2 分布的上 α 分位点或上侧临界值,其几何意义如图 10-2 所示.

对于已知的 α 和 n,上 α 分位点 $\chi_\alpha^2(n)$ 的值可以根据附表 3 查表得到.

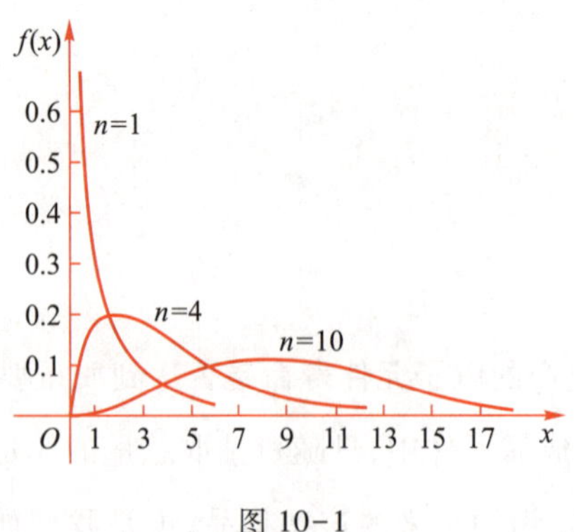

图 10-1

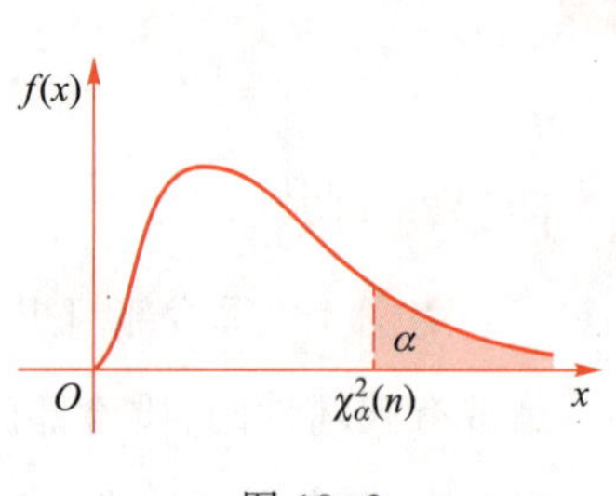

图 10-2

例 1 已知 $P(\chi^2(20)>\lambda)=0.05$，求 $\lambda=\chi^2_{0.05}(20)$.

解 由 $n=20,\alpha=0.05$，查 χ^2 分布表，得 $\lambda=\chi^2_{0.05}(20)=31.410$.

例 2 求 $P(\chi^2(12)>5.226)$ 的值.

解 由 $n=12$，反查 χ^2 分布表，$\chi^2_{0.95}(12)=5.226$，得 $\alpha=0.95$，即

$$P(\chi^2(12)>5.226)=0.95.$$

定理 10.1 设 $(X_1,X_2,\cdots,X_n)$ 为来自总体 $X\sim N(\mu,\sigma^2)$ 的样本，则统计量

$$\frac{(n-1)S^2}{\sigma^2}=\frac{\sum\limits_{i=1}^{n}(X_i-\overline{X})}{\sigma^2}\sim\chi^2(n-1).$$

证明从略.

10.2.2 t 分布

定义 10.4 设 $X\sim N(0,1)$，$Y\sim\chi^2(n)$，且 X 与 Y 相互独立，则称统计量 $T=\dfrac{X}{\sqrt{Y/n}}$ 服从自由度为 n 的 t 分布，也称为学生分布，记作 $T\sim t(n)$.

t 分布的概率密度函数图形如图 10-3 所示.从图中可以看到 t 分布具有以下特征：

（1）t 分布是偶函数，图形关于 y 轴对称；

（2）$\lim\limits_{n\to\infty}f(x)=\dfrac{1}{\sqrt{2\pi}}\mathrm{e}^{-\frac{x^2}{2}}$，即 n 很大时，t 分布的密度函数曲线形态与标准正态曲线接近.事实上，当自由度 $n>45$ 时，两者几乎没有什么差别.例如：$t_{0.05}(45)\approx U_{0.05}=1.65$.

与 χ^2 分布的上 α 分位点相似，设 $T\sim t(n)$，概率密度函数为 $f(x)$，对于给定的正数 $\alpha(0<\alpha<1)$，若存在实数 $t_\alpha(n)$ 满足

$$P(t(n)>t_\alpha(n))=\int_{t_\alpha(n)}^{+\infty}f(x)\,\mathrm{d}x=\alpha,$$

称 $t_\alpha(n)$ 为 t 分布的上 α 分位点或上侧临界值，几何意义如图 10-4 所示.

对于已知的 α 和 n，上 α 分位点 $t_\alpha(n)$ 的值可以根据附表 2 查表得到.

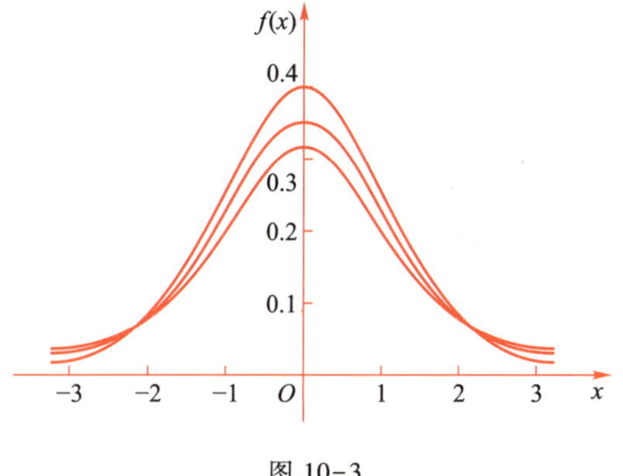

图 10-3

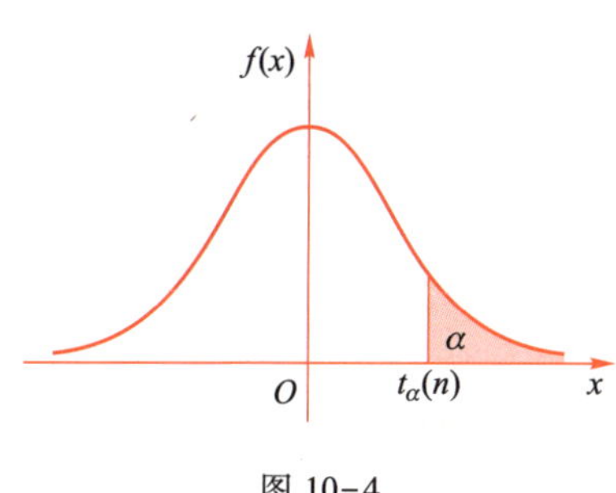

图 10-4

例 3 求 $P(t(8)>2.3060)$ 的值.

解 由 $n=8$,反查 t 分布表,$t_{\alpha}(8)=2.3060$,得 $\alpha=0.025$,即

$$P(t(8)>2.3060)=0.025.$$

例 4 已知 $P(t(12)>\lambda)=0.05$,求 λ 的值.

解 由 $n=12,\alpha=0.05$,查 t 分布表,得 $\lambda=t_{0.05}(12)=1.7823$.

定理 10.2 设 $(X_1,X_2,\cdots,X_n)(n\geqslant 2)$ 为来自总体 $X\sim N(\mu,\sigma^2)$ 的样本,则统计量

$$\frac{\overline{X}-\mu}{S/\sqrt{n}}\sim t(n-1).$$

例 5 设总体 $X\sim N(\mu,\sigma^2)$,已知样本容量 $n=9$,样本标准差 $S=2.1234$,求概率 $P(|\overline{X}-\mu|<0.5)$.

解 由 $\dfrac{\overline{X}-\mu}{S/\sqrt{n}}\sim t(n-1)$ 查 t 分布表得 $t_{0.25}(8)=0.7064$,故

$$P(|\overline{X}-\mu|<0.5)=P\left(\left|\frac{\overline{X}-\mu}{S/\sqrt{n}}\right|<\frac{0.5}{S/\sqrt{n}}\right)=P\left(\left|\frac{\overline{X}-\mu}{S/\sqrt{n}}\right|<0.7064\right)$$

$$=1-2P\left(\frac{\overline{X}-\mu}{S/\sqrt{n}}>0.7064\right)=1-2\times 0.25=0.5.$$

想一想

χ^2 分布、t 分布均是基于正态分布的. 那么,一个随机变量所满足的分布(正态分布、二项分布、均匀分布等等)是如何确定的呢?

应用与实践

案例 轧钢厂粗轧设备的精度是关系到成材率的重要指标.一批粗轧钢材的长度服从正态分布 $N(\mu,\sigma^2)$,$\sigma=10^2\ \text{mm}^2$.现轧钢 25 根,S^2 为这 25 根钢材偏离设计均值的样本方差.求 S^2 超过 5 mm^2 的概率.

解 由 $\dfrac{(n-1)S^2}{\sigma^2}\sim \chi^2(24)$,可知:

$$P(S^2>5)=P\left(\frac{(n-1)S^2}{\sigma^2}>\frac{(n-1)5}{\sigma^2}\right)=P\left(\chi^2(24)>\frac{24\times 5}{10}\right)$$
$$=P(\chi^2(24)>12)>0.975,$$

故 S^2 超过 5 mm^2 的概率在 97.5%以上.

能力训练 10.2

1. 回答下列问题.

(1) 什么是抽样分布?

(2) $t_{0.05}(9)$的表示含义是什么?

(3) 当 n 很大时,该如何得到 $t_\alpha(n)$ 的近似值?

(4) $P(\chi^2(n)>13.701)=0.25$,则 n 的值是多少?

2. 查表求下列各 λ 的值:

(1) $P(\chi^2(8)>\lambda)=0.05$;　(2) $P(\chi^2(24)>\lambda)=0.75$;

(3) $P(t(15)>\lambda)=0.01$;　(4) $P(|t(15)|>\lambda)=0.05$.

3. 查表求下列各式的值.

(1) $P(t(10)>2.2281)$;　(2) $P(t(15)\leqslant 2.6025)$;

(3) $P(\chi^2(9)>14.684)$;　(4) $P(\chi^2(21)\leqslant 8.897)$.

4. 设$(X_1,X_2,\cdots,X_{10})$是总体 $N(0,4)$的样本,试确定 C,使得 $P\left(\sum\limits_{i=1}^{10}X_i^2>C\right)=0.05$.

5. 重量为 10 的物品,由于测量误差的存在,每次测量的结果独立且同服从正态分布 $N(10,0.2^2)$.为了使 $P(|\overline{X}-10|<0.1)>0.95$,最少需要称重几次?

§10.3 参数估计

情景与问题

引例 对某型号的 20 辆汽车记录其每 5 L 汽油的行驶里程(单位: km),观测数据如下:

29.8, 27.6, 28.3, 27.9, 30.1, 28.7, 29.9, 28.0, 27.9, 28.7

28.4, 27.2, 29.5, 28.5, 28.0, 30.0, 29.1, 29.8, 29.6, 26.9

该型号汽车每 5 L 汽油行驶千米数服从的分布尚不清楚,如何对总体的均值、方差进行估计呢?

引例中的问题是在总体分布类型未知或已知的情况下,对总体的一个或多个未知参数进行的估计, 这类问题称为参数估计. 参数估计是统计推断的基本形式,是数理统计的一个重要分支内容.如何根据样本来估计总体中的未知参数呢?

参数估计根据结果表达形式不同分为点估计法和区间估计法.比如,当我们猜测某位公司高层管理人员收入时,给出的结论是年收入 50 万.这样用某一个具体值作为总体未知参数的估计为点估计.或者我们可以换一种方法,估计 45 至 55 万元的区间包含其收入真实值的把握达到了 90%,这个结论是在一定置信度下包含了未知参数真值的区间估计.

10.3.1 点估计

设 θ 是总体 X 分布中的未知参数,$(X_1,X_2,\cdots,X_n)$ 为来自总体 X 的一组样本,$(x_1,x_2,\cdots,x_n)$ 为一组样本观测值,如果用统计量 $\hat{\theta}=\hat{\theta}(X_1,X_2,\cdots,X_n)$ 来估计 θ,就称 $\hat{\theta}$ 为 θ 的估计量,这类问题称为点估计问题,将样本观测值$(x_1,x_2,\cdots,x_n)$代入估计量 $\hat{\theta}$ 中,就可以得到 θ 的点估计值 $\hat{\theta}=\hat{\theta}(x_1,x_2,\cdots,x_n)$.

估计量 $\hat{\theta}(X_1,X_2,\cdots,X_n)$ 是一个随机变量,对不同的样本值观测值,θ 的估计值 $\hat{\theta}$ 一般是不同的.

以下介绍点估计的两种常见方法:矩估计法与最大似然估计法.

1. 矩估计法

如果随机变量 X 所服从的分布律如下:

X	1	2	3	…	α
p_k	$\frac{1}{\alpha}$	$\frac{1}{\alpha}$	$\frac{1}{\alpha}$	…	$\frac{1}{\alpha}$

如何才能求未知参数 α 的矩估计量?

在简单随机抽样中,因为样本的每个分量 X_i 与总体 X 有相同的分布,一个直观的想法是用样本的各阶矩估计相应的总体矩.比如常用到的样本矩有样本一阶原点矩 $A_1=\frac{1}{n}\sum_{i=1}^{n}X_i=\overline{X}$,样本 2 阶中心矩 $B_2=\frac{1}{n}\sum_{i=1}^{n}(X_i-\overline{X})^2=\tilde{\sigma}^2$.

矩作为随机变量最容易获得的数字特征,且矩估计法的替换原理简单明确,因而由皮尔逊在 1894 年正式提出后,得到了大众的普遍接受,使用场合甚广.

此处为了求得未知参数 α 的估计量,我们用样本的一阶原点矩,即样本均值 $\overline{X}$,去代替总体一阶原点矩,即总体期望 $E(X)$.先计算出总体的期望 $E(X)$:

$$E(X)=1\cdot\frac{1}{\alpha}+2\cdot\frac{1}{\alpha}+\cdots+\alpha\cdot\frac{1}{\alpha}=\frac{1}{\alpha}(1+2+\cdots+\alpha)=\frac{\alpha(1+\alpha)}{2\alpha}=\frac{1+\alpha}{2}.$$

所以

$$E(X)=\frac{1+\alpha}{2}.$$

由 $E(X)=\overline{X}$，得 $\frac{1+\alpha}{2}=\overline{X}$. 即 $\hat{\alpha}=2\overline{X}-1$ 为未知参数 α 的矩估计量.

例 1 设 $X_1,X_2,\cdots,X_n$ 是来自正态总体 $X\sim N(\mu,\sigma^2)$ 的一个样本，试求 μ 和 σ^2 的估计量.

解 因为 $X_1,X_2,\cdots,X_n$ 是来自正态总体 $N(\mu,\sigma^2)$ 的一个样本，所以 $E(X_i)=\mu, D(X_i)=\sigma^2(i=1,2,\cdots,n)$. 我们知道正态总体的一阶原点矩是期望，二阶原点矩是

$$E(X_i^2)=D(X_i)+[E(X_i)]^2=\sigma^2+\mu^2.$$

因此用样本的一阶原点矩，即均值 $\overline{X}$ 估计总体的均值 μ，用样本的二阶原点矩，即 $\frac{1}{n}\sum_{i=1}^{n}X_i^2$ 估计总体的二阶原点矩 $\sigma^2+\mu^2$，得到

$$\begin{cases}\hat{\mu}=\overline{X},\\ \hat{\sigma}^2+\hat{\mu}^2=\frac{1}{n}\sum_{i=1}^{n}X_i^2,\end{cases}$$

从上式解出 $\hat{\mu}$ 和 $\hat{\sigma}^2$，得到 μ 和 σ^2 的矩估计量为

$$\begin{cases}\hat{\mu}=\overline{X},\\ \hat{\sigma}^2_{矩}=\frac{1}{n}\sum_{i=1}^{n}X_i^2-\overline{X}^2=\frac{1}{n}\sum_{i=1}^{n}(X_i-\overline{X})^2=\tilde{\sigma}^2.\end{cases}$$

由此可见，**总体均值 $E(X)$ 的矩估计值是样本均值 $\overline{X}$；总体方差 $D(X)$ 的矩估计值就是样本二阶中心矩 $\tilde{\sigma}^2$**. 从解题过程易知，这个结论不仅对正态总体成立，而且无论总体 X 服从什么分布，只要总体的均值与方差存在，上述结论都是成立的.

引例中，利用矩估计法可计算出总体均值的矩估计值为：

$$\overline{X}=\frac{1}{20}(29.8+27.6+\cdots+26.9)=28.695;$$

总体方差的矩估计值为

$$\tilde{\sigma}^2=\frac{1}{20}[(29.8-28.695)^2+(27.6-28.695)^2+\cdots+(26.9-28.695)^2]\approx 0.9185.$$

2. 最大似然估计法

两个箱子中各装有红球与白球若干. 其中甲箱装有 99 个红球 1 个白球，乙箱装有 1 个红球 99 个白球. 现在随便挑选一箱，从中摸出一个球，结果发现为红球. 如果要推测这只红球是从哪个箱子摸出的，我们自然会认为是甲箱. 因为从甲箱中摸出红球的概率远大于从乙箱中摸出红球的概率. 我们选择甲箱实际上是最有利于红球这个结果的发生，或者说选择甲箱可以使"摸出红球"发生的概率最大. 这种以概率大小作为判断依据的思路，便是最大似然原理的体现.

微课：最（极）大似然估计

定义 10.5 设随机变量 $(X_1,X_2,\cdots,X_n)$ 有联合密度 $f(x_1,x_2,\cdots,x_n;\theta)$，其中 θ 是未知参数，且 $(X_1,X_2,\cdots,X_n)$ 的观测值为 $(x_1,x_2,\cdots,x_n)$，称 θ 的函数 $L(\theta)=f(x_1,x_2,\cdots,x_n;\theta)$ 为 θ 的似然函数.

例如，连续型总体 X 的概率密度为 $f(x,\theta)$，其中 θ 为未知参数，定义似然函数

$$L(\theta)=L(x_1,x_2,\cdots,x_n;\theta)=\prod_{i=1}^{n}f(x_i,\theta).$$

最大似然估计法的基本思想是:所选取的参数的估计量 $\hat{\theta}$ 应使观测值 $(x_1,x_2,\cdots,x_n)$ 出现的概率最大,也就是使 $L(\hat{\theta})$ 达到 $L(\theta)$ 的最大值.这可由方程 $\dfrac{dL(\theta)}{d\theta}=0$ 解得.

一般地,由于 $L(\theta)$ 与 $\ln L(\theta)$ 同时到达最大值,为了计算上的方便,往往通过解方程 $\dfrac{\mathrm{d}\ln L(\theta)}{\mathrm{d}\theta}=0$ 求得 $\hat{\theta}$.

使似然函数 $L(\theta)$ 取到最大值的 $\hat{\theta}$ 称为参数 θ 的最大似然估计量.

例 2 设 $X_1,X_2,\cdots,X_n$ 是正态总体 $N(\mu,\sigma^2)$ 的一个样本,试求 μ 和 σ^2 的最大似然估计.

解 似然函数是

$$\begin{aligned}L(x_1,x_2,\cdots,x_n;\mu,\sigma^2)&=\prod_{i=1}^{n}\left(\frac{1}{\sigma\sqrt{2\pi}}\mathrm{e}^{-\frac{1}{2\sigma^2}(X_i-\mu)^2}\right)\\&=\left(\frac{1}{\sigma\sqrt{2\pi}}\right)^n\mathrm{e}^{-\frac{1}{2\sigma^2}\sum\limits_{i=1}^{n}(X_i-\mu)^2},\end{aligned}$$

取对数

$$\begin{aligned}\ln L&=n\ln\left(\frac{1}{\sigma\sqrt{2\pi}}\right)-\frac{1}{2\sigma^2}\sum_{i=1}^{n}(X_i-\mu)^2\\&=-n\ln\sqrt{2\pi}-\frac{n}{2}\ln\sigma^2-\frac{1}{2\sigma^2}\sum_{i=1}^{n}(X_i-\mu)^2,\end{aligned}$$

求偏导数,令其为 0,得方程组

$$\begin{cases}\dfrac{\partial\ln L}{\partial\mu}=-\dfrac{1}{2\sigma^2}2(-1)\sum\limits_{i=1}^{n}(X_i-\mu)=0,\\\dfrac{\partial\ln L}{\partial\sigma^2}=-\dfrac{n}{2\sigma^2}+\dfrac{1}{2(\sigma^2)^2}\sum\limits_{i=1}^{n}(X_i-\mu)^2=0,\end{cases}$$

解方程组得到 μ 和 σ^2 的最大似然估计分别是

$$\hat{\mu}=\frac{1}{n}\sum_{i=1}^{n}X_i=\overline{X},$$

$$\hat{\sigma}^2_{最大}=\frac{1}{n}\sum_{i=1}^{n}(X_i-\overline{X})^2=\tilde{\sigma}^2.$$

见例 1 和例 2 可见,对于正态总体,参数的最大似然估计与矩估计是相同的.

10.3.2 估计量的评选标准

总体的同一个未知参数,若采用不同的估计方法,会得到不同的估计量.我们会问,这些不同的估计量哪一个更好?这就必须先建立评价标准.在常用的标准中,本节介绍无偏性与有效性.

1. 无偏性

定义 10.6 设 $\hat{\theta}$ 是总体未知参数 θ 的估计量,若 $E(\hat{\theta})=\theta$,则称 $\hat{\theta}$ 为 θ 的无偏估计量.

容易证明,样本均值 $\overline{X}$ 与样本方差 S^2 分别是总体均值 μ 与方差 σ^2 的无偏估计量.

例 3　取容量 $n=3$ 的样本 X_1,X_2,X_3，判断均值 μ 的下面五个统计量中，哪些是无偏估计量？

$$\hat{\mu}_1=\overline{X}=\frac{1}{3}\sum_{i=1}^{3}X_i;\qquad \hat{\mu}_2=\frac{1}{2}X_1+\frac{1}{3}X_2+\frac{1}{6}X_3;\qquad \hat{\mu}_3=\frac{1}{2}X_1+\frac{1}{4}X_2+\frac{1}{4}X_3;$$

$$\hat{\mu}_4=\frac{1}{2}X_1+\frac{1}{4}X_2;\qquad \hat{\mu}_5=X_1+X_2.$$

解　显然 $E(\hat{\mu}_1)=E(\hat{\mu}_2)=E(\hat{\mu}_3)=\mu$，而

$$\begin{aligned}E(\hat{\mu}_4)&=E\left(\frac{1}{2}X_1+\frac{1}{4}X_2\right)=E\left(\frac{1}{2}X_1\right)+E\left(\frac{1}{4}X_2\right)\\&=\frac{1}{2}E(X_1)+\frac{1}{4}E(X_2)=\frac{3}{4}\mu\neq\mu,\end{aligned}$$

$$E(\hat{\mu}_5)=E(X_1+X_2)=E(X_1)+E(X_2)=2\mu\neq\mu.$$

所以 $\hat{\mu}_1,\hat{\mu}_2,\hat{\mu}_3$ 是 μ 的无偏估计量.

2. 有效性

在例 3 中可以看到，$\hat{\mu}_1,\hat{\mu}_2,\hat{\mu}_3$ 都是 μ 的无偏估计量.同一个参数可能有多个无偏估计量，我们又如何比较它们的优劣呢？在这些估计量中，自然应选用对参数的偏离程度较小的为好，即一个较好的估计量的方差应该较小.由此引入评选估计量的另一个标准.

定义 10.7　设 $\hat{\theta}_1,\hat{\theta}_2$ 是 θ 的两个无偏估计量，若 $D(\hat{\theta}_1)<D(\hat{\theta}_2)$，则称 $\hat{\theta}_1$ 较 $\hat{\theta}_2$ 有效.

例 4　在例 3 中，证明：$\hat{\mu}_1$ 较 $\hat{\mu}_2,\hat{\mu}_3$ 有效.

证明　由 $D(\hat{\mu}_1)=D(\overline{X})=D\left(\frac{1}{3}\sum_{i=1}^{3}X_i\right)=\left(\frac{1}{9}+\frac{1}{9}+\frac{1}{9}\right)\sigma^2=\frac{1}{3}\sigma^2,$

$$D(\hat{\mu}_2)=D\left(\frac{1}{2}X_1+\frac{1}{3}X_2+\frac{1}{6}X_3\right)=\left(\frac{1}{4}+\frac{1}{9}+\frac{1}{36}\right)\sigma^2=\frac{14}{36}\sigma^2,$$

$$D(\hat{\mu}_3)=D\left(\frac{1}{2}X_1+\frac{1}{4}X_2+\frac{1}{4}X_3\right)=\left(\frac{1}{4}+\frac{1}{16}+\frac{1}{16}\right)\sigma^2=\frac{3}{8}\sigma^2,$$

有 $D(\hat{\theta}_1)<D(\hat{\theta}_3)<D(\hat{\theta}_2)$，即证明了 $\hat{\mu}_1$ 较 $\hat{\mu}_2,\hat{\mu}_3$ 有效.

10.3.3　区间估计

未知参数的点估计值仅仅是未知参数的近似值，它与参数的精确值之间存在多大的差异并不清楚.统计学家奈曼 1934 年提出的置信区间理论得到了广泛的应用.和点估计不同，区间估计给出了参数真值的范围，并且指出真值落在这样的范围内的可靠程度.这样的估计更具有参考价值.

微课：区间估计

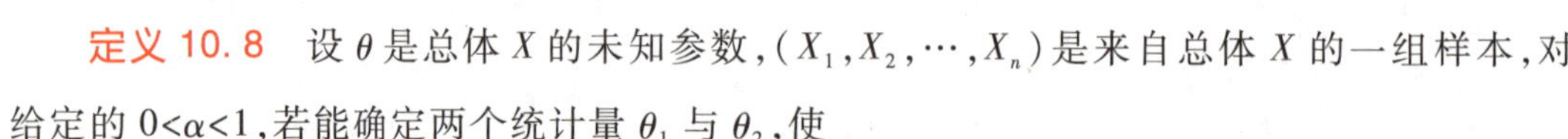

定义 10.8　设 θ 是总体 X 的未知参数，$(X_1,X_2,\cdots,X_n)$ 是来自总体 X 的一组样本，对给定的 $0<\alpha<1$，若能确定两个统计量 θ_1 与 θ_2，使

$$P(\theta_1<\theta<\theta_2)=1-\alpha,\quad 0<\alpha<1,$$

则称(θ_1,θ_2)为θ的$1-\alpha$置信区间，称概率$1-\alpha$为置信度，θ_1和θ_2分别称为置信下限和置信上限，α称为显著性水平.

值得注意的是，θ_1与θ_2是统计量，置信区间(θ_1,θ_2)是随机区间，θ作为总体X的参数是客观存在的确定的数值.置信度的含义应该是置信区间(θ_1,θ_2)包含θ的概率为$1-\alpha$，而不是θ落在置信区间(θ_1,θ_2)内的可能性为$1-\alpha$.比如，当取置信度$1-\alpha=0.95$时，参数θ的0.95置信区间的意思是：取100组容量为n的样本观测值所确定的100个置信区间中，约有95个区间含有θ的真值，或者说由一个样本$X_1,X_2\cdots,X_n$所确定的一个置信区间$(\theta_1(X_1,X_2,\cdots,X_n),\theta_2(X_1,X_2,\cdots,X_n))$中含有$\theta$真值的可能性为95%.另外，置信度与估计精度是一对矛盾.置信度$1-\alpha$越大，置信区间(θ_1,θ_2)包含θ真值的概率越大，置信区间长度越长，实际上这使得参数估计的精度降低.反之，参数估计的精度要求越高，置信区间长度越短，置信区间(θ_1,θ_2)包含θ真值的概率越小，置信度$1-\alpha$也就越小.这表明置信度并不是越高越好.在实际中的做法是：如果样本容量不能进一步增加，则是在保证置信度的情况下，尽可能提高估计精度.

以下讨论正态总体均值μ的区间估计.

(1) 总体方差σ^2已知时，μ的$1-\alpha$置信区间

由于σ^2已知，含有μ,σ及$\overline{X}$的统计量$\dfrac{\overline{X}-\mu}{\sigma/\sqrt{n}}\sim N(0,1)$.于是对给定的置信度$1-\alpha$，存在$U_{\frac{\alpha}{2}}>0,\Phi(U_{\frac{\alpha}{2}})=1-\dfrac{\alpha}{2}$，使得

$$P\left\{-U_{\frac{\alpha}{2}}<\frac{\overline{X}-\mu}{\sigma/\sqrt{n}}<U_{\frac{\alpha}{2}}\right\}=1-\alpha$$

成立(图10-5)，该式变形后即有

$$P\left(\overline{X}-\frac{\sigma}{\sqrt{n}}U_{\frac{\alpha}{2}}<\mu<\overline{X}+\frac{\sigma}{\sqrt{n}}U_{\frac{\alpha}{2}}\right)=1-\alpha.$$

所以总体方差σ^2已知时，μ的$1-\alpha$置信区间为

$$\left(\overline{X}-\frac{\sigma}{\sqrt{n}}U_{\frac{\alpha}{2}},\overline{X}+\frac{\sigma}{\sqrt{n}}U_{\frac{\alpha}{2}}\right).$$

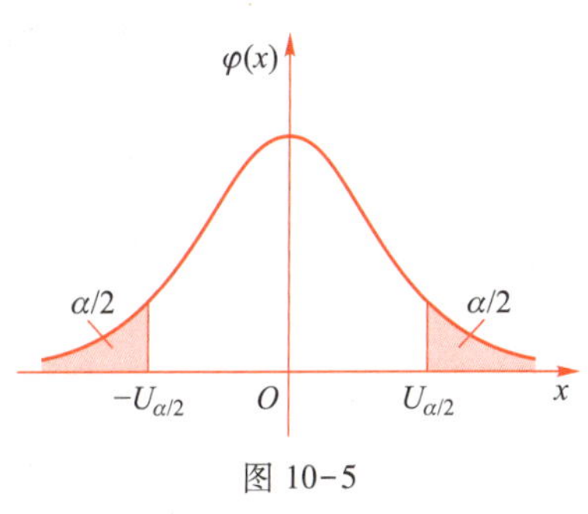

图 10-5

例5 某工厂生产的滚珠直径可以认为服从方差为$\sigma^2=0.05$的正态分布，今随机抽取5个，测得直径(单位：mm)为14.7,14.9,15.0,15.1,15.2.试求μ的0.95的置信区间.

解 因为$\overline{X}=14.98,\sigma=0.05,n=5,\dfrac{\alpha}{2}=0.025$，查标准正态分布表得$U_{\frac{\alpha}{2}}=U_{0.025}=1.96$，所以

$$\overline{X}-\frac{\sigma}{\sqrt{n}}U_{\frac{\alpha}{2}}=14.98-1.96\times\sqrt{\frac{0.05}{5}}=14.8,$$

$$\overline{X}+\frac{\sigma}{\sqrt{n}}U_{\frac{\alpha}{2}}=14.98+1.96\times\sqrt{\frac{0.05}{5}}=15.2.$$

μ的0.95置信区间为(14.8,15.2)，这表明区间(14.8,15.2)包含μ真值的概率为0.95.

（2）总体方差 σ^2 未知时，μ 的 $1-\alpha$ 置信区间

很多实际问题中，根本无法获知 σ 的值，此时之前的方法不再适用.此时需要选择统计量 $\dfrac{\overline{X}-\mu}{S/\sqrt{n}} \sim t(n-1)$ 进行估计.类似于之前的讨论，参照图 10-6可得 μ 的 $1-\alpha$ 置信区间为

$$\left(\overline{X}-\frac{S}{\sqrt{n}}t_{\frac{\alpha}{2}}(n-1),\overline{X}+\frac{S}{\sqrt{n}}t_{\frac{\alpha}{2}}(n-1)\right).$$

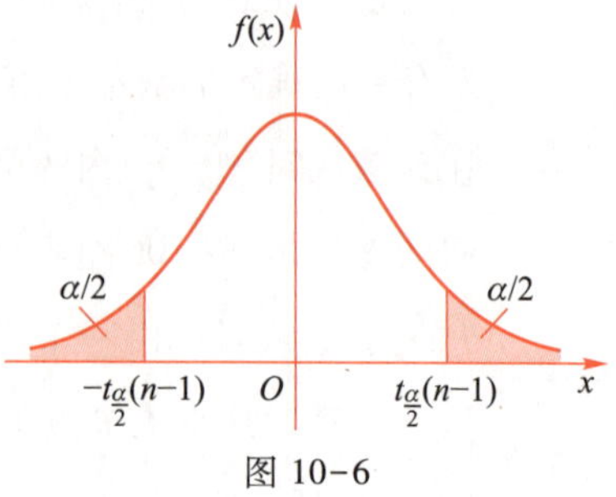

图 10-6

实际上，同样一组样本观测值，按同一置信度对 μ 做区间估计，在 σ^2 已知和 σ^2 未知时，估计出的结果是不一样的.因为在 σ^2 已知时，我们掌握的信息比较多，在其他条件相同时，对 μ 估计的精度会高一些，置信区间的长度会更短.

例 6 假设轮胎的寿命服从正态分布. 为估计某种轮胎的平均寿命，现随机地抽 12 只轮胎试用，测得它们的寿命（单位：万千米）如下：

4.68 4.85 4.32 4.85 4.61 5.02 5.20 4.60 4.58 4.72 4.38 4.70

试求平均寿命的 0.95 置信区间.

解 此处正态总体标准差未知，可使用 t 分布求均值的置信区间.

首先求得 $\overline{X}=4.709\,2$，$S^2=0.061\,5$. 取 $\alpha=0.05$，查表知 $t_{0.025}(11)=2.201\,0$. 于是得到平均寿命的 0.95 置信区间（单位：万千米）为

$$\left(4.709\,2-2.201\,0\cdot\frac{\sqrt{0.061\,5}}{\sqrt{12}},4.709\,2+2.201\,0\cdot\frac{\sqrt{0.061\,5}}{\sqrt{12}}\right)=(4.551\,6,4.866\,8).$$

应用与实践

案例 1 在某地区进行家庭月消费调查，为此，在该地区随机抽查了 10 户家庭，得每户家庭消费支出（单位：元/月）为

1 150 800 970 1 020 1 100 950 1 640 1 330 1 280 1 400

设家庭消费支出服从正态分布 $N(\mu,\sigma^2)$，试估计未知参数 μ.

解 首先 $E(X)=\mu$，即 μ 为该地区每户家庭消费支出的均值.由 $E(X)=\overline{X}$，得 $\mu=\overline{X}$，

$$\overline{X}=\frac{1}{10}\sum_{i=1}^{10}X_i=\frac{1}{10}(1\,150+800+970+1\,020+1\,100+950+1\,640+1\,330+1\,280+1\,400)=1\,164.$$

设 μ 的估计值为 $\hat{\mu}$，则 $\hat{\mu}=\overline{X}=1\,164$（元）.

案例 2 某称重设备的称量结果可以认为服从正态分布，已知设备的标准差 $\sigma=1$. 为了使均值 μ 的置信度为 0.95 的置信区间长度不超过 1.2，样本容量应为多少？

解 由已知条件知，问题涉及总体方差 σ^2 已知时，μ 的区间估计.因为此时置信区间

为$\left(\bar{X}-\frac{\sigma}{\sqrt{n}}U_{\frac{\alpha}{2}},\bar{X}+\frac{\sigma}{\sqrt{n}}U_{\frac{\alpha}{2}}\right)$，其置信区间的长度为$\frac{2\sigma}{\sqrt{n}}U_{\frac{\alpha}{2}}$，它依赖于样本容量，而与样本的具体取值无关.

现要求$\frac{2\sigma}{\sqrt{n}}U_{\frac{\alpha}{2}}\leqslant 1.2$，即$n\geqslant\left(\frac{2\sigma}{1.2}U_{\frac{\alpha}{2}}\right)^2$，

$1-\alpha=0.95$时，查表得$U_{\frac{\alpha}{2}}=U_{0.025}=1.96$，已知$\sigma=1$，从而

$$n\geqslant\left(\frac{2\times 1^2}{1.2}\times 1.96\right)^2\approx 10.67.$$

即样本容量至少为11时才能保证μ的置信度为0.95的置信区间长度不超过1.2.

能力训练 10.3

1. 回答下列问题.

（1）求点估计值的常用方法有哪些？

（2）为什么说样本均值$\bar{X}$和样本方差S^2分别是总体均值μ和总体方差σ^2的无偏估计量？

（3）若$\sum\limits_{i=1}^{n}a_ix_i$是总体均值$\mu$的无偏估计量，则$a_i(i=1,2\cdots,n)$应满足什么条件？

（4）为什么说样本均值$\bar{X}$是总体均值μ的最有效的无偏估计量？

（5）在区间估计中，置信度$1-\alpha$的值是不是越大越好？

2. 总体X的分布律如下：

X	1	2	3
p_k	θ^2	$2\theta(1-\theta)$	$(1-\theta)^2$

其中，$0<\theta<1$为未知参数，已经取得样本为1,2,1.求参数θ的矩估计值与最大似然估计值.

3. 设总体X的概率密度为$f(x)=\begin{cases}\theta x^{\theta-1}, & 0<x<1,\\ 0, & 其他,\end{cases}$其中$\theta>0$是未知参数，设$X_1,X_2,\cdots,X_n$是取自总体$X$的一个样本，试用最大似然估计法估计总体的未知参数$\theta$.

4. $X_1,X_2,\cdots,X_n$为来自总体的样本，总体μ已知，$\frac{1}{n-1}\sum\limits_{i=1}^{n}(X_i-\mu)^2$是否为总体方差$\sigma^2$的无偏估计？

5. 设X_1,X_2,X_3是来自正态总体$N(\mu,2^2)$的样本，证明$\hat{\mu}_1=\frac{1}{4}(X_1+2X_2+X_3)$和$\hat{\mu}_2=\frac{1}{3}(X_1+X_2+X_3)$都是$\mu$的无偏估计量，并比较哪一个更有效.

6. 36个中学生记录他们一周的上网时间，计算出平均上网时间为15小时.根据以往的经验，上网时间服从正态分布，标准差为6保持不变.求平均上网时间0.99的置信区间.

7. 为防止出厂产品重量不达标，某厂质检人员从当天产品中随机抽取 10 包过称，称得重量(以 g 为单位)分别为：9.9，10.1，10.3，10.4，9.7，9.8，10.1，10.0，9.8，10.3.假定重量服从正态分布，试以此数据对该产品的平均重量求置信度为95%的区间估计.

8. 某手机电池连续使用时间服从正态分布 $X\sim N(\mu,\sigma^2)$，抽 9 只进行检测，得数据如下(单位：h)：22，17，32，24，18，21，19，16，20.求电池充电后连续使用时间的 0.90 置信区间，以及 σ 的 0.90 置信区间.

§10.4 假设检验

情景与问题

引例 某大米加工厂生产的大米，额定标准为每包 100 kg，可以认为每包质量服从正态分布.某日从仓库中随机抽取 9 包，测得质量(单位：kg)为

99.3，98.7，100.5，101.2，98.3，99.7，99.5，102.1，100.5.

问：该大米加工厂该日的打包机工作是否正常？

我们知道，由于随机误差的存在，即使打包机工作状态完全正常，每袋大米的质量也不会全部为 100 kg，而是在 100 kg 的附近波动.此时样本均值 $\overline{X}$ 偏离总体的均值 $\mu_0=100$ kg 应该不会太大.但是 $\overline{X}$ 与 μ_0 的差异还有可能是由于打包机工作不正常导致，换种说法，也就是实际总体的均值 μ 已经发生了改变，不再是最初设定的 $\mu_0=100$ kg.那么，该问题就是要根据样本进行判断，$\mu=\mu_0$ 是否成立.这个问题属于假设检验的基本问题之一.

提出一个关于总体的假设，利用样本提供的信息，检验统计假设是否合理，以确定接受或舍弃假设，这就是假设检验.如果总体分布已知，统计假设是针对总体的参数提出的，这类问题称为参数假设检验问题，引例的问题属于参数假设检验问题.针对总体服从何种分布的统计假设，属于非参数假设检验问题.本节只讨论参数假设检验.

微课：假设检验

10.4.1 假设检验的基本思想与两类错误

假设检验的基本思想是小概率原理.小概率原理认为“小概率事件在一次试验中几乎不会发生”.例如，因为买彩票中 500 万大奖的概率极小，如果张三今天出门买彩票，我们完全有信心和他打赌，张三今天不会中 500 万的大奖.如果张三回来后宣布他居然中了大奖，那我们会怀疑到中奖率是不是像对外公布的那么低.概率 α 小到什么程度才能称为小？不同的问题，α 的值会有不同的要求，通常可取 $\alpha=0.05$.

例 1 某接待站在一周内接待了 12 次来访，结果所有的来访都安排在周二和周三.现在能不能断定接待的时间是有规定的？

解 首先假设接待的时间是没有规定的，即从周一到周日每一天去接待站的可能性都相同.

那么 12 次来访都出现在周二和周三的概率为 $\left(\frac{2}{7}\right)^{12}\approx 3\times 10^{-6}\ll 0.05$. 这么小概率的事件居然在一次试验中发生，有理由怀疑假设的正确性，所以应当拒绝最初的假设，认为接待的时间是有规定的.

无论进行何种检验，无论最初假设的内容如何，假设检验的基本思想都是相同的，就是“带有概率性质的反证法”. 具体做法是：检验某个假设 H_0 时，首先假定 H_0 是正确的. 在此假设下，根据事先确定的小概率 α，构造一个小概率事件 A. 如果经过一次试验，事件 A 竟然出现了，那么自然怀疑假设 H_0 的正确性，因而拒绝 H_0；如果事件 A 没有出现，那么表明没有理由拒绝 H_0. 通常把假设 H_0 称为原假设，而把与 H_0 对立的假设 H_1 称为备择假设. 检验的目的是要在原假设 H_0 与备择假设 H_1 二者之间选择其中之一：如果认为原假设 H_0 是正确的，则接受 H_0，拒绝 H_1；如果认为原假设 H_0 是不正确的，则拒绝 H_0，接受 H_1.

假设检验中无论最终接受还是拒绝原假设，都不可避免地会犯以下两种错误：

第一类错误：也称为“弃真”的错误，即 H_0 本来是正确的，但经检验被拒绝的错误. 犯第一类错误的概率 α 称为检验的显著性水平.

第二类错误：也称为“存伪”的错误，即当 H_0 本来是不正确的，但经检验被接受的错误. 犯第二类错误的概率通常记为 β.

我们当然希望这两类错误越小越好. 但研究表明，当样本容量一定时，不可能同时把 α 和 β 都减小. 当其中一个减小，另一个就会增大. 实际使用中，人们会根据实际问题的需要来控制两类错误的概率. 比如在新药的检验中，原假设 H_0：认为新药无效. 第一类错误是“新药实际无效，但经检验被认为有效”，犯此错误时，无效的新药会被允许流入市场. 第二类错误是“新药实际有效，但经检验认为无效”，此时新药尽管有效但仍会被拒绝进入市场. 这两类错误相比，显然第一类错误对社会产生的危害大很多，此时应该严格控制 α 的值，让 α 的取值在合理范围内尽量地小.

10.4.2 正态总体均值 μ 的假设检验

1. U 检验法

(1) 已知 $\sigma^2=\sigma_0^2$，对均值 μ 的检验. 检验 $H_0:\mu=\mu_0$；$H_1:\mu\neq\mu_0$.

选择检验统计量 $U=\dfrac{\overline{X}-\mu_0}{\sigma/\sqrt{n}}$，在 H_0 成立的假设下，$U\sim N(0,1)$. 对给定的显著性水平 α，由 $\Phi(U_{\frac{\alpha}{2}})=1-\dfrac{\alpha}{2}$ 查标准正态分布表可得临界值 $U_{\frac{\alpha}{2}}$. 由 $P(|U|>U_{\frac{\alpha}{2}})=\alpha$，说明事件 $A=(|U|>U_{\frac{\alpha}{2}})$ 为小概率事件. 将样本观测值代入 $U=\dfrac{\overline{X}-\mu_0}{\sigma/\sqrt{n}}$ 中，算出统计量的值 U，如果 $|U|>U_{\frac{\alpha}{2}}$，则表明在一次试验中小概率事件 A 发生了，因而拒绝 H_0，而接受 H_1；否则接受 H_0. 其中不等式 $|U|>U_{\frac{\alpha}{2}}$ 所确定的范围称为检验的拒绝域.

这里关心的是总体的均值是否变化，由于拒绝域位于两侧，该检验被称为**双边检验**.

(2) 已知 $\sigma^2=\sigma_0^2$，对均值 μ 的检验.检验 $H_0:\mu\leqslant\mu_0$；$H_1:\mu>\mu_0$.

这里只关心总体的均值是否减小，此时检验为**右侧单边检验**.选择检验统计量 $U=\dfrac{\overline{X}-\mu_0}{\sigma_0/\sqrt{n}}$，对给定的显著性水平 α，由 $\Phi(U_\alpha)=1-\alpha$ 查标准正态分布表可得临界值 U_α.H_0 的拒绝域为 $\{U>U_\alpha\}$，若 $U>U_\alpha$，则拒绝 H_0，接受 H_1；否则接受 H_0.

(3) 已知 $\sigma^2=\sigma_0^2$，对均值 μ 的检验.检验 $H_0:\mu\geqslant\mu_0$；$H_1:\mu<\mu_0$.

这里关心的是总体的均值是否增大，此时检验为**左侧单边检验**.选择检验统计量 $U=\dfrac{\overline{X}-\mu_0}{\sigma_0/\sqrt{n}}$，$H_0$ 的拒绝域为 $\{U<-U_\alpha\}$.

该检验法因检验量常用 U 来表示，故习惯上称为 U 检验法.假设检验中，当接受原假设时，并不代表原假设一定正确，只是差异还不够显著，还不足以拒绝原假设.所以假设检验也被称为“显著性检验”.

例 2 某炼钢厂的铁水含碳量 X 服从正态分布 $N(4.55,0.108^2)$，现测定了 9 炉钢水，其平均含碳量为 4.484，如果估计方差不会有太大变化，可否认为现在生产的铁水平均含碳量仍为 4.55($\alpha=0.05$)?

解 第一步：提出假设 $H_0:\mu=\mu_0=4.55$；$H_1:\mu\neq\mu_0$.

第二步：将 $n=9,\overline{X}=4.484,\sigma=0.108,\mu_0=4.55$ 代入 $U=\dfrac{\overline{X}-\mu_0}{\sigma/\sqrt{n}}$，计算得

$$U=\frac{\overline{X}-\mu_0}{\sigma/\sqrt{n}}=\frac{4.484-4.55}{0.108/\sqrt{9}}=-1.833.$$

第三步：对给定的显著性水平 $\alpha=0.05$，查标准正态分布表得临界值 $U_{\frac{\alpha}{2}}=U_{0.025}=1.96$.所以 H_0 的拒绝域为 $D=\{|U|>1.96\}$.

第四步：由于 $U=-1.833\notin D$，所以没有理由拒绝 H_0.即认为现在生产的铁水平均含碳量不变，仍为 4.55.

例 3 据长期资料分析，某厂生产的产品的某项指标 $X\sim N(75,100)$.改革工艺后，在所生产的一批产品中任抽 25 件，得到该项指标的样本均值为 79.若方差不变，试问改进工艺后产品的该项指标是否比以往产品的该项指标要高($\alpha=0.05$)?

解 提出假设 $H_0:\mu\leqslant75$；$H_1:\mu>75$.将 $n=25,\overline{X}=79,\sigma=10,\mu_0=75$ 代入 $U=\dfrac{\overline{X}-\mu_0}{\sigma/\sqrt{n}}$，计算得统计量的观测值 $U=\dfrac{\overline{X}-\mu_0}{\sigma/\sqrt{n}}=\dfrac{79-75}{10/\sqrt{25}}=2$.

对给定的显著性水平 $\alpha=0.05$，查标准正态分布表得临界值 $U_\alpha=U_{0.05}=1.64$.得到 H_0 的拒绝域为 $D=\{U>1.64\}$.因为 $U=2\in D$，所以拒绝 H_0.即认为改进工艺后，产品的该项指标较以往有显著提高.

本例中，我们关心的是新工艺生产下产品的指标是否有显著的提高，改进工艺的目的是提高指标的值.为了谨慎起见，原工艺不能轻易否定，只有在有很强的证据下才能认为新工艺对指标有提高，所以此处适合于单边检验.

2. t 检验法

（1）未知 σ^2，对均值 μ 的检验.检验 $H_0:\mu=\mu_0$；$H_1:\mu\neq\mu_0$.

选取检验统计量为 $t=\dfrac{\overline{X}-\mu_0}{S/\sqrt{n}}$，对给定的显著性水平 α，由 $P(|t|>t_{\frac{\alpha}{2}}(n-1))=\alpha$ 查 t 分布上侧分位数表可得临界值 $t_{\frac{\alpha}{2}}(n-1)$，$H_0$ 的拒绝域为 $\{|t|>t_{\frac{\alpha}{2}}(n-1)\}$.当 $|t|>t_{\frac{\alpha}{2}}(n-1)$ 时，拒绝 H_0，接受 H_1，否则接受 H_0.此时该检验为双边检验.

（2）未知 σ^2，对均值 μ 的检验.检验 $H_0:\mu\leqslant\mu_0$；$H_1:\mu>\mu_0$.

选择检验统计量 $t=\dfrac{\overline{X}-\mu_0}{S/\sqrt{n}}$，对给定的显著性水平 α，由 $P(t>t_\alpha(n-1))=\alpha$ 查 t 分布表可得 $t_\alpha(n-1)$，H_0 的拒绝域为 $\{t>t_\alpha(n-1)\}$，如果 $t>t_\alpha(n-1)$，拒绝 H_0，接受 H_1，否则接受 H_0.此时该检验为右侧双边检验.

（3）未知 σ^2，对均值 μ 的检验.检验 $H_0:\mu\geqslant\mu_0$；$H_1:\mu<\mu_0$.

选取统计量为 $t=\dfrac{\overline{X}-\mu_0}{S/\sqrt{n}}$，$H_0$ 的拒绝域为 $\{t<-t_\alpha(n-1)\}$.此时检验为左侧单边检验.

由于这种检验法选择的统计量服从 t 分布，所以称为 t 检验.

如引例中，取显著性水平 $\alpha=0.05$，并设 $H_0:\mu=\mu_0=100$；$H_1:\mu\neq\mu_0=100$.

选择统计量 $t=\dfrac{\overline{X}-\mu_0}{S/\sqrt{n}}$，将 $\overline{X}\approx99.978$，$n=9$，$\mu_0=100$，$S^2\approx1.469$ 代入统计量 t，计算统计量的值为 $\dfrac{\overline{X}-\mu_0}{S/\sqrt{n}}=\dfrac{99.978-100}{\sqrt{\dfrac{1.469}{9}}}\approx-0.054$.

对给定的显著性水平 $\alpha=0.05$，查 t 分布表，得临界值 $t_{\frac{\alpha}{2}}(n-1)=t_{0.025}(8)=2.3060$，得到 H_0 的拒绝域为 $D=\{|t|>2.3060\}$.

因为 $|t|=0.054\notin D$，所以没有理由拒绝 H_0，认为该日工厂打包机工作正常.

应用与实践

案例 1 按照标准，合格灯泡的耐用时间应该为 2 000 h.某工厂平时生产的灯泡达到了标准的要求.某批次例行的抽查中，检查了 50 个灯泡，平均耐用时间为 1 992 h，标准差为 30 h.能否认为该批灯泡是合格产品（$\alpha=0.05$）？

解 $H_0:\mu\geqslant\mu_0=2000$；$H_1:\mu<\mu_0$.

将 $\overline{X}=1992$，$\mu_0=2000$，$S=30$，$n=50$ 代入 $t=\dfrac{\overline{X}-\mu_0}{S/\sqrt{n}}$ 得统计量的值

$$t=\frac{\overline{X}-\mu_0}{S/\sqrt{n}}=\frac{1\ 992-2\ 000}{30/\sqrt{50}}\approx -1.89.$$

由于 $n>45$,可以用标准正态分布近似计算临界值.对给定的显著性水平 $\alpha=0.05$,$t_{0.05}(49)\approx U_{0.05}=1.65$,得到 H_0 的拒绝域为 $D=\{t<-1.65\}$.

因为 $t=-1.89\in D$,所以拒绝 H_0,应认为该批灯泡的质量不合格.

案例 2 (续例 3)据之前的检验我们已经得知,在显著性水平 $\alpha=0.05$ 时,可以认为改进工艺后,产品的该项指标较以往有显著提高.但其他条件均未发生变化,仅变更 $\alpha=0.01$,结论是否会有所不同呢?

解 由于其他条件未发生变化,故问题仍属于右侧单边检验,$H_0:\mu\leqslant 75$;$H_1:\mu>75$,且仍有检验统计量 $U=\dfrac{\overline{X}-\mu_0}{\sigma/\sqrt{n}}=2$.

对于新的显著性水平 $\alpha=0.01$,查标准正态分布表得临界值 $U_{0.01}=2.33$.得到 H_0 的拒绝域为 $D=\{U>2.33\}$.此时因为 $U=2\notin D$,所以接受 H_0.认为改进工艺后,产品的该项指标较以往没有显著提高.

此问题我们还可以换一个思路.检验统计量 U 服从标准正态分布,查标准正态分布表可以得到 $P(U>2)$ 的概率,将此概率值记为 p. p 值可以理解为"原假设被拒绝时的最小显著性水平".此问题中,$p=P(U>2)=1-\Phi(2)=0.022\ 8$.

显著性水平 $\alpha>p$ 时,相应拒绝域的临界值出现在检验统计量的左侧,此时由于检验统计量落在了拒绝域内,应该拒绝 H_0;反之若显著性水平 $\alpha<p$ 时,相应拒绝域的临界值出现在检验统计量的右侧,此时检验统计量未落入拒绝域内,应该接受 H_0.

该问题中,当 $\alpha=0.05$ 时,满足 $\alpha>p=0.022\ 8$,应作出拒绝 H_0 的判断,即认为产品的该项指标较以往有显著提高.但当 $\alpha=0.01$ 时,$\alpha<p$,此时接受 H_0,即认为产品的该项指标较以往没有显著提高.这种利用 p 值来确定拒绝域的方法称为 p 值检验法.相较传统的检验法,p 值检验法给出了有关拒绝域更多的信息.现代统计软件的计算结果中,一般都给出了检验问题的 p 值.

能力训练 10.4

1. 回答下列问题.

(1) 假设检验的基本思想是什么?

(2) 在假设检验中,显著性水平 α 的含义是什么?

(3) 能否同时降低检验中犯两类错误的概率?

(4) 假设检验的基本步骤是什么?

(5) 假设检验与区间估计有什么联系?

2. 某厂生产的仪表寿命服从正态分布 $X\sim N(1\ 600,100^2)$.由于工厂招工,新工人人数增多,现对生产的产品质量进行检验.抽取了样本容量为 26 的样本,平均寿命为 1 580.在显著性水平 $\alpha=0.05$ 时,能否认为这批产品的平均寿命仍为 1 600?

3. 某批矿砂的 5 个样本中,镍的含量经测定为 $X(\%)$：3.24, 3.27, 3.25, 3.24, 3.26. 能否认为这批矿砂的镍的含量为 3.25?（$\alpha=0.01$）

4. 按照质量标准,每 100 g 的罐头番茄汁中,维生素 C 的含量不得小于 21 mg,现从一批送检的罐头中抽取 17 个,测得维生素含量为(单位：mg)

25, 16, 22, 18, 29, 20, 17, 23, 22, 21, 20, 23, 21, 19, 15, 13, 16.

已知维生素 C 的含量服从正态分布,试检验这批罐头是否合格?（$\alpha=0.025$）

总习题 10

A 基础巩固

1. 选择题:

(1) 正态总体方差 σ^2 的 0.95 置信区间的含义是(　　).

A. 这个区间平均含总体 95%的值;

B. 这个区间平均含总体样本真值的 95%;

C. 这个区间以 95%的概率包含样本的真值;

D. 这个区间以 95%的概率包含总体方差 σ^2 的真值.

(2) 设 $X\sim N(\mu,\sigma^2)$,$(X_1,X_2,\cdots,X_n)$是来自总体 X 的一个简单随机样本,则 $\overline{X}=\dfrac{1}{n}\sum\limits_{i=1}^{n}X_i\sim$(　　).

A. $N(\mu,\sigma^2)$;　　B. $N\left(\mu,\dfrac{\sigma^2}{n}\right)$;　　C. $N\left(\dfrac{\mu}{n},\dfrac{\sigma^2}{n}\right)$;　　D. $N(n\mu,n\sigma^2)$.

(3) $\xi\sim N(\mu,\sigma^2)$,其中 μ 已知,σ^2 未知,X_1,X_2,X_3 为其样本,下列各项不是统计量的是(　　).

A. $\dfrac{1}{\sigma^2}(X_1^2+X_2^2+X_3^2)$;　　B. $X_1+3\mu$;

C. $\max(X_1,X_2,X_3)$;　　D. $\dfrac{1}{3}(X_1+X_2+X_3)$.

(4) 设 $\chi_1^2\sim\chi^2(n_1)$,$\chi_2^2\sim\chi^2(n_2)$,χ_1^2,χ_2^2 相互独立,则 $\chi_1^2+\chi_2^2\sim$(　　).

A. $\chi_1^2+\chi_2^2\sim\chi^2(n)$;　　B. $\chi_1^2+\chi_2^2\sim\chi^2(n-1)$;

C. $\chi_1^2+\chi_2^2\sim t(n)$;　　D. $\chi_1^2+\chi_2^2\sim\chi^2(n_1+n_2)$.

(5) 设总体 X,$X_1,X_2,\cdots,X_n$ 是取自总体 X 的一个样本,$\overline{X}$ 为样本均值,则不是总体期望 μ 的无偏估计量的是(　　).

A. $\overline{X}$;　　B. $X_1+X_2-X_3$;

C. $0.2X_1+0.3X_2+0.5X_3$;　　D. $\sum\limits_{i=1}^{n}X_i$.

(6) 对正态总体的数学期望 μ 进行假设检验,如果在显著性水平 0.05 下接受 $H_0:\mu=\mu_0$,那么在显著水平 0.01 下,下列结论中正确的是(　　).

A. 必须接受 H_0;　　B. 可能接受,也可能拒绝 H_0;

C. 必拒绝 H_0;　　D. 不接受,也不拒绝 H_0.

2. 填空题:

(1) X_1,X_2,X_3,X_4 是来自正态总体 $X\sim N(0,4)$的样本,则当 $a=$________时,$Y=a(X_1+2X_2)^2+a(X_3-$

$2X_4)^2 \sim \chi^2(2)$.

(2) 设 X_1, X_2, X_3 是来自正态总体 $X \sim N(\mu,1)$ 的样本，则当 $a=$________时，$\hat{\mu}=\frac{1}{3}X_1+\frac{1}{2}X_2+aX_3$ 是总体均值 μ 的无偏估计.

(3) 设 X_1, X_2 是来自总体 $X \sim N(\mu,\sigma^2)$ 的样本，若 CX_1-2X_2 是 μ 的一个无偏估计，则常数 $C=$______.

(4) 设 $n, \overline{X}, S$ 分别是来自正态总体的样本容量、样本均值和样本均方差，总体方差 σ^2 未知，则总体均值 μ 的 $1-\alpha$ 置信上限是________.

(5) 设$(X_1, X_2, \cdots, X_n)$为来自总体 $N(\mu,\sigma^2)$ 的一个样本，其中 σ^2 已知，则总体均值 μ 的 $1-\alpha$ 置信区间为________.

B 能力提升

3. 设 $\hat{t}$ 是参数 t 的无偏估计，且 $D(\hat{t})>0$.证明：$\hat{t}^2$ 不是 t^2 的无偏估计量.

4. 设 $X_1, X_2, \cdots, X_n$ 为总体 X 的一个样本，X 的密度函数

$$f(x)=\begin{cases}(\beta+1)x^{\beta}, & 0<x<1,\\ 0, & \text{其他},\end{cases}$$

其中，$\beta>0$.求参数 β 的矩估计和最大似然估计.

5. 设 $X \sim N(\mu,1^2)$，容量 $n=16$，均值 $\overline{X}=5.2$，求未知参数 μ 的置信度为 0.95 的置信区间.

6. 设某产品的某项质量指标服从正态分布，已知它的标准差 $\sigma=60$，现从一批产品中随机抽取 16 个，测得该项指标的平均值为 1 627，问能否认为这批产品的该项指标值为 1 600($\alpha=0.05$)？

7. 某工厂生产一种钢索，其断裂强度 X 服从正态分布 $N(\mu,40^2)$.从中选取一个容量为 9 的样本，得 $\overline{X}=780$ 单位，在显著性水平 $\alpha=0.05$ 时.问能否据此认为这批钢索的断裂强度为 800 单位？

8. 某种元件的寿命 X(单位：h)服从正态分布 $N(\mu,\sigma^2)$，μ,σ^2 均未知.现测得 16 只元件的寿命的均值 $\bar{x}=241.5$，$s=98.725\,9$，问是否有理由认为元件的平均寿命大于 225 h？

9. 某种导线电阻服从正态分布 $N(\mu,\sigma^2)$，要求电阻的标准差不得超过 0.004 Ω，现在从新生产的一批导线中抽取 10 根，测得其电阻 $s=0.006$ Ω.问对于显著性水平 $\alpha=0.05$，能否认为导线的电阻与标准有明显差异？

数学实验 10:数理统计

一、实验目的

(1) 能熟练运用 MATLAB 的命令进行均值与方差的参数估计.

(2) 会用 MATLAB 进行正态总体均值的假设检验.

(3) 能绘制频率直方图与正态分布概率图,并判断数据的正态性.

(4) 通过对实际数据的分析统计,初步培养统计推断解决实际问题的建模思想.

二、实验原理

(1) 均值与方差的参数估计,命令格式为

```
[mu,sigma,muci,sigmaci]=type+fit(x,alpha)
```

其中,type 代表分布函数类型,mu,sigma 分别是总体均值和标准差的点估计,muci,sigmaci 分别是总体期望和标准差的置信度为 1-alpha 的区间估计,alpha 缺省时默认 0.05.

(2) 一个正态总体均值的假设检验

① 正态总体方差 σ^2 已知,检验总体均值 μ,命令格式为

```
[h,sig,ci] = ztest(x,m,sigma,alpha,tail)
```

检验数据 x 的关于均值的某一假设是否成立,其中 sigma 为已知方差,alpha 为显著性水平,究竟检验什么假设取决于 tail 的取值:

tail = 0,检验假设"x 的均值等于 m"

tail = 1,检验假设"x 的均值大于 m"

tail =-1,检验假设"x 的均值小于 m"

tail 的缺省值为 0, alpha 的缺省值为 0.05.

返回值 h 为一个布尔值,$h=1$ 表示可以拒绝原假设,$h=0$ 表示不可以拒绝原假设,sig 为假设成立的概率,当 sig 为小概率时应对原假设提出质疑(拒绝原假设),ci 为均值的 1-alpha 置信区间.

② 正态总体方差 σ^2 未知,检验总体均值 μ,命令格式为

```
[h,sig,ci] = ttest(x,m,alpha,tail)
```

输入和输出参数与①中情形类似.

(3) 绘制频率直方图,命令格式为

```
hist(x,M)
```

绘制数据 x 的频率直方图,M 表明分组个数,缺省时默认 $M=10$.

(4) 数据的正态性检验,命令格式为

```
normplot(x)
```

此命令显示数据 x 的正态概率图.正态概率图用于检查一组数据是否服从正态分布,是实数与正态分布数据之间函数关系的散点图.如果这组数据服从正态分布,正态概率图将是一条直线.

三、实验内容

例 1　设 8.21,9.95,10.23,11.67,13.56,7.99,12.22,15.89 是取自某正态总体 X 的样本观察值,求其均值 μ 和标准差 σ 的点估计和区间估计.

```
>>x=[8.21 9.95 10.23 11.67 13.56 7.99 12.22 15.89];
>>[mu sigma muci sigmaci]=normfit(x,0.05) % 其中"norm"表示数据分布函数的类型为"正态分布"
```

运行结果为

```
mu =
    11.2150
sigma =
    2.6879
muci =
    8.9679
    13.4621
sigmaci =
    1.7772
    5.4706
```

说明总体的均值和标准差的点估计值分别是 11.215 0 和 2.687 9,置信度为 95% 的置信区间分别是[8.967 9, 13.462 1]和[1.777 2, 5.470 6].

例 2　某车间生产滚珠,已知其直径 X 服从正态分布,现从某一天的产品中随机地抽出 6 个,测得其直径(单位:mm)为 14.6, 15.1, 14.9, 14.8, 15.2, 15.1.试求滚珠直径均值的置信度为 95% 的置信区间.

```
>>x=[14.6,15.1,14.9,14.8,15.2,15.1];
>>[a,b,c,d]=normfit(x)
a =
    14.9500
b =
    0.2258
c =
    14.7130
    15.1870
d =
    0.1410
    0.5539
```

结果显示：当天生产的滚珠均值和标准差的点估计值分别是 14.950 0 和 0.225 8，置信度为 95% 的置信区间分别是[14.713 0, 15.187 0]和[0.141 0, 0.553 9].

例 3　求解 § 10.4 中引例.

假设　$H_0:\mu=100$，　$H_1:\mu\neq100$，由于方差未知，故应用 t 检验.

```
>>x=[99.3 98.7 100.5 101.2 98.3 99.7 99.5 102.1 100.5];
>> [h,sig,ci]=ttest(x,100,0.05)
```

程序运行结果为

```
h =
    0
sig =
    0.9575
ci =
    99.0460  100.9096
```

由于 h=0，表明不拒绝原假设，而且 sig=0.957 5>0.05，接受原假设，又原假设均值 100 在均值 95%置信区间[99.046 0 ,100.909 6]之内，因此认为该日的大米打包机工作正常.

例 4　刀具寿命的测定.

在用自动化车床连续加工某种零件过程中，由于刀具损坏等原因，生产工序会出现故障.假设工序出现故障是完全随机的，而且在生产任意零件时出现故障的机会均相同.工作人员通过检查零件来确定工序是否出现故障，现累计有 100 次刀具故障记录，故障出现时该刀具生产的零件数如下表.试判断该刀具出现故障时完成的零件数属于哪种分布.

459	362	624	542	509	584	433	748	815	505
612	452	434	982	640	742	565	706	593	680
926	653	164	487	734	608	428	1 153	593	844
527	552	513	781	474	388	824	538	862	659
775	859	755	49	697	515	628	954	771	609
402	960	885	610	292	837	473	677	358	638
699	634	555	570	84	416	606	1 062	484	120
447	654	564	339	280	246	687	539	790	581
621	724	531	512	577	496	468	499	544	654
764	558	378	765	666	763	217	715	310	851

(1) 试验方案

一组样本数据往往是杂乱无章的，可以通过做频数表和直方图的方式，大致描绘出分布密度曲线，并对总体的分布函数做出假设判断.

此例可由问题提供的 100 次刀具故障记录，通过做直方图来近似判断刀具寿命所服从的概率分布.进一步，刀具寿命是否符合由直方图假设的分布规律，可以通过对分布进行参数估计，用假设检验进行推断.

（2）实验过程

首先通过直方图判断总体服从的分布.

```
>>x1=[459 362 624 542 509 584 433 748 815 505];
>>x2=[612 452 434 982 640 742 565 706 593 680];
>>x3=[926 653 164 487 734 608 428 1 153 593 844];
>>x4=[527 552 513 781 474 388 824 538 862 659];
>>x5=[775 859 775 49 697 515 628 954 771 609];
>>x6=[402 960 885 610 292 837 473 677 358 638];
>>x7=[699 634 555 570 84 416 606 1 062 484 120];
>>x8=[447 654 564 339 280 246 687 539 790 581];
>>x9=[621 724 531 512 577 496 468 499 544 645];
>>x10=[764 558 378 765 666 763 217 715 310 851];
>>x=[x1 x2 x3 x4 x5 x6 x7 x8 x9 x10];
>>hist(x,10)  % 绘制数据 x 的频率直方图
```

运行结果如图 10-7 所示.

从图 10-7 频率直方图可以看到，该刀具使用寿命分布呈现中间大两头小的正态分布的特点，符合正态分布的特征.

接下来绘制正态分布概率图

```
>>normplot(x)
```

运行结果为如图 10-8 所示.

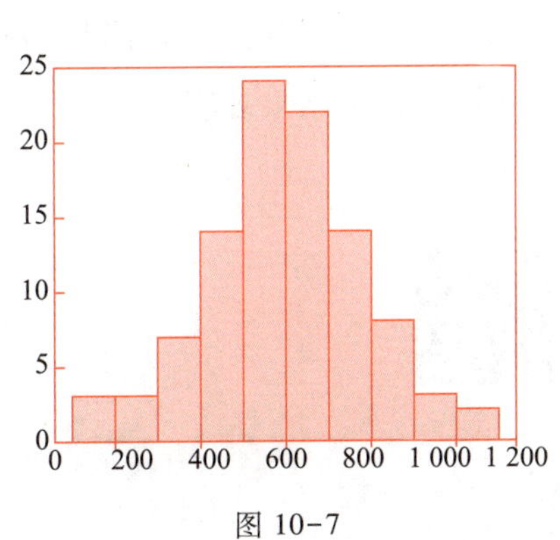

图 10-7

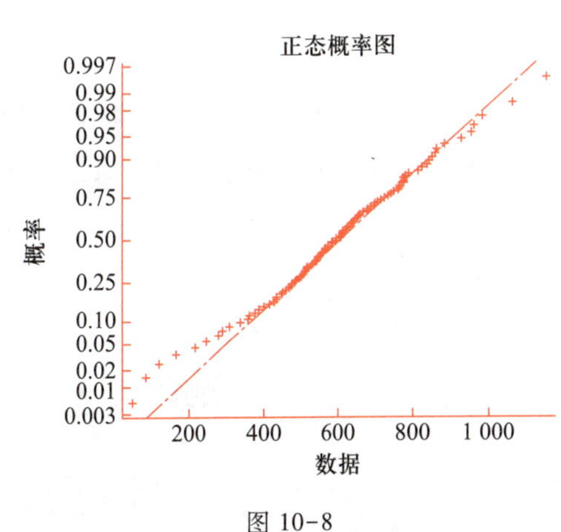

图 10-8

观察图 10-8，我们发现图中散点基本分布在一条直线上.综合以上结果，可认为刀具使用寿命服从正态分布.

现在,我们来估计分布中的参数.

```
>>[muhat,sigmahat,muci,sigmaci]=normfit(x)
```

运行结果为

```
muhat =

    594.2000

sigmahat =

    204.2991

muci =

    553.6626

    634.7374

sigmaci =

    179.3760

    237.3293
```

说明刀具使用寿命的均值为 594.2,标准差为 204.299 1,均值 95%的置信区间为[553.662 6, 634.737 4],标准差 95%的置信区间为[179.376 0, 237.329 3].

最后,我们用假设检验对上述结果进行分析.

```
>>[h,sig,ci]=ttest(x,594)  % 用 t 检验检验数据均值是否等于 594.
```

运行结果为

```
h =

    0

sig =

    0.9922

ci =

    553.6626   634.7374
```

h=0,不拒绝原假设,说明提出均值参数估计结果 594 是合理的,95%的置信区间[553.662 6, 634.737 4]中,包含了 594. sig=0.992 2,远远大于 0.05 的显著性水平.以上结果表明可得出结论:刀具平均寿命为 594.2.

拓展与提高 10: 方差分析

阅读与思考 10: 学生 t 分布的故事

附表 1　标准正态分布数值表

$$\Phi(x)=\frac{1}{\sqrt{2\pi}}\int_{-\infty}^{x} e^{-\frac{t^2}{2}}\mathrm{d}t \quad (x\geqslant 0)$$

x	0.00	0.01	0.02	0.03	0.04	0.05	0.06	0.07	0.08	0.09
0.0	0.500 0	0.504 0	0.508 0	0.512 0	0.516 0	0.519 9	0.523 9	0.527 9	0.531 9	0.535 9
0.1	0.539 8	0.543 8	0.547 8	0.551 7	0.555 7	0.559 6	0.563 6	0.567 5	0.571 4	0.575 3
0.2	0.579 3	0.583 2	0.587 1	0.591 0	0.594 8	0.598 7	0.602 6	0.606 4	0.610 3	0.614 1
0.3	0.617 9	0.621 7	0.625 5	0.629 3	0.633 1	0.636 8	0.640 4	0.644 3	0.648 0	0.651 7
0.4	0.655 4	0.659 1	0.662 8	0.666 4	0.670 0	0.673 6	0.677 2	0.680 8	0.684 4	0.687 9
0.5	0.691 5	0.695 0	0.698 5	0.701 9	0.705 4	0.708 8	0.712 3	0.715 7	0.719 0	0.722 4
0.6	0.725 7	0.729 1	0.732 4	0.735 7	0.738 9	0.742 2	0.745 4	0.748 6	0.751 7	0.754 9
0.7	0.758 0	0.761 1	0.764 2	0.767 3	0.770 3	0.773 4	0.776 4	0.779 4	0.782 3	0.785 2
0.8	0.788 1	0.791 0	0.793 9	0.796 7	0.799 5	0.802 3	0.805 1	0.807 8	0.810 6	0.813 3
0.9	0.815 9	0.818 6	0.821 2	0.823 8	0.826 4	0.828 9	0.831 5	0.834 0	0.836 5	0.838 9
1.0	0.841 3	0.843 8	0.846 1	0.848 5	0.850 8	0.853 1	0.855 4	0.857 7	0.859 9	0.862 1
1.1	0.864 3	0.866 5	0.868 6	0.870 8	0.872 9	0.874 9	0.877 0	0.879 0	0.881 0	0.883 0
1.2	0.884 9	0.886 9	0.888 8	0.890 7	0.892 5	0.894 4	0.896 2	0.898 0	0.899 7	0.901 5
1.3	0.903 2	0.904 9	0.906 6	0.908 2	0.909 9	0.911 5	0.913 1	0.914 7	0.916 2	0.917 7
1.4	0.919 2	0.920 7	0.922 2	0.923 6	0.925 1	0.926 5	0.927 9	0.929 2	0.930 6	0.931 9
1.5	0.933 2	0.934 5	0.935 7	0.937 0	0.938 2	0.939 4	0.940 6	0.941 8	0.943 0	0.944 1
1.6	0.945 2	0.946 3	0.947 4	0.948 4	0.949 5	0.950 5	0.951 5	0.952 5	0.953 5	0.953 5
1.7	0.955 4	0.956 4	0.957 3	0.958 2	0.959 1	0.959 9	0.960 8	0.961 6	0.962 5	0.963 3
1.8	0.964 1	0.964 8	0.965 6	0.966 4	0.967 2	0.967 8	0.968 6	0.969 3	0.970 0	0.970 6
1.9	0.971 3	0.971 9	0.972 6	0.973 2	0.973 8	0.974 4	0.975 0	0.975 6	0.976 2	0.976 7
2.0	0.977 2	0.977 8	0.978 3	0.978 8	0.979 3	0.979 8	0.980 3	0.980 8	0.981 2	0.981 7
2.1	0.982 1	0.982 6	0.983 0	0.983 4	0.983 8	0.984 2	0.984 6	0.985 0	0.985 4	0.985 7
2.2	0.986 1	0.986 4	0.986 8	0.987 1	0.987 4	0.987 8	0.988 1	0.988 4	0.988 7	0.989 0
2.3	0.989 3	0.989 6	0.989 8	0.990 1	0.990 4	0.990 6	0.990 9	0.991 1	0.991 3	0.991 6
2.4	0.991 8	0.992 0	0.992 2	0.992 5	0.992 7	0.992 9	0.993 1	0.993 2	0.993 4	0.993 6
2.5	0.993 8	0.994 0	0.994 1	0.994 3	0.994 5	0.994 6	0.994 8	0.994 9	0.995 1	0.995 2
2.6	0.995 3	0.995 5	0.995 6	0.995 7	0.995 9	0.996 0	0.996 1	0.996 2	0.996 3	0.996 4
2.7	0.996 5	0.996 6	0.996 7	0.996 8	0.996 9	0.997 0	0.997 1	0.997 2	0.997 3	0.997 4
2.8	0.997 4	0.997 5	0.997 6	0.997 7	0.997 7	0.997 8	0.997 9	0.997 9	0.998 0	0.998 1
2.9	0.998 1	0.998 2	0.998 2	0.998 3	0.998 4	0.998 4	0.998 5	0.998 5	0.998 6	0.998 6
x	0.0	0.1	0.2	0.3	0.4	0.5	0.6	0.7	0.8	0.9
3	0.998 7	0.999 0	0.999 3	0.999 5	0.999 7	0.999 8	0.999 8	0.999 9	0.999 9	1.000 0

附表 2　t 分布上侧分位数表

$$P(t(n)>t_{\alpha}(n))=\alpha$$

n	α					
	0.25	0.10	0.05	0.025	0.01	0.005
1	1.000 0	3.077 7	6.313 8	12.706 2	31.820 7	63.657 4
2	0.816 5	1.885 6	2.920 0	4.302 7	6.964 6	9.924 8
3	0.764 9	1.637 7	2.353 4	3.182 4	4.540 7	5.840 9
4	0.740 7	1.533 2	2.131 8	2.776 4	3.746 9	4.604 1
5	0.726 7	1.475 9	2.015 0	2.570 6	3.364 9	4.032 2
6	0.717 6	1.439 8	1.943 2	2.446 9	3.142 7	3.707 4
7	0.711 1	1.414 9	1.894 6	2.364 6	2.998 0	3.499 5
8	0.706 4	1.396 8	1.859 5	2.306 0	2.896 5	3.355 4
9	0.702 7	1.383 0	1.833 1	2.262 2	2.821 4	3.249 8
10	0.699 8	1.372 2	1.812 5	2.228 1	2.763 8	2.169 3
11	0.697 4	1.363 4	1.795 9	2.201 0	2.718 1	3.105 8
12	0.695 5	1.356 2	1.782 3	2.178 8	2.681 0	3.054 5
13	0.693 8	1.350 2	1.770 9	2.160 4	2.650 3	3.012 3
14	0.692 4	1.345 0	1.761 3	2.144 8	2.624 5	2.976 8
15	0.691 2	1.340 6	1.753 1	2.131 5	2.602 5	2.946 7
16	0.690 1	1.336 8	1.745 9	2.119 9	2.583 5	2.920 8
17	0.689 2	1.333 4	1.739 6	2.109 8	2.566 9	2.898 2
18	0.688 4	1.330 4	1.734 1	2.100 9	2.552 4	2.878 4
19	0.687 6	1.327 7	1.729 1	2.093 0	2.539 5	2.860 9
20	0.687 0	1.325 3	1.724 7	2.086 0	2.528 0	2.845 3
21	0.686 4	1.323 2	1.720 7	2.079 6	2.517 7	2.831 4
22	0.685 8	1.321 2	1.717 1	2.073 9	2.508 3	2.818 8
23	0.685 3	1.319 5	1.713 9	2.068 7	2.499 9	2.807 3
24	0.684 8	1.317 8	1.710 9	2.063 9	2.492 2	2.796 9
25	0.684 4	1.316 3	1.708 1	2.059 5	2.485 1	2.787 4
26	0.684 0	1.315 0	1.705 6	2.055 5	2.478 6	2.778 7
27	0.683 7	1.313 7	1.703 3	2.051 8	2.472 7	2.770 7
28	0.683 4	1.312 5	1.701 1	2.048 4	2.467 1	2.763 3
29	0.683 0	1.311 4	1.699 1	2.045 2	2.462 0	2.756 4
30	0.682 8	1.310 4	1.697 3	2.042 3	2.457 3	2.750 0
31	0.682 5	1.309 5	1.695 5	2.039 5	2.452 8	2.744 0

续表

n	α					
	0.25	0.10	0.05	0.025	0.01	0.005
32	0.682 2	1.308 6	1.693 9	2.036 9	2.448 7	2.738 5
33	0.682 0	1.307 7	1.692 4	2.034 5	2.444 8	2.733 3
34	0.681 8	1.307 0	1.690 9	2.032 2	2.441 1	2.728 4
35	0.681 6	1.306 2	1.689 6	2.030 1	2.437 7	2.723 8
36	0.681 4	1.305 5	1.688 3	2.028 1	2.434 5	2.719 5
37	0.681 2	1.304 9	1.687 1	2.026 2	2.431 4	2.715 4
38	0.681 0	1.304 2	1.686 0	2.024 4	2.428 6	2.711 6
39	0.680 8	1.303 6	1.684 9	2.022 7	2.425 8	2.707 9
40	0.680 7	1.303 1	1.683 9	2.021 1	2.423 3	2.704 5
41	0.680 5	1.302 5	1.682 9	2.019 5	2.420 8	2.701 2
42	0.680 4	1.302 0	1.682 0	2.018 1	2.418 5	2.698 1
43	0.680 2	1.301 6	1.681 1	2.016 7	2.416 3	2.695 1
44	0.680 1	1.301 1	1.680 2	2.015 4	2.414 1	2.692 3
45	0.680 0	1.300 6	1.679 4	2.014 1	2.412 1	2.689 6

附表 3　χ^2 分布上侧分位数表

$$P(\chi^2(n) > \chi^2_\alpha) = \alpha$$

n	α					
	0.995	0.99	0.975	0.95	0.90	0.75
1	—	—	0.001	0.004	0.016	0.102
2	0.010	0.020	0.051	0.103	0.211	0.575
3	0.072	0.115	0.216	0.352	0.584	1.213
4	0.207	0.297	0.484	0.711	1.064	1.923
5	0.412	0.554	0.831	1.145	1.610	2.675
6	0.676	0.872	1.237	1.635	2.204	3.455
7	0.989	1.239	1.690	2.167	2.833	4.255
8	1.344	1.646	2.180	2.733	3.490	5.071
9	1.735	2.088	2.700	3.325	4.168	5.899
10	2.156	2.558	3.247	3.940	4.865	6.737
11	2.603	3.053	3.816	4.575	5.578	7.584
12	3.074	3.571	4.404	5.226	6.304	8.438
13	3.565	4.107	5.009	5.892	7.042	9.299
14	4.075	4.660	5.629	6.571	7.790	10.165
15	4.601	5.229	6.262	7.261	8.547	11.037
16	5.142	5.812	6.908	7.962	9.312	11.912
17	5.697	6.408	7.564	8.672	10.085	12.792
18	6.265	7.015	8.231	9.390	10.865	13.675
19	6.844	7.633	8.907	10.117	11.651	14.562
20	7.434	8.260	9.591	10.851	12.443	15.452
21	8.034	8.897	10.283	11.591	13.240	16.344
22	8.643	9.542	10.982	12.338	14.042	17.240
23	9.260	10.196	11.689	13.091	14.848	18.137
24	9.886	10.856	12.401	13.848	15.659	19.037
25	10.520	11.524	13.120	14.611	16.473	19.939
26	11.160	12.198	13.844	15.379	17.292	20.843
27	11.808	12.879	14.573	16.151	18.114	21.749
28	12.461	13.565	15.308	16.928	18.939	22.657
29	13.121	14.257	16.047	17.708	19.768	23.567
30	13.787	14.954	16.791	18.493	20.599	24.478
31	14.458	15.655	17.539	19.281	21.434	25.390

续表

n	α					
	0.995	0.99	0.975	0.95	0.90	0.75
32	15.134	16.362	18.291	20.072	22.271	26.304
33	15.815	17.074	19.047	20.867	23.110	27.219
34	16.501	17.789	19.806	21.664	23.952	28.136
35	17.192	18.509	20.569	22.465	24.797	29.054
36	17.887	19.233	21.336	23.269	25.643	29.973
37	18.586	19.960	22.106	24.075	26.492	30.893
38	19.289	20.691	22.878	24.884	27.343	31.815
39	19.996	21.426	23.654	25.695	28.196	32.737
40	20.707	22.164	24.433	26.509	29.051	33.660
41	21.421	22.906	25.215	27.326	29.907	34.585
42	22.138	23.650	25.999	28.144	30.765	35.510
43	22.859	24.398	26.785	28.965	31.625	36.436
44	23.584	25.148	27.575	29.787	32.487	37.363
45	24.311	25.901	28.366	30.621	33.350	38.291

n	α					
	0.25	0.10	0.05	0.025	0.01	0.005
1	1.323	2.706	3.841	5.024	6.635	7.879
2	2.773	4.605	5.991	7.378	9.210	10.597
3	4.108	6.251	7.815	9.348	11.345	12.838
4	5.385	7.779	9.488	11.143	13.277	14.806
5	6.626	9.236	11.071	12.833	15.086	16.750
6	7.841	10.645	12.592	14.449	16.812	18.548
7	9.037	12.017	14.067	16.013	18.475	20.278
8	10.219	13.362	15.507	17.535	20.090	21.955
9	11.389	14.684	16.919	19.023	21.666	23.589
10	12.549	15.987	18.307	20.483	23.209	25.188
11	13.701	17.275	19.675	21.920	24.725	26.757
12	14.845	18.549	21.026	23.337	26.217	28.299
13	15.984	19.812	22.362	24.736	27.688	29.819
14	17.117	21.064	23.685	26.119	29.141	31.319
15	18.245	22.307	24.996	27.488	30.578	32.801
16	19.369	23.542	26.296	28.845	32.000	34.267
17	20.489	24.769	27.587	30.191	33.409	35.718
18	21.605	25.989	28.869	31.526	34.805	37.156
19	22.718	27.204	30.144	32.852	36.191	38.582
20	23.828	28.412	31.410	34.170	37.566	39.997
21	24.935	29.615	32.671	35.479	38.932	41.401

续表

n	α					
	0. 25	0. 10	0. 05	0. 025	0. 01	0. 005
22	26. 039	30. 813	33. 924	36. 781	40. 289	42. 796
23	27. 141	32. 007	35. 172	38. 076	41. 638	44. 181
24	28. 241	33. 196	36. 415	39. 364	42. 980	45. 559
25	29. 339	34. 382	37. 652	40. 646	44. 314	46. 928
26	30. 435	35. 563	38. 885	41. 923	45. 642	48. 290
27	31. 528	36. 741	40. 113	43. 194	46. 963	49. 645
28	32. 620	37. 916	41. 337	44. 461	48. 278	50. 993
29	33. 711	39. 087	42. 557	45. 722	49. 588	52. 336
30	34. 800	40. 256	43. 773	46. 979	50. 892	53. 672
31	35. 887	41. 422	44. 985	48. 232	52. 191	55. 003
32	36. 973	42. 585	46. 194	49. 480	53. 486	56. 328
33	38. 058	43. 745	47. 400	50. 725	54. 776	57. 648
34	39. 141	44. 903	48. 602	51. 966	56. 061	58. 964
35	40. 223	46. 059	49. 802	53. 203	57. 342	60. 275
36	41. 304	47. 212	50. 998	54. 437	58. 619	61. 581
37	42. 383	48. 363	52. 192	55. 668	59. 892	62. 883
38	43. 462	49. 513	53. 384	56. 896	61. 162	64. 181
39	44. 539	50. 660	54. 572	58. 120	62. 428	65. 476
40	45. 616	51. 805	55. 758	59. 342	63. 691	66. 766
41	46. 692	52. 949	56. 942	60. 561	64. 950	68. 053
42	47. 766	54. 090	58. 124	61. 777	66. 206	69. 336
43	48. 840	55. 230	59. 354	62. 990	67. 459	70. 616
44	49. 913	56. 369	60. 481	64. 201	68. 710	71. 893
45	40. 985	57. 505	61. 656	65. 410	69. 957	73. 166

附录 1　数学实验基础

附录 2　习题参考答案

参考文献

1. 同济大学数学系. 高等数学. 7 版. 北京：高等教育出版社，2014.

2. 吕同富. 高等数学及其应用. 3 版. 北京：高等教育出版社，2018.

3. 吴赣昌. 高等数学（理工类）. 5 版. 北京：中国人民大学出版社，2017.

4. 周志华. 机器学习. 北京：清华大学出版社，2016.

5. 左飞. 图像处理中的数学修炼. 北京：清华大学出版社，2017.

6. 薛定宇，陈阳泉. 高等应用数学问题的 MATLAB 求解. 北京：清华大学出版社，2008.

郑重声明

读者意见反馈

为收集对教材的意见建议,进一步完善教材编写并做好服务工作,读者可将对本教材的意见建议通过如下渠道反馈至我社。

咨询电话　400-810-0598

反馈邮箱　gjdzfwb@pub. hep. cn

通信地址　北京市朝阳区惠新东街4号富盛大厦1座
高等教育出版社总编辑办公室

邮政编码　100029

资源服务提示

授课教师如需获得本书配套教学资源,请登录“高等教育出版社产品信息检索系统”(https://xuanshu.hep.com.cn)搜索本书并下载资源,首次使用本系统的用户,请先注册并进行教师资格认证。也可发送电邮至编辑邮箱:cuimp@hep.com.cn,申请获得相关资源。